数控机床故障诊断与维修实例宝典

刘蔡保 编著

 化学工业出版社

·北京·

内 容 简 介

《数控机床故障诊断与维修实例宝典》内容包括数控机床数控系统的故障诊断与维修、伺服系统的故障与维修、主轴设备的故障与维修、进给系统的故障与维修、液压系统的故障与维修、气动系统的故障与维修、自动换刀装置及工作台的故障与维修、润滑系统的故障与维修、其他装置的故障与维修等。书中采用大量典型实例讲解，并分软、硬件故障详细阐述，列举了 FANUC、SIEMENS 数控系统特有故障的解决。每讲述一个实例，便有相应的经验总结，让学习者跟踪复习，达到边学习边巩固的作用。全书图文对照，按照表格编排，便于理解和掌握。

《数控机床故障诊断与维修实例宝典》可作为数控机床维修技术人员的参考用书，并可供相关人员参考。

图书在版编目（CIP）数据

数控机床故障诊断与维修实例宝典/刘蔡保编著. —
北京：化学工业出版社，2021.6
ISBN 978-7-122-38831-5

Ⅰ.①数… Ⅱ.①刘… Ⅲ.①数控机床-故障诊断
②数控机床-维修 Ⅳ.①TG659

中国版本图书馆 CIP 数据核字（2021）第 055671 号

责任编辑：韩庆利 　　　　　　　　　　　文字编辑：温潇潇　陈小滔
责任校对：刘曦阳 　　　　　　　　　　　装帧设计：张　辉

出版发行：化学工业出版社（北京市东城区青年湖南街 13 号　邮政编码 100011）
印　　装：大厂聚鑫印刷有限责任公司
787mm×1092mm　1/16　印张 26¾　字数 656 千字　2021 年 8 月北京第 1 版第 1 次印刷

购书咨询：010-64518888 　　　　　　　售后服务：010-64518899
网　　址：http://www.cip.com.cn
凡购买本书，如有缺损质量问题，本社销售中心负责调换。

定　　价：99.00 元

前言

　　数控机床是高度机电一体化的产品，数控机床出现故障不能及时修复，将会给生产企业造成很大的损失，学习和掌握数控维修技术，对企业的维修技术人员和操作人员就显得非常重要。

　　为便于读者掌握维修知识和技能，本书从数控机床数控系统的故障诊断与维修、伺服系统的故障与维修、主轴设备的故障与维修、进给系统的故障与维修、液压系统的故障与维修、气动系统的故障与维修、自动换刀装置及工作台的故障与维修、润滑系统的故障与维修、其他装置的故障与维修等方面，采用大量典型实例讲解。

　　书中实例按照表格形式编排，以故障设备、故障现象、故障分析、故障排除、经验总结的形式展现，读者根据故障实例内容，学习维修技巧，积累维修经验，并且举一反三。

　　本书编写中注重引入本学科前沿的知识，体现了数控维修的先进性。本书参考了国内外相关领域的书籍和资料，也融汇了编者长期的教学实践和研究心得。

　　引起故障的原因往往不是单一的，如加工中心主轴无法换刀，可能是主轴编码器问题，也可能是刀库定位的问题，也有可能是液压系统问题，还可能是加工铁屑卡住换刀位置等等，诸如此类、不一而同，这些都需要知识的积淀和经验的积累，故而，在此希望学习者以锲而不舍的精神，一步一步踏实学习、巩固成果。

　　另外，相关维修理论与方法请查阅刘蔡保编著的配套的姊妹图书《数控机床故障诊断与维修从入门到精通》，可将其与本书参照学习。

　　本书由刘蔡保编著，编写中得到了徐小红女士的倾力协助，在此表示感谢！

　　水平所限，书中若有疏漏之处，敬请批评指正。

编著者

目录

第二章 伺服系统的故障与维修

第三章　主轴设备的故障与维修

第四章　进给系统的故障与维修

第七章　自动换刀装置及工作台的故障与维修

第八章　润滑系统的故障与维修

第九章　其他装置的故障与维修

参考文献

第一章 数控系统的故障诊断与维修

第一节 加工程序问题引起的机床故障

这类故障大部分在调试新编制的加工程序或者修改已存在的加工程序时出现，机床不能正常运行，这也是我们在生产过程中最常遇见的故障。出现故障时，一般数控系统都可以给出报警信息，因此，可以根据报警信息对加工程序进行分析和检查，纠正程序后，故障可排除。有时利用系统单步执行功能，可以准确定位故障点，发现程序错误后，修改程序，即可排除故障。

还有一部分故障是由于操作人员的误操作或者系统受到电磁干扰等原因，使加工程序发生变化。

一、常见的加工程序问题

对于数控机床来说，加工程序无法正常运行是常见故障之一。为了排除这类故障，检修人员除了要了解机床工作原理外，还要了解一些编程知识。下面对加工程序不执行故障的检修进行介绍（见表1-1）。

表1-1 加工程序问题的故障原因

序号	故障类型	故障原因	备注
1	语法错误	①程序块的第一个代码不是N代码	通常，数控系统都能把这些错误检测出来，并产生报警信息
		②N代码后的数值超过了数控系统规定的取值范围	
		③N代码后面出现负数	
		④在数控加工程序中出现不认识的功能代码	
		⑤坐标值代码后的数据超越了机床的行程范围	
		⑥S代码所设置的主轴转速超过了数控系统规定的取值范围	
		⑦F代码所设置的主轴转速超过了数控系统规定的取值范围	
		⑧T代码后的刀具号不合法	
		⑨出现数控系统中未定义的G代码(参考数控机床编程说明书)	
		⑩出现数控系统中未定义的M代码(参考数控机床编程说明书)	

序号	故障类型	故障原因	备注
2	逻辑错误	①在同一数控加工程序中先后出现两个或两个以上的同组 G 代码。数控系统规定,同组 G 代码具有互斥性,同一程序段中不允许出现	例如:在同一程序段不允许 G01 和 G02 同时出现
		②在同一数控加工程序段中先后出现两个或两个以上的同组 M 代码	例如:在同一程序段不允许 M03 和 M04 同时出现
		③在同一数控加工程序段先后编入相互矛盾的尺寸代码	
		④违反数控系统规定,在同一数控加工程序段中不允许编入超量的 M 代码	例如:数控系统只允许在一个程序段内最多编入三个 M 代码,但实际却编入了四个或更多,这是不允许的
3	程序问题	在程序编制中未考虑实际生产加工的需求,导致程序加工的步骤烦琐、加工时间冗长,严重影响生产效率	例如:在 FANUC 数控车床加工系统中,在 G71 和 G73 循环均可采用的情况下,尽量采用 G71 循环,以减少加工时间

以上仅仅是数控加工程序诊断过程中可能会遇到的部分错误。在数控加工程序的输入与译码过程中,还可能遇到各种各样的错误,要视具体情况加以诊断和防范。一般情况下,数控系统对数控加工程序字符和数据的诊断是贯穿在译码软件中进行的,并会有相应的提示信息。因此,下面我们对由程序引起的机床故障分析时,会出现有报警信息和无报警两种情况,需要区分对待、认真学习。

二、加工程序出现问题的故障处理实例

数控机床有时因为误码操作或者系统干扰等原因,使编制好的加工程序发生改变,数控系统通常可以给出报警信息,诊断故障时,可以根据报警信息和故障现象对故障进行分析。下面通过一些实际故障的排除过程,介绍加工程序出现问题的故障诊断和排除方法。

实例 1　数控车床,进给加工速度十分缓慢

故障设备	FANUC 0i 标准型数控车床
故障现象	数控车床在执行加工指令 G01 时走刀十分缓慢,但 G00 时走刀速度正常
故障分析	数控车床走刀速度即进给速度 F,首先检查机床操作面板的进给倍率开关是否被调至低挡,若倍率设置为 100%,则正常。再查看程序中的 F 设置,程序中采用 G99"mm/r"的方式编制进给速度,程序中出现 F0.2、F0.3 等数据,怀疑机床默认设置为 G98"mm/min"的进给设置。经询问其他操作人员、查看机床说明书得知,该机床系统默认 G98 方式,只需将程序稍加修改即可
故障排除	解决方法有两种: ①在程序开头加入 G99 指令,即可实现 F0.2、F0.3 等进给速度的正常运行; ②将 F 的数值从 mm/r 转换为 mm/min,并替换(不推荐)
经验总结	数控机床不论是 FANUC 系统还是 SIEMENS 系统,都有一些开机的默认指令,不会跟随上一个程序的指令变化而变化,影响最大的就是 G98 和 G99 指令。此实例在 G98 方式下执行了 G99 思路的进给速度 F,只是走刀缓慢,不会导致严重的后果;若是在 G99 的方式下执行了 G98 思路的进给速度 F,则会产生崩刀、撞刀等严重的生产事故。因此操作人员和编程者必须熟悉机床默认参数和指令,这也是提高生产效率的重点。图 1-1 为 G98 和 G99 指令示意图

经验总结	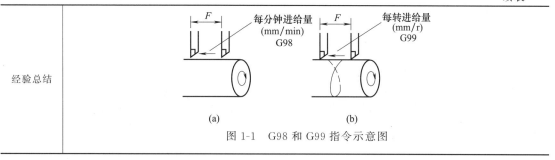 图 1-1　G98 和 G99 指令示意图

实例2　数控车床，球头工件头部出现异形

故障设备	FANUC 0i 标准型数控车床
故障现象	FANUC 0i 标准型数控车床加工一球头零件时，在球头处出现了一个小凸起，即平常所说的"小丁"。图 1-2 为零件图样，图 1-3 为加工出的零件。由图 1-3 可以看出实际成品球头部分明显不符合加工要求 图 1-2　零件图样　　　　图 1-3　加工出的零件
故障分析	经分析后判断，加工过程中也只是使用了一把外圆车刀加工外圆，故不存在刀具补偿问题。再仔细观察程序，此例加工外圆采用了复合形状粗车循环 G73 指令，G73 原程序的走刀路径如图 1-4 所示，由此可以发现在球头部分由于刀具的磨损、对刀的误差和主轴精度的原因，A 点位置"小丁"的出现很难避免，因此考虑增加程序段来实现加工要求，如图 1-5 所示 图 1-4　G73 原程序的走刀路径　　　　图 1-5　G73 增加圆弧切入程序的走刀路径
故障排除	如图 1-5 所示，在球头加工前头加入圆弧切入的过渡程序即可，如 G00 X-4 Z2（快速定位到 A' 点），然后 G02 X0 Z0 R2 以圆弧走刀切入工件，切入至 A 点，与球头形状进行相切过渡，即可避免"小丁"的出现
经验总结	此例是典型的实际加工和程序编制配合的误差，编程一般考虑的是完美的生产加工状态，而作为机械加工总会出现磨损、机械损耗导致的误差状况。在实际生产加工中，凡是遇到球头工件时，应尽量采用圆弧切入的方式加工，避免产生加工不到位的情况

实例3　数控车床，循环指令默认走刀方式引起刀具干涉

故障设备	FANUC 0i 标准型数控车床
故障现象	数控车床在加工圆弧形状的工件，执行 G73 指令时产生退刀的干涉，即在每次车削完轮廓，退刀时总是碰到工件突起部分，导致工件和刀尖受损
故障分析	G73 指令是复合形状粗车循环，又称为粗车轮廓循环、平行轮廓切削循环。车削时按照轮廓加工的最终路径形状，进行反复循环加工，退刀时按照 G00 速度走刀，其走刀路线如图 1-6 所示。虚线表示退刀路径，系统设置 G73 指令一般有两种退刀方式： ①图 1-6，加工完成后直接直线退回循环起点（起刀点）； ②图 1-7，加工完成后，先 45°方向后退至起始点的水平位置，再水平移动到起始点。 本例中，如果机床设置如图 1-6 方式，则加工突起圆弧的时候容易引起刀具退刀的干涉，如图 1-8 所示的情况，破坏工件和损坏刀具；如果机床设置如图 1-9 方式，退刀路线先按 45°退刀则可以避免这种情况，如图 1-9 所示

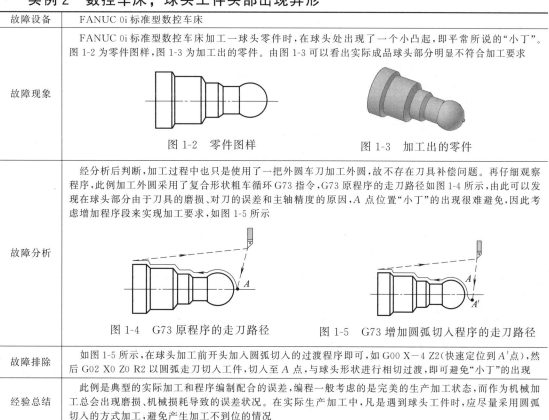

故障分析	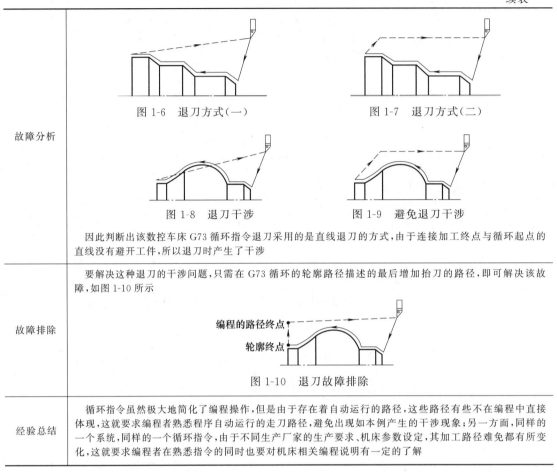图 1-6　退刀方式(一)　　　图 1-7　退刀方式(二) 图 1-8　退刀干涉　　　图 1-9　避免退刀干涉 　　因此判断出该数控车床 G73 循环指令退刀采用的是直线退刀的方式,由于连接加工终点与循环起点的直线没有避开工件,所以退刀时产生了干涉
故障排除	要解决这种退刀的干涉问题,只需在 G73 循环的轮廓路径描述的最后增加抬刀的路径,即可解决该故障,如图 1-10 所示 编程的路径终点 轮廓终点 图 1-10　退刀故障排除
经验总结	循环指令虽然极大地简化了编程操作,但是由于存在着自动运行的路径,这些路径有些不在编程中直接体现,这就要求编程者熟悉程序自动运行的走刀路径,避免出现如本例产生的干涉现象;另一方面,同样的一个系统,同样的一个循环指令,由于不同生产厂家的生产要求、机床参数设定,其加工路径难免都有所变化,这就要求编程者在熟悉指令的同时也要对机床相关编程说明有一定的了解

实例 4　数控车床,大段的走空刀导致加工时间过长

故障设备	FANUC 0i 标准型数控车床
故障现象	数控车床在加工内部凹陷的圆弧形状的工件,执行 G73 指令时产生大段的走空刀现象,导致加工时间大大增加,严重影响生产效率
故障分析	经分析图样(图 1-11)后得知,此例中只有一小部分凹陷的形状,原本程序使用了 G73 循环加工零件,为了照顾最低点,程序每一刀走刀加工到位,这就导致了大量的空刀现象产生,具体每一刀走刀路径如图 1-12 所示,图中灰色区域为毛坯,即待加工区域 图 1-11　零件图样　　　图 1-12　G73 循环走刀路径图
故障排除	根据本例的图样,采用 G71 循环＋G73 循环的方法,将大大减少加工时间。 第一步:G71 循环加工出除凹陷部分的区域,如图 1-13 所示; 第二步:G73 循环加工出剩余凹陷的区域,如图 1-14 所示。

故障排除	（注意：图中只是示意出 G71 循环、G73 循环的粗加工路径，由于 G71 循环和 G73 循环精加工均是按照轮廓形状进行加工，因此不会出现 G71 循环粗加工后剩余的锯齿台阶状精加工余量。） 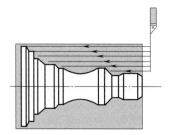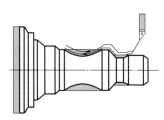 图 1-13　G71 循环加工出除凹陷部分的区域　　图 1-14　G73 循环加工出剩余凹陷的区域 　　这样无论是 G71 循环还是 G73 循环，循环的每一层走刀都能充分加工零件，由于减少了走空刀的路径，加工时间大大缩短，有效地提高了生产加工效率
经验总结	G73 复合形状粗车循环的加工方法虽然可以保证每一刀都能按照轮廓加工，但由于该循环要保证轮廓最低点的加工，因此，对于外部的轮廓并不能保证每一刀都车到毛坯。考虑到 G71 外径粗车循环的加工的特性，采用 G71 循环＋G73 循环的方法可以有效节省加工时间。若以加工程序用新方法可以节约 3min 计算，小批量生产 200 个，就可以节省 600min，共计 10h，这对于生产加工型企业，是弥足珍贵的。倘若是更大批量的生产，节省的时间将更为可观。因此，在生产过程中，优化程序、在保证加工质量的同时缩短加工时间，是提高生产效率、增加经济效益的关键。 　　另外，在生产加工中，如果同时可以采用 G71 循环和 G73 循环，尽量优先选用 G71 循环、然后为 G71 循环＋G73 循环综合运用，最后为 G73 循环的单独使用

实例 5　数控车床，非法的指向语句报警

故障设备	FANUC 0TC 标准型数控车床
故障现象	数控车床加工一椭圆形状工件，执行一段参数程序时，出现了报警"128 ILLEGAL MARCO SEQUENCE NUMBER"（非法的指向语句）
故障分析	该报警信息的意思是：在 GOTO N 中，N 不在 0～9999 的范围之内，或者没有找到转移点的顺序号。本例为加工椭圆的零件，其中最后一句 GOTO 的指向语句"IF［♯100 GT- d］GOTO N"，一般 N 不会超出 0～9999 的范围，因此检查 GOTO 指向的 N 段号是否正确，检查后发现 GOTO 指向的 N 段号不存在
故障排除	重新输入正确的 N 段号，问题得到解决
经验总结	在参数编程中经常会出现 GOTO 指向语句，所指向的 N 段号必须正确才能正确执行加工。我们在编写程序时，为了调修程序的方便，经常是以 5 的倍数或者 10 的倍数编写程序段号，编程者若是不注意的话，便会出现本例中所遇见的 N 段号不存在的情况

实例 6　数控车床，加工程序不能执行

故障设备	FANUC 0TC 标准型数控车床
故障现象	一台 FANUC 0TC 标准型数控车床在加工过程中突然断电，恢复电源后再次启动，在启动自动循环时，出现报警"224 RETURN TO REFERENCE POINT"（返回参考点）
故障分析	报警指示自动运行开始以前没有返回参考点。经分析后得知，原来是机床在上次加工中途断电后，再次启动时，操作人员忘记重新回参考点，而直接进行程序运行导致报警。因为机床一旦断电，并不会保存上次返回的参考点信息
故障排除	重新回参考点后，机床恢复正常运行
经验总结	返回参考点的作用是修改数控系统（CNC）的软件记忆位置使之与设备的机械位置一致（类似标定），所以数控机床在运行前必须返回参考点。对于不具备此报警功能的机床，将会继续加工而使整个加工路径产生偏移，这就更能体现返回参考点的必要性了，图 1-15 为参考点、机床原点与工件原点的位置。

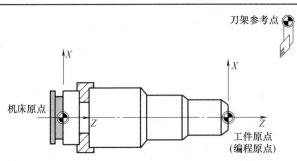

图 1-15　参考点、机床原点与工件原点的位置

经验总结	返回参考点方法有多种,根据各种设备的特点和应用场合等个性问题,设置各种设备的参考点方法不相同,同种设备的生产厂商不同,其返回参考点的方法也不相同;而各个厂商根据自己的思路,设计的返回参考点操作过程也各不相同。 　　不同的 CNC 系统,其返回参考点的动作细节会有所不同,但一般来说,都是先通过减速行程开关粗定位,然后再由精定位开关或编码器零位脉冲精定位两个步骤。根据返回参考点的动作步骤不同,有以下三种返回参考点方式: 　　①轴向预定点方向快速运动,挡块压下零点开关后减速向前继续运动,直到挡块脱离零点开关后,数控系统开始寻找零点,当接收到第一个零点脉冲时,便以此确定参考点位置。 　　②轴快速按预定方向运动,挡块压下零点开关后,反向减速运动,挡块脱离零点开关时,轴再改变方向,向参考点方向移动,当挡块再次压下零点开关时,数控系统开始寻找零点,当接收到第一个零点脉冲,便以此确定参考点位置。 　　③轴快速按预定方向运动,挡块压向零点开关后,不需等待挡块脱离零点开关,立即减速,当速度降为设定低速后,即开始寻找零点,当接收到第一个零点脉冲时,立即停止。 　　采用何种方式或如何运动,系统都是通过 PLC 的程序编制和数控系统的机床参数设定决定的,轴的运动速度也是在机床参数中设定的,数控机床返回参考点的过程是 PLC 系统与数控系统配合完成的

实例 7　数控铣床,加工程序被保护无法执行

故障设备	FANUC 0TC 标准型数控铣床
故障现象	一台 FANUC 0TC 标准型数控铣床在加工过程中突然断电,恢复电源后再次启动,在启动自动循环时,出现报警"75 PROTECT"(程序保护)
故障分析	一台 FANUC 0TC 标准型数控铣床,打开一段程序对其进行编辑时,出现♯75 报警信息,其意义是登录了被保护的程序号。首先退出程序查看该程序的属性,并无异常。分析后判断,此故障已经在该机床上出现过多次,且该机床已使用很长时间,故有可能是系统软件的故障。对此进行简单的处理即可
故障排除	只将该数控铣床断电后重启,程序被保护的情况便会消失
经验总结	对于使用年限比较长的数控机床,系统中出现类似软故障的情况会比较多,一般情况下只需重启机床即可。对于严重影响使用、故障出现频繁的情况,则需对系统的数据进行一次彻底的维护,比如恢复系统、格式化数据等,当然,这必须是在对机床熟练掌握的基础上,或者联系数控厂家人员进行相关操作

实例 8　数控铣床,G28 返回参考点指令报警

故障设备	FANUC 0TC 标准型数控铣床
故障现象	启动 FANUC 0TC 标准型数控铣床后,出现报警"98 G28 FOUND IN SEQUENCE RETURN"(程序中发现 G28 返回参考点指令)
故障分析	该机床的 FANUC 0TC 系统的♯98 报警意思是电源接通或紧急停止后一次也没有返回参考点,而在程序中出现了 G28 指令。进行分析得知,虽然操作者在机床启动时手动执行了返回参考点指令,但在加工中途进行了急停的操作,并且随后没有返回参考点,而在执行下一个程序时,程序中出现了 G28 返回参考点的指令。由于进行了急停操作,系统的参考点丢失,导致程序中 G28 无法执行,故报此故障
故障排除	在系统断电和急停后,先执行完返回参考点,再执行该程序,G28 指令可正常返回参考点

经验总结	G28 是返回参考点指令，平时并不常用。G28 指令首先使所有的编程轴都快速定位到中间点，然后再从中间点返回到参考点。该指令使用的前提是要执行过至少一次的返回参考点的操作，否则便会产生此报警。其使用方法有两种： ①在手动数据输入（MDI）方式下输入 G28 U0 V0 W0 指令按启动按钮，机床刀架（车床）或主轴（铣床或加工中心）会自动回到参考点。 ②G28 指令在程序中一般都是用在程序结束行，在结束行加入 G28，就是让机床回到初始位置，为了检测工件或装夹工件的时候方便。否则，不把工件移动到靠近自己的这一边，有时候拿不到工件

实例 9　数控车床，刀具运行 Z 轴运动时停止

故障设备	FANUC 0i 标准型数控车床
故障现象	FANUC 0i 标准型数控车床在加工一个程序时，刀具沿 Z 轴的负方向加工时，程序停止运行，刀架不动，但是主轴仍然运行
故障分析	考虑到主轴仍然运行，程序也无报警，排除了程序编制的故障。观察程序中的数值，发现刀架停止运行时，Z 轴一直在向负方向运动，即卡盘方向，由此判断，应该是机床的安全保护启动，达到了安全限位的条件故而停止刀架的移动。分析得出，一般是 Z 方向对刀不准确所至，导致机床安全系统判断限位点提前到来终止了刀架的进给运动
故障排除	重新对刀，该故障得到了解决
经验总结	此故障是由于对刀不准确造成的，对刀是保证安全生产的重要环节。此例中机床具有安全限位的功能，能在一定程度上保护机床的安全，如果机床不具有安全限位的功能，则会直接导致刀架、刀具与卡盘、主轴相撞的严重后果。因此对刀是程序正确执行加工的前提，而我们在对刀之后，也必须在 MDI 方式下输入一小段程序做一个定位检测，再进行程序加工。 对刀是数控加工中的主要操作和重要技能。在一定条件下，对刀的精度可以决定零件的加工精度，同时，对刀效率还直接影响数控加工效率。仅仅知道对刀方法是不够的，还要知道数控系统的各种对刀设置方式，以及这些方式在加工程序中的调用方法，同时要知道各种对刀方式的优缺点、使用条件等。下面以 FANUC 0i Mater 系统机床操作面板为例介绍如何对刀及注意事项。 1. 工件装夹 用三爪自定心卡盘安装工件（伸出约 100mm）（图 1-16）。 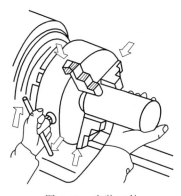 图 1-16　安装工件 2. 开机 ①回参考点（回零）； ②用三爪自定心卡盘安装工件（伸出约 100mm）； ③用 MDI 方式换为 1 号刀位； ④在 1 号刀位安装外圆/端面车刀； ⑤手动进给，将刀具靠近工件端面处。 3. Z 轴方向对刀 ①手摇操作，车削工件端面； ②沿 +X 方向退刀（Z 轴不动）（图 1-17）； ③按"OFFSET SETTING"键（图 1-18）；

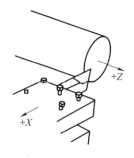

图 1-17　沿＋X 方向退刀

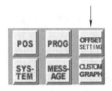

图 1-18　按"OFFSET SETTING"键

④按"形状"软键(图 1-19)；
⑤输入"Z0"(以工件右端面为 Z 轴方向零点)；
⑥按"测量"软键,完成 Z 轴方向的对刀(图 1-20)。

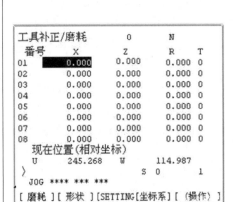

图 1-19　按"形状"软键

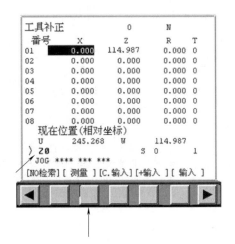

图 1-20　按"测量"软键

4. X 轴方向对刀
①手摇操作,车削工件外圆柱面；
②沿＋Z 方向退刀(X 轴不动)(图 1-21)；
③按"RESET"键,停止机床；
④测量圆柱面直径尺寸(假设为 d)(图 1-22)；

经验总结

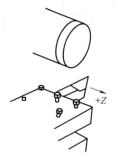

图 1-21　沿＋Z 方向退刀

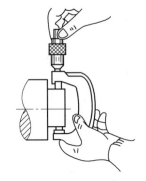

图 1-22　测量圆柱面直径尺寸

⑤按"OFFSET SETTING"键；
⑥按"形状"软键；

经验总结	⑦输入"Xd"（以工件轴线位置为 X 轴方向零点，d 为实测所得的直径值，即图中的 X_）（图 1-23）； ⑧按"测量"软键，完成 X 轴方向的对刀（图 1-23）。 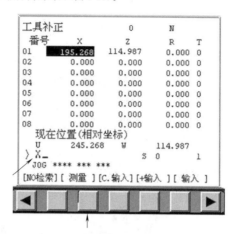 图 1-23　输入"Xd" 5. 对刀时的注意事项 ①开/关机床时一定要按照操作顺序操作，否则数控系统会受到大电流的冲击； ②在回参考点操作和手动操作时，要注意进给倍率开关的位置，要调整适当，初操作时，速度要慢些，以免发生意外； ③回参考点操作时，手要放在"急停"按钮上，眼睛盯住刀具的位置，做好应急准备； ④手轮一般在小距离范围内使用，当移动距离很大时，应该尽量使用手动方式，从而延长手轮的寿命； ⑤关机床之前要检查滑鞍不要在两个坐标轴的极限位置，以免影响设置参考点元件的使用寿命； ⑥换刀操作之前一定要检查刀具的位置是否安全，以免发生碰撞事故； ⑦毛坯第一次对刀时，要切削端面和圆柱面，后面再对刀时，只要使刀尖接触到工件的端面和圆柱面即可，一般不需要再切削； ⑧对刀时，要注意刀具号与设置的参数号一一对应。

实例 10　数控车床，加工外圆时加工表面粗糙

故障设备	FANUC 0-TD 标准型数控车床
故障现象	FANUC 0-TD 系统的数控车床，车削外圆时加工表面粗糙，机床进给运动存在加工圆弧线段爬行现象，并且出现类似阶梯的粗糙面。图 1-24 为阶梯状粗糙面  图 1-24　阶梯状粗糙面
故障分析	首先检查出现粗糙部分的走刀程序段，发现并无异常，而机床产生了爬行。机械传动系统的安装、调整不良，导轨润滑不良，系统、驱动器的参数设定不当都可能引起进给爬行。检查本机床的机械传动系统，导轨润滑系统，以及数控系统、驱动器的参数设定均正确，手动运行 X、Z 轴，均在正常状态，可以排除机械部分的故障原因。而且机床在手动任意速度运动坐标轴时，进给平稳、无爬行，因此亦可以排除数控系统、驱动器参数设定不当的故障原因。根据以上判断，可以确认故障仅存在于机床的自动运行中，分析自动与手动运动的区别，两者只是进给速度的指令方式有所不同，因此可以基本确定故障与机床的进给速度指令方式有关。进一步检查数控系统设定，发现该机床默认的是主轴每转进给方式，程序中亦采用 G99（转进给）编程。在这种进给方式下，进给速度与主轴的位置检测系统有关，而该机床的生产厂家系统默认优先选择为 G98 方式，而主轴编码器对 G98 的速度执行也无任何异常。为了验证判断，将程序中的进给方式改变为每分钟进给指令（G98），经试验发现进给爬行现象消失，加工零件合格。由此确认故障是由于主轴编码器优先选择的进给速度方式而引起的

故障排除	将程序中的进给方式改变为每分钟进给指令(G98),程序正确执行,零件表面粗糙度达到加工要求
经验总结	数控机床在加工零件的同时主轴编码器利用其同步脉冲作为车刀进刀点和退刀点的控制信号,从而保证车床加工零件位置,而 G98 和 G99 两种计算方式下的主轴编码器在加工时多了一步数据转换,当这种数据转换方式出现误差时,编码器便无法起到对主轴转动与进给运动的联系作用,而使得加工达不到要求。因此在接触机床时,有必要了解机床的默认进给方式或询问先期操作人员

实例 11　数控车床,精加工时主轴达不到程序指定转速

故障设备	FANUC 0i 标准型数控车床
故障现象	FANUC 0i 系统的数控车床,在加工零件时粗加工正常精加工时主轴达不到所设定的转速,导致车削外圆时加工表面粗糙度达不到要求。图 1-25 为表面粗糙度达不到要求的外圆  图 1-25　外圆表面粗糙度达不到要求
故障分析	在精加工时,程序设定主轴转速为 4000r/min,而在实际加工时加工主轴达不到所设定的转速,只在 3500r/min 时进行加工。主轴的转速通过显示器即可获知,主轴测速器一般不会出现出现问题,再观察主轴运行的倍率开关可知也是正常的,打开系统参数查看系统设置得知,主轴转速的上限被设定为 3500r/min,问题即出在此处
故障排除	将轴转速的上限设定为 4000r/min 或者更高,即可解决此问题
经验总结	主轴的上限参数一般分为两种情况:一种是机床厂家设定的一个固定的值,无法进行修改的,显然此例中的故障不属于这种情况;第二种是操作者可以根据实际情况进行修改、重新设定,重新设定上限值一般是基于加工零件的要求和机床的实际性能方面去考虑的;还有一种可以改变主轴转速上下限的方法是通过编程来实现,多出现于 SIEMENS 系统中

实例 12　数控车床,刀具运行位置产生偏差

故障设备	FANUC 0i 标准型数控车床
故障现象	FANUC 0i 标准型数控车床执行一段程序时,M、S 指令正常执行,机床可以运动,也能顺利执行完成加工程序,显示器显示位置正确,但加工出的零件尺寸不对,仔细观察测量后发现刀具尖没有运行到既定位置,系统无报警显示
故障分析	由于机床可以正常执行完成加工程序,可以判断程序基本没有故障,尺寸加工出现了偏差,首先考虑尺寸数据的问题,经检查也是正确的。因此考虑到刀具补偿问题,刀具尖没有到达既定位置。检查刀具补偿执行情况,发现换刀时的程序指令为 T0103,即 1 号刀执行 3 号刀的刀具补偿值,导致刀具运行产生错误
故障排除	重新编写指令 T0101,故障即得到了解决
经验总结	程序可以加工完成,加工尺寸出现规律性的错误,出现此类故障,通常与刀具补偿执行有关,操作者和编程者在对刀时通常采用刀号与刀具补偿号同顺序的方式,因此一般的换刀指令也是 T0101、T0202 这样的语句。 　刀具补偿功能是用来补偿刀具实际安装位置(或实际刀尖圆弧半径)与理论编程位置(或刀尖圆弧半径)之差的一种功能。使用刀具补偿功能后,改变刀具,只需要改变刀具位置补偿值,而不必变更零件加工程序。图 1-26 为刀具补偿示意图。 　工件坐标系设定是以刀具基准点(以下简称基准点)为依据的,零件加工程序中的指令值是刀位点(刀尖)的位置值。刀位点到基准点的矢量,即刀具位置补偿值。 　1. 刀具位置补偿的方式 　刀具位置补偿分为绝对补偿和相对补偿两种方式。

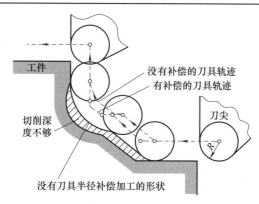

图 1-26　刀具补偿示意图

经验总结	(1)绝对补偿　当机床回到机床零点时,工件坐标系零点,相对于刀架工作位上各刀刀尖位置的有向距离。当执行刀偏补偿时,各刀以此值设定各自的加工坐标系。补偿量可用机外对刀仪测量或试切对刀方式得到。 (2)相对补偿　在对刀时,确定一把刀为标准刀具,并以其刀尖位置 A 为依据建立工件坐标系。这样,当其他各刀转到加工位置时,刀尖位置 B 相对标准刀具刀尖位置 A 就会出现偏置,原来建立的坐标系就不再适用,因此应对非标准刀具相对于标准刀具之间的偏置值 Δx、Δz 进行补偿,使刀尖位置 B 移至位置 A。标准刀具偏置值为机床回到机床零点时,工件坐标系零点相对于工作位上标准刀具刀尖位置的有向距离。 2. 刀具位置补偿的类型 刀具位置补偿可分为刀具几何形状补偿(G)和刀具磨损偏移补偿(W)两种,需分别加以设定。刀具几何形状补偿实际上包括刀具形状几何偏移补偿和刀具安装位置几何偏移补偿,而刀具磨损偏移补偿用于补偿刀尖磨损。 3. 刀具位置补偿的代码 刀具位置补偿功能是由程序段中的 T 代码来实现。T 代码后的 4 位数码中,前两位为刀具号,后两位为刀具补偿号,如 T0101,T0303。刀具补偿号实际上是刀具补偿寄存器的地址号,该寄存器中放有刀具的几何偏置量和磨损偏移量(X 轴偏置和 Z 轴偏置)。刀具偏移号有两种意义,既用来开始偏移功能,又指定与该号对应的偏移距离。当刀具补偿号为 00 时,如 T0200,表示不进行刀具补偿或取消刀具补偿

实例 13　数控车床,螺纹加工时出现螺距不规则故障

故障设备	FANUC 0i 标准型数控车床
故障现象	该数控车床在加工螺纹时,螺纹起始段螺距不规则,即出现所谓的乱牙(图 1-27) 图 1-27　螺纹乱牙
故障分析	在数控车床上加工螺纹,其实质是机床按照系统设定的 X 轴的转角与 Z 轴进给之间进行插补。乱牙是由于 X 轴与 Z 轴进给不能实现同步,机床伺服系统本身滞后特性引起的。该机床为经济型数控车床,主轴的旋转与刀架运动不能实现进给同步,并且螺纹加工初始时主轴速度不稳定,转速亦会有相应的变化,因而导致了螺纹乱牙的产生。上述问题可通过修改程序的方法解决
故障排除	可以采用两种方法解决此问题: ①更改螺纹加工程序的定位点,使其离工件较远,这样,主轴转速不稳定变化在未接触工件之前完成,稳定后,刀具才真正接触工件,再开始螺纹加工; ②在主轴旋转指令 M03,螺纹加工指令前增加 G04 暂停指令,保证在主轴速度稳定后,再开始螺纹加工

经验总结	此种故障出现是由于机床厂家生产机床时所配备硬件系统的功能所造成的,数控系统无论是 FANUC 还是 SIEMENS 在原始系统时均不会考虑此种问题。由于国内生产厂家实力水平等因素,机床的功能也会有所差异,此例正是此种情况。该机床为性能较一般的经济型数控车床,主轴速度为开环控制,不同负载下,主轴启动时间不同,且启动时主轴速度不稳定,转速亦会有相应的变化。螺纹切削是从检测出主轴上的位置编码器一转信号后开始的,因此可能导致 X 轴与 Z 轴进给不同步,可通过修改程序的方法解决

实例 14　数控车床,无法使用固定循环指令

故障设备	SIEMENS 802D CK6125B 型立式数控车床
故障现象	在加工产品时,调用 CYCLE95 标准程序块,但是调出后不能使用,并且长期无法正常使用
故障分析	①再次试调用程序块 CYCLE95,其编程界面的第一栏没有 NPP 标示,栏内不能输入任何字符,编程界面右侧竖排软键完全是空白。 ②CYCLE95 的标准格式是 CYCLE95 (NPP,MID,FALZ,FAL,FF1,FF2,VAR1,DT,DAM,VRT)。其中 NPP 是轮廓名称,可以调用程序的某一部分,也可以定义为某一个子程序。 ③分析认为,这种故障可能是系统软件故障,需要重新恢复系统。 ④从另外一台同系列的立式数控车床上下载了 802D 的程序,并复制到该机床上,故障被排除了。 ⑤但是运行一段时间后,在一次断电并重新启动后,出现了新的问题。打开任何一个程序文件,系统都会出现死机现象。 ⑥进一步检查发现新装载的 802D 程序版本与原来的不同,原来的版本号是 01.03.01,新版本号是 02.01.06,版本不兼容导致出现死机故障
故障排除	通过多种途径,终于找到了版本近似的 802D 程序,其版本号是 01.03.03。输入到系统后,机床恢复正常工作,长期不能使用标准循环功能的问题得以解决
经验总结	同一种 SIEMENS 数控系统可能有几种不同的版本号,如果版本不兼容,可导致系统出现死机等故障现象。 在这次维修之前这台机床还有另一种故障现象:输入程序名开始编程后,自动退出该程序,并自动生成一个与程序名完全相同的程序。这个自动生成的程序既不能执行,又不能删除。在上述维修过程中这种故障也得以排除。由此可以证明,导致这两种情况的原因是软件的系统问题

实例 15　数控车床,加工程序死循环不能执行

故障设备	FANUC 0TC 标准型数控车床
故障现象	在一台 FANUC 0TC 数控车床加工时,程序一直在两端程序之间反复执行,永不停止
故障分析	出现此类故障,应该是程序的问题。仔细观察程序,程序中使用了带变量的参数编程,其中含有指向语句 N350 "GOTO 320",而在 GOTO 程序段中并没有判断语句,如"IF",导致程序不断在 N320 和 N350 程序中反复执行。要解决此问题,只需将程序段修改,加入判断语句即可
故障排除	更改程序,增加条件语句,如"IF""WHILE"语句即可
经验总结	出现此故障多是编程者的编程错误所致,在涉及参数编程的指向语句时,一般都要有条件语句加以配合,否则极容易产生死循环和无目的地跳转。在参数编程后对程序进行仔细的检查,并用图形功能进行验证

实例 16　数控车床,运行固定循环指令时异常

故障设备	SIEMENS 802D 2.5m 立式数控车床
故障现象	车床在加工过程中无法进行刀具补偿编程,出现死机状态
故障分析	①怀疑数控系统内部文件丢失。由于该公司另有一台备用的 802D 数控系统,于是进行更换,并导入现场备份的数据,但是故障依然存在。 ②怀疑为 CF 问题。将 HTC80150 数控车床上的 CF 卡插到这台数控车床上,并导入备份数据,还是不能排除故障,于是怀疑 CF 卡中的数据丢失
故障排除	换为原来的 CF 卡,将原来设备进场时正常使用的备份数据导入,再次启动后,机床恢复正常工作,报警不再出现
经验总结	此例说明了数控系统中数据备份的重要性,也说明了某些数控系统中 CF 卡的特殊性。 ①CF 卡中包括数控操作系统、PLC 系统、NC 系统、HM1、螺距补偿等数据。数控机床的 CF 卡不能随便交换使用。 ②CF 卡的数据必须从原系统中做备份,否则备份的数据可能会丢失或破坏。 ③CF 卡的数据有些是被西门子公司固定,并绑定在机床上的,不可以替换,也不能被复制出来

实例 17　数控铣床，圆弧走刀路径异常

故障设备	SIEMENS 802D 经济型数控铣床
故障现象	SIEMENS 802D 数控铣床在加工一段圆弧时，出现异常的走刀路径，如图 1-28 所示。而图 1-29 为设计要求的加工路径。而在异常走刀路径加工过之后也能回到预定路径上去 图 1-28　实际加工的走刀路径　　　　　图 1-29　设计要求的加工路径
故障分析	该机床为改装后的经济型数控机床，发生故障，数控系统并无报警，说明程序没有格式方面错误，加工的过程也无其他问题。故此从程序方面入手，检查程序编制是否有不合理的地方。经检查后发现，在加工 $R20$ 的圆弧程序时，操作员错误地将 CR＝20 输入成了 CR＝2，造成了这种异常走刀路径的产生，只需将其数值修改为正常值即可
故障排除	将故障程序段的 CR＝2 更改为设计值 CR＝20，故障即排除
经验总结	数控机床自身的诊断对程序检查一般限于程序格式的检查，而对于加工数据数值的错误并不是十分有效。进口的高性能机床对于有错误、不合逻辑的数值常常会停止加工，发出提示信息；而国内生产的部分数控机床，特别是对原有的数控系统进行改造过的数控机床，对于这类数值的出现，往往会进行乱走刀、异常走刀，而这种走刀最后又会到达目标点，很容易使我们对故障的判断产生混淆。因此，正确的程序是避免此类故障的前提，而出现了此类故障，能及时判断并改正，也是操作者必须掌握的

实例 18　数控铣床，程序名错误

故障设备	SIEMENS 802D 数控铣床
故障现象	SIEMENS 802D 数控铣床在选择了加工程序名称，按下"执行"键后，系统显示器提示"系统不在复位状态"；按系统"复位"键，并再次按下"执行"键后，系统显示器仍然提示"系统不在复位状态"，无法执行加工程序
故障分析	通过 MDI 方式执行程序，发现系统工作正常，而且在随意编入其他简单的加工程序进行试验时，机床仍然可以正常运行，由此判定故障原因应在用户的加工程序上。考虑到本机床用户加工程序未能进行选择，因此，程序名出错的可能性较大。进一步检查发现，用户加工程序采用了全数字字符，系统无法进行识别
故障排除	SIEMENS 802D 系统对程序命名的要求如下： ①前两位必须为字母； ②其余位为字母、数字或下划线； ③不可以使用分隔符； ④字符总数不能超过 16 个。 按要求重新修改程序名后，加工程序工作正常
经验总结	这种问题出现的原因是 SIEMENS 数控系统的命名与其他系统的差别，只需稍加注意即可避免出现这种错误

实例 19　数控铣床，镗孔退刀后出现螺旋刀痕

故障设备	SIEMENS 802D 数控铣床
故障现象	SIEMENS 802D 数控铣床在钻好孔后进行镗孔操作，退刀后出现了螺旋刀痕
故障分析	镗刀以 G01 的速度加工孔，退刀时无论采用 G01 还是 G00 速度，都会在孔壁产生螺旋状刀痕。分析后确认是退刀时刀尖划过孔壁所致，因此要避免刀痕，需提前做让刀处理再退刀
故障排除	如果机床可以使用主轴准停的 SPOS 指令，利用 SPOS 指令可以把主轴定位到一个确定的转角位置，如图 1-30 所示；然后用 G01 指令后退一小段距离，使刀尖离开孔壁，如图 1-31 所示；再进行 G01 或 G00 的退刀操作，如图 1-32 所示

故障排除	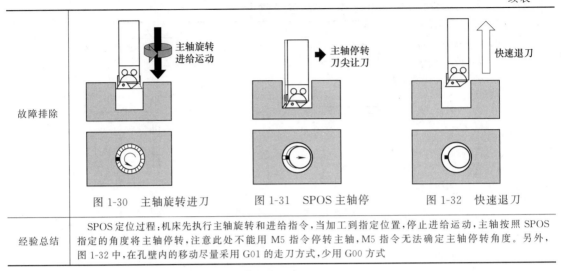 图 1-30　主轴旋转进刀　　　图 1-31　SPOS 主轴停　　　图 1-32　快速退刀
经验总结	SPOS 定位过程：机床先执行主轴旋转和进给指令，当加工到指定位置，停止进给运动，主轴按照 SPOS 指定的角度将主轴停转，注意此处不能用 M5 指令停转主轴，M5 指令无法确定主轴停转角度。另外，图 1-32 中，在孔壁内的移动尽量采用 G01 的走刀方式，少用 G00 方式

实例 20　数控铣床，拒绝执行加工程序

故障设备	SIEMENS 802D 四轴四联动数控铣床
故障现象	选择所需的加工程序后，按下"执行"键，但是系统拒绝执行加工程序，显示器上出现报警，提示"系统不在复位状态"
故障分析	①改用 MDI 方式执行程序，发现机床的工件没有问题。 ②重新编写几个简单的加工程序进行试验，机床可以准确无误地执行。分析认为可能是原来的程序编写不正确。 ③在 802D 数控系统中对程序名的编写格式有四点要求：开头两位必须是英文字母，其余位为英文字母、数字或下划线，不能使用分隔符，字符总数不能超过 16 个。 ④检查用户加工程序，发现程序名中含有中文字符，而 802D 数控系统无法识别中文字符
故障排除	按照以上四点要求，重新修改程序名后，故障不再出现
经验总结	802D 数据系统无法识别中文字符，在程序名和用户加工程序中，不能含有中文字符，出现中文符号的情况一般是因为程序是由编程软件，如 UG、Mastercam 等软件在生成时命名的，只需在以后操作中注意即可

实例 21　数控铣床，主轴撞击到工件上

故障设备	SIEMENS 8MC 数控龙门镗铣床
故障现象	在加工某一箱体的精缸面时，进入精镗孔程序段，此时液压系统压力下降并出现报警。重新启动液压系统后报警消除，于是继续加工。此时加工程序进入 N17 段。当镗孔到达孔底部时，正常的动作应当是进行定向，X 轴移动 0.1mm，Y 轴不移动，然后 Z 轴抬刀至安全距离。但是，此时 X 轴和 Y 轴都在移动，导致主轴撞击到工件上
故障分析	①对被撞击的部位进行检查，发现工件被撞后，偏离了正确的位置，所镗的深孔内壁被撞成椭圆形，刀杆也被撞断，酿成一起严重的机械事故。 ②检查机械和液压系统，没有发现明显的缺陷。 ③检查电气线路，在完好状态。 ④检查加工程序，没有错误之处。 ⑤检查 N17 段的加工工艺参数，发现有异常之处，坐标值只有 X 轴的负坐标，而 Y 轴没有设置坐标值。 ⑥经了解，当液压系统报警消除准备从 N17 段起继续加工时，操作员工查看前一个孔位的程序，发现 Y 轴虽有坐标值，但是 Y 轴并没有移动。于是认为没有必要输入 Y 轴坐标值，直接进行加工，造成了这起事故。 ⑦导致这起事故的另外一个原因是，在以前的钻孔加工中，使用的程序块是 CYCLE82，它只需要输入一个坐标值，相应的动作是机床的坐标系移动一个增量，动作不会出错。而现存使用的程序块是 CYCLE86，在镗孔时必须输入两个轴的坐标值，而操作者忽视了这一点，将程序块 CYCLE86 与 CYCLE82 混为一谈
故障排除	按照加工工艺的要求，给 Y 轴输入正确的坐标值

经验总结	对于 8MC 数控系统,在使用程序块 CYCLE86 进行镗孔时必须输入两个轴的坐标值。如果 Y 轴没有输入坐标值,在按程序镗孔到底部后,X 轴按输入的坐标值移动,而 Y 轴也要移动,其距离是当前孔位到机床坐标系 Y 轴的相对距离,由此会产生严重的碰撞事故

实例 22　加工中心,铣刀加工孔孔底不光滑

故障设备	FANUC 0i 标准型加工中心
故障现象	在用铣刀执行孔加工程序时,孔底不光滑,精度差,并且能明显看到旋转的刀痕
故障分析	出现此类故障,首先考虑刀头的形状是否有磨损或者不平的情况。本例采用 Φ16 铣刀加工孔,经观察铣刀刀头没有磨损,在孔底出现了旋转形状的刀痕,说明刀具加工到孔底处没有充分操作,于是检查程序,发现加工孔的指令 Z-25 F200 之后紧接着就是用 Z2 F800 退刀。分析后判断为刀具加工到孔底马上抬刀,刀具与孔底没有充分接触,导致有部分残余未加工,底部也就达不到尺寸和粗糙度要求
故障排除	在加工孔的程序后加入 G04 P1000,使刀具在孔底暂停 1s,再进行抬刀的动作,此问题得到了解决。图 1-33 为带有 G04 的孔加工示意图 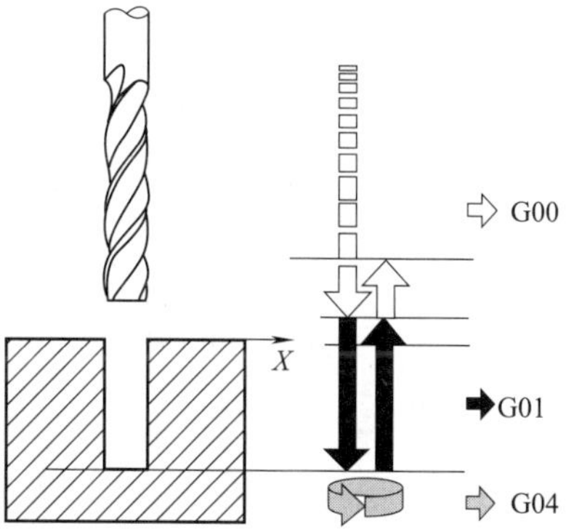 图 1-33　带有 G04 的孔加工示意图
经验总结	在实际加工过程中有些问题是可以通过程序进行修正的,如本例,G04 虽为暂停指令,但可以利用其对底面进行光整加工,提高表面精度。此种方法也同样适用于数控车床加工槽的操作

实例 23　加工中心,出现"10 IMPROPER G-CODE"报警加工程序不能执行

故障设备	FANUC 0TC 标准型加工中心
故障现象	数控车床调试加工程序时,出现报警"10 IMPROPER G-CODE"(不当的 G 代码)
故障分析	仔细检查程序后发现程序中出现了 G5 指令,而该系统并没有提供该 G 代码的功能。经过查看加工图纸和程序得知,该段指令为一圆弧,且只知道中间的过渡点和起点,并不知道半径,由此可以断定,编程者按照 SIEMENS 的指令思路去编了,而 FANUC 系统中 G5 为默认不指定的空指令,故障即出现于此
故障排除	根据数学关系或者绘图软件计算出圆弧半径,用 G02/ G03 指令去编程
经验总结	这是典型的代码运用不当的例子,究其原因,是编程者对 SIEMENS 系统和 FANUC 系统部分指令的混淆所致,想当然地认为编程指令是通用的。在 SIEMENS 系统中,如果不知道圆弧的圆心、半径或张角,但已知圆弧轮廓上三个点的坐标,则可以使用 G5 功能,这也就是在几何绘图中所说三点定圆的原则。G5 X Y IX JY(X、Y:圆弧终点坐标;IX、JY:圆弧中间点坐标)。图 1-34 为 G05 编程点信息示意图。 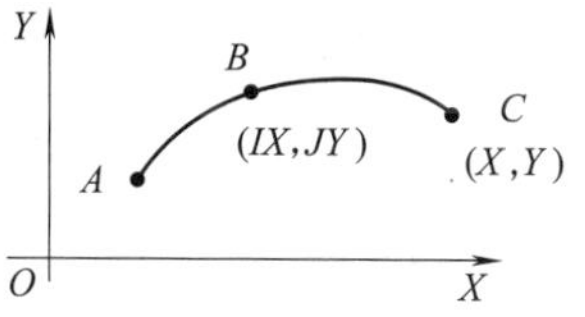 图 1-34　G05 编程点信息示意图 因此,在编程之前必须对所操作的系统的一些常用的指令、系统特点有所了解,避免出现类似问题,影响正常的加工

实例 24　加工中心，出现“22 NO CIRCLE”报警加工程序不能执行

故障设备	FANUC 0TC 标准型加工中心
故障现象	在一台 FANUC 0TC 加工中心调试加工程序时，出现报警“22 NO CIRCLE”(没有圆弧)，程序停止
故障分析	出现此报警表示在圆弧指令中，没有指定圆弧半径 R 或圆弧的起始点到圆心之间的距离的坐标值 I、J 或 K。因此查看程序中有无圆弧指令输入不全的情况，发现程序中其中一段圆弧加工指令为“G03 X50 Y60 I15”，缺少了少了 J 值
故障排除	在圆弧指令中补上缺少的指令值，故障即可解决

经验总结

经查看零件图得知，此处圆弧 Y 方向并没有变化，因此 J 值为 0，并不是没有数值，而编程者错误将没有任何变化的 Y 值“J0”省略而导致此问题的产生。由此可见在编程中可以省略的只是系统允许的模态代码，而数值、数据均不在此范围之内。

模态代码是前一个模态代码，在没有下一句程序没换使用不同组别的代码时继续生效的代码就叫模态代码，简单来说就是没有换代码就一直用同一个代码。图 1-35 中画圈的为 FANUC 0i 数控车床系统的模态代码。

G代码	组别	功能	G代码	组别	功能
G00		定位（快速移动）	G70		精加工循环
*G01	01	直线插补（切削进给）	G71		外圆粗车循环
G02		圆弧插补CW（顺时针）	G72		端面粗车循环
G03		圆弧插补CCW（逆时针）	G73	00	封闭切削循环
G04	00	暂停，准停	G74		
G28		返回参考点（机械原点）	G75		
G32	01	螺纹切削	G76		
G33	01	攻丝循环	G90		外圆，内圆车削循环
G34	01	变螺距螺纹切削	G92	01	螺纹切削循环
*G40		取消刀尖半径补偿	G94		端面切削循环
G41	04	刀尖半径左补偿	G96		恒线速开
G42		刀尖半径右补偿	*G97	02	恒线速关
G50	00	坐标系设定	*G98		每分进给
G65	00	宏程序命令	G99	03	每转进给

图 1-35　FANUC 0i 数控车床系统的模态代码

非模态代码就是只是在当前程序语句有效，下一句程序将不会生效，简单说就是一次性代码，用了一次下次就失效。图 1-36 画圈的为 FANUC 0i 数控车床系统的非模态代码

G代码	组别	功能	G代码	组别	功能
G00		定位（快速移动）	G70		精加工循环
*G01	01	直线插补（切削进给）	G71		外圆粗车循环
G02		圆弧插补CW（顺时针）	G72		端面粗车循环
G03		圆弧插补CCW（逆时针）	G73	00	封闭切削循环
G04	00	暂停，准停	G74		端面深孔加工循环
G28		返回参考点（机械原点）	G75		外圆，内圆切槽循环
G32	01	螺纹切削	G76		复合型螺纹切削循环
G33	01	攻丝循环	G90		外圆，内圆车削循环
G34	01	变螺距螺纹切削	G92	01	
*G40		取消刀尖半径补偿	G94		
G41	04	刀尖半径左补偿	G96	02	
G42		刀尖半径右补偿	*G97		
G50	00	坐标系设定	*G98	03	每分进给
G65	00	宏程序命令	G99		每转进给

图 1-36　FANUC 0i 数控车床系统的非模态代码

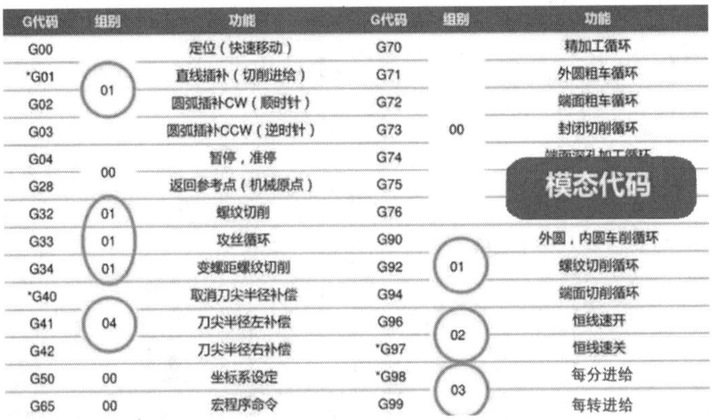

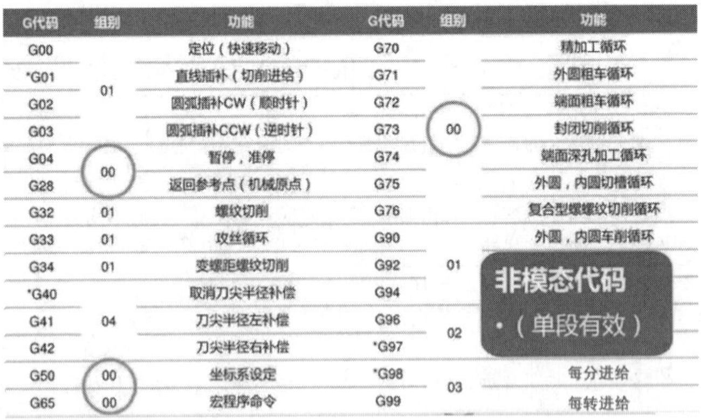

实例 25　加工中心，半径数值误差过大报警

故障设备	FANUC 0TC 标准型数控加工中心
故障现象	数控车床调试加工程序时，出现报警“20 OVER TOLERANCE OF RADIUS”(半径误差过大)
故障分析	观察此例的加工图样，发现报警信息出现在连续加工的圆弧段处，FANUC 0TC 系统的＃20 报警指示在圆弧(G02 或 G03)中，圆弧起点半径值与圆弧终点半径值的差超过了系统参数设定值的允许值，经初步判断应该是程序中的圆弧的数据有误，导致机床无法处理该圆弧的半径数据。因此，下一步查看半径的数值是否正确，在程序中找到圆弧插补指令，重新计算，发现确实有较大的数据出入

故障排除	经重新计算,输入新的数值后,程序正常运行
经验总结	数控系统的程序报警信息只是对符合报警条件的错误信息进行指出,如本例中因为半径误差过大发生了报警。而在实际生产过程中,多数情况之下数据出错不会达到这种极限值,程序也可以继续加工,编程者对数据的计算、处理,对加工图形的验算、模拟就显得更加重要

实例 26　加工中心,刀具补偿加工产生干涉

故障设备	FANUC 0TC 数控加工中心
故障现象	该加工中心在执行程序时出现报警"41 INTERFERENCE IN CRC"(CRC 干涉)
故障分析	加工中心在执行到此程序时停止,用单步功能执行程序,当执行到语句"G02 X40 Y25 R6"时,机床出现报警,程序中断,检查程序没有问题,判断是刀具补偿不当所致,因此只需更改刀具补偿数值即可
故障排除	更改相应刀具的刀具补偿数值后,程序可以正常执行
经验总结	刀具半径补偿功能可以大大简化编程的坐标点计算工作量,使程序简单、明了,但如果使用不当,也很容易引起刀具的干涉、过切、碰撞。为了防止发生以上问题,一般来说,使用刀具半径补偿时,应注意内轮廓。铣内轮廓,工件内拐角或内圆角半径小于铣刀直径,容易产生过切状况,如图 1-37 所示。因此,用刀具补偿铣内轮廓,最小的半径必须大于或等于铣刀半径。 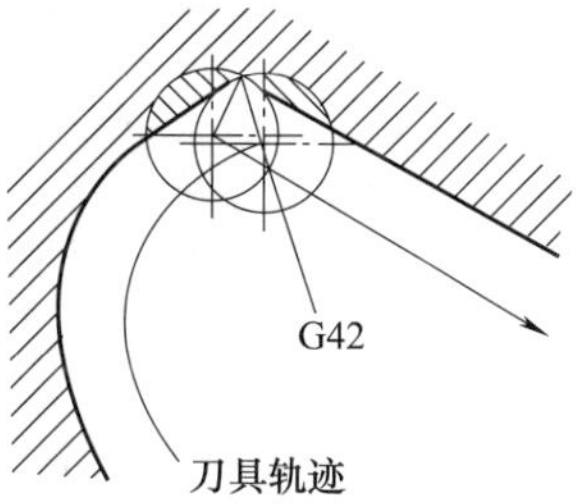 G42 刀具轨迹 图 1-37　铣内轮廓的刀具路径 此程序所使用的 FANUC 0TC 数控加工中心拥有完善的程序自诊断功能,而对于不具备自诊断功能的简化机床,刀具便会按照程序指定路径产生过切现象

实例 27　加工中心,G43/G44 指令没有指定坐标轴报警

故障设备	FANUC 0i 标准型数控加工中心
故障现象	一台 FANUC 0i 标准型数控加工中心在铣削一腔体零件时,由铣孔转到铣面操作时,出现报警"27 NO AXES COMMANDED IN G43/G44"(G43/G44 指令没有指定坐标轴)
故障分析	FANUC 0TC 系统的 ♯27 报警有两种原因: ① 在刀具长度补偿中,在 G43 和 G44 的程序段,没有指定轴; ② 在刀具长度补偿中,在没有取消补偿状态下,又对其他轴进行补偿。 经仔细分析后,铣孔加工的是 Z 轴,排除了第一种可能;再继续观察程序,发现在铣孔结束后紧接着加工一槽面,程序使用了 G42 右刀补指令,判断问题即出于此,原有的长度补偿 G43 指令并没有撤销,与 G42 指令产生冲突
故障排除	在执行 G42 右刀补指令前,增加 G49 指令取消长度补偿即可
经验总结	在数控系统的指令中,许多指令都必须相互对应。本例中,由于加工需要设置了长度补偿,对 Z 轴进行加工,在没有取消长度补偿的情况下,不能对 X 轴和 Y 轴的加工进行半径补偿,否则便会产生报警,程序停止。同样,在用半径补偿的情况下,不取消该补偿时,也不能进行长度补偿。这些都是为了保障生产加工的安全所设定的措施,也可以理解为数控系统的软互锁现象。 一般来讲,数控机床机械方面的互锁包括电气互锁和机械互锁。电气互锁就是通过继电器、接触器的触点实现互锁,比如电动机正转时,正转接触器的触点切断反转按钮和反转接触器的电气通路机械互锁就是通过机械部件实现互锁,比如两个开关不能同时合上,可以通过机械杠杆,使得一个开关合上时,另一个开关被机械卡住无法合上。 电气互锁比较容易实现、灵活简单,互锁的两个装置可在不同位置安装,但可靠性较差。机械互锁可靠性高,但比较复杂,有时甚至无法实现。通常互锁的两个装置要在近邻位置安装

实例 28　加工中心，刀具补偿导致的加工精度异常

故障设备	SIEMENS 802D 数控加工中心
故障现象	一台 SIEMENS 802D 数控加工中心在一次换刀后精加工铣削箱体零件的内槽过程中，突然发现 Z 轴进给异常，造成至少 1mm 的切削误差量，Z 向产生过切
故障分析	由于故障是突然发生的，机床在点动、MDI 操作方式下各轴运行正常，且回参考点正常，无任何报警提示，电气控制系统硬故障的可能性排除。分析后认为，从程序方面着手，检查机床精度异常时正在运行的加工程序段，特别是刀具长度补偿。检查发现更换刀具精加工时出现此问题，因此查看系统中的刀具补偿值，发现该刀具补偿值为 0，故障即由此产生
故障排除	停止程序，重新对此刀具进行对刀，并在 MDI 方式下检测对刀的正确性，然后再次查看刀具补偿是否正确，即可排除此故障
经验总结	在程序运行时，发生刀具补偿丢失多半是对刀时不规范操作所致，因此在每一次对刀后，必须在 MDI 方式下进行检测。图 1-38 为 MDI 程序执行时的界面（图示为三菱机床）  图 1-38　MDI 程序执行时的界面

实例 29　加工中心，运行固定循环指令时异常

故障设备	SIEMENS 810M 立式加工中心
故障现象	在自动加工过程中，进行车削螺纹。当运行 L84 固定循环指令时，出现异常情况，Z 轴在到达 R3 指定的位置后，不能停止进给，继续往下运动
故障分析	①检查机床的其他动作，全部都正常，分析认为故障原因可能是系统软件参数设置不当。 ②仔细阅读使用说明书，了解到在 810M 系统中，攻螺纹循环具有两种基本的格式。 一是"刚性"攻螺纹；二是"柔性"攻螺纹。这两种格式由机床参数 MD5013 bit0 进行设置，如果选择"刚性"格式，则 Z 轴与主轴同步进给；如果选择"柔性"格式，则 Z 轴不与主轴同步进给 这台机床选择的是"刚性"格式，两轴需要同步。因此，只有在主轴完全停止运动时，Z 轴才能停止进给。 查看循环指令中的 R3，它只是指定了主轴开始停止的位置，由于主轴制动需要一定的时间，因此到达 R3 位置后，主轴还处在减速运动过程中，所以 Z 轴不能立即停止，应继续执行进给动作，直至主轴完成制动之后才能停止
故障排除	通过修改机床参数 MD5013 bit0，改变攻螺纹循环的基本格式。MD5013 bit0 原来设置为 0，更改为 1 后，就选择了"柔性"攻螺纹格式，在这种格式下，当到达 R3 指定的位置时，Z 轴就会停止进给，故障得以排除
经验总结	攻螺纹也叫攻丝，指的是用一定的转矩将丝锥旋入要钻的底孔中加工出内螺纹，图 1-39 为正在进行的攻螺纹加工  图 1-39　攻螺纹加工

经验总结	柔性攻丝：丝锥是轴向浮动的（弹性夹头），丝锥的轴向运动全靠其自己咬进材料的螺纹来驱动，依靠丝锥的自导向能力来导正，主轴只需提供旋转运动即可，就像自攻螺钉一样 刚性攻丝：攻丝轴与主轴同步控制，机床的转速、轴向进给和丝牙的螺距要匹配（$P=F/S$），由主轴螺旋着带动刀具切出内螺纹来，对精度要求高，尤其是螺距精度，就像车床车螺纹孔一样

实例 30　加工中心，程序加工时主轴的转速达不到程序指定转速

故障设备	SIEMENS 802D 数控加工中心
故障现象	SIEMENS 802D 加工中心，在加工零件时无论是粗铣还是精铣，主轴转速都达不到所设定的转速，导致平面铣削的表面粗糙度达不到要求
故障分析	在加工时，程序设定主轴转速为 4500r/min，而实际加工时加工主轴达不到所设定的转速，只在 3000r/min 时进行加工。观察主轴运行的倍率开关可知是正常的，打开系统参数查看系统设置得知，主轴转速的上限为系统内定 12000r/min。在 MDI 方式下输入 M3S5000 并执行，显示主轴转速也可到达到 5000r/min。由此判断可能是程序编制中对主轴转速有所限制。经仔细检查程序发现，在程序开头处出现 G26 S3000 的指令，其意义为设定最高主轴转速上限为 3000r/min
故障排除	将 G26 S3000 程序段取消后，机床即可达到所设定的主轴转速，故障得以排除
经验总结	SIEMENS 系统中，通过在程序中写入 G25 或 G26 指令和地址 S 的转速，可以限制特定情况下主轴的极限值范围，与此同时原来设定数据中的数据被覆盖，原先设置的转速 S 保持存储状态。对于某些有较大偏心量的刀具（如单刃镗刀），控制主轴最高转速可以避免振动或事故。比如 G26 S1200 后面出现 M3 S2000 的程序时，主轴按照 G26 设定的 1200r/min 去执行

实例 31　数控钻床，不能切换到坐标轴页面

故障设备	SIEMENS 840D 六轴数控钻床
故障现象	机床通电启动后，停留在 SIEMENS 主页面，显示器下方显示 CAL ERROR：CAN'T READ NETNAMES. BIN.，不能切换到与坐标轴有关的页面
故障分析	这台机床的面板控制单元由 PCU50（工业电脑）等元件构成。显示器报警的显示说明 HMI 无法与 NCU 达成通信条件，常见的原因如下： ①HMI 网络链接文件缺失或损坏； ②连接 PCU 和 NCU 之间的 DP 通信电缆出现问题。 诊断排查： ①重新安装 HMI 网络链接文件，故障现象不变； ②检测 PCU50 连接至 NCU、MCP 之间的 PROFIBS-DP 总线电缆，其金属屏蔽层接地良好，但是其中有一个插接件松动
故障排除	重新连接好插接件之后，显示器顺利地切换到各个坐标轴界面
经验总结	屏蔽技术是利用金属材料对于电磁波具有较好的吸收和反射能力来进行抗干扰的。根据电磁干扰的特点选择良好的低电阻导电材料或导磁材料，构成合适的屏蔽体。利用铜或铝等低电阻材料制成的容器，将需要防护的部分包起来或者利用导磁性良好的铁磁材料制成的容器将需要防护的部分包起来，图 1-40 为电缆金属屏蔽层。屏蔽一般分为三种：静电屏蔽、磁场屏蔽和电磁屏蔽。  图 1-40　电缆金属屏蔽层 金属屏蔽层是为了保证在有电磁干扰环境下系统的传输性能，这里的抗干扰性应包括两个方面，即抵御外来电磁干扰的能力以及系统本身向外辐射电磁干扰的能力

经验总结	理论上讲,在线缆和连接件外表包上一层金属材料屏蔽层,可以有效地滤除不必要的电磁波(这也是目前绝大多数屏蔽系统采用的方法)。 电缆金属屏蔽层的作用: ①加强限制电场在绝缘层内的作用,使电场方向与绝缘半径方向一致(即径向),金属屏蔽带接地,电场终止在金属屏蔽带上,金属屏蔽带外不再有电场。 ②在三相四线制中,它可作为中心线承担不平衡电流。 ③防止轴向表面放电。电缆在没有良好接地的环境中,由于半导电层有一定的电阻系数,在电缆轴向可能引起电位分布不均匀,造成电缆沿面放电。 ④电站保护系统需要外导体屏蔽。绕包铜带具有优异的防雷特性。 ⑤正常情况下流过电容电流,短路时金属带可作为短路故障电流的回路

第二节　操作面板问题引起的机床故障

数控车床的类型和数控系统的种类很多,以及各生产厂家设计的操作面板也不尽相同,但操作面板中各种旋钮、按钮和键盘上键的基本功能与使用方法基本相同。

一、操作面板故障的分类(表 1-2)

表 1-2　操作面板故障的分类

序号	故障类型	备　注
1	互锁	部分机床开机默认安全互锁启动,需要解开互锁才能执行后续操作
2	破损	按钮破损导致按键按不到位或难以按下
3	失灵	按钮内部触点失灵
4	老化	经常出现在使用时间长、环境恶劣的情况下,按钮或旋钮部位氧化、卡死、松动等导致接触不良
5	移位	多出现于旋钮,长时间使用后旋转移位、定位不准

二、操作面板问题引起的故障处理实例

实例 1　数控车床,自动方式下无法自动加工

故障设备	FANUC 0i 标准型数控车床
故障现象	FANUC 0i 标准型数控车床,机床手动、回参考点动作均正确,在 MDI 方式下执行程序正确,但在自动(MEM)方式下却无法执行自动加工
故障分析	由于机床手动、回参考点、MDI 运行均正常,可以确认系统、驱动器工作正常,CNC 参数设定应无问题。机床在 MDI 方式下运行正常,但 MEM 方式不运行,其故障原因一般与系统的操作方式选择有关。通过 CNC 状态诊断确认,经过长时间使用,模式切换的旋钮 MEM 模式处接线脱落,导致无法选定 MEM 工作方式
故障排除	重新连接 MEM 模式的连线后,机床恢复正常工作
经验总结	数控机床的选择方式一般分为两种:旋钮式和按键式。一般旋钮式由于长期使用导致机械磨损,容易出现指针对应移位、连线脱落等故障,旋钮式如图 1-41 所示;而按键式则容易出现按钮破损、触点松不开、油 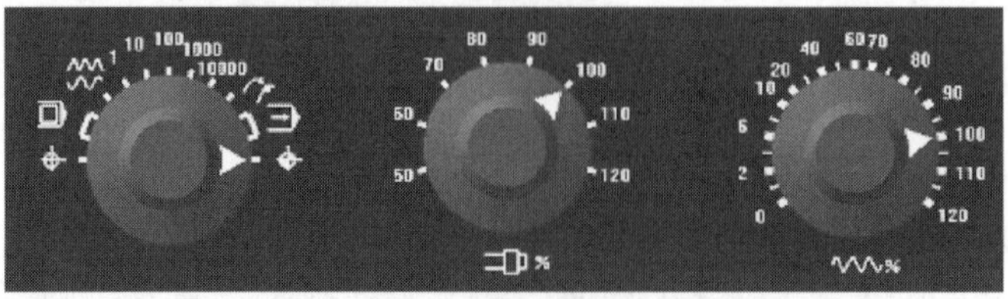 图 1-41　旋钮式

经验总结	污黏合等情况,这就需要区分对待,自己分析了,按键式如图 1-42 所示 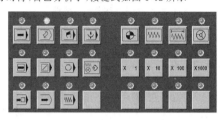 图 1-42　按键式

实例 2　数控车床，工作方式无法准确定位

故障设备	FANUC 0i 标准型数控车床
故障现象	FANUC 0i 标准型数控车床,机床手动、回参考点动作均正确,在用旋钮选择 MDI、JOG、MEM 方式时均产生位置偏移
故障分析	由于机床手动、回参考点、程序运行均正常,可以确认系统、驱动器工作正常,只是在旋钮选择的时候,对应的工作模式产生位置的偏移。因此判断是旋钮长时间使用,旋钮和面板后的对应位置产生了变化,而导致无法准确定位
故障排除	将操作面板拆下后,重新安装、固定和定位模式选择旋钮,问题即解决
经验总结	机械式的旋钮经常会出现松动、移位、卡死等故障,多半是由于操作者用力过大所致,此类问题只需在日常生产活动中稍加注意即可避免。图 1-43 为机床常用的机械式的旋钮  图 1-43　机械式的旋钮

实例 3　数控车床，工作按钮无法复位

故障设备	FANUC 0i 标准型数控车床
故障现象	FANUC 0i 标准型数控车床在使用过程中有时出现主轴正转(CW)按钮功能无法取消而影响操作
故障分析	由于机床主轴可以正常正转、反转和停止,程序中的 M03、M04、M05 指令也能正确执行,故可以确认系统、驱动器工作正常。只是在使用按钮方式取消主轴正转时会出现此故障,考虑到该机床采用的是传统的按键式的选择按钮,因此判断可能是按钮方面出了问题,仔细观察后发现按钮下方存在较厚的油污,应该是平常操作中所黏附的油污使按钮无法及时弹起。图 1-44 为故障按钮 图 1-44　故障按钮

故障排除	及时将按钮缝隙中的油污清除,此故障便得到了解决。若是仍然感觉按钮弹起滞涩,则需将按钮卸下清理,基本清理后继续用酒精或松香擦拭做进一步清理
经验总结	此故障是由于日常保养不到位所造成。数控机床作为机械加工设备,其工作环境中存在灰尘、油气、油污在所难免,这就对日常的保养提出了更高的要求,及时地清除操作面的油污、水汽,是避免此类故障的重点

实例 4   数控车床,机床互锁导致加工程序不能执行

故障设备	SIEMENS 802S 数控车床
故障现象	SIEMENS 802D 数控车床选择好加工程序名称,按下自动运行键后,M、S、T 功能按程序命令执行,坐标值变化显示无异常,但两个坐标轴均不运动,程序规定的动作不执行
故障分析	出现此类故障,首先检查进给速度、进给倍率是否为零,结果显示是否正常。该机床生产厂家为了防止误操作,设置了一套机床的安全互锁机构,默认状态下关机即启动互锁设置。进一步检查发现操作面板上机床互锁按钮指示灯亮,故障由此而产生
故障排除	关掉互锁后,程序即可正常执行
经验总结	在一些较新的数控机床中,从安全方面考虑,数控厂家会设置机床互锁机构。在没有互锁机构的机床上操作,如因操作错误,同时将丝杠传动和纵、横向机动进给(或快速运动)接通,则将损坏机床。为了防止上述事故,溜板箱中设有互锁机构,以保证开合螺母合上时机动进给不能接通,机动进给接通时开合螺母不能合上。因此,在程序执行前检查有无必须执行的线性操作值得关注。 互锁控制是机械操作机构用语。比如电气控制中同一个电机的"开"和"关"两个点动按钮应实现互锁控制,即按下其中一个按钮时,另一个按钮必须自动断开电路,这样可以有效防止两个按钮同时通电造成机械故障或人身伤害事故。机械行业的某些场合也会用到类似的互锁控制机构。图 1-45 为伺服电机正反转的互锁控制电路图。正转时,SBR 不起作用;反转时,SBF 不起作用。从而避免两触发器同时工作造成主回路短路。 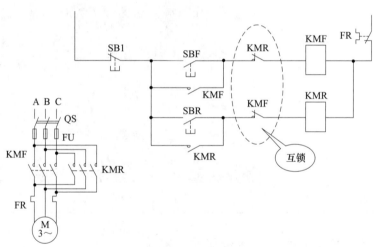 图 1-45　伺服电机正反转的互锁控制电路图 PLC 程序互锁和不互锁的区别:带互锁的两个执行机构不能同时动作或者同一个机构不能同时完成两个动作,不互锁的就有可能同时动作。对于很危险的场合不仅仅需要 PLC 的内部程序的电气互锁,而且还需要外部按钮的机械互锁,称之为双重互锁。 例如两个执行机构是两个对装在同一水平线的气缸,互锁就是分别控制气缸的两个电磁阀把各自的常闭触点串联在输出回路中来保证两个气缸不能同时动作,而不互锁达不到这种效果。不互锁时,只要两者各自的输出信号满足条件后就会同时动作

实例 5   数控车床,进给运动指令不执行

故障设备	FANUC 0T 系统的数控车床
故障现象	配套 FANUC 0T 系统的数控车床,在自动加工时,按下"循环启动"键,程序中的 M、S、T 指令正常执行,但运动指令不执行

故障分析	由于程序中的 M、S、T 指令正常执行,机床手动、回参考点工作正常,证明系统、驱动器工作均正常。引起运动指令不执行的原因一般有以下几种: ①系统的"进给保持"信号生效; ②轴的"进给倍率"为零; ③坐标轴的"互锁"信号生效。 　　经检查,本机床的"进给保持"信号、"进给倍率"均正确,因此产生问题的原因与坐标轴的互锁信号有关。通过诊断功能检查系统坐标轴的互锁信号灯发现此灯处于熄灭状态,查看显示器上的系统信号发现此信号为"1",表示"互锁"已经生效。拆开面板后发现,互锁信号指示灯已经虚焊脱落,如图 1-46 所示  图 1-46　虚焊的位置
故障排除	重新将指示灯后的连接线焊接,故障即得到排除
经验总结	此问题在机床长时间使用后会频繁出现,而指示灯故障经常使操作者忽略机床的运行状况,而造成判断失误

实例 6　数控车床,进给速度与编程值不符

故障设备	FANUC 0T 数控车床
故障现象	某配套 FANUC 0T 系统的数控车床,在自动运行过程中,发现机床进给与编程值不符,且调节进给倍率开关无法改变进给速度
故障分析	由于机床在手动方式、回参考点方式下工作正常,故可以基本排除系统与驱动系统的故障。引起进给与编程值不符,且调节进给倍率开关无法改变的原因有以下几种: ①机床参数设定错误; ②进给倍率开关连接不良; ③机床"程序控制"方式选择不当。 　　检查系统与进给速度有关的参数设定发现正确,利用诊断页面检查进给倍率开关信号发现也正确。因此故障原因应与机床"程序控制"方式选择不当有关。进一步利用诊断页面,检查机床的程序控制信号,发现 CRT 上的"DRY"显示始终存在,系统的"试运行"输入信号始终为"1",系统将程序指令中的 F 代码忽略,机床始终以"试运行"速度运行,从而导致程序中的 F 值无效
故障排除	取消"试运行"信号后,机床恢复正常
经验总结	在正常情况下,"试运行"一般都设置有指示灯,CRT 亦显示"DRY"状态,以提示操作者注意。但在本机床上由于指示灯损坏,操作者未注意 CRT 上的"DRY"显示,使简单的故障不能得到及时解决

实例 7　数控车床,机床不能循环启动

故障设备	FANUC 21i-TB　TU26 型数控车床
故障现象	无论是在手动模式还是在自动模式下,机床都不能循环启动,也没有出现任何报警
故障分析	①检查"循环启动"按键是否损坏。打开系统的 I/O 状态监控,找到"循环启动"键对应的输入点 X01,然后按下"循环启动"键,这时 X0.1 的状态由"0"变为了"1",说明"循环启动"键正常,而且信号已经输入到了 PMC 中。 ②按下"循环启动"键后,启动指令由 PMC 的输出 G7.2 信号发送给 NC 系统。根据工艺要求,G7.2 循环启动信号还要受到几个条件的限制,例如安全门联锁信号、进给暂停信号、刀塔到位信号等,以确保循环启动时的安全。打开 PMC 的梯形图界面,找到 G7.2 的线圈,发现在按下"循环启动"键时,G7.2 并没有接通。 ③从 PMC 梯形图中进一步查找发现,导致 G7.2 没有接通的原因是 G8.5(进给暂停信号)没有接通。 ④经检测,发现"进给暂停"按键始终处于接通状态。拆开"进给暂停"按键,发现按键内部卡死,始终处于接通状态,如图 1-47 所示

续表

故障分析	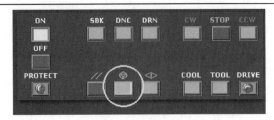 图 1-47　"进给暂停"按键始终处于接通状态
故障排除	更换"进给暂停"按键,故障排除
经验总结	该机床的操作按钮是典型的扣押开关按钮。扣押开关按钮,也称作押扣按钮,或压扣按钮,如图 1-48 所示。  图 1-48　扣押开关按钮 扣押开关按钮一般用作低压断路器(多用于 400V 及以下电压),可用来接通和分断负载电路,也可用来控制不频繁启动的电动机。并且它自动切除所属线路的过载、短路、失压等故障,是低压配电网中一种重要的开关保护电器。扣押开关(也可简称自动开关),扣押空气开关广泛用于低压发电机盘及各干线或大电动机的非频繁操作回路中。 扣押开关具有多种保护功能(过载、短路、欠电压保护等功能)、动作值可调、分断能力高、操作方便、安全等优点,目前被广泛应用

实例 8　加工中心，使能键损坏导致机床无法操作

故障设备	SIEMENS 802S 数控加工中心
故障现象	该加工中心可以正常开机,但开机后无法正常工作,任何按键都无反应,也无报警指示
故障分析	观察该机床,发现 SIEMENS 802S 系统拥有一套 K 键的功能键,在机床打开后必须开启"K1"的进给使能,才能进行下一步操作。初步检测发现,由于长期使用,该按键经常失灵,导致机床无法正常运行,故将其更换即可
故障排除	更换新的按键,机床可以正常运行
经验总结	SIEMENS 802S 系统与其他数控系统的最大区别在于它多了一套功能按键,即 K 键。K 键位于操作面板的右上角,如图 1-49 所示 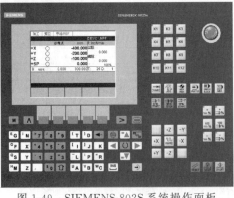 图 1-49　SIEMENS 802S 系统操作面板 K1 为进给使能键,机床运行时必须先打开 K4 为刀库中刀具位置变换键 K6 为冷却液开关键 其余的为自定义键

实例 9　加工中心，自动方式下程序不能正常运行

故障设备	FANUC 0TM 加工中心
故障现象	某配套 FANUC 0TM 系统的卧式加工中心，机床手动、回参考点动作均正确，但 MDI、MEM 方式下，程序不能正常运行
故障分析	由于机床手动、回参考点动作正常，故可以确认系统、驱动器工作正常；由于机床在 MDI、MEM 方式下均不能自动运行程序，因此故障原因应与系统的方式选择、循环启动信号有关。利用系统的诊断功能，逐一检查以上信号的状态，发现方式选择开关正确，但按下"循环启动"按钮后，系统无输入信号，由此确认，故障是由于系统的"循环启动"信号不良引起的。进一步检查发现，该按钮损坏
故障排除	更换按钮后，机床恢复正常
经验总结	由于长时间使用，某些常用按钮会出现破损、虚焊脱落、油污粘死的情况，因此需在平常使用中注意保养和维护。图 1-50 为常见的虚焊脱落的按钮背面情况  图 1-50　虚焊脱落的按钮背面情况

实例 10　加工中心，"循环启动"灯不灭

故障设备	FANUC 0TM 加工中心
故障现象	某配套 FANUC 11M 系统的卧式加工中心，程序加工完成以后，"循环启动"指示灯不灭，但是可以进行其他操作
故障分析	由于机床可以正常操作，程序也可正常运行均正常，可以确认系统、驱动器工作正常，开机时，"循环启动"指示灯并不亮，而在程序加工后"循环启动"指示灯便不会灭掉，因此判断可能是循环启动指示灯连线短路，拆开面板后发现，"循环启动"指示灯的后部堆积了很厚的油渍，从而导致短路造成"循环启动"指示灯不灭
故障排除	将"循环启动"指示灯后部的油渍用酒精或松香彻底清理干净后，"循环启动"指示灯工作正常
经验总结	数控机床堆积污渍、油渍、灰尘都是正常现象，只要平常注意环境卫生和保养即可。通常情况下机油等油类液体并不导电，但如果机油内部杂质太多，如金属粉末、潮湿粉尘等，便会导电。图 1-51 为加工环境恶劣，机床内部和机身满是油渍、潮湿严重的加工中心  图 1-51　油渍、潮湿严重的加工中心

实例 11　加工中心，进给速度与编程值不符

故障设备	FANUC 0M 加工中心
故障现象	某配套 FANUC 0M 的立式加工中心，在执行自动换刀指令时，主轴完成定位（M19）后，程序不再执行
故障分析	该机床出现故障后关机重新启动即可恢复正常，执行不含 M19 指令的程序段，机床正常运行。因此可以判断，故障是由 M19 主轴定向准停引起的，即 M19 指令无执行完回答（FIN）信号。检查 M19 状态时，发现定位位置正确，而且主轴亦有相应的保持力矩，因此可以排除主轴定位本身的动作不正常。对照机床电气原理图检查，发现该机床为了提高换刀可靠性，设置了主轴定位到位无触点开关，故障原因是该开关损坏，导致 M19 执行完回答（FIN）信号不能产生
故障排除	更换开关后机床恢复正常
经验总结	该机床的数控系统设置了 M19 的功能，可以实现类似于 SIEMENS 系统 SPOS 指令的主轴准停功能。一般情况下，程序会正常执行，当生产厂家设置了主轴定位开关后，则需要收到开关信号后才能继续执行，此例正是由于开关损坏导致程序不能运行。 无触点开关是一种由微控制器和电力电子器件组成的新型开关器件，依靠改变电路阻抗值，阶跃地改变负荷电流，从而完成电路的通断。图 1-52 为一种典型的无触点开关。  图 1-52　无触点开关 无触点开关的主要特点是没有可运动的触头部件，导通和断开时不出现电弧或火花，动作迅速，寿命长，可靠性高，适合防火、防爆、防潮等特殊环境使用。 无触点开关在电磁兼容性、可靠性、安全性等方面的优越性是触点开关无法比拟的。无触点开关是用可控硅来控制的，因此它是在 PN 结内部完成导通和截流的，不会有火花，弥补了触点开关闭合时有火花的不足，避免因电流过大出现火花或在高电压电路中击穿空气，造成误动作。无触点开关的耐高压性也很好，如一些大型电机在启动时，由于转子由静止变为转动的惯性非常大，造成非常大的启动电流（基本相当于短路电流），停机时由于惯性继续运转，会造成非常高的电压，无触点开关便可应用于此

第三节　系统死机和无法启动的故障检修

数控系统简单来说就是一台可以控制数控机床的计算机系统，其故障有与一般计算机共有的故障，又有与其联系数控机床的特殊性。引起数控系统死机的原因也因此分为软件故障和硬件故障，下面我们将详细地对其进行讲解和分析。

一、系统死机故障的分类（表 1-3）

表 1-3　系统死机故障的分类

序号	故障类型		故障排除	备注
1	软件故障引起的死机	干扰	通过强行启动才能恢复系统运行	屏幕有显示但不能进行其他操作
		参数设定	必须将错误的参数修改正确	
2	硬件故障引起的死机		数控系统因为 CPU 主板、存储板或者电源等硬件问题导致系统死机，即硬件故障。出现这类故障时，要根据故障现象、系统构成原理来检修，只有将损坏的器件修复或更换已损坏的器件，才能恢复系统的运行	

二、系统死机和无法启动故障处理实例

实例 1　数控车床，NOT READY 报警

故障设备	FANUC 0TC 数控车床
故障现象	数控车床在加工过程中出现 NOT READY 报警，有时关机过一会儿重新启动，故障又消失了
故障分析	在出现故障时检查数控装置，发现底板上报警灯和伺服轴模块上的报警灯亮，指示伺服模块有问题，但检查伺服模块并没有问题
故障排除	逐个将控制模块拆下，清洗后重新插接安装。当拆下存储器模块清洗并重新安装上后，开机测试，故障再也没有发生，说明是存储器模块的插接出现问题。图 1-53 为出故障的存储器模块  图 1-53　出故障的存储器模块
经验总结	由于机床是切削加工，加工过程中会产生长时间振动，无论机床安装多么稳固、防振措施多么好，也无法消除振动所带来的影响，特别是用于粗加工、强力切削的机床，在长期使用后，部分插件会出现松动，这时只需将其拆下简单清理后再插入即可。如想使其更加牢固，可用热熔胶在插口部位进行固定

实例 2　数控车床，开机后出现检测画面但不运行

故障设备	FANUC 0TC 数控车床
故障现象	数控车床启动系统时，出现检测画面，但不继续运行
故障分析	这种现象似乎是系统受干扰死机，因此首先对电气柜进行检查，发现电机控制中心(简称 MCC)的接触器其中一个触点上的电源线接头烧断，接触不良。系统通电后，MCC 吸合时可能由于接触问题产生电磁信号，使系统死机
故障排除	将 MCC 的电源线重新连接好后，机床恢复正常工作
经验总结	数控机床在加工时不断进行换刀、主轴变速、进给变速、切削液启停等操作，这些操作都在不断使电压、电流发生改变，而机床长时间使用后，部分线缆接头也会出现氧化、油污附着的现象，此时就特别容易出现烧线头的情况。因此在日常检修、月检、年检时都需要对接头部分注意观察，遇到问题及时处理。 　　电机控制中心又称电动机控制中心，或马达控制中心，英文名称为 MOTOR CONTROL CENTER，简称 MCC。电机控制中心统一管理配电和仪器设备，将各种电机控制单元、馈电线接头单元、配电变压器、照明配电盘、联锁继电器以及计量设备装入一个整体安装的机壳内并且由一个公共的封闭母线供电。图 1-54 为一典型的机床电机控制中心  图 1-54　机床电机控制中心

经验总结	MCC在工程中应用非常广泛。常规的MCC只包括机电元件,而且所有连接都是通过硬接线实现。直到今天,这些机电元件仍然是MCC产品的主要构成部分。即便在发达国家,MCC产品中,超过半数的单元仍然是纯粹的机电设备。近年来,随着科学技术的发展,智能MCC发展并逐步应用起来。智能型MCC采用新型的智能元件和现场总线技术,逐步向自动化集成型发展,将硬件、软件和网络技术紧密地联系在一起

实例3　数控车床,散热不良导致系统死机

故障设备	FANUC 0i-TC数控车床
故障现象	在日常使用时,该机床经常中午和下午时间段出现系统死机的情况,且不论是执行加工程序、手动操作还是机床闲置时这种情况都会出现
故障分析	根据系统死机出现的时间判断,可能和硬件有关,而每次出现死机故障的时间都有一定规律性,因此排除了硬件元器件故障的可能。考虑到该机床放的位置接近窗户、又靠近厂房的南墙,故障出现的时间又在温度较高的中午和下午时间段,故而判断故障原因可能是机柜内部的散热不良所致。打开机柜面板,发动机柜内温度很高,并且发现电源部分灰尘堆积较厚,而散热风扇明显达不到预定转速
故障排除	清除电源和风扇内的灰尘,严重时更换新的散热风扇,该故障即得到解决
经验总结	数控机床由于长时间工作,机身内部会产生大量热量,需要通过通风装置排散出去。普通数控机床的环境温度一般要求低于40℃、相对湿度低于80%,而高精度数控机床则要求20℃恒温环境。图1-55为典型的四风扇散热装置  图1-55　典型的四风扇散热装置

实例4　数控车床,带电操作导致系统死机

故障设备	SIEMENS 802D数控车床
故障现象	机床通电后,数控系统启动失败,所有功能操作键都失效,显示器上只显示系统页面并锁定,同时,机床上部报警灯的红色出错指示灯点亮
故障分析	故障发生前,有维护人员在机床通电的情况下,按过系统位控模块上伺服轴位置反馈的插头,并用螺钉旋具紧固了插头的紧固螺钉,之后就造成了上述故障。在通电的情况下紧固或插拔数控系统的连接插头很容易引起接插件短路,从而造成数控系统的中断保护或电子元器件的损坏,故判断故障由上述原因引起
故障排除	根据故障的严重程度一般按照以下步骤进行操作: ①在机床通电的状态下,一手按住电源模块上的复位按钮(RESET),另一手按数控系统启动按钮,系统即恢复正常; ②在①无效的情况下,通过INITIAL CLEAR(初始化)及SET UP END PW(设定结束)软键操作,进行系统的初始化,系统即进入正常运行状态; ③如果上述两种方法均无效,则说明系统已损坏,必须更换相应的模块甚至系统
经验总结	数控系统在通电的情况下,如果用带静电的螺钉旋具或人的肢体去触摸数控系统的连接接口,都容易使静电窜入数控系统而造成电子元器件的损坏,而机床内部的强电电流也很容易对人身造成伤害。因此,在日常生产中,无论何种情况都禁止在机床通电的情况下对机床内部元器件进行操作

实例5　数控车床，操作失误导致系统死机

故障设备	FANUC 0i 数控车床
故障现象	一台 FANUC 0i 数控机床,使用过程中,在编辑状态下,按任何按钮都不管用,系统死机。但在系统初始化后,其他按钮正常使用,但一按编辑键(EDIT),即造成系统死机,之后所有按钮均无法操作,程序编辑和运行都不能进行,重新开关机,故障依旧,如图1-56所示  图1-56　系统死机的故障现象
故障分析	初步分析可能是由于操作者误操作所致,故重新启动机床。发现除了编辑键外的按键均正常,一旦使用编辑键便造成系统死机,初步排除了编辑键的原因,判断为系统程序受到破坏,但重启后无法自动修复,只能重新安装操作系统
故障排除	系统丢失或程序错误,重新启动或重新安装系统即可
经验总结	一般的不涉及系统部分软件错误、参数问题,只要将机床重新启动即可解决问题,而一旦是操作系统出故障,则需要重新安装系统。数控机床的操作系统不同于计算机系统,其有专门设计固化程序、参数、程序数据,不是机床操作者立马可以恢复的,需要联系生产厂家来进行修复。由此可见,此类故障对正常生产活动的影响较大,如有可能,尽量将系统的重要参数、程式和数据锁定,以避免误操作造成的损失

实例6　数控车床，执行自动程序时经常死机

故障设备	SIEMENS 802D 数控车床
故障现象	一台使用了3年的SIEMENS 802D数控车床,数控系统在加工过程中出现死机故障,表现为:在执行自动程序时经常死机,机床停止运行,操作面板上按钮不起作用,但是不产生什么报警,断电后重新启动可以正常使用,死机时系统时间正常运行
故障分析	该车床一直在使用,只是最近才出现此类故障,初步判断可能是数控车床老化所致。仔细检查了控制机柜后部的硬件后,没有发现虚焊、氧化、松动等现象。再将研究方向转向数控系统的软件部分,经检查数控系统参数由于长时间使用并且不断更换操作人员,被改变了很多次,特别是刀具补偿的参数,十分混乱,如图1-57所示。判定该机床的系统死机故障即由此产生 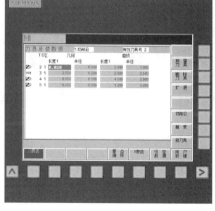 图1-57　被修改过并且混乱的刀具补偿参数界面

故障排除	系统参数混乱,只需重新安装系统或者恢复原始参数就可以了
经验总结	数控机床经过长时间使用,操作人员不断的更换,不同操作的使用习惯,加工工件的具体要求,都会导致系统参数的不断修改,特别是刀具补偿、位置数据、参考数据等,一旦修改没有及时地完善,便会导致机床运行速度变慢、程序执行不顺利、系统死机的故障。因此,我们对于机床的保养,不仅仅是对机床硬件设备的保养,也要对机床软件部分进行定期的查看、维护和修复

实例 7　数控车床,机床无法正常开机

故障设备	FANUC 0i-TC 数控车床
故障现象	该数控机床在工作中突然死机,然后无法开机,过了几分钟又能开机
故障分析	此机床为使用多年的经济型数控车床,出现该故障初步判断为线路接触不良,导致系统死机。打开电柜后查看发现线路一切正常。仔细查看系统主板部分,发现主板上采用的电解电容,有个别电容出现鼓起甚至破裂状况,如图 1-58 所示,故障即由此产生  图 1-58　已经冒浆的电容
故障排除	将主板卸下,更换新的电容即可,如要求机床更加稳定,则可将电解电容更换成稳定性更高的固态电容
经验总结	电容在电气设备中主要用于电源滤波、信号滤波、信号耦合、谐振、隔直流等电路中。一般来说电容分为电解电容和固态电容。电解电容体积小,容量大,但易老化,过载时会漏液或爆开,高频性能差(速度慢),如图 1-59 所示;固态电容稳定,不老化,高频性能好,但同样容量体积大、成本高,如图 1-60 所示。 　　　 图 1-59　电解电容　　　　　　图 1-60　固态电容 　　数控机床一般采用 380V 电压供电,而每一步机械操作,如换刀、主轴停转、进给运动,都在不断地改变着电流输入,对质量不好、稳定性不高的电解电容冲击尤其巨大,很容易造成冒浆、鼓包现象,因此,在条件允许的情况下,尽量使用固态电容。这不仅是对维修人员的建议,也可以作为使用厂方对生产厂家的一项要求

实例 8　数控车床，正常关机后，电源无法再次启动

故障设备	FANUC 0TD 数控车床
故障现象	正常关机后，接着再次开机，系统电源无法启动
故障分析	①观察电源单元的指示灯（发光二极管 PIL），已经点亮了，说明内部输入单元的 DC 24V 辅助电源正常。而 ALM 灯也点亮了，由原理图可知，属于系统内部的＋24V、±15V、＋5V 电源模块报警，或外部的报警信号 E. ALM 接通，使继电器吸合，引起互锁而无法通电。 ②进一步检查，发现外部报警信号 E. ALM 确实接通。根据机床电气原理图，逐一检查这个报警信号接通的各个条件，最终查明故障原因是液压马达主电路跳闸。而引起跳闸的原因是主电路热继电器整定值太小
故障排除	适当加大热继电器整定值，使它约等于液压马达的额定电流，此后机床供电恢复正常
经验总结	整定电流是继电保护中的一个重要术语，其意思是，在继电保护判断跳闸时与实际电流相对比的标准值。整定值是人为规定，根据电路、电网承受能力计算出的值。额定电流是指，用电设备在额定电压下，按照额定功率运行时的电流。电气设备额定电流是指在额定环境条件（环境温度、日照、海拔、安装条件等）下，电气设备的长期连续工作时允许电流。用电气工作时电流不应超过它的额定电流。 注意："整定电流""额定电流"是两回事，GB 14048 中有明确解释。 例如 DW45 断路器三段保护，长延时保护整定电流一般出厂默认值为 1 倍的额定电流；短路短延时整定电流一般出厂默认值为 8 倍的额定电流，定时限时间为 0.4s；短路瞬时整定电流一般出厂默认值为 12 倍的额定电流（其中各项保护电流值用户可根据需求自己设定，若有特殊要求可向制造厂特殊定制。）

实例 9　数控车床，开机时电源不能正常接通

故障设备	FANUC 0T-Mate-E 系统的数控车床
故障现象	开机时电源不能正常接通
故障分析	检查发现输入电源的发光二极管 PTL 灯亮，由此可知输入 DC 24V 正常，但是伺服电路不能接通。测量发现 OFF 与 COM 之间断路。它们是通过辅助电路进行连接的，辅助电路中串联了面板上的总停按钮常闭触点、电柜门开关触点、传动系统的防护门开关等多个元件。逐一检查，确认是防护门开关接触不良
故障排除	仔细调整后，机床恢复正常工作
经验总结	几个电路元件沿着单一路径互相连接，每个节点最多只连接两个元件，此种连接方式称为串联。以串联方式连接的电路称为串联电路，串联电路没有分叉（支路），图 1-61 为典型的串联电路图。 图 1-61　典型的串联电路图 串联电路中流过每个电阻的电流相等。因为直流电路中同一支路的各个截面有相同的电流强度。 串联电路缺点：只要有某一处断开，整个电路就成为断路，即互相串联的电子元件不能正常工作。本例故障即是如此，串联电路上防护门开关接触不良，导致整个机床无法使用。 安全门的工作原理其实就是一个行程开关，有机械式的和光感的等等，有些机床将这个开关与急停按钮串联，有些则拥有独立的电路连接。原理是：当安全门关闭时，行程开关被压下，内部触点接通（很少有用断开的），整体控制电路得电开始工作，否则无电不能工作。换句话说，安全门只是一个按钮开关，一个触点而已，门关上则触点接通，门拉开则触点断开

实例 10　加工中心，外部数据输入时系统死机

故障设备	FANUC 0TC 加工中心
故障现象	该加工中心欲加工一复杂的曲面箱体零件，先期用计算机上的 UG4.0 生成了加工程序，已经进行了程序规格修改并调试好，在使用 RS-232 接口传送至机床时，数控系统死机，计算机传输软件也显示无响应
故障分析	初步检查 RS-232 数据线是否松动、接口是否插紧，经检查一切正常。计算机端的传送程序无响应，但计算机其他程序可以正常运行，可以排除软件故障。再看程序，由于该程序为加工复杂的曲面箱体零件的程序，程序中经过多次换刀并有大段曲面的加工程序，而 UG 生成的程序对于圆弧段的加工多采用微分的方法，使得圆弧被拆分成许多微小的直线进行加工，导致程序冗长。而接收端的机床存储空间有限，无法一次接收这么多的数据，加之发送时间也超长，导致了数控机床端的系统死机

故障排除	解决此问题的方法一般有两种： ①对程序进行优化，在 UG 的系统设置中设置为圆弧程序段有限，减少微小直线段的数量； ②将程序拆分为多段进行传送、加工，即可解决。 本例中建议采用第二种方法，这样不必对程序进行反复的修改
经验总结	此故障一般出现于国内机床厂家生产的经济型数控机床上，一般来说手工编制数控程序所占内存并不是很大，而当用 UG、MASTERCAM、CAXA 等软件进行曲面编程的时候，就会产生大量的程序段，如图 1-62 所示。而这些经济型的数控机床又没有足够存储空间，便会导致此故障。因此，复杂零件的加工对程序员提出了更高的要求 图 1-62　UG 曲面编程的后处理程序

实例 11　加工中心，数据线传输不良时系统死机

故障设备	SIEMENS 802D 加工中心
故障现象	先期用计算机生成了加工程序，已经进行了程序规格修改并调试好，在使用 RS-232 接口传送至机床时，有时出现数控系统死机的情况，导致加工中心需要重新启动，程序需要重新发送，而对好的刀具也要重新对刀，大大增加了工作时间
故障分析	初步检查数据线、接口发现均没有出现老化、氧化、松动、破皮的问题；再查看看程序段，由于此故障不定期出现，可以排除程序方面的问题。因此，考虑可能是数据传输受到不定期的干扰所致。再次检查传输数据线，发现该数据线使用时间较长，就算没有破损，但是长度过长，盘绕了很多圈，并且用手触摸感觉很细，故判断为此数据线的屏蔽不良所致
故障排除	更换一根新的、短的、带屏蔽的专用 RS-232 传输数据线，该问题即得到了解决
经验总结	数控机床一般有三种数据接口传输方式：RS-232、网口和 USB 接口，这些是些外部传输端口。RS-232 对传输环境的要求比较高，最好使用屏蔽线，如图 1-63 所示。理论上网线也可以，只是在实际使用中会有其他信号干扰、容易丢失信号，即使在最好的环境中使用其进行传输的传输速度也比专用的屏蔽线慢好多倍 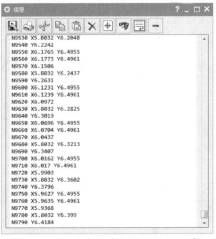 由7根镀锡铜丝组成 9根24AWG线 铝箔屏蔽层 64根组成的编织网屏蔽 PVC环保外皮 （建议：80℃、300V、5A内使用） 图 1-63　RS-232 屏蔽线及其屏蔽线型剖析

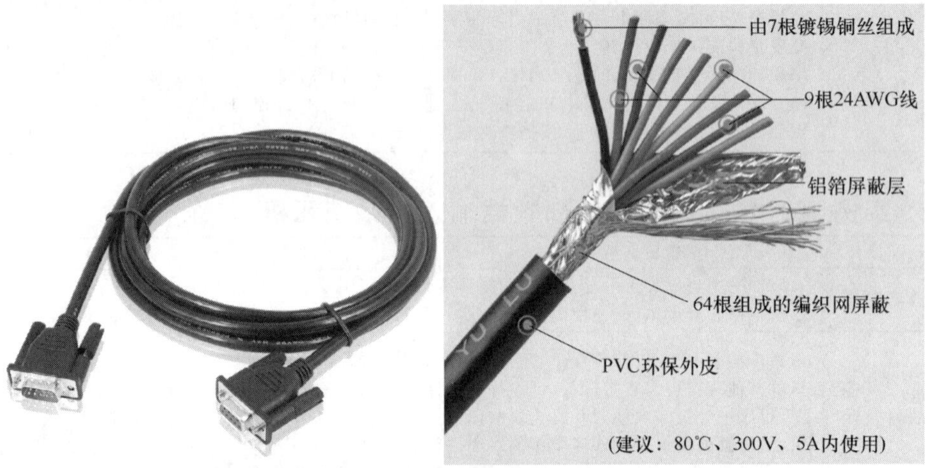

实例 12　加工中心，热插拔数据线造成系统死机

故障设备	SIEMENS 802D 加工中心
故障现象	在使用 RS-232 接口将程序传送到机床后,拔出接口时有时出现数控系统死机情况,导致加工中心需要重新启动,但是程序并未丢失,重新对刀后程序也可正确执行
故障分析	由于死机是出现在程序传送之后,数据线的故障可以排除,该故障出现时有时是机床端拔出接头,有时是计算机端拔出接头,特别是在使用笔记本计算机的时候出现概率更大,因此分析,应该是 RS-232 接口直接热插拔所致,即带电情况下进行的插拔操作
故障排除	以后在开机情况下,不再对 RS-232 接口进行热插拔操作,此问题再也没有出现
经验总结	RS-232 接口并不等同于 USB 接口,RS-232 接口不支持热插拔操作。RS-232 接头外端由于数控机床或者计算机接地不良会经常带电,如果长时间对 RS-232 接口电缆进行该操作,很容易造成系统死机,而这种死机并不仅仅针对机床系统,对于计算系统也是一样。如果情况严重,则会烧坏笔记本计算机的主板或数控机床的 RS-232 接口。因此,在日常生产中,尽量避免对 RS-232 接口电缆进行热插拔操作。图 1-64 为机床后部的 RS-232 接口 图 1-64　RS-232 接口

实例 13　加工中心，机床无规律死机和系统无法正常启动

故障设备	SIEMENS 3M 卧式加工中心
故障现象	某配套 SIEMENS 3M 的立式加工中心,在使用过程中经常无规律地出现死机和系统无法正常启动等故障。发生故障后,进行重新开机,有时即可以正常启动,有时需要等待较长的时间才能启动机床,机床正常启动后,又可以恢复正常工作
故障分析	由于该机床只要在正常启动后,即可以正常工作,且正常工作的时间不定,有时可以连续进行数天,甚至数周的正常加工,有时却只能工作数小时,甚至几十分钟,故障随机性大,无任何规律可循,此类故障属于比较典型的软故障。 鉴于机床在正常工作期间,所有的动作、加工精度都满足要求,而且有时可以连续工作较长时间,因此,可以初步判断数控系统本身的组成模块、软件、硬件均无损坏,发生故障的原因主要来自系统外部的电磁干扰或外部电源干扰等
故障排除	根据以上分析,维修时首先对数控系统、机床、车间的接地系统进行认真的检查,纠正了部分接地不良点;对系统的电缆屏蔽连接,电缆的布置、安装进行了整理、归类;对系统各模块的安装、连接进行了重新检查与固定等基础性的处理。 经过以上处理后,机床在当时经多次试验,均可以正常启动
经验总结	但由于该机床的故障随机性大,产生故障的真正原因并未得到确认,维修时的试验并不代表故障已经被彻底解决,有待于作长时间的运行试验加以验证。而实际上机床在运行了较长时间后,经操作者反映,故障的发生频率较原来有所降低,但故障现象仍然存在。 根据以上分析,可以基本确定引起机床故障的原因在输入电源部分。对照机床电气原理图检查,系统的直流 24V 输入使用的是普通的二极管桥式整流电路供电,这样的供电方式在电网干扰较严重的场合,通常难以满足系统对电源的要求。最后,采用了标准的稳压电源取代了系统中的二极管桥式整流电路,机床故障被排除。图 1-65 为一典型的数显直流稳压电源

经验总结	 图 1-65　数显直流稳压电源

第四节　显示器故障的检修

有时系统启动后屏幕没有显示，原因是显示器有问题。诊断这类故障时，首先看系统启动后各种指示灯是否正常，是否有硬件报警警示。如果指示灯都正常，硬件也没有报警，说明应该是显示器故障。如果对机床特别熟悉，可以在没有显示的情况下执行一些简单的操作，进一步验证显示器的故障。如果是显示器的故障，更换或者维修显示器后，机床就可以正常工作了。

一、显示器故障的分类（表 1-4）

表 1-4　显示器故障的分类

序号	故障类型	备　　注
1	软件故障引起的显示器故障	数控系统有时因为备用电池没电等原因使机床数据丢失、混乱，或者因为偶然因素（例如干扰）使系统进入死循环，造成系统启动不了，出现黑屏
2	硬件故障引起的显示器故障	数控系统的显示控制模块、电源模块或者外部电源等出现问题，也会造成机床开机后屏幕没有显示。这时要注意观察故障现象，必要时采用互换法，可以准确定位故障

二、显示器故障的诊断与维修（表 1-5）

表 1-5　显示器故障的诊断与维修

序号	故障内容	故障原因	排除方法
1	显示器无显示	①输入电压不正常，系统无法得到正常电压	检查系统的 220V 电压输入法触点，观察 220V 电压是否正常，若正常，则检查 220V 电源供给回路各元器件是否损坏，各触点接触是否良好，检查外部电压是否稳定
		②电源盒故障，电源盒电压无输出	检查电源盒电压的 $+5V$、$+12V$、$+24V$、$-12V$ 是否正常，若不正常，则需将电源盒送厂家维修
		③系统内部元件短路，导致电压不正常	送厂家维修
		④外接循环、暂停线路等短路	检查外部连接或螺纹编码器是否把 $+5V$ 电压调低，检查其线路对大地的绝缘度，检查编码器插头是否因进水、进油而造成短路

续表

序号	故障内容	故障原因	排除方法
2	显示器无任何显示,系统无法启动	内部显示器线路接触不良	打开系统盖,将接头重新连接插紧
3	显示器显示一条水平或垂直的亮线	显示器驱动线路的不良	维修时应重点针对显示器驱动线路进行检查
4	显示器左右图像变形		
5	显示器上下线性不一致,或被压缩,或被扩展		
6	显示器图像发生倾斜或抖动		
7	显示器图像不完整	显示器内部视频主板故障	更换视频主板,或直接送厂家维修
8	显示器有光栅,但屏幕无图像		

三、显示器故障处理实例

实例1　数控车床,系统启动后显示器黑屏

故障设备	FANUC 0TC 系统 CRT 显示器
故障现象	系统启动后,屏幕无显示,面板指示灯正常
故障分析	该机床使用已有5年,检查发现显示器有煳味,显像管后部发现炭黑粉末,判断为显示器损坏,如图1-66所示  图1-66　已经部分烧煳的显示器
故障排除	更换备用显示器,机床恢复正常显示
经验总结	该机床长时间不断电使用,工作环境阴暗、潮湿,因此显示器部分元件老化比较快。对于老式的CRT显像管的显示器,内部都有升压装置,长时间使用使绝缘性能下降,导致电流、电压过大,易造成击穿、放电、烧板等事故。因此,仍需强调的是环境温度和湿度不仅仅是对机床机械部分的要求,而是对整体的一个要求,对于阴暗潮湿环境要加强通风,必要时安装除湿机

实例2　数控车床,长期停用后再次启动显示器无反应

故障设备	FANUC 0TC 系统 CRT 显示器
故障现象	数控车床在长期停用后,重新使用时,启动系统,屏幕没有显示
故障分析	检查启动过程和系统电源都没有问题,检查后备电池,发现已经没电
故障排除	首先更换电池,然后强行启动系统,重新输入数据后,机床恢复正常使用
经验总结	在某些生产厂家生产的数控机床中,后备电池的作用不仅仅用于断电的应急处理,也提供了开机程序的运行作用。本例中,开机程序需要后备电池供电才能启动,这些开机程序包括数控系统的识别、自检、功能匹配等信息,开机不载入内存机床便无法开机。图1-67为数控机床专用后备电池

经验总结	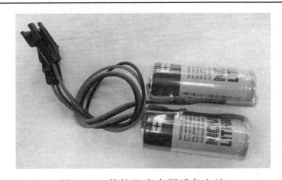

图 1-67　数控机床专用后备电池

实例 3　数控车床，显示器停电后再次启动时黑屏

故障设备	FANUC 0TD 系统 CRT 显示器
故障现象	数控车床突然停电后开机屏幕没有显示
故障分析	检查数控装置的电源，电压正常，各个控制板上的显示灯正常，检查显示器发现也没有损坏，因此确认为系统死机
故障排除	强行启动系统，这时系统恢复正常工作，重新输入机床数据和程序后，该机床恢复了正常工作
经验总结	一般来说，系统死机后显示器的反应有两种：屏幕无响应和屏幕黑屏。屏幕黑屏则需要分析是断电导致还是软件故障。本例中控制面板指示灯都正常，可以初步排除电路问题，在确认安全的情况下强行开机恢复系统即可，如果无法恢复，则需要联系生产厂家进行维护

实例 4　数控车床，系统在工作中突然断电通电后系统无法重启显示器黑屏

故障设备	FANUC 0i-TC 系统 CRT 显示器
故障现象	数控车床系统在工作中突然断电，重新开机通电，系统启动不了
故障分析	检查发现 24V 电源自动开关断开，对负载回路进行检查发现对地短路，逐步检测，最后确定脚踏开关对地短路
故障排除	更换脚踏开关后，机床恢复正常工作
经验总结	数控机床在正常操作中突然断电，并且可以重新开机通电，可以确定强电输入正常。但是系统启动不了，因此确定故障出现在弱电部分，而弱电系统为了防止烧坏设备都设置了短路保护装置，只需检查出相应的短路部位即可。 脚踏开关是一种通过脚踩或踏来控制电路通断的开关，使用在双手不能触及的控制电路中以代替双手达到操作的目的，图 1-68 为机床常用的脚踏开关。 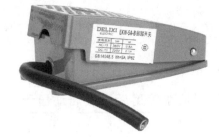 图 1-68　机床常用的脚踏开关 脚踏开关在医疗器械、冲压设备、焊接设备、纺织设备、印刷机械中应用广泛。 简单的脚踏开关其实就是内置一个行程开关，当脚踏给予信号的时候，开关执行。但是在焊接领域脚踏开关还起着控制输出电流大小的作用。图 1-69 为脚踏开关的执行方式

续表

经验总结	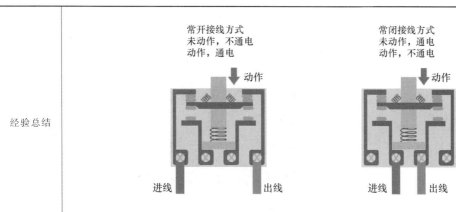
	常开接线方式 未动作，不通电 动作，通电 ↓动作 常闭接线方式 未动作，通电 动作，不通电 ↓动作 进线　　　　出线　　　　进线　　　　出线
	图 1-69　脚踏开关的执行方式

实例 5　数控车床，显示器开机后黑屏 ALAM 红色报警灯亮

故障设备	SIEMENS 802 系统液晶显示器
故障现象	数控车床开机启动时，屏幕没有显示，系统启动不了
故障分析	观察电源模块发现 ALAM 红色报警灯亮，经检查为输入/输出(I/O)接口板出现短路问题
故障排除	接口板维修后，机床恢复了正常工作
经验总结	由于有报警，按照报警进行处理，由外部到内部进行分析判断。先测量输入电压是否正常、再对接口进行检测、最后对机床内部各类板卡进行检查，而此类故障多是由于机床长时间使用导致板卡老化，加之机床加工时的振动，共同作用所致，如图 1-70 所示。对出现短路的板卡进行维修或是更换便可以解决，另外注重日常保养也是避免此类故障的关键 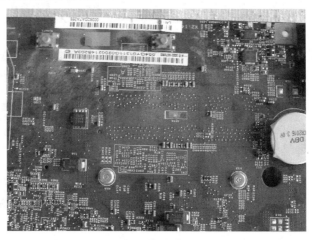 图 1-70　老化的板卡

实例 6　数控车床，显示器不显示并伴随电源报警

故障设备	FANUC 0i-TC 系统
故障现象	数控车床系统启动后，屏幕没有显示。在系统启动按钮按下后，系统电源上的红色报警灯亮，指示电源故障
故障分析	检查发现电源没有问题。将系统输入/输出电缆全部拔掉，这时启动系统，正常显示，当插上 M1 时，系统就启动不了。检查 M1 信号，发现一个铁屑将机床与刀架开关的电源端子连接，造成短路，如图 1-71 所示

故障分析	 图 1-71　机床与刀架开关的电源端子间的铁屑
故障排除	将铁屑清除掉,并采取防护措施,这时重新开机,机床恢复正常工作
经验总结	这种情况出现的原因是,数控机床的加工过程中,操作人员没有及时清理位于导轨上的铁屑,导致短路发生。可以说铁屑不仅是导致此类故障发生的原因,也是影响加工质量的重要因素,因此及时清理铁屑是操作者必须养成的一种良好习惯

实例 7　数控车床,显示器闪烁后掉电

故障设备	FANUC 0i-TC 系统 CRT 显示器
故障现象	这台机床在正常加工中屏幕先闪几下,然后突然掉电,按系统启动按钮,系统可以正常启动,面板上的操作按键一个也不亮
故障分析	观察显示屏幕,刀具接触工件的瞬间,屏幕突然发暗闪动,然后马上黑屏,说明故障产生于电源方面,测量显示器的电源模块的电压,没有问题。因此关闭电源对机柜内部进行检查,发现由数控机床电源供给显示器的连接电缆破皮损坏,使电源线对地短路引起故障,如图 1-72 所示  图 1-72　连接电缆破皮损坏
故障排除	对电缆进行防护处理,系统再通电启动,正常工作没有问题
经验总结	通过仔细观察发现,该电源电缆紧靠机柜拐角,长期振动导致固定扎带松动,外皮与机柜内角边缘磨损导致破损,加上机床加工时的振动,导致了显示器闪烁、黑屏的故障发生。而在机床中大部分电缆的磨损均是松动所致,对相关器件、设备的保养也包括对线缆、线路的禁锢

实例 8　数控车床,液晶显示器发暗、不显示

故障设备	SIENENS 802D 数控车床 液晶显示器
故障现象	液晶显示器无显示,黑屏。此故障出现前一段时间已发现显示器亮度下降,显示暗淡,图像白底时(背光)色偏发黄

故障分析	开机,电源指示灯亮,CNC 系统主机的工作状态是正常的,应该把故障确定在显示器上。 在多次开机时发现,显示屏固然不亮,但从不同角度观察,幕上隐约有动态图像、字符和操纵界面。由此可见 CNC 主机电路和液晶显示器的驱动电路是正常的。因为屏幕上有隐约的图像,显然是显示器的亮度不足,首先考虑可能是液晶的背光源亮度不足,故把重点放在检查液晶光源部分。拆开液晶显示器检查发现,原装的冷阴极荧光灯管两端已严重发黑,报废。已知前一段故障现象与背光源的冷阴极荧光灯管老化所造成的显示亮度不足现象相似。至此,可确定故障范围,应检查高压逆变器单元电路板和冷阴极荧光灯管本身。 检查各部件连接电缆正确。开机,检测电路各点电位正常,电路起振并有高频交流电压输出。用高压表作定量检测,也可用跳火法或感应法作定性检测。升压变压器有高于 1600Vpp 的脉冲高压输出,高压逆变器单元电路工作正常。检查冷阴极荧光灯管输进插头处有高压,可见冷阴极荧光管已经失效
故障排除	更换新的冷阴极荧光灯管后开机显示正常,故障排除
经验总结	冷阴极荧光灯管,英文名为 cold cathode fluorescent lamp,简称 CCFL,具有高功率、高亮度、低能耗等优点,广泛应用于显示器、照明等领域。图 1-73 为液晶显示器用冷阴极荧光灯管。 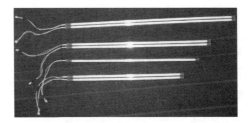 图 1-73　液晶显示器用冷阴极荧光灯管 冷阴极荧光灯管(图 1-74)在一玻璃管内封入惰性气体 Ne＋Ar 混合气体,其中含有微量水银蒸气,并于玻璃内壁涂布荧光体,于两电极间加上一高压高频电场,则水银蒸气在此电场内被激发即产生释能发光效应,放出波长 253.7nm 的紫外线光,而内壁的荧光体原子则因紫外线激发而提升其能阶,当原子返回原低能阶时放射出可见光(此可见光波长短由荧光体物质特性决定)。 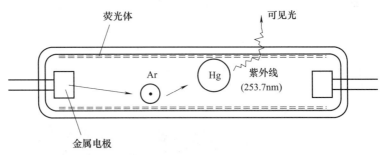 图 1-74　冷阴极荧光灯管的工作原理 更换冷阴极荧光灯管时的注意事项: ①因液晶屏为精密部件,在更换过程中应特别仔细,严防液晶玻璃破碎; ②工作环境要无尘; ③分解过程应做标记或记录; ④冷阴极荧光灯管拆装时要轻拿轻放,焊接引线时动作迅速,以免使玻璃因受热而破裂报废; ⑤焊接冷阴极荧光灯管引线前,在两头 1/3 处要加套透明橡胶防振支承圈; ⑥冷阴极荧光灯管引线接头处理及装配时要留意绝缘,以免造成高压跳火。 如有维修困难,建议送专门的显示器维修部门维修

实例 9   加工中心，液晶显示器出现水波纹

故障设备	SIENENS 828D 数控加工中心 液晶显示器
故障现象	一台 SIENENS 828D 数控加工中心的液晶显示器开机后出现水波纹，但是并不影响加工，如图 1-75 所示  图 1-75 液晶显示器的水波纹
故障分析	首先，与水波纹问题关系最密切的是液晶显示器的视频信号线。拆开机柜查看显示器模拟接口，发现信号线正常并无松动破损情况，其抗干扰能力没有问题。除了信号线的问题之外，另外一个会引起水波纹现象的原因就是干扰源。在这台数控加工中心旁边就有一台数控电火花机床，而每次出现水波纹的时候，这台电火花机床都在运行，而数控电火花采用敞开式加工，外部没有防护罩。因此判断这台加工中心液晶显示器的水波纹是其干扰所致
故障排除	在两台机床之间安装一块信号屏蔽板（金属板、复合纤维板等能起到阻隔信号干扰的板材）以隔离干扰，显示器不再出现水波纹
经验总结	大部分水波纹现象都是液晶显示器的缺陷，水波纹是液晶屏幕上的暗波线发生干扰的一种形式，是由荧光点的分布与图像信号之间的关系引起的干扰现象。波纹效应常常意味着聚焦水平的好坏。当使用亮灰色背景时，波纹效应会相当明显。尽管波纹不能被彻底消除，在一些具有波纹降低功能特性的显示器中可以被降低。 不少人认为液晶显示器出现水波纹现象的原因就是液晶显示器的品质不过关。不过实际上，很多出现水波纹问题的液晶显示器，其真正的元凶却是用户自己。液晶显示器之所以会出现水波纹，大部分的原因是由于接收信号受到干扰。因此，如果发现液晶显示器出现了水波纹，首先要做的，就是从周围环境上找原因

实例 10   加工中心，显示器出现偏色

故障设备	FANUC 0i-TC 系统 CRT 显示
故障现象	该机床在启动后即发现显示器出现偏色问题，如图 1-76 所示  图 1-76 显示器偏色

故障分析	显示器出现偏色的现象也是我们常遇到的问题,其产生的原因主要有:显示器靠近磁性物品被磁化;搬动显示器后,机内偏转线圈发生移位,产生色纯不良;消磁电路损坏等。应首先排除显卡及显示信号线的问题,很多时候信号线接触不良将导致显示器出现偏色的问题。 经询问现场人员后得知,偏色前由于场地调整曾经搬动过显示器,二次加工中心采用分体式设计,故而此故障是由于搬动显示器后造成的偏色问题
故障排除	选择显示器消磁功能按钮即可消除此现象,但是数控机床显示器调节按钮一般不会设置在外部,需要拆开面板后才能操作,首先看看消磁按钮是否有用。如果效果不好,可打开显示器后盖将偏转线圈恢复到原来的位置,并将偏转线圈用螺钉拧紧即可
经验总结	该故障大多数情况下是显示器被磁化导致。CRT 显示器会被有强磁场的东西所磁化而出现偏色的问题,一般较好的显示器自身带有一定的消磁功能,但对于较严重的磁化就有些无能为力了。这时需要用专门设备进行消磁。消磁器可购买,也可自制,但无论哪种消磁法都要注意安全。图 1-77 为三种常用的消磁器。 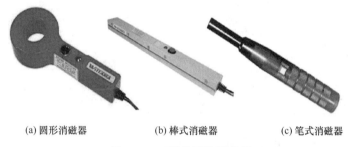 (a) 圆形消磁器　　　　(b) 棒式消磁器　　　　(c) 笔式消磁器 图 1-77　三种常用的消磁器 针对显示器的偏色,消磁器就是一种用于消除彩色荧光屏色斑现象的专用维修工具,一般采用棒式消磁器。它的构造较为简单,主要由铁芯、线圈、电源开关控制部件及外壳等几部分构成。其基本作用原理是通过线圈内通以 220V 交流电源而产生强大的交变磁场,由消磁面(磁力线开路面)靠近显像管荧光屏进行有规律的移动来进行消磁。图 1-78 为它的外形示意图。 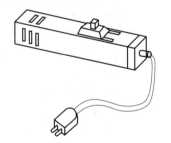 图 1-78　显像管消磁器的外形示意图 通电后手握消磁器不断晃动,逐渐靠近荧光屏,对带磁部位可反复进行,然后一边晃动消磁器一边后退到离荧光屏 2m 左右再关掉电源。每次通电时间不宜过长,如果一次消磁效果不好可反复进行几次

实例 11　加工中心,显示器抖动

故障设备	FANUC 0i-TC 系统 CRT 显示
故障现象	该数控机床在使用过程中显示器有时候会发生抖动,过一会又会正常,该故障不定期出现
故障分析	该机床已使用多年,从现象上判断先对显示器进行检测,外观上并未发现明显老化现象。再检查,发现电源设备已经老化,电源滤波电容(电路板上个头最大的电容)顶部鼓起,说明电容已坏,从而很容易造成电路不畅或供电能力跟不上
故障排除	将出故障的电容更换,该故障即得到解决

经验总结	滤波电容用在电源整流电路中,用来滤除交流成分,使输出的直流更平滑。而当滤波电容损坏,直接造成的后果是电流不稳,从而导致显示器闪烁,图 1-79 为滤波电容。  图 1-79　滤波电容 　　滤波电容,用以降低交流脉动波纹系数、平滑直流输出的一种储能器件。在使用将交流供电转换为直流供电的电子电路中,滤波电容不仅使电源直流输出平滑稳定,降低了交变脉动电流对电子电路的影响,同时还可吸收电子电路工作过程中产生的电流波动和经由交流电源串入的干扰,使得电子电路的工作性能更加稳定。 　　滤波电容用在电源整流电路中对于精密电路而言,往往这个时候会采用并联电容电路的组合方式来提高滤波电容的工作效果。 　　低频滤波电容主要用于市电滤波或变压器整流后的滤波,其工作频率与市电一致为 50Hz;而高频滤波电容主要用于开关电源整流后的滤波,其工作频率为几千赫兹到几万赫兹

实例 12　加工中心,显示器花屏

故障设备	SIEMENS 840D 数控加工中心
故障现象	该台数控加工工中心的液晶显示器在启动时会出现花屏问题,花屏屏幕上的字迹非常模糊且呈锯齿状,如图 1-80 所示  图 1-80　显示器花屏
故障分析	此台数控加工中心为新近采购的机床,采用 SIEMENS 840D 的数控系统,为了增加图形的处理能力,配备了独立的显卡,而该显卡上没有数字接口,通过一个转接头与显示器信号线相连接。这种连接形式虽然解决了信号匹配的问题,但这种连接方式下的信号容易受到干扰而出现失真,从而导致信号的衰减和花屏现象产生。图 1-81 为本机床的显卡转接头  图 1-81　显卡转接头

故障排除	由于在质保期内,故联系了生产厂家,更换了一块显卡,问题得到了解决
经验总结	在一般的家用电脑中使用转接头进行显卡与显示器的连接并无不妥,而数控机床将显示器和显卡都设计在机柜内部,形成了一个封闭的电场,从而对转接头部分形成了很大的干扰,因此,在机床设计和生产中,尽量少用转接设备

第五节　系统自动掉电关机故障的检修

数控系统自诊断功能很强,当电源出现短路、电压过低、系统温度过高时,为了保护系统,避免出现没有必要的损坏,系统会自动关机。重新开机时,系统还可以启动,但当检测到问题时,又会立即自动关机。

一、系统自动掉电关机故障的检修流程

图 1-82 是检修数控系统掉电关机故障的流程。

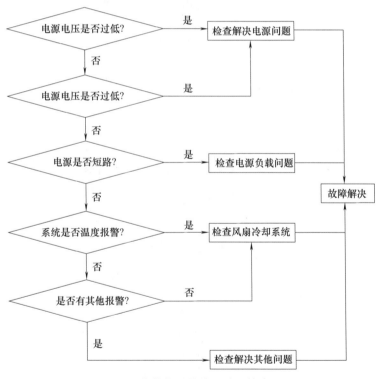

图 1-82　检修数控系统掉电关机故障流程图

二、系统掉电关机故障处理实例

实例 1　数控车床,按下 MDI 按钮系统掉电关机

故障设备	FANUC 0TD 系统
故障现象	数控车床 NC 给电后,屏幕正常显示,但按下机床 MDI 按钮时,机床的数控系统即自动断电。在自动断电后,电源模块上的红色报警灯亮

故障分析	电源报警灯亮指示电源输出有故障,断电检查 NC 系统及 PMC 的输入和输出并没有发现问题。根据故障现象分析,问题可能出在 PMC 输出的负载上,因为机床准备按钮按下后,PMC 要有输出。如果输出回路有短路问题,马上就会使控制系统电源电压下降,数控系统检查到后,自动关机。对输出回路逐个进行检查后,发现 PMC 一输出 Y48.0 控制的继电器的续流二极管就短路
故障排除	将这个损坏的续流二极管更换后,机床恢复正常使用
经验总结	由于长时间使用,机床系统内的继电器很容易出现老化、不吸合、短路的情况,而出现这种状况,一般不会伴随很明显直观故障现象,此时需要用万用表等仪器测量排查。 　　继电器(relay)是一种电控制器件,如图 1-83 所示,是当输入量(激励量)的变化达到规定要求时,在电气输出电路中使被控量发生预定的阶跃变化的一种电器。  图 1-83　继电器 　　它具有控制系统(又称输入回路)和被控制系统(又称输出回路)之间的互动关系。通常应用于自动化的控制电路中,它实际上是用小电流去控制大电流运作的一种"自动开关"。故在电路中起着自动调节、安全保护、转换电路等作用。当输入量(如电压、电流、温度等)达到规定值时,继电器使被控制的输出电路导通或断开。图 1-84 为电磁继电器的结构原理图。 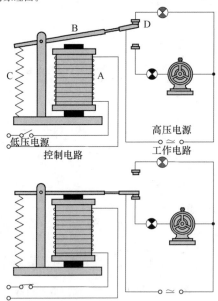 图 1-84　电磁继电器的结构原理图 A—电磁铁;B—衔铁;C—弹簧;D—触点 　　作为控制元件,概括起来,继电器有如下几种作用: 　　①扩大控制范围:例如,多触点继电器控制信号达到某一定值时,可以按触点组的不同形式,同时换接、断开、接通多路电路。 　　②放大:例如,灵敏型继电器、中间继电器等,用一个很微小的控制量,可以控制很大功率的电路。 　　③综合信号:例如,当多个控制信号按规定的形式输入多绕组继电器时,经过比较综合,达到预定的控制效果。 　　④自动、遥控、监测:例如,自动装置上的继电器与其他电器一起,可以组成程序控制线路,从而实现自动化运行

实例 2　数控车床，频繁掉电关机

故障设备	FANUC 0TC 系统
故障现象	一台做重力粗车切削数控车床经常自动关机,观察故障现象,在机床开机不进行加工时系统有时就自动关机,重新启动,还可以工作
故障分析	由于该机床做粗车加工,经常使用其做大吃刀量的切削,初步判断为部件松动。经检查发现机柜部分一切正常。再观察系统的电源模块,发现电源指示灯闪动时,系统就关机,对电源模块的输入 220V 电源进行检测,发现电压波动不稳定。根据电路原理图进行检查,发现从 380/220V 电源电压转换变压器的输出电压发生波动。将变压器箱拆开进行检查,发现变压器一相输出端子松动,接触不良,图 1-85 为故障位置 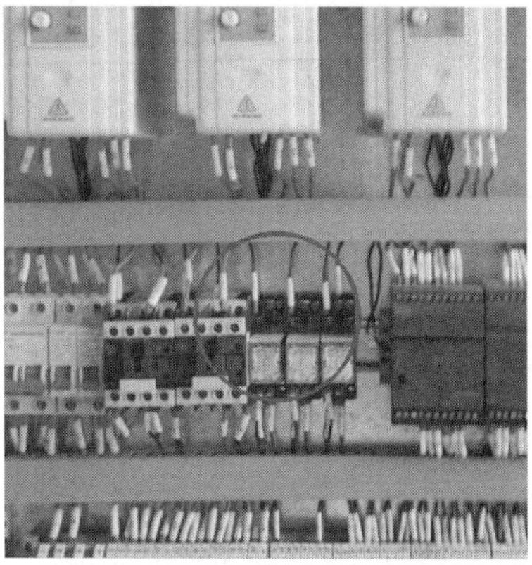 图 1-85　故障位置
故障排除	重新连接后,机床恢复正常工作
经验总结	在数控机床结构设计中,由于屏蔽干扰和安全使用的需要,经常将强电部分和弱电部分分开设计和安装。在此故障的检修中,先对容易出问题弱电部分进行检修,再对强电部分进行检查,同时也要考虑到机床的生产习惯而先行判断出振动导致的松动

实例 3　数控车床，程序运行中突然断电 RAM 报警

故障设备	SIEMENS 802D 数控车床
故障现象	此数控车床在运行中突然出现停机,且操作板失电,并出现 RAM 故障报警
故障分析	首先查看相应的报警信息,根据报警信息自诊断提示,参考该机床维修手册初步确认伺服系统中的 RAM 出现奇偶性错误。经检查 CNC 系统,发现主电路板报警信号灯红灯亮,说明主电路板上有故障。卸下主电路板进行检测,发现驱动 X 轴的芯片有烧黑的现象,并且触摸烫手,如图 1-86 所示 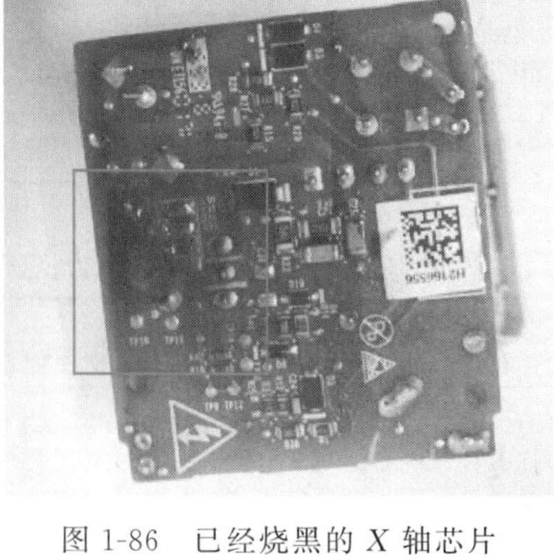 图 1-86　已经烧黑的 X 轴芯片
故障排除	由于此芯片固化安装在系统主板上,无法直接插拔,联系厂家技术人员更换。更换 X 轴芯片后,主电路板恢复正常运行,故障排除
经验总结	更换芯片时必须注意的是:因更换芯片时间会很长,主电路板断电检测时间较长,会使 NC 参数丢失,原设定参数出现混乱,需重新输入 NC 参数

实例 4　数控车床，机床待机时经常掉电关机

故障设备	FANUC 0TC 数控车床
故障现象	一次大修之后,该数控车床在不工作时,待机状态下经常自动掉电关机
故障分析	此台机床使用已经 4 年,平时保养正常,程序加工和手动操作时也很正常,因此判断机床老化导致故障的可能性不是很大,经仔细检查测量电气柜,排除了此原因。查看机床说明书,发现该数控机床主轴系统配置了带有低电压保护的交流电动机,故分析是待机时主轴电流输入降低而产生了低压保护断电,进而机床系统断电。导致低压断电,很可能是大修时某些系统参数做了变更,应先从此进行故障排除
故障排除	首先将系统参数恢复成默认数值,发现此故障仍然存在。再用替换法更换不带低压保护的主轴交流电动机,此故障再也没有发生
经验总结	电动机的低电压保护多用在拖动较为重要的设备的电动机控制回路中,且这类电动机的功率一般要比母线上其他电动机要大。正常运行时,电源母线电压正常,低电压继电器线圈带电吸合处于返回状态,其常闭接点断开,不会接通跳闸回路,当母线失电或母线电压降低到低电压继电器动作值时,继电器动作,常闭接点闭合,接通跳闸回路,将该电动机从母线切除。而通过接触器控制的设备会因此停运。由于加装了低电压保护,使这些功率较大的设备在母线电压未恢复正常前不能启动,可以加快母线电压的恢复速度,有利于缩短故障时间,减少由此造成的其他损失。图 1-87 为低电压保护断路器的原理图。 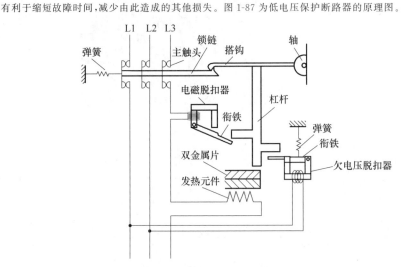 图 1-87　低电压保护断路器的原理图 　　低电压保护又称失压保护和欠电压保护。当电压低于保护整定值时,发出跳闸命令或低电压信号,是自动断开电路的一种保护措施。用低压保护继电器并联在电源两端,当低电压时会自动脱扣从而分开断路器开关。 　　低电压保护的功能是避免电压恢复时,设备突然启动而造成事故;同时避免设备在低电压下勉强运行而遭损坏。设备在低电压下,只有增大电流才能维持运行,电流增大,发热升温自然加剧,轻则损坏设备,重则造成火灾。对于重要保护对象,其保护装置由电压继电器、时间继电器和断路器组成,保护性能比较精确;对于一般低压设备,常用熔断器、接触器和失压(欠压)脱扣器等作为保护器件

实例 5　加工中心，从刀库取刀时经常自动关机

故障设备	SIEMENS 802D 数控加工中心
故障现象	自动加工时,数控机床在从斗笠式刀库中取刀时经常出现自动关机故障,重新启动后,系统仍可工作
故障分析	此台机床采用的是 802D 系统,用 24V 直流电源供电,当这个电压幅值下降到一定数值时,数控系统就会采取保护措施,迫使数控系统自动切断电源关机。该机床出现这个故障时,这台机床并没有进行切削和进给运动,主轴也停止转动。因为这台机床的这个故障只是在机床从刀库中取刀时出现,不进行取刀时,从不出现这个故障,所以可判断是取刀时电源电压突然下降所致。 　　首先对供电电源进行检查。测量所有的 24V 负载,没有发现对地短路或漏电现象。在线检测直流电压的变化,发现取刀时的电压幅值有突然降低的现象,只有 19~22V 左右。有时取刀结束后电压马上回升到24V 左右,有时却突然掉电,导致取刀动作终止。据此认为 24V 整流电源有问题,容量不够,因此只需用交流稳压电源将交流 380V 供电电压提高到 390~400V 左右即可,这个故障就再也没有出现

故障排除	增加一交流稳压电源,将外网输入的交流380V电压提高到390~400V左右,以保证取刀时电压正常,这个故障便再无出现
经验总结	此故障由电源不稳定的原因引起,那么可以肯定的是这台出故障的数控系统为了保护机床,在电源电压下降到系统内定的极限值时就自动关机了。如果电压没有下降或下降不多,系统就自动关机,那么不是数控系统有问题,就是必须调整保护部分的设定值。因此,需要对机床运行的相关说明和参数设置有所了解。 　　过电压保护,也称作过压保护,当故障电压超过保护整定值时,发出跳闸命令或过电压信号。 　　过电压指峰值大于正常运行下最大稳态电压的相应峰值的任何电压。在工程上,它指一切可能对设备造成损害的危险电压。因此在工程中,一些虽然大于设备正常运行电压峰值但不足以危及设备正常工作的过电压被排除在外。 　　过电压包括以下两种情况: 　　①瞬态过电压,持续时间为毫秒级或更短,是避雷器的主要防护对象。 　　瞬态过电压的来源主要有:雷击、开关操作、静电放电和核爆炸。在通信局站,主要是雷电过电压或雷击过电压。 　　②暂态过电压或短时过电压,持续时间相对较长,一般介于0.1s和1s之间。 　　暂态过电压主要有:转移过电压、断零过电压、断线谐振过电压和中性线漂移形成的过电压。此外,空载线路的电容效应、不对称接地故障和突然甩负荷也可能产生危险的过电压。 　　常见的过压保护元器件或设备有防雷器、压敏电阻、避雷器等。在数控领域,为防止雷电瞬间高电压对其造成巨大损害,通常会配置压敏电阻对其进行过压防雷保护。当雷电产生的瞬间高电压施加在压敏电阻两端时,压敏电阻阻值变得无穷小,使得压敏电阻导通并将雷电产生的大电流引入大地,从而保护电源设备不受雷电损伤。在电源系统侧通常会使用防雷器对交流、直流进行过压保护

实例6　加工中心,系统自动关机又开机

故障设备	FANUC 0i-TD系统
故障现象	一台FANUC 0i-TD的机床,在使用3年多以后,出现了系统自动关机又立刻开机的情况,外部的开关电源已经更换为新的,并且检查确定没有问题
故障分析	出现此问题可能有两种原因,一种是外网输入的电源不稳定,可能存在着传输线的闪断情况,但是考虑到同一车间内其他机床工作正常,这种原因可以基本排除。第二种原因可能是系统后面的开关电源到机床系统主板间出现故障。经检查发现主板上的电源线插接头处有大量的氧化现象,其铜插接头已成绿色,并且接头处有油渍,接入的电源线已无法分清颜色,图1-88为故障部位  图1-88　故障部位
故障排除	临时的措施可以用小刀、小锉或者细砂纸将氧化的铜锈剔除,重新更换一根电源线。如果想彻底解决的话,需将此插接口更换,因为长期使用氧化部分已不仅限于眼力所及范围
经验总结	机床长期使用后,金属部件氧化在所难免,而机床生产中的振动又常常使接口松动,若是氧化部分相接触,则阻值会瞬间增大,导致电压不足,机床又多有自保功能,为防止损坏数控系统,便会自动关机。关机后电压达到了机床启动要求,机床便又自动启动了

实例 7 加工中心，开机后几秒就自动关机

故障设备	FANUC 0i 数控加工中心
故障现象	该加工中心出现开机故障,按开机键后几秒就自动关机
故障分析	首先判断这种故障和软件系统无关,因为这几秒钟还不足使其载入。应该是控制机床的哪个硬件故障了,开机几秒钟自动关机意味着: ①开机过程中某个硬件运行错误,导致关机; ②当某个硬件温度过高,系统保护自动关机。 由于此机床开机时间短,还不足以看到开机画面就关机了,说明系统主板已经运行起来了,原因出现在系统程序的载入上。仔细观察后发现存储器部位空气温度过高,触摸存储器,感觉烫手,可以断定问题即出现于此。但是存储器并没有出现烧坏、煳味等现象,应该是存储器内部出现了短路导致电流瞬间过大,引起温度骤升,机床自动保护而自动关机了
故障排除	此台机床存储器属于插拔式,将其拔下重新安装一块新的存储器,问题得到解决
经验总结	此故障需要注意两点:第一,存储器是开机必须运行也是首先运行的设备,机床突然关机应从此着手,而其他硬件温度过高导致的系统保护自动关机,一般是在机床运行一段时间后才会出现;第二,存储器在机床内安装一般有插拔式和焊接式两种,插拔式的更换较为简单,焊接式一般有数十个甚至上百个小焊脚焊在系统板上,非专业人员、专业工具无法更换,这种存储器的更换不对机床操作者作要求,出现此问题时需联系厂家进行维修。图 1-89 为机床控制板 图 1-89 机床控制板

实例 8 加工中心，程序加工完成后自动关机

故障设备	SIEMENS 802D 加工中心
故障现象	该加工中心在程序加工完成后自动关机,在程序加工时和手动操作时一切正常
故障分析	导致系统自动关机的原因很多,如机柜内温度过高、设备老化等,但本例中出现的故障情况基本可以排除这些原因。进一步询问得知,在一次进行设备保养后,对系统进行了升级,部分参数进行修改,因此可以判断此故障是由系统更新后的 PLC 程序设定所致
故障排除	将相关的参数、PLC 程序恢复原先的默认值,此故障得到了解决。如果想应用新的数控系统软件,则需联系厂家技术人员对机床的 PLC 部分进行调试
经验总结	此例中出现的掉电关机的现象,并不像其他掉电故障突然间掉电,而是有个系统关机的过程,类似于计算机的关机,只是由于数控系统的关机过程很快,一般不容易观察。 PLC 在数控机床起控制作用,可以控制机床的逻辑条件和辅助液压气动阀及电机等,系统的操作模式及各轴的运动条件和安全条件,辅助功能代码、S、M、T 代码,等等。还可以从系统中得到系统的坐标位置和系统中所需要执行的辅助功能,经逻辑计算后,控制电机运转或阀的开关。 (1)操作面板的控制 操作面板分为系统操作面板和机床操作面板。系统操作面板的控制信号先是进入 NC,然后由 NC 送到 PLC,控制数控机床的运行。机床操作面板控制信号直接进入 PLC,控制机床的运行。 (2)机床外部开关输入信号 将机床侧的开关信号输入到 PLC 进行逻辑运算。这些开关信号包括很多检测元件信号(如:行程开关、接近开关、模式选择开关等)。 (3)输出信号控制 PLC 输出信号经外围控制电路中的继电器、接触器、电磁阀等输出给控制对象。 (4)功能实现 系统送出 T 代码给 PLC,经过译码,在数据表内检索,找到 T 代码指定的刀号,并与主轴刀号进行比较。如果不符,发出换刀指令,刀具换刀,换刀完成后,系统发出完成信号。 (5)M 功能实现 系统送出 M 指令给 PLC,经过译码,输出控制信号,控制主轴正反转和启动停止等。M 指令完成,系统发出完成信号

实例9　加工中心，换刀中误操作导致掉电关机

故障设备	FANUC 0i-MB
故障现象	调试程序的时候发现程序有问题，没注意正在换刀，按了复位键，机床就断电，关了机器，然后放气，把刀盘推回了原来的位置。目前单步执行指示灯一直亮着。M06也无法换刀，黄色报警灯亮，内容是换刀中掉电
故障分析	判断此故障应该是控制刀具保护的接触器跳开。打开电气柜，根据说明书的结构图查找刀具电路，发现有个接触器跳开
故障排除	将接触器复位，此故障即得到了解决
经验总结	接触器是机电设备中控制负载的电器，它不仅能接通和切断电路，而且还具有低电压释放保护作用，是自动控制系统中的重要元件之一。本例的刀具电路中使用了接触器，避免错误操作导致严重后果。图1-90为常用的接触器。   图1-90　接触器 通常接触器长时间使用也会出现触头接触不牢的故障，触头接触不牢会使动静触头间接触电阻增大，导致接触面温度过高，使面接触变成点接触，甚至出现不导通现象，这些都会导致相关的电路、设备不工作。此故障的一般处理方法如下： ①触头上有油污、花毛、异物，可以用棉布蘸酒精、汽油或松香水擦洗。 ②长期使用触头表面氧化，可用酒精和汽油或四氯化碳溶液擦洗。 ③电弧烧蚀造成缺陷、毛刺或形成金属屑颗粒等，用细锉清除四周溅珠或毛刺，但不允许用细砂布打磨（以免石英砂粒留在触头间，而不能保持良好的接触）。若电弧烧蚀严重，接触面剥落，则必须更换新触头。 ④运动部分有卡阻现象，则可拆开检修或者直接更换新的触头

第六节　数控系统存储器故障和检修

存储器是数控系统中的记忆设备，用来存放程序和数据。系统中全部信息，包括输入的原始数据、程序、中间运行结果和最终运行结果都保存在存储器中。它根据控制器指定的位置存入和取出信息。有了存储器，系统才有记忆功能，才能保证正常工作。图1-91为西门子数控880存储器模块。

按用途存储器可分为固态存储器和动态存储器。固态存储器一般安装在主板的集成块或者电容里，用于存放数控系统中的原始程序、参数等。动态存储器用来存放当前正在执行的数据和程序，但仅用于暂时存放程序和数据，关闭电源或断电，数据会丢失。

现在的数控机床在系统上均提供PCMCIA插槽和RS-232接口，新近的机床上也提供了

图1-91　西门子数控880存储器模块

USB 接口的功能，通过接口可以进行系统的数据备份，在出现参数故障时，为维修人员快速恢复机床运行提供了极大的便利条件。但是在存储系统数据时，也会出现通信超时、乱码、数据丢失等不正常现象。本学习情境主要熟悉系统的数据备份和操作流程，对在存储数据过程中出现的故障进行分析并及时排除。

一、动态存储器和固态存储器存储内容的区别（表 1-6）

表 1-6　动态存储器和固态存储器存储内容的区别

序号	存储器类型	存 储 内 容
1	动态存储器	①数控系统参数
		②螺距误差补偿量
		③PMC/PLC 参数
		④刀具补偿数据（补偿量）
		⑤宏变量数据（变量值）
		⑥加工程序
		⑦对话式数据（加工条件、刀具数据等）
		⑧操作履历数据
		⑨伺服波形诊断数据
		⑩最后使用的程序号
		⑪切断电源时的机械坐标值
		⑫报警履历数据
		⑬刀具寿命管理数据
		⑭软操作面板的选择状态
		⑮PMC/PLC 信号解析（分析）数据
		⑯其他设定（参数）数据
2	固态存储器	①数控系统软件
		②数字伺服软件
		③PMC/PLC 系统软件
		④其他各种数控系统侧控制用软件
		⑤维修信息数据
		⑥PMC/PLC 顺序程序（梯形图程序）
		⑦上料器控制用梯形图程序
		⑧C 语言执行程序
		⑨宏执行程序
		⑩其他（机床厂的软件）

二、数控系统存储器故障处理实例

实例 1　数控铣床，显示器蓝屏

故障设备	SIEMENS 802S 数控铣床
故障现象	在外部程序输入完成后，拔下通信电缆时显示器蓝屏，只能重新启动计算机，输入的程序没有丢失
故障分析	经查看通信电缆发现，此电缆线并不支持热插拔，也就是说此电缆线必须在断电的情况下才能执行插拔操作，否则因为电缆线的电流冲击，导致系统存储器中数据紊乱，进而产生蓝屏现象
故障排除	在以后的操作中不再执行热插拔操作，此故障再也没有出现

经验总结	一般数控机床均不支持热插拔操作,操作者需在开机时保证传输电缆两端一端不带电,否则极易导致两端电流的冲突影响数控系统正常工作。 　热插拔(hot-plug 或 hot swap)即带电插拔,热插拔功能就是允许用户在不关闭系统,不切断电源的情况下取出和更换损坏的硬盘、电源或板卡等部件,从而提高系统对灾难的及时恢复能力、扩展性和灵活性等。 　热插拔最早出现在服务器领域,是为了提高服务器易用性而提出的。在我们平时用的电脑中一般都有USB 接口,这种接口就能够实现热插拔。如果没有热插拔功能,即使磁盘损坏不会造成数据的丢失,用户仍然需要暂时关闭系统,以便能够对硬盘进行更换。而使用热插拔技术只要简单的打开连接开关或者转动手柄就可以直接取出硬盘,而系统仍然可以不间断地正常运行,图 1-92 为热插拔示意图。 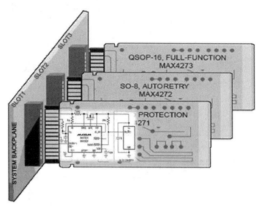 图 1-92　热插拔示意图 系统中加入热插拔的好处包括: ① 在系统开机情况下将损坏的模块移除,还可以在开机情况下做更新或扩容而不影响系统操作; ② 由于热插拔零件的可靠度提升,还可以将它们用作断电器,而且因为热插拔能够自动恢复,有很多热插拔芯片为系统提供线路供电情况的信号,以便系统做故障分析,因此减少了成本

实例 2　加工中心,关机后加工程序无法存储

故障设备	SIEMENS 802D 数控铣床
故障现象	该 SIEMENS 802D 数控铣床,每次关机后,加工程序都无法存储
故障分析	为了确认故障原因,维修时编制了多个加工程序进行试验,发现故障现象均不存在,即系统本身并无问题。检查操作人员编制的程序,发现机床全部动均执行正确无误。因此可以排除程序错误的原因。考虑到 802D 系统的特点,判定程序名出错的可能性较大
故障排除	进一步检查用户加工程序名,并按 802D 对程序名的要求修改后,加工程序即可以保存
经验总结	每一套不同的机床系统都有自己的命名规则,有的时候程序名不正确则无法进行程序输入,而本例中这种可以进行编辑而无法存储的故障并不多见

实例 3　加工中心,机床数据丢失

故障设备	FANUC 0i 加工中心
故障现象	该加工中心已运行 5 年,最近经常出现 CRT 显示混乱,重新输入机床数据,机床恢复正常,但停机断电后数小时再启动时,故障现象再一次出现,需要再次输入机床数据才行
故障分析	检查发现是存储器板上的电池电压降到下限以下,无法支持存储器的正常工作
故障排除	换电池后重新输入数据,故障消失
经验总结	根据不同机床生产厂家的配置,其电池的使用时间长短也各有不同,在购买机床时,尽量避免购买使用纽扣电池的存储器,纽扣电池相对于数控机床的工作环境来说容量偏小,而且安装之后也不容易抗振动。图 1-93 为松下的发那科数控机床专用电池

| 经验总结 | 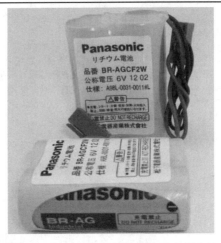
图 1-93　松下的发那科数控机床专用电池 |

实例 4　加工中心，长程序无法输入

故障设备	SIEMENS 850M 加工中心
故障现象	当用笔记本电脑向机床传输控制程序时,如果程序较长,则传入数控系统内的程序出现乱码,加工无法进行
故障分析	①将长程序分段,每一段都不超过 400KB,传入数控系统后再进行加工,这样比较麻烦。此外,程序分段后容易在加工件上产生刀痕,影响工件的精度和外观质量。 ②怀疑传输线或计算机的接口有问题,更换传输线和接口后,故障依然存在。 ③检查与程序传输有关的数据设置:在发送端,计算机传输软件中的波特率设置为 4800bps;而在接收端,电气柜内数控系统的接收波特率旋钮指在 9600bps 上,二者相差 1 倍。看来故障是由于波特率不匹配造成的
故障排除	将计算机传输软件中的传输波特率改为 9600bps 后,长程序也能传输,故障得以排除,如图 1-94 所示 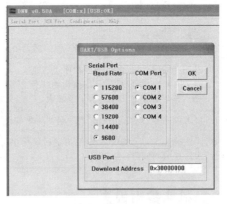 图 1-94　修改传输软件中的传输波特率
经验总结	波特率指单片机或计算机在串口通信时的速率,是信号被调制以后在单位时间内的变化,即单位时间内载波参数变化的次数,如每秒传送 240 个字符,而每个字符格式包含 10 位(1 个起始位,1 个停止位,8 个数据位),这时的波特率为 240,比特率为 10 位×240 个/s＝2400bps。又比如每秒传送 240 个二进制位,这时的波特率为 240,比特率也是 240bps(但是一般调制速率大于波特率,比如曼彻斯特编码)。 波特率,可以通俗地理解为一个设备在一秒内发送(或接收)了多少码元的数据。它是对符号传输速率的一种度量,1 波特即指每秒传输 1 个码元符号(通过不同的调制方式,可以在一个码元符号上负载多个 bit 位信息),1 比特每秒是指每秒传输 1 比特(bit)。"波特"本身就代表每秒的调制数,以"波特每秒"(baud per second)为单位是一种常见的错误。波特率有时候会同比特率混淆,实际上后者是对信息传输速率(传信率)的度量。波特率可以被理解为单位时间内传输码元符号的个数(传符号率)

实例5　加工中心，输入程序时有时报错

故障设备	FANUC 0i 加工中心
故障现象	由计算机生成的加工程序，往机床传输时有时会出现报警系统通信错误报警
故障分析	该报警为系统数据输入时，出现溢出错误或成帧错误。产生故障的可能原因有系统参数设定与计算机侧设定不符、数据位数设定错误、波特率设定错误、设备规格号不对，经检查没有发现异常，对照计算机侧的传输设定也正常。拆开数控柜发现，存储器部位发热严重，而且堆积了很厚的灰尘，故障可能即产生于此，图1-95为故障存储器位置  图 1-95　故障存储器位置
故障排除	清除灰尘，必要时在存储器位置增加风扇散热，此故障再也没有出现
经验总结	由于机床长时间使用，很容易吸附灰尘，特别是当油污和灰尘混合在一起时，一来清理困难，二来也容易导致元器件短路，需及时清除。数控设备的发热量突然变大，除了散热不良的原因之外，设备老化也是重要原因，设备老化直接导致阻值增大，消耗在元器件上的电能增加，产生的热量也大量增加

实例6　加工中心，通信接口烧坏

故障设备	SIEMENS 802S 加工中心
故障现象	该数控机床在从外部导入数据时，数据接口发生打火现象，所以立即停止传输，触摸接口发现温度异常升高，并有糊味，此后接口就再也不能使用
故障分析	数控系统和计算机的通信接口烧坏的主要原因是操作人员使用违规，但是经过仔细检查后，操作人员操作完全符合规范，排除了人为因素。无意中用手触摸机床外壳时，发现有微电流的触感，怀疑是外壳带电，直接用普通电笔测试确实是外壳有电，因此进一步查看机床电源部分，发现其电源输入地线口不通，也就是机床没有接地线
故障排除	重新连接接地线，并固定好接头，故障排除
经验总结	数控机床的外壳不接地而引起的漏电流会导致通信接口烧坏，如图1-96所示。 应在机床侧安装独立的接地体，并将接地体用良好的接地线与计算机的外壳连接，就可避免该类故障的发生，图1-97为机床控制柜接地线

图 1-96　烧坏的通信接口　　　　图 1-97　机床控制柜接地线

实例 7　加工中心，不能与外部计算机进行数据传输

故障设备	SIEMENS 840D ME810S 型加工中心
故障现象	机床通电启动后,不能与外部计算机进行数据传输
故障分析	①检查计算机侧的通信协议,发现和机床侧的设置完全一致,而且此前进行数据传输很正常。 ②经了解,机床厂测试人员现场操作时曾经带电插拔通信电缆的插接头。 ③对通信部分的元器件进行检测,发现 MMC100 接 E1 板通信部分烧毁,不能执行通信功能。图 1-98 即为无法使用的 MMC100 板 图 1-98　无法使用的 MMC100 板
故障排除	更换 MMC100 板后,通信恢复正常
经验总结	注意事项: ①数控机床与外部计算机通信时,不能带电插拔通信电缆,否则会损坏数控设备; ②无论是断电还是带电,如果用带静电的工具或人体去触摸数控系统的电气信号接口,都有可能使静电窜入系统,破坏数控程序和参数,或造成电子元器件损坏

实例 8　加工中心，数据传输自行停止

故障设备	SIEMENS 810D 加工中心
故障现象	接通电源后,通过笔记本电脑和数据线,向机床实时传送加工程序和工艺数据,此时显示器上出现"RS-232 传输错误",数据传输自行停止
故障分析	810D 系统不带硬盘,所以如果遇到容量较大的加工程序,就需要采用实时传输模式,将程序输入到 RAM 中进行缓存,达到 25436B 后,就暂停传送程序。如果从电脑送出的程序到达 RAM 后不能缓存,则发送的数据只能被丢弃,这时系统就会报警,提示 RS-232 传输故障 诊断排查: ①更换 RS-232 通信线,故障现象不变; ②分析认为,可能是通信设置方面存在问题,某些设置与 810D 数控系统不兼容
故障排除	更改 RS-232 参数设置,以确保数据的正常传输。经过多次探索试验后,总结出一组稳定的通信数据,操作如下: ①将"数据位 8 位"更改为"数据位 7 位"; ②将"奇偶校验无"更改为"偶校验"; ③将"停止位 1 位"更改为"停止位 2 位"; ④在 810D 系统的操作显示屏、数据传送软件、设备管理器中,同时进行这些参数的更改,并保存设置 这样处理后,文件传输恢复到正常状态
经验总结	RS-232 应用范围广泛、价格便宜、编程容易并且可以使用比其他接口更长的导线,图 1-99 为 RS-232 接口。 RS-232C 标准规定的数据传输速率为 50、75、100、150、300、600、1200、2400、4800、9600、19200、38400 波特,图 1-100 为 RS-232 接口的传输原理图。 串行通信在软件设置里需要做多项设置,最常见的设置包括波特率(baud rate)、奇偶校验(parity check)和停止位(stop bit)。 波特率(又称鲍率):是指从一设备发到另一设备的波特率,即每秒多少比特 bits per second(bps)。典型的波特率是 300、1200、2400、9600、15200、19200bps 等。一般通信两端设备都要设为相同的波特率,但有些设备也可以设置为自动检测波特率。

经验总结	 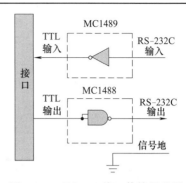

图 1-99　RS-232 接口　　　　　　　　图 1-100　RS-232 接口传输原理图

　　奇偶校验是用来验证数据的正确性。奇偶校验一般不使用,如果使用,那么既可以做奇校验(odd parity)也可以做偶校验(even parity)。奇偶校验是通过修改每一发送字节(也可以限制发送的字节)来工作的。如果不作奇偶校验,那么数据是不会被改变的。在偶校验中,因为奇偶校验位会被相应的置"1"或"0"(一般是最高位或最低位),所以数据会被改变以使得所有传送的数位(含字符的各数位和校验位)中"1"的个数为偶数;在奇校验中,所有传送的数位(含字符的各数位和校验位)中"1"的个数为奇数。奇偶校验可以用于接收方检查传输是否发送错误——如果某一字节中"1"的个数发生了错误,那么这个字节在传输中一定有错误发生。如果奇偶校验是正确的,那么要么没有发生错误要么发生了偶数个的错误。如果用户选择数据长度为 8 位,则因为没有多余的比特可被用来作为同比特,因此就叫做无位元(non parity)。

　　停止位是在每个字节传输之后发送的,它用来帮助接收信号方硬件重同步。

　　RS-232 在传送数据时,并不需要另外使用一条传输线来传送同步信号,就能正确的将数据顺利传送到对方,因此叫做"异步传输"(universal asynchronous receiver transmitter),简称 UART,不过必须在每一组数据的前后都加上同步信号,把同步信号与数据混合之后,使用同一条传输线来传输。比如数据 11001010 被传输时,数据的前后就需加入 Start(Low)以及 Stop(High)等两个比特,值得注意的是,Start 信号固定为一个比特,但 Stop 停止比特则可以是 1、1.5 或者是 2 比特,由使用 RS-232 的传送与接收两方面自行选择,但需注意传送与接受两者的选择必须一致。在串行通信软件设置中 D/P/S 是常规的符号表示。8/N/1(非常普遍)表明 8bit 数据,没有奇偶校验,1bit 停止位。数据位可以设置为 7、8 或者 9,奇偶校验位可以设置为无(N)、奇(O)或者偶(E),奇偶校验可以使用数据中的比特(bit),所以 8/E/1 就表示一共 8 位数据位,其中一位用来做奇偶校验位。停止位可以是 1、1.5 或者 2 位的

第二章 伺服系统的故障与维修

实例1 数控车床，回参考点时出现停止位置漂移且回参考点操作所偏离的距离是定值

故障设备	FANUC 0i 数控车床
故障现象	该机床能够执行返回参考点操作，回参考点绿灯亮，但返回参考点时出现停止位置漂移，且没有报警产生
故障分析	该机床开机后首次手动回参考点时，偏离参考点一个或几个栅格距离，以后每次进行回参考点操作所偏离的距离是一定的。一般造成这种故障的原因是减速挡块位置不正确；减速挡块的长度太短或参考点用的接近开关的位置不当
故障排除	重新调整减速挡块位置，根据现场情况，将减速挡块位置与编码器"零脉冲"位置移动半个挡块位置，故障得到了排除
经验总结	该故障一般在机床首次安装调试后或大修后发生，可通过调整减速挡块的位置或接近开关的位置来解决，或者通过调整回参考点快速进给速度、快速进给时间常数来解决。 减速挡块：有挡块回零方式下的减速开关。机床有挡块回零过程中轴运行的速度较快，但在接近零点时速度会迅速减慢，继而停止。其减速就是因为机床工作台在接近零点时压下了挡块（即减速开关闭合），随后电机编码器自动检测一转信号，检测到之后机床就会停止，回零动作完成。图 2-1 为机床常用的减速挡块  图 2-1　机床减速挡块

实例2　数控车床，伺服电机异常

故障设备	FANUC 0TD 数控车床
故障现象	该数控车床在大修后，机床开机调试时伺服电机不动，重新启动主轴有超速有飞车的现象，再次重启机床，伺服电机一通电，显示器就报警显示过载
故障分析	根据故障现象分析伺服电机不动可能是电源未接到位，简单查看后发现电源已经由主电源箱送达电机。但是机床出现飞车的现象，可能是伺服电机相序接错了，此时用万用表进行测量，发现相序的确是接反的，如图2-2所示  图2-2　相序接反
故障排除	重新连接电源线，保证相序正确，故障排除
经验总结	如果不确定是否接错可以任意交换两相试试，如果电机装在机床上最好把电机拆下来放在地上通电试验。相序接错了短期通电对伺服电机和伺服驱动器是没有什么影响的

实例3　数控车床，回参考点时出现停止位置漂移且偏离值不固定

故障设备	FANUC 0TD 数控车床
故障现象	该数控车床能够执行返回参考点操作，回参考点绿灯亮，但返回参考点时出现停止位置漂移，且没有报警产生
故障分析	偏离参考点任意位置，即偏离一个随机值或出现微小偏移，且每次进行回参考点操作所偏离的距离不等。这种故障可考虑下列因素并实施相应对策： ①外界干扰，如电缆屏蔽层接地不良，脉冲编码器的信号线与强电电缆靠得太近； ②脉冲编码器或光栅尺的电源电压太低（低于4.75 V）或有故障； ③速度控制单元控制板不良，进给轴与伺服电动机之间的跃轴器松动； ④电缆连接器接触不良或电缆损坏。 按照上述的步骤，首先检查电缆线、强弱电路，并未发现有缠绕、紧挨着的情况。继续检查脉冲编码器，发现脉冲编码器上聚集了不少油灰，如图2-3所示，这可能是造成故障的原因  图2-3　聚集了油灰的编码器
故障排除	将脉冲编码器拆下，清除灰尘，并安装上，故障得到解决。如果脉冲编码器上出现黏性比较大的油污，就必须更换一个新的
经验总结	数控机床发生这类故障对生产来说影响巨大，因为对于进行批量加工生产的数控机床，若机床每天所进行的回参考点操作所定位的位置不稳定，机床加工时的工件坐标系会随每次进行回参考点操作参考点的漂移而产生漂移，机床所加工的批量零部件尺寸精度会出现不一致现象，而且极易造成批量废品

实例 4　数控车床，机床没有找到参考点

故障设备	SIEMENS 802S 数控车床
故障现象	该机床回归参考点过程有减速，但直到触及极限开关报警而停机，没有找到参考点，回归参考点操作失败
故障分析	发生该故障可能是减速后参考点的零标志位信号未出现。这有四种可能： ①可能是编码器(或光栅尺)在回归参考点操作中没有发出已经回归参考点的零标志位信号； ②可能是回归参考点零标记位置失效； ③可能是回归参考点的零标志信号在传输或处理过程中丢失； ④可能是测量系统硬件故障，对回归参考点的零标志位信号不识别，这可使用信号跟踪法，用示波器检查编码器回归参考点的零标志位信号，判断故障。 根据以上原因，逐步跟踪排查，发现零标记位置正常，零标志信号时有时无，且电压有 1~2V 的波动，根据机床说明书查看信号线，发现此信号线虽然有胶皮包裹，但是胶皮已经变脆发霉，且表面存在严重的绿色铜锈，信号线旁边也有很多弱电的电路。故判断故障是由信号线老化和干扰造成，而干扰则是线路老化引起的，只要解决线路老化问题即可。图 2-4 为老化、脆化的零标志信号传输线 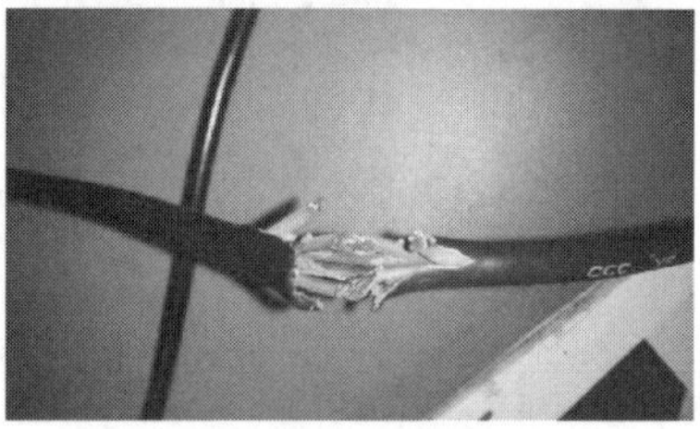 图 2-4　老化、脆化的零标志信号传输线
故障排除	重新更换零标志信号的传输线，做好屏蔽措施，故障再也没有发生
经验总结	机床在返回参考点时是依靠零标记位置来定位的，零点开关信号与零标志脉冲信号的区别在于，零点开关是一个不准确的量，伺服电机标准零位不能靠此开关决定，需要在此开关工作后，伺服电机旋转一周内找到零标志信号，做标准零位，这是一个相对于零点开关的绝对零位。在日常生产中零标志信号、零标志位信号和零标志脉冲信号是一个概念

实例 5　数控车床，机床回参考点位置不准确

故障设备	SIEMENS 802D 数控车床
故障现象	该机床回归参考点过程有减速，且有回归参考点的零标志位信号出现，也有制动到零的过程，但参考点的位置不准确，即返回参考点操作失败
故障分析	出现回参考点位置不准确的情况，首先查看机床回归参考点时反馈的信号是否存在干扰，查看线路后发现没有发生异常，而测量电压也很稳定，干扰的原因即被排除了。接着查看减速挡块，减速挡块离参考点位置太近，导致坐标轴未移动到指定距离就接触到极限开关而停机，回参考点失败。图 2-5 为本机床的减速挡块  图 2-5　减速挡块
故障排除	将减速挡块和参考点之间的距离调大，故障排除
经验总结	由于机床每次回参考点时均未产生报警，但回参考点出现漂移的故障现象是存在的，而机床操作人员却没有及时发现，造成了加工件的废品，甚至是批量废品。所以，当机床出现回参考点故障时，维修人员要马上进行维修处理，否则会使机床无法使用或加工出不合格产品

实例 6 数控车床，机床回参考点位置固定偏移一个值

故障设备	SIEMENS 802D 数控车床
故障现象	该机床回归参考点过程有减速，且有回归参考点的零标志位信号出现，也有制动到零的过程，但参考点的位置总是偏移一个固定的数值，返回参考点操作失败
故障分析	由于回参考点偏移值是固定的，即可排除干扰的原因。而减速挡块只是提供一个大概的减速范围，如果是减速挡块离参考点位置太近的话，虽然也会导致回参考点位置不准确，但是由于挡块本身位置的非精确性，其偏移值也不会是一个固定值，因此也将减速挡块的问题排除了。 　　由于偏移的是一个固定值，分析应该是编码器方面的故障，可能是回归参考点的零标志位信号已被错过，只能等待脉冲编码器再转 1 周，测量系统才能找到该信号而停机，使工作台停在距参考点 1 个选定间距的位置（相当于编码器点动时的机床位移量）。故障即出现在脉冲编码器上
故障排除	更换新的脉冲编码器，机床可以正常返回参考点了
经验总结	一般来说，机床返回参考点不准确时，往往会造成加工零件的尺寸大小不一，难以保证工件最终的加工精度，同时还可能造成机床的损坏。根据数控加工中心检测元件检测原点信号方式的不同，返回参考点的方法有两种，一种为栅点法，另一种为磁开关法。栅点法是检测器随着电机一转信号同时产生一个栅点或一个零位脉冲，CNC 数控系统检测到的第一个栅点或零位信号即为原点。磁开关法是在机械本体上安装磁铁及磁感应原点开关，当磁感应原点开关检测到原点信号后，伺服电机立即停止，该停止点被当作原点。一般来说，返回参考点常见的漂移现象主要有机床回原点后原点漂移、使用编码器时回原点漂移、原点漂移一个栅点、原点漂移数个脉冲等几种，分别看一下这几种现象的解决措施。 　　1. 原点漂移数个脉冲 　　原点漂移数个脉冲有两种方式：一种是只是在数控加工中心开机后第一次回原点时原点漂移，出现这种情况的原因一般是零标志信号受干扰失效，可通过防止噪声干扰，安装必要的火花抑制器等措施预防；第二种情况是并非仅在开机首次回原点时原点漂移，这时应修正参考计数器的设定值予以解决。 　　2. 机床回原点后原点漂移 　　在数控加工中心回到原点后原点出现漂移时，首先应先用百分表或激光检测仪检查机械相对位置是否漂移。若不漂移，只是位置显示有偏差，应检查是否为工件坐标系偏置无效造成；如机床数控显示屏显示位置为一非零值，应确认相关的参数设置是否正确；若为机械相对位置出现偏移，应准确测量偏移量后予以修正。 　　3. 原点漂移一个栅点 　　出现这种现象时应先减小由参数设置的接近原点速度，然后重试回原点操纵，若原点不漂移，则可以断定是减速挡块太短或安装不良造成，可通过改变减速挡块或减速开关的位置来解决；如果减小接近原点速度参数设置后，重试返回原点仍漂移，可通过数控加工中心数控系统面板减小快速进给速度或通过快速进给时间常数的参数设置来进行修正，一般都可以修复这种现象。 　　4. 使用编码器时回原点漂移 　　这种情况一般出现在使用绝对值脉冲编码器的机床回原点的情况下。首先检查并重新设置与机床回原点有关的检测绝对值的有关参数，重新再试一次回原点操作。若原点仍漂移，则检查机械相对位置是否有变化。如无漂移，只是位置显示有偏差，则检查工件坐标偏置是否有效。若为机械位置偏移，则为绝对脉冲编码器故障

实例 7 数控车床，返回参考点时出现未返回参考点报警

故障设备	SIEMENS 802S 数控车床
故障现象	该机床在返回参考点时，发出"未返回参考点"报警，机床不执行返回参考点动作
故障分析	根据故障现象考虑，应该是系统参数的问题。出现这种情况应考虑检查数控机床的如下参数： ①指令倍率比（CMR）是否设为 0； ②检测倍乘比（DMR）是否设为 0； ③回参考点快速进给速度是否设为 0； ④接近原点的减速速度是否设为 0； ⑤机床操作面板快速倍率开关及进给倍率开关是否设置了 0 挡。 　　逐步按照上述的原因检查，发现其接近原点的减速速度被设置为 0，仔细观察其停止动作时的位置离参考点还有一点距离，实际并未到达参考点位置，不仔细观察不容易发现
故障排除	将接近原点的减速速度设置为 80，机床可以正常返回参考点
经验总结	由于数控机床回参考点故障有报警存在，数控系统不会执行用户所编辑的任何加工程序，从而避免批量废品产生

实例8　数控车床，伺服电机带负载时抖动并下滑

故障设备	FANUC 0T 数控车床
故障现象	该数控车床开机后其 X 轴伺服电机开机时正常,伺服电机一带负载就会抖动并导致其下滑,报警显示 414
故障分析	查看报警说明得知,414 是 X 轴伺服故障,由于该故障报警信息比较模糊,需按步骤检查。首先测量电源输入是否达到要求,是否平稳,没有发现异常。联想到该车床在大吃刀量加工时经常出现动力不足的情况,因此考虑可能是伺服电机的负载惯量和电机惯量不匹配
故障排除	联系机床生产厂家的技术人员,配合其调整伺服电机的负载惯量和电机惯量,此问题即得到解决
经验总结	衡量机械系统的动态特性时,惯量越小,系统的动态特性反应越好;惯量越大,电机的负载也就越大,越难控制,但机械系统的惯量需和电机惯量相匹配才行,图 2-6 为伺服电机的结构图。 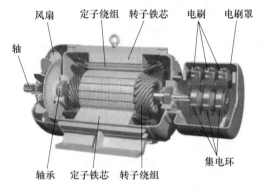 图 2-6　伺服电机的结构图 　　惯量就是刚体绕轴转动的惯性的度量,转动惯量是表征刚体(刚体是指理想状态下的不会有任何变化的物体)转动惯性大小的物理量。它与刚体的质量、质量相对于转轴的分布有关,即:转动惯量＝转动半径×质量,选择伺服电机时,惯量参数是衡量其性能的一项重要指标。它指的是伺服电机转子本身的惯量,对于电机的加减速来说相当重要。如果不能很好地匹配惯量,电机的动作会很不平稳。 　　低惯量就是电机做得比较扁长,主轴惯量小,当电机做频率高的反复运动时,惯量小,发热就小。所以低惯量的电机适合在高频率的往复运动中使用,但是一般力矩相对要小些。高惯量的伺服电机就比较粗大,力矩大,适合大力矩频率低的往复运动的场合。因为从高速运动到停止,驱动器要产生很大的反向驱动电压来停止这个大惯量,发热就很大。 　　一般来说,小惯量的电机制动性能好,启动、加速停止的反应很快,高速往复性好,适合于一些轻负载、高速定位的场合,如一些直线高速定位机构。中、大惯量的电机适用大负载、平稳要求比较高的场合,如一些圆周运动机构和一些机床行业。 　　如果负载比较大或是加速特性比较大,而选择了小惯量的电机,可能对电机轴损伤太大,应该根据负载的大小、加速度的大小等因素来选择,一般的选型手册上有相关的能量计算公式。 　　伺服电机驱动器对伺服电机的响应控制最佳值为负载惯量与电机转子惯量之比为一,最大不可超过五。通过机械传动装置的设计,可以使负载惯量与电机转子惯量之比接近一或较小。当负载惯量确实很大,机械设计不可能使负载惯量与电机转子惯量之比小于五时,则可使用电机转子惯量较大的电机,即所谓的大惯量电机。使用大惯量的电机,要达到一定的响应,驱动器的容量应要大一些。 　　不同的机构,对惯量匹配原则有不同的选择,且有不同的作用表现。例如,数控机床通过伺服电机作高速切削时,当负载惯量增加时电机需花费较多时间才能达到新指令的速度要求。因此做到负载惯量和电机惯量一比一是不可能的,一般的建议在 5 以内,一味地追求价格选用小型号的,将难以达到控制精度和日常使用的稳定性的要求。在日系的伺服电机中有大、中、小惯量之分,欧美系的是没有的

实例9　数控车床，加工时 Z 轴尺寸逐渐变小

故障设备	FANUC 0i 数控车床
故障现象	该数控车床,在运行过程中,加工零件的 Z 轴尺寸逐渐变小,而且每次的变化量与机床的切削力有关,当切削力增加时,变化量也会随之变大
故障分析	根据故障现象分析,产生故障的原因应在伺服电动机与滚珠丝杠之间的机械连接上。由于本机床采用的是联轴器直接连接的结构形式,当伺服电动机与滚珠丝杠之间的弹性联轴器未能锁紧时,丝杠与伺服电动机之间将产生相对滑移,Z 轴进给尺寸逐渐变小

故障排除	解决联轴器不能正常锁紧的方法是压紧锥形弹性套,增加摩擦力。如果联轴器与丝杠之间配合不良,依靠联轴器本身的锁紧螺钉无法保证锁紧时,通常的解决方法是将每组锥形弹性套中的其中一个开一条0.5mm 左右的缝,以增加锥形弹性套的收缩量,这样可以解决联轴器与丝杠之间配合不良引起的松动问题
经验总结	该机床采用的弹性联轴器是联轴器的一种,如图 2-7 所示。  <div align="center">图 2-7　弹性联轴器</div> 采用若干非金属弹性材料制成的柱销置于两半联轴器凸缘孔中,通过柱销实现两半联轴器连接,该联轴器结构简单、容易制造,装拆更换弹性元件比较方便,不用移动两联轴器。弹性柱销联轴器结构简单、合理,维修方便、两面对称可互换,寿命长,允许较大的轴向窜动,具有缓冲、减振、耐磨等性能。 图 2-8 为伺服电动机与滚珠丝杠之间的弹性联轴器,图 2-9 为支承工作台与主轴之间的弹性联轴器  <div align="center">图 2-8　伺服电动机与滚珠　　　　　图 2-9　支承工作台与主轴 　　丝杠之间的弹性联轴器　　　　　　　之间的弹性联轴器</div>

实例 10　数控车床,X 轴、Z 轴的实际移动尺寸与理论值不符

故障设备	FANUC 0i 数控车床
故障现象	该数控车床,在加工过程中发现 X 轴和 Z 轴的实际移动尺寸与理论值不符
故障分析	由于本机床 X 轴、Z 轴工作正常,故障仅是移动的实际值与理论值不符,因此可以判定机床系统、驱动器等部件均无故障,引起问题的原因在于机械传动系统参数与控制系统的参数匹配不当。 机械传动系统与控制系统匹配的参数在不同的系统中有所不同,通常有电子齿轮比、指令倍乘系数、检测倍乘系数、编码器脉冲数和丝杠螺距。以上参数必须统一设置,才能保证系统的指令值与实际移动值相符。 本机床中,通过检查系统设置参数发现,X 轴、Z 轴伺服的编码器脉冲数与系统设置不一致。在机床上 X 轴、Z 轴的型号相同,但内置式编码器分别为 2000 脉冲/转与 2500 脉冲/转,而系统的设置值正好与此相反
故障排除	将 X 轴、Z 轴编码器调换,故障得到了排除
经验总结	据了解,故障原因是用户在进行机床大修时,曾经拆下 X 轴、Z 轴伺服电机进行清理,但安装时未注意到编码器的区别,将两个轴的编码器安装反了,因此在大修时必须对每一个零部件做好标记和记录

实例 11　数控车床,进给加工过程中发现 X 轴振动

故障设备	FANUC 0i 数控车床
故障现象	该经济型数控车床,在进给加工过程中发现 X 轴振动

故障分析	加工过程中坐标轴出现振动、爬行与多种原因有关,可能是机械传动系统的故障,亦可能是伺服进给系统的调整与设置不当。为了判定故障原因,将机床操作方式置于手动方式,用手摇脉冲发生器控制 X 轴进给,发现 X 轴仍有振动现象。在此方式下,通过较长的时间移动后,X 轴速度单元报警灯亮,证明 X 轴伺服驱动器发生了过电流报警,根据以下现象,分析可能的原因如下: ①负载过重; ②机械传动系统不良; ③位置环增益过高; ④伺服不良等。 通过互换法确认故障原因出在直流伺服电机上。卸下 X 轴,经检查发现 6 个电刷中有两个弹簧已烧断,造成电枢电流不平衡,使输出转矩不平衡。另外,发现轴承亦有损坏,而引起 X 轴振动与过电流。图 2-10 为弹簧已烧断的电刷 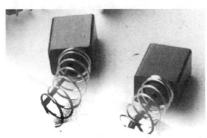 图 2-10　弹簧已烧断的电刷
故障排除	更换轴承与电刷后,机床恢复正常
经验总结	电刷的弹簧损坏导致了电枢内的电流不平衡,而电枢在电机实现机械能与电能相互转换过程中起关键和枢纽作用。对于发电机来说,它是产生电动势的部件,如直流发电机中的转子,交流发电机中的定子;对于电动机来说,它是产生电磁力的部件,如直流电动机中的转子。电枢中电流不平衡直接导致输出的转矩不平衡,直接影响其驱动的轴的运行稳定程度

实例 12　数控车床,Z 轴仅能小范围移动

故障设备	FANUC 0i 数控车床
故障现象	该数控车床,开机后,X 轴、Z 轴工作正常,但手动移动 Z 轴,发现在较小的范围内,Z 轴可以运动,但继续移动 Z 轴,系统出现伺服报警
故障分析	根据故障现象,检查机床实际工作情况,发现开机后 Z 轴可以少量运动,不久温度上升,表面发烫。引起以上故障的原因可能是机床电气控制系统故障或机械传动系统不良。为了确定故障部位,考虑到本机床采用的是半闭环结构,维修时首先松开伺服电动机与丝杠的连接,并再次开机试验,发现故障现象不变,故确认报警是由电气控制系统的不良引起的。 故障检修步骤:由于机床 Z 轴伺服电动机带有制动器,开机后测量制动器的输入电压发现正常;在系统、驱动器关机的情况下,对制动器单独加入电源进行试验,手动转动 Z 轴,发现制动器已松开,手动转动 Z 轴平稳、轻松,证明制动器工作良好。 为了进一步缩小故障部位,确认 Z 轴伺服电动机的工作情况,维修时利用同规格的 X 轴在机床侧进行了互换试验,发现换上的伺服电动机同样出现发热现象,且工作时的故障现象不变,从而排除伺服电动机本身的故障原因。 为了确认驱动器的工作情况,维修时在驱动器侧对 X 轴、Z 轴的驱动器进行了互换试验,即将 X 轴驱动器与 Z 轴伺服电动机连接,Z 轴驱动器与 X 轴伺服电动机连接。经试验发现故障转移到了 X 轴,Z 轴工作恢复正常。 根据以上试验,可以确认以下几点: ①机床机械传动系统正常,驱动器工作良好; ②数控系统工作正常,因为当 Z 轴驱动器驱动 X 轴时,机床无报警; ③Z 轴伺服电动机工作正常,因为将它在机床侧与 X 轴互换后,工作正常; ④Z 轴驱动器工作正常,因为通过 X 轴驱动器(确认是无故障的)在电柜侧互换,控制轴后,同样发生故障。 综合以上判断,可以确认故障是由 Z 轴伺服电动机的电缆连接引起的。仔细检查伺服电动机的电缆连接,发现该机床在出厂时的电枢线连接错误,即驱动器的 U、V、W 端子未与插头的 U、V、W 连接端一一对应,相序存在错误

续表

故障排除	将 Z 轴伺服电动机的电缆重新正确连接后,故障消失,Z 轴可以正常工作
经验总结	相序主要影响电动机的运转,相序接反,电动机会反转。相序不当时电动机逆转,对电动机没有影响,但有些设备不允许逆转时,出现逆转就会损坏设备,此情况就必须装置相序保护器来拒绝逆转

实例 13　数控车床,系统掉电关机

故障设备	FANUC 0TD 数控车床
故障现象	该数控车床,开机时,显示器显示"系统处于'急停'状态"和"伺服驱动系统未准备好"的报警,并且无法解除
故障分析	根据故障现象分析,引起上述两项报警的常见原因是数控系统的机床参数丢失或伺服驱动系统存在故障。首先检查机床参数正常,速度控制单元上的报警指示灯均未亮,表明伺服驱动系统未准备好,且故障原因在速度控制单元上。 　　进一步检查发现,Z 轴伺服驱动器上的两个熔断器均已经熔断,说明 Z 轴驱动器主回路存在短路。驱动器主回路存在短路通常都是由于晶闸管被击穿引起的,因此应用万用表检查主回路的晶闸管,发现其中的两只晶闸管已被击穿,造成了主回路的短路,图 2-11 为被击穿的两只晶闸管  图 2-11　被击穿的两只晶闸管
故障排除	更换晶闸管后,驱动器恢复正常
经验总结	晶闸管能在高电压、大电流条件下工作,且其工作过程可以控制,被广泛应用于可控整流、交流调压、无触点电子开关、逆变及变频等电子电路中。在数控机床中,一般起到对伺服电机输出电流的整流作用。图 2-12 为常见的晶闸管。 　　1. 晶闸管工作原理 　　晶闸管在工作过程中,它的阳极 A 和阴极 K 与电源和负载连接,组成晶闸管的主电路,晶闸管的门极 G 和阴极 K 与控制晶闸管的装置连接,组成晶闸管的控制电路,图 2-13 为晶闸管工作电路图。 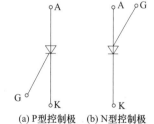 图 2-12　晶闸管　　　(a)P型控制极　(b)N型控制极 　　　　　　　　　　图 2-13　晶闸管工作电路图 　　2. 晶闸管工作条件 　　①晶闸管承受反向阳极电压时,不管门极承受何种电压,晶闸管都处于关断状态。 　　②晶闸管承受正向阳极电压时,仅在门极承受正向电压的情况下晶闸管才导通。 　　③晶闸管在导通情况下,只要有一定的正向阳极电压,不论门极电压如何,晶闸管保持导通,即晶闸管导通后,门极失去作用。 　　④晶闸管在导通情况下,当主回路电压(或电流)减小到接近于零时,晶闸管关断。 　　虽然此例的故障中伺服电机也出现报警,但是是由于系统问题导致的,也就是说当出现综合性的故障时,还是需要先从软件方面着手

实例 14 数控车床，X 轴找不到参考点

故障设备	FANUC 0TC 数控车床
故障现象	该数控车床在开机回参考点时，X 轴找不到参考点，出现报警"2041 X-AXIS OVER TRAVEL"（X 轴超行程）
故障分析	观察寻找参考点的过程，X 轴一直向前运动，没有减速过程，直到压上限位开关。根据故障现象和工作原理进行分析，怀疑零点开关有问题，检查发现确实是零点开关损坏，使 PMC 没有向数控系统提供减速信号，所以 X 轴一直运动直到压上限位开关
故障排除	更换新的零点开关，故障排除
经验总结	其实回参考点的方法有很多种，可根据所要求的精度及实际要求来选择。可以由伺服电机自身完成（有些品牌伺服电机有完整的回原点功能），也可通过上位机配合伺服电机完成，但回原点的原理常见的有以下几种： ①伺服电机寻找原点时，当碰到原点开关时，马上减速停止，以此点为原点。这种回原点方法无论是选择机械式的接近开关，还是光感应开关，回原的精度都不高，受温度和电源波动等的影响，信号的反应时间每次都有差别，再加上回原点时的从高速突然减速停止过程，可以确切地说，就算排除机械原因，每次回的原点差别在丝级以上（1 丝＝0.01mm＝10μm，丝或丝米是工业上的习惯用法）。 ②回原点时直接寻找编码器的 Z 相信号，当有 Z 相信号时，马上减速停止。这种回原方法一般只应用在旋转轴上，且回原点的速度不高，精度也不高。 ③原点开关和编码器配合回原点法。此种回原点方法是最精准的，主要应用在数控机床上。电机先以第一段高速去找原点开关，有原点开关信号时，电机马上以第二段速度寻找电机的 Z 相信号，第一个 Z 相信号一定是在原点挡块上（高档的数控机床及中心机的原点挡块都是机械式而不是感应式的，且其长度一定大于电机旋转一圈转换为直线距离的长度）。找到第一个 Z 相信号后，此时有两种方式，一种是挡块前回原点，一种是挡块后回原点（挡块前回原点较安全，欧系多用，挡块后回原点工作行程会较长，日系多用）。以挡块后回原点为例，找到挡块上第一个 Z 相信号后，电机会继续往同一方向转动寻找脱离挡块后的第一个 Z 相信号。一般这就算真正原点，但因为有时会出现此点正好在原点挡块动作的中间状态，易发生误动作，且再加上其他工艺需求，可再设定一偏移量，此时，这点才是真正的机械原点。此种回原点方法是最精准的，且重复回原点精度高

实例 15 数控车床，加装稳压装置后出现自动退出系统现象

故障设备	FANUC 0i 数控车床
故障现象	该数控车床在运行时，伺服电机经常出现停转的情况，后检查发现外部输入的电压不稳，后来加装稳压器，电机停转的现象得到了解决，但有时会出现自动退出系统的现象
故障分析	根据故障现象分析，先检查伺服系统的连线，没有发现问题。稳压器由于是安装在机床外部，应该对机床没有影响。后来检查数控柜，发现数控柜光电隔离板与数控主板之间距离很近，存在较严重电磁干扰，导致上述故障。经厂家技术人员介绍用调整磁环来解决此故障
故障排除	在光电隔离板与数控主板之间的连接线上加装调整磁环，故障得以排除
经验总结	调整磁环是电子电路中常用的抗干扰元件，对于高频噪声有很好的抑制作用，一般使用铁氧体材料制造，如图 2-14 所示。  图 2-14 调整磁环 磁环在不同的频率下有不同的阻抗特性，一般在低频时阻抗很小，当信号频率升高磁环表现的阻抗急剧升高。数控机柜内，周围环境中有各种杂乱的信号，而这些信号叠加在本来传输的信号上，甚至会改变原来传输的有用信号。那么在磁环作用下，使正常有用的信号很好地通过，又能很好地抑制干扰信号的通过，而且成本低廉

实例 16 数控车床，无法正常回参考点

故障设备	FANUC 0TD 数控车床
故障现象	该数控车床开机后无法正常回参考点
故障分析	开机后，机床回参考点过程是刀架上的挡块压下行程开关中间触头，松开，再压下，于是检查行程开关。利用万用表检查行程开关，发现行程开关中间触头工作不正常。判断行程开关损坏，将其拆下后发现，开关上附有不少铁屑和油污，如图 2-15 所示  图 2-15　油污侵染的行程开关
故障排除	更换新的行程开关，并做好防护措施，此故障再也没有出现
经验总结	在电气控制系统中，位置开关的作用是实现顺序控制、定位控制和位置状态的检测。用于控制机械设备的行程及限位保护。其结构由操作头、触点系统和外壳组成，油污会经常导致触点系统失灵，虽然有外壳的保护，必要时还是需要做好防护措施

实例 17 数控车床，出现过载和未准备好报警

故障设备	FANUC 0TC 数控车床
故障现象	该铣床开机就显示报警"400 SERVO AIARM：1.2TH OVERLOAD"（伺服报警第一、二轴过载）和"401 SERVO ALARM：1.2TH AXIS VRDY OFF"（伺服报警第一、二轴没有 VRDY 信号）
故障分析	因为系统开机就出现＃400 报警，指示第一、二轴过载，两个轴都没有动，说明这个报警并不是真正的报警。系统说明书关于＃401 报警的解释为：数控系统没有得到伺服控制的准备好信号。根据机床控制原理图进行检查，发现接触器 MCC 没有吸合，而 MCC 是受伺服系统的电源模块控制的，检查电源模块的供电发现没有问题，因此怀疑伺服系统的电源模块损坏。采用互换法，将其电源模块与另一台机床的对换，证明确实是伺服电源模块损坏。图 2-16 即为损坏的电源模块  图 2-16　损坏的电源模块
故障排除	将损坏的电源模块维修后，机床恢复了正常工作
经验总结	MCC 即电机控制中心，英文名称为 MOTOR CONTROL CENTER。电机控制中心统一管理配电和仪器设备，将各种电机控制单元、反馈电线接头单元、配电变压器、照明配电盘、联锁继电器以及计量设备装入一个整体安装的机壳内并且由一个公共的封闭母线供电。图 2-17 为施耐德电气有限公司生产的专门用于数控机床的机床电机控制中心

| 经验总结 | 
图 2-17　机床电机控制中心 |

实例 18　数控车床，伺服第二轴超差报警

故障设备	FANUC 0TC 数控车床
故障现象	该数控车床开机后出现报警"420 SERVO ALARM：SECOND AXIS EXCESS ERROR"（伺服第二轴超差报警）。这台机床一运行，Z 轴就出现 420 报警，指示 Z 轴超差
故障分析	仔细观察故障现象，摇动手轮让 Z 轴运动，屏幕上 Z 轴的数据从 0 变化到 0.1 左右时，就出现 420 报警。从这个现象来看，是数控系统让 Z 轴运动，但没有得到已经运动的反馈，当指令值与反馈值相差一定数值时，就产生了 420 报警。这个报警包含两个问题：一是 Z 轴已经运动但反馈系统出现问题，没有将反馈信号反馈给数控系统，但观察故障现象，这时 Z 轴滑台并没有动，说明不是位置反馈系统的问题；二是虽然数控系统已经发出运动的指令，但由于伺服模块、伺服驱动单元或者伺服电动机等出现问题，最终没有使 Z 轴滑台运动。 　根据上面的分析，首先更换数控系统的伺服模块，没有解决问题；再次检查伺服驱动单元，也没有发现问题；最后在检查 Z 轴伺服电动机时发现，其电源插头由于经常振动而脱落，如图 2-18 所示为出现故障的电源插头位置 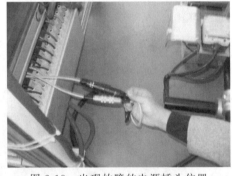 图 2-18　出现故障的电源插头位置
故障排除	将伺服电动机的电源插头插接上并锁紧后重新开机，机床故障消失
经验总结	电源插头由于经常振动而脱落，可以用玻璃胶或者热熔胶将插头固定，更好的办法是在电源外端加装一个空气开关，以达到控制电源的作用

实例 19　数控车床，伺服报警第一、二轴伺服过载

故障设备	FANUC 0TC 数控车床
故障现象	该车床在开机后出现报警"400 SERVO ALARM：1.2TH AXIS OVERLOAD"（伺服报警，第一、二轴伺服过载）
故障分析	该车床开机后出现报警指示伺服过载，但机床还没有移动，伺服轴就产生报警，说明故障原因不在机械负载上，可能是伺服驱动模块出现问题。 　这台机床的伺服系统采用 FANUC α 伺服控制装置，检查发现，开机后进给伺服驱动模块显示字符"1"。根据伺服报警的说明，伺服驱动模块显示"1"指示驱动模块风扇有问题，检查发现模块的冷却风扇确实没有转。将模块拆开进行检查，发现风扇已损坏。图 2-19 为损坏的驱动模块风扇

续表

故障分析	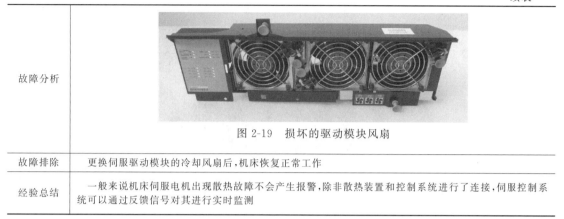 图 2-19　损坏的驱动模块风扇
故障排除	更换伺服驱动模块的冷却风扇后,机床恢复正常工作
经验总结	一般来说机床伺服电机出现散热故障不会产生报警,除非散热装置和控制系统进行了连接,伺服控制系统可以通过反馈信号对其进行实时监测

实例 20　数控车床,伺服报警串行主轴没有准备

故障设备	FANUC 0TC 数控车床
故障现象	该数控车床出现一次故障报警"408 SERVO ALARM (SERIAL NOT RDY)"(伺服报警,串行主轴没有准备),重启后伺服系统不能工作
故障分析	出现报警后,对系统进行检查,除了 408 报警外还有报警"414 SERVO ALARM:X AXIS DETECT ERR"(伺服报警 X 轴检测错误)和"424 SERVO ALARM:Z AXIS DETECT ERR"(伺服报警 Z 轴检测错误)。其中 408 报警是主轴报警,X 轴、Z 轴和主轴都报警说明是共性故障,因此对伺服系统的电源模块进行检查,发现电源模块的直流母线松动,通电时接触不好,产生火花,从而产生报警。图 2-20 即为直流母线松动部位 图 2-20　直流母线松动部位
故障排除	将直流母线紧固好后,通电试车,机床恢复正常工作
经验总结	作为多个轴一起报警的故障,首先应该从共性方面去考虑,首先应检查电源,然后检查线路问题,最后才是对各个轴的独立检查

实例 21　数控车床,X 轴编码器报警

故障设备	FANUC 0TC 数控车床
故障现象	该数控车床在运行加工程序时出现"319 SPC ALARM X AXIS CODER"(X 轴编码器)的报警,手动操作正常
故障分析	因为报警指示 X 轴编码器有问题,因此首先检查 X 轴编码器的连接线路,发现连接编码器的电缆插头松了,如图 2-21 所示

故障分析	 图 2-21　编码器的电缆插头
故障排除	将电缆插头稍微用手捏压,致轻微变形,之后拧紧,机床恢复正常
经验总结	在实际工作中,引起编码器报警最常见的原因就是电缆插头松动和信号线干扰,一般只要机床在设计和安装时符合规范,机床避免过大振动就能够很好地避免

实例 22　数控车床,脉冲编码器同步出错

故障设备	FANUC 0M 数控车床
故障现象	此数控车床在回参考点时出现♯91 报警(脉冲编码器同步出错),无法返回参考点
故障分析	出现该故障的可能原因如下: ①编码器"零脉冲"有问题; ②回参考点时位置跟随误差值偏小。 　　首先对跟随误差、位置环增益、回参考点速度等参数进行检查,均属于正常范围,排除了参数设定的问题。然后对编码器进行检查,发现编码器电源(+5V 电压)只有+4.5V 左右,但伺服单元上的电压为+5V,因此怀疑连接电缆可能有问题。对编码器的连接电缆进行检查,发现编码器电缆插头的电源线虚焊
故障排除	对电源线重新焊接后,机床恢复正常工作。图 2-22 为重新焊接电缆线电源插头 图 2-22　重新焊接电缆线电源插头
经验总结	虚焊主要是由待焊金属表面的氧化物和污垢造成的,它的焊点成为有接触电阻的连接状态,导致电路工作不正常,出现时好时坏的不稳定现象,噪声增加且没有规律性,给电路的调试、使用和维护带来重大隐患。此外,也有一部分虚焊点在电路开始工作的一段较长时间内,保持接触尚好,因此不容易发现。但在温度、湿度和振动等环境条件推动作用下,接触表面逐步被氧化,接触慢慢地变得不完全起来。虚焊点的接触电阻会引起局部发热,局部温度升高又促使不完全接触的焊点情况进一步恶化,最终使焊点脱落,电路完全不能正常工作。这一过程有时可长达一两年

实例 23　数控车床,Z 轴移动出现问题

故障设备	FANUC 0i 数控车床
故障现象	该数控车床报警"421 SERVO ALARM:Z-AXIS EXCESS ERROR"(Z 轴偏差超出)、"424 SERVO ALARM:Z-AXIS DETection SYSTEM ERROR"(Z 轴检查系统错误),指示 Z 轴移动出现问题
故障分析	根据报警指示 Z 轴移动过程中位置偏差过大,因此对 Z 轴伺服控制器进行检查,伺服装置报警指示 IPM 过热,可能是由 Z 轴过流、电动机过载等导致。调出诊断数据 DGN 200,指示 Z 轴驱动器过流。因此,首先对 Z 轴滑台、丝杠进行检查,发现润滑系统有问题

故障排除	对润滑系统进行调整,充分润滑后再运行加工程序,机床正常运行
经验总结	IPM 即智能功率模块,不仅把功率开关器件和驱动电路集成在一起,而且还内藏过电压、过电流和过热等故障检测电路,并可将检测信号送到数控系统。它由高速低功耗的管芯和优化的门极驱动电路以及快速保护电路构成。即使发生负载事故或使用不当,也可以保证 IPM 自身不受损坏。图 2-23 为三菱公司生产的 IPM。  图 2-23　IPM IPM 具有如下特点: ①内含驱动电路。设定了最佳的 IGBT 驱动条件,驱动电路与 IGBT 间的距离很短,输出阻抗很低,因此,不需要加反向偏压。所需电源为下桥臂 1 组,上桥臂 3 组,共 4 组。 ②内含过电流保护(OC)、短路保护(SC)。由于是通过检测各 IGBT 集电极电流实现保护的,故不管哪个 IGBT 发生异常,都能保护,特别是下桥臂短路和对地短路的保护。 ③内含驱动电源欠电压保护(UV)。每个驱动电路都具有 UV 保护功能。当驱动电源电压 UCC 小于规定值 UV 时,产生欠电压保护。 ④内含过热保护(OH)。OH 是防止 IGBT、FRD(快恢复二极管)过热的保护功能。IPM 内部的绝缘基板上没有温度检测元件来检测绝缘基板温度 Tcoh(IGBT、FRD 芯片异常发热后的保护动作时间比较慢)。R-IPM 进一步在各 IGBT 芯片内设有温度检测元件,对于芯片的异常发热能高速实现 OH 保护。 ⑤内含报警输出(ALM)。ALM 是向外部输出故障报警的一种功能,当 OH 及下桥臂 OC、Tjoh、UV 保护动作时,通过向控制 IPM 的微机输出异常信号,能切实停止系统。 ⑥内含制动电路。和逆变桥一样,内含 IGBT、FRD、驱动电路,通过外接制动电阻可以方便地实现能耗制动

实例 24　数控车床,X 轴检查系统错误报警

故障设备	FANUC 0TC 数控车床
故障现象	该机床在开机时便出现报警"414 SERVO ALARM:X-AXIS DETECTION SYSTEM ERROR"(X 轴检查系统错误),机床无法继续操作
故障分析	这台机床的伺服装置采用 FANUC α 伺服控制装置,对伺服装置进行检查,发现电源模块数码管显示"07",主轴模块的数码管显示"11"。根据报警信息的说明,此为直流母线电压过高,怀疑是电源模块有问题。与其他机床的电源模块互换,证实确实是电源模块损坏,图 2-24 为损坏的电源模块  图 2-24　损坏的电源模块
故障排除	电源模块维修后,机床恢复正常工作
经验总结	直流母线电压过高,对长期带电运行的电气元件,如仪表、继电器、指示灯等容易因过热而损坏;而电压过低又容易使保护误动或拒动,一般规定电压的答应变化范围为 ±10%

实例 25　数控车床，Z 轴一直正向运动到限位开关才停止

故障设备	FANUC 0TC 数控车床
故障现象	该数控车床卡盘后 X 轴回参考点正常，数控车床 Z 轴找不到参考点，这时 Z 轴一直正向运动，直至运动到压上限位开关，产生超限位报警
故障分析	根据故障现象和工作原理进行分析，可能是零点开关有问题。利用系统的 DGNOS PARAM 功能检查 Z 轴零点开关的输入 X17.5 的状态，发现其状态为"0"，在回参考点的过程中一直没有变化，更证明是零点开关出现了问题。但检查零点开关却没有问题，再检查其电气连接线路，发现这个开关的电源线折断，使 PMC 得不到零点开关的变化信号，从而没有产生减速信号以接收零点脉冲。图 2-25 为折断的电源线 图 2-25　折断的电源线
故障排除	重新连接线路，故障消除
经验总结	如果电源线在运行中被折断，那么再次安装就要避免此故障，因此必须重新对电源线进行布线，防止电源线反复拉扯

实例 26　数控车床，Z 轴向相反方向运行

故障设备	FANUC 0i-TC 数控车床
故障现象	该数控车床在回参考点时 Z 轴本应向正方向运行，但 Z 轴却一直向负方向运行
故障分析	询问操作人员得知，在机床关机重新开机回参考点时出现这个故障。按照这台机床回参考点的原理，在没有压上零点开关时，Z 轴回参考点向正方向运行，压上零点开关后减速向负方向运行，然后接收零点脉冲确定参考点。虽然开机回参考点时，操作人员已经手动使 Z 轴向负方向移动，已经正常脱离零点开关，但回参考点却还是向负方向运行。 　　根据上述分析，首先怀疑零点开关有问题，利用系统功能检查零点开关的输入信号，发现一直为"0"。对零点开关进行检查，最后确认为 Z 轴零点开关损坏
故障排除	更换零点开关，机床恢复正常运行
经验总结	其实这种故障还有一个原因即回参考点的方向是在机床数据中设定的，但机床正常运行时，这种机床数据被改变的可能性非常小。 　　数控机床在开机之前，通常都要执行回零的操作，归根于机床断电后，就失去了对各坐标位置的记忆，其回零的目的在于让各坐标轴回到机床一固定点上，即机床的零点，也叫机床的参考点（MRP）。回参考点操作是数控机床的重要功能之一，该功能是否正常，将直接影响零件的加工质量。 　　所以一定有零位，可能是软开关，也可能是硬开关，有可能是接触式，也可能是感应式的，一般都是多重的保险。 　　通常情况下，机床零点开关安装在 X 轴和 Z 轴正方向的最大行程处，可以打开机床盖板观察。 　　在有些机床使用手册中有注"如果机床没有安装零点开关，请不要执行机床回零点操作，否则可能导致超出行程限制、机械损坏。"这个注释是只针对软件使用的警告。机床厂家若不使用"机床零点坐标系"未安装机床零点限位开关，在连接线路时应使面板上的"回机床零点"无效，否则就是机床制造厂的错误

实例 27　数控车床，回参考点时出现 Z 轴超行程报警

故障设备	FANUC 0TC 数控车床
故障现象	该数控车床在开机之后 Z 轴回参考点时出现报警"2042 Z-AXIS OVER TRAVEL"（Z 轴超行程），并停机
故障分析	根据系统工作原理，FANUC 0TC 系统的 2042 报警是 PMC 报警，指示 Z 轴压上限位开关。观察故障现象，在机床开机之后回参考点时，X 轴先走，按+X 键后，X 轴回参考点没有问题；之后按+Z 键后，Z 轴正向运动，屏幕上显示 Z 轴运动的数值。在压上零点开关后，Z 轴减速后一直运动直到压上限位开关，出现 2042 报警，指示 Z 轴超限位。

故障分析	机床能减速运动,说明零点开关没有问题,那么可能是 Z 轴脉冲编码器有问题,更换编码器故障依旧。更换数控系统的伺服控制板,故障也没有消除。 重新分析回参考点的工作原理,即在回参考点时,压上零点开关后开始减速。在离开零点开关之后,再接收编码器的零点脉冲,以确定参考点。压上零点开关能减速只能说明减速开关压上后触点可以断开,用 DGNOS PARAM 功能检查 Z 轴零点开关的输入 X17.5 的状态,压上零点开关后其状态从"1"变成"0",但离开开关之后没有马上变回"1",而是在报警出现之后才变成"1"。这说明零点开关有问题,常闭触点能断开,但可能触点簧片弹性有问题不能及时闭合。将开关拆开检查,发现机床的切削液进入开关内,使开关失灵,如图 2-26 所示  图 2-26　失灵的零点开关
故障排除	将零点开关内的油污清除,把开关修复。零点开关重新安装上后,机床故障消除。如果还是无法正常使用,需更换同型号的零点开关
经验总结	本例需要经过多次分析才能正确判断故障问题的所在。其实本例发热故障只要平时注意机床的保养是可以避免的。发生此故障后,可以在切削液和铁屑容易进入的电气部位加装防护装置,通常此类防护装置没有现成的产品,需要操作者根据实际情况自己手工制作

实例 28　数控车床,参考点返回没有完成报警

故障设备	FANUC 0TC 数控车床
故障现象	此数控车床开机回参考点时出现报警"90 REFERENCE RETURN INCOMPLETE"(参考点返回没有完成),不能完成返回参考点的操作
故障分析	查阅 FANUC 维修手册,♯90 报警的含义为参考点返回时起始点与参考点靠得太近或速度太慢。 首先怀疑回参考点的速度可能被改变了,数据太小,速度太慢,使位置偏差值小于 128 个脉冲,但检查机床数据 PRM534 发现无误,将其数值改大也没有排除故障。然后调出诊断页面观察诊断数据 DGN800,发现回参考点时 X 轴的位置偏差量大于 128 个脉冲,也没有问题。进而怀疑伺服控制板有问题,没有检测到零点脉冲,或者编码器有问题没有发出零点脉冲。与其他机床互换伺服控制板,证明是伺服控制板故障
故障排除	维修伺服控制板后,机床恢复正常工作。如维修后仍然无法正常使用,则必须购买新的同型号的伺服控制板,如图 2-27 所示  图 2-27　全新的伺服控制板
经验总结	伺服控制板的故障多是由于长期使用的电子元器件老化所致,经常出现的问题就是电容损坏、油污的侵入,多与机床加工产生的振动和机床内部的湿度过大有关

实例 29　数控车床，参考点经常出现偏移

故障设备	FANUC 0i-TC 数控车床
故障现象	该数控车床无论是手动还是自动回参考点,参考点都经常出现偏移,经检测都是 10mm 左右
故障分析	多次进行返回参考点的操作,发现如果这次参考点向前偏移了 10mm,下次出问题时是向后偏移 10mm,参考点不是一个,也不是多个,而是两个。据此分析,应该是编码器的参考点脉冲与参考点撞块距离太近,造成有时零点开关压上撞块马上就能找到零点,有时刚好错过,只好等下一个零点脉冲,这样这个参考点与上一个参考点就相差一个 10mm 的滚珠丝杠螺距
故障排除	该故障有两种处理方法: ①将参考点撞块移动 5mm 左右; ②将编码器旋转半圈。 本例中将撞块移动 5mm 左右,如图 2-28 所示,此后机床运行正常,再也没有发生类似故障 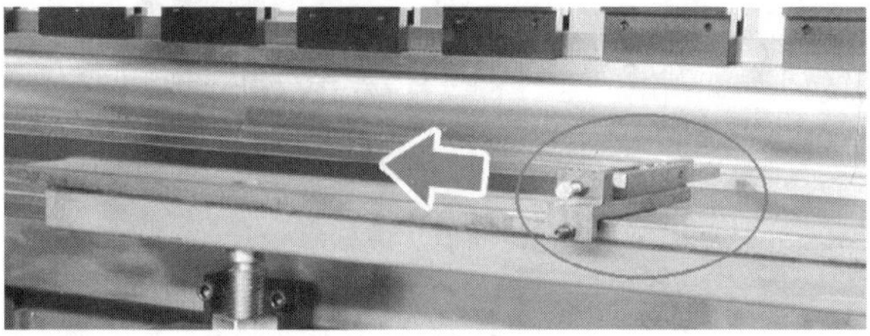 图 2-28　将撞块移动 5mm 左右
经验总结	由于编码器的位置安装调整都比较复杂,所以一般采用第一种移动撞块的方式进行调整

实例 30　数控车床，回参考点的位置不准

故障设备	FANUC 0TC 数控车床
故障现象	该机床,每次回参考点时动作正常,但参考点的位置每次都不同
故障分析	根据故障现象,回参考点的动作正常。多次进行返回参考点的操作,发现每次机床回参考点时,在脱离零点开关后,都能找到参考点,只是参考点的实际位置有所不同,怀疑编码器有问题或者伺服电动机与编码器或丝杠的连接有问题。 首先脱开伺服电动机与滚珠丝杠的连接,在返回参考点时,手动压零点开关并松开,这时每次伺服电动机都停止在相同的角度,说明编码器没有问题,编码器与伺服电动机的连接也没有问题。因此,故障原因可能是伺服电动机与丝杠连接有问题,经仔细检查发现联轴器的弹性胀套间隙过大,产生松动
故障排除	调整胀套,重新安装后,机床返回参考点稳定运行,故障被排除
经验总结	弹性胀套又叫做弹性套,利用一端套有弹性套(橡胶材料)的柱销,装在两半联轴器凸缘缘孔以实现两半联轴器的连接,弹性套柱销联轴器曾经是我国应用最广泛的联轴器。图 2-29 为一种常用的弹性胀套。  图 2-29　弹性胀套 弹性胀套有以下几个优点: ①使用胀套使主机零件制造和安装简单。安装胀套的轴和孔的加工不像过盈配合那样要求高精度的制造公差。胀套安装时无需加热、冷却或加压设备,只需将螺栓按要求的力矩拧紧即可。且调整方便,可以将轮毂在轴上方便地调整到所需位置。胀套也可以用来连接焊接性差的零件。

经验总结	②胀套的使用寿命长，强度高。胀套依靠摩擦传动，对被连接件没有键槽削弱，也无相对运动，工作中不会产生磨损。 ③胀套在超载时，将失去连接作用，可以保护设备不受损害。 ④胀套连接可以承受多重负载，其结构可以做成多种式样。根据安装负载大小，还可以多个胀套串联使用。 ⑤胀套拆卸方便，且具有良好的互换性。由于胀套能把较大配合间隙的轴毂结合起来，拆卸时将螺栓拧松，即可使被连接件容易拆开。胀紧时，接触面紧密贴合不锈蚀，也便于拆开

实例 31　数控车床，Z 轴编码器报警

故障设备	FANUC 0TC 数控车床
故障现象	该数控车床 Z 轴回参考点时出现报警"329 SPC ALARM Z AXIS CODER"（Z 轴编码器报警）
故障分析	根据报警信息，怀疑 Z 轴编码器有问题，首先检查 Z 轴编码器的连接线路，发现连接编码器的电缆插头松了，如图 2-30 所示  图 2-30　故障部位
故障排除	将电缆插头拧紧后，机床恢复正常
经验总结	还有一类故障也会出现 Z 轴编码器报警。当回参考点时，无法满足 Z 轴回参考点的条件（如超行程、安全限制等），机床无法回到参考点，有时也会出现 Z 轴编码器的报警

实例 32　数控车床，Z 轴编码器报警且驱动器上的绿色发光二极管 RDY 亮

故障设备	FANUC 0MC 数控车床
故障现象	该机床为通过普通车床改装的经济型数控车床，开机后系统出现 Z 轴编码器报警，在报警的时候驱动器上的绿色发光二极管 RDY 亮，但驱动器的输出信号 RDY 为低电平，如果 PLC 应用程序对 RDY 信号进行扫描，则导致 PLC 运算结果错误
故障分析	在一开始检查机床时，就发现机床外壳上有漏电现象，直接用普通电笔测量，红灯亮，说明机床没有接地，经检查发现伺服电机的电源接头处已经破损，并且被油污覆盖，导致对地无效和静电放电，图 2-31 为故障位置  图 2-31　故障位置
故障排除	清理伺服电机的电源接头，重新接线，必要时在数控柜内引线接地，打扫机床周围环境，放置石灰和锯末，保证环境干燥，此故障再也没有出现
经验总结	在数控机床中机床静电放电的形式还有剥离起电、破裂起电、电解起电、压电起电、热电起电、感应起电、吸附起电和喷electric射起电等。机床的静电起电—放电一般具有高电位、强电场和宽带电磁干扰等特点，极易引起数控主板的烧毁

实例 33　数控车床，高速时电动机堵转

故障设备	FANUC 0TC 数控车床
故障现象	在快速点动或运行 G00 时步进电动机堵转丢步，步进电动机在设定的高速时不能转动
故障分析	此类故障的出现多是传动系统设计问题。传动系统在设定高速时所需的转矩大于所选用步进电动机在设定的最高速度下的输出转矩。如果选择的步进电动机正确，则能够保证不会丢步，因此，如果出现丢步说明所选择的步进电动机不合适
故障排除	解决此故障的方法一般有两种： ①在数控系统中设置，降低快速进给的速度； ②更换大转矩步进电动机
经验总结	第一种方法虽然简单但会影响整批工件的加工速度，如果加工 3000 个工件，每个工件因为快速进给增加 10s，整批加工下来就增加了 8 个多小时。因此此方法仅适合于小批量的加工。 第二种方法虽然解决问题彻底，但是成本较高，需进行成本核算后再操作

实例 34　数控车床，Y 轴电动机反方向声响异常

故障设备	FANUC 0i 数控车床
故障现象	该机床按程序加工切削运行时，Y 轴存在正方向运行正常，而反方向声响异常的故障现象，系统不报警
故障分析	根据故障现象分析，由于系统不报警，且 CRT 显示出来的 Y 轴正、反向位移脉冲的数字变化速率是均匀的，故可排除系统软件参数及硬件控制电路的故障。继而观察检测加工件尺寸发现基本符合图样要求，只是粗糙度略大，故又可排除伺服速度控制单元电路故障。在外部检查中，发现 Y 轴直流伺服电动机温升较高，测其负载电流又远低于额定设定值参数，可排除电动机负载过重的故障。接着拆开电动机与滚珠丝杠间的弹性联轴器，单独通电测试 Y 轴电动机。结果表明故障部位在电动机一侧。 用手转动电动机转子时，能明显地感觉到正转时手感轻松，而反转时手感较重，且有一种阻滞的感觉。将电动机拆卸解体检查，发现定子永久磁钢有一块松动脱落，与转子有摩擦痕迹。经查，电动机定子的永久磁钢是采用强力胶粘接的，故使用中应严禁撞击或振动，尤其是拆装检修过程中更应注意，以防发生此类故障
故障排除	采用环氧树脂胶或其他强力胶将脱落的磁体粘牢，故障消除
经验总结	在数控机床中，胶黏剂一般建议选用环氧树脂胶如图 2-32 所示。  图 2-32　环氧树脂胶 该胶指以环氧树脂为主体所制得的胶黏剂，其对于机床加工来说最大的优点是胶体受外力触动（摇晃、搅拌、振动、超声波等）时，随外力作用黏度由大变小，当外界因素停止作用时，胶体又恢复到原来时的黏度，其电阻大、耐电压、抗压强度高、拉伸强度高、抗冲击、耐热变形、耐老化性等都符合机床生产的特殊环境要求

实例 35　数控车床，加工孔时偏差一个丝杠的螺距

故障设备	SIEMENS 802D 数控车床
故障现象	此数控车床进行钻孔时（利用机床建立的坐标系），发现孔中心偏差了一个进给丝杠的螺距
故障分析	根据故障现象，返回参考点的动作过程正常，判定减速挡块偏离导致机床回参考点不准，使得该轴碰上该挡块时，脉冲编码器上的零标志刚错过，只能等待脉冲编码器再转过近一周后，系统才能找到零标志。 通过该故障分析，凡是机床返回参考点出现近似一个进给丝杠螺距误差时，多数故障原因在于减速挡块偏离，即使有很小的偏差，也应按返回参考点不准的原因进行检查。图 2-33 为偏离原来位置的减速挡块

故障分析	 图 2-33　偏离原来位置的减速挡块
故障排除	重新调整减速挡块的位置,并逐步微调,并对机床重新进行参考点的设定,此故障得到排除
经验总结	此例的故障现象虽然是加工时产生的,但由于其根本原因是参考点偏差,故一起归纳到回参考点的故障上分析,而故障的判断和检修过程也要按照回参考点的流程去执行

实例 36　数控车床,X 轴回参考点正常但出现超程报警

故障设备	FANUC 0TD 数控车床
故障现象	该数控车床回参考点时,X 轴回零动作正常,先正方向快速运动,碰到减速开关后,能以慢速运动,但机床出现系统因 X 轴硬件超程而急停报警,此时 Z 轴回零控制正常
故障分析	根据故障现象和返回参考点控制原理,可以判定减速信号正常,位置检测装置的零标志脉冲信号不正常。产生该故障的原因可能是 X 轴进给电动机的编码器故障,包括连接的电缆线或系统主轴控制板。因为此时 Z 轴回零动作正常,所以可以通过采取交换方法来判断故障部位。交换后,发现故障转移到 Z 轴上,X 轴回零操作正常而 Z 轴回零出现报警,则判定故障在系统主轴控制板上。图 2-34 为出故障的 X 轴控制板  图 2-34　出故障的 X 轴控制板
故障排除	更换主轴控制板,机床恢复正常工作
经验总结	交换法是在数控维修中常用的方法之一,此例中 X 轴的控制板和 Z 轴的控制板型号、参数一致才可以相互交换。而大多数情况,X 轴和 Z 轴的控制板都不会一样,需利用其他机器床上的控制板来实现

实例 37　数控车床,工件定位后仍移动但数控系统不报警

故障设备	SIEMENS 820D 数控车床
故障现象	进给轴定位时数控系统显示正常,但用千分表测量发现工件定位后机床仍移动 $10\mu m$ 的距离
故障分析	检查 CNC、进给驱动部分均未发现异常,因此重点检查位置反馈装置。该机床采用光栅尺作为测量反馈装置,其易受到污染,检查发现该光栅尺周围油污较多,分析可能因油污污染严重,从而引起位置环节测量反馈有微量误差,但不足以使数控系统报警,如图 2-35 所示

故障分析	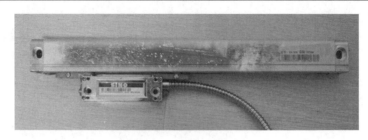 图 2-35　油污污染严重的光栅尺
故障排除	按照光栅尺维护保养的要求,对其进行认真细致的清洗,该故障消除
经验总结	光栅尺位移传感器(简称光栅尺),是利用光栅的光学原理工作的测量反馈装置。光栅尺位移传感器经常应用于机床与加工中心以及测量仪器等方面,可用作直线位移或者角位移的检测,其测量输出的信号为数字脉冲,具有检测范围大、检测精度高、响应速度快的特点。在数控机床中常用于对刀具和工件的坐标进行检测,观察和跟踪走刀误差,以起到补偿刀具的运动误差的作用

实例 38　数控车床,开机系统处于急停状态并且"NOT READY"报警

故障设备	FANUC 0T 数控车床
故障现象	开机后,系统处于急停状态,显示"NOT READY",操作面板上的主轴报警灯亮
故障分析	据驱动器的报警显示,驱动器报警的含义是"驱动器软件出错"。此报警在驱动器受到外部偶然干扰时较容易出现。 ①根据故障现象,检查机床交流主轴驱动器,发现驱动器显示为"A"。 ②软件出错解决的方法通常是对驱动器进行初始化处理
故障排除	按如下步骤进行参数的初始化操作: ①切断驱动器电源,将设定端 S1 置于 TEST; ②接通驱动器电源; ③同时按住 MODE、UP、DOWN、DATASET 4 个键; ④当显示器由全暗变为"FFFFF"后,松开全部键,并保持 1s 以上; ⑤同时按住 MODE、UP 键,使参数显示 FC-22; ⑥按住 DATASET 键 1s 以上,显示器显示"GOOD",标准参数写入完成; ⑦切断驱动器电源,将 S1 重新置于 DRIVE。 通过以上操作,驱动器恢复正常,报警消失,机床恢复正常工作
经验总结	这样操作相当于将驱动系统参数重置了一遍,也就是还原为初始状态,这样操作很容易造成已经输入的程序丢失,因此,在进行此操作之前,最好将程序进行备份

实例 39　数控车床,主轴在高速旋转时机床出现异常振动

故障设备	FANUC 0TA2 系统的数控车床
故障现象	当主轴在高速(3000r/min 以上)旋转时,机床出现异常振动
故障分析	①询问后得知,故障前机床交流主轴驱动系统工作正常,可以在高速下旋转。 ②检查不同转速时主轴转动情况,发现主轴转速超过 3000r/min 时振动均存在,由此可以排除机械共振的原因。 ③检查机床机械传动系统的安装与连接,未发现异常。 ④进一步检查,在脱开主轴电动机与机床主轴的连接后,从控制面板上观察主轴转速、转矩显示,发现其值有较大的变化。因此初步判定故障在主轴驱动系统的电气部分。 ⑤仔细检查机床的主轴驱动系统连接,发现该机床主轴驱动器的接地线连接不良,如图 2-36 所示

续表

故障分析	 图 2-36　接地线连接不良
故障排除	将接地线重新连接后机床恢复正常
经验总结	主轴驱动器的电气部分接地线连接不可靠会导致主轴高速转动时出现振动现象。因此在排除共振的原因后,应仔细检查主轴驱动器接地线连接的可靠性

实例 40　数控车床,通电后主轴不能启动并出现"ERI"报警

故障设备	FANUC 0T 数控车床
故障现象	机床通电后,主轴不能启动,并出现"ERI"报警
故障分析	报警提示主驱动部分有故障。 ①打开电气控制柜检查,主轴驱动器窗口显示"AL-12"。由此初步判断,主驱动部分的大功率晶体管、整流二极管或熔丝损坏。 ②将基板(AZOB-1003-0010)取下,用万用表检测熔丝和整流二极管,均处于正常状态。 ③应用对照检查法检查主轴功率板(AL05-0001-0175/M)上的 6 只大功率晶体管。若某只管子的极间电阻与其他管子差异太大,就有可能损坏。 ④检查的结果是有一只大功率晶体管已被击穿短路,集电极—发射极之间的电阻已接近于零,图 2-37 为被击穿短路晶体管 图 2-37　被击穿短路晶体管
故障排除	更换损坏的晶体管,报警解除,主轴不能启动的故障被排除
经验总结	晶体管(transistor)是一种固体半导体器件,具有检波、整流、放大、开关、稳压、信号调制等多种功能。晶体管作为一种可变电流开关,能够基于输入电压控制输出电流。与普通机械开关不同,晶体管利用电信号来控制自身的开合,而且开关速度可以非常快,实验室中的切换速度可达 100GHz 以上

实例 41　数控车床,机床不能执行车削螺纹的指令

故障设备	FANUC 0TD 系统数控车床
故障现象	进行自动车削加工时,机床不能执行车削螺纹的指令

	数控车床车削螺纹,实际上就是主轴转角与 Z 轴进给之间的插补。当执行螺纹加工指令时,系统得到主轴位置检测装置发出的一转信号后开始进行螺纹加工,根据主轴位置的反馈脉冲进行 Z 轴的插补控制,即主轴旋转一周 Z 轴进给一个螺距或一个导程(多头螺纹加工)。
	1. 故障的原因
	①主轴编码器与系统的连接不良。
	②主轴编码器的位置信号不良或连接电缆断开。
	③主轴编码器的旋转信号不良或连接电缆断开。
	④系统或主轴放大器故障。
	2. 故障诊断
	①检查主轴的工作状态,能正常地运转和变换速度,编码器、反馈电缆和插接件都在完好状态,速度和位置反馈信号完全正常,但是 Z 轴不能执行进给动作。
	② Z 轴的进给量与"主轴速度到达信号"有关,检查参数 PRM24.2,其设置为"1",这表示在 Z 轴进给时需要检测"主轴速度到达信号"(如果设置为"0",则不需要检测"主轴速度到达信号")。
	③查看 CRT 上所显示的主轴转速,与设定值完全一致,即主轴的速度已经达到设置值,此时参数 PRM24.2 应该为"1"。
故障分析	④但是通过 FANUC 0TD 诊断参数的检查 PRM24.2 仍为"0",表明故障与信号线断开有关联。图 2-38 为信号线断开的部位

	图 2-38 信号线断开的部位
故障排除	按连接要求,连接好断开的信号线,机床不能执行车削螺纹指令的故障排除
经验总结	机床在加工过程不断产生抖动和振动,主轴也在高速旋转,信号线、反馈电缆不可避免的产生线摩擦、疲劳损伤,而且这种问题有时也不止一处出现,在季度和年度保养中需要注意对这类线缆的观察,发现有损伤趋势,就立即更换

实例 42 数控车床,在车削螺纹时有"乱牙"现象

故障设备	FANUC 0i-TC 系统大型卧式数控车床
故障现象	该车床在车削螺纹时有"乱牙"现象
故障分析	车削螺纹时,主轴旋转一周, Z 轴(伺服进给轴)移动一个螺距。出现"乱牙"现象一般是主轴或进给轴有故障。根据数控车床车螺纹系统工作原理,一般的螺纹加工要经过几次切削才能完成,每次重复切削时,开始进刀的位置必须相同。为了保证重复切削不"乱牙",数控系统在接收主轴编码器中的一转信号后才开始螺纹切削的计算。当系统得到的一转信号不稳时,就会出现"乱牙"现象。产生故障的具体原因可能是:主轴编码器的连接不良、主轴编码器的一转信号或信号电缆不良、主轴编码器内部被污染或编码器本身不良。如果以上故障排除后系统还"乱牙",则需要检查系统或主轴放大器。 ①检查数控系统的加工程序,没有问题。 ②更换伺服驱动器,未能排除故障。 ③本例机床的主轴是由一台 55kW 的变频器控制的。主轴的转速由编码器检测,编码器安装在主轴上。观察 CRT 显示器,发现主轴的实际转速比指令值小,而且在不断地变动。 ④分析认为,变频器是电子设备,在整流和逆变的过程中其谐波成分比较严重。机床的主轴变频器功率较大,安放在主轴编码器旁边,若没有采取屏蔽措施,很可能干扰编码器的正常工作,从而造成主轴转速不稳定。图 2-39 为引发故障的变频器

故障分析	
	图 2-39　引发故障的变频器
故障排除	将变频器移开一段距离,并将编码器的导线改换为屏蔽电缆,以避免谐波和脉冲干扰。再次试机后,故障不再出现,车削的螺纹质量完全合格
经验总结	屏蔽电缆是使用金属网状编织层把信号线包裹起来的传输线。编织层一般是红铜或者镀锡铜,其结构如图 2-40 所示。  图 2-40　屏蔽电缆 　　屏蔽是为了保证在有电磁干扰环境下系统的传输性能,这里的抗干扰性应包括两个方面,即抵御外来电磁干扰的能力以及系统本身向外辐射电磁干扰的能力。理论上讲,在电缆和连接件外表包上一层金属材料屏蔽层,可以有效地滤除不必要的电磁波(这也是目前绝大多数屏蔽系统采用的方法)。对于屏蔽系统而言,单有一层金属屏蔽层是不够的,更重要的是必须将屏蔽层完全良好地接地,这样才能把干扰电流有效地导入大地。但是,实际施工时,屏蔽系统存在一些不可忽视的困难。由于屏蔽系统对接地的苛刻要求,极容易造成接地不良,比如接地电阻过大、接地电位不均衡等,这样在传输系统的某两点间便会产生电位差,进而金属屏蔽层上产生电流,造成屏蔽层不连续,破坏其完整性。这时,屏蔽层本身已经成为一个最大的干扰源,因而导致其性能反而远不如非屏蔽系统。屏蔽线在高频传输时,需要两端接地,这样更容易在屏蔽层上产生电位差。由此可见,屏蔽系统本身的要求恰恰构成保证其性能的最大障碍。一个完整的屏蔽系统要求处处屏蔽,一旦有任何一点的屏蔽不能满足要求,都会影响到系统的整体传输性能

实例 43　数控车床,螺纹加工出现螺距不稳

故障设备	某 FANUC 系统数控车床
故障现象	螺纹加工出现螺距不稳的故障
故障分析	分析数控车床车螺纹的原理:数控车床螺纹加工时,主轴旋转与 Z 轴进给之间进行插补控制,即主轴转一周,Z 轴进给一个螺距或一个导程(多头螺纹加工)。 　1. 故障产生原因 　①如果产生螺距误差是随机的,产生故障的可能原因是主轴编码器不良、主轴编码器内部太脏、主轴编码器与机床固定部件松动及连接编码器的传动带过松。 　②如果产生螺距误差是固定的,产生故障的可能原因是主轴位置编码器与主轴连接传动比参数设定错误或系统软件不良。 　2. 故障诊断 　①首先仔细检测加工后的螺纹,本例加工后工件上螺纹的螺距误差具有随机性。 　②按先易后难的原则及其可能原因进行诊断检查。 　③检查连接编码器的传动带及其张紧力,本例完好无故障。 　④检查编码器与机床固定部件的连接,无松动现象

故障排除	①检查主轴编码器内部，对污物进行清理，未能排除故障。 ②用替换法检查编码器的性能，发现编码器有故障，对其进行维修，螺距不稳的故障排除
经验总结	本例若螺距误差具有固定性，可首先检查核对编码器与主轴连接传动比参数。若正确，可对系统软件进行测试，也可进行替换性测试，以判断故障的确切原因；若参数有误，可按规定重新设置传动比参数

实例44 数控车床，主轴不能执行换挡控制

故障设备	某 FANUC 0M 数控车床
故障现象	主轴不能执行换挡控制
故障分析	常见的故障原因是系统主板故障、换挡驱动控制电路故障等 ①PMC动态跟踪。通过系统PMC信号的动态跟踪，检查系统是否发出换挡指令，发现M代码换挡信号输出正常，表明系统主板无故障 ②驱动控制检查。检查换挡驱动控制电路，包括PMC输出接口状态、电磁离合器线圈或控制电路等。检查后发现驱动控制电路各部均处于正常状态。电磁离合器线圈的电阻值偏差很大
故障排除	对电磁离合器进行性能检查，发现电磁离合器损坏。更换同型号的电磁离合器，故障被排除
经验总结	电磁离合器是指由电磁力产生压紧力的摩擦式离合器。由于能实现远距离操纵，控制能量小，便于实现机床自动化，同时动作快，结构简单，图2-41为一种常用的电磁离合器。  图 2-41 电磁离合器 电磁离合器又称电磁联轴器。它是应用电磁感应原理和内外摩擦片之间的摩擦力，使机械传动系统中两个旋转运动的部件，在主动部件不停止旋转的情况下，从动部件可以与其结合或分离的电磁机械连接器，是一种自动执行的电器。电磁离合器可以用来控制机械的启动、反向、调速和制动等。它具有结构简单、动作较快、控制能量小、便于远距离控制的特点。它体积虽小，但能传递较大的转矩，用作制动控制时，具有制动迅速且平稳的优点，所以电磁离合器广泛地应用于各种加工机床和机械传动系统中。 电磁离合器的作用是将执行机构的力矩（或功率）从主动轴一侧传到从动轴一侧。它广泛用于各种机构（如机床中的传动机构和各种电动机构等），以实现快速启动、制动、正反转或调速等功能。由于电磁离合器易于实现远距离控制，和其他机械式、液压式或气动式离合器相比操作要简便得多，所以它是自动控制系统中一种重要的元件。 电磁离合器具有以下特点： ①高速响应：因为是干式类，所以扭力的传达很快，动作便捷。 ②耐久性强：散热情况良好，而且使用了高级的材料，即使是高频率、高能量的使用，也十分耐用。 ③组装维护容易：属于滚珠轴承内藏的磁场线圈静止形，所以不需要将中蕊取出也不必利用炭刷，使用简单。 ④动作稳定到位：使用板状弹片，虽有强烈振动也不会产生松动，耐久性佳

实例45 数控车床，主轴指令速度与实际速度不符

故障设备	FANUC 0i 数控车床
故障现象	换挡后机床的主轴指令速度与实际速度不符
故障分析	1. 故障分析 ①程序换挡速度M代码和主轴挡位实际速度不符，如低速挡时，指令速度却是高速速度值。 ②有关换挡系统参数设定错误，如各挡的机械齿轮传动比参数与实际不符或系统参数设定错误，如变频器的最高频率设定不正确。 ③机床主轴实际挡位错误，机械换挡故障或电气检测信号出错。 ④主轴速度反馈装置故障，如电动机内装传感器故障或主轴独立编码器故障。 ⑤主轴放大器故障或系统主板不良故障。

故障分析	2. 故障诊断 ①检查主轴放大器和系统主板,未发现故障报警。 ②检查机械换挡部位,换挡机构处于正常状态。 ③检测电气信号,处于正常状态。 ④检查参数设定,无误。 ⑤检查主轴速度反馈装置,本例采用电动机内装传感器,发现传感器性能不良
故障排除	根据检查结果,更换传感器,重新安装后试车,主轴指令速度与实际速度相符,故障被排除
经验总结	下面以一个编程实例详细阐述数控车床进给运动和主轴转速的设置。 1. F 指令设置 在数控车床中有两种切削进给模式设置方法,一种是每转进给模式,单位为 mm/r;另一种是每分钟进给模式,单位为 mm/min。指令为: 　　G 99 F ＿＿;(每转进给模式) 　　G 98 F ＿＿;(每分钟进给模式) G98 和 G99 都是模态指令,一经指定一直有效,直到重新指定为止。缺省方式是每转进给模式。 2. S 指令设置 数控车削加工时,主轴转速可以设置成恒切削速度,车削过程中数控系统根据工件不同位置处的直径值计算主轴转速。恒切削速度的设置方法为: 　　G96 S ＿＿ ;(S 的单位为 m/min) 例如:G96 S150 表示切削点线速度控制在 150m/min。对图 2-42 中所示的零件,为保持 A、B、C 各点的线速度在 150m/min,则各点在加工时的主轴转速分别为: 　　A: $n=1000\times150\div(\pi\times40)=1193(r/min)$ 　　B: $n=1000\times150\div(\pi\times60)=795(r/min)$ 　　C: $n=1000\times150\div(\pi\times70)=682(r/min)$ 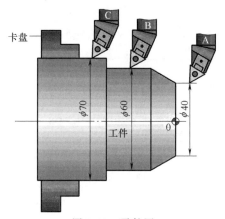 图 2-42　零件图 主轴转速也可不设置成恒切削速度,指令格式为: 　　G97 S ＿＿ ;(S 的单位为 r/min) 注意,设置成恒切削速度时,为了防止计算出的主轴转速过高而发生危险,在设置前应将主轴最高转速设置在某一最高值,指令格式为: 　　G50 S ＿＿;(S 的单位为 r/min)

实例 46　数控车床,车削加工主轴不能连续换挡

故障设备	FANUC 3TA 系统数控车床
故障现象	进行车削加工时,主轴不能连续换挡,低速挡和高速挡的前 4 个挡位有效,后 4 个挡位无效

故障分析	常见的故障原因是换挡控制信号、行程开关、电磁阀、继电器等有故障。 　①换挡动作分析：本例数控车床用 16 个挡位对主轴进行变速，低速挡和高速挡各有 8 个挡位。变速电路对来自数控系统的 7 个信号进行编排组合后，转换成 16 个动作指令，分别控制 8 个电磁阀，电磁阀控制液压系统，液压系统推动相应的齿轮，实现主轴转速的变换。在齿轮啮合之后，相应的行程开关接通相应的继电器，向系统反馈变速完毕信号。 　②出现主轴不能连续换挡的故障，要对控制信号、行程开关、电磁阀、继电器等进行检查。检查发现电磁阀 6CT、中间继电器 KA6 性能完好；检查集成电路 75462 的输入端发现 6、7 有控制信号，但是 5 引脚没有信号输出。 　③经过一系列的检查诊断，发现主轴不能连续换挡的原因是电磁阀 6CT 不能动作，6CT 由中间继电器 KA6 控制，KA6 由驱动集成电路 75462 控制。电磁阀 6CT 的控制电路如图 2-43 所示。集成电路 75462 有故障，致使 KA6 不能吸合，电磁阀 6CT 得不到 24V 直流电 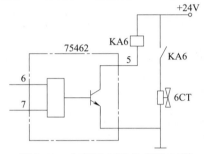 图 2-43　电磁阀 6CT 的控制电路
故障排除	根据诊断结果，更换集成电路 75462，机床不能连续换挡的故障被排除
经验总结	数控车床加工，不带挡位是无级变速的，方便稳定，换挡的数控车床逐渐被淘汰。 　换挡位的力量虽然大，但用起来不方便，换挡位的机床主轴转速选择不多，转速较少，加工高精度的长螺纹时有误差，不推荐使用。 　不带挡位是变频的或伺服主轴的，就是无级变速。主轴转速选择范围很广，不受挡位限制。无级变速的转速均匀，可以随时调转速，对于那些要求粗糙度的工件，最好用无级变速的数控车床加工，但它力量小，不能大吃刀。 　带挡位编程一般用 M03 S1 或 S2、S3 等，或手动选择 S1 或 S2、S3 的挡位然后只用 M03 就可以。不带挡位的直接设定转速如 M03 S800 就选择就行了

实例 47　数控车床，开机后屏幕显示♯401 报警

故障设备	FANUC 0i 双轴数控系统
故障现象	开机后屏幕显示♯401 报警，即速度控制的 READY 信号（VRDY）"OFF"，打开电柜检查，轴伺服放大器模块，故障显示区的 HCAL 红色 LED 亮
故障分析	拆除电动机动力线后，试开机故障依旧，说明故障点在伺服驱动模块。该机使用的驱动模块型号为 A06B-6058-H224，为双轴驱动模块。 　模块为三层结构：主控制板，过渡板，晶体管模块、接触器、电容等。卸下主控制板及过渡板，测量晶体管模块发现已经击穿。其驱动电路如图 2-44 所示。 图 2-44　故障的驱动电路

故障分析	晶体管模块击穿的原因： ①晶体管模块质量问题； ②伺服装置散热不良或晶体管模块与散热器接触不良； ③前置功率驱动电路有问题。 　　经仔细检查,证明前两项没有问题,第三项的中间过渡板有问题。该伺服驱动装置的主控制板驱动信号均通过中间过渡板的针形插接件,然后经过印制电路板的铜箔接至各晶体管模块。由于针形插接件的针间距离较近,加上车间环境的铁屑粉尘、冷却水雾影响,造成绝缘下降。用万用表测量针间或对地电阻值为 10kΩ～50kΩ,误差为±1%kΩ,如不加以处理,只更换晶体管模块,晶体管模块必然会再次烧毁
故障排除	①使用无水酒精清洗中间过渡板,特别是针形插接件,清洗后用电吹风进行干燥处理。 ②使用 500V 绝缘电阻表测量针间和针对地的绝缘电阻(注意:测量时务必将主控制板分离,以免损坏主板元件)。一般新中间过渡板的绝缘电阻在 20MΩ 以上,修理中间过渡板也应达到 5MΩ 以上。 ③修理中发现第 3 脚和第 4 脚虽经清理,但绝缘电阻也在 80kΩ 左右。该中间过渡板采用 4 层印制板结构,第 3 脚 LBBI 和第 4 脚 LEAI 通过中间层的铜箔分别接到晶体管模块的 B2 和 U 端,说明中间的绝缘层已损伤,需要修理。具体修复方法是: a. 用透光法找出印制电路板中间层的走向; b. 在靠近晶体管模块走向的端部用手电钻将铜箔切断; c. 将中间过渡板针形插接件的第 3 脚和第 4 脚拆除,用导线直接与晶体管模块的 B2 和 U 端相联。 ④用印制电路板保护薄膜喷剂对中间过渡板进行防护处理。 ⑤用对比法测量电阻,发现损坏晶体管模块所对应的驱动厚膜集成电路 FANUC DV47 场效应晶体管 K897 以及光耦合电路 TLP-550 均不正常,必须全部更换新件。 ⑥将损坏的晶体管模块从散热器上拆下,用小刀将硅脂小心刮下,涂在新晶体管模块上,然后装在散热器上,重新装好中间过渡板及主控制板。恢复电动机接线,插好控制电缆,通电试车,机床运行一切正常。故障彻底排除
经验总结	电气电路中经常使用光耦合方式,这是基于电气隔离的要求:隔离高电压、隔离不同电平的设备、转换不同电平的信号、减少共模干扰。 ①A 与 B 电路之间要进行信号的传输,但两电路之间由于供电级别过于悬殊,一路为数百伏,另一路仅为几伏,两种差异巨大的供电系统,将无法共用电源。 ②A 电路与强电有联系,人体接触有触电危险,须予以隔离。而 B 线路板为人体经常接触的部分,也不应该将危险高电压混到一起。两者之间,既要完成信号传输,又必须进行电气隔离。 ③运放电路等高阻抗型器件的采用和电路对模拟的微弱的电压信号的传输,使得对电路的抗干扰处理成为一件比较麻烦的事情——从各个途径混入的噪声干扰有可能反客为主将有用信号"淹没"掉。 ④除了考虑人体接触的安全,还必须考虑到电路器件的安全,当光电耦合器件输入侧受到强电压(场)冲击损坏时,因光耦的隔离作用,输出侧电路却能安全无恙。 以上四个方面的原因,促成了光耦合器的研制、开发和实际应用,图 2-45 为常见的光耦合器。  图 2-45　常见的光耦合器 　　光耦合器的基本作用是将输入、输出侧电路进行有效的电气上的隔离,能以光形式传输信号;有较好的抗干扰效果;输出侧电路能在一定程度上得以避免强电压的引入和冲击。 　　光耦合器的一般属性: ①结构特点:输入侧一般采用发光二极管,输出侧采用光敏晶体管、集成电路等多种形式,对信号实施电—光—电的转换与传输。 ②输入、输出侧之间只有光的传输,而无电的直接联系。输入信号的有无和强弱控制了发光二极管的发光强度,而输出侧接收光信号,根据感光强度,输出电压或电流信号。 ③输入、输出侧有较高的电气隔离度,隔离电压一般达 2000V 以上。能对交、直流信号进行传输,输出侧有一定的电流输出能力,有的可直接拖动小型继电器。特殊型光耦合器能对毫伏,甚至微伏级交、直流信号进行线性传输。

经验总结	④因光耦合器的结构特性,输入、输出侧需要相互隔离的独立供电电源,即需两路无"共地"点的供电电源。下述第一、二种光电耦合器输入侧由信号电压提供了输入电流通路,但实质上输入信号回路,也是有一个供电支路的;而线性光耦合器,则输入侧与输出侧一样,是直接接有两种相隔离的供电电源的。 在变频器电路中,经常用到的光耦合器有三种类型: 一种为三极管型光电耦合器,如 PC816、PC817、4N35 等,常用于开关电源电路的输出电压采样和误差电压放大电路,也应用于变频器控制端子的数字信号输入回路。结构最为简单,输入侧一只发光二极管,输出侧由一只光敏三极管构成,主要用于对开关信号的隔离与传输。 第二种为集成电路型光电耦合器,如 6N137、HCPL2601 等,输入侧发光管采用了延迟效应低微的新型发光材料,输出侧由门电路和肖基特晶体管构成,使工作性能大为提高。其频率响应速度比三极管型光电耦合器高,在变频器的故障检测电路和开关电源电路中也有应用。 第三种为线性光电耦合器,如 A7840。其结构与性能与前两种光电耦合器大有不同。在电路中主要用于对毫伏级微弱的模拟信号进行线性传输,在变频器电路中,往往用于输出电流的采样与放大处理、主回路直流电压的采样与放大处理

实例 48　数控车床,车削圆锥面工件表面出现沟痕

故障设备	FANUC-6TB 全功能数控车床
故障现象	CNC 系统采用 FANUC-6TB 系统。X 轴无进给指令自动上下抖动;X 轴无规律振动。在低速时触摸有振动感觉,快速时感觉不明显,加工工件尺寸正常。但在车削圆锥面时即 X 轴有插补进给时工件表面有沟痕出现,且无任何报警
故障分析	该机床为 GFNDM25/100 全功能数控车床,CNC 系统采用 FANUC-6TB 系统。伺服系统采用全闭环伺服控制方式,其进给系统原理图如图 2-46 所示。根据系统的组成,全闭环伺服进给系统框图如图 2-47 所示。 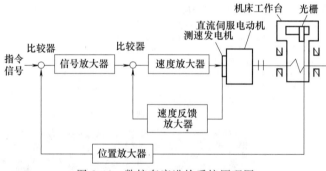 图 2-46　数控车床进给系统原理图 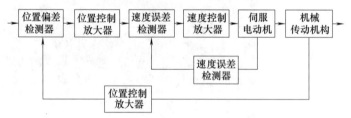 图 2-47　全闭环伺服进给系统框图 由系统和框图可以看出,该系统具有位置和速度两个控制环节。根据其故障现象,由系统稳定性依据条件定性分析,查知光栅、速度放大、测速发电机、位置放大环节均正常。观察机床工作状况,在伺服系统准备好状况下,X 轴无进给指令自动上下抖动,有进给指令时偶尔发生 410 跟随误差报警,故而断定故障出在机械传动部分。 根据数控车床进给系统原理图和全闭环伺服进给系统框图,应用稳定性的判定原理分析,故障不在位置环,而应在速度环,检查速度环,发现测速发电机个别电刷已全部磨损
故障排除	经查 X 坐标轴向定位松动,机械处理并更换新电刷后故障排除

经验总结	通过对全闭环直流伺服系统的理论与实践处理,可认为理论对实践的指导作用是不可忽视的。在此条件下,可以减少盲目性,提高准确性,缩短维修时间。可以说这种理论与实践的结合对于维修工程师而言是行之有效的方法。 电刷(brush)是电机的一个重要组成元件,负责在旋转部件与静止部件之间传导电流。因较多用石墨制成,故也称炭刷,如图 2-48 所示 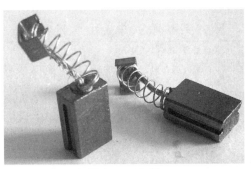 图 2-48　电刷 电刷多装配于换向器或滑环上,是一个滑动型接触体。需有光滑、耐磨、导电性良好等特性。根据不同的应用,它们要么部分由金属部件(铜,银,钼)制成,要么完全由金属制成。 电刷广泛适用于各种交直流发电机、同步电动机、电瓶直流电动机、吊车电机集电环、各型电焊机等 具体作用: ①将外部电流(励磁电流)通过电刷而加到转动的转子上(输入电流); ②将转轴上的静电荷经过电刷引入大地(接地电刷)(输出电流); ③将转轴(地)引至保护装置供转子接地保护及测量转子正负对地电压; ④改变电流方向(在整流子电机中,电刷还起着换向作用)。 电刷在运行过程中,应进行及时的维护。常会因维护不好而造成事故,甚至停机停产。反之,加强对集电装置部分的维护,能及早发现问题和解决问题,可以免除很多事故的发生。带有换向器的电机,由于电刷不但起传导电流的作用,而且还起换向作用,因而其监护工作量要大得多。经常和仔细观察换向火花的状态和特征是非常重要的。直流电机换向火花的大小和状态,是影响换向诸因素综合作用的反映,是电机运行情况好坏的主要标志

实例 49　数控车床,突然停机并显示♯414、♯1110、♯1120 报警

故障设备	FANUC 0i 数控车床
故障现象	在加工过程中,突然自行停机,CRT 显示♯414、♯1110、♯1120 报警
故障分析	在 FANUC 0i 数控系统中,♯414 报警提示 X 轴的数字伺服系统存在故障。可采用如下步骤进行逐一检查: ①打开电气控制柜进行检查,发现 X 轴伺服驱动器出现♯1 报警,查看使用手册,发现♯1 报警的原因是伺服驱动板过热; ②检查 X 轴伺服进给机构,机械部分完好无损,无过载情况; ③测量伺服电动机的工作电流,在正常范围之内; ④用手摸伺服驱动器的排风口,感觉风量较小; ⑤检测排风扇的绕组,无短路和开路故障; ⑥拆开驱动器,取下排风扇检查,发现轴承损坏,转动很不灵敏,图 2-49 为损坏的风扇轴承  图 2-49　损坏的风扇轴承

续表

故障排除	根据检查结果,更换排风扇后,系统报警不再出现,机床恢复正常工作,伺服驱动板过热的故障被排除
经验总结	伺服单元过热报警是机床系统对驱动器、电机的保护,避免故障进一步损坏电气元件。数控机床发生故障时,可以先关机一段时间,等伺服单元热保护元件冷却后再开机,如果发现这时还报警,有可能是排风扇或者热保护模块已经损坏,也有可能是信号线连接的问题;如果无报警,则故障很有可能发生在机械方面。总之,一定要等到伺服单元热保护元件冷却后再开机,否则就算机床维修正常了,也会发生过热报警

实例 50 数控车床,突然停机并显示♯414 报警

故障设备	FANUC 0T 数控车床
故障现象	机床开机后,CRT 上显示♯414 报警,报警信息为"SERVO ALARM:X-AXIS DETECTION SYSTEM ERROR"
故障分析	在 FANUC 0T 数控系统中,报警信息的中文含义是"X 轴数字伺服系统故障"。 ①打开电气控制柜进行观察和检查,发现伺服驱动单元的 LED 报警显示码"8"点亮,这说明 X 轴伺服驱动单元不正常。 ②利用机床的自诊断功能,检查机床参数 DGN072,发现第 4 位由"0"变为"1",这说明伺服驱动单元的电流处于异常状态。 ③测量伺服驱动单元电源输入端的阻抗为 6Ω,远低于正常值。由此可判断 X 轴的伺服驱动模块内部存在着短路性故障。 ④采用替换法对发电机、位置放大环节进行检查,均正常。观察机床工作状况,在伺服系统准备好状况下,X 轴无进给指令自动上下抖动,有进给指令时偶尔发生 410 跟随误差报警,故而断定故障出在机械传动部分
故障排除	经查 X 坐标轴向定位松动,机械处理并更换新电刷后故障排除
经验总结	通过对全闭环直流伺服系统的理论与实践处理,可认为理论对实践的指导作用是不可忽视的。在此条件下,可以减少盲目性,提高准确性,缩短维修时间

实例 51 数控车床,加工过程中进给轴不能移动

故障设备	FANUC 0M 数控车床
故障现象	自动加工过程中,进给轴不能移动
故障分析	常见的故障原因是进给伺服系统有故障,本例机床的进给系统采用 FANUC BESK 型伺服驱动板,检修的重点部位是伺服驱动板、伺服电动机、连接电缆等。 ①经检查,伺服驱动板的 15V 直流电源负载线上的熔丝被烧断。用数字万用表测量+15V 直流电源负载线对地电阻为 300Ω,而正常情况下应该是 1.3kΩ。由此判断驱动板的元器件有过电流故障。 ②由于通电后熔丝即熔断,因此无法使用通电检测方法。 ③采用测量电阻的方法进行检查。由于本例驱动板有 24 个集成元器件,并按放射状结构直接焊接在印刷电路板上,若采用分割法进行检测,会损坏印刷电路板。 ④根据实际情况,决定采用电阻对比法进行检查,具体方法是直接测量+15V 端与各集成元器件有关管脚之间的电阻值,并与正常板进行对照和比较,以查出故障部位和故障元器件。 ⑤对+15V 电源厚膜块内部电路和其引脚功能图进行分析后,从中挑选出了几个主要的测试点进行电阻测量。 ⑥当测量到集成块 Q7(LM339)时,发现其 3 引脚(输入端)对 14 引脚(输出端)的电阻为 150Ω,而正常板的电阻为 6kΩ,由此判定集成块 Q7 有故障,图 2-50 为集成块 Q7 的位置 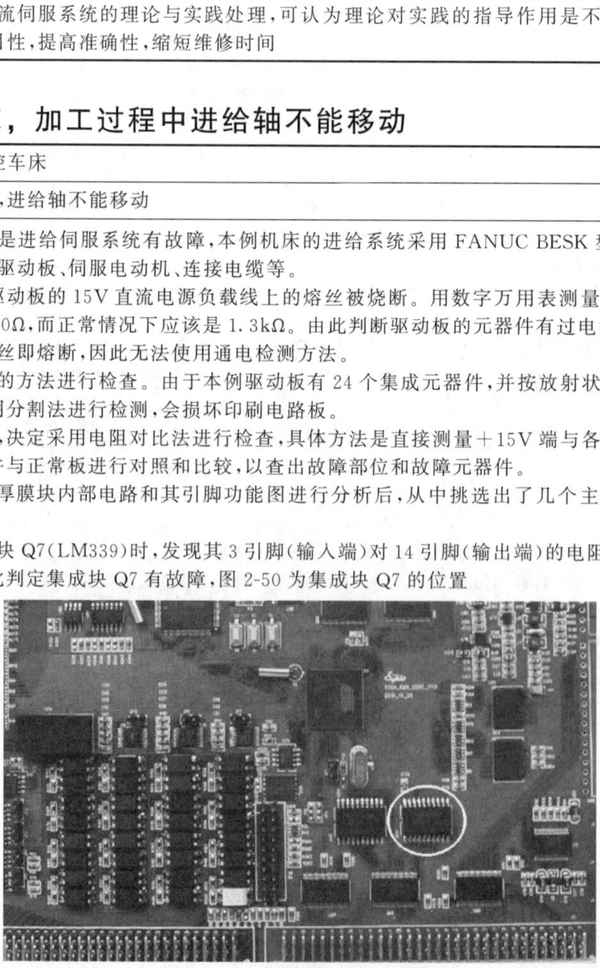 图 2-50 集成块 Q7 的位置

故障排除	根据检测结果,更换 Q7 后,进给轴不能移动的故障被排除
经验总结	一般意义上讲,集成块就是指集成电路,集成块是集成电路的实体,也是集成电路的通俗叫法。从字面意思来讲,集成电路是一种电路形式,而集成块则是集成电路的实物反映。 集成电路(integrated circuit)是一种微型电子器件或部件。采用一定的工艺,把一个电路中所需的晶体管、电阻、电容和电感等元件及布线互连一起,制作在一小块或几小块半导体晶片或介质基片上,然后封装在一个管壳内,成为具有所需电路功能的微型结构

实例 52　数控车床,加工的工件有时不合格

故障设备	FANUC 0TC 系统 CK7940 型数控车床
故障现象	在使用过程中,加工的工件有时合格,有时直径误差达到 12mm
故障分析	该故障原因应为 X 轴伺服系统故障。 ①重复定位精度:检查 X 轴重复定位精度,在误差范围之内,表明机械传动机构无故障。 ②检测反向间隙:用百分表检查 X 轴丝杠的反向间隙,检测结果为 0.01mm,表明反向间隙与 12mm 的加工误差无关联。 ③误差推断分析:本例车床的丝杠螺距为 6mm,加工工件的直径误差为 12mm,恰好为丝杠螺距的两倍,即电动机和丝杠可能多转了一圈,据此,故障很可能是在回零过程中发生的。 ④机床回零过程:机床按照参数 PRM518 设定的速度快速移动。当撞块压下 X 轴回零开关后(由 ON 变成 OFF),机床以参数 PRM534 设定的低速移动。撞块离开后,回零开关释放(由 OFF 变成 ON),进给轴按照原来的速度移动,系统开始检测编码器零位脉冲,检测到零位脉冲时进给轴停止转动。进给轴停止的位置,即为 X 轴的零位。 ⑤推理分析诊断:如果在第一个零位脉冲到来之前,回零开关已经由 OFF 变成 ON,这时系统便检测到第一个零位脉冲,X 轴准确无误地停止,回零过程结束,加工的直径尺寸就是准确的。反之,如果在第一个零位脉冲到来之前,回零开关没有变成 ON,这时系统只能检测到后面一个零位脉冲,于是电动机和丝杠就得多转一圈,相差一个螺距,表现在 X 轴直径方向上,则为 12mm。 ⑥检测回零开关:针对回零开关进行检查检测,发现回零开关上的固定螺栓松动,造成开关位置挪动
故障排除	根据诊断结果,将回零开关调整到正确的位置,并进行位置紧固,机床回零过程正常运行,工件直径加工误差大的故障被排除
经验总结	回零就是让机床知道机床的参考点在哪里,是每次数控机床断电开机必要要完成的操作。 参考点是机床上的一个固定不变的极限点,其位置由机械挡块或行程开关来确定。通过回机械零点来确认机床坐标系。数控机床每次开机后都必须首先让各坐标轴回到机床一个固定点上,重新建立机床坐标系,这一固定点就是机床坐标系的原点或零点,也称为机床参考点,使机床回到这一固定点的操作称为回参考点或回零操作。图 2-51 为机床参考点、工件原点、机床原点和参考点定位开关示意图。 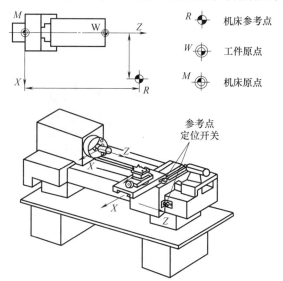

图 2-51　机床参考点、工件原点、机床原点和参考点定位开关示意图

经验总结	数控系统通过检测机床本体上的原点信号（如开关信号，磁开关信号等），根据不同的回零方式确定机床原点。数控机床回零有栅点法和磁开关法，又分绝对脉冲编码器方式回零和以增量脉冲编码器方式回零。现代数控机床一般都采用了增量式的旋转编码器或增量式的光栅尺作为位置检测反馈元件，它们在机床断电后就失去了对各坐标位置的记忆，因此在每次开机后都必须首先让各坐标轴回到机床一个固定点上，重新建立机床坐标系。 栅点法中，检测器随着电机一转信号同时产生一个栅点或一个零位脉冲，在机械本体上安装一个减速撞块及一个减速开关后，数控系统检测到的第一个栅点或零位信号即为原点。在磁开关法中，在机械本体上安装磁铁及磁感应原点开关，当磁感应原点开关检测到原点信号后，伺服电机立即停止，该停止点被认作原点。 栅点法的特点是如果接近原点速度小于某一固定值，则伺服电机总是停止于同一点，也就是说，在进行回原点操作后，机床原点的保持性好。磁开关法的特点是软件及硬件简单，但原点位置随着伺服电机速度的变化而成比例地漂移，即原点不确定

实例 53　数控车床，Z 轴移动出现剧烈振动且 CNC 无报警

故障设备	FANUC 0T 数控车床
故障现象	开机后，Z 轴移动即出现剧烈振动，CNC 无报警，机床无法正常工作
故障分析	经仔细观察、检查，发现该机床的 Z 轴在小范围（约 2.5mm 以内）移动时，工作正常，运动平稳无振动，一旦超过这个范围，机床即发生剧烈振动。 根据这一现象分析，系统的位置控制部分以及伺服驱动器本身应无故障。初步判定故障在位置检测器件，即脉冲编码器上。考虑到机床为半闭环结构，维修时通过更换电动机进行了确认，判定故障是由于脉冲编码器不良引起的。 为了深入了解引起故障的根本原因，修理时做了以下分析与试验： ①在伺服驱动器主回路断电的情况下，手动转动电动机轴，检查系统显示，发现无论电动机正转、反转，系统显示器上都能够正确显示实际位置值，表明位置编码器的 A、B、* A、* B 信号输出正确。 ②由于本机床 Z 轴丝杠螺距为 5mm，只要 Z 轴移动 2.5mm 左右即发生振动，因此，故障原因可能与电动机转子的实际位置有关，即脉冲编码器的转子位置检测信号 C1、C2、C4、C8 存在不良。 ③根据以上分析，考虑到 Z 轴能正常移动 2.5mm 左右，相当于电动机实际转动 180°。因此，进一步判定故障的部位是转子位置检测信号中的 C8 存在不良。 ④按拆卸规范，取下脉冲编码器后，根据编码器的连接要求，在引脚 N/T、J/K 上加入 DC 5V 后，旋转编码器轴，利用万用表测量 C1、C2、C4、C8，发现 C8 的状态无变化，确认了编码器的转子位置检测信号 C8 存在故障。 ⑤进一步检查发现，编码器内部的 C8 输出驱动集成电路损坏
故障排除	更换 C8 输出集成电路后，重新安装编码器，调整转子角度，机床恢复正常，故障被排除
经验总结	注意，重新安装编码器后，需要调整转子角度。 由轴承支承的旋转体称为转子。转子多为动力机械和工作机械中的主要旋转部件，如图 2-52 所示。  图 2-52　转子 转子电机或某些旋转式机器（如涡轮机）的旋转部分。电机的转子一般由绕有线圈的铁芯、滑环、风叶（非必需）等组成，如图 2-53 所示。 转子是电动机、发电机、燃气轮机和透平压缩机等动力机械或工作机械中高速旋转的主要部件。 主转子在高速下旋转，其速度接近临界转速时转轴产生挠度变形，甚至由于共振引起机械破坏。转子的横向振动的固有频率是多阶的，故其相应的临界转速也是多阶的。当转子的工作转速低于一阶临界转速时称为刚性转子，而转子的工作转速高于一阶临界转速时称为柔性转子。

| 经验总结 | 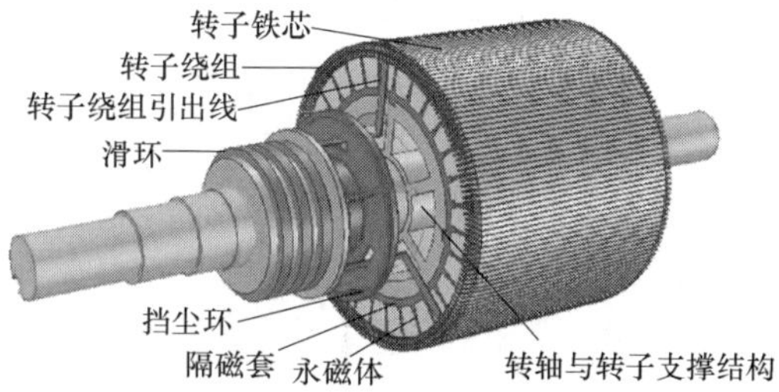 （图示：转子铁芯、转子绕组、转子绕组引出线、滑环、挡尘环、隔磁套、永磁体、转轴与转子支撑结构）
图 2-53　转子的构成

任何类型的转子的工作转速都不得接近临界转速。转子的临界转速的大小取决于其制造材料、结构形式、几何尺寸、支承特点等因素 |

实例 54　数控车床，主轴低速旋转并且出现♯409 报警

故障设备	FANUC 0TC 系统数控车床
故障现象	机床开机后，出现♯409 报警，主轴旋转速度只有 20r/min 左右，并且有异响
故障分析	因为报警指示主轴系统有问题，并且转速不正常，说明是主轴系统有故障。 ①本例机床的主轴采用 FANUC α 系列数字主轴系统，检查主轴放大器，放大器数码管的显示为♯31 报警，根据报警手册，♯31 报警是速度检测信号断开。 ②检查反馈信号电缆及其连接，没有问题。 ③更换主轴伺服放大器也没有解决问题。 ④根据主轴电动机的控制原理，在电动机内有一个磁性测速开关作为转速检测反馈元件，推断可能检测元件有故障。 ⑤将这个硬件拆下检查，发现由于安装距离过近，主轴电动机旋转时将检测头磨坏，检查结果为磁性测速开关损坏
故障排除	确认磁传感器为 FANUC 的产品，型号为 A860-0850-V320，更换传感器，将传感器安装在主轴电动机的轴端，与检测齿轮的间距应在 0.1～0.15mm 之间，在现场安装时，可将间隙调整到单张打印纸可自由通过，但打印纸对折放置于其间抽动，应感觉略紧。启动机床进行试车，♯409 及放大器数码管显示的♯31 报警解除，速度检测信号断开的故障被排除
经验总结	磁传感器是把磁场、电流、应力应变、温度、光等外界因素引起敏感元件磁性能变化转换成电信号，以这种方式来检测相应物理量的器件。 磁传感器广泛用于现代工业和电子产品中以感应磁场强度来测量电流、位置、方向等物理参数。在现有技术中，有许多不同类型的传感器用于测量磁场和其他参数。磁传感器已经在许多领域获得了产业性的应用，每年所需用的磁传感器的总数量以数十亿计。 将磁传感器应用到电机中，会使无刷电动机具有体积小、重量轻、效率高、调速方便、维护少、寿命长、不产生电磁干扰等一系列优点。在无刷电机中，用磁传感器来作转子磁极位置传感和定子电枢电流换向器。霍尔器件、威根德器件、磁阻器件等都可以使用磁传感器，但大量使用的，主要是霍尔器件。图 2-54 为常用的霍尔传感器。 图 2-54　霍尔传感器 电机的转速检测和控制使用了的旋转编码器，过去多用光编码器。磁编码器的使用显示出越来越多的优点，正在逐渐取代光学器件。使用磁传感器还可以对电机进行过载保护（主要用霍尔电流传感器）及转矩检测

实例 55 数控车床，偶尔出现报警♯409

故障设备	FANUC 0TC 系统数控车床
故障现象	在运行时偶尔出现报警♯409"SERVO AIARM：(SERIAL ERR)"(伺服报警：串行主轴故障)
故障分析	本例机床的伺服系统采用 FANUC 的 α 数字伺服装置，在主轴模块上有时显示 AL-02，有时显示 AL-31，故障都是主轴旋转时发生的，说明主轴系统有问题。 ①主轴模块 AL-02 报警含义：该报警指示实际转速与指令值不符。可能的原因有： a. 电动机过载； b. 功率模块(IGBT 或 IPM)有问题； c. CNC 设定的加/减速时间不合理； d. 速度反馈信号有问题； e. 速度检测信号设定不合理； f. 电动机绕组短路或者断路； g. 电动机与驱动模块电源线相序不对或者连接有问题。 ②主轴模块 AL31 报警含义：该报警指示速度达不到额定转速，转速太低或不转。可能的原因有： a. 电动机负载过重(例如，抱闸没有打开)； b. 电动机电枢相序不正确； c. 速度检测电缆连接有问题； d. 编码器有问题； e. 速度反馈信号太弱或信号不正常。 根据以上的故障原因，初步判断电动机转速检测元件有故障
故障排除	①本例机床的主轴采用磁传感器检测主轴速度，检查磁传感器发现检测距离过大。 ②根据检查结果，按检测距离调整磁传感器的位置，试车后机床稳定运行，报警解除
经验总结	伺服电机是可以根据收到的信号自己调整自身转速与转矩的高精确度发动机，许多需要动力与精度的大型机器及设备必须使用伺服电机以提供动力，同时根据系统给出的信号迅速控制位置、精度，这样才能确保机器正常的工作，生产线长期保持运转，什么时候该停在什么位置，这些步骤的顺利进行也部分归因于伺服电机。图 2-55 为伺服电机及其编码器。 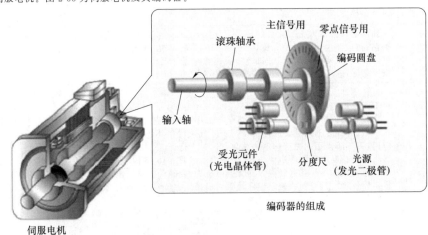 图 2-55 伺服电机及其编码器 伺服电机的转速实际上取决于伺服电机所接受脉冲信号的频率，伺服电机接受了某个脉冲信号后，会根据信号所要求的目标位置和自身位置的差距，迅速调整个转动的角度，而信号的频率有多高，转速就有多快 测量电机转速一般有以下几种方法。 (1)光反射法 即在电机转动部分画一条白线，用一束强光进行照射，使用光电元件检测反光，形成脉冲信号，在一定时间内对脉冲进行计数，就可以换算出电机转速。 (2)磁电法 即在电机转动部分固定一块磁铁，在磁铁运动轨迹的圆周外缘设一线圈，电机转动时线圈会产生感应脉冲电压，在一定时间内对脉冲进行计数，就可以换算出电机转速。 (3)光栅法 即在电机转动轴上固定一圆盘，圆盘上刻有通光槽，在圆盘两侧设置发光元件和受光元件，电机转动时，受光元件周期性受到光照，产生电脉冲，在一定时间内对脉冲进行计数，就可以换算出电机转速。 (4)霍尔开关检测法 即在电机转动部分固定一块磁铁，在磁铁运动轨迹的圆周外缘设一霍尔开关，电机转动时霍尔开关周期性感应磁力线，产生脉冲电压，在一定时间内对脉冲进行计数，就可以换算出电机转速

实例 56　数控车床，主轴转速设定值与 CRT 显示值有误差

故障设备	某 FANUC 0i 系统数控车床
故障现象	机床主轴正转的转速设定值为 200～500r/min，但是在 CRT 上所显示的转速出现误差，与实际转速相差 50～100r/min
故障分析	常见原因是控制电路或检测元件有故障。 ①在主轴反转时，查看 CRT 上所显示的转速，与实际转速完全相符。用转速表测量主轴的实际转速，与设定值也完全相符。改变转速的范围，故障也不出现。分析是控制电路或检测元件不正常。 ②查看维修记录，先前给主轴箱加过油。 ③打开主轴箱进行检查，发现油液位超过最高标准线。 ④检查主轴脉冲编码器，发现油液已进入其内部，编码器的光栅格和电路板都浸泡在油中。判断故障原因为编码器和电路板不正常
故障排除	用无铅汽油或无水酒精仔细清洗光栅编码器，并用电吹风吹干。机床通电后试车运转。实际转速与 CRT 所显示的转速正确无误，故障被排除
经验总结	无铅汽油是指含铅量在 0.013g/L 以下的汽油，在提炼过程中没有添加四乙基铅作为抗震爆添加剂，如图 2-56 所示。 无水酒精即无水乙醇，是纯度较高的乙醇水溶液，浓度为 99.5％的乙醇水溶液叫无水乙醇，如图 2-57 所示。无水酒精不是纯净物，如果要去掉这残留的少量的水，可以加入金属镁来处理，可得浓度为 99.8％的乙醇水溶液，叫绝对酒精 　　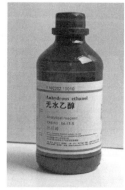 图 2-56　无铅汽油　　　　　　　　　图 2-57　无水乙醇

实例 57　数控车床，加工中出现"啃刀"现象

故障设备	FANUC 0T 系统的 S1-296A 型数控车床
故障现象	在加工过程中，主轴电动机突然停止转动，造成"啃刀"现象，并导致刀具损坏
故障分析	①将工作方式开关置"调整"位置，用手动方式将 X 轴和 Z 轴返回到参考点。重新进行加工，当工作台快速进给到车削位置时，主轴仍然不能转动，变频器出现 LED 报警，提示过热故障。由此确定故障为主轴电动机或变频调速系统工作不正常。 ②手摸电动机的外壳，感觉非常烫，用较大功率的风扇强制冷吹后，电动机温度下降到正常状态。重新启动后能正常运转几分钟，随后温度又很快升高。由此判断故障是由电动机过热引起的。 ③检查变频器的输出电压，三相都很正常，说明变频器没有问题。检查机械负载发现也很正常。手摸主轴电动机的端部，感觉没有风力。拆开主轴电动机进行观察，发现独立散热风扇电动机损坏，其绕组阻值为无穷大。这导致散热不良，主轴电动机过热引起报警，变频器保护动作而突然停止工作
故障排除	更换风扇电动机后，机床恢复正常工作
经验总结	变频器的保护功能非常强大，可以对过电流，对地短路，过电压，欠电压，电源缺相，散热片过热，外部报警，变频器内过热，制动电阻过热，电机过负载，变频器过载，DC 熔断器断路，储存器异常，键盘面板通信异常，CPU 异常，选件异常，强制停止，输出电路异常，充电电路异常，RS485 通信异常等情况进行保护。图 2-58 为一种常用的伺服电机变频器及其组成。

经验总结	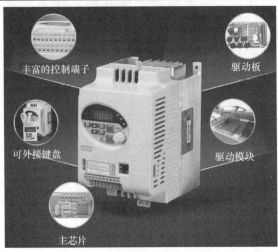 图 2-58 伺服电机变频器及其组成 几种典型的变频器保护保护功能如下: (1)过电流保护功能 变频器中过电流保护的对象主要指带有突变性质的、电流的峰值超过了过电流检测值(约额定电流的200%),变频器显示OC表示过电流,逆变器件的过载能力较差,所以变频器的过电流保护是至关重要一环。 (2)过载保护 电动性能够旋转,但运行电流超过了额定值,称为过载。过载的基本反应是:电流虽然超过了额定值,但超过的幅度不大,一般也不形成较大的冲击电流。输出电流超过反时限特性过载电流额定值,保护功能动作,变频器的容量偏小。 (3)欠电压保护 电源电压降低后,主电路直流电压若降到欠电压检测值以下,保护功能动作。另外,电压若降到不能维持变频器控制电路的工作,则全部保护功能自动复位

实例 58 数控车床, Z 轴快速负向运动, 然后减速正向运动

故障设备	FANUC 0TC 数控铣床
故障现象	该数控车铣床,开机时 Z 轴找不到参考点,观察发生故障的过程,Z 轴首先快速负向运动,然后减速正向运动,一直压到限位开关,产生报警
故障分析	根据故障现象,因为 Z 轴能减速运动,说明零点开关没有问题,问题可能出在零点脉冲上。用示波器检查编码器的零点脉冲,确实没有发现零点脉冲,肯定是编码器出现了问题。将编码器从轴上拆下来检查,发现编码器内有很多油,原因是机床铣削工件时采用油冷却,油雾进入编码器,沉淀下来将编码器的零点标记遮挡住,零点脉冲不能输出,从而找不到参考点。图 2-59 即为出故障的编码器 图 2-59 出故障的编码器
故障排除	将编码器清洗干净并进行密封,重新安装后故障消除
经验总结	冷却液被高速气流冲击破碎喷射到切削工件及刀具上,随着雾状冷却液的蒸发带走了工件和刀具产生的切削热,实现了强化换热,极大地提高了刀具的耐用度和降低了加工零件的热变形。但是会有一部分弥散在空气和设备中,极易对机床密闭设备、环境及操作者造成伤害,因此,雾状冷却液只在特定需要时才使用

实例 59　数控铣床，回参考点时 Y 轴信息混乱

故障设备	西门子 802D 数控铣床
故障现象	西门子 802D 数控铣床机床 Y 轴伺服故障，回参考的时候 Z、X 轴可以回参考点并且显示正常，Y 轴也可以回参考点但是显示的坐标信息混乱，一直有无规律的乱闪，无报警信息并且不影响加工。断电后重新开机，刚开始可以正常显示，过了几分钟又出现这种故障
故障分析	既然可以正常加工，也就是 Y 轴已经回到了参考点位置，只是显示的坐标数值有问题，故障范围可以基本确定。检查 Y 信号的反馈线路，发现该线路与数控系统主板连接处存在虚焊，有瞬间脱焊的情况，图 2-60 为虚焊的位置 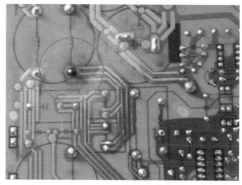 图 2-60　虚焊的位置
故障排除	按规范要求重新焊接，故障排除
经验总结	虚焊是指焊件表面没有充分镀上锡层，焊件之间没有被锡固定住，是由于焊件表面没有清除干净或焊剂用得太少以及焊接时间过短所引起的。在刚焊接好后表面看上去焊点质量尚可，不存在"搭焊""半点焊""拉尖""露铜"等焊接疵点，在车间生产时，装成的整机并无故障，但用户使用一段时间后，由于焊接不良，导电性能差而产生的故障却时有发生，是造成早期返修率高的原因之一。 在电子整机产品故障中，有将近一半是由于焊接不良引起的，然而，要从一台成千上万个焊点的电子设备里找出引起故障的虚焊点，这并不是一件容易的事。所以，虚焊是电路可靠性的一大隐患，必须严格避免。进行手工焊接操作的时候，尤其要加以注意

实例 60　数控铣床，机床回参考点时无减速动作

故障设备	SIEMENS 802S 数控铣床
故障现象	该机床回参考点时无减速动作，一直运动到触及限位开关超程而停机
故障分析	经检查，发现该机床在回参考点时，当压下减速开关后，坐标轴无减速动作，由此判断故障原因应在减速检测信号上。通过系统的输入状态显示，发现该信号在回参考点减速挡块压合与松开情况下，状态均无变化。对照原理图检查线路，确认该轴的回参考点减速开关由于切削液的侵入而损坏，如图 2-61 所示  图 2-61　因切削液侵入而损坏的回参考点减速开关

故障排除	更换开关后,机床恢复正常
经验总结	这种情况是因为返回参考点减速开关失效,开关接触压下后不能复位,或减速挡块松动而移位,机床回参考点时零点脉冲不起作用,致使减速信号没有输入到数控系统。解除机床的坐标超程应使用"超程解除"功能按钮,并将机床移回行程范围以内,然后应检查回参考点减速开关是否松动及相应的行程开关减速信号线是否有短路或断路现象

实例61 数控铣床,一直报警 X 轴伺服驱动故障

故障设备	SIEMENS 802S 数控铣床
故障现象	该数控铣床西门子系统老是报警 X 轴伺服驱动故障。当移动 Y 轴的时候也出现报警 X 轴驱动故障。重新开机运行一段时间后就会出现 X 轴驱动故障,已更换了 X 轴驱动器和 X 轴伺服电机,故障仍然存在
故障分析	由于此故障一直是 X 轴报警,故检修重点放在 X 轴的机械和伺服驱动部分。由于驱动器已经更换,驱动器的故障可以排除。接着检查电机和驱动之间的线是否有问题,并未发现接头松动、连线破损的情况,那么造成 X 轴伺服驱动的故障很有可能出现在机械方面了。于是将工作台卸下检查,发现 X 轴的轴用卡簧已经断裂并且被工作在挤压死,故障即出现于此
故障排除	更换 X 轴的轴用卡簧,机床再也没有出现 X 轴伺服驱动故障
经验总结	轴用卡簧也叫轴用挡卡、轴用挡圈,就是我们常说的轴卡,是一种安装于槽轴上,用作固定零部件的孔向运动。这类挡圈的内径比装配轴径稍小,安装时须用卡簧钳,将钳嘴插入挡圈的钳孔中,扩张挡圈,才能放入预先加工好的轴槽上。一般轴卡损坏是质量方面问题,如果某个轴的轴卡损坏,那么最好将所有的轴卡都更换。图 2-62 为常用的轴用卡簧 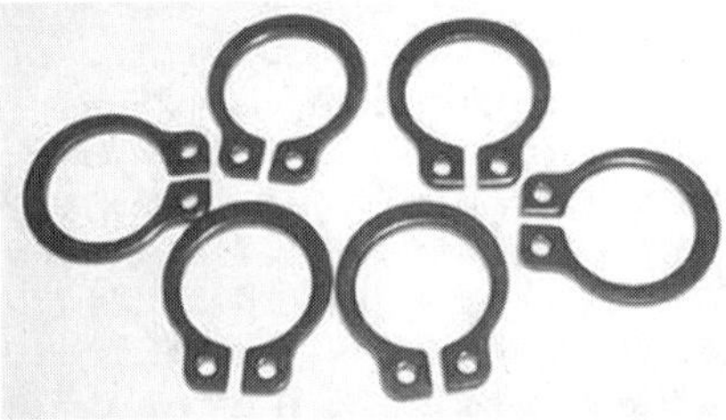 图 2-62　轴用卡簧

实例62 数控铣床,"未到位""进给保持""循环运动""报警"同时亮

故障设备	SIEMENS 802D 数控铣床
故障现象	该数控铣床接通电源后,显示器无显示,"未到位""进给保持""循环运动""报警"同时亮,伺服电机报警灯也闪烁不停。图 2-63 为该机床指示灯同时亮 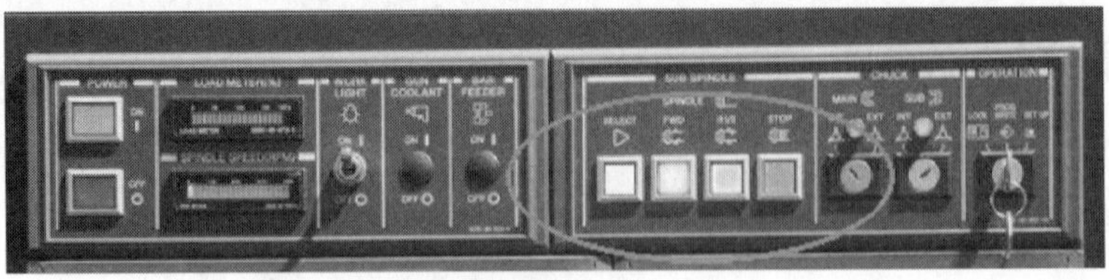 图 2-63　机床指示灯同时亮
故障分析	该机床面板上的"报警""未到位""进给保持""循环运动"指示灯同时亮,表示系统自检出错,系统无法正常启动。其原因可能是系统数控主板或系统软件出错。可能是系统出现了混乱,进而影响到其他部位的正常运行
故障排除	遇到此现象可以对系统进行初始化处理,按住系统面板上的诊断键,接通电源启动系统。在系统启动时,面板上方的 4 个指示灯闪烁,然后系统显示初始化面板,结束系统初始化后,机床恢复正常

实例63　数控铣床，伺服电机过载保护功能激活

故障设备	SIEMENS 802S 数控铣床
故障现象	该数控铣床在进行高强度加工时，程序执行到一半，过载保护功能被激活
故障分析	首先检查伺服电机的增益设置，发现其很正常。查看机床说明，此台机床的过载保护有时限性，当短暂的过载保护在规定时间内解除的话，机床也不会激活过载保护功能
故障排除	按照机床说明书重新调整伺服电机的过载保护时限特性，并适当地减轻负载，此故障得到了解决
经验总结	电气线路中允许连续通过而不至于使电线过热的电流量，称为安全载流量或安全电流。如导线流过的电流超过了安全载流量，就叫导线过载。一般导线最高允许工作温度为65℃。过载时，温度超过最高允许温度，会使绝缘层迅速老化甚至燃烧线路。 在机械中，在轴超过所能承受的负载时，过载保护可以防止过载造成的器械损坏。 在微电子中，当电路中某处的电流过大时，过载保护可以自动切断电源或者自动切换工作模式。 发生过载的主要原因有导线截面选择不当，实际负载已超过了导线的安全电流；还有"小马拉大车"现象，即在线路中接入了过多的大功率设备，超过了配电线路的负载能力。 机床的伺服电机过载保护功能激活，其故障原因和排除方法如下： ①电机长时间重载运行，其有效转矩超过了额定值。可以适当增大驱动器与电机的容量、延长加/减速时间、减轻负载。 ②增益设置不恰当，导致振动或振荡，电机出现振动或异常响声，参数设置不正确。此时需重新调整增益。 ③电机电缆连接错误或断开。需按照接线图，正确连接电机电缆。 ④机器碰到重物，或负载变重，或被缠绕住。立即清除缠绕物，减轻负载。 ⑤电磁制动器被接通制动（ON），断开其连接即可。 ⑥多个电机接线时，某些电机电缆接错到了别的轴上。只需重新将电机电缆和编码器电缆正确的连接到对应的轴上即可

实例64　数控铣床，加工中突然停机并且♯409报警

故障设备	FANUC 0T 系统数控铣床
故障现象	在加工过程中，机床突然停机，CRT上显示♯409报警
故障分析	在FANUC 0T数控系统中，♯409报警的具体内容是"SPINDLE ALARM DETECTION"，提示主轴存在故障，需要检查主轴放大器等部位。 ①出现♯409报警时，在主轴伺服放大器的显示器上，一般都会出现"AL XX"（表示一个数字）报警。观察主轴伺服放大器，显示♯56报警，它提示冷却风扇不正常。拆开风扇检查，发现其沾满油污。 ②将油污清洗干净，吹干后再试机，主轴放大器上♯56报警消除，但数控系统中的♯409报警仍然存在。 ③推断油污可能影响到其他部位的工作，拆开主轴驱动器放大电路板检查，发现油污也很严重，且黏附了很多金属粉尘。图2-64为油污污染的主轴驱动器放大电路板  图2-64　油污污染的主轴驱动器放大电路板
故障排除	用无水酒精清洗电路板，完全干燥后，再装机试验，机床恢复正常工作，报警解除，机床突然停机的故障被排除
经验总结	数控机床的系统主板、电源模块、伺服放大器驱动板等，由于元器件高度集成，一般由多层印制电路板复合而成。电路板的线间距离较小，异物进入后极易引起各种电路故障。此例就是由于工作场所空气湿度大，金属粉尘严重而造成故障的。因此，数控机床的使用环境应注意防尘措施，使用中电气箱的门应保持关闭状态，维修过程中应注意防止各种粉尘污染电路板和电气元件。清洗电路板应注意采用适宜的清洗剂，清洗后一定要注意干燥处理

实例65　数控铣床，主轴仅出现低速旋转且实际转速无法到达指令值

故障设备	FANUC 0M 系统数控铣床
故障现象	开机后,不论输入 M03 S-或 M04 S-指令主轴仅出现低速旋转,实际转速无法到达指令值
故障分析	本例机床采用 FANUC S 系列主轴驱动器。在数控机床上,主轴转速的控制一般是数控系统根据不同的 S 代码输出不同的主轴转速模拟量值,通过主轴驱动器实现主轴变速的。常见的故障原因是主轴驱动器故障或信号传递不良。 ①检查主轴驱动器发现无报警,且主轴出现低速旋转,可以基本确认主轴驱动器无故障。 ②检测信号传递状态,为了确定故障部位,利用万用表测量系统的主轴模拟量输出,发现在不同的 S 指令下,其值改变,由此确认数控系统工作正常。 ③据理分析主轴驱动器的控制特点,主轴的旋转除需要模拟量输入外,作为最基本的输入信号还需要给定旋转方向。 ④在确认主轴驱动器模拟量输入正确的前提下,进一步检查主轴转向信号,发现其输入模拟量的极性与主轴的转向输入信号不一致
故障排除	根据诊断检测结果,交换模拟量极性后重新开机,主轴可以正常旋转,主轴实际转速无法达到指令值的故障被排除
经验总结	维修主轴驱动器时,应注意主轴驱动器的控制特点,输入信号应使模拟量和极性都符合控制要求,才能使主轴正常运转

实例66　数控铣床，手动和自动状态主轴都高速飞车

故障设备	FANUC 0TE 系统数控铣床
故障现象	机床通电后,手动和自动状态,主轴都出现高速飞车现象
故障分析	本例机床的主轴使用直流电动机,主轴速度失控,通常有以下几种原因: ①励磁电路出现故障; ②测速发电机出现故障,不能正确地反映电动机的速度; ③速度给定电路不正常。 从以下几点仔细进行排查: ①检测励磁电路:测量励磁电路的电压和电流,发现都处于额定范围的正常状态。 ②检测测速发电机:关断机床电源,用手转动测速发电机,测量其反馈电压,发现处于正常状态。 ③检查速度给定电压:在正常状态下,速度给定电压的范围是 $-10 \sim +10V$,检查其实测电压为 $+15V$,超出了正常范围。 ④检查速度给定电路: a. 直观检查:在没有具体电路图的情况下,首先对电阻、电容、晶体管等元器件进行直观检查,没有发现故障迹象。 b. 据理推断:给定电压达到 $+15V$,等同于速度给定板的直流电源电压,这说明电源与输出点之间存在短路。 c. 诊断结果:电源与输出端之间是一只运算放大器。对运算放大器进行检测,其电源端子与输出端子内部处于击穿状态,图 2-65 为被击穿运算放大器  图 2-65　被击穿运算放大器
故障排除	根据检查诊断结果,更换已被击穿的运算放大器,机床主轴出现高速飞车的故障被排除
经验总结	运算放大器(简称运放)是具有很高放大倍数的电路单元,其芯片如图 2-66 所示。在实际电路中,通常结合反馈网络共同组成某种功能模块。它是一种带有特殊耦合电路及反馈的放大器。其输出信号可以是输入信号加、减或微分、积分等数学运算的结果。由于早期应用于模拟计算机中,用以实现数学运算,故得名运算放大器。运放是一个从功能的角度命名的电路单元,可以由分立的器件实现,也可以在半导体芯片中实现。随着半导体技术的发展,大部分的运放是以单芯片的形式存在。

续表

经验总结	运算放大器原理图如图 2-67 所示,其有两个输入端,a(反相输入端)、b(同相输入端)和一个输出端 o。也分别被称为倒向输入端、非倒向输入端和输出端。当电压 U－加在 a 端和公共端(公共端是电压为零的点,它相当于电路中的参考节点)之间,且其实际方向从 a 端高于公共端时,输出电压 U 实际方向则自公共端指向 o 端,即两者的方向正好相反。当输入电压 U＋加在 b 端和公共端之间,U 与 U＋两者的实际方向相对公共端恰好相同。为了区别起见,a 端和 b 端分别用"－"和"＋"号标出,但不要将它们误认为电压参考方向的正负极性。电压的正负极性应另外标出或用箭头表示  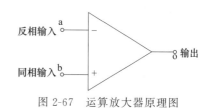 图 2-66 运算放大器芯片　　　图 2-67 运算放大器原理图

实例 67　数控铣床,Z 轴移动时出现异常的响声

故障设备	FANUC-BESK 3MA 系统 KK5040 型数控铣床
故障现象	工作中 Z 轴移动时出现异常的响声
故障分析	出现移动的异响,常见的原因是 Z 轴机械传动部分、Z 轴伺服电动机故障。 　1. 询问观察故障发生形式及现象 　①当该铣床在进行工件加工时,沿 Z 轴方向移动,就有"嗒嗒嗒"的连续响声,将"快速倍率开关"调小至 25％,故障现象为异常声音的间隔增加。 　②当 X 轴、Y 轴单独运动或两轴联动时数控机床无异常声音。 　③机床能进行工件加工,CRT 及报警指示灯无报警信息显示。 　2. 初步判断故障在机械部分 　①对发生响声的地方进行重点检查,发现声音来自伺服电动机部分,可能是电动机内部或其机械连接部分有故障。 　②检查机械连接部分,发现 Z 轴丝杠的传动齿轮和过渡齿轮的配合间隙过大,将其调小后,又检查各处的轴承和机械连接发现都正常。 　③开车试验响声依旧,因此断定故障部位在 FB25 伺服电动机内部。借助检测仪器,发现异常声音来自伺服电动机中间部位。 　④伺服电动机采用永磁式直流电动机,其励磁方式为永磁式。分析故障具体部位有以下几种可能: 　a. 电动机永磁体粘接不良,使磁体局部与电动机转子相蹭; 　b. 某些磁钢因质量问题破裂了一小块; 　c. 某些不确定因素使伺服电动机轴弯曲变形,以致电枢蹭刮永磁体; 　d. 电动机轴两端的轴承存在问题,例如轴承滚道或钢球有剥落; 　e. 某一块永磁体因粘接不良而脱落。因 FB25 伺服电动机轴向的两块永磁体(因电动机磁极很长,故每一磁极由两段磁钢组成)中,如有一块磁体脱落,会减弱电动机磁场。 　⑤拆卸电动机进行检查,发现定子磁极后端磁体有一块脱落,确认该部位是异常杂音的故障根源
故障排除	根据检查诊断的结果,将脱落的磁体进行复位粘接,重新开机试验,异常响声消失,故障被排除
经验总结	永磁体,即永久磁体,是指在开路状态下能长期保留较高剩磁的磁体。如天然的磁石(磁铁矿)和人造磁体(铝镍钴合金)等。图 2-68 为不同造型的永磁体。 图 2-68 永磁体

经验总结	磁体中除永久磁体外,也有需通电才有磁性的电磁体。永磁体也叫硬磁体,不易失磁,也不易被磁化。但若永久磁体加热超过居里温度,或位于反向高磁场强度的环境中,其磁性也会减少或消失。有些磁体具有脆性,在高温下可能会破裂。铝镍钴磁体的最高使用温度超过540℃,钐钴磁体及铁氧体约为300℃,钕磁体及软性磁体约为140℃,不过实际数值仍会依材料的晶粒而不同。 而作为导磁体和电磁铁的材料大都是软磁体。永磁体极性不会变化,而软磁体极性是随所加磁场极性而变的。它们都能吸引铁质物体,我们把这种性质叫磁性。 永磁体一般分为两类。第一大类:合金永磁材料,包括稀土永磁材料(钕铁硼 Nd2Fe14B)、钐钴(SmCo)、铝镍钴(AlNiCo)。第二大类:铁氧体(ferrite)永磁材料。 按生产工艺不同分为:烧结铁氧体、粘结铁氧体、注塑铁氧体,这三种工艺依据磁晶的取向不同又各分为等方性和异方性磁体。 这些就是市面上的主要永磁材料,还有一些因生产工艺或成本原因,不能大范围应用而淘汰,如 CuNiFe(铜镍铁)、FeCoMo(铁钴钼)、FeCoV(铁钴钒)、MnBi(锰铋)。图 2-69 为永磁同步电机 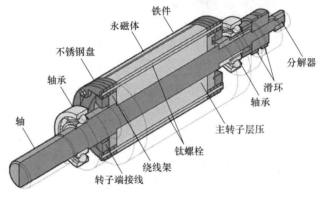 图 2-69　永磁同步电机

实例 68　数控铣床,主轴偶然停车并显示 AL-12 或 AL-2 报警

故障设备	FANUC-11M-A4 数控铣床
故障现象	空载运行 2h 后,主轴偶然发生停车,并显示 AL-12 或 AL-2 报警
故障分析	从所发生的报警号分析,引起本故障的原因可能是电动机速度偏离指令值(如电动机过载、再生回路故障、脉冲发生器故障等)以及直流回路电流过大(如电动机绕组短路、晶体管模块损坏等)。但从机床运行情况看,又不像是上述问题,因为电动机处于空载,并没有发生在加/减速期间,并且运行 2h 后才出故障。经检查,上述原因均可排除。再从偶发性停车现象着手,可分析出有些器件工作点处于临界状态,有时正常,有时不正常,而这与器件的电源电压有关,所以着重检查直流电源电压。 经检查发现 +5V、±15V 电压均正常,而 +24V 电压却在 +18～+20V 之间,处于偏低状态
故障排除	进一步检查发现。交流输入电压为 190～200V,而电压开关却设定在 220V 挡位上。因此将电压设定开关设定在 200V 之后系统即恢复正常
经验总结	造成报警号与实际故障不一致的原因是该主轴伺服单元的报警号不全面,没有 +24V 电压太低的报警,而只有 +24V 电压太高的报警,故只能用其他报警号显示伺服单元处于不正常的状态

实例 69　数控铣床,主轴低速抖动高速正常

故障设备	FANUC 0i 系统数控铣床
故障现象	主轴低速启动时,主轴抖动很大,高速时却正常
故障分析	在检查确认机械传动无故障的情况下,可将检查重点放在交流变频调速器上。 采用分割法将交流变频调速器的输出端与主轴电动机分离。在机床主轴低速启动信号控制下,用万用表检查交流变频调速器的三相输出电压,测得三相输出端电压参数分别为 U 相 50V、V 相 50V、W 相 220V。旋转调速电位器,U、V 两相的电压能随调速电位器的旋转而变化,W 相不能被改变,仍为 220V。这说明交流变频调速器的输出电压不平衡(主要是 W 相失控),从而导致主轴电动机出现在低速时三相输入电源电压不平衡产生抖动,而高速时主轴运转正常的现象。 根据交流变频调速器的工作原理分析:该装置除驱动模块输出为强电外,其余电路均为弱电,且 U、V 两相能被控制。因而可以认为交流变频调速器的控制系统正常,产生交流电输出电压不平衡的原因应是交流变频调速器驱动模块有故障

故障分析	交流变频调速器驱动模块原理如图 2-70 所示。根据该原理示意图将驱动模块上的引出线全部拆除,再用万用表检查该驱动模块各级,发现模块的 W 端已导通,即 W 相晶体管的集电极与发射极已短路,造成 W 相输出电压不能被控制 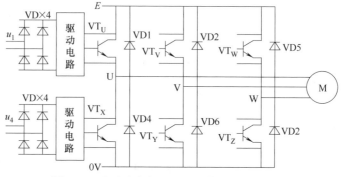 图 2-70　交流变频调速器驱动模块原理示意图
故障排除	将该模块更换后,故障排除
经验总结	一个半导体三极管有三个电极:分别是发射极、基极和集电极,图 2-71 为半导体三极管原理图。半导体三极管在工作时要加工作电压,于是就产生了各级电流。半导体三极管在工作时发射极电流等于基极和集电极电流之和。其中基极电流最小,发射极电流最大。在基极加一很小的电流,在集电极就能输出很大的电流,因此三极管有放大作用。三极管主要作用是放大信号,常用在放大电路和振荡电路中 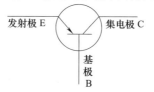 图 2-71　半导体三极管原理图

实例 70　数控铣床,Z 轴运行振动异响回零抖动更剧烈

故障设备	采用 FANUC BESK 7CM 数控铣床
故障现象	自动或手动方式运行时,发现机床工作台 Z 轴运行振动异响现象,尤其是回零点快速运行时更为明显。故障特点是,有一个明显的劣化过程,即此故障是逐渐恶化的。故障发生时,系统不报警
故障分析	该机床为数控立式铣床,数控系统采用了 FANUC-BESK7CM 数控系统。 ①由于系统不报警,且 CRT 及现行位置显示器显示出的 Z 轴运行脉冲数字的变化速度还是很均匀的,故可推断系统软件参数及硬件控制电路是正常的。 ②由于振动异响发生在机床工作台的 Z 轴方向(主轴上下运动方向),故可采用交换法进行故障部位的判断。经交换法检查,可确定故障部位在 Z 轴直流伺服电动机与滚珠丝杠传动链一侧。 ③为区别机、电故障部位,可拆除 Z 轴电动机与滚珠丝杠间的挠性联轴器,单独通电测试 Z 轴电动机(只能在手动方式操作状态进行)。检查结果表明,振动异响故障部位在 Z 轴直流伺服电动机内部(进行此项检查时须将主轴部定位,以防止平衡锤失调造成主轴箱下滑)。 经拆机检查发现,电动机内部的电枢电刷与测速发电机转轴电刷磨损严重(换向器表面被电刷粉末严重污染)如图 2-72 所示  图 2-72　电刷已磨损严重的电动机

故障排除	将磨损电刷更换，并清除粉末污染影响。通电试机，故障消除
经验总结	电刷是否正常，主要是确定其刷盒中上下滑动是否灵活，弹簧压力是否均匀。并根据观察情况，采取相应措施以保证电机的正常运行。电刷使用维护和采取措施是一个复杂问题，现就有关普遍存在的共性问题综述如下： ①经常检查电机防止在运行期间由于发热或振动等现象引起刷杆上的螺栓松动。 ②电刷固定在最适宜的位置（即中性线上）不能任意将刷架前后移动。 ③检查电刷的活动情况，电刷在刷盒内上下活动是否自由，有无卡阻现象。 ④检查电刷的压力，电刷所受弹簧压力是保证电刷稳定工作和各种电刷之间均匀传导电流的重要因素。 ⑤检查电刷的磨损程度，尤其是换向器下部不易看见的地方。当电刷磨损到极限位置时，就应更换电刷，电刷使用的剩余高度以电刷寿命线为准。 ⑥检查电刷的附件，刷握压指和电刷顶部的压板是否有断裂现象，电刷是否有脱辫的现象，导线是否有烧断的现象及氧化程度，经常检查电刷刷握、集电环或换向器的温度变化情况

实例71　数控铣床，电动机声音异常并且Z轴不规则抖动

故障设备	FANUC 3M系统数控铣床
故障现象	在加工或快速移动时，X轴与Z轴电动机声音异常，Z轴出现不规则的抖动，并且在主轴启动后，此现象更为明显
故障分析	从表面看，此故障属干扰所致。分别对各个接地点和机床所带的浪涌吸收器件做了检查，并做了相应处理。启动机床并没有好转。之后又检查了各个轴的伺服电动机和反馈部件，均未发现异常。又检查了各个轴和CNC系统的工作电压，都满足要求。 进一步检查： ①用示波器查看各个点的波形，发现伺服板上整流块的交流输入电压波形不对； ②仔细检查，发现一输入匹配电阻有问题； ③拆下后测量，阻值变大
故障排除	更换一相应规格的电阻后故障排除，机床运行正常
经验总结	焊接过程如图2-73所示 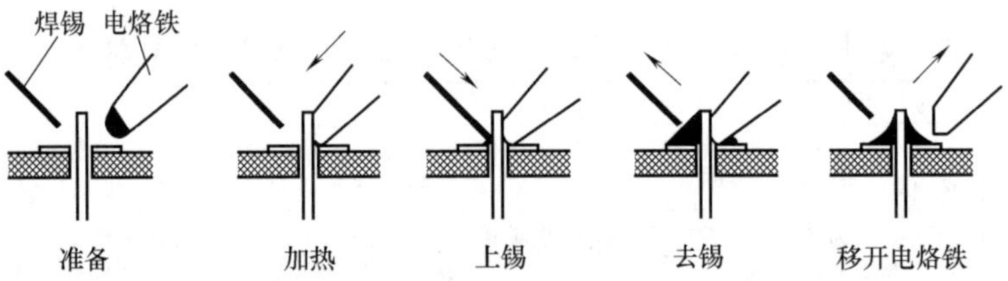 图2-73　元器件的焊接过程

实例72　数控铣床，加工时出现♯37报警

故障设备	FANUC-BESK-7M系统四坐标轴数控铣床
故障现象	在加工时，CRT上显示♯37报警
故障分析	查阅维修手册可知，♯37报警表示Y轴位置控制偏移量太大。常见故障原因：伺服电动机电源线断线；位置检测器和伺服电动机之间的连线松动。 ①查看Y轴的工作情况，发现伺服电动机速度偏高，说明其电源线没有断开。 ②重点检查位置控制环，由于X、Y两个伺服驱动系统的结构一致，参数设置也基本相同，采用交换法将两个系统的驱动板、位置控制器、测速反馈电路交换试用，此时故障现象不变，说明这些部件都没有问题。 ③检查参数设置，在CRT的参数界面中调出"位置控制环偏移补偿量"的给定数据，与正常值进行比较，没有发现异常现象，可排除位置控制环偏移补偿量给定数据不正确的因素。 ④本例使用测速发电机产生速度控制信号，测速发电机是对伺服电动机作恒速控制的重要元器件。据理推断，如果发生故障，就会影响进给轴速度的位移量。 ⑤对测速发电机进行检查。拆开Y轴伺服电动机，发现它与测速发电机之间的连接齿轮松动，如图2-74所示

故障分析	 图 2-74 松动的连接齿轮
故障排除	根据检查结果,判定由于连接齿轮松动,使测速发电机的取样偏离 Y 轴的实际转速,从而造成 Y 轴速度异常。 根据诊断结果,检查连接齿轮松动的原因,进行针对性的维修,将连接齿轮紧固,报警解除,Y 轴位置控制量过大的故障被排除
经验总结	由于故障源于结构上的原因,因此在进行维修档案记录时,需规定对该部位进行定期检查,并且要时常关注该故障现象出现的位置

实例 73 数控铣床,X 轴的运行不稳定

故障设备	BTM-4000 数控仿形铣床
故障现象	机床运行时 X 轴的运行不稳定,具体表现为指令 X 轴停在某一位置时,始终停不下来
故障分析	①观察故障现象,机床在使用了一段时间后,X 轴的位置锁定发生了漂移,表现为指令 X 轴停在某一位置时,运动不停止,出现大约 ±0.0007mm 振幅偏差。而这种振动的频率又较低,可以看到丝杠在来回旋动。 ②鉴于这种情况,初步断定这不是控制回路的自激振荡,有可能是定尺(磁尺)和动尺(读数头)之间有误差所致。 查阅有关技术资料,磁尺位置检测装置是由磁性标尺、磁头和检测电路组成,磁尺位置检测框图如图 2-75 所示。磁尺的工作原理与普通磁带的录磁和拾磁的原理是相同的。将一定周期变化的方波、正弦波或脉冲信号,用录磁磁头录在磁性标尺的磁膜上,作为测量的基准。检测时用拾磁磁头将磁性标尺上的磁信号转化成电信号,经过检测电路处理后,计量磁头相对磁尺之间的位移量 磁尺 → 磁头 → 检测电路 → 伺服系统 / 数字显示 图 2-75 磁尺位置检测框图
故障排除	调整定尺和动尺的配合间隙,情况大有好转。配合调整机床的静态几何精度,此故障被排除
经验总结	磁尺,即磁栅尺,按其结构可分为直线磁尺和圆形磁尺,分别用于直线位移和角位移的测量。图 2-76 为常用的磁尺,按磁尺基体形状分类的各种磁尺如图 2-77 所示。 磁栅尺的工作原理:非接触式扫描磁场,并将模拟测量值转换为绝对或增量输出信号。 作为完整的测量系统,该磁性测量技术,尤其是非接触测量技术适用于线性和径向位置的检测,同样也适用于转数或角度的检测。 在工业极端条件下的测量对稳定性和可重复性要求很高,正是在此方面,磁栅尺解决方案值得考虑和选择,它可在有灰尘、油脂、振动、冲击和温度问题的环境中工作。

经验总结	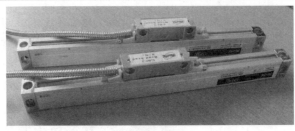图 2-76　磁尺 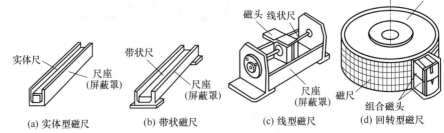图 2-77　按磁尺基体形状分类的各种磁尺 磁栅尺作为一种开放式的、坚固耐用的磁性测量系统，这种集成了信号转换模块的磁性传感器具备直接数字信号输出装置，与磁尺结合使用，形成了一个开放而且可靠的线性测量系统

实例 74　数控铣床，M17 指令结束后出现一系列故障

故障设备	742MCNC 数控镗铣床机床
故障现象	该机床在正常加工中，在 M17 指令结束后 X 轴超过基准点，快速负向运行直至负向极限开关压合，CRT 显示 B3 报警，机床停止。此时液压夹具未放松，门不解锁，操作人员也无法工作
故障分析	机床安装调试运转时，可能出现这种故障。但调试好光栅尺及各限位开关位置后，已经过较长时间正常使用，并且是自动按程序正常加工好几件工件，故判断故障不是来自程序和操作者。排除以上原因后，常见原因是检测装置有故障。 按以下步骤进行故障的判断和诊断： ①人工解锁：按"故障排除"键，B3 消失，开机床前右侧门；扳动 X 轴电动机轴，使 X 轴向正向运行，状态选择开关置手动移动位置，按"X＋"或"X－"键，X 轴也能正常移动。状态选择开关置于基准点返回位置，按"X－"键，X 轴向负向移动超过基准点不停止。X 轴超越报警 B3 又出现。图像上 IN AXIS～Z，X 向不出现 X。根据这一故障现象，极可能是数控柜内部的 CNC 系统接收不到 X 参考点的参考脉冲信号。 ②检查相关的 X 轴向限位开关及信号，按"PC"及"O"键，PC 状态图像显示后分别输进 E56.4，E56.5，按压 X 向限位开关，"0"和"1"信号转换正常，说明是光栅尺内参考标记信号、参考脉冲传送错误或没建立。用示波器检查接收光栅尺信号处理放大的插补和数字化电路 EXE 部件输出波形，移动 X 轴到参考点处无峰值变化，则证明信号传递、参考点脉冲未形成。基本可以断定光栅尺是产生此故障根源。 ③拆卸 X 轴光栅尺检查，发现密封唇老化破损后有少量断片在尺框内。 ④查阅有关技术资料，本例机床的光栅尺是德国 HEIDENHAIN 生产的 15 型，结构精致、紧凑。通常使用的光栅尺（增量式光电直线编码器）是一种结构简单、精度高的位置检测装置，图 2-78 是 HEIDENHAIN 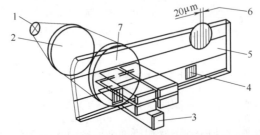图 2-78　HEIDENHAIN 增量式直线编码器的工作原理图 1—光源；2—聚光镜；3—硅光电池；4—基准标记；5—标尺光栅；6—线纹节距；7—指示光栅

故障分析	增量式直线编码器的工作原理图,与旧式光栅尺比较,这种光栅尺在以下方面有了很大改进: a. 光栅和扫描头为圈密封结构,防护性好; b. 结构简单,截面尺寸小,安装方便; c. 反射性编码器具有补偿导轨误差的功能; d. 相配的电子线路设计成标准系列器件便于选用
故障排除	维修作业时,应细心将光栅头拆开,取出安装座与读数头,清理光栅框内部的密封唇断片及油污,用白绸、无水乙醇擦洗聚光镜、内框及光栅。重新装卡参考标记,细心组装读数头滑板、连接器、连接板、安装座、尺头。 为了避免加工中油污及切屑进入光栅框内再发生故障,可测绘、制作新密封唇进行保护密封。按规范装好光栅尺,插上电缆总线,机床故障被排除
经验总结	在进行维修时,以下几点需要特别注意: ①光栅尺内参考标记重新装卡后或光栅尺拆下重新安装,其位置与原来位置不同,所以加工程序的零点偏移需实测后作相应改动,否则会出废品或损坏切削刀具。 ②因光栅尺内读数头与光栅间隙有较高要求,安装光栅尺时要找正尺身与轴向移动的平行度。 ③压缩空气接头有保护作用,不能忘记安装。 ④该故障若再次发生,应首先检查在 PC 状态镜像,轴向限位开关 E56.4、E56.5 的信号转换情况,如"1"不能转换成"0",或"0"不能转换成"1",这可能是限位开关损坏或是过渡保护触头卡死不复原所致

实例 75　加工中心,编码器经常损坏

故障设备	FANUC 0i 加工中心
故障现象	该加工中心经常进行强力切削,但是伺服电机编码器经常损坏,该伺服电机功率为 2.2kW。更换伺服电机后用了一个星期左右又无法正常使用,故障和原来一样。再次更换伺服电机,又是将近一个星期损坏,故障一样
故障分析	故障现象都是伺服电机的光电编码器损坏,考虑到该机床经常进行强力切削,振动较一般机床要大,一般来讲,如果伺服电机工作在振动很大的工作场合,采用光电编码器就不太适合了,很容易在强振动情况下损坏,在这种场合下,最好选用旋转编码器
故障排除	联系机床生产厂家,将光电编码器更换为旋转编码器,并且调整机床的安装,避免过大振动,此故障排除
经验总结	旋转编码器、光电编码器都是用来测量转速的装置,而旋转编码器也有光电旋转编码器,该编码器进行光电转换,可将输出轴的角位移、角速度等机械量转换成相应的电脉冲以数字量输出。虽然说旋转编码器较光电编码器抗振,但也是相对的。加在旋转编码器上的振动,往往会成为误脉冲发生的原因。 因此,应对编码器设置场所、安装场所加以注意。每转发生的脉冲数越多,旋转槽圆盘的槽孔间隔越窄,越易受到振动的影响。在低速旋转或停止时,加在轴或本体上的振动使旋转槽圆盘抖动,可能会发生误脉冲。在伺服驱动方面,这种故障会影响位置控制精度,造成停止和移动中位置偏差量超差,甚至刚一开机即产生伺服系统过载报警,请特别注意

实例 76　加工中心,换刀时出现超时

故障设备	FANUC 0i-TC 加工中心
故障现象	该机床换刀时经常出现超时。具体情况为 MDI 状态下 2、3、6、7、10、11(该加工中心刀库为 12 个刀位 12工位)这六把刀都会换刀超时,下面的程序不再运行。手动换刀正常,伺服驱动器也显示刀号
故障分析	由于 MDI 时 12、1、4、5、8、9 号刀正常。编码器电缆在使用中的线经过校验都通,屏蔽线与插头的梯形金属相连并带有 100V 左右的交流电压,但其容量极小,另外,驱动器到 PMC 的信号电缆由于其插孔直径小,数量多还没校验。3 个接近开关的零位,都松放到位,锁紧到位。编码器电缆插头 10 孔,9 线,其中 1、2 进电机,3、4、5、6、7、8 进编码器,9 屏蔽。由于系统没有没有报警信息,一般不会是伺服编码器的故障,故从驱动器到机床的信号线上检查。信号线并无破裂、拉伤的情况,但是该信号线在电机端与电源线捆扎在一起,用钳形表测量捆扎在一起的线路有电流通过并且流量很大,很可能是信号线被电源线干扰导致了此故障
故障排除	将信号线与电源线分开固定,并对信号线和电源线都做好屏蔽措施,此故障得到了解决
经验总结	钳形表又称作钳流表,是集电流互感器与电流表于一身的仪表。电流互感器的铁芯在捏紧扳手时可以张开,被测电流所通过的导线可以不必切断就可穿过铁芯张开的缺口,当放开扳手后铁芯闭合。穿过铁芯的被测电路导线就成为电流互感器的一次线圈,其中通过电流便在二次线圈中感应出电流。从而使二次线圈相连接的电流表有指示,测出被测线路的电流。图 2-79 为正在使用的钳形表。

经验总结	

图 2-79 钳形表

钳形表最初是用来测量交流电流的,但是现在万用表有的功能它也都有,可以测量交直流电压、电流,电容容量,二极管,三极管,电阻,温度,频率,等等

实例 77 加工中心,机床报警 U、V 两相短路

故障设备	FANUC 0i 加工中心
故障现象	该加工中心采用交流伺服驱动器,在机床开机时就产生报警,报警提示"驱动器电机三相输出端 U、V 两相短路",但是检查 U、V 两项输入、输出电压发现正常,测量 U、V 项电阻也没有短路
故障分析	根据故障现象判断开机报警应该是驱动器本身的故障,与数控系统无关。仔细查看输入线路,并未发现断线、短接的情况。于是拆开电机查看,发现电机内部的温度继电器已经烧糊,导致了报警,而这个报警信息也不是真正的故障原因
故障排除	更换新的温度继电器,故障得到了解决
经验总结	温度继电器是继电器的一种,当外界温度达到给定值时便执行动作,如图 2-80 所示。 它用作温度控制和过热保护,当被保护设备达到规定的温度值时,该继电器立即工作达到切断电源保护设备安全的目的 图 2-80 温度继电器

实例 78 加工中心,系统报警再生制动故障

故障设备	SIEMENS 802D 加工中心
故障现象	该加工中心,在开机时伺服驱动器显示再生制动报警,但是具体的说明在说明书上也未提及
故障分析	由于该驱动器之前使用一直正常,因此先考虑驱动电机内是否有元器件烧毁。拆下电动机,检查制动电阻,发现其已经发黑,好像烧毁,如图 2-81 所示,接着用万用表对其测量,发现阻值为 0,并且驱动器内的冷却风扇没有转动

故障分析	 图 2-81 已经损坏的制动电阻
故障排除	更换损坏的制动电阻和冷却风扇,故障排除
经验总结	制动电阻是波纹电阻的一种,主要用于变频器控制电机快速停车的机械系统中,帮助电机将其因快速停车所产生的再生电能转化为热能。 电机在快速停车过程中,由于惯性作用,会产生大量的再生电能,如果不及时消耗掉这部分再生电能,就会直接作用于变频器的直流电路部分,轻者变频器会报故障,重者则会损害变频器。制动电阻的出现,很好地解决了这个问题,保护变频器不受电机再生电能的危害

实例 79 加工中心, X 轴经常出现原点漂移

故障设备	SIEMENS 802S 加工中心
故障现象	该加工中心, X 轴经常出现原点漂移,且每次漂移量为 10mm
故障分析	由于每次漂移量基本固定,怀疑与 X 轴回参考点有关。经检查,相关的参数没有发现问题。检查安装在机床上的减速挡块及接近开关,发现挡块与接近开关的距离太近
故障排除	重新调整减速挡块位置,将其控制在该轴丝杠螺距(该轴的螺距为 10mm)的一半,约为 5mm±1mm,故障则排除
经验总结	减速挡块位置不正确,如果减速挡块距离限位开关距离过短,会造成减速后来不及检测零位脉冲就出现超程的故障,故障现象为有减速过程,但直到超程仍不能找到参考点。此时要调整减速挡块使其处在合适的位置。图 2-82 为安装在导轨槽内的减速挡块  图 2-82 减速挡块

实例 80 加工中心,伺服电机运行时忽快忽慢

故障设备	SIEMENS 802D 加工中心
故障现象	机床开机后,发现伺服电机运行时忽快忽慢,有时开机之后短时间内伺服电机运转正常,过一会(一般不超过半个小时)又会出现忽快忽慢的情况
故障分析	根据故障现象,伺服电机运行不稳定,出现忽快忽慢的情况,应该是机械部分出现问题,可能的原因有以下几种: ①刚性调得过大; ②电子齿轮比设得过小,电机速度过快,导致丢步; ③机构装得有问题,比如联轴器没有锁紧。 按照以上的原因进行检查,发现电机结构调整没有异常,而联轴器等装配部件也安装到位,不存在锁死、松动的情况。最后检查发现电子齿轮比的值确实比原始值小了不少
故障排除	将电子齿轮比的数值改在正常范围内,故障得到了排除

经验总结	电子齿轮比是通过更改电子齿轮比的分倍频,来实现不同的脉冲当量。伺服系统的精度由编码器的线数决定,但这个仅仅是伺服电机的精度。在实际运用中,伺服电机连接不同的机械结构,如滚珠丝杠,蜗轮蜗杆副、螺距、齿数等参数不同,移动最小单位量所需的电机转动量是不同的。电子齿轮比是匹配电机脉冲数与机械最小移动量的。 如车床用 10mm 丝杠,那么电机转一圈机械移动 10mm,每移动 0.001mm 就需要电机旋转 1/10000 圈,而如果连接 5mm 丝杠,且直径编程的话,每 0.001mm 的移动量就需要 1/5000 转这就是电子齿轮所起到的作用。在 FANUC 系统中,类似于电子齿轮比的是柔性齿轮比

实例 81　加工中心,伺服电机断电,显示 Y 轴测量系统故障

故障设备	SIEMENS 802D 加工中心
故障现象	此台卧式加工中心,当 X 轴运动到某一位置时,液压电动机自动断开,且出现报警提示 Y 轴测量系统故障。断电再通电,机床可以恢复正常工作,但 X 轴运动到某一位置附近,有时也出现同一故障
故障分析	由于 X 轴移动时出现 Y 轴报警,为了验证系统的正确性,拔下 Z 轴测量反馈电缆试验,系统出现 Z 轴测量系统故障报警,因此,可以排除系统误报警 检查 X 轴出现报警的位置及附近,发现它对 Y 轴测量系统(光栅)并无干涉与影响,且仅移动 Y 轴亦无报警,Y 轴工作正常。再检查 Y 轴电动机电缆插头、光栅读数头和光栅尺状况,均未发现异常现象,因此判断电缆局部断线的可能较大。将 X 轴运动到出现故障点位置,人为移动电缆线,仔细测量 Y 轴上每一根反馈信号线的连接现象,最终发现其中一根信号线在电缆小距离移动的过程中,偶尔出现开路现象
故障排除	利用电缆内的备用线替代断线后,机床恢复正常
经验总结	在数控加工过程中,由于机床振动、工作台的移动,会将信号线、电缆线来回拖动,时间长了很容易导致电缆线破损、开路,这些问题都需要在日常巡检中注意巡查,及时更换。图 2-83 为生产加工中破损的电缆线 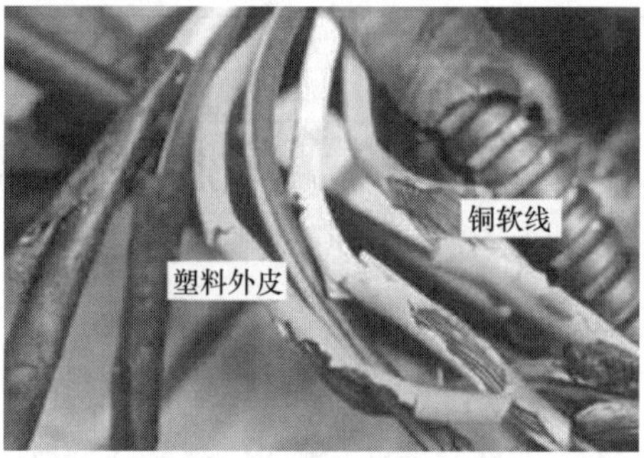 图 2-83　破损的电缆线

实例 82　加工中心,回参考点报警 X 轴移动过程中的误差过大

故障设备	SIEMENS 802D 加工中心
故障现象	该加工中心开机后,在手动快速回参考点时,系统出现 ALM 120 报警(X 轴移动过程中的误差过大)
故障分析	引起回参考点误差过大的原因较多,但其实质是 X 轴实际位置在运动过程中不能及时跟踪指令位置,使误差超过数控系统允许的参数设置范围。进一步检查数控系统位置控制板至 X 轴驱动器之间的连接,发现 X 轴驱动器上来自数控系统的速度给定电压连接插头接触不良
故障排除	电压连接插头重新安插后,故障排除,机床恢复正常工作
经验总结	机床加工或多或少地都会产生振动,一般对于机床上插头都要求除了可以插入之外,还要在上面加入辅助固定的装置,简单的方法便是用宽的黏性强的胶带固定,如图 2-84 所示 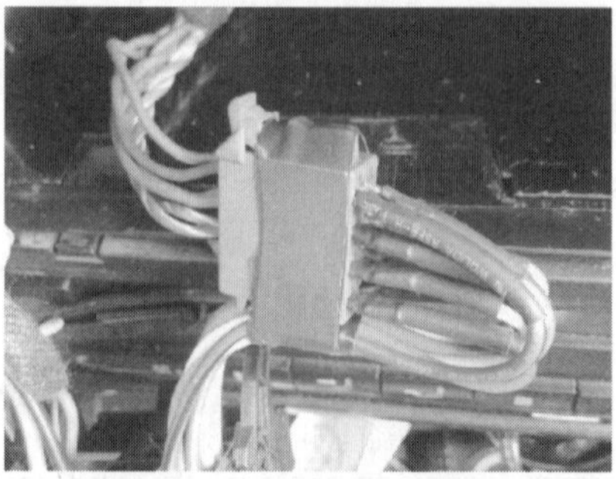 图 2-84　胶带固定插接头

实例 83　加工中心，开机时出现 X 轴过电流报警

故障设备	SIEMENS 802D 加工中心
故障现象	该加工中心在大修后再次开机时，出现 X 轴过电流报警
故障分析	由于机床进行过大修，可能是线路接入问题，初步判定故障原因可能是伺服电动机与驱动器之间的连接有问题。经仔细检查发现该机床 X 轴伺服电动机的三相电源线相序接反。图 2-85 为正在检查三相电源线相序 图 2-85　检查三相电源线相序
故障排除	重新正确连接三相电源线相序后，故障排除
经验总结	三相接反，电机反转。如果是空载，将其中两相线调换过来就没事了；如果有负荷，机器不允许反转，可能会烧毁电机。 　　注意，电机在正常工作中由于负荷大，又正反转频繁，除自身散热外，可以加装一个时间继电器，以防正反转时电机冲击电流而烧毁电机，时间继电器的时间设定遵循以下要求： 　　电机功率数/2＝设定时间（单位为 s），余数四舍五入。 　　比如 7.5kW 电机设定时间＝7.5/2＝4（s）

实例 84　加工中心，主轴启动旋转立即出现♯409 报警

故障设备	FANUC 0M 系统加工中心
故障现象	主轴启动旋转，显示器上立即出现♯409 报警，加工无法进行
故障分析	报警是在主轴旋转后出现的，这说明旋转指令已进入主轴控制部分。常见原因是主轴参数不对，主轴控制板，大功率模块有故障。 　　①校对主轴参数，没有发现异常情况。 　　②更换主轴控制板，仍然不能排除故障。 　　③检查主轴驱动部分，用万用表检测两个大功率模块，发现有一只功放管集电极—发射极之间短路。功放管的选用应掌握以下参数： 　　a. 电流放大倍数口； 　　b. 反向电流 I_{cbo}、I_{ceo}、I_{ceo}； 　　c. 反向击穿电压 U_{ceo}； 　　d. 最大允许集电极电流 I_{cm}； 　　e. 集电极最大允许耗散功率 P_{cm}； 　　f. 频率参数和开关参数等
故障排除	根据检查和诊断结果，更换损坏的模块，机床报警解除，故障被排除
经验总结	功率模块是功率电力电子器件按一定的功能组合再灌封成一个模块，如图 2-86 所示的功率模块。 　　变频器中的功率模块，其作用是将输入模块的直流电压通过其内部的 IGBT 的开关作用转变成驱动电机的三相交流电源。变频器运转频率的高低完全由功率模块所输出的工作电压的高低来控制，功率模块输出的电压越高，变频器运转频率及输出功率越大。反之变频器运转频率及输出功率越低。 　　智能功率模块是以 IGBT 为内核的先进混合集成功率部件，由高速低功耗管芯（IGBT）和优化的门极驱动电路，以及快速保护电路构成。IPM 内的 IGBT 管芯都选用高速型的，而且驱动电路紧靠 IGBT，驱动延时小，所以 IPM 开关速度快，损耗小。IPM 内部集成了能连续检测 IGBT 电流和温度的实时检测电路，当发生严重过载甚至直接短路时，以及温度过热时，IGBT 将被有控制地软关断，同时发出故障信号。此外 IPM 还具有桥臂对管互锁、驱动电源欠压保护等功能。尽管 IPM 价格高一些，但是集成的驱动、保护功能使 IPM 与单纯的 IGBT 相比具有结构紧凑、可靠性高、易于使用等优点。

经验总结	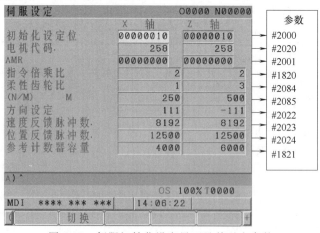

图 2-86　功率模块

检测判断方法:功率模块输入的直流电压(P、N 之间)一般为 260~310V 左右,而输出的交流电压一般不应高于 220V。如果功率模块的输入端无 310V 直流电压,则表明该机床的整流滤波电路有问题,而与功率模块无关;如果有 310V 直流电压输入,而 U、V、W 三相间无低于 220V 均等的交流电压输出或 U、V、W 三相输出的电压不均等,则可初步判断功率模块有故障

实例 85　加工中心,面板上的"?"指示灯亮,伺服电机停机

故障设备	FANUC 0i-MateD 加工中心
故障现象	此加工中心自动加工时,显示器突然无显示,面板上的"?"指示灯亮,并且伺服电机自动停机
故障分析	数控面板上的"?"指示灯亮,表明系统在报警,但检查系统硬件无故障。从故障现象分析,原因应属于软件出错,但由于系统无显示,无法判断故障原因。至于伺服电机停机,经查看机床说明书得知,是由于伺服电机自动保护导致自动关机。此类故障现象一般可以通过对系统进行初始化处理排除
故障排除	参考机床使用说明书,对系统进行初始化处理。经系统初始化后,机床恢复正常
经验总结	由上述几个实例可以看出,伺服电机的故障问题不一定是出现在伺服系统上,在故障判断上还是要遵循先软件后硬件先简单后复杂的方法。 　一般情况下,数控机床由于瞬时故障引起的系统报警,可用硬件复位或开关系统电源依次来清除故障。若系统工作存储区由于掉电、拔插线路板或电池欠压造成混乱,则必须对系统进行初始化清除,清除前应注意做好数据拷贝记录,若初始化后故障仍无法排除,则进行硬件诊断。 　图 2-87 为 FANUC 0i-MateD 数控系统伺服初始化设定界面及其对应参数,初始化设定必须严格按照调试说明书的要求进行。 伺服设定　　　　　　　　　　　O0000 N00000 　　　　　　　　　X　轴　　　Z　轴　　　　参数 初始化设定位　00000010　　00000010　→　#2000 电机代码.　　　　　258　　　　258　　→　#2020 AMR　　　　　00000000　　00000000　→　#2001 指令倍乘比　　　　　2　　　　　2　　→　#1820 柔性齿轮比　　　　　1　　　　　3　　→　#2084 (N/M)　　M　　　　250　　　　500　　→　#2085 方向设定　　　　　111　　　　-111　　→　#2022 速度反馈脉冲数.　　8192　　　8192　　→　#2023 位置反馈脉冲数.　12500　　　12500　→　#2024 参考计数器容量　　4000　　　6000　　→　#1821 A)^ 　　　　　　　　　　　　　　　OS 100%T0000 MDI　****　***　***　　14:06:22 　　　　切换 图 2-87　伺服初始化设定界面及其对应参数 数控机床轻易不需要进行初始化,当需要进行初始化时,只能说明系统参数设定出了问题,需要初始化也就是恢复厂家设定来解决。恰当的伺服参数设定能提高机床的动态性能,相反的不恰当的设定会让机床动态性能变差,比如,会使机床系统产生振荡。 　注意:机床系统在开机全清上电的时候,会将系统一部分基本参数自动设置进去,初始完成后,其他机械、速度等相关参数按照本章描述的步骤进行设置即可。建议初次使用机床系统进行调试或新机型时使用"推荐参数系统自动设置方式"设置

实例 86　加工中心，加工中主轴出现♯12 报警并自动停机

故障设备	FANUC BESK 7CM 系统 JCS-018 型立式加工中心
故障现象	加工过程中,主轴系统出现♯12 报警,随即自动停机
故障分析	FANUC BESK 7CM 系统♯12 报警提示直流电路电流过大,常见故障原因:输出端或电动机绕组短路、功率晶体管损坏或者控制电路板有故障。 根据故障原因理清思路,按步骤进行分析与排查。 ①检查主轴输出端的线路和电动机绕组,没有短路情况。 ②检查主轴输出模块。用万用表测量各晶体管的极间电阻,发现有一个晶体管的集电极—发射极已经短路。但检查不能到此结束,还必须查清故障根源。 ③对主轴控制板上的元器件进行检查,发现 8 个 ET191 型晶体管中,有一个晶体管的集电极—基极已经短路,同时二极管 VD27 也被击穿,呈现短路状态。 ④继续检查主轴控制电路的电源,19V 交流输入电压正常;+5V、+15V、+24V 直流电压也都正常;但是−15V 直流电压为 0V。检查三端集成稳压器 7915,发现它已经损坏,没有−15V 电压输出
故障排除	根据检查结果．更换上述几个损坏的元器件,机床故障被排除
经验总结	电子产品中,常见的三端集成稳压电路有正电压输出的 78 ×× 系列和负电压输出的 79×× 系列。图 2-88 为典型的 7805 三端集成稳压电路。  图 2-88　7805 三端集成稳压电路 三端稳压 IC 是指这种稳压用的集成电路只有三条引脚输出,分别是输入端、接地端和输出端。它的样子与普通的三极管类似,有 TO-220 的标准封装,也有 9013 样子的 TO-92 封装。图 2-89 为 7805 三端集成稳压电路结构和原理图。 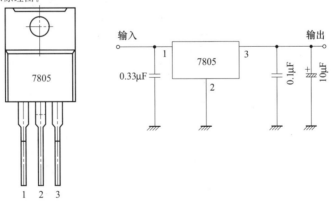 图 2-89　7805 三端集成稳压电路结构和原理图 用 78/79 系列三端稳压 IC 来组成稳压电源所需的外围元件极少,电路内部还有过流、过热及调整管的保护电路,使用起来可靠、方便,而且价格便宜。集成稳压 IC 型号中的 78 或 79 后面的数字代表该三端集成稳压电路的输出电压,如 7806 表示输出电压为正 6V,7909 表示输出电压为负 9V。 因为三端集成稳压电路使用方便,电子制作中经常采用。 在实际应用中,应在三端集成稳压电路上安装足够大的散热器(当然小功率的条件下不用)。当稳压管温度过高时,稳压性能将变差,甚至损坏。 当制作中需要一个能输出 1.5A 以上电流的稳压电源,通常采用几块三端集成稳压电路并联起来,使其最大输出电流为 N 个 1.5A,但应用时需注意:并联使用的三端集成稳压电路应采用同一厂家、同一批号的产品,以保证参数的一致。另外在输出电流上留有一定的余量,以避免个别三端集成稳压电路失效时导致其他电路的连锁烧毁

实例 87　加工中心，间歇性地出现♯751 主轴报警

故障设备	FANUC 0i MA 系统 THMG350 型卧式加工中心
故障现象	该加工中心在加工过程中间歇性地出现♯751 主轴报警，主轴监视界面提示"DC LINK OVER CUIR-RENT"。同时，主轴放大器模块 LED 显示为"12"，电源模块显示为"00"
故障分析	查阅相关说明书，确认故障为直流部分存在着过电流。 ①检查切削条件，所加工的材料比以往更容易切削，进给速度也很低，倍率只有 15%，不存在过载的问题。 ②检查三相电源，不断相且电压都正常；更换主轴放大器的模块 SPM，故障没有变化。 ③检查主轴电动机，其绝缘性能良好。但测量发现其三相电流不平衡，U 相电流大于其他两相。 ④观察发现，每次报警时，主轴均位于同一进给区域。分析认为，主轴在 X 向运动时摩擦较大，容易擦伤某些部位的导线，造成电气短路。仔细一查，果然发现穿线槽末端弯曲处导线被擦破，当主轴运动到一个区域时，这段导线就与床身碰触，造成短路故障，如图 2-90 所示 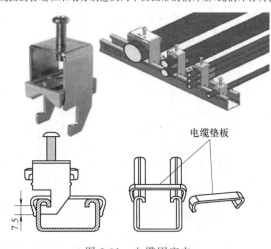 图 2-90　摩擦破皮的导线
故障排除	更换损坏的导线。并固定好穿线槽末端弯曲处的导线，防止其摆动
经验总结	电缆固定的方式多种多样，需要根据实际情况来对待，图 2-91 是一种在机床上采用电缆固定夹进行电缆固定的方法，这种方法的优点是固定牢固，由于离机床线槽有一定高度，能够在电枢铁芯上放置由 A 和 X 两根导体连成的电枢线圈，线圈的首端和末端分别连到两个圆弧形的铜片上，此铜片称为换向片，如图 2-92 所示。 电缆垫板 7.5 图 2-91　电缆固定夹  图 2-92　换向片

经验总结	换向片包括主体和设于主体底部的固定脚,其特征在于:主体中间设有 V 形凹槽,其固定脚为长方体结构,所述固定脚沿主体轴向开出通孔。换向片和电刷共同构成换向器,从而改变电流方向。图 2-93 为换向器。  图 2-93　换向器
	采用电缆固定夹可以有效地避免电缆来回摩擦、工作振动导致的破损,从而防止由其引起的切削液,润滑油浸泡损坏线缆

实例 88　加工中心,轴的运转速度时快时慢

故障设备	FANUC 0i 型立式加工中心
故障现象	在加工过程中,主轴的运转速度不稳定,时快时慢
故障分析	常见原因是主轴相关的电气和机械部分有故障。 ①观察故障现象,向主轴发出 100r/min 的运转指令后,主轴先以 110r/min±3r/min 的速度运转。几分钟后,主轴发出变速齿轮声,速度下降到 92r/min 左右。稳定一段时间后,又上升到 110r/min 左右,然后又返回到 92r/min 左右。如此反复循环,而正常的速度应当是 100r/min±1r/min。 ②对电气和机械部分反复排查,还进行了人工模拟试验,都没有找出故障原因,于是怀疑主轴电动机有故障。 ③这台机床的主轴采用直流伺服电动机。将它拆开后,先对故障率比较高的测速发电机进行检查。测量换向片之间的电阻多数是 5.5Ω 左右,但是有少数在 4Ω 以下,有的甚至低于 1Ω,这说明换向片之间存在着短路现象
故障排除	对换向片之间的污染物进行仔细清理,使电阻值都恢复到 5.5Ω 左右,故障不再出现。在直流伺服系统中,测速发电机的故障占有相当大的比重

实例 89　加工中心,加工中不能进行自动换刀

故障设备	FANUC BESK 7CM JCS-018 型立式加工中心
故障现象	加工中不能进行自动换刀,CRT 显示报警"ORIENTATION ERROR"
故障分析	查阅机床的有关资料得知,CRT 显示的内容是"主轴定向错误"。观察操作面板,故障时 CYCLE START(程序运行)指示灯一直亮着,表明主轴定向的过程没有完成。同时,ALARM(报警)红色指示灯也闪烁不停。 ①主轴伺服系统上有一块附加的 PCB 板,板上有 7 个 LED 指示灯。左边 6 个是绿色,最右边的 1 个是白色。从左到右分别是 TATION(定向指示)、LOW(低速指示)、LEVEL(磁道峰值检测)、PERIOD(减速指示)、FINE(精定向)、POSITION(定向完成)、TEST MODE(试验方式)。 ②观察这 7 个指示灯,只有定向指示灯亮着,这说明主轴定向的第一步已经完成,其后的动作没有进行下去,怀疑是与主轴定向有关的电位器发生变化
故障排除	调整与主轴定向有关的电位器,一边调整一边进行手动定向操作。经过多次调整之后发现操作面板上的程序运行指示灯 CYCLE START 熄灭,这说明定向程序经操作者试机,故障完全排除
经验总结	电位器是具有三个引出端、阻值可按某种变化规律调节的电阻元件。电位器通常由电阻体和可移动的电刷组成。当电刷沿电阻体移动时,在输出端即获得与位移量成一定关系的电阻值或电压。 电位器既可作三端元件使用也可作二端元件使用。后者可视作一可变电阻器,由于它在电路中的作用是获得与输入电压(外加电压)成一定关系的输出电压,因此称之为电位器,如图 2-94 所示。

经验总结	 图 2-94　电位器 1 电位器在电路中的主要作用有以下几个方面： （1）用作分压器　电位器是一个连续可调的电阻器，当调节电位器的转柄或滑柄时，动触点在电阻体上滑动。此时在电位器的输出端可获得与电位器外加电压和可动臂转角或行程成一定关系的输出电压。 （2）用作变阻器　电位器用作变阻器时，应把它接成两端器件，这样在电位器的行程范围内，便可获得一个平滑连续变化的电阻值。 （3）用作电流控制器　当电位器作为电流控制器使用时，其中一个选定的电流输出端必须是滑动触点引出端。 对电位器的主要要求是： ①阻值符合要求； ②中心滑动端与电阻体之间接触良好，转动平滑； ③对带开关的电位器，开关部分应动作准确可靠、灵活。 因此在使用前必须检查电位器性能的好坏

实例 90　加工中心，执行主轴旋转指令后无法进入下一程序段

故障设备	FANUC 6 系统 XHK716 型加工中心
故障现象	在进行自动加工时，当程序执行到 M03 S＿＿程序段后，主轴启动并正常运转，但是不能进入到下一程序段，CRT 上也没有出现任何报警
故障分析	①在 MDI 方式下，手动输入 M04 指令，并设定 S 速度，主轴可以正常旋转，但修改速度值后，则无法执行，需要执行停止指令 M05 或复位后，方可执行新的转速。可以判断此时的转速指令没有被主轴驱动系统确认。 ②检查机床诊断参数 700.0SFIN，其状态为"1"，表明机床正在执行 M、S、T 功能。 ③检查 PLC 梯形图，主轴正转信号 SFR，反转信号 SRV 的状态都是"1"，这表明 M 指令已被执行。而 S 功能完成信号 SFIN 为"0"，这表明 S 功能没有执行，机床正处于等待状态。 ④从 SFIN 功能梯形图（图 2-95）中可以看出，使 SFIN 功能完成的条件是：  图 2-95　SFIN 功能梯形图 a. S 功能选通信号 SF(66.2) 的状态为"1"； b. 主轴速度到达信号 SAR(35.7) 的状态为"1"； c. 主轴变速完成信号 SPE(208.1) 的状态为"1"。 ⑤诊断发现，在以上三个条件中，仅有 SF 的状态为"1"，其余两个都为"0"。对主轴伺服系统进行检查，工作很正常，主轴速度到达信号为高电平。 ⑥从数控系统 I/O 板 C01 插头的 27 引脚上测量 SAR 信号，是低电平，这显然是信号线断路。图 2-96 为产生断路的信号线  图 2-96　产生断路的信号线

故障排除	更换 SAR 信号线,故障得以排除
经验总结	信号线主要是指在电气控制电路中用于传递传感信息与控制信息的线路。信号线往往以多条电缆线构成为一束或多束传输线,也可以是排列在印制板电路中的印制线,随着科技与应用的不断进步,信号线已由金属载体发展为其他载体,如光缆等。不同用途的信号线往往有不同的行业标准,以便于规范化生产与应用

实例 91　加工中心,主轴突然停止并报警"1000 SPINDLE ALARM"

故障设备	FANUC BESK 7CM 立式加工中心
故障现象	机床运转一段时间后,主轴突然停止,显示器上出现报警"1000 SPINDLE ALARM"
故障分析	分析查阅有关资料,报警"1000 SPINDLE ALARM"提示"主轴故障"。导致报警的原因是过载、速度反馈电路不正常等。 ①对故障现象进行观察。在 MDI 方式下,将主轴电动机的转速设置为 1500r/min,在启动瞬间,主轴伺服装置内的交流接触器有异常响声,旋转约 30s 后响声消失。工作一段时间后,接触器又发出异常响声,随后主轴停止,出现上述报警。 ②由于故障与主轴有关,于是检查主轴伺服单元,发现主轴伺服驱动器上出现♯2 报警。显然这就是机床出现故障的根本原因。 ③用手旋转主轴,感觉非常轻松,出现故障时又是空转,因此不存在过载的问题。 ④速度反馈元件是脉冲发生器,正常的信号波形是方波。用示波器监控时,发现在主轴启动瞬间,波形为一条水平直线。此时接触器发出异常响声,随后波形变为方波,接触器响声消失。旋转一段时间后波形又变为一条直线,如此反反复复。 由以上分析得出结论:速度反馈线路正常,很可能是速度反馈元件——脉冲发生器出现故障,导致反馈信号时有时无,电磁接触器时通时断,并出现异常响声。当速度反馈信号完全断开时,主轴电动机便停止旋转,机床出现报警
故障排除	更换脉冲发生器后,报警和异常响声均消失,机床恢复正常工作
经验总结	脉冲发生器也叫脉冲信号发生器,是信号发生器的一种,如图 2-97 所示。  图 2-97　脉冲发生器 信号发生器按信号源的不同有很多种分类方法,其中一种方法可分为混合信号源和逻辑信号源两种。其中混合信号源主要输出模拟波形;逻辑信号源输出数字码形。混合信号源又可分为函数信号发生器和任意波形/函数发生器,其中函数信号发生器输出标准波形,如正弦波、方波等,任意波形/函数发生器输出用户自定义的任意波形;逻辑信号发生器又可分为脉冲信号发生器和码型发生器,其中脉冲信号发生器驱动较小个数的方波或脉冲波输出,码型发生器生成许多通道的数字码型

实例 92　加工中心,机床通电后不能启动并出现♯402 报警

故障设备	FANUC 0i 系统 DM4500 C 型加工中心
故障现象	机床通电后不能启动,显示器上出现♯402 报警
故障分析	在 FANUC 0i 数控系统中,♯402 是伺服方面的报警,其含义是"SERVO ALARM:3,4TH AXIS OVER-LOAD",即"3,4 轴过载信号接通"。 ①测量 Z 轴伺服电动机的电流,超过了系统参数所设定的数值,即存在着过载故障。 ②检查 Z 轴机械传动部分,都在正常状态。检查伺服驱动器、伺服电动机、连接电缆,没有发现异常情况。 ③询问操作工人,得知车间电工刚刚进行过供电线路的维修。怀疑三相交流电源的相序接反,经查故障即由此产生。图 2-98 为电源的相序接反的部位

故障分析	 图 2-98　电源的相序接反的部位
故障排除	交换电源相序后,机床立即恢复正常工作
经验总结	DM4500 C 型加工中心对电源相序有严格的要求,不允许接错,检修时要特别注意

实例 93　加工中心，Z 轴不能返回到参考点并出现♯411 报警

故障设备	FANUC 0iB 立式加工中心
故障现象	机床通电后,Z 轴不能返回到参考点,CRT 上出现♯411 报警
故障分析	FANUC 0iB 系统中出现♯411 报警,提示"Z 轴在移动过程中,轴位移偏差量大于设定值"。 ①修改 Z 轴位移量的上限以达到最大值,故障现象不变,同时 CRT 上还显示♯436 报警,提示"负载过电流"。 ②清除报警后,再次执行 Z 轴返回参考点的操作,Z 轴电动机振动了一下,但是未能运转。从 CRT 的负载界面 POS MUAE 中,发现向 Z 轴发出进给指令时,其负载由零突然跳变到最大值,而正常情况下负载是逐步增大的,这说明 Z 轴负载不正常。 ③检查 Z 轴机械部分,没有发现异常现象。检查抱闸线圈,没有断路和短路情况,但是线圈上没有 24V 直流电压。继续向前级检查,发现开关电源板上的功率管 Q1 被击穿,导致这部分直流电压为 0V,Z 轴抱闸线圈不能通电,Z 轴带着抱闸启动
故障排除	更换功率管 Q1,修复开关电源,故障被排除
经验总结	功率管是在放大电路中担任末级输出的管子,如图 2-99 所示。 图 2-99　功率管 功率管分为大功率管和小功率管。一般 PCM(集电极耗损功率)大于 1W 的叫大功率管,如国产的 3DD、3DA 型和日产的 2SD 和 2SC 型功率管。PCM 小于 1W 的叫小功率管,如 3AX 和 3DG 型的功率管。有的较好的电路将 CMOS 场效应管做功率放大管。 功率管的作用: ①使功率放大,把功率管放置在电路的末端,可以增加电路末端的电流输入量和输出量,从而满足大功率物品的用电情况,因此,一般情况下,像电磁炉这样的大功率的产品上面都会安装功率管。 ②使用功率管可以确保人们在使用电器时的安全,如果在大功率电器上安装普通的 MOS 场效应管,而当超过 300V 的电压通过开关管、加热线圈时会产生非常大的电阻,此时普通的 MOS 场效应管是无法满足需要的,因为 MOS 场效应管会很快发热,难以长时间的进行工作。但是功率管可以满足这个,所以人们通常会把功率管和 MOS 场效应管结合起来,让 MOS 场效应管充当推动管,让功率管充当推动管

实例 94 加工中心，X 轴伺服电动机异响并出现♯410 和♯414 报警

故障设备	FANUC 0iC 系统 VMC-850 型加工中心
故障现象	在加工过程中，X 轴伺服电动机发出"吱—吱"的声音，同时 CRT 上出现♯410 和♯414 报警
故障分析	♯410 报警提示"位置偏差量大于设置值"，♯414 报警提示"数字伺服系统出现故障"。 ①检查 X 轴的机械部分，没有异常情况。拆下 X 轴伺服电动机单独试验，故障现象不变，怀疑 X 轴电动机不正常。 ②检查伺服电动机，发现有一相绕组烧坏。拆开电动机后，发现内部积水甚多。图 2-100 为电动机绕组烧坏 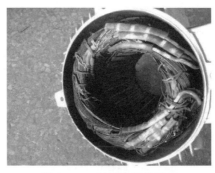 图 2-100　电动机绕组烧坏
故障排除	更换 X 轴伺服电动机后，故障被排除。电动机积水是这台机床的故障根源，于是在联轴器下方的铸钢上开一个口子，将水引出，不再流向电动机内部，故障得以根除
经验总结	电动机过热有以下几种原因： 1. 电源方面使电动机过热的原因： (1)电源电压过高　当电源电压过高时，电动机反电动势、磁通及磁通密度均随之增大。由于铁损耗的大小与磁通密度平方成正比，则铁损耗增加，导致铁芯过热。而磁通增加，又致使励磁电流分量急剧增加，造成定子绕组铜损增大，使绕组过热。因此，电源电压超过电动机的额定电压时，会使电动机过热。 (2)电源电压过低　电源电压过低时，若电动机的电磁转矩保持不变，磁通将降低，转子电流相应增大，定子电流中负载电源分量随之增加，造成绕组的铜损耗增大，致使定、转子绕组过热。 (3)电源电压不对称　当电源线一相断路、保险丝一相熔断，或闸刀启动设备角头烧伤致使一相不通，都将造成三相电动机走单相，致使运行的二相绕组通过大电流而过热，直至烧毁。 (4)三相电源不平衡　当三相电源不平衡时，会使电动机的三相电流不平衡，引起绕组过热。 2. 负载使电动机过热的原因 (1)电动机过载运行　当设备不配套，电动机的负载功率大于电动机的额定功率时，电动机长期过载运行，会导致电动机过热。维修过热电动机时，应先搞清负载功率与电动机功率是否相符，以防无目的的拆卸。 (2)拖动的机械负载工作不正常　设备虽然配套，但所拖动的机械负载工作不正常，运行时负载时大时小，如脱粒粒喂入量过大时，电动机因过载而发热。 (3)拖动的机械有故障　当被拖动的机械有故障，转动不灵活或被卡住，都将使电动机过载，造成电动机绕组过热。 故，检修电动机过热时，负载方面的因素不能忽视。 3. 电动机本身造成过热的原因 (1)电动机绕组断路　当电动机绕组中有一相绕组断路，或并联支路中有一条支路断路时，都将导致三相电流不平衡，使电动机过热。 (2)电动机绕组短路　当电动机绕组出现短路故障时，短路电流比正常工作电流大得多，使绕组铜损耗增加，导致绕组过热，甚至烧毁。 (3)电动机接法错误　当三角形接法电动机错接成星形时，电动机仍带满负载运行，定子绕组流过的电流要超过额定电流，甚至导致电动机自行停机，若停转时间稍长又未切断电源，绕组不仅严重过热，还将烧毁。 当星形连接的电动机错接成三角形，或将若干个线圈组串成一条支路的电动机错接成二支路并联，都将使绕组与铁芯过热，严重时就烧毁绕组。 (4)电动机接法错误　当一个线圈、线圈组或一相绕组接反时，都会导致三相电流严重不平衡，而使绕组过热。 (5)电动机的机械故障　电动机轴弯曲、装配不好、轴承有故障等，均会使电动机电流增大，铜损耗及机械摩擦损耗增加，使电动机过热。

经验总结	4. 通风散热不良使电动机过热的原因 ①环境温度过高,使进风温度高。 ②进风口有杂物挡住,使进风不畅,造成进风量小。 ③电动机内部灰尘过多,影响散热。 ④风扇损坏或装反,造成无风或风量小。 ⑤未装风罩或电动机端盖内未装挡风板,造成电动机无一定的风路。 由上述可见,当电动机过热时,应首先考虑电源方面的原因。确认电源方面无问题后,再去考虑其他方面因素

实例 95　加工中心,X 轴返回参考点异响并显示♯411 报警加工停止

故障设备	FANUC 0M 系统 TH7 640 型加工中心
故障现象	当 X 轴返回参考点时,出现刺耳的撞击声,并显示♯411 报警,加工也自动停止
故障分析	在 FANUC 0M 数控系统中,♯411 报警是数字伺服系统的报警,其含义是"SERVO ALARM 1-TH AXIS EXESSER2 ROR",即"X 轴在移动中的位置偏差大于设定值"。 ①测量 X 轴伺服驱动器的电源、连接电缆、插接件等,没有异常情况。 ②试更换 X 轴编码器,故障现象不变。调整 X 轴伺服参数,如环路增益 LOOP GAIN 等,不能解决问题。 ③仔细观察机床的动作,发现 X 轴伺服电动机的罩壳与机床导轨相摩擦,电动机受到挤压,如图 2-101 所示的位置。再看电动机,其圆周方向出现了错位  图 2-101　摩擦位置
故障排除	从机床上取下电动机,将其四根紧固螺栓拆下后,把错位的两段重新对齐,再将螺栓紧固。此后电动机虽然可以工作,但是噪声较大。更换一台同型号的电动机后,故障彻底排除
经验总结	注意如果把错位的两段重新对齐后,电动机仍能工作,噪声大,说明电动机已经有物理性损伤,在加工的时候 X 轴很可能产生抖动和速度不均匀的情况,从而导致加工工件不达标而报废,因此最根本的解决方法就是更换新的电动机。 由于更换新的电动机成本较大,这就对平时的加工和保养提出了更高的要求,这个故障基本上都是从小而大产生的,开始是很小的异响,没有及时处理,导致了最后的结果

实例 96　加工中心,加工过程中,机床突然停机

故障设备	FANUC 0M 系统 TH7 640 型加工中心
故障现象	在加工过程中,机床突然停机
故障分析	突然停机的原因比较复杂,主要是电源、驱动模块等出现问题。 ①重新启动机床,电源指示灯不亮,打开控制柜,发现电源板上的熔丝熔断。 ②检查电源板,发现有一只二极管烧断和熔丝熔断,更换损坏的元器件后,脱机试验正常。但是上机后又发生同样的故障,仍然是二极管和熔丝熔断。由此推断故障是后级负载存在短路。 ③电源板的负载是六台伺服控制器。更换二极管和熔管后,将控制器全部断开,然后通电对电源板进行测试,没有短路现象。再逐一通电测试各台伺服控制器,测试出故障的伺服控制器。当通电测试 D 伺服控制器时,故障再次出现。 ④拆开 D 伺服控制器进行检查,功率模块已经烧毁。进一步检查,故障的起因是伺服电动机的绕组短路,如图 2-102 所示

故障分析	 图 2-102 绕组短路烧毁的功率模块
故障排除	更换伺服电动机、D 伺服控制器、二极管、熔管
经验总结	本例说明,如果熔丝熔断,一般都说明电路中存在短路性的故障,一定要找到故障的根源。 本例功率模块经烧毁的原因是伺服电动机的绕组短路,绕组短路产生原因如下: ①电动机长期过载,电机温升高,电磁线绝缘老化失去绝缘作用; ②嵌线时造成电磁线的绝缘损坏; ③绕组受潮使绝缘电阻下降造成绝缘击穿; ④端部和层间绝缘材料没垫好或整形时损坏; ⑤端部连接线绝缘损坏; ⑥电机引线之间绝缘损坏; ⑦开关操作过电压使绝缘击穿; ⑧转子与定子绕组端部相互摩擦造成绝缘损坏; ⑨金属异物落入电动机内部; ⑩线圈油污过多、绝缘腐蚀

实例 97   加工中心,自动加工时出现♯05 和♯07 报警

故障设备	FANUC BESK 7CM 系统 JCS-018 型立式加工中心
故障现象	在进行自动加工时,CRT 上显示♯05 和♯07 报警
故障分析	♯05 报警的含义是"系统处于急停状态",♯07 报警的含义是"伺服驱动系统未准备好"。根据维修经验,伺服驱动系统不正常或系统参数丢失,是引起这两种报警的主要原因。 ①检查系统参数,与故障发生前比较没有什么不同。 ②观察速度控制单元上的报警指示灯,都不亮,这表明伺服驱动系统存在故障。 ③检查 Z 轴伺服系器,发现直流母线上的电压为 0V,而且供电电路的断路器跳闸。 ④用万用表在伺服驱动器的进线端测量,电阻值非常小。 ⑤进一步检查,发现驱动器整流二极管被击穿,造成交流电源短路,如图 2-103 所示 图 2-103 被击穿的整流二极管
故障排除	根据检查和诊断结果,更换同型号的整流二极管后,报警解除,机床故障被排除

经验总结	整流二极管(rectifier diode)是一种用于将交流电转变为直流电的半导体器件,如图 2-104 所示。  图 2-104　整流二极管 二极管最重要的特性就是单方向导电性。在电路中,电流只能从二极管的正极流入,负极流出。通常它包含一个 PN 结,有正极和负极两个端子,其结构如图 2-105 所示。P 区的载流子是空穴,N 区的载流子是电子,在 P 区和 N 区间形成一定的位垒。外加电压使 P 区相对 N 区为正的电压时,位垒降低,位垒两侧附近产生储存载流子,能通过大电流,具有低的电压降(典型值为 0.7V),称为正向导通状态。若加相反的电压,使位垒增加,可承受高的反向电压,流过很小的反向电流(称反向漏电流),称为反向阻断状态。整流二极管具有明显的单向导电性。整流二极管可用半导体锗或硅等材料制造。硅整流二极管的击穿电压高,反向漏电流小,高温性能良好。通常高压大功率整流二极管都用高纯单晶硅制造(掺杂较多时容易反向击穿)。这种器件的结面积较大,能通过较大电流(可达上千安),但工作频率不高,一般在几十千赫兹以下。整流二极管主要用于各种低频半波整流电路,如需达到全波整流需连成整流桥使用 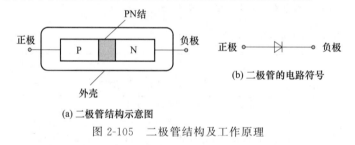 图 2-105　二极管结构及工作原理

实例 98　加工中心，工作台角度定位时显示♯451 报警

故障设备	FANUC 0M 卧式加工中心
故障现象	在加工过程中,当执行角度指令,使主轴工作台进行角度定位时,CRT 上显示♯451 报警
故障分析	按系统报警资料,♯451 报警提示电动机偏差超过设定值。 ①观察故障现象,工作台进行角度定位时,在 0°～250°范围内,没有出现报警,而在 250°～360°范围内,经常出现报警。 ②检查机床参数♯7508(第五轴的位置偏差量),在正常范围之内。 ③反复进行返回参考点的操作,发现工作台在旋转到原点并下落时,出现顺时针方向的轻微摆动,这是因为电气原点存在漂移。 ④据理推断:工作台回到电气原点下落后,通过鼠齿啮合定位。此时如果偏移量较小,就不会造成机械原点的变化,也不会影响加工。但在大角度(250°～360°)定位时,这种位置偏差却能反映出来。 ⑤根据定位元件的结构特点,当定位位置偏差达到半个工作台定位鼠齿的偏差时,上鼠齿与下鼠齿就无法正常啮合,造成工作台拉紧液压缸拉紧力过大,电动机偏差超过设定值,随之出现♯451 报警
故障排除	根据诊断结果,调整参数♯7508,使工作台在 250°～360°范围内定位无误后,报警解除,机床故障被排除
经验总结	定位精度与系统的参数设置有一定的联系,在维修中应引起注意和重视。 在各种数控机床和其他机械的制造中,数控回转工作台等分度装置的应用十分广泛。近年来,随着数控技术的进步、自动化程度的普遍提高,加工中心类机床、数控车床、数控铣床的生产和应用日益广泛,对高精度、高效率的分度装置的需求也越来越大。

经验总结	其中,应用鼠牙盘端面齿盘的分度装置占了很大的比重。这种分度台的特点是以固定值进行定位,结构简单,定位刚度好、重复定位和分度精度高,定位速度快,广泛应用于各种加工和测量装置中,如卧式加工中心带有托盘交换的鼠牙盘分度工作台,通过上下鼠牙盘啮合实现准确定位和分度回转。图 2-106 为鼠牙盘分度工作台上的牙盘零件。  图 2-106　牙盘零件 鼠牙盘式分度工作台主要由工作台、夹紧油缸及鼠牙盘等零件组成,其中端面齿盘是关键部件,每个齿盘的端面均加工有相同数目的三角形齿,两个齿盘啮合时能自动确定周向和径向的相对位置。因此,端面齿加工水平的高低直接影响分度装置的精度,也最终对整机的加工精度产生相当大的影响。由此可见,鼠牙盘端面齿的加工极为关键和重要。事实上,鼠牙盘端面齿能确保加工中心、CNC 数控车床转塔刀架等多工序自动数控机床和其他分度设备的运行精度

实例 99　加工中心,当给定进给轴的速度时报警"位置误差大于设定值"

故障设备	FANUC BESK 7 CM 立式数控加工中心
故障现象	数控系统发生故障后,导致数据丢失。利用备份重装数据后发现当给定进给轴的速度时,伺服电动机刚一转动,CRT 上就出现 4n0 或 4n1(n 代表某一进给轴)报警,提示"位置误差大于设定值"。各个进给轴都是如此
故障分析	常见原因是位置环、电源部分有故障。当某一进给轴伺服系统的硬件不正常时,会出现这种故障和报警信息,但是现在各轴都出现同样的故障,这不像是某一轴的硬件损坏,而很可能是数控系统中与进给有关的参数设置不合理
故障排除	试调节系统中与进给有关的参数,将伺服电动机的启动加速时间适当缩短,故障被排除
经验总结	数控系统产生的位置控制报警是因为伺服系统没有达到数控系统所指定的位置。在本例中,由于伺服电动机的启动加速时间较长,在规定的时间内进给轴没有到达指定的位置,从而导致出现 4n0 或 4n1 故障报警。 伺服电机加速时间是不确定的,但是有一定的规律,如下: ①加速时间长,电机电流小; ②加速时间短,电机电流大; ③只要观察电机电流的大小,就能找到一个最短加速时间,这个时间的电机电流可以在额定电流到 3 倍的额定电流之间; ④如果加速时间长,电机电流不宜到 3 倍的额定电流,在额定电流时才是最安全的。 伺服电机是指在伺服系统中控制机械元件运转的发动机,是一种补助电机间接变速装置。伺服电机可使控制速度、位置精度非常准确,可以将电压信号转化为转矩和转速以驱动控制对象。伺服电机转子转速受输入信号控制,并能快速反应,在自动控制系统中,用作执行元件,且具有机电时间常数小、线性度高、始动电压小等特性,可把所收到的电信号转换成电机轴上的角位移或角速度输出。分为直流和交流伺服电机两大类,其主要特点是,当信号电压为零时无自转现象,转速随着转矩的增加而匀速下降。 一般伺服电机的加减速时间设置在 300ms 左右,当然若机床的伺服电机性能够好,或者设备要求响应要更快,那么可以设置的更短。此外加减速时间的设置和机械还是有很大关系的,机械的惯性若是较大的话,建议加减速时间放长点比较好 加减速时间的设置要取决于最后调试的结果,一般认为观察机械部分,做到启、停时机械部分运行自然协调就是很好了,时间短了,就会感觉太硬,时间设置长了,就会感觉太软,操作者可以多试几次

实例 100　加工中心，X 轴出现振动现象并显示♯416 报警

故障设备	FANUC 6 ME 系统双面加工中心
故障现象	X 轴在运动过程中，出现振动现象，同时 CRT 上显示♯416 报警
故障分析	FANUC 6 ME 数控系统中，♯416 报警是伺服方面的报警，它提示"X 轴脉冲编码器的位置反馈不正常"。 ①对 X 轴速度控制单元、脉冲编码器反馈电缆进行检查，都在完好状态。 ②将电动机与机械部分脱离，用手转动电动机，通过诊断功能观察♯713 信号的状态其中，713.0 为 X 轴脉冲编码器 A 相反馈信号，713.1 为 X 轴脉冲编码器 B 相反馈信号，713.2 为 X 轴脉冲编码器反馈一转信号。 ③在正常情况下，当电动机转动时，713.0、713.1、713.2 应该在"0"与"1"之间变化。观察的结果是 713.0 不正常，总是"0"而不能变为"1"。 ④进一步检查，发现故障是由于 X 轴脉冲编码器被油污染，导致性能下降，从而造成 A 相信号不正常
故障排除	根据检查结果，清洁脉冲编码器，故障被排除
经验总结	脉冲编码器是一种光学式位置检测元件，编码盘直接装在电机的旋转轴上，以测出轴的旋转角度位置和速度变化，其输出信号为电脉冲。图为 2-107 脉冲编码器。 图 2-107　脉冲编码器 脉冲编码器的优点是无摩擦和磨损，驱动力矩小，响应速度快。缺点是抗污染能力差，容易损坏，本例的故障即是如此。 根据脉冲编码器的结构和检测方式，可分为接触式、光电式、电磁式三种。根据其刻度方法及信号输出形式，可分为增量式、绝对式以及混合式三种。 数控脉冲编码器采用与主轴同步的光电脉冲发生器。该装置可以通过中间轴上的齿轮或同步带轮 1∶1 与主轴同步转动，也可以通过弹性联轴器与主轴同轴安装。利用主轴编码器检测主轴的运动信号，一方面可实现主轴调速的数字反馈；另一方面可用于进给运动的控制，例如车螺纹时，控制主轴与刀架之间的准确运动关系。数控车床主轴的转动与进给运动之间没有机械方面的直接联系，为了加工螺纹，要求输给进给伺服电动机的脉冲数与主轴的转数应有相位关系，主轴脉冲发生器起到了主轴传动与进给传动的联系作用

实例 101　加工中心，伺服进给突然加速并将刀具撞坏

故障设备	FANUC 系统卧式加工中心
故障现象	在加工过程中，伺服进给突然加速，将刀具撞坏
故障分析	常见原因是伺服系统和旋转编码器有故障。 ①询问故障发生频率，知晓故障在一年内多次发生，但每次都未查明原因。 ②将可存储波形的示波器搬到现场，仔细观察三个进给轴的 ROD426 型位置增量式旋转编码器，发现 X 轴和 Y 轴缺少一相信号，而 Z 轴中两相正常，另外一相脉冲时有时无。三个轴的编码器同时出现故障。 ③推断编码器的共用电源有问题。测量+5V 电压，在正常状态。 ④顺着+5V 线路耐心地查找，终于发现电源线绝缘层有破损，破损处偶尔会碰到床身，造成接地和短路，干扰了编码器的正常工作
故障排除	根据检查结果，对破损部位做好绝缘处理，故障被排除
经验总结	电线绝缘主要作用是使电缆中的导体与周围环境或相邻导体间相互绝缘。电线是导体，为了防止裸露的电线短路造成设备损坏，以及超过安全电压的电线对人的危害，必须在电线外加绝缘保护层（非导体）。 电线中的金属导体的电阻率很小，约为 $10^{-8} \sim 10^{-6}\,\Omega/m$；绝缘体的电阻率极高，达 $10^{8} \sim 10^{20}\,\Omega/m$。绝缘体之所以能绝缘是因为绝缘体的分子中正负电荷束缚得很紧，可以自由移动的带电粒子极少，其电阻率很大，所以一般情况下可以忽略在外电场作用下自由电荷移动所形成的宏观电流，而认为是不导电的物质。图 2-108 为不同电缆电线的绝缘层。

经验总结	 图 2-108　不同电缆电线的绝缘层 　　对于绝缘体,存在一个击穿电压,这个电压能给予电子足够的能量,将其激发。一旦超过了击穿电压,这种材料就不再绝缘了。电线上按标准规定都会有工作电压,工作电流,绝缘电压,击穿电压,工作温度等参数,使用时要留有安全余量。同时要注意绝缘体是否有破损现象,如有破损会影响绝缘性能,通常不能使用。 　　特别需要注意的是,电缆需要低介电常数的绝缘层,这是为了使电缆的场强更加均匀,使电缆的绝缘结构更为合理,以减少总的绝缘厚度。 　　①电缆的导电体在中心,是带电的,最外层是大气,这样就形成一个电场。 　　②为了电缆的绝缘和有一定的机械、防护等要求,从导电体到大气之间由很多种绝缘材料构成。 　　③空气的相对介电常数接近 1,而所有的固体绝缘材料都大于 1。在一个电场中的强度是按各种绝缘材料的介电常数来分配的,与介电常数成反比。所以我们希望各种绝缘材料的介电常数都等于空气的介电常数 1,这是最理想不过的,当然这是不可能的。所以只有去选择介电常数尽量低的材料(当然还要考虑其他的因素,比如耐温、绝缘性能、绝缘电阻和成本等)。 　　④如果两种材料的介电常数相差很大,它们之间的场强极不均匀,会造成介电常数低的材料(比如空气)场强反而很大,产生先被击穿的不良后果

实例 102　加工中心,主轴出现较大幅度的振荡无法停机不报警

故障设备	FANUC 11 ME 系统加工中心
故障现象	主轴出现较大幅度的振荡,发出停止指令也不能停机,必须关断电源才能使主轴停止,但是 CRT 上没有出现报警
故障分析	该故障的常见原因有参数设置不当、位置检测装置或连接部位有故障。 　　①观察机床的振荡情况,振荡频率不高,也没有出现异常的声音。怀疑故障与数控系统的闭环参数有关,如积分时间常数过大、系统增益太高等。 　　②检查系统闭环参数的设置,伺服驱动器的增益、积分时间等,都在合适的范围,与故障发生之前的设置没有区别,这说明故障与闭环参数无关。记录好原来的参数后,试将这些参数进行调节,故障现象不变。 　　③对伺服电动机与测量系统进行检查,发现伺服电动机轴与测速发电机转子铁芯之间,是用胶粘接的。经过长期的加减速运动和正反向旋转,使得黏结部分脱开,连接出现松动。其后果是:电动机的传动轴与测速发电机的转子之间出现了相对运动,测速发电机不能准确地反馈速度信号,从而引发故障。图 2-109 为松动的测速发电机转子部位 图 2-109　松动的测速发电机转子部位
故障排除	根据检查和诊断结果,重新连接松动部位后,主轴振荡现象不再出现,故障被排除
经验总结	检测装置与检测部位的连接是位置检测装置故障引发的常见部位。在数控机床的维修中,应注意连接部位的状态,出现异常应进行及时的维修,以保证位置检测装置的检测精度

经验总结	机床本身及其零部件都是弹性系统,当受到随时间变化的激励时,必然产生受迫振动。当振动发生时,工件表面会产生明显的振纹,使其表面质量恶化,粗糙度增加,振动严重时,会产生崩刀、打刀现象,使加工过程无法进行。振动加速了刀具或砂轮的磨损,还导致机床连接部分松动,影响轴承工作性能,使机床过早丧失精度。接下来就引起机床受迫振动的主要振源进行分析,讨论影响振幅的因素,从而提出控制机床受迫振动的主要途径和措施。 1. 偏心质量引起的受迫振动 机床中的旋转件由于形状不对称、材质不均匀等因素,难免具有偏心质量,它在某一个方向上的分力将呈周期性变化,使旋转件受迫振动,从而使机床受迫振动。 2. 齿轮振动 引起齿轮振动的原因主要是齿轮加工和装配误差,轮齿刚度的周期性变化。 ①齿轮加工和装配误差。齿圈径向跳动:由于齿轮的周节和齿侧间隙周期性的变化,导致一个转动周期内从动齿轮变速旋转,产生惯性力,引起振动。齿形和齿距误差:在有误差的地方,从动齿轮角速度发生变化,产生冲击和振动。 ②轮齿刚度的周期性变化。由于多数齿轮传动重合度不为整数,两对轮齿同时处于啮合状态时的啮合刚度要比只有一对轮齿处于啮合状态时的刚度大,从而使轮齿的啮合刚度产生周期性大幅度变化,造成弯曲变形,使齿轮产生频率为啮合频率的受迫振动发生"共振"。 3. 滚动轴承的振动 (1)本质性振动 本质性振动与轴承的制造误差和使用条件无关,是滚动轴承特有的振动。 ①滚动体通过振动。在具有径向间隙的轴承上,只有径向载荷作用时,才会产生滚动体通过振动。当某一滚动体位于径向载荷作用方向的下面时,轴心在最上面;当有两个滚动体位于径向载荷方向对称位置时,轴心在最下面。因此,每当一个滚动体通过径向载荷下面时,轴心将产生一次往复运动,随着轴承的旋转,这种往复运动周期进行下去。 ②套圈的固有振动。假设轴承外圈为刚体,由外圈的径向惯性矩和轴承倾斜方向的弹性刚度组成一个外圈惯性矩摇摆振动系统,由外圈质量和轴向刚度组成一个外圈弹簧质量的轴向振动系统。当这两种振动系统受到激振力作用时就会产生各自的固有振动。由于轴承滚道表面和滚动体存在形状误差和不规则波纹,滚道和滚动体的接触弹性将产生微小的交替变化,给套圈施加激振力,引起套圈的固有振动。为了减小这种振动,必须提高滚道和滚动体的加工精度。 ③轴承弹性引起的振动。把轴承所支承的旋转件视为刚体,轴承的轴向及径向视为弹性体,将分别组成轴向和径向弹簧-质量振动系统,受激后系统就会振动 (2)轴承加工表面波纹引起的振动 由于制造误差,在轴承的内外滚道或滚动体的表面存在峰值及较大的圆周方向波纹,将引起轴承振动。保持架相对于轴承内、外圈转过一转时,每个滚动体在内外圈滚道里的任意一点上滚过一次,内外圈滚道上的任意一点要和滚动体接触 z(滚动体数目)次。 (3)轴承使用不当引起的振动 ①斑痕引起的振动。轴承内外圈滚道和滚动体的表面上各种斑痕、压痕、铁锈会引起轴承振动。若斑痕在滚道上,振动是周期的、连续的;若斑痕在滚动体上,振动是周期的,但时有时无。 ②杂质引起的振动。如果轴承内部有杂质,轴承会发生非周期振动。 4. 电机和液压装置的振动 (1)电机振动 在机床的受迫振动中,电机常常是一个重要的振源。造成电机振动的主要原因:转子不平衡,电机轴承振动,轴心不重合,风扇不平衡,电源电压不稳,三相输入电压不平衡,定子和转子之间气隙不均等。 (2)液压装置振动 ①油泵的振动。由于油泵的工作原理,它排出的液流是脉动的,脉动的液流将引起液压装置振动。 ②控制阀的振动。对于换向阀,在启停油缸和液压机时,如果换向速度过快,会使回油路内的压力急剧上升而产生冲击,引起振动。 ③管道、面板、底座。管道、面板、底座的刚度不足时受到激励后,也将随之振动。 5. 交变切削力引起的振动 ①铣刀、滚刀因断续切削而产生的交变切削力,将引起机床受迫振动。 ②因工件表面不连续,加工余量不均匀,也会产生交变切削力引起机床受迫振动。 ③切削不连续的黄铜、铝合金等脆性材料时,也会产生交变切削力引起机床受迫振动

实例 103　加工中心，进给轴突然同时快速运动导致机床碰撞

故障现象	在加工过程中，X、Y、Z 三个进给轴突然同时快速运动，导致机床碰撞，引起刀具与工件损坏
故障分析	位置检测装置或检测系统公共部分有故障。 　　除机床在加工过程中突然失控。导致坐标轴快速运动，此类故障属于破坏性较大的故障，维修时应特别注意。 　　①本例应用半闭环系统，检查检修应立即脱开伺服电动机与编码器的连接，防止机床再次失控，然后进行检查和诊断。 　　②据理推断，坐标轴突然失控通常是位置环开环引起的。当某一轴出现以上异常时，一般是由于该伺服系统的位置测量部分存在故障。当三个轴同时出现问题，说明故障与系统的公共部分有关。 　　③根据系统的组成，这三个进给轴的位置编码器由同一个电源模块供电，如果电源模块的 +5V 电源不良，将导致三个轴的位置环同时出现故障。 　　④测量电源模块，+5V 电源在空载时正常，但连接负载后电压显著下降。当输出电流为 4A 时，输出电压下降到 4.25V，达到额定输出电流 10A 时，输出电压下降到 2V，无法正常工作。 　　⑤按比照方法测量另一台型号相同、工作正常的机床，当输出电流为 10A 时，输出电压保持在额定值 5V。由此确认本故障与电源模块有关
故障排除	根据检查结果，更换电源模块后，机床恢复正常工作，故障被排除
经验总结	位置检测装置的电源部分是保证装置正常运行的条件，在检查单个轴故障和多个轴故障的原因时，应注意电源模块的性能。 　　数控机床的电源模块由以下四个方面组成： 　　①数控系统自带的电源模块(有的数控系统不带)。 　　②DC 24V 开关电源。供给数控系统、显示器、I/O 板等。 　　③控制变压器。供给交流接触器、照明灯、开关电源的输入等。 　　④伺服变压器。供给主轴驱动器，伺服驱动器。 　　而其对外部电源也有一定要求，电源是维持系统正常工作的能源支持部分，它失效或故障的直接结果是造成系统的停机或毁坏整个系统。另外，数控系统部分运行数据，设定数据以及加工程序等一般存储在 RAM 存储器内，系统断电后，靠电源的后备蓄电池或锂电池来保持。因而，停机时间比较长，插拔电源或存储器都可能造成数据丢失，使系统不能运行。 　　同时，由于数控设备使用的是 380V 三相交流电源，所以安全性也是数控设备安装前期工作中重要的一环，基于以上的原因，对数控设备使用的电源有以下的要求： 　　①电网电压波动应该控制在 −15%～+10% 之间，而我国电源波动较大，还隐藏有如高频脉冲这一类的干扰，加上人为的因素(如突然拉闸断电等)。用电高峰期间，例如白天上班或下班前的一个小时左右以及晚上，往往超差较多，甚至达到 ±20%。使机床报警而无法进行正常工作，并对机床电源系统造成损坏，甚至导致有关参数数据的丢失等。这种现象在 CNC 加工中心或车削中心等机床设备上都曾发生过，而且出现频率较高，应引起重视。 　　建议在 CNC 机床较集中的车间配置具有自动补偿调节功能的交流稳压供电系统，单台 CNC 机床可单独配置交流稳压器来解决。 　　②建议把机械电气设备连接到单一电源上。如果需要用其他电源供电给电气设备的某些部分(如电子电路、电磁离合器)，这些电源宜尽可能取自组成为机械电气设备一部分的器件(如变压器、换能器等)。对大型复杂机械包括许多以协同方式一起工作的且占用较大空间的机械，可能需要一个以上的引入电源，这要由场地电源的配置来定。 　　除非机械电气设备采用插头/插座直接连接电源处，否则建议电源线直接连到电源切断开关的电源端子上。如果做不到这样，则应为电源线设置独立的接线座

实例 104　加工中心，主轴过载并报警

故障设备	FANUC 18 加工中心
故障现象	一台使用 FANUC 系统的加工中心，原来的主轴变频器损坏，其型号是 MF30,25kV·A。换上一台型号和功率都相同的新变频器后，在加工中操作面板上的故障指示灯 HL3 点亮，主轴变频器显示"OC"报警，提示"过电流"故障
故障分析	查看原变频器的铭牌，额定电流是 38A。而新变频器容量虽然也是 25kV·A，但铭牌上标注的额定电流只有 30A。主轴电动机的功率是 12kW，满负荷工作，重力切削时电流接近 30A，所以新变频器也是满负荷工作
故障排除	更换一台容量为 35kV·A 的变频器后，不再出现报警

经验总结	选用变频器时,应以电动机的工作电流作为主要依据,还应留下30%左右的余量。 电动机空载运行时,定子三相绕组中通过的电流,称为空载电流。绝大部分的空载电流用来产生旋转磁场,称为空载激磁电流,是空载电流的无功分量。还有很小一部分空载电流用于产生电动机空载运行时的各种功率损耗(如摩擦、通风和铁芯损耗等),这一部分是空载电流的有功分量,因占的比例很小,可忽略不计。因此,空载电流可以认为都是无功电流。 电动机满载,是在不丢转的情况下所达到的设定最大速度。转速大小是其速度传出时由于丢转而空转或电压不满足要求电压情况下而降低的自身转速。 电动机空载时的电流约为额定电流的30%～50%左右,满载时的电流约等于额定电流

实例105　加工中心,电动机出现超温报警

故障设备	SIEMENS 840D 加工中心
故障现象	在加工过程中,经常出现"300608轴Z驱动3速度控制输出受到限制""轴Z定位监控"报警
故障分析	①利用840D系统的监控诊断页面,查看Z轴的工作情况,发现Z轴在运动时,电机平滑电流达到50%～60%。而处于静止状态时,电流在0～90%波动。此时,电机温度随着电流的增加逐渐升高。当温度升高到100℃时,系统便发出"300614轴Z驱动电机超温"提示。 ②造成电机超温的因素很多。在电气方面有:电机或电缆绝缘不良、电机内部线圈短路、电机制动器失灵、伺服驱动器故障等。在机械方面有:电机减速箱内部齿轮损坏、滚珠丝杠螺母副磨损、导轨副磨损、轴承磨损、润滑不到位、机械负荷过重等。 ③利用500V兆欧表,对电机电枢绕组的绝缘电阻、电缆绝缘电阻进行检查,绝缘性能良好。 ④用数字万用表测量电枢相间电阻值,各相都在平衡状态。 ⑤利用840D系统自带的系统优化软件,对Z轴驱动器参数进行优化,电机电流还是不正常。 ⑥对Z轴系统参数MD32200(位置环增益)、MD32300(轴加速度)、MD1000(电流环时间常数)、MD1001(速度环时间常数)等重新设置,故障现象无明显好转。 ⑦Z轴为垂直方向的直线运动轴,其电机带有制动器,对制动器的电源及控制部分进行检查,在完好状态。但是制动器安装在电机内部,其工作情况无法检查。 ⑧对机械部位进行检查,油箱的油位、润滑泵出油压力均正常。Z轴导轨、滚珠丝杠螺母副润滑良好,轴向间隙符合要求。压板、镶条预紧正常。导轨面、滚珠丝杠等无明显磨损。 ⑨检查Z轴电机减速箱。减速箱齿轮无损坏,但是位于减速箱底部的丝杠支承轴承副磨损严重,这必然加重电机的负荷,很可能这就是故障原因。图2-110为磨损严重的丝杠支承轴承副  图2-110　磨损严重的丝杠支承轴承副
故障排除	更换损坏的支承轴承副。此后,电机运行平稳,平滑电流降低到10%,故障不再出现
经验总结	①用兆欧表检查电机的绝缘电阻时,要将电机的电缆从驱动模块上拆除,以防止在检查过程种,兆欧表的高压损坏模块。检查完毕后,需要对电缆和电机进行放电。 ②在拆除Z轴的电机及检查减速箱时,必须将Z轴下降到最低位置,并在滑枕下铺设枕木进行支承,以防止Z轴突然下坠,损坏设备

实例106　加工中心,加工拐角时出现过切

故障设备	SIEMENS 840D 五轴加工中心
故障现象	在加工某一工件的拐角部位时,出现过切现象,过切深度达到0.48mm
故障分析	为了保证数控机床达到最好的加工状态,加工出完全合格的零件,在完成机械结构调整之后,需要对数控系统参数、伺服轴参数、电动机参数进行调整和优化,使电气参数与机械性能相匹配。 ①检查刀具和装夹情况,在正常状态。

故障分析	②检查加工程序操作方法,没有错误之处。 ③怀疑伺服驱动没有优化到最佳状态。于是启用 SERVOTRACE 功能,测试线性轴和旋转轴的动态特性,发现各轴的动态响应都延迟滞后,存在着较大的偏差。 ④进行圆弧测试,检查机床五轴的联动匹配性能。其中包括: a. X 轴和 Y 轴的圆弧测试; b. X 轴和 Z 轴的圆弧测试; c. X 轴和 C 轴的圆弧测试; d. A 轴和 C 轴的圆弧测试。 从测试结果看出,联动匹配性能不佳,导致 C 轴在反向时出现较大的过冲
故障排除	①对参数 MD32810(进给的反馈速度环控制的等效时间)进行优化调整,将参数值从 0.004s 调整到 0.005s,此时延滞误差明显减少,没有出现明显的过冲。 ②将参数 MD32500 由"2"改为"1",以激活 C 轴的摩擦力补偿功能。 ③将参数 MD32520 由"0"改为"0.1",然后重新进行圆弧测试。 ④参照 C 轴的调整方法,将其他各轴的匹配调整到最佳状态
经验总结	数控机床在加工过程中,如果出现过切和欠切现象,一般来说难以查找具体的故障原因,因此难以排除故障。本例通过测试线性轴和旋转轴的动态特性,发现各轴的动态响应都延迟滞后,存在着较大的偏差。又通过圆弧测试(如图 2-111 所示的圆弧测试的加工路径图样)查出 C 轴过冲。然后采取参数优化法,优化五轴的联动匹配性,从而排除了故障。这种思路和方法对此类故障的诊断和处理具有指导作用  图 2-111 圆弧测试的加工路径图样

实例 107 加工中心,X 轴出现低频振动不报警

故障设备	SIEMENS 840D 加工中心
故障现象	该加工中心,在液压系统启动后,X 轴出现"嗡嗡嗡"的低频振动响声,但是没有显示任何报警
故障分析	①测量零件的加工精度,完全符合要求,这说明伺服驱动(驱动器为 611D 型)、位置反馈系统在正常状态。 ②这台机床的 X 轴是由直线电动机拖动。观察 X 轴工作台,当使能信号加上后,即使是在静止状态,也伴有低频振动,但是机床并没有明显的故障。 ③检查 NC 与伺服驱动有关的参数,都在合理的范围。 ④分析认为,可能是机床长期使用后,机械性能发生变化,电气参数与机械负载没有最佳匹配状态
故障排除	利用 840D 系统自带的伺服驱动自动优化功能,对 X 轴进行优化,此后不再出现低频振动响声
经验总结	某些数控机床在长期运行后,电气控制系统与机械负载不再匹配,可能产生低频或高频振动,出现某些异常的响声。若从机械方面着手,难以排除这种故障。通过自动优化功能,改善匹配状态,往往可以消除振动。也可以手动修改伺服驱动器中的增益参数来消除这种振动。 伺服驱动器主要的性能参数调整有:位置环比例增益、速度环比例增益、速度环积分时间常数。 1. 位置环比例增益

经验总结	位置环比例增益仅在驱动器工作在位置方式时有效。当伺服电机停止运行时,增加位置环比例增益,能提高伺服电机的锁定刚度。当伺服电机正在运行时,增大或减小位置环比例增益,位置滞后量将随之变化,定位速度也随之变化,刚度也随之变化。位置环比例增益调整的原则是:在保证位置系统稳定工作,位置不过冲的前提下,增大位置环比例增益,以减小位置滞后量。位置环比例增益调整的方法是:提高位置环的比例增益直至系统发生位置过冲,然后再降低一点位置环的比例增益,即为刚度较好位置环比例增益。多轴同时进行插补运算时,各轴的位置比例增益值应调整为一样。 　2. 速度环比例增益、积分时间常数 　速度环比例增益、积分时间常数仅对电机正在运行时(有速度)起作用。速度环比例增益的大小影响电机速度的响应快慢与刚度;速度环积分时间常数的大小,影响电机稳态速度误差的大小(系统的稳定性)以及刚度。速度环比例增益调整的原则是:保证系统稳定工作,在系统临界振荡点以下,尽可能提高参数,提高电机响应时间。负载越大,该参数越大,刚性越大。速度环比例增益调整的方法是:提高速度环的比例增益,直至系统发生振荡,然后再降低一点速度环的比例增益,即为刚度较好速度环比例增益。速度环积分时间常数调整的原则是:保证系统稳定工作,参数越小,积分速度越快,刚性越大。一般情况下,负载惯量越大参数越大,但该参数变大,会导致速度环响应变慢,所以该参数在系统稳定的情况下,尽量减小。速度环积分时间常数调整的方法是:降低速度环积分时间常数,直至系统发生振荡,然后再提高一点速度环的积分时间常数,即为刚度较好,积分响应时间合适的参数。 　这两个参数的调整,是一个反复的过程,需要对负载有准确的认识与经验。 　综上所述,不能将位置环增益提高到超出机械系统固有振动数的范围,要将位置环增益设定为较大值,需提高机器刚性并增大机器的固有振动数;在机械系统不发生振动的范围内,速度环增益设定值越大,伺服系统越稳定,响应性越好;当增益过大,电机发生振动时,可以调节此速度环积分时间常数,减少振动。 　在系统能稳定工作的前提下,较大的速度环比例增益和较小的速度环积分时间常数,可以获得较好的速度响应。较大的速度环比例增益和过小的速度环积分时间常数,较容易发生系统振荡,工作不稳定。较小的速度环积分比例增益和过大的速度环积分时间常数,电机速度响应低,电机运行易出现爬行状态

实例 108　加工中心,Y 方向的尺寸误差太大

故障设备	SIEMENS 802D 德国制造的加工中心
故障现象	对加工出来的齿轮进行检测,发现尺寸误差太大,而且各个齿轮的误差都不一致,部分产品报废
故障分析	SIEMENS 数控系统有比较完善的故障诊断和报警功能,而这台机床出现上述故障时,CRT 上没有任何报警信息。故障部位可能在伺服系统,或相对应的伺服控制器中。控制器的作用是控制工件轴与刀具轴的相对位置,它由 BOSH(博世)公司制造。 　①检查伺服进给系统,没有发现异常情况。 　②将 Y 轴的伺服控制器的控制板拆下,进行外观检查,没有看出什么问题。 　③接上 5V 直流电源,检测各个逻辑电路的功能,都在正常状态。 　④用示波器查看控制板上各点的波形,发现有两只小电解电容(1μF,16V)上的脉冲幅度时大时小。 　⑤将这只电容拆下来检测,发现有严重漏电现象,如图 2-112 所示  图 2-112　焊下的两只 1μF,16V 电解电容
故障排除	更换电容器后,加工误差消除,齿轮尺寸恢复正常
经验总结	在电解电容生成的过程当中,在阳极箔上的氧化膜的致密程度决定了它在与电解液接触的时候的反应。电容底层结构细分到分子级别的时候,氧化膜不是那么纯粹,总有铝的存在,而且氧化膜可以能分解或发生其他变化。如分解为铝或其他导电的物质。总体上将都是导电的铝形成了细小的电流,形成了底层的漏电流,这个对于电解电容来说是不可避免的。也就是说电解电容在老练的时候不充分,铝暴露出来的多,漏电流就大

经验总结	目前从生成环节来看,是可以降低漏电流的,也可以通过设备来降低漏电流回升,这样才能提高产品的品质。 　　传统常规老练时会残留一些气体形成气膜,并且不容易逸出,不但影响氧化膜的修复,而且会影响初始漏电流的真实测定,气膜比三氧化二铝的绝缘性要好,因此造成漏电流低的假象,在长时间的常温或高温环境下,这些气膜会逐渐消退,漏电流会明显回升。 　　目前最新的设备可以解决传统设备老练过程当中存在的气膜问题,这样就解决了老练时间长,漏电流回升快,漏电流大的问题。 　　老练不充分漏电流大,比如在突然加电的时候,由于老练不充分,电解液和铝产生气体突然增多,内部就发生鼓包或者爆炸的情况,电解电容完全失效了,影响生产和设备的正常使用。 　　值得注意的是,电容漏电后,有时测得的电容值会变大,因为电容对直流电而言,阻值是无限大的,漏电就意味着电容有了直流电阻,当漏电越严重,直流电阻也越小。漏电从等效电路分析相当于并联了一个电阻,从而增大了电容的损耗值,一般的电容测试仪没有将容量及损耗分开,所测的容量实为容量及损耗的均方根,所以漏电大时容量就变大

实例 109　加工中心,伺服电机控制器位置误差报警

故障设备	SIEMENS 802D 加工中心
故障现象	该加工中心在进行一般加工的时候正常,在遇到高强度加工的时候,伺服电机控制器位置误差报警,已重复断电重启多次,还是无法解决
故障分析	由于只是在高强度加工时才会出现此报警,分析应该是负载过大导致位置检查误差过大,而产生了报警。对于此类故障,减小负载现在不切合实际,只能修改位置误差的范围
故障排除	对照伺服说明书,将位置误差范围参数值调大,故障得到排除
经验总结	位置误差出现过大的情况一般是两种原因:第一种即本例中出现的负载过大;另一种是机械部分有部件卡住了,此种情况一般会发出异常声响,且容易找出卡死部位

实例 110　加工中心,机床开机后指示灯循环跳动

故障设备	SIEMENS 802D 加工中心
故障现象	该加工中心,开机时后面板上的"报警""未到位""进给保持""循环运动"指示灯循环跳动,如图 2-113 所示,同时显示器无显示,过了一段时间伺服电机自动关机  图 2-113　不断跳动的机床指示灯
故障分析	此故障开机后面板上的"报警""未到位""进给保持""循环运动"指示灯循环跳动,表明系统自检出错,系统无法正常启动,其原因可能是系统主板或系统软件出错。此类故障现象一般可以通过对系统进行初始化处理。而伺服电机自动关机的故障,经询问机床生产厂家得知,该机床在生产设计时,增加了一套故障保护装置,机床未正常启动时,伺服电机接收时间过长会自保而断电关机
故障排除	将用户存储器复位并对系统进行初始化,机床恢复正常
经验总结	此例虽然故障现象类似于伺服系统的故障,但其是由软件系统引起的,而伺服电机特殊的保护装置也为故障的判断增加了难点,从这方面来讲,故障的检修也和机床熟悉程度密切相关

第三章 主轴设备的故障与维修

实例 1 数控车床，主轴停机时停机时间过长

故障设备	FANUC 0TC 数控车床
故障现象	数控车床在主轴停机时，主轴停机时间过长，无报警显示
故障分析	主轴可以正常运行，只是停机有故障，故判断是主轴的控制系统有问题。检查主轴控制系统，拆下控制板，发现板上一只制动电阻烧坏
故障排除	更换新的电阻后，机床故障消失
经验总结	制动电阻是波纹电阻的一种，主要用于变频器控制电机快速停车的机械系统中，负责电机的快速停车和热能消耗。图 3-1 为变频器专用的制动电阻。  图 3-1 变频器专用的制动电阻 制动电阻由陶瓷管、合金电阻丝和涂层组成。陶瓷管是合金电阻丝的骨架，同时具有散热器的功效；合金电阻丝缠绕在陶瓷管表面上，负责将电机的再生电能转化为热能，通常这部分长时间使用后容易损坏；涂层涂在合金电阻丝的表面上，具有耐高温的特性，功用是阻燃。 　　作为平常接触很少的一种电阻，其在主轴控制系统中主要有两种作用： 　　①制动电阻可以保护主轴变频器不受再生电能的危害。电机在快速停车过程中，由于惯性作用，会产生大量的再生电能，如果不及时消耗掉这部分再生电能，就会直接作用于变频器专用型制动电阻、变频器的电路部分。轻者，变频器会报故障；重者，则会损害变频器。 　　②保证电源网络的平稳运行。制动电阻将电机快速制动过程中的再生电能直接转化为热能，这样再生电能就不会反馈到电源网络中，不会造成电网电压波动，从而起到了保证电源网络平稳运行的作用

实例 2 数控车床，主轴只能低速旋转并且有异响

故障设备	FANUC 0TC 系统
故障现象	主轴旋转速度只有 20r/min 左右，并且有异响

故障分析	检查主轴放大器,在放大器上数码管显示♯31报警,指示速度检测信号断开,但检查反馈信号电缆没有问题,更换主轴伺服放大器也没有解决问题。根据主轴电动机的控制原理,在电动机内有一个磁性测速开关作为转速反馈元件,将这个开关拆下检查,发现由于安装距离过近,将检测头磨坏,说明磁性测速开关损坏
故障排除	更换磁性测速开关,机床恢复正常工作
经验总结	磁性测速开关也称作磁性传感器,能准确反映出运动机构的位置和行程,即使用于一般的行程控制,其定位精度、操作频率、使用寿命、安装调整的方便性和对恶劣环境的适用能力,也是一般机械式行程开关所不能相比的。磁性测速开关具有使用寿命长、工作可靠、重复定位精度高、无机械磨损、无火花、无噪音、抗振能力强等特点。图3-2为常用的磁性测速开关  图3-2　磁性测速开关

实例3　数控车床,出现"串行主轴没有准备"的报警

故障设备	FANUC 0i-TC数控车床
故障现象	数控车床出现报警"408 SERVO ALARM (SERIAL NOT RDY)"(伺服报警,串行主轴没有准备)
故障分析	对主轴系统进行检查,除了408报警外,还有报警"414 SERVOALARM:X AXIS DETECT ERR"(伺服报警X轴检测错误)和"424 SERVO ALARM:Z AXIS DETECT ERR"(伺服报警Z轴检测错误)。其中408报警是主轴报警,X轴、Z轴和主轴都报警说明是公共故障,因此对伺服系统的电源模块进行检查,发现电源模块的直流母线松动,通电时接触不好,产生火花,从而产生报警
故障排除	将直流母线紧固好后,通电试车,机床恢复正常工作
经验总结	此故障是典型的机床长时间切削加工出现的现象,而电源线松动有时也不仅仅出现在主轴的伺服系统之中,在平时的日常保养和月检中重要的一项内容就是对电源线接头、插口进行紧固处理。 直流母线,就是将交流变成直流,在变频器中是用铜排的母线形式安装的,图3-3为直流母线的系统图。 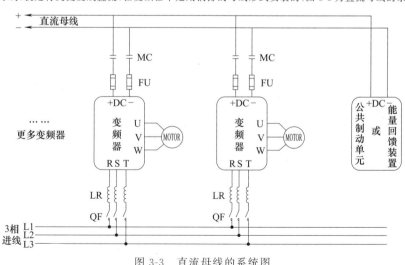 图3-3　直流母线的系统图 直流母线的特点: ①系统用电效率最高;

经验总结	②电机反馈能量可以被利用; ③瞬间停电不会跳脱停机; ④功率因子较高,可达95%以上; ⑤电网谐波较低; ⑥可以急降速; ⑦允许频繁启动操作; ⑧不须相同的电机功率; ⑨最适合比例联动多台控制; ⑩可以驱动三相永磁同步电机。 　　变频器的输出交流电压就是以直流母线电压为基准的。如果母线电压检测不准,就会影响变频器的输出电压(母线电压显示偏高,则交流输出电压就偏低,反之则偏高)。还有,变频器里面的欠压和过压保护功能都是以直流母线电压为基准来判断的

实例4　数控车床,出现"串行主轴错误"的报警

故障设备	FANUC 0i-TC 数控车床
故障现象	数控车床工作时经常出现报警"409SERVO ALARM(SERIAL ERROR)"(伺服报警,串行主轴错误)
故障分析	因为停机一段时间还可以工作,说明系统没有大的硬件损坏。将 α 数字伺服主轴放大器模块拆开进行检查,发现模块内的冷却轴流风机严重损坏,如图3-4所示,在工作时不能旋转通风散热,从而使模块超温,产生报警停机  图3-4　损坏的轴流风机
故障排除	更换新的轴流风机,机床再也没有出现这个故障
经验总结	散热不良导致的故障很多,此例只是其中的一种。平时只需在机床开机时注意观察即可,而通常散热系统的故障表现的形式也多以死机为主。由此可以看出,报警信息只是给我们供了一个大概的参考,切不可完全相信

实例5　数控车床,变频器出现过电压报警

故障设备	SIEMENS 802D 数控车床
故障现象	SIEMENS 802D 数控车床,在加工过程中,变频器出现过压报警
故障分析	仔细观察机床故障产生的过程,发现故障总是在主轴启动、制动时发生,因此,可以初步确定故障的产生与变频器的加/减速时间设定有关。当加/减速时间设定不当时,如主启/制动频繁或时间设定太短,变频器的加/减速无法在规定的时间内完成,则通常容易产生过电压报警
故障排除	修改变频器参数,适当增加加/减速时间后,故障消除
经验总结	机床在长时间加工后,某些初始设定值不能匹配机械损耗后的机床特性,有必要对系统参数进行调校,在月检中也需要注意对这个方面进行适当的检查。 　　变频器过电压报警,大多数情况下,都是变频器硬件有故障了,当然了,这需要首先检测一下变频器所使用的电源电压是否稳定。如果电源电压稳定,那99%是硬件故障了(但本例除外)。 　　还有一种情况需要考虑,那就是变频器周围有较大的谐波源,如大功率变频器、中频炉、电焊机、UPS等设备,其产生的谐波注入电网后,可能会导致变频器的误报警,如果是这种情况那就好办了,首先将变频器良好的接地,如果不行,可以加入变频器输入滤波器,或者是变频器输入电抗器进行滤波。

经验总结	

变频器的过电压集中表现在直流母线的直流电压上。在正常情况下,变频器直流电压为三相全波整流后的平均值。若以380V线电压计算,则平均直流电压Uav＝1.35×380＝513(V)。在发生过电压时,直流母线的储能电容器将被充电,当电压上升至760V左右时,则变频器的过电压保护动作。引起过电压的原因如下:

1. 输入交流电源过电压

电源过电压是指因电源电压过高而使直流母线电压超过额定值,而现在大部分变频器的输入电压最高可达460V,因此电源引起的过电压极为少见。

电源过电压是指变频器输入电压超过正常范围,一般发生在供电系统负载较轻时,使供电系统电压升高,对此采用有载调压电力变压器是有效的解决措施。而对电力系统出现故障时引起的电压升高,如电力系统由于谐振而引起的电压升高,应断开变频器电源,检查电力系统故障,待故障排除后再接入变频器电源开关。

另一类电源过电压主要是指电源侧的冲击过电压,如雷电引起的过电压、补偿电容器在合闸或断开时形成的过电压等,主要特点是电压变化率和幅值都很大。例如,由于雷电窜入变频器引起过电压,使变频器直流侧的电压检测器动作而跳闸,在这种情况下,通常只需断开变频器电源1min左右,再合上电源,即可复位。

2. 操作过电压

①分断变压器出现的过电压。按照截流过电压形成的理论,当断开变压器时,变压器电感中的电流不能突变存储的磁场能量在变压器励磁电感和对地电容间形成振荡,从而出现过电压。

②变压器带负载合闸产生的过电压。在实际试验中,空载变压器合闸时曾检测到数倍于电源电压的过电压。其物理原理为:空载变压器可等值于一个励磁电感与变压器本身的等效电容的并联,如果变压器的中性点不接地,开关又是非周期合闸(一相或两相先合),由于馈线电容、变压器对地电容、纵向电容与变压器电感产生振荡,产生较高的过电压,特别是变压器中性点过电压较高。

虽然变压器基本上都是带负载合闸,但是变压器带上负载后合闸也会产生过电压,只是相对空载时要小些。在负载中有比较大的电容,由于电容的储能不会突然增加,再加上输送电缆在传输高频率的振荡电压时对地分布电容,这些电容对过电压有吸收作用。这两者的共同作用使变压器在合闸过程中的过电压受到抑制,但有时过电压仍然很高,甚至有可能高出元件的耐压值,这是很危险的。

③整流元件的换向过电压。整流元件在换向时,由于电压变化率很高,不仅会损坏元件,而且还会产生电磁干扰。

3. 再生类过电压

产生再生类过电压的主要原因有:负载减速时变频器减速时间设置过短,电动机受外力(如风机、牵伸机)影响或位能负载(如电梯、起重机)下落。由于这些原因,使电动机实际转速高于变频器的指令转速,即电动机转子转速超过同步转速,此时电动机的转差率为负,转子绕组切割旋转磁场产生的电磁转矩为阻碍旋转方向的制动转矩。因此,电动机实际上处于发电状态,负载的动能被"再生"成为电能。再生能量经逆变部分续流二极管对变频器直流储能电容器充电,使直流母线电压上升,这就是再生类过电压。

因再生类过电压产生的转矩与原转矩相反,为制动转矩,因此再生类过电压的过程也就是再生制动的过程。换句话说,消除了再生能量,也就提高了制动转矩。如果再生能量不大,因变频器与电动机本身具有20%的再生制动能力,且这部分能量将被变频器及电动机消耗掉。若这部分能量超过了变频器与电动机的消耗能力,直流回路的电容器将被充电,变频器的过电压保护动作,使运行停止。为避免发生这种情况,必须将这部分能量及时消耗掉,同时也提高了制动转矩,这就是再生制动的目的。

变频器负载突降会使负载的转速明显上升,使电动机进入再生发电状态,从负载侧向变频器中间直流回路回馈能量,短时间内能量的集中回馈可能会超出中间直流回路及其能量处理单元的承受能力而引发过电压故障。工艺流程限定了负载的减速时间,合理设置相关参数也不能减缓这一故障,系统也没有采取处理多余能量的措施,必然引发过电压保护动作跳闸。

多台电动机拖动同一个负载时会出现再生类过电压故障,主要由于负载匹配不佳引起。以两台电动机拖动一个负载为例,当一台电动机的实际转速大于另一台电动机的同步转速时,则转速高的电动机相当于原动机,转速低的处于发电状态,而引起再生类过电压。处理此类故障时需在传动系统增加负载分配控制装置,可以把处于传动速度链分支的变频器特性调节得软一些,即变频范围调得宽一些。

再生类过电压主要表现为三种现象:加速时过电压、减速时过电压、恒速时过电压。再生类过电压主要是指由于某种原因使电动机处于再生发电状态时,即电动机处于实际转速比变频器频率决定的同步转速高的状态,此时负载的传动系统中所存储的机械能经电动机转化成电能,通过逆变器的六个续流二极管回馈到变频器的中间直流回路中。此时的逆变器处于整流状态,如果变频器中没采取消耗这些能量的措施,这些能量会导致中间直流回路的电容器的电压上升,达到过电压限值而使保护动作。

4. 未使用变频器减速过电压自处理功能

为了避免过电压保护动作,大多数变频器专门设置了减速过电压的自处理功能。如果在减速过程中,直流电压超过了设置的电压上限值,变频器的输出频率将不再下降,暂缓减速,待直流电压下降到设置值以下后再继续减速。如果减速时间设置不合适,又没有利用减速过电压的自处理功能,就可能引起过电压保护动作。

经验总结	5. 中间直流回路对直流电压的调节程度减弱 变频器在运行多年后，中间直流回路电容器容量下降将不可避免，中间直流回路对直流电压的调节程度减弱，在工艺状况和设置参数未曾改变的情况下，发生变频器过电压跳闸的概率会增大，此时需要对中间直流回路电容器容量下降的情况进行检查。 6. 降速过程中制动电阻值太大 降速过程中制动单元没有工作或制动单元放电太慢，即制动电阻值太大；变频器内部过电压保护电路有故障，来不及放电；制动电阻和制动单元放电支路发生故障，实际并不放电。这些均无法及时释放回馈的能量而造成过电压

实例 6　数控车床，主轴跟随换刀一起动作

故障设备	FANUC 0i 数控车床
故障现象	一台刚投入使用不久的数控车床，开机时发现，当机床进行换刀动作时，主轴也随之转动
故障分析	查看机床说明书得知，该机床主轴转速是通过系统输出的模拟电压控制的，根据以往的经验，可能是主轴变频器的输入信号受到了干扰，因此，初步确认故障原因与线路有关。 为了确认，再次检查了机床的主轴驱动器、刀架控制的原理图与实际接线，可以判定在线路连接、控制上两者相互独立，不存在相互影响。 进一步检查主轴变频器的输入模拟量屏蔽电缆布线与屏蔽线连接，发现屏蔽该电缆的布线位置与屏蔽线的连接均不合理，存在强弱电线路绞线的情况
故障排除	将电缆重新布线并对其进行屏蔽处理（增加保护套、设置专门的屏蔽线槽等），故障消除
经验总结	强电周围有磁场，如果是强电与弱电距离过近，就会对弱电相关的信号传输产生影响。在实际的机床内部的布线中，必须将强电线路和弱电线路分开排列，必要时增加屏蔽保护套、线槽等，图 3-5 为一种专用的屏蔽线槽  图 3-5　专用的屏蔽线槽

实例 7　数控车床，主轴高速飞车故障

故障设备	FANUC 0TD 数控车床
故障现象	一台典型的 CK6140 数控车床，机床主轴为 V57 直流调速装置，当电源接通时，主轴就高速飞车
故障分析	造成主轴高速飞车的原因有： ①装在主轴电动机尾部的测速发电机故障； ②励磁回路故障，弱磁电流太小； ③速度设定错误。 根据以上分析，在停电状态下，用手旋转测速发电机，测速发电机反馈电压正常，在开机瞬间，测量励磁电压也正常。而主轴给定电压测得为 14.8V 也属于机床的正常范围，故初步诊断为数控系统主板故障
故障排除	该主板上与给定电压有关的电路较多，除电阻、电容、二极管等常规元件外，还有很多集成电路，不可能对所有的元件逐一测量，先分析故障大致范围，分部检测。但由于给定输出为 14.8V，因此怀疑是 15V 电源通过元件加到了输出上。由于无该数控系统主板的原理图等资料，采用最基本的测电阻的方法，从外到里逐个元件测量对 15V 电源的电阻值。最终发现一电阻块损坏，如图 3-6 所示，导致其输出与 15V 电源短接。更换后运行正常

故障排除	 图 3-6　损坏的电阻块
经验总结	当出现故障而又无法判断其具体部位时，先简单思考可能出现的原因，再进行逐一排查。在故障维修中最忌讳遇到困难就放弃、不经思考直接下手

实例 8　数控车床，主轴运行中突然急停

故障设备	FANUC 0TC 数控车床
故障现象	一台数控车床在运行中，采用直流电动机驱动，在程序加工过程中主轴突然急停
故障分析	首先要注意的是主轴急停不可能是由于主轴失电所引起，主轴失电的现象是主轴转速逐渐变慢直到停止。而主轴急停很可能是速度控制系统主回路的直流电流过大引起，原因有三： ①主轴电动机绕组短路； ②主轴驱动板上逆变器用的晶体管模块损坏； ③电路板故障。 首先用万用表检测主轴电动机绕组，阻值正常。接着检测驱动板输出信号，发现三项输出电压信号有偏差，卸下驱动板，检测逆变晶体管模块，发现已损坏
故障排除	更换晶体管模块，故障排除
经验总结	逆变器就是一种将直流电转变为交流电的电子设备，其中的逆变晶体管模块起着稳定电流平稳输出的作用。通常逆变晶体管损坏都是由于过热导致的，散热不良、输入电流瞬间过大引起的瞬时过热是其主要原因，因此需要保证散热系统的良好和接入电网系统的稳定。在实际应用时，一般工作温度不要超过 120℃。 晶体管模块是由多个功率晶体管及其附属电路构成的集成器件，如图 3-7 所示，主要用于电力电子装置的主电路中。  图 3-7　晶体管模块 各类电力电子装置往往需要多个相互关联的功率晶体管、二极管及驱动电路等一起工作。虽然这些装置的线路各种各样，但其主电路类型还是相对固定的，这就有可能按不同类型将主电路元件及线路的部分或整体封装在一个模块中。图 3-8 是两种典型的功率晶体管模块，图 3-9 为三相变频调速电路。

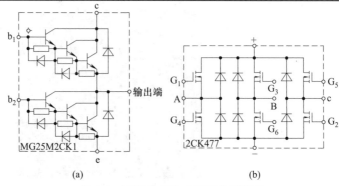

图 3-8　两种典型的功率晶体管模块

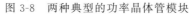

图 3-9　三相变频调速电路

经验总结	电子电路采用晶体管模块后,简化了元件封装、电路接线和冷却系统,减少了线路的分布参数的阻抗和耦合,使装置体积缩小,性能改善,提高了可靠性并降低了成本。功率晶体管的模块化是电力电子器件和线路发展的一大方向。模块在使用中,通常其中部分元件的损坏往往引起整个器件的失效,本例即是如此

实例 9　数控车床,主轴点动后运转不停且操作失灵

故障设备	FANUC 0TD 数控车床
故障现象	该数控车床在开机点动时,主轴运转不停且操作失灵,但无任何报警信息
故障分析	操作失灵一般有两个原因: ①操作面板失电; ②系统内软件出现错误。 此故障出现时,X 轴、Z 轴、T 转塔均可操作移动,只是主轴点动运转起来后停不下来,说明操作面板各键工作正常,故障出在主轴伺服单元的软件上。进一步分析技术资料,确定主轴伺服控制板上的数据出现错乱
故障排除	首先利用主轴伺服控制板上的短路销设置(类似于电脑主板上跳线帽),清除芯片现存内容,并对其进行初始化,然后依照机床设定参数,重新调整主轴速度参数后故障排除
经验总结	特别需要注意的是,在进行此操作前必须要将系统中的加工程序存储到 U 盘或其他存储介质上,以防重要数据丢失。 短路销就是把两根线或更多的线短接在一起,有插片和插头型的,还有焊点的(比如新的激光头上应用的即为焊点式短路销)。有时是为了配置不同而短接处理,或是防静电,不同的地方作用不一样,图 3-10 为常用的一种短路销 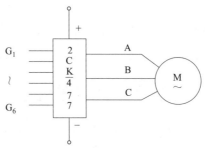 图 3-10　短路销

实例 10　数控车床，主轴速度异常波动

故障设备	FANUC 0T 数控车床
故障现象	该机床在加工中机床主轴运转突然出现速度往下大幅度波动的情况，从实际转速和显示器实际检测值上也可以看出，故障初发时可以很快恢复正常，但一段时间后，故障重复出现，已不能继续加工，并且无任何报警显示
故障分析	分析故障现象，应该是主轴驱动部分有故障。用转速表检测主轴故障时实际转速与 CRT 显示值发现二者相符，但比设定值小得多，说明检测元件没问题。打开电气柜，检查主驱动部分各指示灯，无异常。再检查主电动机电缆各接线端子等，发现与主电动机相连的 U、V、W 三项电缆中，其中有一项与主轴伺服单元的功率板连接处已烧成炭黑状，如图 3-11 所示。仔细观察，发现连接螺钉松开，属严重接触不良所致 图 3-11　连接处已烧成炭黑状的主轴伺服单元功率板
故障排除	将功率板取下，清除炭化部分，换下接线端子，重新连接后，机床运转正常
经验总结	由于接触不良，机床切削中遇到大的振动，接触不良加剧，阻值增大，引起发热，并伴随输出功率减小，转速下降，随着时间推移，故障越来越明显

实例 11　数控车床，主轴在点动时往返摆动

故障设备	FANUC 0i 数控车床
故障现象	该数控车床主轴在点动时往返摆动
故障分析	首先检查主轴电动机、主轴箱，并无异常。测量主轴驱动装置的工作电压时，发现 ±20V 直流电压的波纹竟然跌到 4V 峰值，明显是电源没有得到很好的稳压，将检测重点放在直流电源板上。目测发现直流电源板上的部分电容出现鼓泡、爆浆的情况
故障排除	将异常的滤波电容全部更换，主轴往返摆动的故障排除
经验总结	滤波电容用在电源整流电路中，用来滤除交流成分，使输出的直流更平滑。利用其充放电特性，使整流后的脉动直流电压变成相对比较稳定的直流电压。在实际中，为了防止电路各部分供电电压因负载变化而产生变化，所以在电源的输出端及负载的电源输入端一般接有数十至数百微法的电解电容，图 3-12 为常用的滤波电容。  图 3-12　滤波电容 50Hz 工频电路中使用的普通电解电容器，其脉动电压频率仅为 100Hz，充放电时间是毫秒数量级。为获得更小的脉动系数，所需的电容量高达数十万微法，因此普通低频铝电解电容器的目标是以提高电容量为主，电容器的电容量、损耗角正切值以及漏电流是鉴别其优劣的主要参数。而开关电源中的输出滤波电解电容器，其锯齿波电压频率高达数万赫兹，甚至是数十兆赫兹。这时电容量并不是其主要指标，衡量高频铝电解电容优劣的标准是"阻抗-频率"特性。要求在开关电源的工作频率内有较低的等效阻抗，同时对于半导体器件工作时产生的高频尖峰信号具有良好的滤波作用。

经验总结	普通的低频电解电容器在万赫兹左右便开始呈现感性,无法满足开关电源的使用要求。而开关电源专用的高频铝电解电容器有四个端子,正极铝片的两端分别引出作为电容器的正极,负极铝片的两端也分别引出作为负极。电流从四端电容的一个正端流入,经过电容内部,再从另一个正端流向负载;从负载返回的电流也从电容的一个负端流入,再从另一个负端流向电源负端

实例 12　数控车床，主轴停车时响声很大

故障设备	FANUC 0i 数控车床
故障现象	该数控车床在停车时产生很大的响声,其他状态无论是手动运行还是自动加工均无此现象
故障分析	检查启动、停车的过滤时间电位器和增益电位器时,发现电位器的调节箭头位置与该机床图纸中的箭头位置不符。启动、停车的过渡时间由图纸上的 15s 变成了 10s。增益电位器的箭头的错误位置使增益值比图纸上的增益参考值高了许多
故障排除	按图纸中的箭头位置重新调整,故障排除
经验总结	该机床的主轴电动机功率为 56kW,由于启动、停车的过渡时间比正常的时间缩短了 1/3,主轴电动机的机械惯性作用在齿轮上产生很大的声响,并使齿轮受损。增益过大使得超调严重,加上启动、停车的过渡时间过小,加剧了主轴机械的声响。 本例中所指的电位器是具有三个引出端、阻值可按某种变化规律调节的电阻元件。电位器通常由电阻体和可移动的电刷组成。当电刷沿电阻体移动时,在输出端即获得与位移量成一定关系的电阻值或电压。图 3-13 为一种典型的电位器。  图 3-13　电位器 2 电位器是一种可调的电子元件,图 3-14 为电位器结构及接线方式。它是由一个电阻体和一个转动或滑动系统组成。当电阻体的两个固定触点之间外加一个电压时,通过转动或滑动系统改变触点在电阻体上的位置,在动触点与固定触点之间便可得到一个与动触点位置成一定关系的电压。它大多是用作分压器,这时电位器是一个四端元件。电位器基本上就是滑动变阻器,其有多种样式,一般用在音箱音量开关和激光头功率大小调节上。 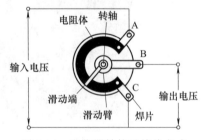 图 3-14　电位器结构及接线方式 用于分压的可变电阻器,在裸露的电阻体上,紧压着一至两个可移动金属触点。触点位置确定电阻体任一端与触点间的阻值。电位器按材料分线绕、碳膜、实心式电位器;按输出与输入电压比与旋转角度的关系分直线式电位器(呈线性关系)、函数电位器(呈曲线关系)。电位器主要参数为阻值、容差、额定功率,广泛用于电子设备

实例 13 数控车床，开机后无论在何种状态下主轴均不能转动

故障设备	FANUC 0i 数控车床
故障现象	该数控车床开机后无论在何种状态下，主轴均不能转动
故障分析	操作数控系统，发现主轴电动机无论正转反转都不能转动，打开控制柜观察发现主轴变频器已通电处于待机状态，继电器 KA1、KA2 均能按照数控系统的功能实现闭合，用万用表测量变频器的 VC1、GND 两脚发现没有电压，断电测试 VC1、GND 与 XS37 接口的连接线，发现 VC1 已开路，仔细观察，变频器外壳和端子接口处氧化锈蚀严重，如图 3-15 所示  图 3-15 氧化锈蚀严重的部位
故障排除	重新更换连接线，并焊接，通电测试，功能正常，故障排除
经验总结	观察此机床的工作环境，空气比较潮湿，旁边有多台线切割机，如图 3-16 所示。由于线切割加工的特点，导致其周围环境污染大、干扰大、空气湿度大，故紧靠着的数控机床内部的湿度较其他机床要高得多，裸露的金属部件很容易受潮生锈，必要的措施是在机床周围堆放木炭、锯末等，并定期晒干保持干燥，加强通风，这些都是不移动机床解决潮湿问题的方法  图 3-16 有多台线切割机的工作环境

实例 14 数控车床，主轴只能正转不能反转

故障设备	FANUC 0i 数控车床
故障现象	该数控车床开机后无论 JOG 模式、MDI 模式还是 MEM 模式，主轴只能正转不能反转
故障分析	操作数控系统，发现主轴电动机只能正转不能反转，打开控制柜观察发现变频器已通电处于待机状态，继电器 KA1、KA2 均能按照数控系统的功能实现闭合，用万用表测量发现无论 KA2 是否闭合，电压都没有变化，拆开继电器 KA2 观察发现 KA2 的触点已经损坏，如图 3-17 所示  图 3-17 故障部位

故障排除	更换新的 KA2,继电器通电测试,功能正常,故障排除
经验总结	图 3-18 为单位和双位触点的透明防水继电器。  图 3-18　单位和双位触点的透明防水继电器 　　触点是电磁式继电器的最重要组成部分之一,如图 3-19 所示。触点的性能受到诸如触点材料、接触压力、负载类型、工作频率、大气环境、触点配置及跳动等因素的影响。如果其中的因素不能满足预定值,可能会发生诸如触点间的金属电化学腐蚀、触点熔焊、磨损、触点电阻快速增加等点接触问题。触点的额定负载是指电磁式继电器允许分断的电压和电流,负载的大小决定了电磁式继电器控制的电压和电流大小。电磁继电器在使用过程中不能超过这两个值,否则会很容易造成继电器触点的损坏。  图 3-19　继电器的触点 　　触点的接触形式有三种,即点接触、线接触和面接触。就电磁继电器而言,触点的接触形式多为点接触。市面上常见的电磁继电器有一组触点、两组触点和三组触点的。为了保证在试验过程中最大程度避免触点本身因为质量问题造成的偶然失效,并尽可能保证在最大空间内检测触点接触压力,所以试验过程中放弃选取具有一组触点和三组触点的电磁继电器,而选择具有两组触点的电磁继电器。 　　在通电状态下,动、静触点脱离接触时,如果被分断电路的电流超过某一数值(不同继电器触点材料不同,额定电流也不同),或分断后加在触点间隙两端电压超过某一数值(不同继电器触点材料不同,额定电压也不同)时,触点间隙中就会产生电弧。电弧实际上是触点间气体在强电场下产生的放电现象,产生高温并发出强光和火花。电弧的存在,既烧损触点金属表面,降低电器寿命,又延长了电路的分断时间,甚至造成继电器接触失效,严重时会引起火灾或气体事故。所以要准确地检测出触点接触压力的变化规律,必须保证在试验过程中,电磁继电器分断的电流以及施加在继电器触点两端的电压不能超过额定值。 　　在动、静触点接触时,必须施加一个外加压力保证动、静触点间电接触良好,这个压力通常被称为触点的接触压力。触点的接触压力对于电磁继电器触点来讲是一个很重要的参数,在产品进行初始设计时要经过多次试验才能选取得较为合适。如果将触点的接触压力选得比较小,就满足不了继电器可靠性方面的要求;如果将触点的接触压力选取的比较大,就需要增大继电器的操作功能,对反作用弹簧的要求也需要提高,在技术上不经济。 　　触点接触压力有如下几个作用: 　　①保证动、静触点的良好接触,使继电器接触电阻尽量小; 　　②防止表面膜的生长和接触面的污染; 　　③抑制触点的弹跳,使触点在闭合时的碰撞得以缓冲,将碰撞的动能转化为弹性势能,进而抑制触点的弹跳。 　　触点失效模式 　　1. 电弧侵蚀 　　触点材料电弧侵蚀是指电极表面受电弧热流输入和电弧力的作用,使触点材料以蒸发或液体喷溅、固态

经验总结	脱落等形式脱离触点本体的过程。电弧侵蚀是限制密封继电器工作寿命和工作可靠性的关键因素,也是引起触点材料损失的主要形式。影响电弧侵蚀的主要因素,一是电弧特性及其对电极热流和力的作用,二是触点材料对电弧热、力作用的响应。 　2. 触点粘结与熔焊 　①触点粘结是指表面完全清洁的两触点由于金属表面原子接近到晶格距离,靠原子的相互吸引而结合的继电器触点现象。如果相互接触的触点,表面存在微观尖峰,由于触点的接触压力使尖峰发生塑性变形,或由于扩展接触而显著增加时,触点就会发生严重的粘结现象,导致触点工作失效。 　②触点的熔焊是指两电极接触区域靠金属熔化而结合在一起的现象,根据形成原因,熔焊可分为静熔焊和动熔焊。由接触电阻产生的焦耳热使两触点接触部分熔化,结合而不能断开的现象称为静熔焊;而在触点控制外部电路的过程中,触点的接触压力在零值及以上附近变化时,触点之间产生液态金属桥接,或由于电弧热流使触点熔化而发生的熔焊现象则称为动熔焊。 　3. 金属迁移 　当用密封继电器控制外部电路时,与外部电路正极连接的触点为正极,另一触点则为负极,正、负极之间形成电场。在电场的作用下,处于负极的触点将逐渐失去金属分子而形成凹陷口子,直至成为洞口,处于正极的触点将逐渐得到金属分子而形成微尖峰或锅底形凸出。随着密封电器动作次数的增加,势必引起产品的失效。 　4. 清洗污染 　在密封继电器动、静簧片的加工阶段,簧片清洗完毕后从清洗液中取出时,其上黏附的清洗液在表面张力作用下富集于触点部位,当清洗液挥发后,其中的污染物(原清洗液或空气中吸附的尘埃)干固在触点周围。触点工作过程中,这种黏附物在负荷作用下部分地烧蚀了,或形成电阻相当高的覆盖层即外膜,造成接触不良或完全绝缘

实例 15　数控车床,机床可以正常通电和进行其他操作但主轴不能转动

故障设备	FANUC 0i 数控车床
故障现象	该机床开机后,机床可以正常通电和进行其他操作,主轴不能转动
故障分析	开机后机床有电,手动操作数控系统,发现主轴电动机无论正转反转都不能转动,故此判断与电源有关。在做好绝缘措施后用万用表测量,发现主轴变频器的电源输入缺相,按照电源线查找故障源头,发现其中的一个空气开关已经发黑,并且已有烧煳的焦味,图 3-20 即为已经烧坏的空气开关  图 3-20　烧坏的空气开关
故障排除	更换新的空气开关,此故障即被排除
经验总结	此台机床的设计从安全考虑增加了空气开关,虽然从检修的方面增加了便利,但如果机床内部湿度过大则会导致接口端子氧化,影响开关工作。而机床在运行中,电流也在不断变化,有时会出现瞬间电流过大的情况,对于质量稍差的空气开关,很容易击穿、烧毁。 　空气开关,又名空气断路器,是断路器的一种,如图 3-21 所示,是一种只要电路中电流超过额定电流就会自动断开的开关。  图 3-21　空气开关

续表

经验总结	空气开关是低压配电网络和电力拖动系统中非常重要的一种电器,它集控制和多种保护功能于一身。除能完成接触和分断电路外,还能对电路或电气设备发生的短路、严重过载及欠电压等进行保护,同时也可以用于不频繁地启动电动机。 空气开关对周围环境有一定的要求: ①周围空气温度:周围空气温度上限+40℃;周围空气温度下限-5℃;周围空气温度24h的平均值不超过+35℃。 ②海拔:安装地点的海拔不超过2000m。 ③大气条件:大气相对湿度在周围空气温度为+40℃时不超过50%;在较低温度下可以有较高的相对湿度;最湿月的月平均最大相对湿度为90%,同时该月的月平均最低温度+25℃,并需要考虑因温度变化发生在产品表面上的凝露。 ④污秽等级:污秽污染等级为3级。 超过这些条件,应注意经常观察其工作状态,发现问题及时处理

实例 16 数控车床,主轴启动后随即停转

故障设备	FANUC 0i 系统的 CK6140 型数控车床
故障现象	数控车床 CK6140,主轴电动机启动后随即停转,车床背板处有火花闪现,有胶皮烧煳的味道
故障分析	由于出现火花,有胶皮烧煳的味道,并且是主轴电动机出现的问题,则判断其主要故障可能是主轴电动机电路某处短路。检查主轴电动机回路,发现主轴电动机电源线与传动带相互摩擦,如图 3-22 所示的位置,从而造成电源线部分裸露,由于电动机启动时产生的振动,造成电动机回路瞬时短路  图 3-22 故障部位
故障排除	将裸露电源线包好,选择合适位置将电源线固定好,故障排除
经验总结	由于长时间的强力切削,数控机床的电线振动、摆动都会比较大,容易出现脱位、缠绕等现象,如果在日常巡检中发现应立即固定,这里需要强调的是不建议使用塑料捆扎带紧固,机床的工作环境会导致捆扎带变软、变脆直至失效断裂。正确的固定方法是用绝缘胶带和包皮的铜线一起固定电线,这样既能起到绝缘的作用,又能防止固定线的断裂

实例 17 数控车床,主轴不能改变转速

故障设备	FANUC 0TD 数控车床
故障现象	该数控车床开机后调试正常,在自动模式下输入指令 M03 S800 后,主轴旋转,但转速不能改变
故障分析	由于该机床主轴采用的是变频器调速,在自动方式下运行时,主轴转速是通过系统输出的模拟电压控制的。利用万用表测量变频器的模拟电压输入,发现在不同转速下,模拟电压有变化,说明 CNC 工作正常。 进一步检查主轴的方向输入信号发现正确,因此初步判定故障原因是变频器的参数设定不当或外部信号不正确。经检查变频器参数设定,发现参数设定正确;检查外部控制信号,发现在主轴正转时,变频器的多级固定速度控制输入信号中有一个被固定为"1",而正常情况下固定速度信号应被放开,故障即产生于此
故障排除	断开此信号后,主轴恢复正常运作
经验总结	在数控机床上,对主轴的速度控制的方式有多种,常见的有面板控制、参数修改、指令方式,而本例中的速动控制参数位于主轴变频器部位,由于较少接触,很容易被操作者忽略。 对于变频器的多级固定速度控制,以 3G3RV-ZV1 系列变频器进行说明,其实物图如图 3-23 所示。

图 3-23 3G3RV-ZV1 系列变频器

经验总结

3G3RV-ZV1 系列变频器通过 16 段的频率指令和 1 个点动频率指令,最多可进行 17 段速切换。

在多功能输入端子功能中,通过多段速指令 1～3 及点动频率选择的 4 种功能,进行 9 段速运行的示例如下。

1. 相关参数

为切换频率指令,请将功能触点输入端子(S5～S8)中的任意一个设定为多段速指令 1～3 及点动频率选择。不使用的端子无需进行设定。

2. 设定示例

多功能触点输入(H1-03～H1-06)见表 3-1。进行下表设定时的多功能指令及多功能触点输入的组合。

表 3-1 多功能触点输入

端子	参数 NO	设定值	内　　容
S5	H1-03	3	多段速指令 1[设定多功能模拟量输入 H3－09＝2(辅助频率指令)时,与主速度/辅助速度切换兼用]
S6	H1-04	4	多段速指令 2
S7	H1-05	5	多段速指令 3
S8	H1-06	6	点动(HOG)频率选择(优先于多段速指令)

设定多段速指令 1～3 及点动频率选择的多功能触点输入端子 S5～S8 的 ON/OFF 的组合不同,所选择的频率指令也不同,组合示例见表 3-2。

表 3-2 多功能指令及多功能接点输入的组合示例

级速	端子 S5 多段速指令 1	端子 S6 多段速指令 2	端子 S7 多段速指令 3	端子 S8 点动频率选择	所选择的频率
1	OFF	OFF	OFF	OFF	频率指令 1d1-01,主速频率
2	ON	OFF	OFF	OFF	频率指令 2d1-02,辅助频率 1
3	OFF	ON	OFF	OFF	频率指令 3d1-03,辅助频率 2
4	ON	ON	OFF	OFF	频率指令 4d1-04
5	OFF	OFF	ON	ON	频率指令 5d1-05
6	ON	OFF	ON	OFF	频率指令 6d1-06
7	OFF	ON	ON	OFF	频率指令 7d1-07
8	ON	ON	ON	OFF	频率指令 Sd1-08
9				ON	频率指令 9d1-17

注:端子 S 的点动频率选择优先于多段速指令。

3. 设定上的注意事项

将模拟量输入设定为第 1 段速、第 2 段速、第 3 段速时,应注意以下事项:

①1 段速。将端子 Al 的模拟量输入设定为第 1 段速时,将 bl-01 设定为 1;将 dl-01(频率指令 1)设定为第 1 段速时,请将 b1l-01 设定为 0。

②2 段速。将端子 A2(或 A3)的模拟量输入设定为第 2 段速时,请将 H3-09(A3 时为 H3-05)设定为辅助频率指令 1;将 dl-02(频率指令 2)设定为第 2 段速时,请不要将 H3-09(A3 时为 H3-05)设定为 2。

③3 段速。将端子 A3(或 A2)的模拟量输入设定为第 3 段速时,请将 H3-05(A2 时为 H3-09)设定为辅助频率指令 2;将 dl-03(频率指令 3)设定为第 3 段速时,请不要将 H3-05(A2 时为 H3-09)设定为 3。

④9 段速运行时的运行指令的输入方式如表 3-3 所示,多段速指令/点动频率选择的时序图如图 3-24 所示

表 3-3 运行指令的输入方式

参数 NO	名称	内　　容	设定范围	出厂设定
b1-02	运行指令的选择	设定运行指令的输入方法 0:数字式操作器 1:控制回路端子(顺控输入) 2:MEMOBUS 通信 3:选购卡	0～3	1

经验总结

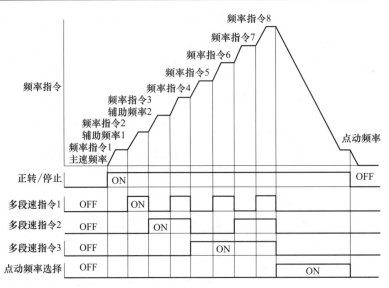

图 3-24　多段速指令/点动频率选择的时序图

实例 18　数控车床,主轴高速时出现异常振动

故障设备	FANUC 0TA 数控车床
故障现象	FANUC 0TA 数控车床,当主轴在高速 3000r/min 以上旋转时,机床出现异常振动
故障分析	数控机床的振动与机械系统的设计、安装、调整以及机械系统的固有频率、主轴驱动系统的固有频率等因素有关,其原因通常比较复杂。但在本机床上,由于故障前交流主轴驱动系统工作正常,可以在高速下旋转,且主轴不仅在超过 3000r/min 时有振动产生,在任意转速下振动均存在,可以排除机械共振的原因。 　　检查机床机械传动系统的安装与连接,未发现异常,且在脱开主轴电动机与机床主轴的连接后,从控制面板上观察主轴转速、转矩显示,发现其值有较大的变化,因此初步判定故障在主轴驱动系统的电气部分。经仔细检查机床的主轴驱动系统连接,最终发现该机床的主轴驱动器的接地线连接不良,故障很有可能由此产生
故障排除	将机床主轴驱动器的接地线重新连接后,机床恢复正常
经验总结	在数控机床中,接地线就是接在电气设备外壳等部位及时地将各种原因产生的不安全的电荷或者漏电电流导出线路,以保证系统的电压稳定。 　　机床接地主要有两大作用: 　　1. 工作接地的作用 　　在工作和事故情况下,保证电气设备可靠地运行,降低人体的接触电压,迅速切断故障设备,降低电气设备和输电线路的绝缘水平。 　　2. 保护接地的作用 　　如果电气设备没有接地,当电气设备某处绝缘损坏时,外壳将带电,同时由于线路与大地间存在电容,人

续表

经验总结	体触及此绝缘损坏的电气设备外壳,则电流流经人体形成通路,将有触电危险。设有接地装置后,接地短路电流将同时沿着接地体和人体两条通路流过,接地体电阻越小,流经人体的电流将越小,使人体避免触电的危险。 　　如果车间有公共地线,就接在公共地线上,如图 3-25 所示。如果没有,就要做一个地线。  图 3-25　接在公共地线上 　　接地通常的做法是,在靠近机床的地面,把接地铜棒打入地下,如图 3-26 所示,然后,把机床的接地线直接连接到接地铜棒上,连接机床和铜棒的接地线尽可能短,不要绕成圈,接地线的横截面积最少要和三相电源的进线一样粗。  图 3-26　接地铜棒打入地下 　　机床电气设备的接地线不小于 16mm^2,可编程控制器的接地线不小于 2.5mm^2,且所有接地线均采用多股线,即里面有多根铜线,型号为 RV,接头用铜鼻子,2.5mm^2 的可用铜鼻子也可搪锡

实例 19　数控车床,主轴速度达不到指定速度

故障设备	FANUC 0T 数控车床
故障现象	一台老式机床,机床开机后,主轴仅仅可以实现低速旋转,转速无法达到指令数值
故障分析	由于主轴驱动器无报警显示,且主轴出现低速旋转,可以基本确认主轴驱动器无故障。在本机床上,经测量主轴模拟量输入、主轴转向信号输入正确,因此排除了系统不良、主轴输入模拟量的极性与主轴的转向输入信号不一致的可能性。 　　由于此机床为老式机床,经过多年使用,参数可能重新设置过,因此将重点放在检查主轴驱动器的参数上。发现该主轴中驱动器在未使用外部"主轴倍率"调整的情况下,主轴驱动器参数上却设定了外部"主轴倍率"生效,因此主轴转速倍率被固定在"0",引起了上述故障
故障排除	修改参数后,主轴工作恢复正常,故障排除
经验总结	一般来说,调整主轴倍率的方式有两种,即操作面板的倍率开关、数控系统的倍率设置,而在主轴驱动器上设置的情况并不多见,在很多系统中驱动器的主轴倍率设定与外部主轴倍率的调整相互关联,并不能一起有效。 　　注意,这种关联不是互锁。互锁是几个回路之间,利用某一回路的辅助触点,去控制对方的线圈回路,进行状态保持或功能限制,实现相互制约。一般互锁应用的场合,是有相反动作的控制线路,如工作台上下左右移动,电动机正反转,等等

实例 20　数控车床，主轴速度不稳导致螺纹加工出现"乱牙"

故障设备	FANUC 0TD 数控车床
故障现象	该数控车床，在 G32 车螺纹时，出现起始段螺纹"乱牙"的故障，如图 3-27 所示  图 3-27　"乱牙"的螺纹
故障分析	数控车床加工螺纹，其实质是主轴的角位移与 Z 轴进给之间进行的插补，"乱牙"是由于主轴与 Z 轴进给不能实现同步引起的。 由于该机床使用变频器作为主轴调速装置，主轴速度为开环控制，在不同的负载下，主轴的启动时间不同，且启动时的主轴速度不稳，转速亦有相应变化，导致了主轴与 Z 轴进给不能实现同步
故障排除	解决以上故障的方法有如下两种： ①通过在主轴旋转指令(M03)后、螺纹加工指令(G32)前增加 G04 延时指令，保证在主轴速度稳定后，再开始螺纹加工； ②更改螺纹加工程序的起始点，使其离开工件一段距离，保证在主轴速度稳定后，再真正接触工件，开始螺纹的加工。 采用以上方法的任何一种都可以解决该例故障，实现正常的螺纹加工
经验总结	此例与之前出现的实例一样，主轴启动变速时间不同，且启动时主轴速度不稳定，转速亦会有相应的变化，螺纹切削开始是从检测出主轴上的位置编码器一转信号后开始的，因此可能导致 X 轴与 Z 轴进给不能实现同步，可通过修改程序的方法解决。如果是设计制造较好的数控机床，螺纹刀在接触工件加工螺纹时会自动延时进行匹配

实例 21　数控车床，自动加工后主轴只能手动停机

故障设备	FANUC 0i 数控车床
故障现象	该数控车床在完成加工后，主轴不能自动停止还在持续运转，只能手动操作面板将主轴停止
故障分析	首先根据故障现象可以排除伺服电机的问题，因为该故障并没影响到加工过程。再检查程序，也没有发现问题。此时考虑到主轴的刹车功能，由于手动可以操作主轴停转，这方面的原因也被排除。继续检查负责控制主轴的主轴变频器制动单元，发现其外壳温度很高，将其卸下发现内部部分元器件已经老化、积垢严重，如图 3-28 所示，故障即产生于此  图 3-28　出现故障的主轴变频器制动单元
故障排除	由于此变频器简单修理后无法达到使用要求，故更换新的主轴变频器，故障再也没有出现
经验总结	变频器制动单元主要用于控制机械负载比较重的、制动速度要求非常快的场合，将电机所产生的再生电能通过制动电阻消耗掉，或者是将再生电流反馈回电流。每个变频器都有制动单元(小功率的称为制动电阻)，小功率的是内置的，大功率的是外置的

实例22　数控车床，加工工件有波纹和振纹

故障设备	FANUC 0i 系统
故障现象	数控卧式车床采用 FANUC 0i 系统,车削端面时,出现明显的波纹;车削矩形槽和切断工件时,槽底有明显的振纹,而且刀具有较大的振动
故障分析	常见的故障原因有主轴轴承间隙过大、滚珠丝杠有故障、主轴驱动电路有故障。 ①主轴轴承间隙调整不当可能会引起主轴径向跳动和轴向窜动,在加工中会引起表面振纹。本例因是端面振纹,因此轴线窜动的因素比较多。 ②进给传动部分滚珠丝杠有故障也会导致加工表面出现振纹。 ③步进电动机出现故障,驱动电路有故障也可能导致进给速度不稳定引发表面振纹。 故障诊断: ①用故障重现的方法检查车外径时的状态,发现在车削外径时未出现波纹和振动痕迹,可判断故障在 X 轴不在 Z 轴。 ②用机电综合分析的方法,打开电气柜,检查 X 轴步进电动机的驱动板,五项输出电压显示正常,对应的环分信号输出指示灯全部发亮,表明输出信号正常。 ③检查 X 轴的滚珠丝杠,各部分均处于完好状态。 ④经过多次的故障重现和仔细观察,发现在靠近车床头部时,工件振动很大,振动痕迹比较明显,加工大直径的工件时,振动更明显。由此判断是主轴与轴承之间的间隙过大引发故障。 ⑤断电后打开主轴箱进行检查,测试间隙,证实故障原因。排除故障时,应按技术要求进行主轴轴承间隙的调整。值得注意的是,在主轴轴承间隙调整中应严格控制间隙值,过大的间隙不能排除故障,过小的间隙,会导致主轴发热,引发轴承过早磨损
故障排除	经过仔细的调整和检测,端面出现振纹的故障排除
经验总结	轴承间隙又称为轴承游隙,即指轴承在未安装于轴或轴承箱时,将其内圈或外圈的一方固定,然后使轴承游隙未被固定的一方做径向或轴向移动时的移动量。根据移动方向,可分为径向游隙和轴向游隙。运转时的游隙(工作游隙)的大小对轴承的滚动疲劳寿命、温升、噪声、振动等性能有影响。图 3-29 为单个轴承的结构图,图 3-30 为数控车床的主轴轴承位置 图 3-29　单个轴承结构图　　图 3-30　数控车床的主轴轴承位置

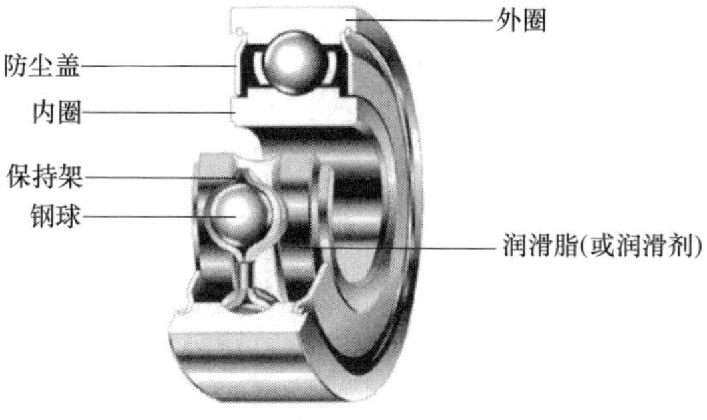

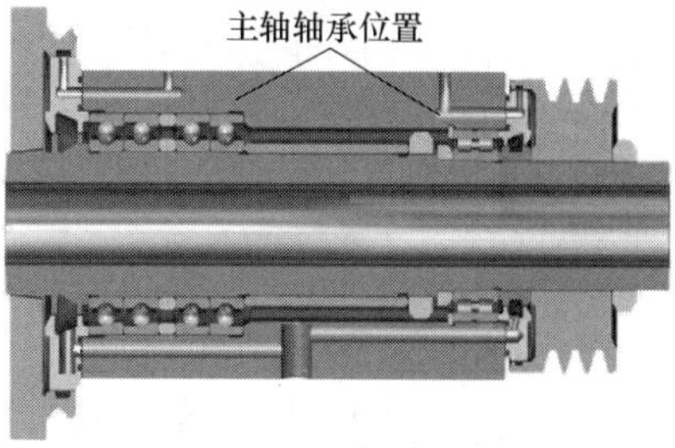

实例23　数控车床，开机后主轴不转动

故障设备	FANUC 0TD 系统数控卧式车床
故障现象	FANUC 系统数控卧式车床开机后出现主轴不转动故障
故障分析	分析主轴不能转动的原因,需要沿主轴驱动和传动系统进行逐级检查。若驱动正常,可沿机械传动系统进行检查,常见的原因为传动键损坏、V 形带松动、制动器异常、轴承故障等。 ①检查驱动电路,处于正常状态。 ②检查电动机及其输出轴的传动键,处于完好状态。 ③检查 V 带,无损坏;调整 V 带松紧程度,主轴仍无法转动。 ④检查测量电磁制动器的接线和线圈,均正常。 ⑤检查制动器弹簧和摩擦盘,处于完好状态。 ⑥检查传动轴及其轴承,发现轴承因缺乏润滑"抱轴"而烧毁。 ⑦拆下传动轴,用手转动主轴,主轴回转状况正常

故障排除	①更换损坏的轴承,仔细装配和调整后进行试车,主轴转动正常,排除主轴不能转动的故障。 ②合理调整主轴制动的时间,调整摩擦盘与衔铁之间的间隙,调整时先松开螺母,均匀地调整4个螺钉,使衔铁与摩擦盘之间的间隙为1mm,用螺母将其锁紧后试车,主轴的制动时间在规定范围以内。 ③检查主轴传动系统的润滑系统,轴承的润滑状态,防止相关轴承出现类似的故障
经验总结	对于机床主轴的保养,降低轴承的工作温度,经常采用的办法是添加润滑油。润滑方式有油气润滑、油液循环润滑两种。对于主轴的润滑同样有两种方式:油雾润滑方式和喷注润滑方式。大多数机床都具有主轴部件,有的机床只有一个主轴部件,有的则有多个。机床主轴指的是机床上带动工件或刀具旋转的轴,通常由主轴、轴承和传动件(齿轮或带轮)等组成。主轴部件是机床的执行件,它的功能是支承并带动工件或刀具,完成表面成形运动,同时还起传递运动和转矩、承受切削力和驱动力等作用。 下面具体介绍一下机床保养中常见的三种润滑保养方式。 (1)油脂润滑方式 这是目前在数控机床的主轴轴承上最常用的润滑方式,特别是在前支承轴承上。当然,如果主轴箱中没有冷却润滑油系统,那么后支承轴承和其他轴承,一般采用油脂润滑方式。 (2)油液循环润滑方式 在数控机床主轴上,有采用油液循环润滑方式的。装有GAMET轴承的主轴,即可使用这种方式。对一般主轴轴承来说,后支承轴承上采用这种润滑方式比较常见。 (3)油雾润滑方式 油雾润滑方式是将油液经高压气体雾化后从喷嘴成雾状喷到需润滑的部位。由于是雾状油液吸热性好,又无油液搅拌作用,所以常用于高速主轴轴承的润滑。但是,油雾容易吹出,污染环境

实例24 数控车床,主轴无法变速

故障设备	FANUC系统数控卧式车床
故障现象	某数控卧式车床,主轴变速无法实现
故障分析	主轴变速无法实现的常见机械故障原因: ①拨叉液压系统故障,如液压泵、电磁阀、液压缸故障等; ②拨叉磨损或损坏; ③传动齿轮故障; ④连接部位松动等; ⑤传动轴轴承损坏。 故障诊断: ①检查液压系统,按变速指令运行正常; ②检查传动齿轮,各传动齿轮完好无损; ③检查各连接部位和连接零件,处于正常状态; ④检查传动轴承,无阻滞和异常噪声,润滑状态完好; ⑤检查拨叉,发现拨叉有磨损现象,进一步进行变速运行检查,发现拨叉在拨动变速齿轮时不能到位,故障原因诊断为拨叉磨损
故障排除	①更换拨叉重新进行变速运行,主轴变速运行正常; ②检查活塞的行程与滑移齿轮的定位是否协调,进行适当的调整,避免拨叉过载; ③按液压原理图检查和调整变速液压回路的压力,避免变速液压缸压力过大,产生冲击。 经过以上维修作业,主轴变速不能实现的故障排除,同时能有效预防拨叉的早期磨损
经验总结	在本例故障中,变速液压缸的调整成为今后避免此故障的一个关键点,否则继续产生冲击还会导致拨叉磨损。图3-31为一种典型的变速液压缸。  图3-31 一种典型的变速液压缸 变速液压缸的一个重要的作用就是实现液压机械的无级变速,其由液压调速机构和机械变速机构及分、汇流机构组成,是一种液压功率流与机械功率流并联的新型传动形式。通过机械传动实现传动高效率,通过液压传动与机械传动相结合实现无级变速。与传统的机械式有级变速器相比,液压机械无级变速器有以下特点:

经验总结	① 能自动适应负荷和阻力的变化,实现无级变速; ② 以液体为传力介质,大大减轻传动系统动载,易防止发动机超载和熄火,可提高有关零部件的寿命,对工作条件恶劣的工程机械尤为重要; ③平稳工作,能吸收和衰减振动,减少冲击和噪声; ⑤操作轻便,便于实现与机械设备的对接; ⑥ 与纯机械传动相比,传动效率不很高,对变量泵和定量马达及液压系统要求较高,制造及使用成本较高。 该传动综合了液压传动和机械传动的主要优点,兼有无级调速性能和较高的传动效率,因此在大功率拖拉机、汽车、工程机械、坦克、电力机械等许多领域有着良好的应用前景

实例 25　数控车床,主轴变速箱噪声过大

故障设备	FANUC 0MC 系统数控卧式车床
故障现象	该数控卧式车床主轴变速箱噪声过大
故障分析	1. 常见的故障原因 ①带轮动平衡差; ②主轴与电动机传动带张力过大; ③传动、变速齿轮啮合间隙不均匀,齿轮损坏。 2. 故障诊断 ①拆卸传动带轮进行动平衡检测,按有关技术参数进行判定,本例大、小传动带轮均处于合格动平衡状态; ②按有关技术参数检查传动带的张紧力,本例传动带的张紧力在许可的范围内; ③检查传动齿轮和变速齿轮的啮合间隙及啮合宽度等,发现一个传动齿轮齿面磨损严重,如图 3-32 所示,有一组齿轮啮合间隙较小 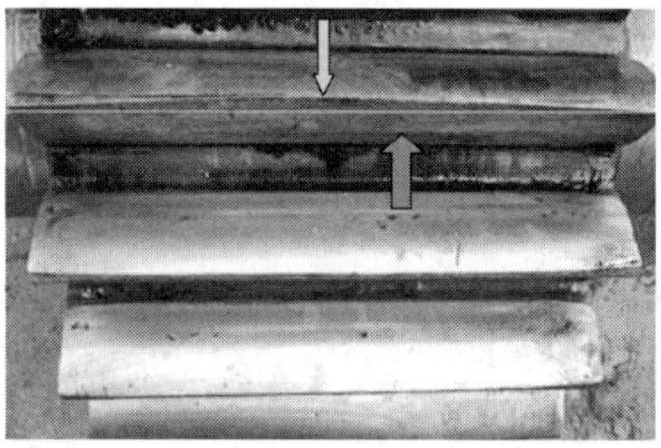 图 3-32　磨损严重的传动齿轮齿面
故障排除	根据故障诊断,本例的主轴变速箱噪声由齿轮啮合状态不良引起。由此采用以下维修方法: ①检测间隙较小的齿轮副,采用齿距误差和公法线长度变动量等方法检测齿轮的等分精度和尺寸精度,并用常规的齿轮啮合间隙检测方法检测啮合状态的实际间隙。本例应用齿轮替换的方法进行试车,发现噪声有明显降低。 ②更换齿面磨损和局部破损的传动齿轮,试车发现噪声进一步减低,主轴运转正常。 ③检查主轴变速箱的润滑系统,避免润滑不良引发不正常磨损。 ④检查张紧装置的稳定性,调整传动带的张紧力,避免张紧力过大,引起噪声
经验总结	一般来说,传动齿轮齿面磨损的原因有以下几点: ①微粒进入齿面。避免方法:注意工作产所的清洁与卫生。 ②齿面不够光滑。避免方法:加入一定的润滑油即可。 ③光滑度不够。避免方法:加入润滑油即可

实例 26　数控铣床,主轴箱噪声大

故障设备	FANUC　0i 系统数控卧式车床
故障现象	该数控铣床在使用一段时间后,出现主轴箱噪声大的故障
故障分析	分析导致主轴箱噪声大的故障常见的原因如下: ①主轴、传动轴部件故障原因:主轴部件动平衡精度差;主轴、传动轴轴承损坏;传动轴变形弯曲;传动齿轮精度变差;传动齿轮损坏;传动齿轮啮合间隙大等。 ②带传动故障原因:传动带过松;多传动带传动各带长度不等。 ③润滑环节原因:润滑油品质下降;主轴箱清洁度下降;润滑油量不足

故障排除	拆卸主轴部件进行检查,按主轴箱噪声大的常见故障原因,检查主轴、传动部件、传动带和主轴润滑,发现主轴轴承间隙过小,传动带较松,润滑油不够清洁。为此,采用以下维修方法: ①拆卸和更换轴承。按技术资料核对轴承的精度等级、型号和调整间隙;按配对使用的要求检查新轴承质量;拆卸旧轴承;清洗轴承装配部位并检查轴颈部精度;按规范作业方法装配新轴承;按间隙要求调整轴承的间隙。 ②检查和更换传动带。按技术资料核对传动带的型号,检查新传动带的质量(表面、齿形、长度等),按技术要求调整带的张紧量。 ③检查和改善润滑系统。检查主轴箱清洁度(本例主轴箱底部略有油垢积淀),清洗油箱和有关环节;按技术要求更换规定的润滑油,按说明书规定检查润滑油的油量。 ④修复检查。按规范装配主轴部件;试运转,检查主轴的温升、噪声、主轴颈和内锥面的全跳动等技术要求,用噪声技术标准要求测定主轴箱的噪声。 本例数控铣床主轴部分经过以上维修和保养,主轴箱噪声大的故障被排除
经验总结	1. 滚动轴承故障维修应掌握的要点 ①准确判断轴承的故障:滚动轴承经过长期使用,会磨损或损坏。磨损后的轴承使工作游隙增大或表面产生麻点、裂纹、凹坑等缺陷,这些将使轴承工作时产生剧烈的振动和更严重的磨损。轴承磨损或损坏的原因和一般诊断方法如表 3-4 所示。

表 3-4   滚动轴承常见的故障形式及原因

序号	声音	原因	排除方法
1	金属尖音(如哨声)	润滑不够,间隙小	检查润滑、调整间隙
2	不规则声音	有夹杂物进入轴承中间	清洗轴承、维护防护装置
3	粗嘎声	滚子槽轻度腐蚀剥落	更换轴承
4	冲击声	滚动体损坏,轴承圈破裂	
5	轰隆声	滚子槽严重腐蚀剥落	
6	低长的声音	滚子槽有压坑	

②轴承孔精度的维修方法:当拆卸轴承时,发现轴颈或轴承座孔磨损,此时可采用镀铬或镀铁的方法使轴颈的尺寸增大或使座孔的尺寸减小,然后经过磨削或镗削达到要求的尺寸。

③轴承游隙的消除方法:消除主轴轴承的游隙,目的是为了提高主轴回转精度,增加轴承组合的刚性,提高切削零件的表面质量,减少振动和噪声。

消除轴承的游隙通常采用预紧的方法,其结构形式有多种。图 3-33(a)、(b)为弹簧预紧结构,这种预紧方法可保持一固定不变的、不受热膨胀影响的附加负荷,通常称为定压预紧。图 3-34(c)、(d)为分别采用不同长度的内外圈预紧结构,在使用过程中其相对位置是不会变化的,通常称为定位预紧。

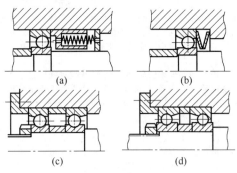

图 3-33   主轴轴承预紧的方式

2. 向心推力预加载荷的选择

主轴预加载荷的大小只根据所选用的轴承型号而定。预加载荷太小达不到预期的目的;预加载荷太大会增加轴承摩擦,运转时温升太高,降低轴承的使用寿命。对于同一类型轴承,外径越大,宽度越宽,承载能力越大,则预加载荷也越大。常用的向心推力球轴承预加载荷可参见表 3-5

续表

| 经验总结 | 表 3-5 成对组装向心推力球轴承预加载荷 | | | | | | N |

内径代号	型号			内径代号	型号		
	36100	36200	36300		36100	36200	36300
03	75	110	150	10	210	320	465
04	95	135	190	11	240	350	500
05	115	150	230	12	270	380	540
06	135	180	280	13	300	420	590
07	150	220	325	14	350	460	625
08	170	240	370	15	400	510	690
09	195	275	415	16	450	580	750

实例 27 数控车床，主轴转速上不去

故障设备	FANUC 0T 数控车床
故障现象	机床通电后，主轴无论是输入正转指令，还是输入反转指令，都只能以很低的速度缓慢旋转，转速不能上升到指令所设定的速度，且没有出现任何报警
故障分析	①测量主轴的模拟量输入信号、转向信号，都在正常状态。说明数控系统正常，输入模拟量的极性与转向信号一致。 ②检查主轴驱动器的参数，将外部的"主轴倍率"设置在"生效"状态。核对实际接线，发现在外部并没有使用"主轴倍率"调整电位器。说明这项设置是错误的，导致主轴转速的倍率被固定在 1 挡上，所以主轴转速不能提高
故障排除	修改参数，将外部的"主轴倍率"修改为"无效"后，机床恢复正常工作
经验总结	据了解，这是一台二手机床，进厂时主轴驱动器的参数已经丢失，调试前重新输入了参数，在操作中可能出现了错误。该机床的最右侧为主轴倍率旋钮如图 3-34 所示。  图 3-34 最右侧的主轴倍率旋钮 倍率(override)，使操作者在加工期间能够修改速度的编程值(例如，进给率、主轴转速等)的手工控制功能。 根据不同厂家的机床设定，一般来说，主轴倍率有效表示可以手动调速，无效表示不能手动调速(只能用程序写入)。 另一种经常出现的主轴倍率问题是主轴倍率开关拨到 100% 但数控机床主轴转速比编程上的转速快，原因如下： ①看主轴倍率开关后面是否掉线，有掉线的话说明开关拨到 100%，而实际不是 100%，也可通过梯形图查看主轴倍率开关是否掉线； ②主轴倍率开关没有问题时，对照机床厂家说明书的参数查看主轴最高转速，各挡齿轮的主轴最高转速，模拟电压增益，这几个参数是否正确； ③主轴倍率显示不一定很准，主轴受力实际转速会衰减，不受力的时候惯性也会使其加快转速。只要不是差太多，机床就没有问题

实例 28　数控车床，主轴突然停止

故障设备	FANUC 0i-TA
故障现象	在自动加工过程中，主轴突然停止运转，故障经常出现，也没有出现任何报警
故障分析	①先采用恒线速切削，再采用非恒线速切削，对两种状态进行比较，发现只有在恒线速切削时，才出现这种故障。故怀疑主轴转速不正常，或速度检测部分有问题。 ②这台机床的速度检测元件是 FANUC 增量式光电脉冲编码器，编码器与传动箱直接连接，并通过同步带与主轴上的同步带轮相连。观察传动带好像松弛打滑，但调紧后并不解决问题。 ③检查与编码器插座相连接的插头，似乎不能插紧。用万用表进行测量，发现有一根导线接触不良
故障排除	更换插接件后，故障不再出现
经验总结	数控机床的主轴编码器用于测量位置和转速。主轴定位时需要知道主轴停在哪个角度，主轴转动时需要知道主轴的转速，这些都是靠编码器来实现的。 通常情况下主轴有两种编码器，一种是电机编码器（位置在 FANUC 的电机的后端，就是主轴电机散热风扇的位置），它主要参与电机的转速调节、控制；另一种是位置编码器，一般固定在主轴电机的下端传动部位，主要参与主轴的定位。图 3-35 为电机编码器的位置 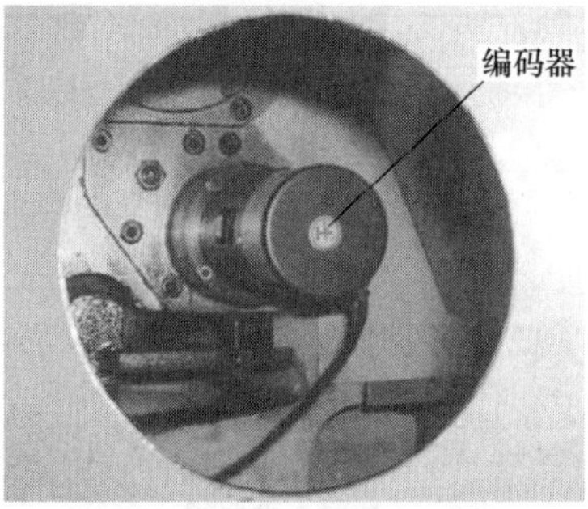 图 3-35　电机编码器的位置

实例 29　数控车床，切削加工过程中主轴转速不稳定

故障设备	FANUC 0TC 数控车床
故障现象	数控机床切削加工过程中，主轴转速不稳定
故障分析	利用 MDI 方式启动主轴旋转时，主轴稳定旋转没有问题，而自动切削加工时，经常出现转速不稳的问题。在加工时观察系统屏幕，除了主轴实际转速变化外，偶然发现主轴速度的倍率数值也在发生变化。检查主轴转速倍率设定开关没有问题，对电气连线进行检查，发现主轴倍率开关的电源线连线开焊，在加工时由于振动导致电源线接触不好，有时能够接触上，有时接触不上，造成主轴转速不稳
故障排除	将该开关上的电源线焊接上后，主轴转速恢复稳定。如果焊接上之后主轴转速还不稳定，可能是倍率开关已经损坏，那么就需要考虑更换倍率开关了。图 3-36 为倍率开关总成  图 3-36　倍率开关总成
经验总结	机床长时间切削加工，振动在所难免，此类现象需要在平时的日常保养和月检中注意即可很大程度上避免。通常情况下，焊点虚焊、开焊，或出现电流打火烧黑的痕迹，也是比较容易观察的

实例 30　数控铣床，主轴低速时 S 指令无效

故障设备	FANNC 0i 系统数控铣床
故障现象	一台配置 FANNC 0i 系统的数控铣床,主轴在低速时(低于 80r/min 时) S 指令无效,主轴固定以 80r/min 转速运转
故障分析	由于主轴在低速时固定以 80r/min 运转,首先检查程序,程序中并无主轴最低限速的指令。可能的原因是主轴驱动器以 80 r/min 的转速模拟量输入,或是主轴驱动器控制电路存在不良状况。为了判定故障原因,检查数控系统内部 S 代码信号状态,发现它与 S 指令值一一对应,但测量主轴驱动器的数模转换输出,发现在 S 为 0 时,D/A 转换器虽然无数字输入信号,但其输出仍然为 0.5 V 左右的电压。 由于本机床的最高转速为 8000r/min,对照机床说明书,当 D/A 转换器输出电压为 0.5V 左右时,转速应为 80r/min 左右,因此可以判定故障原因是 D/A 转换器损坏
故障排除	更换同型号的集成电路后,机床恢复正常
经验总结	数模转换器即 D/A 转换器,是一种将二进制数字量形式的离散信号转换成以标准量(或参考量)为基准的模拟量的转换器,如图 3-37 所示。  图 3-37　数模转换器 最常见的数模转换器是将并行二进制的数字量转换为直流电压或直流电流,它常用作过程控制计算机系统的输出通道,与执行器相连,实现对生产过程的自动控制。数模转换器电路还用在利用反馈技术的模数转换器设计中。用于机床主轴中,D/A 转换器则是作为机床控制系统发出的信号指令的执行通道,与主轴控制部分相关联,进而控制主轴的运动

实例 31　数控铣床，主轴在加工过程中停止

故障设备	FANUC 0i 数控铣床
故障现象	该数控铣床的主轴运行过程中,主轴停止,变频器报警提示电流过载
故障分析	由于数控机床是在加工状态下,估计参数设置没有问题,主要是检查电动机的连线及绝缘情况。松开电动机的动力线接头,检查绕组电阻和绕阻对外壳的绝缘电阻,发现阻值均正常,再测输出端任两相之间的电阻,阻值几乎为零,说明逆变模块已经被击穿
故障排除	检查逆变模块中的元器件,更换短路的部件,安装完试机,故障排除
经验总结	元器件短路是电流过载的一种最常见的原因。当元器件使用损坏,电位不相等的导体经阻抗可忽略不计的故障点而导通,即形成短路。由于这种短路成为通路,阻值已经没有,其短路电流值可达回路导体载流量的几百甚至几千倍,它可产生异常高温或巨大的机械应力从而引起种种灾害。 本例中被击穿的逆变模块是与变频器中整流模块相对应的一种模块。逆变模块是以逆变电路驱动的模块集合体。逆变电路,即是把直流电变成交流电的电路,那么逆变模块的作用显而易见的就是把变频器中的直流电再变成交流电,只不过逆变后交流电和变频器三相输入的交流电的区别在于它是可以通过变频器来调节输出大小的。 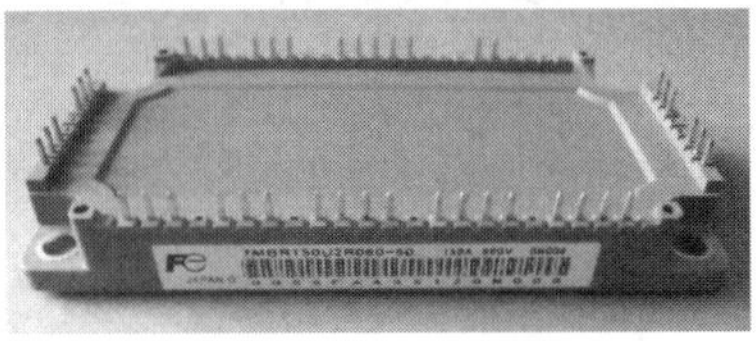 图 3-38　7MBR 系列逆变模块 在变频器中,小功率变频器采用整流与逆变为一体的功率模块 IGBT,也有 IPM 智能的,大功率则是使用的 2 个单元的逆变模块,其整流也是单独的部分。以 7MBR 系列逆变模块为例,其样式如图 3-38 所示,结

经验总结	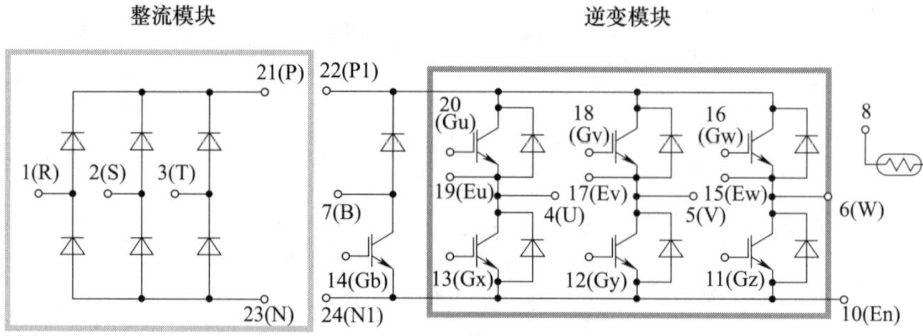 图 3-39　7MBR 系列模块的结构图 　　其中逆变部分的工作原理是:利用脉宽调制(PWM),对模块中的逆变电路及开关元件进行通断控制,使输出端得到一个幅值相等的脉冲,利用这些脉冲来替代正弦波或者其他所需要的波形。也就是在输出波形的半个周期中产生多个脉冲,使各脉冲的等值电压为正弦波形,所获得的脉冲输出平滑且低次谐波少。按一定的规则对各脉冲的宽度进行调制,即可改变逆变电路输出电压的大小,也可改变输出频率。所以说逆变模块就是一个可以被控制的开关器件

实例 32　数控铣床,主轴高速旋转发热严重

故障设备	FANUC 0i 数控铣床
故障现象	该数控铣床在加工零件时,主轴高速旋转时发热严重,其他速度旋转时温度正常
故障分析	电主轴运转中的发热和温升问题主要有两个主要热源:一是主轴轴承,另一个是内藏式主电动机。 　　主轴轴承是电主轴的核心支承,也是电主轴的主要热源之一。当前高速电主轴,大多数采用角接触陶瓷球轴承。合理的预紧力,良好而充分的润滑是保证电主轴正常运转的必要条件采用油雾润滑,雾化发生器进气压力为 0.25MPa～0.3MPa,选用 20♯透平油,油滴速度控制在 80 滴/min～100 滴/min。润滑油雾在充分润滑轴承的同时,还带走了大量的热量。前后轴承的润滑油分配是非常重要的问题,必须加以严格控制。进气口截面大于前后喷油口截面的总和,排气应顺畅,各喷油小孔的喷射角与轴线呈 15°夹角,使油雾直接喷入轴承工作区
故障排除	采用循环冷却结构,分外循环和内循环两种,冷却介质可以是水或油,使电动机与前后轴承都能得到充分冷却
经验总结	电主轴最突出的问题是内藏式主电动机的发热。由于电主轴的运转速度高,主电动机旁边就是主轴轴承,如果主电动机的散热问题解决不好,还会影响机床工作的可靠性,因此对主轴轴承的动态、热态性能有严格要求。 　　内藏式主轴即将电动机与主轴合而为一,将电动机转子安装于主轴轴心,定子在外,运转原理和一般主轴电动机相同,其具有低振动特性,动态回转精度亦较好,但因主轴内必须置放电动机转子造成轴承跨距较大,刚性较弱。内藏式主轴因刚性之故并不适合重切削

实例 33　数控铣床,主轴只有漂移无转速

故障设备	FANUC 7 数控铣床
故障现象	该台数控铣床,主轴在自动或手动操作方式下,转速达不到指令转速,仅有 1～2r/min,正、反转情况相同,系统无任何报警
故障分析	由于本机床具有主轴换挡功能,为了验证机械传动系统动作,维修时在 MDI 方式下进行了高、低换挡动作试验,发现机床动作正常,说明机械传动系统的变速机构工作正常,排除了挡位啮合产生的原因。检查主轴驱动器的电缆连接以及主轴驱动器上的状态指示灯,都处于正常工作状态,可以初步判定主轴驱动器工作正常。 　　进一步测量主轴驱动器的指令输入电压,发现在任何 S 指令下,电压总是为"0",即驱动器无转速指令输入。 　　检查数控控制柜,发现位置控制板上的主轴模拟输出的插头松动,如图 3-40 所示

故障分析	 图 3-40　松动的主轴模拟输出插头
故障排除	重新安装后,机床恢复正常
经验总结	此台机床由于采取了较多的插拔式设计,在长期切削运行中,很容易因振动而发生松动现象,建议的处理措施除了一般的紧固之外,可以采用热熔胶固定,热熔胶也可以起到隔绝空气,防止氧化、油渍污染的作用。 　　热熔胶(hot glue)是一种可塑性的黏合剂,如图 3-41 所示。在一定温度范围内其物理状态随温度改变而改变,而化学特性不变,其无毒无味,属环保型化学产品。因其产品本身是固体,便于包装、运输、存储。因无溶剂、无污染、无毒,且生产工艺简单,高附加值,黏合强度大、速度快等优点而备受青睐。 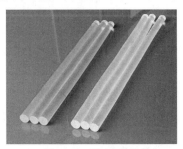 图 3-41　热熔胶棒 　　EVA 热熔胶是一种不需溶剂、不含水分、100%的固体可熔性聚合物。它在常温下为固体,加热熔融到一定温度变为能流动,且有一定黏性的液体。熔融后的 EVA 热熔胶呈浅棕色或白色。EVA 热熔胶由基本树脂、增黏剂、黏度调节剂和抗氧剂等成分组成。 　　热熔胶的产品选择要注意以下几点。 　　(1)胶的颜色要求理应有差别　若被粘物本身对颜色没有特殊要求,推荐使用黄色热熔胶,一般来说,黄色热熔胶比白色黏性更好。 　　(2)被粘接物表面处理　热熔胶对被粘接物的表面处理没有其他黏合剂那么严格,但被粘接物表面的灰尘、油污也应做适当的处理,才能使热熔胶更好地发挥黏合作用。 　　(3)作业时间　作业快速是热熔胶的一大特点。热熔胶的作业时间一般在 15s 左右,随着现代生产方式——流水线的广泛应用,对热熔胶的作业时间要求越来越短,如书籍装订和音箱制造对热熔胶的作业时间要求达到 5s 左右。 　　(4)抗温　热熔胶对温度比较敏感。温度达到一定程度,热熔胶开始软化,低于一定温度,热熔胶会变脆,所以选择热熔胶必须充分考虑到产品所在环境的温度变化。 　　(5)黏性　热熔胶的黏性分早期黏性和后期黏性。只有早期黏性和后期黏性一致,才能使热熔胶与被粘接物保持稳定。在热熔胶的生产过程中,应保证其具有抗氧性、抗卤性、抗酸碱性和增塑性。被接粘物材质的不同,热熔胶所发挥的黏性也有所不同,因此,应根据不同的材质选择不同的热熔胶

实例 34　数控铣床,主轴仅低速度旋转

故障设备	FANUC 0M 数控铣床
故障现象	此台数控铣床,开机后,不论输入 M03 或 M04 指令,主轴仅仅出现低速旋转,实际转速无法达到指令值

故障分析	首先检查主轴驱动器有无报警,查看后发现并无报警出现,且主轴出现低速旋转,可以基本确认主轴驱动器无故障。 根据故障现象,为了确定故障部位,利用万用表测量系统的主轴模拟量输出,发现在不同的 S 指令下,其值改变,由此确认数控系统工作正常。 分析主轴驱动器的控制特点,主轴的旋转除需要模拟量输入外,作为最基本的输入信号还需要给定旋转方向。在确认主轴驱动器模拟量输入正确的前提下,进一步检查主轴转向信号,发现其输入模拟量的极性与主轴的转向输入信号不一致
故障排除	根据机床说明书,调整主轴驱动器,交换模拟量极性后,重新开机,故障排除,主轴可以正常旋转
经验总结	在数控机床上,主轴转速的控制,一般是数控系统根据不同的 S 代码,输出不同的主轴转速模拟量值,通过主轴驱动器实现主轴变速。而在实现主轴变速的同时,也需要 M03、M04 指令的配合才能完成,正反转和转速一起构成了主轴运动命令主体。 模拟量是指在一定范围连续变化的量,也就是在一定范围(定义域)内可以取任意值(在值域内)。数字量是分立量,而不是连续变化量,只能取几个分立值,如二进制数字变量只能取两个值。图 3-42 为模拟量和数字量示意图。 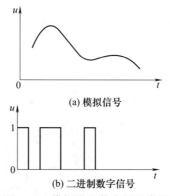 图 3-42　模拟量和数字量示意图 计算机或控制系统输出的模拟量称为模拟量输出,在单片机控制系统中,输出信号中模拟量为数不少,它们是单片机输出的数字信号经过模拟量输出通道处理后得到的。模拟量输出通道的任务是把计算机处理后的数字量信号先通过数据总线、隔离装置,再通过 D/A 转换器转换成模拟电压或电流信号,经放大用以驱动相应的执行器,从而达到控制的目的。模拟量输出通道一般是由接口电路、D/A 转换器和电压/电流变换器等构成,通常也把模拟量输出通道称为 D/A 通道或 AO 通道

实例 35　数控铣床,主轴拉不紧刀具

故障设备	SIEMENS 802S 数控铣床
故障现象	数控铣床,使用一段时间后出现主轴拉不紧刀具故障,无任何报警信息
故障分析	首先分析主轴拉不紧刀具的原因: ①主轴拉紧刀具的碟形弹簧变形或损坏; ②拉力液压缸动作不到位; ③拉杆与刀柄弹簧夹头之间的螺纹连接松动。 根据以上分析,进行检查: ①经检查,碟形弹簧和液压缸动作正常,发现该机床拉杆与刀柄夹头的螺纹连接松动,刀柄夹头随着刀具的插拔发生旋转,后退了约 1.5mm。 ②进一步检查,本例机床的拉杆与刀柄弹簧夹头之间无连接防松的锁紧措施,在插拔刀具时,若刀具中心与主轴定位圆锥孔中心稍有偏差,刀柄弹簧夹头与刀柄间就会存在一个偏心摩擦。刀柄弹簧夹头在这种摩擦和冲击的共同作用下,螺纹松动,出现主轴拉不紧刀具的故障现象
故障排除	根据诊断检查结果,将主轴拉杆和刀柄夹头的螺纹连接用螺纹锁固密封胶粘接固定,并用锁紧螺母锁紧后,铣床主轴不能拉紧刀具的故障被排除

螺纹锁固的密封胶建议采用螺纹锁固胶，即螺丝胶，如图 3-43 所示。

图 3-43　螺丝胶

　　螺丝胶主要用于电器、电子、航空机器、汽车工业等领域，凡是有螺栓的地方都会看到它。其用法如图 3-44 所示，一般是锁好螺栓将它点在螺母上，让它慢慢固化。一方面让螺栓在作业中不会脱落，另一方面有防锈作用。如要修理时，只要再增加 30% 的力量即可卸下。也可将胶涂在螺栓上，然后再锁上去，这样效果会更好，但操作上会较为麻烦一点。一般大多是将产品做好了，最后才将胶固定到每一个螺栓上，让它自然固化，正常点胶后约 10min，表面即不粘手，完全固化约需 6～8h。

■ 将胶水瓶口切开　　　　■ 将胶水涂在螺栓上　　　　■ 来回扭动螺母让胶水填满整个螺栓

图 3-44　螺丝胶的一般使用方法

经验总结

　　1. 螺丝胶的作用

　　①锁紧防松：金属螺钉受冲击振动作用很容易产生松动或脱机，传统的机械锁固方法都不够理想，而化学锁固方法廉价有效。如果将螺钉涂上螺丝胶后进行装配，固化后在螺纹间隙中形成强韧塑性胶膜，使螺钉锁紧不会松动。现在已经有预涂型(B-204)厌氧胶，预先涂在螺钉上，放置待用(有效期四年)，只要将螺钉拧入旋紧，即可达到预期的防松效果。

　　②密封防漏：任何平面都不可能完全紧密接触，需防漏密封，传统方法是用橡胶、石棉、金属等垫片，但因老化或腐蚀很快就会泄漏。而以螺丝胶来代替固体垫片，固化后可实现紧密接触，使密封性更耐久。螺丝胶用于螺纹管接头和螺纹插塞的密封、法兰盘配合面的密封、机械箱体结合面的密封等，都有良好的防漏效果。

　　③固持定位：圆柱形组件，如轴承与轴、带轮与轴、齿轮与轴、轴承与座孔、衬套与孔等轴孔组合配件，以前无一例外地采用热套、冷压等尺寸过盈方法装配，再辅以键和销子等。这种固定方法加工精度要求严格，而且因热膨胀系数不同，产生磨损和腐蚀，很容易产生松动。使用螺丝胶可填满配合间隙，固化后牢固耐久，稳定可靠。以厌氧胶固持的方法使加工精度要求降低、装配操作简便、生产效率提高、节省能耗和加工费用。

　　④填充堵漏：对于有微孔的铸件、压铸件、粉末冶金件和焊接件等，可将低黏度的厌氧胶(B-290)涂在有缺陷处，使胶液渗入微孔内，在室温隔绝氧气的情况下就能完成固化，充满孔内而起到密封效果。如果采用真空浸渗，则成功率更高，已成为铸造行业的新技术。

　　2. 拆卸方法

　　涂好螺丝胶的产品有时在维修时要拆卸，不同的螺栓涂上不同的螺丝胶，其拆卸方法也不同。

　　①小螺栓(M2～M12)可用低强度的螺丝胶产品，以后拆卸用比较大的扭力就可以破坏胶层，如果是要经常拆卸维修产品也可以用低强度的螺丝胶，用力拆卸后用酒精清洗干净残胶，就可以二次涂胶

　　②中号螺栓(M12～M20)可以用中强度和高强度的螺丝胶，中强度的用扭力破坏胶层就可以拆卸了，高强度的不太好拆卸，可以用加温的方法来拆卸

　　③大号螺栓(M20 以上)都是用高强度的螺丝胶，当然拆卸起来也比较困难，可用热电吹风把螺栓加温，一边加温一边用力扭，慢慢地就可以拆开了。也可以用溶剂来泡，但是时间长，而且效果不明显。

　　当然，选对螺丝胶才关键，以后是否要经常维修，是否要高强度，是否是永久锁死，选胶时都要考虑

实例 36　数控铣床，主轴不能启动和启动后制动的时间过长

故障设备	FANUC 0i 型立式数控铣床
故障现象	FANUC 0i 型立式数控铣床，机床通电后，主轴不能启动，主轴启动后制动的时间过长
故障分析	常见机械部分原因是传动带、轴承、制动器等部位有故障。 ①检查主轴电动机和传动带，没有损坏情况，而且电动机可以通电，调整传动带松紧程度，主轴仍无法转动。 ②检查主轴电磁制动器，其线圈、衔铁、弹簧和摩擦盘都是完好的，制动系统的动作正常无误。 ③拆下传动轴，发现轴承 E212 因润滑油干涸而已经烧坏，根本不能转动，判断不能启动的故障是由轴承损坏所引起的。 ④仔细检查制动器，发现衔铁与摩擦盘之间的间隙加大，判断制动时间过长的故障是由间隙加大引起的
故障排除	更换轴承后通电试机，主轴启动、运转正常。 按技术参数调整摩擦盘和衔铁之间的间隙为 1mm 左右，具体方法是：松开锁紧螺母，调整 4 个螺钉，使衔铁向上方挪动。调整好间隙后，再将螺母锁紧
经验总结	摩擦盘就是用来制动主轴的，图 3-45 为主轴中常用的摩擦盘。  图 3-45　主轴中常用的摩擦盘 摩擦是两相互接触的物体有相对运动或有相对运动趋势时在接触处产生阻力的现象。因摩擦而产生的阻力称为摩擦力。相互摩擦的两物体称为摩擦副。摩擦通常起有害作用，但有时又是不可缺少的。人的行走和机车的牵引都要依靠摩擦。在机械工程中利用摩擦做有益工作的有带传动、制动器、离合器和摩擦焊等。 摩擦的类别很多，按摩擦副的运动形式摩擦分为滑动摩擦和滚动摩擦，前者是两相互接触物体有相对滑动或有相对滑动趋势时的摩擦，后者是两相互接触物体有相对滚动或有相对滚动趋势时的摩擦。 按摩擦副的运动状态摩擦分为静摩擦和动摩擦，前者是相互接触的两物体有相对运动趋势并处于静止临界状态时的摩擦，后者是相互接触的两物体越过静止临界状态而发生相对运动时的摩擦。 按摩擦表面的润滑状态，摩擦可分为干摩擦、边界摩擦和流体摩擦。 摩擦又可分为外摩擦和内摩擦。外摩擦是指两物体表面做相对运动时的摩擦，内摩擦是指物体内部分子间的摩擦。干摩擦和边界摩擦属外摩擦，流体摩擦属内摩擦

实例 37　数控铣床，主轴不能高速旋转

故障设备	SIEMENS 802D 数控铣床
故障现象	一台从国外进口的大型数控铣床，专门用于加工汽车模具，但三个多月以来一直不能高速旋转。主轴是三菱变频器变频的交流主轴
故障分析	用万能表测三菱变频器的输出端，开始由操作者设定为 S200，主轴立即以 200r/min 的转速旋转，这时变频器输出端电压从开始时的 32V 缓慢上升。然后又设定为 S800，则主轴以 800r/min 的转速旋转，开始时变频器输出端电压也是 32V，然后逐渐上升，主轴最终以 800r/min 的转速旋转。然后又设定为 S1200，这时三菱变频器输出端电压仍然是 32V，但主轴转了一两圈后就停止了，32V 电压也随即消失。再设定为 S1500，S2000……，主轴都只转一两圈，然后停止，且变频器输出端电压都为 32V。以上说明变频器没有问题，推测是驱动滑移齿轮变速的液压缸出了问题。 拆下滑枕的大盖，再将主轴设定为 S2000。这时，液压缸向上动了一下，就返回来，然后主轴慢转一下，液压缸又向上动了一下，又返回来。 下面检查液压缸背压回路中的节流阀是否堵塞，拆下液压缸上的油管，液压缸上腔与大气相连，这时，又将主轴设定为 S2000，主轴立即高速旋转

续表

故障排除	从图 3-46 回油路示意图可知进油的单向阀与一个节流阀并联后再串联在回油路中。 沿回油管路查找该节流阀，它安装在机床另一侧的立柱上，用螺钉旋具调整节流阀的节流口调整螺钉，然后接好液压缸的回油管，机床便正常运转 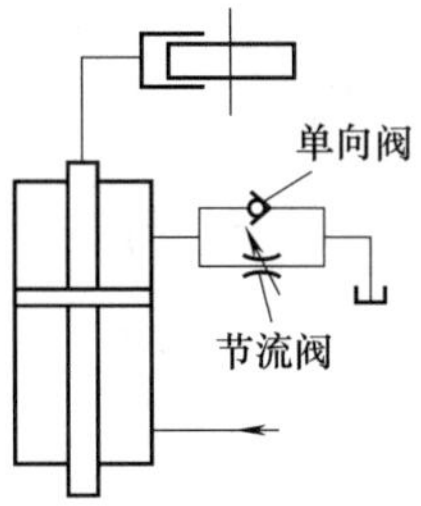 图 3-46　回油路示意图
经验总结	该节流阀放在回油路中是为了防止液压缸的活塞撞上液压缸的缸底，起到一定的缓冲作用。如果缓冲作用太大，就会造成背压太高。如果这个节流阀堵塞，则由于背压太高，液压缸将无法向上推滑移齿轮，而最上端有一个限位开关，如果滑移齿轮没有到位，限位开关就不会发出指令，控制系统无法判断滑移齿轮已到位。在规定的时间内，如果滑移齿轮没有推到位，控制系统就会误以为滑移齿轮的齿与高速齿轮的齿相碰才没有推到位。因此，液压缸将带着滑移齿轮退回。这时，主轴再低速转一个角度，然后液压缸带动滑移齿轮再去试推，看是否能啮合上。所以，主轴反复慢转，液压缸反复上推。这种节流阀的节流口很小，使用一段时间后，油中的灰尘有可能在这里堵塞，也可能是油碳化后形成的油垢，这种油垢很坚硬，非常难以清除

实例 38　数控铣床，主轴出现高速飞车现象

故障设备	FANUC 0T 数控铣床
故障现象	机床通电后，无论是手动还是自动状态，主轴都出现高速飞车现象
故障分析	这台机床的主轴使用直流电动机，主轴速度失控通常有以下几种原因： ①励磁电路出现故障； ②测速发电机出现故障，不能正确地反映电动机的速度； ③速度给定电路不正常。 检查分析： ①测量励磁电路的电压和电流，都在正常状态； ②关断机床电源，用手转动测速发电机，测量其反馈电压，也完全正常； ③检查速度给定电路，在正常状态下，速度给定电压的范围是－10～＋10V，而实测电压为＋15V，超出了正常范围； ④检查速度给定电路，在没有具体电路图的情况下，首先对电阻、电容、晶体管等元器件进行直观检查，没有发现故障迹象； ⑤分析认为，给定电压达到 15V，等同于速度给定板的直流电源电压，说明电源与输出点之间存在短路，这两者之间是一只运算放大器，对其进行检测，其电源端子与输出端子内部已处于击穿状态
故障排除	更换已被击穿的运算放大器，机床恢复正常

实例 39　数控铣床，主轴箱内有“哐—哐”的噪声

故障设备	FUNAC 6M 数控铣床
故障现象	主轴在旋转时振动，主轴箱内传出“哐—哐”的噪声，加工出来的工件不合格
故障分析	①这台铣床主轴采用的是直流电动机。检查主轴箱和电动机，都在完好状态，怀疑故障在控制系统中。 ②检查控制板上的速度指令信号，在正常状态；检测速度反馈信号，发现其中夹杂着不规则的脉冲信号。分析问题存在于速度反馈元件——测速发电机中。 ③当主轴直流电动机运转时，测速发电机输出与电动机的转速成正比的反馈电压。检查测速发电机的电刷发现完好无损，但是换向器被炭粉填塞，阻碍了速度信号的传递，导致反馈信号中出现不规则的脉冲，驱动系统输出的电流时大时小，主轴也产生抖动和噪声
故障排除	彻底清除换向器上的炭粉，机床恢复正常
经验总结	换向器是直流电机的重要部件，其作用是将电刷上所通过的直流电流转换为绕组内的交变电流或将绕组内的交变电动势转换为电刷端上的直流电动势。图 3-47 为换向器在电机中的位置。

经验总结	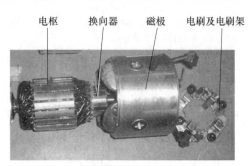电枢　换向器　磁极　电刷及电刷架 图 3-47　换向器在电机中的位置 　　炭粉内部堆积容易造成对地耐压不良,绝缘电阻降低,使定子和转子绕组绝缘下降,堵塞铁芯风道温升上升,也会导致电机易吸潮,造成电机漏电,电机寿命降低,烧毁电机,降低电机寿命;更严重的会产生漏电,容易伤人。 　　换向器表面应保持光滑,并形成一层均匀的暗褐色有光泽的氧化膜。若换向器表面沾有炭粉、油污,应用手风机吹扫干净或用柔软的布蘸酒精轻擦换向器表面,保证清洁

实例 40　加工中心,主轴执行 M03 指令时突然掉电

故障设备	FANUC 0i 加工中心
故障现象	在加工一曲面时,X 轴与 Y 轴联动工作,当主轴执行 M03 指令时,主轴突然掉电,机床电源正常。将机床重新启动后,主轴仍然可以使用,但也时常出现 M03 指令掉电的情况
故障分析	因为只在执行 M03 指令时出现掉电情况,初始判断为主轴运行参数发生了变化,先将内存全部清除,重装了一次系统及主轴参数。但机床启动运行不到半小时又出现上述故障,故此可以排除软件故障,应从主轴伺服电机着手考虑。检查主轴伺服板到电动机间的连线及伺服板的供电电源,都未发现异常,因此分析有可能是测速发电机炭刷瞬间接触不良,丢失反馈信号所致
故障排除	拆洗测速发电机,修整了炭刷后,故障消除
经验总结	在机床出现故障时,进行故障判断的步骤是先软件后硬件,先外部后内部。此例中最终判断故障为电机内部炭刷故障也是按照此步骤进行的 　　炭刷是电动机或发电机或其他旋转机械的固定部分和转动部分之间传递能量或信号的装置,它一般是纯碳加凝固剂制成,外形一般是方块,卡在金属支架上,里面有弹簧把它紧压在转轴上。图 3-48 为常用的炭刷。 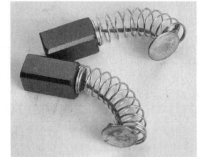 图 3-48　炭刷 　　炭刷在运行过程中,应进行及时的维护。常因维护不好而造成事故,甚至停机停产。反之,加强对集电装置部分的维护,能及早发现问题和解决问题,可以避免很多事故的发生。带有换向器的电机,由于炭刷不但起传导电流的作用,而且还起换向作用,因而其监护工作量要大得多

实例 41　加工中心，主轴不能转动

故障设备	SIEMENS 802S 加工中心
故障现象	刚刚安装的新的 SIEMENS 802S 加工中心开机后无论在手动方式或自动方式下主轴均不转
故障分析	由于 SIEMENS 802S 系统通电进入系统后需要先开启总使能，再按"主轴使能开"才能启动主轴，而此台机床系统的"主轴使能开"和"主轴使能关"两键没有标示，造成以上现象
故障排除	仔细调试使能键区，找到"主轴使能开"和"主轴使能关"，并对其进行标识
经验总结	在 SIEMENS 802S 系统中，一般开机后只需开启一个"总使能"即可，而此台机床从安全方面考虑，对主轴设置了两个使能键，不开启"主轴使能开"，主轴按正、反转启动键无效。图 3-49 为 SIEMENS 802S 系统的使能键区  图 3-49　SIEMENS 802S 系统的使能键区

实例 42　加工中心，加工时主轴出现抖动

故障设备	SIEMENS 802S 加工中心
故障现象	此台机床为立式加工中心，在加工时主轴有时出现抖动的现象
故障分析	主轴出现抖动现象，初步判断主轴伺服电机的电压不稳。按照说明书，打开驱动器仔细检查，发现驱动器内部 30V 控制电压仅为 20V，直流母线 DC 170V 预充电电压为 130V，均与说明书额定电压有出入。由此判定故障是由于驱动器辅助控制电压不正常引起的。检查驱动器内部直流整流模块发现三相整流桥的 AC 120V 进线中有一相连线脱落
故障排除	重新连接后，故障排除，主轴可以正常工作
经验总结	引起主轴抖动的原因很多，主轴编码器故障、主轴滑块松动、润滑不良、主轴轴承磨损、主轴变频器的绝缘栅双极型晶体管损坏、程序加工图形中小线段太多等，除了轴承磨损需要专门的机械处理外，其他的均可以在数控操作间内完成。 　　三相整流桥，将数个整流管封在一个壳内，构成一个完整的整流电路。当功率进一步增加或由于其他原因要求多相整流时三相整流电路就被提了出来。 　　三相整流桥分为三相全波整流桥(全桥)和三相半波整流桥(半桥)两种。选择整流桥要考虑整流电路和工作电压。对输出电压要求高的整流电路需要装电容器，对输出电压要求不高的整流电路的电容器可装可不装。 　　图 3-50 为两种类型的三相整流桥的交流输入、直流输出接线图 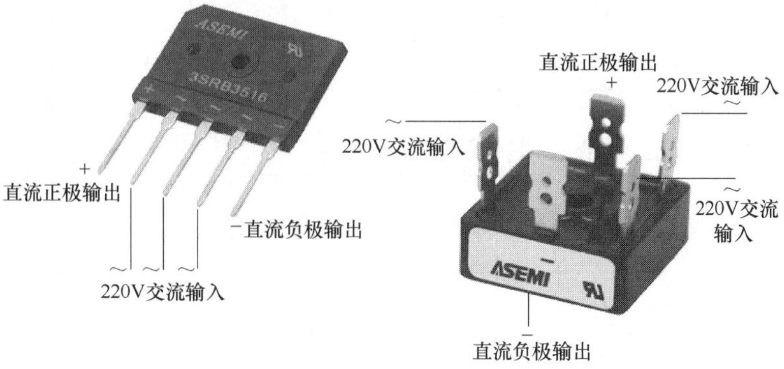 图 3-50　两种类型的三相整流桥的交流输入、直流输出接线图

实例 43　加工中心，主轴不能正常旋转

故障设备	SIEMENS 802D 加工中心
故障现象	SIEMENS 802D 加工中心，在开机调试时，发现主轴不能正常旋转，系统无报警
故障分析	测量系统主轴模拟输出，发现此值为 0，因此可以确定故障是由数控系统无模拟量输出引起的。出现上述故障最大的可能原因是系统的参数设定不当。仔细检查系统的机床参数设定，发现主轴 MD 参数设定均正确无误；检查系统的 SD（设定）参数发现，在 SWTTING DATA 页面下的最高转速限制为 0，故障即由此引起
故障排除	将最高转速限制的值更改为平常加工的主轴转速上限后，机床主轴模拟输出正常，主轴可以正常旋转
经验总结	机床厂家为了生产的安全考虑，一般都会在系统参数内设置主轴的最高转速，由于误操作、断电、干扰等原因，会被非正常修改，此故障属于软故障的一种，另一种常见的主轴不转的软故障出现在编程中 G26 指令的设定上。 如设定主轴最大转数，放在程序开头： G26 S800 设定机床最高转数 800，则在加工中主轴高于 800 转速的速度，将按照 800 的速度来执行

实例 44　加工中心，执行 M03 时主轴不能旋转

故障设备	SIEMENS 802D 加工中心
故障现象	SIEMENS 802D 开机在 MDI 方式下，输入 M03 S500 时主轴不能旋转，且系统无报警
故障分析	首先查看系统参数是否将主轴功能锁死，检查后一切正常。再检查数控系统的主轴模拟量输出发现均正常，因此可以初步判定故障与系统无关。进而检查驱动器显示状态，发现驱动器显示状态为"1"，表明驱动器工作在主轴定向准停工作状态
故障排除	参照机床说明书，查找到主轴定向准停的参数设置位置，取消该功能输入端定义，该故障得到了排除
经验总结	主轴准停又称主轴定位，即当主轴停止转动时能控制其停于固定位置，它是自动换刀所必需的功能。在自动换刀的铣镗加工中心上，切削的转矩是通过刀杆的端面键传递的。这就要求主轴具有准确定位于圆周上特定角度的功能。 图 3-51 为主轴准停功能示意图，当加工阶梯孔或者精镗孔时，为防止刀具与小台阶孔碰撞或拉毛已精加工的孔表面，必须先让刀再退刀，而让刀的这个过程就称为准停功能 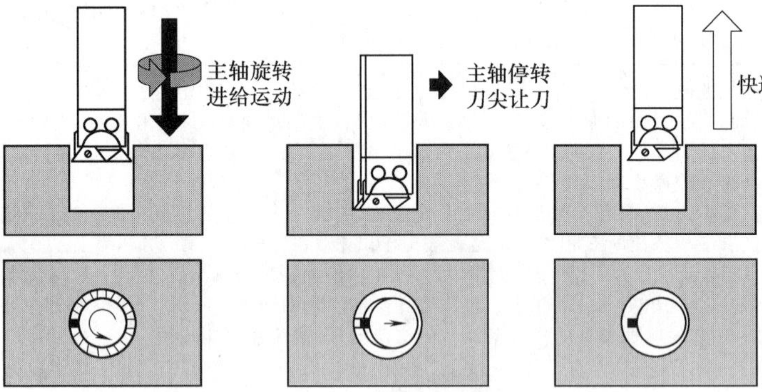 图 3-51　主轴准停功能示意图

实例 45　加工中心，主轴定位时振荡

故障设备	SIEMENS 802D 加工中心
故障现象	该加工中心，在一次大修，更换了主轴位置编码器后，出现主轴定位时经常不间断振荡，无法实现定位的故障现象
故障分析	因为机床大修时更换了主轴位置编码器，机床在执行主轴定位时加减速动作都正确，由此可以推断故障与主轴位置反馈性能有关。 根据机床说明书拆开主轴伺服驱动进行检查，发现其中有一根电缆线发热严重，表面的护套线已经软化，如图 3-52 所示，而此线连接的正是驱动装置和反馈装置，故障应是由此引起

故障分析	 图 3-52 软化的护套线的位置
故障排除	更换一根质量好的电缆线,此故障得到了排除
经验总结	机床的大修以修为主,能不更换部件的尽量不更换,新的部件虽然性能优越,但也会带来磨合等问题。对于机床长时间使用的低价值配件,如电缆线、照明灯等,由于长时间处于电流冲击、油污包围的环境中,氧化、软化、老化较快,建议一并对其进行更换

实例 46 加工中心,主轴预热时间过长

故障设备	SIEMENS 802D 加工中心
故障现象	该加工中心,开机后主轴预热时间过长,需要等待将近 30min 后,主轴才能恢复正常工作
故障分析	主轴开机后需要通电 30min 再运行,先考虑主轴的伺服系统是否需要预热启动,得知该机床设计了预热功能。查看数控系统参数设置,系统设置为 5min 预热时间,但是该台机床预热时间明显偏长。对照机床说明书,查看主轴变频器的参数设置均无异常。再查看主轴伺服驱动,发现其与机床电源的连线接口处附着大量油渍,如图 3-53 所示位置,故障可能由此产生 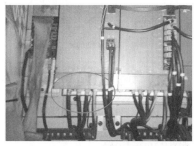 图 3-53 故障部位
故障排除	用小挫、毛刷等清除油渍,用松香水清理接口后,通电试运行,主轴预热时间正常,3~5min 便可正常工作了
经验总结	机床在开机时一般都需要预热,预热时间根据实际需要有所不同。机床预热是为了达到加工的热平衡,因为机械热胀冷缩是正常的,预热可以尽量减小其影响;润滑系统也需要正常磨合一阵,这样整个传动部分润滑会比较好,精度相对稳定,有利于切削。通常来说预热 10~20min 为宜

实例 47 加工中心,主轴无法定位

故障设备	SIEMENS 802D 加工中心
故障现象	该加工中心长期进行粗加工,当主轴转速大于 300 r/min 时,主轴无法定位
故障分析	根据故障情况,分别执行 M03 S250、M03 S300、M03 S350、M03 S2000 进行测试,发现当主轴转速大于 300r/min 的时候,机床实际转速发生了偏差并且转速越高偏差越大。检查主轴电动机实际转速,发现该机床的主轴实际转速与指令值相差很大,故此判断引起故障的可能原因是编码器高速特性不良或主轴实际定位速度过高
故障排除	调整主轴驱动器参数,使主轴实际转速与指令值相符后,故障排除,机床恢复正常
经验总结	加工中心的主轴定位就是对主轴进行位置控制,使主轴准确的停在一个特定的位置上。这就是我们通常所说的主轴定向功能。在加工中心进行自动换刀时或者镗孔加工中因工艺要求而需要让刀时都需要主轴定位。 如果定位出现问题,维修后主轴主体达标,但还是定位不准,那么主轴编码器有问题,通常编码器调节好后换刀问题可解决,如果还解决不了换刀问题,那么说明主轴内置换刀信号器有问题

实例 48　加工中心，主轴定位不良并引发换刀故障

故障设备	SIEMENS 802D 加工中心
故障现象	SIEMENS 802D 加工中心主轴定位不良，使换刀过程发生中断。开始时出现的次数不多，重新开机后又能工作，但故障反复出现
故障分析	出现故障时，对机床进行了仔细观察，发现故障的真正原因是主轴在定向后发生位置偏移，且主轴在定位后如用手碰一下(和工作中在换刀时当刀具插入主轴时的情况相近)，主轴则会产生相反方向的漂移。检查电气单元发现无任何报警，该机床的定位采用的是编码器，从故障的现象和可能发生的部位来看，电气部分的可能性比较小。因此从机械部分分析，最主要的是连接，如图 3-54 所示，所以决定检查连接部分。在检查到编码器的连接时发现编码器连接套的紧固螺钉松动，如图 3-55 所示，使连接套后退造成与主轴的连接部分间隙过大使旋转不同步 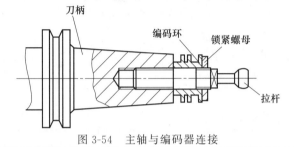 图 3-54　主轴与编码器连接　　　　图 3-55　松动的紧固螺钉位置
故障排除	将紧定螺钉按要求固定好后故障消除
经验总结	发生主轴定位方面的故障时，应根据机床的具体结构进行分析处理，先检查电气部分，如确认正常后再考虑机械部分。 编码器的正确连接步骤如下： 步骤1：如图 3-56 所示，将底板放置在电机端面上，使用底板安装工具调整底板与电机轴的位置；2 个M2.5 的螺栓涂抹螺丝胶后固定底板；移开底板安装工具，在螺栓周围涂抹胶水以防止底板受力后位置变动。 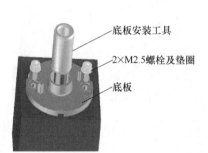 图 3-56　步骤 1 步骤2：如图 3-57 所示，确认码盘保持装置是否完全卡在编码器外壳上；调整编码器模块的箭头指示与底板箭头指示方向一致；以图上箭头所指方向捏紧码盘保持装置，将编码器本体套在电机轴上；将编码器本体锁在底板上，检查编码器本体与底板的所有锁扣都已卡好。 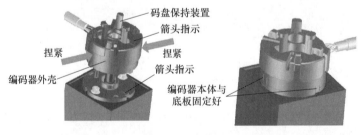 图 3-57　步骤 2

	步骤3：如图3-58所示，按图上箭头所示方向下压码盘保持装置，在图上所示的V型空隙拧紧码盘托上的顶丝；将第二枚顶丝置入码盘托但不要拧紧；以顺时针方向拧紧顶丝直到顶丝碰到电机轴，然后以逆时针方向旋转顶丝1.5到2圈，确保顶丝尾端不会凸出码盘托。 　 图3-58　步骤3 步骤4：如图3-59所示，转动电机轴并找到参考信号，拧松顶丝，转动码盘托以找到一个良好的参考信号（由示波器读出）；在获得一个良好的参考信号后，重新拧紧顶丝（0.16～0.20N·m）。 　　 图3-59　步骤4 步骤5：如图3-60所示，按图示箭头方向向内挤压码盘保持器的三个爪直至保持器与码盘托分离，再施加一个向上的力使码盘保持器从编码器外壳中脱离（此时应捏紧编码器外壳，以防止码盘位置变化）；锁紧第二个顶丝（0.16～0.20N·m）。 　 图3-60　步骤5 步骤6：如图3-61所示，最后一步，扣住编码器上盖 　 图3-61　步骤6

（左栏标注）经验总结

（图3-58内标注）码盘托

实例 49   加工中心，主轴噪声大

故障设备	SIEMENS 802D 加工中心
故障现象	SIEMENS 802D 加工中心开机后主轴噪声较大，主轴空载情况下，负载表指示超过 40%
故障分析	考虑到主轴负载在空载时已经达到 40% 以上，初步认为机床机械传动系统存在故障。维修的第一步是脱开主轴电动机与主轴的连接机构，在无负载的情况下检查主轴电动机的运转情况。经试验，发现主轴负载表指示已恢复正常，但主轴电动机仍有噪声。继续检查主轴机械传动系统，发现主轴转动明显过紧，进一步检查发现主轴轴承已经损坏，如图 3-62 所示  图 3-62 主轴轴承严重磨损
故障排除	更换已经损坏的主轴轴承，主轴机械传动系统恢复正常，噪声消失
经验总结	机床出现故障时有时不是独立的一个原因，主轴的噪声问题往往由润滑、负载、机械磨损等共同作用而成，要想彻底消除这种故障，就必须每一个原因都要考虑到

实例 50   加工中心，主轴电机旋转时出现尖叫

故障设备	SIEMENS 802D 加工中心
故障现象	一台 SIEMENS 802D 加工中心在主轴旋转时电动机出现尖叫声，并且很随机
故障分析	为了进一步分析原因，MDA 方式下低速启动主轴，按照 S30、S50、S100、S200、S500、S800 的转速逐步提高转速进行测试，发现转速小于 S100 时尖叫声音明显，考虑到电动机高速运行正常，可以认为主轴驱动器和主轴电动机均无问题，故障属于调整不当。 由于机床通电运行，不采用万用表，此时用钳流表测量输入电源线和输出电源线，发现电源输入端正常，输出端在低转速时明显偏低，故此，其相应的电压也是不稳定。判断得出故障应该出现在主轴驱动的输出端部分。拆开主轴驱动器，发现其输出电缆接头由于长时间的上下运动出现松动情况，如图 3-63 所示，由此联想到出现尖叫声时，主轴正在上下运动，判断故障即出现于此  图 3-63 松动的主轴驱动器电缆接头
故障排除	将电缆接头紧固，并要时用电烙铁焊接，通电开机，故障消失，主轴系统恢复正常运行
经验总结	由于加工中心主轴除了旋转运动之外，还有上下进给运动，主轴的随行电缆也无法固定在机床内部，必须跟随主轴做上下运动，如果机床安装时不够牢固，这些随行电缆很容松动甚至掉落，引起故障

实例 51   加工中心，主轴驱动器出现过电流报警

故障设备	FANUC 0TC 加工中心
故障现象	此台加工中心，在加工工件时主轴运行突然停止，驱动器显示过电流报警
故障分析	过电流一般有三种原因： ①主轴驱动器控制板不良； ②电动机连续过载； ③电动机绕组存在局部短路。

故障分析	根据现场实际加工情况,电动机过载的原因可以排除。因此,故障原因可能性最大的是电动机绕组存在局部短路。维修时仔细测量电动机绕组的各相电阻,发现 U 相对地绝缘电阻较小,证明该相存在局部对地短路。拆开电动机检查发现,电动机内部绕组与引出线的连接处绝缘套已经老化,如图 3-64 所示。经重新连接后,对地电阻恢复正常  图 3-64　绝缘套已经老化的引出线连接处
故障排除	更换元器件后,机床恢复正常,故障不再出现
经验总结	电动机由于内部短路导致电阻值下降,电流值增大致使绝缘加速劣化,寿命缩短,严重情况甚至引起电机烧毁,因此在月检中对电动机的保养也是必备的内容之一

实例 52　加工中心,主轴定位点不稳定

故障设备	SIEMENS 802S 加工中心
故障现象	该加工中心在调试时出现主轴定位点不稳定的故障,可以在任意时刻进行主轴定位,定位动作正确;只要机床不关机,不论进行多少次定位,其定位点总是保持不变;机床关机后,再次开机执行主轴定位,定位位置与关机前不同,在完成定位后,只要不关机,以后每次定位总是保持在该位置不变;每次关机后,重新定位,其定位点都不同,主轴可以在任意位置定位
故障分析	根据故障现象,首先测量不同状态下的驱动器输入输出电压,并无异常。考虑到主轴可以定位,只是定位不准,判断此故障是由于负责定位编码器的零位脉冲不固定引起的。而引起零位脉冲不固定的原因有: ①编码器固定不良,在旋转过程中编码器与主轴的相对位置在不断变化; ②编码器不良,无零位脉冲输出或零位脉冲受到干扰; ③编码器连接错误。 根据以上可能的原因,逐一检查,排除了编码器固定不良、编码器不良的原因。进一步检查编码器的连接,发现该编码器内部的零位脉冲引出线接反
故障排除	重新连接后,故障排除
经验总结	编码器是一种将旋转位移转换成一串数字脉冲信号的旋转式传感器,这些脉冲能用来控制角位移,如果编码器与齿轮条或螺旋丝杠结合在一起,也可用于测量直线位移。其出现的故障也是很有特点,定位的随机性很强。 零位脉冲是用来辅助统计编码器转过的周期的信号量,详细来说就是:可以作为一个起始位,当每周旋转到固定位置时就会有一脉冲信号,告诉你已经过了这个特殊位置。零位信号可以作为设备特殊位置的一种标记使用,也可以作为连续旋转很多周以后的重新计数的起始位使用。零位信号告诉你编码器已经转动了一圈。有了这个信号可以简化程序计数器的编码位数,在回程时电机可以高速运转。 例如 A,B 相是计数相,它们计数时脉冲是一样多的,只是相位相差 90°,用 B 相超前或是滞后 A 相 90°来判断正反转;Z 相是计圈相,编码器每旋转 360°,发一个脉冲,一般用在绝对位置控制中。 按照工作原理编码器可分为增量式和绝对式两类: (1)增量式　增量式编码器是将位移转换成周期性的电信号,再把这个电信号转变成计数脉冲,用脉冲的个数表示位移的大小。 (2)绝对式　绝对式编码器的每一个位置对应一个确定的数字码,因此它的示值只与测量的起始和终止位置有关,而与测量的中间过程无关

实例 53　加工中心,刀具插入主轴刀孔时出现错位

故障设备	SIEMENS 802D 加工中心
故障现象	一台数控加工中心使用一段时间后出现换刀故障,刀具插入主轴刀孔时,出现错位,机床上无任何报警信息

故障分析	1. 故障原因分析 ①错位原因分析:在对机床故障进行仔细观察后,发现造成刀具插入错位是因主轴定向后又偏离了原先的位置。 ②错位方向分析:在使用手动方式检查主轴定向时发现一个奇怪的现象,主轴在定向完成后位置是正确的,当用手去动一下主轴时,主轴会慢慢地向施力的相反方向转动一小段距离。 ③错位量检测:逆时针旋转时在定向完成后只转一点,再加力向顺时针转动后能返回到原先的位置。 2. 故障诊断 ①电气检查:为了确认电气部分是否正常,在主轴定向后检查了有关的信号发现均正常。 ②确定重点元件:由于定向控制是通过编码器进行位置检测的,故重点对编码器进行检查。 ③拆卸检查:对该部分的电气和机械连接进行检查,当将编码器从主轴上拆开后即发现编码器上的联轴器的止退螺钉松动且已向后移,因而工作时编码器与检测齿轮不能同步,使主轴的定向位置不准,造成换刀错位故障
故障排除	调整联轴器的止退螺钉位置、紧固螺钉,重新安装后故障排除
经验总结	在这里也可以考虑使用止动螺栓,止动螺栓是一种螺栓,和螺栓拉杆配合使用,主要是用于控制三板模中的定模座板、流道推板和定模模板之间的开模行程的模具配件。图3-65为止动螺栓的结构图及实物。  图 3-65 止动螺栓结构与实物图 止动螺栓因为可设置到模具的分型面上,故能使模具设计小型化。该类产品硬度高、韧性好、耐磨性和耐热性极佳,适用于精密模具,可显著提高其使用寿命,特别是精密模具的热形变得到了有效的控制,适用于高温作业环境的模具

实例 54 加工中心,主轴处于慢速来回摇摆,一直挂不上挡

故障设备	SIEMENS 802D 加工中心
故障现象	发出主轴箱变挡指令后,主轴处于慢速来回摇摆状态,一直挂不上挡
故障分析	图3-66为带有变速齿轮的主传动系统。为了保证滑移齿轮顺利啮合于正确位置,机床接到变挡指令后,由电气系统指令主电动机带动主轴作慢速来回摇摆运动。此时,如果电磁阀发生故障(阀芯卡孔或电磁铁失效),油路不能切换,液压缸不动作,或者液压缸动作,但发送反馈信号的无触点开关失效,使滑移齿轮变挡到位后不能发出反馈信号,都会造成机床循环动作中断

| 故障分析 |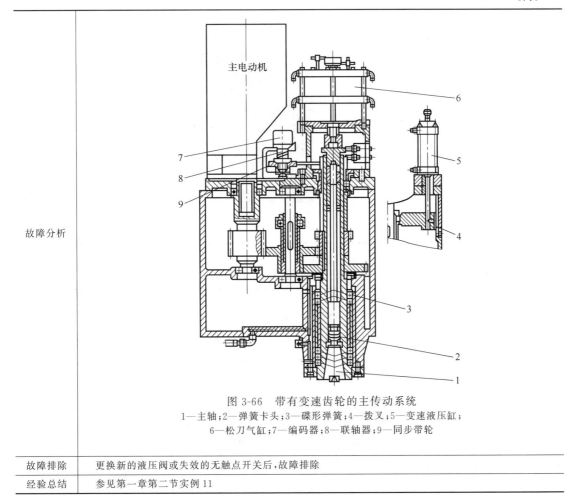

图 3-66　带有变速齿轮的主传动系统
1—主轴;2—弹簧卡头;3—碟形弹簧;4—拨叉;5—变速液压缸;
6—松刀气缸;7—编码器;8—联轴器;9—同步带轮 |
|---|---|
| 故障排除 | 更换新的液压阀或失效的无触点开关后,故障排除 |
| 经验总结 | 参见第一章第二节实例 11 |

实例 55　加工中心,主轴不定向,变挡未完成

故障设备	JCS-013 型卧式加工中心
故障现象	机床自动工作时,突然停止动作
故障分析	该机床为 JCS-013 型卧式加工中心,采用 FANUC BESK 7CM 系统。机床停止的下一步应该是机械手手架移向主轴,为此必须具备下列条件:Y、Z 轴回零结束,机械手手架升到最高点,主轴定向。 　　查证 Y、Z 轴已回到零位;机械手手架升到最高点已完成;检查诊断 PLC 输入 139.5 状态为"0",输入 139.6 状态为"1",表明主轴未定向。工作方式采用手动,按手动主轴定向按钮,主轴定向不执行,检查诊断 PLC 输入 141.3 状态为"0",输入 141.4 状态为"0",说明主轴高、低挡均未挂上。手动换挡,按定向按钮正常。用 M41 令主轴换挡,发现换挡完成信号即低挡到位信号无(141.3 状态为"0"),此时主轴不能定向;用 M40 令主轴换高挡,发现换挡完成信号即高挡到位信号有(141.4 状态为"1"),此时主轴可定向。检查开关,发现开关盒(141.3、141.4 开关均在内)固定螺钉松动
故障排除	紧固螺钉后试车,故障排除
经验总结	机械手手架不能移向主轴的原因是:变挡未完成导致主驱动轴定向不执行,如图 3-67 所示。在检查这种问题时可以首先从 PLC 控制方面考虑,同时考虑机械方面的因素

经验总结	 图 3-67　机械手手架

实例 56　加工中心，主轴定位存在位置超调

故障设备	SIEMENS 802D 加工中心
故障现象	该加工中心在执行主轴定位指令时，发现主轴存在明显的位置超调，且系统无报警
故障分析	由于系统无报警，主轴定位动作正确，可以确认故障是由于驱动器或系统调整不良引起的
故障排除	参照机床说明书检查本机床主轴驱动器参数，发现驱动器的加速时间设定为 3s，此值明显过大。更改参数，设定加减速时间为 0.5s 后，位置超调消除
经验总结	伺服驱动的加速时间过长，而机床内的反馈装置无法一一对应记录其位置信息，便会导致故障的发生。在数控机床内，无论是主轴驱动还是进给驱动，正常情况下其加速时间都不应超过 1s 　　伺服电机的加速时间的设置需要考虑多种因素。上位机使用的是什么，PLC、数控系统等，或者简单外围设计。这里要区分位置控制方式、速度控制方式和转矩控制方式。一般来讲位置控制（即脉冲控制），加减速时间主要由上位机系统来决定，即脉冲频率的加减速时间，速度控制方式和转矩控制方式（DC 10V 电压控制），加减速时间主要是靠伺服驱动单元内部参数设置

实例 57　加工中心，更换电池后无法换刀

故障设备	FANUC 0i 系统的加工中心
故障现象	一台采用 FANUC 0i 系统的加工中心，长时间使用，发现电池没电，换了电池后，不能够换刀。主轴定向，刀套倒下后，机械手无动作
故障分析	经查梯形图，确诊为 PSW01 信号没有。PSW01 对应 FANUC 系统信号 F70.0，如图 3-68 所示。  图 3-68　F70.0 参数 　　查参数，6910 为 3，意为第三轴，Z 轴，6930 为 −10.3，如图 3-69 所示；6950 为 −10.5，如图 3-70 所示。此时，Z 轴换刀点数字为 −4.9，不在 −10.3 和 −10.5 之间，故而 PSW01 信号没有，无法换刀

故障分析	图 3-69　6930 参数	图 3-70　6950 参数

故障排除	修改参数 6930 为 −4.4,6950 为 −5.2,问题解决,换刀正常
经验总结	由于机床长久使用,电池没电,换了电池后,重做零点,与原来位置不同,使得换刀点不再是 −10.4,于是不在参数 6930 和 6950 设定值之间,PSW01 无信号,不能够换刀。 此问题是参数结合 PMC 的维修的一个案例,在维修中,机床多种多样,故障也多种多样,只有提升自己的基本技术才可以在维修中快速解决问题

实例 58　加工中心,变挡滑移齿轮引起主轴停转

故障设备	JCS-013 型卧式加工中心
故障现象	机床在工作过程中,主轴箱内机械变挡滑移齿轮自动脱离啮合,主轴停转
故障分析	带有变速齿轮的主传动系统参见图 3-66,采用液压缸推动滑移齿轮进行变速,液压缸同时也锁住滑移齿轮。变挡滑移齿轮自动脱离啮合,主要是由液压缸内压力变化引起的。控制液压缸的 O 形三位四通换向阀在中间位置时不能闭死,液压缸前后两腔油路相渗漏,这样势必造成液压缸的上腔推力大于下腔,使活塞杆渐渐向下移动,逐渐使滑移齿轮脱离啮合,造成主轴停转
故障排除	更换新的三位四通换向阀后即可解决问题;或改变控制方式,采用二位四通换向阀,使液压缸一腔内的油始终保持压力
经验总结	三位四通换向阀是指阀有三个工作位状态,有四个油口(一般两进两出),分别用 P、T、A、B 表示。P 为进油口,T 为回油口,A、B 分别接执行元件的上下两腔,阀自然位置时在中位。阀的实物图(图 3-71)、结构图(图 3-72)、工作原理图(图 3-73)如下所示。 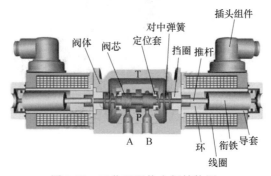图 3-71　三位四通换向阀实物图 图 3-72　三位四通换向阀结构图 注:两边电磁铁都不通电时,阀芯处于中位,P、T、A、B 互不相通。

经验总结	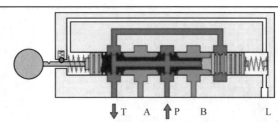 图 3-73 三位四通换向阀工作原理图 　　根据图 3-73 所示的工作原理图可知：三位四通换向阀处于静止位置，此时进油口 P 与回油口 T 接通，而工作油口 A 和 B 则关闭。由于液压泵出口油液流向油箱，所以，这种工作位置称之为液压泵卸荷或液压泵旁通。在液压泵卸荷情况下，其工作压力仅为三位四通换向阀的阻力损失，这并不引起系统发热。三位四通换向阀向右换向，则进油口 P 与工作油口 A 接通，而工作油口 B 则与回油口 T 接通。 　　当三位四通换向阀处于静止位置时，液压泵出口油液通过旁通油路流回油箱。当驱动三位四通换向阀动作时，液压缸活塞杆伸出，此时单向阀用于保护液压泵

实例 59　加工中心，主轴噪声较大，无载时负载表指示超过 40%

故障设备	SIEMENS 802D 加工中心
故障现象	主轴噪声较大，主轴无载情况下，负载表指示超过 40%
故障分析	首先检查主轴参数的设定，包括放大器型号、电动机型号及伺服增益等，在确认无误后，则将检查重点放在机械方面。发现主轴轴承损坏，更换轴承之后，在脱开机械方向的情况下检查主轴电动机的旋转情况，发现负载表指示已正常但仍有噪声。随后，将主轴参数 00 号设定为 1，即让主轴驱动系统开环运行，结果噪声消失，说明速度检测器件有问题
故障排除	经检查发现检测器件安装不正确，调整位置后再运行主轴电动机，噪声消失，机床能正常工作
经验总结	大多机械设备中普遍安装了很多不同的传感器和检测器，然而由于传感器和检测器的工作时间比较长，加上日常保养维护的忽视，比较容易因为使用时间过长而产生很多故障。常见的故障主要有传感器和检测器老化、热敏电阻出现裂纹现象以及脱挡情况等。若传感器和检测器因使用时间过长发生故障，则应及时更换元件以确保机械设备整体性能的正常运作。另外，需要定期对传感器和检测器进行维护和保养，以便提高传感器和检测器的使用寿命。 　　热敏电阻器是敏感元件的一类，如图 3-74 所示。其按照温度系数不同分为正温度系数热敏电阻器（PTC）和负温度系数热敏电阻器（NTC）。热敏电阻器的典型特点是对温度敏感，不同的温度下表现出不同的电阻值。正温度系数热敏电阻在温度越高时电阻值越大，负温度系数热敏电阻器在温度越高时电阻值越低，它们同属于半导体器件  图 3-74 热敏电阻器 热敏电阻器的主要特点： 　①灵敏度较高，其电阻温度系数要比金属大 10～100 倍，能检测出 6～10℃ 的温度变化； 　②工作温度范围宽，常温器件适用于 -55℃～315℃，高温器件适用温度高于 315℃（目前最高可达到 2000℃），低温器件适用于 -273℃～-55℃；

经验总结	③体积小,能够测量其他温度计无法测量的空隙、腔体及生物体内血管的温度; ④使用方便,电阻值可在 0.1kΩ～100kΩ 间任意选择; ⑤易加工成复杂的形状,可大批量生产; ⑥稳定性好、过载能力强

实例 60　加工中心,主轴箱噪声增大,影响加工质量

故障设备	SIEMENS 802D 加工中心
故障现象	该加工中心主轴在运转时抖动,主轴箱噪声增大,影响加工质量。经检查,主轴箱和直流主轴电动机正常,为此把检查重点转移到主轴电动机的控制系统上来
故障分析	经测试,速度指令信号正常,而速度反馈信号出现不应有的脉冲信号,说明问题出在速度检测元件,即测速发电机上。主轴电动机运转时,带动测速发电机转子一起运转,这样测速发电机的输出正比于主轴电动机转速的直流反馈电压。经检查,测速发电机炭刷完好,但换向器因炭粉堵塞而造成一绕组断路,使得测速反馈信号出现规律性的脉冲,导致速度调节系统调节不平稳,使驱动系统输出的电流忽大忽小,从而造成电动机轴的抖动。 图 3-75 即为沾满炭粉的换向器  图 3-75　沾满炭粉的换向器
故障排除	用酒精清洗换向器,彻底消除炭粉,即可排除故障
经验总结	换向器是直流电动机的重要部件,其作用是将炭刷上所通过的直流电流转换为绕组内的交变电流或将绕组内的交变电动势转换为电刷端上的直流电动势。图 3-76 为电动机结构图。 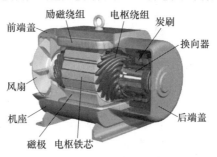 图 3-76　电动机结构图 　　直流电动机的换向器是直流电动机转子上由换向片、云母片、V 形绝缘环、压圈和紧固件组成的电流换向装置。 　　换向器俗称整流子,是直流电动机上为了能够让电动机持续转动下去的一个部件。直流电动机如果不安装换向器,那么就无法换向,那么电流一直是通过一个绕组流过,而绕组到达过零点位置(就是磁场的位置)后电动机就不会再转下去。这个时候如果一直通电,由于电阻很小,就会烧毁转子。换向器的每一组绕组至少有 1 对接触片,如果是多绕组电动机多个绕组共用一对接触片也是可以的。由于转子不断运动而炭刷不动,这样当转子的某一组线圈和炭刷连接形成回路,由于通电导体周围存在磁场,那么它就会转,转动后这一组就会断电然后下一组就会通电,这样不断下去就可以维持运转了。

交流电动机运转要有旋转磁场,旋转磁场依赖于方向变化的电流,而交流电正好有此特性,本来就不停变换方向,所以无需换向器。

电动机的换向片分别连接转子绕组线圈,换向片本身是相互绝缘的,电动机在运行时,炭刷与换向片摩擦,会产生一些炭粉,有的会沉积到换向片沟槽中,若沉积得多,因炭粉导电,会降低换向片间的绝缘,甚至换向片间直接导通,这会影响电机的性能、严重时会打火,甚至形成环火,严重影响电机的运行及性能。所以在停产时,清理换向片的沟槽,保持换向片间的良好绝缘,为下一个周期电机的连续运行打下好的基础。

图 3-77 为电动机转子集电环发生短路放炮事故,主要原因还是因为集电环上炭刷掉下的炭粉清洁不够干净,造成转子在电动机启动、水电阻未结束工作时,集电环相间发生短路。

图 3-77 电动机转子集电环发生短路放炮事故

经验总结

对按严格标准设计、制造和设置的电动机而言,应该是很安全的。具有关资料统计,在电气设备的故障、火灾中,有 1/5 是由于电动机的原因而导致的。这是因为电动机的日常维护不够好,而由于种种原因导致电动机打火,点燃了电动机周围的可燃物,而酿成电动机起火引发火灾的原因通常有以下几种:

①由于线圈被油垢等污物侵蚀、覆盖,造成线圈老化和过热;

②风冷式电动机通风部位被污垢堵塞;

③电动机过载运行而引起的电机线圈过热;

④安装和润滑不良而使轴承过热;

⑤电刷打火引燃电机上的污物;

⑥接点松动而打火引燃电机上的污物

显然,若消除这些原因,将会大大降低火灾的发生率。

①干净的电动机上面没有污物和易燃物,电动机可被充分冷却不会过热,所以经常清除污染线圈的油垢等非常必要,若不然油垢长期覆盖在线圈上,加速绝缘材料的老化进而造成绝缘破坏引起匝间漏电和火花飞溅,容易引起火灾。

②若电动机冷却通风的空隙中有污物,必然使通风变差,有可能使电动机过热,而引起的火灾:

a. 污物逐渐被烤焦,炭化而被引燃;

b. 由于热量的积蓄,线圈的绝缘材料被引燃;

c. 线圈的绝缘材料由于过热而加速老化产生漏电、火花,因此,若电机内部的污物被清除,冷却效果将大大改善。

③由于过载导致过热,致使线圈绝缘材料和油垢等污物被引火燃烧。

④轴承发热是安装不良、机油、润滑油不足而引起的。由于不能满足正常运行要求或电动机被卡住,造成电机启动电流过大而使线圈突然燃烧。

⑤在电刷产生火花时,必须换上新的,必要时应对电机整流子的工作进行修整和磨光处理。对于电刷零件也必须进行定期的清洗,火花和炭粉会对电机的整流子造成损害,并可将易燃的线头等污物点燃。

⑥由于振动的原因会使电机的接线端子松动,定期清洗时,可很好地检查,并将松动的接线端子拧紧。

发电机、电动机清洗维护方法:

①发电机、电动机定转子的清洗多是用汽油、酒精等溶剂清洗,注意这些溶剂易燃不安全、而且不能彻底挥发,其残留还会腐蚀绝缘,当然更不能带电清洗,由于这些溶剂抗爆性能差,清洗技术只能是采用人工小心刷洗;

②很多企业越来越重视清洗维护的安全性能,采用了四氯化碳溶剂清洗,但四氯化碳对人体有伤害,必须小心使用

实例61　加工中心，突然断电重启后主轴不旋转

故障设备	FANUC 0MC 系统的 VT1060 型加工中心
故障现象	机床正在加工时突然断电，通电后重新启动，主轴不能旋转
故障分析	①对主轴伺服单元进行检查，指示灯都不亮，3 个交流电源熔断器全部烧断； ②分析认为故障是在正常工作时突然断电造成的，而在突然断电时，主轴电动机内的电感量必然要立即释放，释放时会产生很高的反电动势，容易损坏能量吸收电路； ③检查能量吸收电路部分的元器件，果然有两只晶闸管损坏
故障排除	更换这两只晶闸管，突然断电后主轴不旋转的故障得到解决
经验总结	晶闸管（thyristor）是晶体闸流管的简称，又被称为可控硅整流器，以前被简称为可控硅，如图 3-78 所示。  图 3-78　晶闸管 　　晶闸管是一种开关元件，能在高电压、大电流条件下工作，并且其工作过程可以控制，被广泛应用于可控整流、交流调压、无触点电子开关、逆变及变频等电子电路中，是典型的小电流控制大电流的设备。1957 年，美国通用电气公司开发出世界上第一个晶闸管产品，并于 1958 年使其商业化。 　　晶闸管按其关断、导通及控制方式可分为普通晶闸管（SCR）、双向晶闸管（TRIAC）、逆导晶闸管（RCT）、门极关断晶闸管（GTO）、BTG 晶闸管、温控晶闸管和光控晶闸管（LTT）等多种。 　　晶闸管按其引脚和极性可分为二极晶闸管、三极晶闸管和四极晶闸管。 　　晶闸管按其封装形式可分为金属封装晶闸管、塑封晶闸管和陶瓷封装晶闸管三种类型。其中，金属封装晶闸管又分为螺栓形、平板形、圆壳形等多种；塑封晶闸管又分为带散热片型和不带散热片型两种。 　　晶闸管按电流容量可分为大功率晶闸管、中功率晶闸管和小功率晶闸管三种。通常，大功率晶闸管多采用陶瓷封装，而中、小功率晶闸管则多采用塑封或金属封装。 　　晶闸管按其关断速度可分为普通晶闸管和快速晶闸管，快速晶闸管包括所有专为快速应用而设计的晶闸管，有常规的快速晶闸管和工作在更高频率的高频晶闸管（高频晶闸管不能等同于快速晶闸管），可分别应用于 400Hz 和 10kHz 以上的斩波或逆变电路中。 　　单向晶闸管的 3 个引脚分别是阳极 A、阴极 K 和控制极 G，常见单向晶闸管的引脚如图 3-79 所示，使用中应注意识别，不要搞错。 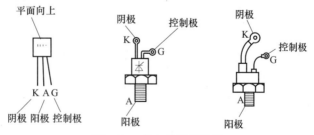 图 3-79　单向晶闸管引脚 　　单向晶闸管是 PNPN 闪层结构，形成三个 PN 结，具有阳极 A、阴极 K 和控制极 G 三个外电极。单向晶闸管可等效为 PNP，NPN 两个晶体管组成的复合管，如图 3-80 所示。 　　在阳极 A 之间加上正电压后，晶闸管并不导通。只有在控制极 G 加上触发电压时，VT_1、VT_2 相继迅速导通，并且互相提供基极电流维持晶闸管导通。此时即使去掉控制极上的触发电压，晶闸管仍维持导通状态，直至所通过的电流小于晶闸管的维持电流时，晶闸管才关断

经验总结	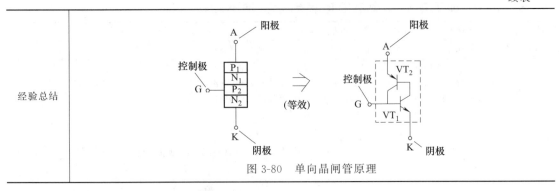

图 3-80　单向晶闸管原理

实例 62　加工中心，主轴"超极限"报警

故障设备	SIEMENS 802D 加工中心
故障现象	SIEMENS 802D 立式加工中心，在加工程序的最后一步 G00 Z500 时，主轴往＋Z 方向快速抬刀后，便停止在此位置做旋转运动
故障分析	初步判断为主轴 Z 方向到达极限位置，主轴进行了限位保护。但是手动方式下无法将限位保护开关松开，主轴高度也无法降低。于是检查相应部件，发现该机床 Z 方向"超极限"开关触点断开，使"超极限"保护动作，并且无法吸合，使得主轴一直处于"超极限"位置
故障排除	由于该机床 Z 轴为垂直进给轴，由于电动机带有制动器，无法简单地利用机械手操作推出 Z 轴，维修时通过将机床的"Z 超极限"信号进行瞬时短接，在取消了"超极限"保护后，手动移动机床 Z 轴，退出"超极限"保护位置，停机后更换新的限位保护开关，机床恢复正常工作。
经验总结	机床为了保护设备和人员安全，在机床的极限位置都设有触发点，当机床运行到这些触发点时，限位开关便会立即断开，进给运动随即停止。限位保护是为了避免操作失误导致不安全事故，或者必须精确定位才安设防护设施限位开关来保护的。 　　数控机床的限位方式有两种：软限位和硬限位。 　　硬限位就是用机械加工件去实现设备位置的限制，是真实的电气信号，仔细观察机床的结构，在导轨两端，是有相应的限位开关的，通过 I/O 接入控制系统，硬限位可以用于保护硬件设备。 　　软限位就是通过电气和软件来实现，如光电开关、行程开关等。在程序里面的输出上做限位，可以用于 NC 程序中判断程序是否合法。 　　通常软限位开关应该和硬限位开关结合起来使用，软限位开关需设置在硬限位开关的前端。在设备正常工作情况下，其运动部件的运动位置应该在软限位开关设定的区域内，硬限位开关并不起作用，只有当软限位开关失常时，硬限位开关起极限位置保护和运动系统故障报警作用。软限位开关实际上是一种虚拟的限位开关，与传统的硬限位开关相比，它具有寿命长、可靠性高、重复性好等优点。在各种电气设备中，将软限位开关和硬限位开关复合使用后，可以较大提高电气设备运行的可靠性和稳定性

实例 63　加工中心，主轴交流伺服电动机突然不启动

故障设备	FANUC 0MC 系统的 VT1060 型加工中心
故障现象	一台加工中心，主轴交流伺服电动机突然不启动，机床无报警信息
故障分析	查看电气说明书，主轴为半闭环交流伺服控制系统，由 PMC 程序控制位置调节器，位置反馈信号为数字量，速度反馈信号则为模拟量。进行外观检查，电动机和电缆都在完好状态。 　　分析认为如果是位置环故障，PMC 可能报警。现在 PMC 没有报警，说明故障可能在速度环。断开速度调节器的模拟信号，用＋24V 直流电源作为信号强制输入，结果发现速度调节器没有输出，说明速度调节器已经损坏
故障排除	更换速度调节器后，机床恢复正常工作
经验总结	本例中机床采用的是直流调速器，如图 3-81 所示。直流调速器是一种电机调速装置，包括电机直流调速器、脉宽直流调速器、可控硅直流调速器等，机床采用的一般为模块式直流电机调速器，集电源、控制、驱动

经验总结	电路于一体,采用立体结构布局,控制电路采用微功耗元件,用光电耦合器实现电流、电压的隔离变换,电路的比例常数、积分常数和微分常数用 PID 适配器调整。直流调速器具有体积小、重量轻等特点,可单独使用也可直接安装在直流电动机上构成一体化直流调速电动机,可具有调速器所应有的一切功能。  图 3-81　直流调速器 　　直流调速器就是调节直流电动机速度的设备,由于直流电动机具有低转速大力矩的特点,是交流电动机无法取代的,因此调节直流电动机速度的设备——直流调速器具有广阔的应用天地。下列场合需要使用直流调速器: 　　①需要较宽的调速范围; 　　②需要较快的动态响应过程; 　　③加、减速时需要自动平滑的过渡过程; 　　④需要低速运转时力矩大; 　　⑤需要较好的挖土机特性,能将过载电流自动限制在设定电流上。 　　以上五点也是直流调速器的应用特点。 　　直流调速器的应用范围:数控机床、造纸印刷、纺织印染、光缆线缆设备、包装机械、电工机械、食品加工机械、橡胶机械、生物设备、印制电路板设备、实验设备、焊接切割、轻工机械、物流输送设备、机车车辆、医疗设备、通信设备、雷达设备、卫星地面接收系统等

实例 64　加工中心,主轴转速不能提升并且负载表指向红区

故障设备	FANUC BESK 6 系统的 TH6350A 型卧式加工中心
故障现象	机床在工作过程中,主轴转速不能提升,并显示♯2003 报警,负载表指向红区
故障分析	负载表指向红区,说明主轴负载过重。 　　①这台机床的主轴系统为直流伺服系统。根据直流伺服系统的特点,首先检查电刷和换向器,发现换向器上有严重灼伤的疤痕,说明电刷剧烈打火。用细砂纸将换向器打磨干净后,电火花基本消除。 　　②此时主轴转速有所提高,但是仍然达不到设定的转速,无论是低速还是高速,实际转速与设定转速总是相差一定的比例,于是怀疑主轴转速的倍率不对。 　　③检查转速倍率开关,设定在 70% 挡位上,故实际转速与设定转速总是存在一定的比例。 　　④将转速倍率开关调至 100% 挡位后,主轴转速提高,接近设定速度,♯2003 报警不再出现,负载表也退出了红区,但是转速还是有些偏低
故障排除	根据维修手册的提示,将主轴伺服板上的电位器 RV3 逆时针调整一格,于是主轴转速完全达到设定值,故障彻底排除
经验总结	常用的电位器有以下几种: 　　(1)线绕电位器　如图 3-82 所示,具有高精度、稳定性好、温度系数小,接触可靠等优点,并且耐高温,功率负荷能力强。缺点是阻值范围不够宽、高频性能差、分辨力不高,而且高阻值的线绕电位器易断线、体积较大、售价较高。这种电位器广泛应用于电子仪器、仪表中。线绕电位器的电阻体由电阻丝缠绕在绝缘物上构成。电阻丝的种类很多,电阻丝的材料是根据电位器的结构、容纳电阻丝的空间、电阻值和温度系数来选择的。电阻丝越细,在给定空间内越能获得较大的电阻值和分辨率。但电阻丝太细,在使用过程中容易断开,影响传感器的寿命。

经验总结

（2）合成炭膜电位器　如图 3-83 所示，具有阻值范围宽、分辨力较好、工艺简单、价格低廉等特点，但动噪声大、耐潮性差。这类电位器宜作函数式电位器，在消费类电子产品中大量应用。采用印刷工艺可使炭膜片的生产实现自动化。

图 3-82　线绕电位器

图 3-83　合成炭膜电位器

（3）有机实芯电位器　如图 3-84 所示，阻值范围较宽、分辨力高、耐热性好、过载能力强、耐磨性较好、可靠性较高，但耐潮热性和动噪声较差。这类电位器一般是制成小型半固定形式，在电路中起微调作用。

（4）金属玻璃釉电位器　如图 3-85 所示，它既具有有机实芯电位器的优点，又具有较小的电阻温度系数（与线绕电位器相近），但动态接触电阻大、等效噪声电阻大，因此多用于半固定的阻值调节。这类电位器发展很快，耐温、耐湿、耐负荷冲击的能力已得到改善，可在较苛刻的环境条件下可靠地工作。

图 3-84　有机实芯电位器

图 3-85　金属玻璃釉电位器

（5）导电塑料电位器　如图 3-86 所示，阻值范围宽、线性精度高、分辨力强，而且耐磨寿命特别长。虽然它的温度系数和接触电阻较大，但仍能用于自动控制仪表中的模拟和伺服系统。

（6）数字电位器　如图 3-87 所示，采用集成电路技术制作的电位器。把一串电阻集成到一个芯片内部，采用 MOS 管控制电阻串联。控制精度由控制的 bit 位数决定，一般有 8 位、10 位、12 位等。可以使用到模拟电路中做阻抗匹配、放大回路的放大倍数控制等，避免了抖动调节操作麻烦的问题，为设备的自动增益、电压变化、阻抗匹配等提供了便捷方式。

图 3-86　导电塑料电位器

图 3-87　数字电位器

（7）多圈精密可调电位器　如图 3-88 所示，在一些工控及仪表电路中，通常要求可调精度高。为了适应生产需要，这类电路采用一种多圈可调电位器。这类电位器具有步进范围大、精度高等优点

经验总结	 图 3-88　多圈精密可调电位器

实例 65　加工中心，程序运转一段时间后，突然停止工作

故障设备	FANUC 7CM 系统的 JCS-018 型立式加工中心
故障现象	机床主轴按照程序运转一段时间后，突然停止工作，显示器上出现"1000 SPINDLE ALARM"报警
故障分析	"1000 SPINDLE AIARM"报警说明主轴部分存在故障，按如下步骤检查分析： ①对故障现象进行观察。在 MDI 方式下，将主轴电动机的转速设置为 1500r/min，在启动瞬间，主伺服装置内的交流接触器有异常声音，旋转约 30s 后声音消失。工作一段时间后，接触器又发出异常声音，随后主轴停止，出现上述报警。 ②由于故障与主轴有关，于是检查主轴伺服单元，发现主轴伺服驱动器上出现♯2 报警，显然，这是机床出故障的根本原因。 ③导致♯2 报警的原因是过载、速度反馈电路不正常等。用手旋转主轴，感觉非常轻松，出现故障时又是空转，因此不存在过载的问题。 ④速度反馈元件是脉冲发生器，正常的信号波形是方波。用示波器监控时，发现在主轴启动瞬间，波形为一条水平直线。此时接触器发出异常声响，随后波形变为方波，接触器响声消失。旋转一段时间后波形又变为一条直线……如此反反复复。 从波形可以判断速度反馈线路正常，很可能是速度反馈元件——脉冲发生器出现故障，导致反馈信号时有时无，电磁接触器时通时断，并出现异常声响。当速度反馈信号完全断开时，主轴电动机便停止旋转，机床出现报警
故障排除	更换脉冲发生器后，报警和异常响声均消失，机床恢复正常工作
经验总结	脉冲发生器是用来发生信号的系统。图 3-89 为一种可调脉冲发生器电路图，它是一种可使信号周期和脉宽独立调节又互不影响的电路，调节 RP1 可改变信号的周期 n，调节 RP2 可改变脉宽，但不影响发生器的输出频率。 图 3-89　可调脉冲发生器电路图 可调脉冲发生器是能产生宽度、幅度和重复频率可调的矩形脉冲的发生器，可用以测试线性系统的瞬态响应，或用作模拟信号来测试雷达、多路通信和其他脉冲数字系统的性能。 对于机床的主轴来说，脉冲信号发生器是一种专用型的脉冲信号发生器，只适用于某些专用设备的研制、测试、生产和维修。这类脉冲信号发生器或是波形复杂，或是某些指标要求特殊。它电路的组成要采用数字电路的技术，以维持各个简单脉冲之间的同步关系

实例 66 数控铣床，主轴达不到指令转速

故障设备	FANUC BESK 7CM 系统的 XK715F 型立式数控铣床
故障现象	在手动和自动状态下，主轴的转速都达不到指令转速(只有 1～2r/min)，而且正转和反转都是同样的故障现象，但是显示器上没有出现任何报警
故障分析	主轴控制系统出现故障，但是没有报警信息，多数是由于外部条件没有得到满足，系统处于等待状态。此时，需要在了解电气控制原理的基础上，对控制条件进行认真的分析和检查。 ①在手动数据输入方式下，进行高、低速挡位转换，此时转速完全正常，说明在主轴换挡机构中，机械部件是正常的，伺服驱动器、伺服电动机也没有问题。分析认为，故障是由于控制条件不满足所造成的。 ②检测主轴驱动饭的 VCMD 信号，发现其状态为"0"，而且在输入 S 指令信号时，状态没有发生变化，说明机床指令信号没有输入到主轴驱动板上。 ③检查数控系统的主控制柜，发现在 01GN710 位置控制板上，控制接口 XN 的端子接触不良，导致控制信号断路
故障排除	重新连接 XN 的端子，故障排除
经验总结	接线端子就是用于实现电气连接的一种配件产品，如图 3-90 所示，工业上划分为连接器的范畴。随着工业自动化程度越来越高和工业控制要求越来越严格、精确，接线端子的用量逐渐上涨。随着电子行业的发展，接线端子的使用范围越来越多，而且种类也越来越多。使用最广泛的除了 PCB 板端子外，还有五金端子、螺帽端子、弹簧端子，等等。 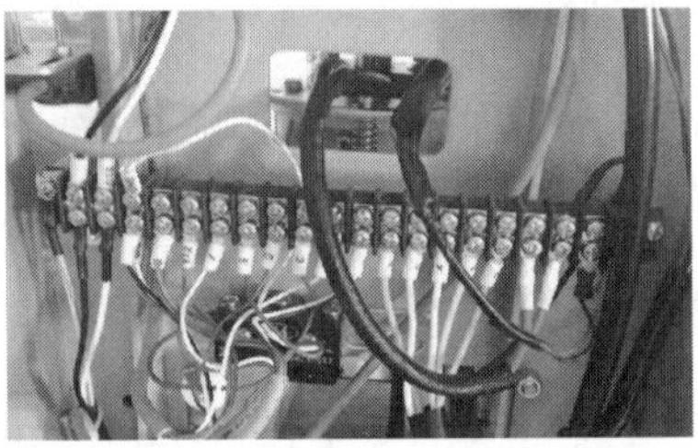 图 3-90　接线端子 接线端子是为了方便导线的连接而应用的，它其实就是一段封在绝缘塑料里面的金属片，两端都有孔可以插入导线，有螺钉用于紧固或者松开，比如两根导线，有时需要连接，有时又需要断开，这时就可以用端子把它们连接起来，并且可以随时断开，而不必把它们焊接起来或者缠绕在一起，很方便快捷。而且适合大量的导线互联，在电力行业就有专门的端子排，端子箱，上面全是接线端子，单层的、双层的、电流的、电压的、普通的、可断的，等等。一定的压接面积是为了保证可靠接触，以及保证能通过足够的电流。 特别注意，机床加工由于长期大负荷工作，会产生连续振动导致端子接触不良，需要定期将其紧固，必要时用螺丝胶辅助固定

实例 67 加工中心，主轴定向时转速偏低

故障设备	DHK40 型加工中心
故障现象	当主轴定向时，一直以很低的速度旋转
故障分析	根据检修经验，显然是机床没有接收到光电脉冲编码器发出的零标志信号，即一转信号。 ①检查编码器的 5V 直流电源，只达到 4.8V。虽然电压低一些，但还在正常范围，不会影响编码器的工作。 ②检查编码器的连接电缆，发现它没有固定好，但是还在完好状态，没有断路、短路和接触不良的现象。 ③打开机床侧面的防护盖板，拆下主轴脉冲编码器，发现其底部有一层粉末。将编码器全部拆开后，发现圆光栅上的条纹已经全部磨光，因此发不出信号
故障排除	更换新编码器后，主轴恢复正常的转速，故障得以排除
经验总结	在更换编码器，主轴恢复正常的转速之后，还要参数主轴准停时的"停止位置偏移量"参数，使定向位置与原来的位置相同。 圆光栅(circular grating)载体为圆形的光栅，如图 3-91 所示，有径向光栅和切向光栅两种。径向光栅的栅线的延长线全部通过同一圆心；切向光栅的全部刻线与一个同心小圆相切，该小圆半径很小，只有零点几到几毫米。圆光栅主要用来计量转动的角位移量，且多用透射式的

经验总结	 图 3-91　圆光栅

实例 68　加工中心，主轴不能进入高速挡

故障设备	FANUC 0i-MB 系统的 VFL1000A 型加工中心。
故障现象	在加工过程中，主轴低速正常，但经常出现没有高速的故障现象
故障分析	这台机床的高、低挡转换动作，是由一个两位四通电磁阀控制气缸活塞杆上下动作，气缸活塞杆再带动拨叉拨动高、低挡齿轮来进行的。拨叉到位信号由两只行程开关检测，并反馈到数控系统输入端进行 PMC 控制。当行程开关检测到拨叉低速挡到位信号时，才能向高速挡转换。 　　现在主轴低速正常，但经常无高速，说明主轴电动机和驱动放大器正常。故障原因通常是高低速转换电磁阀损坏或不动作，压缩空气系统的压力太低或空气流量较小，转换齿轮或拨叉损坏、行程开关损坏、数控系统没有高速信号输出等。 　　①检查压缩空气系统，压力在正常范围。 　　②检查主轴高、低速转换电磁阀，以及高、低挡的电磁阀，都在正常状态。 　　③在 MDI 模式下输入 M03 S3000，按下程序执行开关，然后按下数控系统的参数/诊断键，检查主轴高速挡指令 Y51.0，其状态为"1"，说明数控系统输出的信号正确。 　　④检查主轴部分的行程开关，发现有一只行程开关接触不良，有时不能将拨叉低速挡到位信号检测出，以致不能向高速挡转换
故障排除	更换损坏的行程开关，故障得以排除
经验总结	主轴行程开关是行程开关的一种，如图 3-92 所示。在主轴进行自动进给时，达到主轴的最大行程时，主轴经过此开关会将电机电源自动切断，保护主电机和齿轮。 图 3-92　主轴行程开关 　　导致主轴行程不到位还有一种可能是机床长期使用后，油水及沉淀物将气缸端部的流量阀堵塞，使气缸活塞中的气体流量减小，拨叉运动不能到位，无法实现低速与高速的转换。此时只需清除油水和沉淀物后，气体流量恢复正常，故障得以排除

实例 69　加工中心，执行定向指令时连续旋转

故障设备	FANUC 0M 加工中心
故障现象	主轴在执行 M19 定向指令时，连续旋转而不能停止，无法完成定向

故障分析	从机床的使用说明书可知,执行 M19 定向指令时,机床的工作过程是:数控系统向主轴发出 ORT 启动指令,主轴便加速到定向速度。到达定向位置时,磁性体对准磁传感器,主轴便减速至爬行速度。接着磁传感器发出信号,使主轴进入位置闭环控制,其目标位就是磁停位。定向定位完成后,主轴驱动装置将完成信号 ORE 回送到系统,使 M19 指令执行完毕。现在出现主轴不能定向的故障,检修应围绕这一环节来进行。 ①执行 M03 和 M04 指令,让主轴电动机正转和反转,工作很正常,说明主轴驱动器没有问题。 ②执行 M19 指令后,主轴一直以定向速度旋转,且没有减速,可能是主轴定向控制板有故障,但是更换控制板后,故障现象没有变化。 ③怀疑主轴磁传感器不正常,将主轴头内部的磁传感器拆下后检查,发现其锈迹斑斑,这样的磁传感器是无法传递信号的
故障排除	更换损坏的磁传感器,故障得以排除
经验总结	在今天所用的电磁效应的传感器中,磁传感器是重要的一种,常用于检测磁性齿轴、齿轮的转数或转速,故也称为磁旋转传感器。由于电子技术的发展,磁旋转传感器有许多半导体磁阻元件无法比拟的优点。图 3-93 为一种常用的磁传感器。 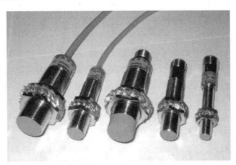 图 3-93　磁传感器 磁旋转传感器在工厂自动化系统中有广泛的应用,因为这种传感器有着令人满意的特性,同时不需要维护。其主要应用在机床伺服电机的转动检测、工厂自动化的机器人臂的定位、液压冲程的检测、工厂自动化相关设备的位置检测、旋转编码器的检测单元和各种旋转的检测单元等。 现代的磁旋转传感器主要包括四相传感器和单相传感器。在工作过程中,四相差动旋转传感器用一对检测单元实现差动检测,另一对实现倒差动检测。这样,四相传感器的检测能力是单元件的四倍。而二元件的单相旋转传感器也有自己的优点,也就是小巧可靠的特点,并且输出信号大,能检测低速运动,抗环境影响和抗噪声能力强,成本低。因此单相传感器也将有很好的市场。 在数控加工中心中,磁传感器有主轴准停的重要作用。 ①主轴准停是指数控机床的主轴每次能准确地停在一个固定的位置上,又称为主轴定位。在自动换刀的加工中心上,切削转矩是通过两个端面键来传递的。端面键固定在主轴前端面上,嵌入刀杆的两个缺口槽内。自动换刀时,必须保证端面键对准缺口槽,这就要求主轴具有准确定位于圆周上特定角度的功能。除此之外,在进行反镗、反倒角和通过前壁小孔镗内壁同轴大孔等加工时,也要求主轴实现准停,使刀尖停在一个固定的方位上。 ②在主轴上安装一个发磁体与主轴一起旋转,在主轴箱体准停位置上装一个磁传感器。当主轴需要准停时,数控装置发出主轴准停指令,主轴电动机立即减速至准停速度,使主轴以低速回转。当发磁体与磁传感器对准时,磁传感器发出信号,主轴驱动立即进入以磁传感器为反馈元件的位置闭环控制,目标位置即为准停位置。准停完成后,主轴驱动装置输出准停完成信号给数控系统,从而可进行自动换刀或其他相关动作

第四章 进给系统的故障与维修

实例1 数控车床，电动机过热报警

故障设备	FANUC 0i 数控车床
故障现象	X 轴电动机过热报警
故障分析	产生电动机过热报警的原因有多种，除伺服单元本身的问题外，可能是切削参数不合理，亦可能是传动链上有问题。而该机床的故障原因是导轨镶条与导轨间隙太小，调得太紧
故障排除	松开镶条防松螺钉，调整镶条螺栓，使运动部件运动灵活，保证 0.03mm 的塞尺不得塞入，然后锁紧防松螺钉，故障排除
经验总结	直线导轨滑动表面通常会保持一定的间隙，而间隙过小会增大摩擦力，间隙过大又会降低导向精度。 进行间隙调整常用测量工具就是塞尺。塞尺(feeler gauge)又称测微片或厚薄规，是一种测量工具，主要用于间隙间距的测量，是由一组具有不同厚度级差的薄钢片组成的量规。除了公制以外，也有英制的塞尺。图 4-1 为常用的塞尺。 在检验被测尺寸是否合格时，可以用组合法判断，也可由检验者根据塞尺与被测表面配合的松紧程度来判断。塞尺一般用不锈钢制造，最薄的为 0.02mm，最厚的为 3mm。自 0.02~0.1mm 间，各钢片厚度级差为 0.01mm；自 0.1~1mm 间，各钢片的厚度级差一般为 0.05mm；自 1mm 以上，钢片的厚度级差为 1mm。塞尺横截面为直角三角形，在斜边上有刻度，利用锐角正弦直接将短边的长度表示在斜边上，这样就可以直接读出缝的大小了。 塞尺使用前必须先清除塞尺和工件上的污垢与灰尘。使用时可用一片或数片重叠插入间隙，以稍感拖滞为宜。测量时动作要轻，不允许硬插，也不允许测量温度较高的零件。 1. 塞尺使用方法 ①用干净的布将塞尺测量表面擦拭干净，不能在塞尺沾有油污或金属屑末的情况下进行测量，否则将影响测量结果的准确性。 ②将塞尺插入被测间隙中，来回拉动塞尺，如图 4-2 所示，感到稍有阻力，说明该间隙值接近塞尺上所标出的数值；如果拉动时阻力过大或过小，则说明该间隙值小于或大于塞尺上所标出的数值。

图 4-1 塞尺

图 4-2 塞尺的使用

经验总结	③进行间隙的测量和调整时,先选择符合间隙规定的塞尺插入被测间隙中,然后一边调整,一边拉动塞尺,直到感觉稍有阻力时拧紧锁紧螺母,此时塞尺所标出的数值即为被测间隙值。 2. 塞尺使用注意事项 ①不允许在测量过程中剧烈弯折塞尺,或用较大的力硬将塞尺插入被检测间隙,否则将损坏塞尺的测量表面或零件表面的精度。 ②使用完后,应将塞尺擦拭干净,并涂上一薄层工业凡士林,然后将塞尺折回夹框内,以防锈蚀、弯曲、变形而损坏。 ③存放时,不能将塞尺放在重物下,以免损坏塞尺

实例 2　数控车床，进给传动时滚珠丝杠副出现噪声

故障设备	FANUC 0i 数控车床
故障现象	在一次加工中,进给传动时出现滚珠丝杠副噪声故障,并且发现丝杠上润滑油有喷溅现象
故障分析	出现噪声故障,先从润滑油方面考虑。经检查,所使用的润滑油很黏稠。但是在询问操作者时得知,在刚添加润滑油时,润滑效果良好,也无黏稠现象出现,故此判断是润滑油质量问题
故障排除	松开并旋出螺母两端的防尘密封圈,在螺母注油孔注入黏度低于 ISO32 的润滑油(黏度越低越好)清洗螺母,在有效行程内往复行走数次,然后注入黏度介于 ISO32～ISO68 之间的润滑油或润滑脂,往复行走数次,故障得以解决
经验总结	润滑油是用在各种类型机械上以减少摩擦,保护机械及加工件的液体润滑剂,主要起润滑、冷却、防锈、清洁、密封和缓冲等作用。黏度反映油品的内摩擦力,是表示油品油性和流动性的一项指标。在未加任何功能添加剂的前提下,黏度越大,油膜强度越高,流动性越差。黏度指数表示油品黏度随温度变化的程度。黏度指数越高,表示油品黏度受温度的影响越小,其黏温性能越好,反之越差。图 4-3 为不同黏度级别的润滑油对比  图 4-3　不同黏度级别的润滑油对比

实例 3　数控车床，进给传动时出现滚珠丝杠副摩擦声

故障设备	FANUC 0i 数控车床
故障现象	在一次加工中,进给传动时出现滚珠丝杠副摩擦声音故障,并且发现声音的出现伴随的都是 Z 的负方向运动,在正方向运动时几乎没有该声音
故障分析	根据故障现象首先检查润滑油的状况,发现润滑油润滑状况良好,滚珠丝杠也很清洁。仔细考虑出现单方向噪声的原因,应该是出现了磨损。首先检查螺杆滚道,用供应商提供的空心套套在轴端,然后慢慢旋出螺母,查看螺母滚道循环圈两端有无损伤,如果没有,卸出滚珠,全面查看螺母内部滚道发现有两处细微长条形的损伤,故障即产生于此
故障排除	请专业技术人员对螺母内部滚道进行修补、研磨,重新安装调试,故障排除。如果仍然出现运行问题,则要更换滚道
经验总结	由于此故障可能要拆卸设备,故尽可能多地检查故障原因,在对滚道进行修理的同时,顺便也对滚珠进行查看,若有磨损、破损的及时进行更换。图 4-4 为滚珠丝杠滚道示意图。

经验总结	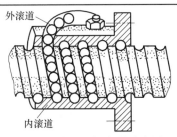 图 4-4　滚珠丝杠滚道示意图 针对不同程度的损伤,滚珠丝杠滚道的修复方法可分为三种: (1)滚道轻微损伤　将丝杠置于螺纹磨床两顶尖间,找正后精磨,需要注意的是要控制好修磨量,这样修出来的丝杠能不更换螺母,通过调隙恢复其功能。 (2)滚道严重损伤　滚珠丝杠在螺纹磨床上磨削,修磨量根据损伤程度确定,并按相近直径系列的钢球尺寸进行精磨。 (3)滚道局部损伤　这种局部损伤,建议大家可用金刚锉或油石,将损伤的部位局部修整平滑

实例 4　数控车床,重力切削时滚珠丝杠副出现噪声

故障设备	SIEMENS 802D 数控车床
故障现象	该数控车床专门用于重力车削,最近在进行车削时滚珠丝杠处的噪声现象越来越严重
故障分析	根据故障现象,首先按照步骤检查滚珠丝杠的润滑情况,润滑情况良好。再检查滚珠丝杠与导向件的平行度,其平行度在机床说明书要求规范之内。再查看丝杠端部的轴承,其安装到位并无异常,但在对其两端轴承安装轴承端的同心度检测时发现,跳动较大,丝杠发出噪声的原因即出现与此
故障排除	用校直机校直螺杆,校直之后按照操作规范进行逐步修调,通电试机后,故障得到了解决
经验总结	校直机是针对轴杆类产品在热处理后发生弯曲变形或者安装不到位导致同心度不达标而设计的自动检测校直装置,集机械、电气、液压、气动、计算机监控分析为一体,具有优良技术性能,集中体现在测量精度高,生产节拍快,工件适应能力强等优点上,对轴杆类工件的纯圆截面、D 型截面以及齿轮或花键的分度圆等部位的径向跳动可实现准确测量。图 4-5 为正在进行校直的螺杆。  图 4-5　正在进行校直的螺杆 轴类校直,主动回转中心和从动回转中心的顶尖将工件夹持后,顶尖有调速电机驱动旋转,通过工件传到从动回转中心顶尖,同时,与可动支承相连的测量装置检测工件表面的全跳动量,从动回转中心的光电编码器测量工件表面的全跳动量方向,计算机根据这些数据判断工件最大弯曲位置和方向,发出指令使工件最大弯曲点朝上时工件停止转动,并结合跳动 幅值及设定的参数计算修正量,实现对工件的精确修正。工件夹持与放松,可动支承位的选择,工件台的移动及冲头快慢速进给等动作均由 PLC 实现管理

实例 5　数控车床,丝杠滞涩导致电机过流报警

故障设备	FANUC 0TD 数控车床
故障现象	有一台数控车床,经常出现 Z 轴伺服电动机过流报警,并且刀架 Z 方向的移动明显滞涩,从而使加工出的工件表面光洁度很差

故障分析	这台机床的工作条件比较差,到处是油烟,灰尘也很大。根据故障现象,先从电气方面入手。开始以为是电气故障,因此,调整了一下过流限定值,就好了一些。但不久,Z轴伺服电动机仍然过度发热,故障可能不是由电动机内部引起。将Z轴伺服电动机拆下,发现换向器表面已变色。这时用手搬Z轴丝杠,搬不动,整个丝杠上没有任何划痕,螺母搬不动,在这种情况下,只好把整个丝杠拆下。这个螺母中的滚珠是外循环的,在螺母的滚道中有很多油垢,还有类似棉纱头之类的东西,很硬,粘在滚道上,所有的滚珠一动不动。再仔细观察发现丝杠螺母两边的密封装置也损坏了,由损坏处进入很多油垢
故障排除	将丝杠两头的密封装置拆下,把拆卸下来的滚珠逐个测量,并对表面状况进行了观察,没有发现变形与表面有麻点的情况。为此,对内滚道以及回珠器内进行了清洗,并浸泡在煤油中,把那些硬的污垢泡软,又用汽油清洗,如图4-6所示,然后又用四氯化碳清洗机清洗,清洗过后内表面光亮如初。清洗完成之后涂润滑脂,把滚珠经过精心检查后,逐个送入,然后用两边的调整螺钉来调整螺母的预紧力。  图4-6　汽油清洗 把丝杠放好后,应检查螺母与丝杠的松紧度,才能放心安装丝杠以及伺服电动机。最开始几天加工零件有些误差,但比原来好多了。因此,又调整了一下螺母两侧的调整盘,一切恢复正常。在修滚珠丝杠的同时,对伺服电动机做了一些维修工作。清洗了换向器表面,用极细的砂布擦拭换向器表面,又对换向器各换向片之间的沟槽进行了清理
经验总结	由此可见,经常检查螺母两侧的密封装置是非常必要的。 滚珠丝杠副常用防尘密封圈和防护罩如下: 1. 密封圈 密封圈装在滚珠螺母的两端。接触式的弹性密封圈系用耐油橡皮或尼龙等材料制成,其内孔制成与丝杠螺纹滚道相配合的形状,如图4-7所示。接触式密封圈的防尘效果好,但因有接触压力,使摩擦力矩略有增加。 非接触式的密封圈系用聚氯乙烯等塑料制成,如图4-8所示。其内孔形状与丝杠螺纹滚道相反,并略有间隙,非接触式密封圈又称迷宫式密封圈。 　　　　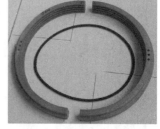 图4-7　接触式弹性密封圈　　　　图4-8　非接触式密封圈 2. 防护罩 防护罩能防止尘土及硬性杂质等进入滚珠丝杠,如图4-9所示。防护罩的形式有锥形套管、伸缩套管、也有折叠式(手风琴式)的塑料或人造革防护罩,也有用螺旋式弹簧钢带制成的防护罩连接在滚珠丝杠的支承座及滚珠螺母的端部,防护罩的材料必须具有防腐蚀及耐油的性能  图4-9　丝杠防护罩

实例 6　数控车床，轴向跟踪误差过大报警

故障设备	SIEMENS 802D 数控车床
故障现象	该数控车床在加工过程中出现 Z 轴跟踪误差过大的报警
故障分析	由随机配备的机床说明书得知，该机床采用半闭环控制系统，在 Z 轴移动时产生跟踪误差报警，首先检查参数的设置，并无异常。继续对电动机与丝杠的连接等部位进行检查，结果正常。将系统的显示方式设为负载电流显示，在空载时发现电流为额定电流的 40% 左右，在快速移动时就出现跟踪误差过大报警，此时用手触摸 Z 轴电动机，明显感受到电动机发热，应该是 Z 轴摩擦力太大造成的。检查 Z 轴导轨上的压板，发现压板与导轨间隙不到 0.01mm。可以判断是由于压板压得太紧而导致摩擦力太大，使得 Z 轴移动受阻，导致电动机电流过大而发热，快速移动时产生丢步而造成跟踪误差过大报警
故障排除	松开压板，使得压板与导轨间的间隙为 0.02～0.04mm，锁紧紧定螺母，重新运行，机床故障排除
经验总结	机械制造设备中机床床身用下压板，尤其是一种机床平床身导轨用下压板，包括压板和设置在压板座上与床身下滑面配合的压板面，压板面上设置有镶条，镶条穿过压板座的双头调节螺栓连接在压板座上。图 4-10 为一种典型的机床导轨压板  图 4-10　一种典型的机床导轨压板

实例 7　数控车床，传动系统定位精度不稳定

故障设备	FANUC 0i 数控车床
故障现象	该机床在加工过程中，坐标的重复定位精度不稳定，时大时小
故障分析	根据故障现象首先检查润滑油的状况，发现润滑油润滑状况良好，滚珠丝杠也很清洁。仔细观察在 Z 轴轴向移动时有时发出轻微噪声，可能是部件松动或者磨损所致。首先检查螺杆滚道，经检查发现其传动系统机械装配问题，丝杠螺母安装不正
故障排除	重新安装丝杠螺母，故障排除
经验总结	机床运动中由于振动导致的部件松动一般要求在月检中得以修复。某些常用设备如丝杠、刀架方面的问题，在程序加工时注意观察也能及时发现其故障源的。图 4-11 为丝杠螺母的位置 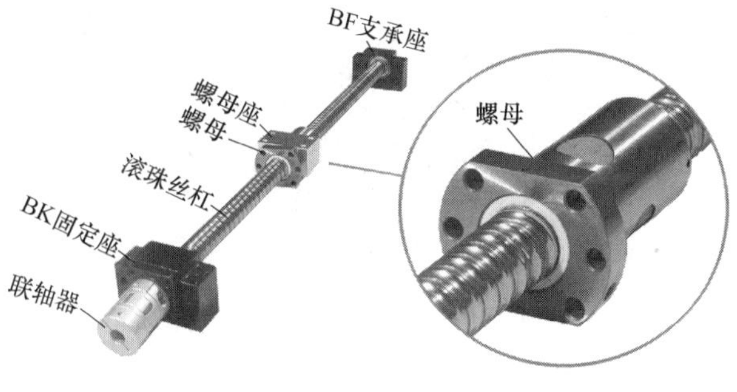 图 4-11　丝杠螺母的位置

实例 8　数控车床，径向加工尺寸不稳定

故障设备	SIEMENS 802D 数控车床
故障现象	该数控车床，加工零件时,常出现径向尺寸忽大忽小的故障
故障分析	根据故障现象,首先检查控制系统及加工程序,没有发现异常,然后检查传动链中电动机与丝杠的连接处,发现电动机联轴器紧固螺钉松动,使得电动机轴与丝杠产生相对运动。由于半闭环系统的位置检测器件在电动机侧,丝杠的实际转动量无法检测,从而导致零件尺寸不稳定
故障排除	紧固电动机联轴器后故障清除
经验总结	联轴器,用来连接不同机构中的两根轴(主动轴和从动轴)使之共同旋转以传递转矩的机械零件。有些联轴器还有缓冲、减振和提高轴系动态性能的作用,从这个意义上来说,联轴器可看成是一个动力传输装置。当联轴器松动时,会很容易使丝杠无法获得准确地转动信息。图 4-12 为主轴联轴器的位置 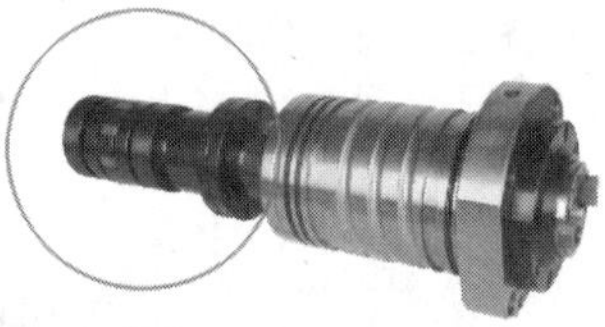 图 4-12　主轴联轴器位置

实例 9　数控车床，机床导轨走走停停

故障设备	FANUC 0i 数控车床
故障现象	该数控车床在加工过程中,出现锯齿形状的外圆,无论手动方式还是自动方式走刀均出现打顿的现象,刀具走走停停
故障分析	出现此故障,按照检修步骤,首先检查程序的插补方式、进给速度,未发现异常,而刀具也是新更换的。用万用表分别测量机床电源、刀架驱动电路,电压也很稳定。接着考虑是否是丝杠方面原因,重点检查丝杠机械传动部件,发现滚珠丝杠螺母副存在较大的轴向间隙,并且润滑油已经干枯
故障排除	重新调整轴向间隙,并补足润滑油,适当调整预紧力,故障消除。图 4-13 为轴向间隙及轴向跳动调整示意图 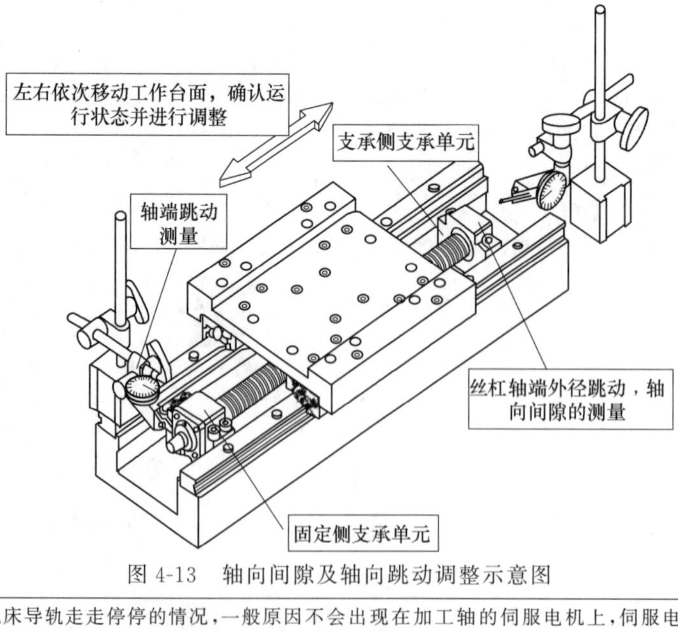 图 4-13　轴向间隙及轴向跳动调整示意图
经验总结	注意:出现机床导轨走走停停的情况,一般原因不会出现在加工轴的伺服电机上,伺服电机过载时会产生抖动,电压出现问题时会导致运动无力

实例 10 数控车床，加工工件表面固定部位有痕迹

故障设备	FANUC 0i 数控车床
故障现象	FANCU 系统数控车床，在加工过程中，工件表面固定部位有痕迹。
故障分析	短时加工几个零件的表面都很好，经过一段时间的运行，故障现象出现，加工表面固定位置有一段痕迹。 查阅驱动电气原理图、说明书和机械结构图，进行判断和分析。 采用外圆加工和内孔加工进行切削试验，外圆加工和内孔加工后都在轴向同一位置出现痕迹。 先检查数控系统部分，因系统能执行各种加工的指令，指令的位置准确，推理判断数控系统基本无问题。 初步推断故障原因可能出在机械部分，估计滚珠丝杠或导轨部分有问题： ①丝杠滚道有损伤； ②导轨研伤； ③导轨上移动部件运动不良或不能移动。 根据判断出的故障原因，对出现痕迹对应位置的丝杠滚道和导轨进行检查。机床断电，用手拧转丝杠，在拧到工件出现问题的那一段时，注意传动机构的异常情况。 确认故障部位检查滚珠丝杠，丝杠部分无故障迹象。但到了有痕迹的对应位置，转动丝杠感觉有轻微的卡滞，转矩有所增加，将滑板退回去，检查导轨的相应部位，发现导轨面上对应部位有异物黏附，很牢固，将异物用砂纸除去一部分，然后再试运行一段时间，发现加工表面有痕迹的故障有所改善。由此确认故障是由于机床导轨上黏附的异物，如图 4-14 所示，造成滑板移动不顺畅，出现轻微的卡滞而产生进给运动误差，从而产生表面加工有痕迹的故障现象  图 4-14 黏附异物的导轨
故障排除	①用刮刀、砂纸和油石等导轨维修工具，把导轨上黏附的异物除去，对该部位的导轨面进行清洁修复。 ②为了保障导轨的清洁和润滑，避免异物的黏附，对机床导轨的润滑部分进行疏通检修，使机床导轨面达到润滑的技术要求。 ③试运行 3h，没有出现任何问题。观察数日，出现加工痕迹的位置无故障重现，故障排除
经验总结	导轨、直线轴作为设备的核心部件之一，它的功用是起导向和支承作用。为了保证机器有较高的加工精度，要求其导轨、直线轴具有较高的导向精度和良好的运动平稳性。设备在运行过程中，由于被加工件在加工中会产生大量的腐蚀性粉尘和烟雾，这些烟雾和粉尘长期大量沉积于导轨、直线轴表面，对设备的加工精度有很大影响，并且会在导轨、直线轴表面形成蚀点，缩短设备使用寿命。为了让机器正常稳定工作，确保产品的加工质量，要认真做好导轨、直线轴的日常维护。 注意：清洁导轨请准备干棉布、润滑油。雕刻机的导轨分为直线导轨、滚轮导轨。 直线导轨的清洁：首先把激光头移动到最右侧（或左侧），找到直线导轨，用干棉布擦拭直到光亮无尘，再加上少许润滑油，可采用缝纫机油，切勿使用机油，因为缝纫机油能有效地保护轴承、齿轮、凸轮及蜗轮蜗杆等传动部件，其出色的氧化安定性可减少或避免油泥的产生，将激光头左右慢慢推动几次，让润滑油均匀分布即可。图 4-15 为缝纫机油及其适用范围。 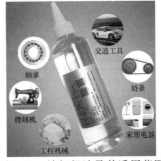 图 4-15 缝纫机油及其适用范围

经验总结	滚轮导轨的清洁：把横梁移动到内侧,打开机器两侧端盖,找到导轨,用干棉布把两侧导轨与滚轮接触的地方擦拭干净,再移动横梁,把剩余地方清洁干净

实例 11 数控车床,出现规律性加工刀痕

故障设备	FANUC 0i 数控车床
故障现象	某 FANUC 0i 系统数控卧式平床身车床,车削端面时出现绸纹形状的痕迹,并沿 X 向具有一定的排列间距规律
故障分析	本例数控车床 X 向中滑板为燕尾导轨,采用镶条进行导轨间隙调整,传动丝杠为滚珠丝杠,采用直流伺服调速电机驱动。查阅有关资料和故障显示的含义,因系统能执行程序指令且运行正常,推断系统基本无故障,用替换法检查伺服电机,故障现象依旧。初步分析为机械部分故障。故障原因如下： ①X 向导轨有故障； ②X 向滚珠丝杠有故障。 检查导轨面,未发现有研伤和异物黏附；用手转动丝杠,发现有周期性的阻滞现象,脱离负载后检查滚珠丝杠及其轴承,未发现有异常情况；检查导轨的镶条,并调整配合间隙后重新试车,故障依旧。由此,判断镶条与导轨的配合面精度有问题。拆下镶条进行研点检查,发现镶条的平面度和研点不符合精度要求。进而检查导轨的平面精度,符合精度要求。由此确定镶条的平面度精度降低是造成滑板周期性阻滞的基本原因
故障排除	用标准平板对镶条进行刮研修整,基本符合要求后与机床上的滑板导轨配合部位进行对研刮削,进一步修整镶条的斜度及其与导轨面的配合精度,用 0.03mm 的塞尺检测保证配合间隙。配刮、安装调整后,用不同的 X 向进给速度进行端面车削试车,端面出现等间距绸纹的故障排除。图 4-16 为现场对镶条进行刮研修整  图 4-16 对镶条进行刮研修整
经验总结	镶条的刮研步骤： ①镶条的刮研,先用刮刀粗刮一遍毛坯,消除刮削面的宏观误差,刮削时刀纹应交叉进行,防止产生深凹面,影响细、精刮,刮削时应使用长柄刮刀且施力较大,刮刀痕迹要连成长片,不可重复,粗刮方向要与加工刀痕约成 45°角。 ②涂抹丹粉,粗刮时,显示剂可调得稀些,均匀地涂在刮削表面,涂层可稍厚些,这样,显示的点子较大,便于刮削,将镶条与配研面进行配研,找点,一般当 25mm×25mm 范围内有 3～4 个点且分布均匀时粗刮结束。 ③细刮,刀痕长度约为刀刃宽度,随着研点的增加,刀痕逐步缩短,细刮同样采用交叉刮削方法,每次显示剂要涂得薄而均匀,以便显点清晰,整个刮削面上达到每 25mm×25mm 范围内有 5～6 个点时,细刮结束。 ④精刮,精刮采用高速钢条,点刮法,刮刀对准显点,落刀要轻,提刀要快,每一点只刮一道,反复配研、刮削,直至被刮平面每 25mm×25mm 面积内有 8 点以上。显示剂应调得干些,涂在研件表面上要薄而均匀,研出的点子细小,便于提高刮削精度,显示剂本身必须保持清洁,不得混进其他杂物,涂显示剂用的纱头也要保持干净。 ⑤配研几遍之后需要对镶条配研基准面进行清理,因为经过几次的配研,在接触面上会残留一些丹粉,如果不及时清理则会影响后续的配研、显点

实例 12 数控车床,出现♯411和♯414报警

故障设备	FANUC 0i 数控车床
故障现象	某 FANUC 0i 系统数控车床,出现报警♯411"SERVO ALARM:X AXIS EXCESS ERROR"(伺服报警：X 轴超差错误)和♯414"SERVO ALARM:X AXIS DETECT ERROR"(伺服报警：X 轴检测错误)。报警指示 X 轴伺服驱动有故障

故障分析	询问操作人员,故障在开机运行一段时间后发生。出现故障后,关机一段时间再开机,机床还可以运行一段时间,因此可以判断可能有以下原因: ①X 轴伺服电动机有故障; ②X 向机械传动机构有故障; ③X 向导轨部件有故障。 　　进一步进行故障分析:由于机床开机后能正常运行一段时间,因此伺服电动机在初始阶段是正常的。故障发生时,伺服电动机应有异常。 　　出现故障后利用系统诊断功能检查诊断数据 DGNN720,发现 DGN720 bit7 为"1",指示 X 轴伺服电动机过热。此时检查 X 轴伺服电动机,发现确实过热。 　　伺服电动机发热可能是电动机故障,替换检查后发现伺服电动机无故障,由此判断为机械负载过重。 　　将 X 轴伺服电动机拆下,手动转动 X 轴滚珠丝杠,发现阻力很大;拆开 X 轴的护板,发现导轨上堆积大量切屑,导轨磨损、划伤也很严重
故障排除	①清除堆积的切屑,对磨损和划伤的导轨进行修复。 ②检查润滑系统的完好程度,进行疏通和清理,保证导轨的润滑。 ③检查护板的完好程度和密封性,防止切屑和异物进入导轨。 ④开机测试,机床恢复稳定运行,报警故障排除
经验总结	在必要时,我们可以在导轨上安装导轨刮屑板。 　　导轨刮屑板是数控机床上应用最多的配件,由铝合金加上密封胶条制成,如图 4-17 所示。特点是严密性强,可以有效清理导轨上的碎屑。刮屑板具有外形美观、耐油、耐磨等特点,能提高机床导轨面的刮屑、除尘、防护功能。有利于保护机床精度,延长机床使用寿命。  图 4-17　导轨刮屑板 　　导轨刮屑板具有不同的形状、尺寸,生产用原材料也是多样的,在狭小的空间里也能安装。标准刮屑板的长度通常是每件最小 500mm。 　　刮舌采用高标准聚氨酯,合成橡胶做原料,有卓越的机械性质、良好的化学性能,可持续耐高温,高达 130℃[树脂材料 135℃,Viton(氟橡胶)215℃],最低也能达到 90℃(橡胶 100℃,Viton 200℃)

实例 13　数控车床,出现♯421 和♯424 报警

故障设备	FANUC 0TC 系统数控车床
故障现象	某 FANUC 0TC 系统数控车床,出现报警♯421"SERVO ALARM;Z AXIS EXCESS ERROR"(伺服报警:Z 轴超差错误)和♯424"SERVO ALARM;Z. AXIS DETECT ERROR"(伺服报警:Z 轴检测错误)。报警指示 Z 轴伺服驱动故障
故障分析	运行机床,机床 Z 轴运行一段时间后出现报警。关机后重新开机,报警消除,运行一段时间又出现报警。因此可以判断可能有以下原因: ①Z 轴伺服电动机故障; ②Z 向传动机构故障; ③Z 向导轨部件故障。 　　进一步进行故障分析:由于机床开机后 Z 轴进给能正常运行一段时间,因此伺服电动机在初始阶段是正常的。故障发生时,伺服电动机应有异常。 　　该机床的伺服系统采用 FANUC α 系列数字伺服驱动。检查伺服装置,发现在伺服驱动模块上有♯9 报警,指示 Z 轴伺服电动机过流。将 Z 轴伺服电动机拆下,手动转动 Z 轴滚珠丝杠,发现阻力较大;将护板拆开,检查 Z 轴丝杠和导轨,发现导轨没有充分润滑。进一步检查发现润滑系统的定量分油器工作不正常

故障排除	①检查导轨的损伤部位和划伤部位,进行导轨面的修复; ②更换定量分油器,检查和疏通润滑管路; ③对 Z 轴导轨进行充分润滑,恢复安装 Z 轴的伺服电动机、护板等设备装置; ④试运行 Z 轴进给和快速移动,机床运行正常,报警故障排除
经验总结	定量分油器是实现润滑油向润滑点定量供应的装置,能够促进机械润滑的智能化和集中化。基于此,根据定量分油器的结构及工作原理,分析润滑油定量控制方法。根据各类分油器的不同特性,结合润滑点需油量及分布情况,选择合适的润滑油输送方式。图 4-18 为定量分油器及其连接方式 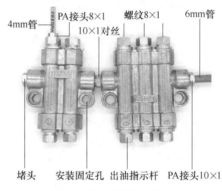 图 4-18　定量分油器及其连接方式

实例 14　数控车床,出现♯411 报警

故障设备	FANUC 0TD 数控卧式车床
故障现象	某 FANUC 0TD 数控卧式车床,X 轴移动时,经常出现报警♯411"SERVO ALARM:X AXIS EXCESS ERROR"(伺服报警:X 轴超差错误),指示 X 轴伺服系统有问题
故障分析	运行机床,调整机床 X 轴的进给速度,发现进给速度相对较高时,出现♯411 报警的概率比较低,进给速度相对较低时出现♯411 报警的概率比较频繁。 系统报警手册对♯411 报警的解释为:X 轴的指令位置与机床实际位置的误差在移动中产生的偏差过大。因此判断可能有以下原因: ①X 轴伺服系统有故障,驱动模块有故障; ②X 轴机械部分有故障,如滚珠丝杠故障、导轨部分故障等。 进一步进行故障分析:为了排除伺服参数设定的影响,将该机床的机床数据与其他同类机床对比,基本一致没有改变。 继续按步骤检查: ①强电检查。检查伺服系统的供电,三相电压平衡,幅值正常。 ②模块替换。用替换法检查伺服驱动模块,故障依旧。 ③参数调整。适当调整机床的数据设定:调整机床数据 PRM517(位置环增益)、PRM522(X 轴快进加减速时间常数)和 PRM601(X 轴手动进给加减速时间常数),故障依旧。 ④检查连接部分。对 X 轴伺服系统连接电缆进行检查,未发现异常现象。 ⑤检查机械部分。将 X 轴伺服电动机拆下,直接转动 X 轴的滚珠丝杠,发现某些位置转动的阻力比较大。将 X 轴的滑台护罩打开,观察导轨,发现润滑不均匀,有些位置明显没有润滑油。进一步检查润滑系统,发现润滑泵的工作不正常
故障排除	更换同一型号的润滑泵,机床滑台导轨充分润滑后,运行恢复正常,♯411 报警故障排除
经验总结	润滑泵是一种润滑设备,向润滑部位供给润滑剂。机械设备都需要定期的润滑,以前润滑的主要方式是根据设备的工作状况,到达一定的保养周期后进行人工润滑,比如通俗说的打黄油。润滑泵可以让这种维护工作更简便。润滑泵分为手动润滑泵和电动润滑泵。图 4-19 为常用的数控车床自动润滑泵。

经验总结	 图 4-19 数控车床自动润滑泵 　　自动润滑装置能有效地减少设备故障,降低能耗,提高生产效率,延长机器使用寿命。 　　多种规格的分配器,实现对各类摩擦副精密供油;组合式润滑阀块,可便利地修正系统设计,并能应生产要求而进行变更,从而使润滑剂的消耗最经济。 　　连续递进润滑分配器能承受 20MPa 的压力,可长距离输送润滑剂,其先进结构有效阻止了润滑油因自重而倒流。 　　供油润滑元件制造精良,性能完善,品质一流,是免维护集中润滑系统之必备。多功能监测元件,可以准确、及时地监护各润滑点(摩擦副)的运行状况,报告机器故障部位。 　　润滑泵广泛适用于数控机械、加工中心、生产线、机床、锻压、纺织、塑料、建筑、工程、矿山、冶金、印刷、橡胶、电梯、制药、锻造、压铸、食品等各行业机械设备及引进机械设备的润滑系统

实例 15　数控车床，X 轴偶然出现"栽刀"现象

故障设备	FANUC 0TE 系统 CK6140 型数控车床
故障现象	车削加工过程中,X 轴偶然出现"栽刀"现象,使加工的工件存在较大的误差,有时甚至使工件报废
故障分析	"栽刀"是操作工人的常用语,实际上是指工件尺寸加工出现的误差。由于故障时隐时现,给故障原因分析和诊断检查带来困难。常见的故障原因是进给伺服系统和进给传动机构有故障。 　　①检查 X 轴的滚珠丝杠。用百分表测量丝杠间隙,再进行补偿,然后进行加工。故障现象不变,说明问题不在此处 　　②检查 X 轴的伺服电动机、传动带、编码器等,都是完全正常的状态。 　　③因故障时隐时现,推断连接部位有故障,拆下编码器与滚珠丝杠之间的精密弹性联轴器检查,发现它的一个弹性片上有一条小的裂纹,弹性联轴器已经损坏
故障排除	根据诊断结果,用同型号的弹性联轴器进行替代检查,装上后通电试车,故障不再出现。于是更换弹性联轴器进行维修,时隐时现的"栽刀"故障被排除
经验总结	"栽刀"通常是指车床加工中由于导轨间隙过大,或者托盘间隙过大,在加工时候出现刀具一翘一翘的现象。加工外圆,大刀量时和切断刀尤为明显。 　　弹性联轴器是一体成型的金属弹性体,如图 4-20 所示,通常由金属圆棒线切割而成,常用的材质有铝合金、不锈钢、工程塑料,适合于各种偏差和精密传递转矩的场合。 图 4-20　弹性联轴器

经验总结	大多数的弹性联轴器都是用铝合金材质做的,有的厂家还提供不锈钢材质生产的弹性联轴器。不锈钢弹性联轴器除了耐腐蚀外,同时也增加了转矩承受能力和刚性,甚至能达到两倍于铝合金制同类产品。然而这种增加的转矩和刚性在一定程度上会被增加的质量和惯性而抵消。有时候负面影响也会超过其优点,这样使用户不得不去寻找其他形式的联轴器。图 4-21 为主轴联轴器的连接方式  图 4-21　主轴联轴器的连接方式

实例 16　数控车床,工件出现无规律尺寸误差

故障设备	C6140 改造的经济型数控车床
故障现象	用 C6140 改造的经济型数控车床,在加工过程中,工件出现尺寸误差。故障没有任何规律地反复出现,从而导致部分工件报废
故障分析	①检查步进电动机和步进驱动模块,没有异常情况。 ②检查步进电动机轴与减速箱的主动齿轮结合部位,发现连接圆锥销松动。圆锥销扭曲变形,且与锥孔的锥度不一致,两者接触面积不到 60%。 ③进一步分析,若连接圆锥销松动,会造成步进电动机换向时空步起步,使步进电动机失步,并导致复位和定位不准确,加工工件的尺寸出现误差
故障排除	①提高圆锥销的力学性能,原来的圆锥销用普通钢材制作,现在采用强度高、脆性小的金属材料,并进行合格的热处理,以防止圆锥销扭曲断裂。 ②保证圆锥销与锥孔的接触面积大于 70%。 ③齿轮孔与步进电动机的传动轴达到配合精度要求。 ④更换损坏的圆锥销,安装后进行试加工,工件尺寸控制稳定,故障被排除
经验总结	在这里注意区别圆锥销和圆柱销:圆锥销主要用于不同设备连接中的定位工作,常安装于需要频繁拆卸部位。圆锥销具有 1:50 的锥度,具有良好的自锁性,具有安装方便自锁性好,方便拆卸的优点,销孔需铰制。图 4-22 为 DIN1(GB117)圆锥销。 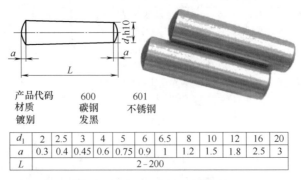 图 4-22　DIN1(GB117)圆锥销 圆柱销利用微小过盈固定在铰制孔中,可以承受不大的载荷。为保证定位精度和连接的紧固性,不宜经常拆卸,主要用于定位,也用作连接销和安全销。图 4-23 为 DIN7(GB119.2)圆柱销。

图 4-22 中表格内容:

产品代码	600	601
材质	碳钢	不锈钢
镀别	发黑	

d_1	2	2.5	3	4	5	6	6.5	8	10	12	16	20
a	0.3	0.4	0.45	0.6	0.75	0.9	1	1.2	1.5	1.8	2.5	3
L	2~200											

经验总结	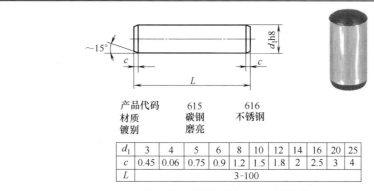 产品代码　615　616 材质　碳钢　不锈钢 镀别　磨亮 图 4-23　DIN7(GB119.2)圆柱销 具体的区别如下： ①加工不同。圆柱销可预加工，圆锥销通常配作。 ②圆柱销常适用于需精确定位状态(先加工)，圆锥销常用于拆卸频繁的场合。 ③圆柱销可起到抗剪切作用，圆锥销常用于定位

表中数据：

d_1	3	4	5	6	8	10	12	14	16	20	25
c	0.45	0.06	0.75	0.9	1.2	1.5	1.8	2	2.5	3	4
L	3-100										

实例 17　数控车床，工件的尺寸出现了严重的误差

故障设备	FANUC 0i 数控车床
故障现象	CK6140 经济型数控车床，在车削加工过程中，工件的尺寸出现了严重的误差，有的误差达到 0.01mm 以上，致使部分工件报废
故障分析	本例数控车床属于开环控制系统，采用步进电动机驱动和定位。机床没有配置检测和反馈装置，刀具的实际加工量不能反馈到数控系统，因而不能与给定值进行比较以修正加工量的偏差，因此工件的加工尺寸容易出现误差。引起误差的主要因素有刀具磨损、步进电动机失步、滚珠丝杠故障等。本例故障按下列步骤进行检修： ①将转换开关置于手动高速挡处，检查滚珠丝杠、步进电动机、导轨及滑块的运行情况，没有听到异常的响声。 ②检查主轴支承轴承、滚珠丝杠支承轴承，运转灵活且没有异常的噪声，说明轴承没有磨损。 ③用百分表仔细测量电动刀架在丝杠各个部位的偏差。这是因为滚珠丝杠与螺母之间，以及导轨与滑板的滑动配合处，由于长期运行造成磨损，各点松紧不匀。测量结果说明，有三处的偏差比较严重
故障排除	根据检测数据，对这三个部位进行调整或刮研修理。对有严重磨损零件，按磨损极限标准更换零部件。维修后进行安装、调整和检测，各配合部位达到精度要求。试加工，机床达到加工精度要求，故障被排除
经验总结	机械零件在使用过程中磨损是不可避免的，特别是一些在恶劣的环境下工作的设备，零件的磨损更为严重。但不能认为零件磨损后就不能继续使用了。在设备维修现场，常有将稍磨损的零件更换或花很大功夫去修复一严重磨损的零件的现象，这都是没有对所检修的设备零件确定一个合理的磨损极限所致。因此，合理地确定零件的磨损极限，对于降低设备维修费用、减少检修停机时间，从而提高设备利用率是很有现实意义的。图 4-24 为达到磨损极限的轴承零件。 机械零件从装配使用到磨损超过极限而失去工作能力是一个较长的过程，确定磨损极限的依据可参考下列情况： 图 4-24　达到磨损极限的轴承零件

经验总结	①配合件的工作条件急剧恶化,由于磨损而使间隙增大,导致液体润滑丧失。因此对应于液体润滑丧失的间隙,即是磨损极限的指标之一。 ②工作能力严重衰减或丧失。由于磨损,各种机械的润滑系统和液压系统的元件出现内部泄漏,引起压力降低、流量减小,当经过调整后仍达不到规定的指标;机床零件的磨损,引起振动增大,使机床精度降低,从而使产品质量达不到规定的要求,等等。所有这些都标志着它的应有能力的丧失,因而也是确定磨损极限的依据。 ③由于零件磨损往往带来不良的经济后果。当这种情况发展到其产值低于或接近成本时,就不宜再使用。即以是否经济作为确定磨损极限的依据之一

实例 18　数控车床,工件的 Z 轴尺寸发生变化

故障设备	FANUC 0i 数控车床
故障现象	某 FANUC 0i 数控车床,在加工过程中,工件的 Z 轴尺寸发生变化,从而造成部分工件报废
故障分析	分析该故障的原因通常是进给伺服系统和机构有故障。 ①检查发现,每次车孔后,Z 轴不能返回到参考点。用百分表测量,误差在 0.01mm 左右,且误差向一个方向变化。 ②根据检修经验,如果尺寸向某一个方向出现误差,一般是伺服进给机构不正常。试更换伺服驱动器,故障现象不变。检查电动机,三相绕组平衡,绝缘层和轴承也没有问题。 ③将 Z 轴电动机拆下,在其端部的传动齿轮处用画笔做好标记,然后空载运行加工程序,并观察标记处位置的变化。多次运转后,标记的起始位置都没有改变。这说明伺服电动机也是正常的。 ④拆下滚珠丝杠进行检查,发现其内部的滚珠已严重磨损,如图 4-25 所示,从而造成位移出现误差  图 4-25　已严重磨损的滚珠
故障排除	更换滚珠丝杠磨损的滚珠后,机床恢复正常工作,故障被排除
经验总结	滚珠丝杠滚珠磨损需要更换没有具体的指标,但磨损后会影响机床的定位精度、重复定位精度、运动平稳性、加工零件的光洁度、噪声也会加大,往往是工件加工不合格了,反过来找原因。磨损也是多种形式的,有全行程均匀的,还有局部磨损的,这个取决于机床的加工精度要求。 下面简要介绍滚珠丝杠副几种缺陷的修复方法。 1. 滚珠不均匀磨损或出现表面疲劳损伤 当发现滚珠不均匀磨损或少数滚珠表面产生接触疲劳损伤时,应更换全部滚珠。其方法是按要求的规格及精度等级购入 2~3 倍数量的滚珠,用测微计对全部滚珠进行测量,并按测量结果分组,然后选择尺寸和形状公差均在允许范围内的滚珠,进行装配和预紧调整。滚珠的精度及尺寸的一致性应符合表 4-1 的规定。

表 4-1　配用滚珠的精度及尺寸一致性规定　　　　　　　　　　　　　　　　μm

序号	项目	精度等级					
		C	D	E	F	G	H
1	配用钢珠的精度等级	Ⅰ	Ⅰ	Ⅰ	Ⅱ	Ⅱ	Ⅱ
2	尺寸一致性	1	1	1	2	2	2

注:1. 表中的 Ⅰ、Ⅱ 为滚珠精度代号;

2. Ⅰ级滚珠的圆度公差为 0.5μm,Ⅱ级钢球的圆度公差为 1μm;

3. Ⅰ级滚珠的表面粗糙度为 0.025μm,Ⅱ级钢球的表面粗糙度为 0.050μm。

经验总结	2. 丝杠、螺母的滚道丧失精度 　　滚珠丝杠、螺母(主要是丝杠)的螺旋滚道因磨损严重而丧失精度时,通常需通过修磨滚道才能恢复精度。丝杠和螺母应同时修磨,修磨后更换全部滚珠,装配后进行预紧调整。在修磨前应对螺纹滚道法向截面的牙型参数进行修正计算。 　　不管是单圆弧或双圆弧滚道的滚动丝杠副,修磨后通常都采用双螺母结构,以利于消除轴向间隙和预紧。由于修磨后滚道圆弧半径尺寸增大,因而 R/rb(滚道半径/滚珠半径)的值也随之增大,其承载能力有所下降。接触角度也比原来有所加大,因此在相同的轴向负荷下,将产生较大的径向负荷,使挤压滚珠的压力加大,从而降低丝杠的寿命,对此应引起注意。 　　3. 滚道表面疲劳点蚀 　　对滚道表面有轻微疲劳点蚀或腐蚀的丝杠,可考虑修磨滚道恢复精度,对疲劳损伤严重的丝杠副必须更换

实例 19　数控车床,端面加工时出现周期性振纹并且加工圆弧时小滑板丝杠抖动

故障设备	FANUC 0T A2 系统数控车床
故障现象	FANUC 0T A2 系统数控车床,在进行端面车削加工时,工件表面出现周期性振纹。车削圆弧 R 时小滑板丝杠抖动,导致表面粗糙度较差
故障分析	数控车床在车削工件的端面时,有多种因素会造成工件表面出现振纹。在机械方面,通常是刀具、丝杠、主轴、导轨等部件配合或安装精度不符合要求,造成机床的精度下降;在电气方面,通常与位置检测系统有关。 　　①检查机床主轴和刀具的各个部分,没有发现变形、挪位、刀具磨损等异常情况。 　　②检查机械传动装置中的滚珠丝杠,以及伺服电动机与滚珠丝杠之间的连接件同步齿形带,也未发现不正常现象。 　　③仔细观察发现,振纹与 X 轴的丝杠螺距相对应,故障呈现周期性且有一定的规律,分析认为与 X 轴的位置检测系统有关。 　　④本例数控系统采用的是分离型位置编码器。仔细检查后,发现编码器的转轴轴线与丝杠轴线不同轴,即存在着偏心现象。 　　⑤根据检查结果推断,由于编码器轴线和滚珠丝杠轴线不同轴,使得 X 轴移动的过程中编码器的旋转不均匀,导致工件端面出现周期性的振纹。 　　⑥检查小滑板丝杠和步进电机,发现丝杠磨损严重,如图 4-26 所示,导致步进电机运行不正常 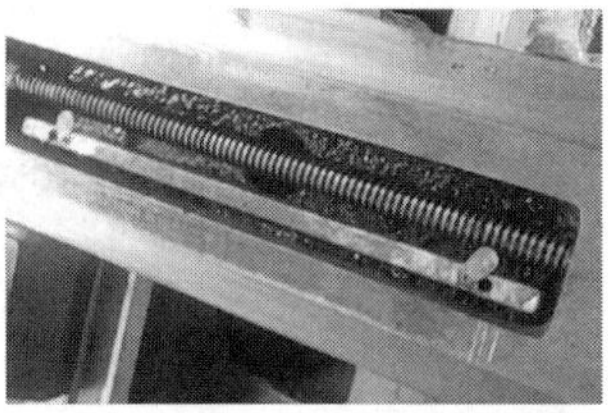 图 4-26　磨损严重的小滑板丝杠
故障排除	①调整编码器的位置,纠正偏心现象,检测编码器转轴与滚珠丝杠轴线同轴度使其符合位置精度要求。 　　②更换小滑板的滚珠丝杠,按规范进行安装调整。 　　经过以上装调维修,机床运行正常,端面和圆弧面加工中出现振纹和抖动的故障被排除
经验总结	在实际生产中,数控车床中小滑板两边损坏多是保养不到位,不经常打润滑油、铁屑磨损,特别是车铸铁料最容易磨坏,镶条上的过紧加上长期不上油和长期固定行程会加剧磨损。图 4-27 为数控车床中小滑板及丝杠 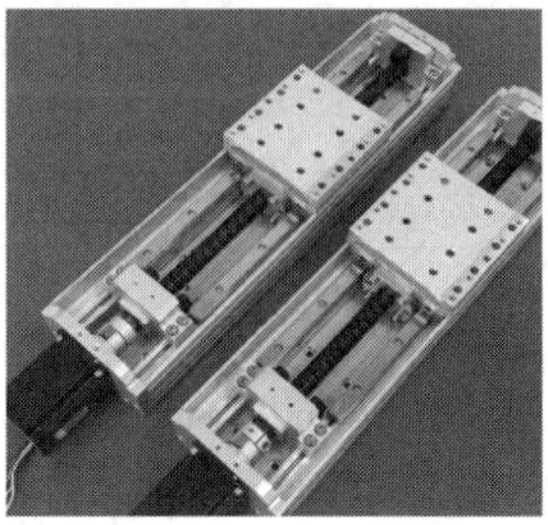 图 4-27　数控车床中小滑板及丝杠

实例 20　数控车床，Z 轴伺服电动机过电流报警

故障设备	FANUC 0i 数控车床
故障现象	一台数控车床经常出现 Z 轴伺服电动机过电流报警，开始以为是电气故障，调整过电流限定值后有所改善。但不久后，Z 轴伺服电动机便出现过热故障
故障分析	将 Z 轴伺服电动机拆下，发现换向器表面已变色。这时用手扳 Z 轴丝杠，扳不动，整个丝杠上没有任何划痕。螺母扳不动，在这种情况下，只好把整个丝杠拆下。这个螺母中的滚珠是外循环式的，螺母滚道中有很多油垢，还有类似棉纱之类的异物，它们很硬并粘在滚道上，所有的滚珠无法滚动。 这台机床的工作条件比较差，油烟和灰尘很多，防尘装置和螺母两边的密封装置也损坏了
故障排除	逐个测量拆卸下来的滚珠，并对表面状况进行观察，没有发现变形与表面有麻点的情况。为此，将内滚道及回珠器内部进行清洗，并将其浸泡在煤油中，把硬的污垢泡软，再用汽油清洗，然后用四氯化碳清洗机清洗，使内表面光亮如初。清洗完后涂润滑脂，仔细检查滚珠，然后逐个装入，再用两边的调整螺钉来调整螺母的预紧力。 把丝杠放好后，检查螺母与丝杠的松紧度，再安装丝杠以及伺服电动机。开始使用后的前几天所加工的零件仍存在少量误差，但较维修前已明显改善。再调整螺母两侧的调整盘，一切恢复正常。在修滚珠丝杠的同时，也维修了伺服电动机，清洗了换向器表面，用细砂布抛光换向器表面和换向器各换向片之间的沟槽
经验总结	滚珠丝杠副和其他滚动摩擦的传动器件一样，应避免硬质灰尘或切屑污物进入，因此必须装有防护装置。如果滚珠丝杠副在机床上外露，则应采用封闭的防护罩，如采用螺旋弹簧钢带套管（图 4-28）、伸缩套管（图 4-29）以及折叠式套管等。安装时将防护罩的一端连接在滚珠螺母的侧面，另一端固定在滚珠丝杠的支承座上。如果滚珠丝杠副处于隐蔽的位置，则可采用密封圈防护，密封圈装在螺母的两端。  图 4-28　螺旋弹簧钢带套管  图 4-29　伸缩套管 接触式的弹性密封圈采用耐油橡胶或尼龙制成，其内孔做成与丝杠螺纹滚道相配的形状。接触式密封圈的防尘效果好，但由于存在接触压力，使摩擦力矩略有增加。非接触式密封圈又称迷宫式密封圈，它采用硬质塑料制成，其内孔与丝杠螺纹滚道的形状相反，并稍有间隙，这样可避免摩擦力矩，但防尘效果差。工作中应避免碰击防护装置，防护装置一有损坏应及时更换。由此可见，定期检查、及时维修螺母两侧的密封装置是非常有必要的

实例 21　数控车床，在加工圆弧过程中 X 轴误差过大

故障设备	FANUC 0i 数控车床
故障现象	在自动加工过程中，从直线到圆弧的接刀处出现明显的加工痕迹。
故障分析	用千分表分别对车床的 Z 轴、X 轴的反向间隙进行检测，发现 Z 轴为 0.008mm，而 X 轴为 0.08mm。可以确定该现象是由 X 轴的反向间隙过大引起的。分别对与电动机连接的同步带、带轮等进行检查，确认无误后，将 X 轴分别移动至正、负极限处，将千分表压在 X 轴侧面，用手左右推拉 X 轴中滑板，发现有 0.06mm 的移动值，可以判断是 X 轴导轨镶条引起的间隙，图 4-30 为引起故障的 X 轴导轨镶条间隙的位置

故障分析	 图 4-30 引起故障的 X 轴导轨镶条间隙的位置
故障排除	松开镶条止退螺钉,调整镶条调整螺母,移动 X 轴,X 轴移动灵活,间隙测试值还有 0.01mm,锁紧止退螺钉,在系统参数里将"反向间隙补偿"值设为 10,重新启动系统运行程序,上述故障现象消失
经验总结	在数控机床的进给传动链中,联轴器、滚珠丝杠、螺母副、轴承等均存在反间间隙。机床进给轴在换向运动的时候,在一定的角度内,尽管丝杠转动,但是丝杠螺母副还要等间隙消除以后才能带动工作台运动,这个间隙就是反向间隙。 　对于采用半闭环控制的数控机床,反向间隙会影响到定位精度和重复定位精度。反向间隙数值较小,对加工精度影响不大时则不需要采取任何措施;若数值过大,则系统的稳定性明显下降,加工精度明显降低,尤其是曲线加工,会影响到尺寸公差和曲线的一致性,此时必须进行反向间隙的测定和补偿。如在 G01 切削运动时,反向间隙会影响插补运动的精度,若偏差过大就会造成"圆不够圆,方不够方"的情形;而在 G00 快速定位运动中,反向偏差影响机床的定位精度,使得钻孔、镗孔等孔加工时各孔间的位置精度降低。这就需要数控系统提供反向间隙补偿功能,以便在加工过程中自动补偿一些有规律的误差,提高加工零件的精度。 　机床在出厂前已仔细的测量了进给系统中的间隙值,并进行了补偿。随着数控机床使用时间的增长,反向间隙还会因为运动副的磨损而逐渐增加,所以需要定期对数控机床各进给轴的反向间隙进行测量和补偿。当在数控系统中进行反向间隙补偿后,数控系统在控制进给轴反向运动时,自动先让该进给轴反向运动,然后再按编程指令进行运动。即数控系统会控制伺服电机多走一段距离,这段距离等于反向补偿值,从而补偿反向间隙。 　在不同的速度下测得的反向间隙是不同的,一般低速时的反向间隙值比高速时的反向间隙值大,尤其是在进给轴负荷较大,运动阻力较大时。所以有的数控系统就提供了低速 G01 和高速 G00 两种补偿值。 　1. FANUC 丝杠反向间隙调整步骤 　切削进给方式与快速进给方式可设定不同的间隙量,用此功能可进行更高精度的定位,相关参数如图 4-31 所示。  #4(RBK)　0:切削/快速进给间隙补偿量不分开。 　　　　　1:切削/快速进给间隙补偿量分开。 图 4-31 间隙量相关参数 　按以下步骤,测量切削进给方式的进给量: 　①回参考点; 　②用切削进给使机床移动到测量点; 　③安装百分表或千分表,将刻度对 0,如图 4-32 所示; 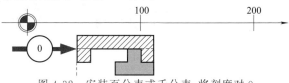 图 4-32 安装百分表或千分表,将刻度对 0

续表

经验总结

④用切削进给，使机床沿相同方向移动，如图 4-33 所示；

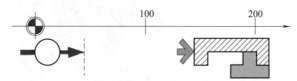

图 4-33　用切削进给，使机床沿相同方向移动

⑤用切削进给返回测量点；

⑥读取百分表或千分表的刻度，如图 4-34 所示；

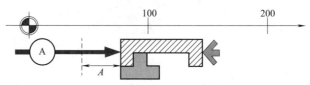

图 4-34　读取百分表或千分表刻度

⑦按检测单位换算切削进给方式的间隙补偿量(A)，并设定在以下参数上，如图 4-35 所示。

参数	1851	切削进给方式的间隙量　[检测单位]

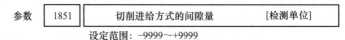

设定范围：-9999～+9999

注：对于车床、直径指定的轴，应注意检测单位与其他轴不同

图 4-35　设定参数

2. SIEMENS 丝杠反向间隙调整

以西门子 802D 系统为例，反向间隙的检测方法：将标准百分表固定在刀架上，使表的探针碰触到某一固定物体。用手脉×10 挡以每格 0.01mm 的速度前进，以排除这个方向的间隙。再反方向摇动手脉，并记录手脉反向移动的格数，直到百分表针开始反向移动时为止，这个记录下来的手脉反向旋转的格数即是反向间隙。

在数控系统找到间隙补偿参数 1851 和 1852，如图 4-36 所示。将测得的反向间隙值输入到数据栏目下，再进行数据生效操作即可。如果操作一次还不能排除反向间隙，或者是过补了，就必须重新输入新的反向间隙数据。

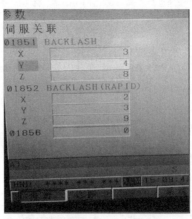

图 4-36　间隙补偿参数 1851 和 1852

需要说明，无论是何系统，反向间隙的测量和生效都建立在机床回参考点后

实例 22　数控车床，Z 轴出现跟踪误差过大报警

故障设备	CJK6136 型数控车床
故障现象	CJK6136 型数控机床运动过程中 Z 轴出现跟踪误差过大报警
故障分析	该机床采用半闭环控制系统,在 Z 轴移动时产生跟踪误差报警,参数检查无误后,对电动机与丝杠的连接部位进行检查,结果正常。将系统的显示方式设为负载电流显示,空载时发现电流为额定电流的 40% 左右,快速移动时就出现跟踪误差过大报警。用手触摸 Z 轴电动机,明显感觉到电动机发热。检查 Z 轴导轨上的压板,发现压板与导轨间隙小于 0.01mm。 可以判断是由于压板压得太紧而导致摩擦力太大,使得 Z 轴移动受阻,导致电动机电流过大而发热,快速移动时产生丢步而造成跟踪误差过大报警
故障排除	松开压板,使得压板与导轨间的间隙为 0.02～0.04mm,锁紧紧定螺母,重新运行,机床故障排除
经验总结	为保证导轨正常工作,导轨滑动表面之间应保持适当的间隙。间隙过小会增大摩擦力,间隙过大又会降低导向精度。为此常采用以下办法,以获得必要的间隙。 1. 采用磨、刮相应的结合面或加垫片的方法,以获得合适的间隙 如图 4-37(a)所示燕尾导轨,为了获得合适的间隙,可在零件 1 与 2 之间加上垫片 3 或采取直接铲刮承导件与运动件的结合面 A 的办法达到。 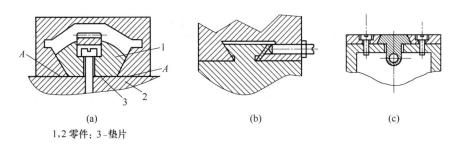 1,2 零件；3-垫片 图 4-37　燕尾导轨 2. 采用平镶条调整间隙 平镶条为一平行六面体,其截面形状为矩形[图 4-38(a)]或平行四边形[图 4-38(b)]。调整时,只要拧动沿镶条全长均布的几个螺钉,便能调整导轨的侧向间隙,调整后再用螺母锁紧。平镶条制造容易,但在全长上只有几个点受力,容易变形,故常用于受力较小的导轨。缩短螺钉间的距离加大镶条厚度(h)有利于镶条压力的均匀分布,当 L/h＝3～4 时,镶条压力基本上均布[图 4-38(c)]。 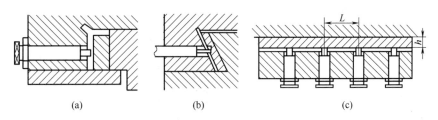 图 4-38　平镶条调整导轨间隙 3. 采用斜镶条调整间隙 斜镶条的侧面磨成斜度很小的斜面,导轨间隙是用镶条的纵向移动来调整的,为了缩短镶条长度,一般将其放在运动件上。 图 4-39(a)所示的结构简单,但螺钉凸肩与斜镶条的缺口间不可避免地存在间隙,可能使镶条产生窜动。图 4-39(b)所示的结构较为完善,但轴向尺寸较长,调整也较麻烦。图 4-39(c)是由斜镶条两端的螺钉进行调整,镶条的形状简单,便于制造。图 4-39(d)是用斜镶条调整燕尾导轨间隙的实例

| 经验总结 | 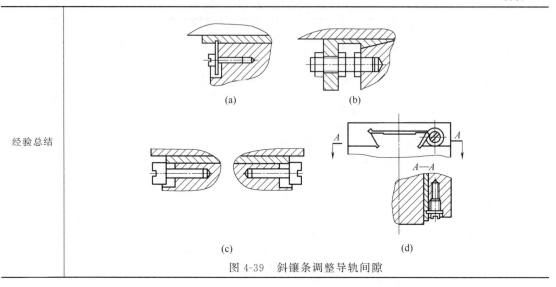
(a)　　　　　　(b)
(c)　　　　　　(d)
图 4-39　斜镶条调整导轨间隙 |

实例 23　数控车床，机床参考点位置随机性变化

故障设备	FANUC 0T 系统数控车床
故障现象	FANUC 0T 系统数控车床，机床返回参考点的基本动作正常，但参考点位置随机性大，每次定位的坐标值都有微量变化
故障分析	分析常见的故障原因可能是脉冲编码器的"零脉冲"不良，或滚珠丝杠与电动机之间的连接部位有故障。 ①检查伺服电动机、滚珠丝杠和导轨各部分均处于完好状态。 ②对返回参考点动作进行仔细观察，发现虽然参考点位置每次都不完全相同，但基本处于减速挡块放开之后的位置上。 ③本例机床的伺服系统为半闭环系统。现在采用分割方法，脱开伺服电动机与丝杠间的联轴器，单独试验脉冲编码器。手动压下减速开关，进行返回参考点试验。经过多次试验，发现每次回参考点之后，伺服电动机总是停止在某一固定的位置上，这说明脉冲编码器的"零脉冲"没有问题。 ④检查电动机与丝杠之间的联轴器，发现联轴器的弹性胀套存在间隙。据此推断，参考点坐标值的微量变化与此有关
故障排除	更换弹性胀套，并进行安装调整，执行返回参考点指令，参考点位置微量变化的故障被排除
经验总结	联轴器属于机械通用零部件范畴，常用联轴器有膜片联轴器，鼓形齿式联轴器，万向联轴器，安全联轴器，弹性联轴器及蛇形弹簧联轴器。 联轴器胀套，用来连接不同机构中的两根轴（主动轴和从动轴）使之共同旋转以传递转矩的机械零件，如图 4-40 所示。在高速重载的动力传动中，有些联轴器还有缓冲、减振和提高轴系动态性能的作用。  图 4-40　弹性胀套 胀套由两半部分组成，分别与主动轴和从动轴连接。一般动力机大都借助于联轴器与工作机相连接，是机械产品轴系传动最常用的连接部件，其原理和用途是通过高强度拉力螺栓的作用，在内环与轴之间、外环与轮毂之间产生巨大抱紧力，以实现机件与轴的无键连接。

经验总结	当承受负荷时,靠胀套与机件、轴的结合压力及相伴产生的摩擦力传递转矩、轴向力或二者的复合载荷。图 4-41 为数控车床胀套连接件。  图 4-41　数控车床胀套连接件 胀套连接主要有以下优点:对中精度高;安装、调整、拆卸方便;强度高,连接稳定可靠;在超载时可以保护设备不受损坏,尤其适用于传递重型负荷。广泛应用于重型机械、风力发电、包装机械、印刷机械、数控机床、自动化设备等领域

实例 24　数控车床，X 轴伺服驱动器出现♯4 报警

故障设备	FANUC 0i 数控车床 CK6125 型卧式数控车床
故障现象	CK6125 型卧式数控车床在加工过程中 X 轴伺服驱动器出现♯4 报警
故障分析	由伺服驱动器的使用说明书可知,♯4 报警提示伺服轴位置超差,一般有以下几种原因: ①伺服电路板故障; ②伺服电动机 U、V、W 引线接错; ③编码器故障或编码器电缆接错; ④设定的位置超差检测范围太小; ⑤伺服系统位置比例增益太小; ⑥电动机转矩不足或过载。 根据以上原因进行判断: ①由于报警是在加工过程出现的,故障原因①～③可以先排除,重点针对④～⑥几个方面进行检查。 ②检查设定的位置检测范围和伺服系统位置比例增益,均符合系统设定的要求。 ③检查电动机的负载。将电动机和滚珠丝杠分开,准备移动 X 轴并观察是否报警。此时发现丝杠的螺母座内有很多切屑,丝杠用扳手也转不动,表明故障原因是机械卡死,导致电动机过载
故障排除	用汽油将螺母座上的切屑清洗干净,用手转动滚珠丝杠,检查滚珠丝杠的性能,未发现异常。重新安装调整拆卸的部位,机床运行正常,报警解除,故障被排除
经验总结	有些很脏的油污也可以用汽油来清洗。植物油和动物油都是脂类化合物,它们不易溶于水。 汽油能除油污的原理是相似相溶原理。是指由于极性分子间的电性作用,使得极性分子组成的溶质易溶于极性分子组成的溶剂,难溶于非极性分子组成的溶剂;非极性分子组成的溶质易溶于非极性分子组成的溶剂,难溶于极性分子组成的溶剂。图 4-42 为正在用汽油清洗的轴承。 图 4-42　正在用汽油清洗的轴承 汽油是非极性溶剂(还有苯、四氯化碳等),能溶解非极性物质(大多数有机物如油污、Br_2、I_2 等)。因此汽油能溶解油污,从而易于从附着物上脱去,并且汽油易挥发,即使残留在设备上也可以挥发掉,也就能除油污了

实例 25　数控铣床，大型零件平面的直线度误差较大

故障设备	FANUC 0MD 数控龙门铣床
故障现象	该数控龙门铣床加工的大型零件平面的直线度误差较大
故障分析	导致该故障可能的原因有机械部分水平失准、导轨直线度有误差等。 ①检测工作台运动精度，有偏差； ②检查各导轨镶条、压板间隙，正常； ③检测机床水平，发现失准，导致导轨变形，机床工作台运动精度下降，造成加工平面直线度误差大的故障
故障排除	①机床水平调整。用水平仪重新调整机床水平，达到机床水平调整的技术要求，保证平行度、垂直度在 0.02mm/1000mm 以内。 ②检测导轨平直度。用光学平直仪检测导轨的直线度，图 4-43(a) 为检测作业示意。 本例经过检测，在恢复机床安装水平位置后，机床导轨的变形排除，恢复了导轨的几何精度要求和工作台的运动精度，零件加工面直线度误差大的故障被排除
经验总结	熟悉光学平直仪的原理，其光学系统如图 4-43(b) 所示，光学平直仪是根据自准直仪原理制成的，由本体、望远镜、反射镜组成，是属于双分划板式自准直仪的一种。在光源前的十字丝分划板 9 上刻有透明的十字丝。在目镜 5 下放一块固定分划板 7 和一块活动分划板 6。在固定分划板 7 上刻有"分"的刻度，在活动分划板 6 上则有一条用来对准十字丝影像的刻线。旋动测微螺杆 4 就可使活动分划板 6 移动。如果活动分划板 6 上的刻线对准十字丝影像的中心，就可从目镜 5 中读出"分"值，而从读数鼓筒 3 上可以读出"秒"值。即读数鼓筒 3 上的一个分度，相当于反射镜法线对光轴偏角 1″(0.005mm/m)。使用光学平直仪检验机床导轨表面的直线度，实质上是测定反射镜在工件表面前后各个位置的角度偏差，从而推算出工件表面与理想直线之间的偏差情况。测量作业要点如下： ①用光学平直仪 1 检验时，如图 4-43(a) 所示，在反射镜 2 的下面一般加一块支承板(俗称桥板)3，支承板 3 的长度通常有两种：即 $L=100$mm 或 200mm。 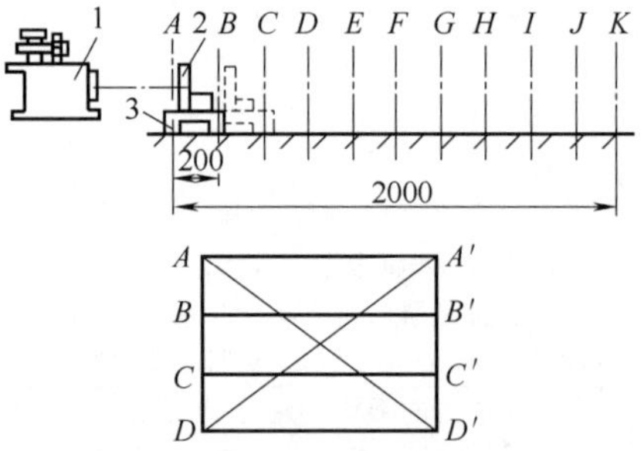 (a)检测作业示意 1—光学平直仪；2—反射镜；3—支承板 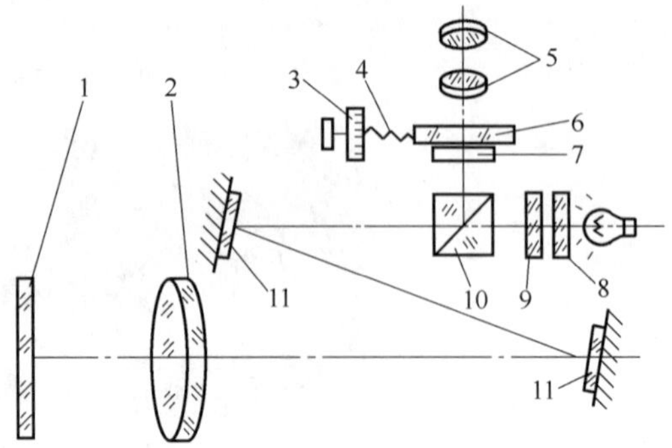 (b)光学系统 1,11—反射镜；2—物镜；3—读数鼓筒；4—测微螺杆；5—目镜； 6,7,9—分划板；8—滤光片；10—分光棱镜 图 4-43　光学平直仪及其应用

经验总结	②哈尔滨量具刃具厂生产的光学平直仪，当反射镜支承长度 L 为200mm时，微动鼓轮的刻度值为$1\mu m$，相当于反射镜的倾角变化为$1''$。若支承长度为100mm，微动鼓轮的刻度值则为$0.5\mu m$。 ③反射镜的移动有两个要求：一要保证精确地沿直线移动；二要保证其严格按支承板长度的首尾衔接移动，否则就会引起附加的角度误差。为了保证这两个要求，侧面应有定位直尺作定位。 ④检测时应在分段上做好标记。每次移动都应沿直尺定位面和分段标记衔接移动，并记下各个位置的倾斜度

实例 26　数控铣床，Z 轴运行中抖动

故障设备	SIEMENS 802S 数控铣床
故障现象	该数控铣床，机床在 Z 轴运行时开始抖动，接着报警灯闪不停，机床停止运行，3min 后死机
故障分析	通过详细检查和分析，初步断定可能是 Z 轴运行过程中产生负载造成位置闭环振荡。查看加工参数和系统参数，并对比机床说明书，Z 轴加工受力均在可承载范围之内。因此继续检查机械部分。在检查到丝杠后发现，滚珠丝杠螺母防松螺帽（背帽）松动，使传动出现间隙，当 Z 轴运动时由于间隙造成的负载扰动导致位置闭环振荡而出现抖动现象
故障排除	紧好松动的防松螺帽，调整好间隙，并对丝杠的镶条进行紧固，开机调试，没有再出现这种故障
经验总结	由于机械加工的特点，机械传动出现间隙的可能会不断增大。机械传动间隙主要是传动件间的间隙，包括滚动与滑动间隙，但一般情况下这些间隙是必须存在的，间隙的大小与工件的使用条件有关，间隙的保证主要是靠提高加工精度及装配精度。 防松螺帽是指在用螺纹连接的场合，在受力螺纹连接处，加上去一个螺母，一般这个螺母使用扁螺母，如图 4-44 所示  图 4-44　扁螺母

实例 27　数控铣床，Y 轴方向的实际尺寸与理论数据存在偏差

故障设备	FANUC 0i 数控车床
故障现象	该龙门数控铣削中心加工的零件，在检验中发现工件 Y 轴方向的实际尺寸与程序编制的理论数据存在不规则的偏差
故障分析	①查阅机床资料，机床数控系统为 FANUC 系统，Y 轴进给电动机为 1FT5 交流伺服电动机带内装式的 ROD320 编码器。由于 Y 轴通过 ROD320 编码器组成半闭环的位置控制系统，因此编码器检测的位置值不能真正反映 Y 轴的实际位置值。位置控制精度在很大程度上由进给传动链的传动精度决定。 ②检查 Y 轴有关位置参数，发现反向间隙、夹紧误差等均在要求范围内，故可排除由于参数设置不当引起故障的因素。 ③检查 Y 轴进给传动链。如图 4-45 所示为进给传动链典型连接方式。本例机床 Y 轴进给传动链采用图 4-45(c)所示方式，由传动链结构分析，任何连接部分存在间隙或松动，均可引起位置偏差，从而造成加工零件尺寸超差。

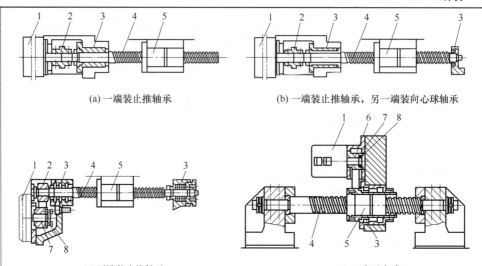

(a) 一端装止推轴承   (b) 一端装止推轴承，另一端装向心球轴承

(c) 两端装止推轴承   (d) 三支承方式

图 4-45　进给传动链典型连接方式

1—电动机；2—弹性联轴器；3—轴承；4—滚珠丝杠；5—滚珠丝杠螺母；6—同步带轮；
7—弹性胀紧套；8—锁紧螺钉

故障分析	④检查滚珠丝杠的轴向窜动。 a. 如图 4-46 所示，将一个千分表座吸在横梁上，表头找正主轴 Y 运动的负方向，并使表头压缩到 $50\sim10\mu m$，然后把表头复位到零。 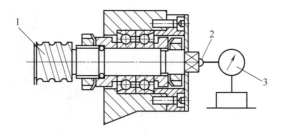 图 4-46　用千分表检测滚珠丝杠轴向窜动 1—滚珠丝杠；2—钢珠；3—千分表 b. 将机床操作面板上的工作方式开关置于增量方式(INC)的"×10"挡，轴选择开关置于 Y 轴挡，按负方向进给键，观察千分表读数的变化。理论上应该每按一下，千分表读数增加 $10\mu m$。经测量，Y 轴正、负方向的增量运动都存在不规则的偏差。 c. 将一颗钢珠置于滚珠丝杠的端部中心，用千分表的表头顶住滚珠，如图 4-46 所示。将机床操作面板上的工作方式开关置于手动方式(JOG)，按正、负方向的进给键，主轴箱沿 Y 轴正、负方向连续运动。观察千分表读数无明显变化，故排除滚珠丝杠轴向窜动的可能。 ⑤检查同步传动带：检查与 Y 轴伺服电动机和滚珠丝杠连接的同步齿形带轮、传动带和带轮，无损坏等现象。 ⑥检查带轮与传动轴的连接锥套，发现与伺服电动机转子轴连接的带轮锥套有松动，使得进给传动与伺服电动机驱动不同步。 ⑦诊断结果：根据传动链的结构形式，采用分步检查的方式，排除可能引起故障的因素，最终确定故障的部位。由于在运行中锥套的松动是不规则的，从而造成位置偏差的不规则，最终使零件加工尺寸出现不规则的偏差
故障排除	对 Y 轴传动链的锥套连接进行调整，故障被排除
经验总结	在日常维护中要注意对进给传动链的检查，特别是有关连接元件，如联轴器、锥套等有无松动现象。 通过对加工零件的检测，随时监测数控机床的动态精度，以决定是否对数控机床的机械装置进行调整

实例 28　数控铣床，工作台运行不稳，横向进给不稳定

故障设备	FANUC 0M 数控铣床
故障现象	该数控铣床自动进给、横向进给不稳定,加工出的零件表面十分粗糙
故障分析	从工作台运行的动作来看横向进给不稳定,首先查看其是否有明显阻力,仔细观察,并没有明显阻力产生,但是运行时感觉进给无力,应该与驱动电机关系不大。接着观察工作台运行方式,发现总是位于一个固定的主轴正下方时出现加工不稳的情况,可能是工作台在此处有异常。于是拆开工作台,发现在主轴正下方积累了不少加工时残留铁屑,铁屑并没有随着排屑孔排出,当工作台运行到此处时,与铁屑产生挤压、摩擦而导致其运行不稳
故障排除	清除此处的铁屑,在工作台四周增加密封装置防止铁屑溅入,此故障再也没有出现
经验总结	某些机床由于设计缺陷,导致机床各部件间隙大,容易使铁屑溅入、油污进入,其有效的解决方法就是及时地清理,条件允许可以在工作台的四周增加密封条,当然,增加密封条的前提是不能增加工作台运动的负荷。图 4-47 为一种常用的铝合金毛刷密封条  图 4-47　铝合金毛刷密封条

实例 29　数控铣床，加工自行停止并出现♯434报警

故障设备	FANUC 0M 系统数控铣床
故障现象	在工作过程中,加工自行停止。CRT 显示器右下角出现闪烁的"ALARM"报警,在故障显示界面上出现♯434 报警
故障分析	在 FANUC 0M 数控系统中,♯434 报警是伺服系统的报警,其内容是"SERVOALARM:3-TH AXIS DETECTIONRELATED ERROR",即 Z 轴数字伺服系统存在故障。 ①检测伺服电动机温度和电流:手摸 Z 轴伺服电动机,感到温度很高,测试其工作电流,发现已超过了正常值。停机一段时间后再启动,可以工作半小时,而后又出现同样的故障。 ②检查伺服电动机线圈和绝缘电阻,绕组和绝缘层电阻值均在正常数范围内。 ③用替换法检测伺服驱动器:更换同型号的伺服驱动器,故障现象依旧。 ④对传动机构进行检查,滚珠丝杠、连接部位等无故障现象。 ⑤对导轨和镶条等进行检查,发现 Z 轴导轨的平行度不好,镶条与导轨贴合面不好。 ⑥根据检查结果判断,由于导轨的平行度不好,镶条与导轨的接触面精度较差,致使工作台运动产生机械阻力,导致伺服电动机的电流变大,从而出现故障报警
故障排除	根据诊断结果,对平行度不好的导轨进行刮研,对镶条进行配刮,如图 4-48 所示,检测导轨、镶条的研点数,达到平行度和接触研点的精度要求后,调整 Z 轴导轨镶条,机床负载明显减轻,电流下降到正常值以下,报警解除,工作台运动故障被排除 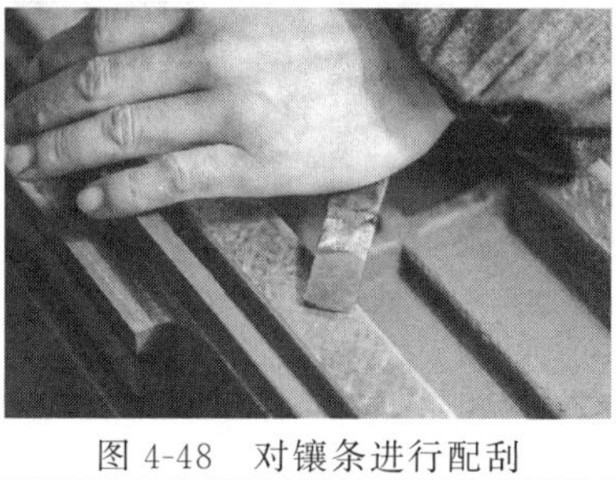 图 4-48　对镶条进行配刮

导轨的刮研应注意以下要点：

①为了使刮研的导轨符合平面度、直线度要求，可用水平仪来配合测量，检查刮削面各个部位，按测得的误差进行修刮，以达到精度等级要求。

②防止刮削的常见缺陷。刮削操作不当，可能会产生各种缺陷，影响刮削质量，常见的刮削缺陷见表4-2。

表 4-2　常见刮削缺陷及其原因

序号	缺陷形式	特征	产生原因
1	深凹痕	刮削面研点局部稀少或刀迹与显示的研点高低相差太多	①刮削时用力不均，局部落刀太重或多次刀迹重叠
			②刀刃磨得过于弧形
2	撕痕	刮削面上有粗糙的、较正常刀迹深的条状刮痕	①刀刃不光洁或不锋利
			②刀刃有缺口或裂纹
3	振痕	刮削面上出现有规则的波纹	多次同向刮削，刀迹没有交叉
4	划道	刮削面上划出深浅不一的直线	①研点时夹有砂粒、切屑等杂质
			②显示剂不清洁
5	刮削面精密度不准确	显点情况无规律改变且捉摸不定	①推磨研点时压力不均，研具伸出工件过多，按显示的假点刮削造成
			②研具本身精度差

③重视刮刀的修磨。刮刀的修磨形状和质量对刮削的质量有很大影响，因此在刮研维修中要注意刮刀的修磨作业方法。平刮刀的精磨在油石上进行，操作方法如图 4-49 所示。

经验总结

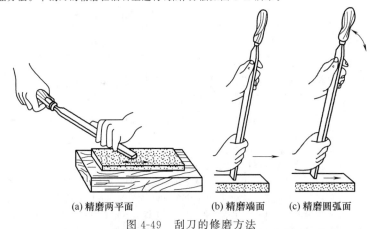

(a) 精磨两平面　　　(b) 精磨端面　　　(c) 精磨圆弧面

图 4-49　刮刀的修磨方法

a. 精磨两平面如图 4-49(a)所示，修磨时在油石上加适量机油，表面粗糙度 $Ra<0.2\mu m$。

b. 精磨端面如图 4-49(b)所示，修磨时左手扶住刀柄，右手紧握刀身，刮刀按不同的角度略带前倾向前推移，拉回时略提起，反复修磨，直至切削部分达到所需要求。

c. 精磨圆弧面的刮刀端面如图 4-49(c)所示，在刮刀推进的同时，可同时作摆动，以形成端面的圆弧刃

实例 30　数控铣床，X 轴误差较大

故障设备	FANUC BESK 7CM 系统的 XK715F 型立式数控铣床
故障现象	FANUC BESK 7CM XK715F 型立式数控铣床，发现 X 轴误差较大，已超出了允许范围，加工精度已经无法满足工艺要求
故障分析	①检查机床的伺服系统，处于正常状态； ②检查机床的检测装置，处于正常状态； ③查阅机床的档案，本例铣床已经在满负荷的情况下使用了五年，误差是逐步形成的； ④通过检测，工件的误差为 $0.07\mu m$，而且加工误差基本上都是在换向时产生的； ⑤分析推断，由于机床满负荷使用了五年，丝杠、齿轮等部件的磨损可能导致传动间隙增大，以上误差一般都是由传动间隙增大造成的

故障排除	长期的磨损会使加工精度逐渐下降,如果更换机械部件,势必会造成周期长、修理费用高后果。一般数控机床都提供了各种补偿参数,用来补偿机床本身的各种误差,如丝杠的制造误差、传动链中的丝杠和齿轮间隙等。在一定的范围内,磨损间隙可以用补偿参数来消除,使机床恢复原有的精度。 　　根据使用说明书,本例故障维修时,采用输入系统的丝杠间隙补偿参数来消除误差。试车加工后,工件的尺寸完全符合精度要求
经验总结	数控机床有上千种参数,现场维修人员必须弄懂并善于使用一些主要参数,通过合理设置参数,排除各种与参数设置相关的故障。 　　本例的故障属于磨损性故障,磨损性故障是指设计时已预料到的、不可避免的正常磨损造成的故障。 　　1. 磨损性故障的处理 　　磨损性故障是由正常磨损而引起的故障,对这类故障形式,一般要进行寿命预测,更换零件或部件,进行磨损造成的间隙补偿。 　　例如,数控机床工作正常,但 Z、X 轴方向位置偏差过大,其故障形式有可能是丝杠磨损后造成间隙过大,就需要机械式间隙调整或更换丝杠,或者可以在工作方式选择中,选择参数设置,输入 Z、X 轴的反向间隙补偿,判断是否为磨损性故障。 　　2. 磨损性故障的原理和对策 　　根据设备故障性质来分,设备的故障分为先天性、磨损性和滥用性三种。其中磨损性故障是最具有普遍性和规律性的故障类型,而阐述磨损性故障的原理和对策,是现代设备管理基本理论的重要内容。 　　机械设备的磨损可分为有形磨损和无形磨损两个方面: 　　①有形磨损,包括设备在使用过程中,由于摩擦、冲击、振动、疲劳、腐蚀、变形等造成的实物形态的变化,使其功能逐渐(或突然)降低以至丧失;也包括设备闲置过程中,锈蚀、变质、老化等原因造成的实物形态的变化,使功能降低以致丧失。 　　②无形磨损表现在设备的价值贬值上,它不是由于使用过程中自然力的影响所产生的。造成贬值的原因有以下两种:一是由于技术进步和劳动生产率的提高,生产同样设备的消耗成本不断降低,迫使原设备贬值,也称为第一种无形磨损;二是由于出现了比原设备在结构、原理、功能、造价等方面都优越的新设备,原设备显得技术上陈旧,功能落后,由此造成的贬值,也称为第二种无形磨损。 　　设备磨损的对策就是补偿。设备磨损的补偿就是为了恢复或提高设备系统组成单元的功能,而采取的追加投资的技术组织措施。磨损的方式和程度不同,与其对应的补偿方式也有所不同。 　　所以,设备检修的目的,就是重新完善设备系统,恢复或提高设备的功能。对于设备的损耗在物质形态上给予补偿的同时,也补偿了它的经济价值。设备检修的核心问题是根据设备磨损或损耗情况,结合企业的经营目标,对具体的设备选择正确的检修方式和检修层次,合理安排检修计划并付诸实施。 　　3. 数控机床系统特定位置的磨损故障及排除方法 　　①切削振动大主轴箱和床身连接螺钉松动,紧固连接螺钉即可。轴承预紧力不够,游隙过大,重新调整轴承游隙,但预紧力不宜过大,以免损坏轴承。轴承预紧螺母松动造成主轴窜动,可紧固螺母,确保主轴精度合格。轴承拉毛或损坏,更换轴承。主轴与箱体超差,修理主轴或箱体,使配合精度、位置精度达到要求。如果是数控车床,则可能是转塔刀架运动部位松动或压力不够,可调整修理。另外,刀具或切削工艺问题也可以造成切削振动大。 　　②主轴箱噪声大主轴部件动平衡不好,重做动平衡。齿轮啮合间隙不均匀或严重损伤,调整间隙或更换齿轮。轴承损坏或传动轴弯曲,可更换轴承,校直传动轴。传动带长度不一或过松,调整或更换传动带,注意不能新旧混用。齿轮精度差,更换齿轮。润滑不良,调整润滑油量,保持主轴箱清洁。 　　③滚珠丝杠副噪声大丝杠支承轴承的压盖压合情况不好,调整轴承压盖,使其压紧轴承端面。丝杠轴承破损,更换新轴承。电机与丝杠联轴器松动,拧紧联轴器锁紧螺钉。丝杠润滑不良,改善润滑条件使润滑油充足。滚珠丝杠副滚珠有破损,检查丝杠更换新滚珠。 　　④滚珠丝杠运动不灵活轴向预加载荷太大,调整轴向间隙和预加载荷。丝杠与导轨不平行,调整丝杠支座位置,使丝杠与导轨平行。螺母轴线与导轨不平行,调整螺母座的位置。丝杠弯曲变形,校正丝杠。丝杠螺母内有脏物或铁屑,清洗螺母,清除脏物和铁屑。各滚珠丝杠副或支承轴承润滑不良,应定期清洗并添加新的润滑脂

实例 31　数控铣床,Y 轴方向移动时出现明显抖动

故障设备	FANUC BESK 7 CM 系统的 XK715F 型立式数控铣床
故障现象	自动运行时,工作台向 Y 轴方向移动时,出现明显的机械抖动

故障分析	将 CRT 屏幕切换到报警界面，没有出现任何报警。Y 轴方向移动时出现明显抖动的原因通常是伺服系统、进给传动机构有故障。 ①用手动方式沿 Y 轴移动工作台，故障现象不变。 ②观察显示器屏幕，控制 Y 轴位移的脉冲数值在均匀地变化，且与 X 轴、Z 轴的变化速率相同，由此可以初步判断数控系统的参数没有变化，硬件控制电路也没有故障。 ③使用交换法进行检查，发现故障部位在 Y 轴直流伺服电动机及丝杠传动部分。 ④为了分辨故障究竟是电气故障还是机械故障，将伺服电动机与滚珠丝杠之间的挠性联轴器拆除，单独试验伺服电动机。此时电动机运转平稳，没有振动现象，这表明故障在机械传动链中。 ⑤用扳手转动滚珠丝杠，感到阻力转矩不均匀，且在丝杠的整个行程范围内都是如此，由此判断滚珠丝杠副或其支承部件有故障。 ⑥拆开滚珠丝杠副支承部件进行检查，发现在丝杠＋Y 轴方位的平面轴承 8208 不正常，其滚道表面上出现明显的裂纹。
故障排除	根据诊断结果，更换轴承 8208 后，机床恢复正常。为了预防此类故障平时要注意检查 Y 轴的减速和限位行程开关，防止其失灵或挪位。否则会在＋Y 轴方向发生超程，使丝杠受到轴向冲击力，从而损伤平面轴承
经验总结	在安装平面轴承时，应掌握以下要点： ①推力球轴承在装配时，应注意区分紧环和松环，松环的内孔比紧环的内孔大。通常情况下当轴为转动件时，一定要使紧环靠在与轴一起转动零件的平面上，松环靠在静止零件的平面上，如图 4-50 所示。否则使滚动体丧失作用，同时会加速配合件间的磨损。 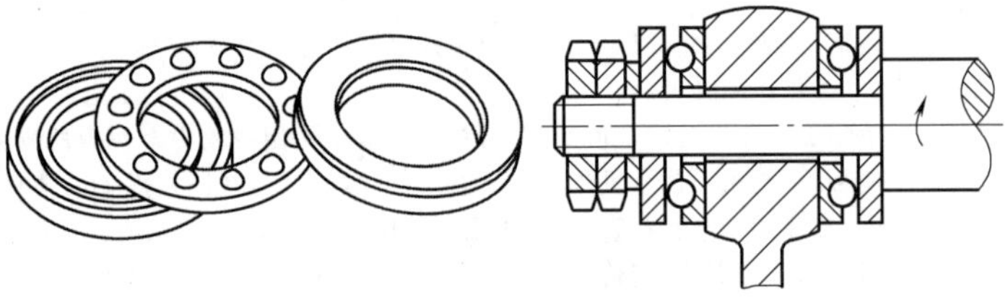 图 4-50　推力球轴承在装配和调整 ②平面轴承游隙的大小，可通过锁紧螺帽来调节。 ③拆卸时将锁紧螺帽拆卸，然后将轴用铜棒自左向右击出即可

实例 32　数控铣床，手动方式运行工作台 Y 轴轴向抖动

故障设备	FANUC BESK 7CM 系统 XK715F 型数控铣床
故障现象	手动方式运行时，发现工作台 Y 轴方向运行时存在明显的抖动（振动）现象，CRT 没有报警信号显示
故障分析	该机床是上海第四机床厂生产的工作台不升降数控立式铣床，数控系统采用了 FANUC BESK 7CM 系统。因故障发生时，虽然 CRT 没有报警信号显示，但伺服系统轴向故障明显，故采用交换法判断故障部位。经检查，不难确定故障部位在 Y 轴伺服电动机与该轴向的机械传动链内。 　　为区别机电故障，拆开 Y 轴电动机与滚珠丝杠间的挠性联轴器，单独通电测试电动机。经检查，伺服速度控制单元及 Y 轴伺服电动机正常，显然此抖动根源在机械传动链一侧。参照随机技术文件中的机床传动系统图可知，Y 轴的机械传动链内只有滚珠丝杠螺母副及其支承，故将工作台拆下，按滚珠丝杠副的修理工艺，仔细检查，发现滚珠丝杠螺母中两滚道的滚珠直径不一致。因该滚珠丝杠副刚维护保养不久，估计维修人员在拆卸、保养清洗及装配过程中，不慎将螺母中两滚道的滚珠弄乱（实际上螺母两滚道中的滚珠在制造厂是进行过严格选配的，这一点须引起重视），造成螺母在丝杠副上转动不畅，时有卡死现象发生，故而引起机械传动过程中的振动或抖动现象
故障排除	此类故障原因虽经查明，但修复还须格外仔细。参照滚珠丝杠副的修理工艺，应先将滚珠逐粒测量选后，再按工艺步骤重新装配，调整预加载荷。经装机调试后，故障消除
经验总结	日常生产中简易的安装滚珠方法：必须有一个与丝杠滚珠槽直径相同的套筒，螺母用油清洗干净后，在滚珠槽上涂上润滑脂，然后在一个针状物头上抹上一点润滑脂（图 4-51），用针状物上的润滑脂将滚珠逐个粘起放入滚珠槽内（图 4-52），放完后将套筒放入螺母内，用丝杠顶住套筒旋转便可将其旋入，套筒的作用是使滚珠丝杠旋入时不会将滚珠挤出。

图 4-51　针状物抹上一点润滑脂　　　　图 4-52　将滚珠放入滚珠槽内

如有珠子被挤出,可退一点丝杠,再把珠子抿进槽里,继续旋进丝杠,反复进行即可完成。

安装注意事项:要注意循环器之间的沟槽,不需要循环的不能进钢珠。如果钢珠掉了重新再装,就要先测量钢珠的大小,精密研磨滚珠丝杠滚珠因为调预压,大小滚珠会有混装的现象,这样就要找专业人士进行测量。如果丝杠端头小了,就找一个厚的彩印纸卷,要有强度的,保证正圆度,包住端头,旋进丝杠。如果是外循环,就要把滚珠一个一个地装进丝杠的滚珠槽内,并且要保证一列循环。

丝杠螺母装滚珠详细步骤:

①把丝杠螺母和滚珠清洁干净。

②把塑料挡珠器(滚珠反向器,如图 4-53 所示)放回到螺母内。安装挡珠器时要注意挡珠器滚珠进出口与螺旋槽要平滑衔接。

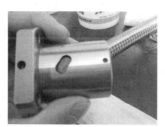

图 4-53　滚珠反向器

③在螺母内涂上油脂。

④把滚珠放入螺旋槽内。注意,不是所有的螺旋槽都填满,是按照一个挡珠器是一个循环圆的原则放滚珠,如果螺母是 4 个挡珠器,那就是 4 个循环圆。

⑤把螺母拧入丝杠内(注意不要掉滚珠)。

⑥旋转螺母前进后退,检查螺母运行是否顺畅,如顺畅则表示安装完成

（左栏）经验总结

实例 33　数控立式铣床，Z 轴滚珠丝杠副卡死

故障设备	FANUC 0MD 数控立式铣床
故障现象	Z 轴电动机转不动,一启动 Z 轴电动机就报警,工作台在最低位置不能上升
故障分析	因修理拆卸 Z 轴电动机机尾部的测速电动机,工作台底部到地面未采取任何措施,工作台快速降到底部极限位置,产生严重故障。 因为机床在此故障前工作台能升降,机床立柱与升降工作台燕尾、镶条接触面间隙正常,润滑正常,因此在该处卡死可能性小。拆卸 Z 轴电动机,用两个同规格液压千斤顶在工作台底部将工作台往上顶,连底座将滚珠丝杠副取出,该丝杠副滚珠处滚道被挤扁是丝杠螺母不能转动的原因
故障排除	拆卸间隙调整压板,取出 U 形外滚道钢管,就能轻松地旋出滚珠丝杠或螺母,修整 U 形外滚道管。U 形外滚道管是由壁厚为 0.5mm 铬钢管制成,直径为 5mm、内径为 4mm,要求 $\phi 4.4$mm 滚珠装进去能从另一头倒出来。U 形管压扁伤变形后,$\phi 4$mm 滚珠通不过管道内孔,造成丝杠不能转动,从 U 形管变形处近的一端装入 $\phi 4$mm 滚珠,管口向上,将 $\phi 4^{-0.1}_{0}$mm 的淬火钢棒放进管口冲 $\phi 4$mm 滚珠,下去一段后取出钢棒,再加入滚珠继续冲,如此反复,直到另一管口不断出滚珠。将冲力逐渐减小,还是达不到一口装入滚珠能从另一口滑出的程度,但滚珠在管内过紧的部分越来越少了。用工具钢车制 $\phi 4-0.1$mm 的滚珠,火焰

故障排除	淬火后放在管口冲下去,再放入 φ4mm 标准滚珠冲压,直到车制的 φ4mm 滚珠从另一管口出来后,U 形外滚道管内孔也就能完全通过 φ4mm 的标准滚珠。用薄片油石除各部分毛刺,清洁煤油清洗好全部滚珠、U 形管、滚珠螺母、丝杠后,再检查一次标准滚珠是否能在全部 U 形管内畅通。检查完毕后进行装配调整滚珠丝杠副,调整间隙压板到支承好螺母,丝杠副垂直的位置,丝杠靠重力自动向下转动时,间隙压板再稍紧固即可。把各部件及 Z 轴电动机全部组装完毕,撤去千斤顶试车,机床升降运行正常,故障排除
经验总结	①该机床工作台升降系统没有自锁机构,自锁力是靠 Z 轴电动机内锁,电动机连接的齿轮与滚珠丝杠端面处齿轮啮合,电动机正反向旋转带动齿轮使丝杠副正反向旋转,实现工作台升降运动,电动机失电时电动机内制动动作,工作台升降停止。 ②该电动机尾部的测速电动机实际上是检测升降位置距离的,拆离位置后电动机制动失去作用,造成事故。 ③修理数控机床时,机电人员应密切配合,电气人员要了解机床的结构特性,机械维修人员要了解数控原理,这样才能在数控机床修理中减少和杜绝失误,顺利地做好维修工作

实例 34 加工中心，X 向进给有抖动现象

故障设备	FANUC 0i 加工中心
故障现象	该加工中心运行时,发现 X 向进给有抖动现象
故障分析	本例机床采用开式静压导轨,按开式静压导轨的精度要求及其调整特点进行故障诊断和排除维修。经检查,传动部分处于正常状态。重点检查静压导轨的各个部分。 ①检查滤油器的过滤精度,处于正常状态; ②检查液压系统的排气装置,处于正常状态; ③检查节流器的引出油管,长度和密封性能均处于正常状态; ④检查节流器,发现节流器有部分堵塞现象; ⑤检查静压导轨的油膜刚度,发现工作台各个角的浮起量有偏差; ⑥根据检查结果,判断是节流器有部分堵塞现象导致油液输送不畅,工作台的各角浮起量不均匀,油膜的刚度较差,导致静压导轨运行时有时受阻,产生抖动现象
故障排除	清洗或更换节流器,按开式静压导轨的调整方法进行浮起量调整和油膜刚度调整。在试车中,复查在负载状态下的浮起量和油膜刚度。经过仔细的调整和检测,机床 X 向进给时抖动的故障被排除
经验总结	各种不同的节流器运用在工业建设的不同方面。节流器是液压系统中节制流体流动而产生压降的元件,如图 4-54 所示,简单说就是节流降压,形状有点像阀。因为它由弹簧组成,故其主要作用是在流体管道上保证出口压力的恒定,关键在定压,节流是手段  图 4-54 节流器

实例 35 加工中心，Y 轴方向行程终端反向间隙增大

故障设备	FANUC 0i 加工中心
故障现象	某加工中心运行时,工作台 Y 轴方向位移接近行程终端过程中丝杠反向间隙明显增大,机床定位精度不合格
故障分析	分析故障部位明显在 Y 轴伺服电动机与丝杠传动链一侧。 拆卸电动机与滚珠丝杠之间的弹性联轴器,用扳手转动滚珠丝杠进行手感检查。通过手感检查,发现工作台 Y 轴方向位移接近行程终端时阻力明显增加。 拆下工作台检查,发现 Y 轴导轨平行度严重超差,故而引起机械传动过程中阻力明显增加,滚珠丝杠弹性变形,反向间隙增大,机床定位精度不合格

故障排除	经过认真修理、调整后,重新装好,故障排除
经验总结	维修过程中注意: ①检查和调整机床安装的水平度,避免导轨的平行度、垂直度受到影响; ②调整导轨间隙时注意检查镶条的平直度,在自然状态下平直度应控制在(0.05mm/全长)范围内; ③调整和修研导轨,允许偏差在(0.015mm/500mm)范围内。 　　在实际机械加工过程中,刀具、工作台和驱动装置都不可能是完全刚性的,特别是在高速加工中,它们的变形更加不可忽略。在驱动力的传递过程中,传动系统各部分机械刚度的不同,将使一些刚度相对较小或带弹性的间隙发生弹性变形。在作用力的方向上,发生弹性变形时减少的位移量转变为存储的势能。存储的势能会在达到极限后释放,这个势能存储—释放—存储—释放的循环过程导致工作台某些时间段内给定位移与工作台实际获得的位移有一个差值,我们可以称其为工作台变速控制位移误差。这一误差在有加速度存在的加速和减速过渡过程中表现得更为明显,所以这种误差是工作台系统暂态误差。 　　驱动装置的变形会导致加减速曲线发生变化,并最终导致定位误差进而影响工件的加工精度。在理想状态下,工作台在加减速过渡过程中的形变位移偏差值为零。但由于工作台在加速过渡过程中的有效刚度和连接游隙与减速过渡过程中的不完全相等,也会造成整个定位的偏差。也就是加速瞬态过程曲线与减速瞬态过程曲线有一定偏差,可能使实际位置与理想位置偏离,并最终导致位置误差。同时这也可能导致误差的累加进而导致更大的误差。 　　弹性变形的重要特征是其可逆性,即受力作用后产生变形,卸除载荷后,变形消失。由于本例中滚珠丝杠的变形属于弹性变形,因此没有必要对滚珠丝杠进行更换,只需进行调整即可。 　　物体受外力作用时,就会产生变形,如果将外力去除后,物体能够完全恢复它原来的形状和尺寸,这种变形称为弹性变形。 　　线弹性变形服从胡克定律,且应变随应力瞬时单值变化。非线弹性变形不服从胡克定律,但仍具有瞬时单值性。滞弹性变形也符合胡克定律,但并不发生在加载瞬时,而要经过一段时间后才能达到胡克定律所对应的稳定值。 　　胡克定律的表达式为 $F=-k\times x$ 或 $\Delta F=-k\times\Delta x$,其中 k 是常数,是物体的劲度(倔强)系数。在国际单位制中,F 的单位是 N;x 的单位是 m,它是形变量(弹性形变);k 的单位是 N/m。劲度系数在数值上等于弹簧伸长(或缩短)单位长度时的弹力。 　　胡克的弹性定律指出:弹簧在发生弹性形变时,弹簧的弹力和弹簧的伸长量(或压缩量)x 成正比,即 $F=-k\times x$。k 是物质的弹性系数,它由材料的性质所决定,负号表示弹簧所产生的弹力与其伸长(或压缩)的方向相反

实例36　加工中心,加工中零件的形状精度不能保证

故障设备	FANUC 0i 加工中心
故障现象	该加工中心,在加工中零件的形状精度不能保证
故障分析	本例机床采用贴塑导轨,常见原因是传动机构或导轨精度下降。 　　检查机床传动机构各个部分,处于正常状态,可排除传动机构故障原因。重点检查贴塑导轨部位的精度。 ①观察外表。滑动部分和贴塑部分导轨没有明显的损坏迹象。 ②检测精度。滑动部分的铸铁导轨部分精度保持正常,贴塑导轨部分的精度有下降的现象。 ③据理推断。根据检查结果和推断,由于贴塑部分的导轨精度下降,导致工作台运动精度下降,引起加工零件的形状精度下降
故障排除	根据有关技术资料,精密机床贴塑导轨的维修粘接应掌握其特点。这是一种金属与塑料摩擦的形式,属滑动摩擦导轨。导轨一滑动面上贴有一层抗磨软带,导轨的另一滑动面为淬火磨削面。软带是以聚四氟乙烯为基材,添加合金粉和氧化物的高分子复合材料。塑料导轨刚性好,动、静摩擦系数差值小,耐磨性好,无爬行,减振性能好
经验总结	粘接维修中应掌握以下要点: ①软带应粘贴在机床导轨副的短导轨上,如图4-55所示,圆形导轨应粘贴在下导轨面上; ②粘贴时,先用清洗剂(如丙酮、三氯乙烯和全氯乙烯)彻底清洗被粘贴导轨面,切不可用酒精或汽油,因为它们会在被清洗表面留下一层薄膜,不利于粘接; ③清洗后用干净的白色擦布反复擦拭,直到擦不出污迹为止; ④塑料软带的粘贴面(黑褐色表面)也应用清洗剂擦拭干净;

经验总结	⑤将配套的胶黏剂(如101、212、502等)用油灰刀分别涂在软带和导轨粘贴面上,为了保证粘接可靠,被贴导轨面应沿纵向涂抹,而塑料软带的粘贴面沿横向涂抹; ⑥粘贴时,从一端向另一端缓慢挤压,以利赶跑气泡,粘贴后在导轨面上施加一定压力加以固化; ⑦为保证胶黏剂充分扩散和硬化,室温下,加压固化时间应为24h以上 图 4-55　精密机床贴塑导轨粘接

实例 37　加工中心,Y 轴方向位移过程中产生明显的机械抖动故障

故障设备	FANUC 0i 加工中心
故障现象	该加工中心运行时,工作台 Y 轴方向位移过程中产生明显的机械抖动故障,故障发生时系统不报警
故障分析	因故障发生时系统不报警,同时观察 CRT 显示出来的 Y 轴位移脉冲数字量的速率,发现均匀(通过观察 X 轴与 Z 轴位移脉冲数字量的变化速率比较后得出),故可排除系统软件参数与硬件控制电路的故障。 由于故障发生在 Y 轴方向,故可以采用交换法判断故障部位。通过交换伺服控制单元,故障没有转移,判断故障部位应在 Y 轴伺服电动机与丝杠传动链一侧。 为区别电动机故障,可拆卸电动机与滚珠丝杠之间的弹性联轴器,单独通电检查电动机。检查结果表明,电动机运转时无振动现象,显然故障部位在机械传动部分。脱开弹性联轴器,用扳手转动滚珠丝杠进行手感检查。通过手感检查,能感觉到这种抖动故障的存在,且丝杠的全行程范围均有这种异常现象
故障排除	拆下滚珠丝杠检查,发现滚珠丝杠轴承损坏。换上新的同型号规格的轴承后,故障排除
经验总结	1. 角接触球轴承单元的安装 安装角接触球轴承单元无需施加额外预载,因此经常通过无游隙夹紧的方法将它们固定在轴上。轴向定位的类型取决于所支承的载荷。可以在相邻结构上铣一个平面,或者,如果有必要,甚至可以留出一个无径向对中的未加工的螺栓安装表面。 通常也可利用安装套筒,套筒直径和轴承内圈相同,可选铝或铜套顶住内圈敲进去,如果公差比较紧或者过盈配合就要对轴承进行加热,注意观察轴承完全进入处的箭头或者里面滚动体的接触角,一般是以背对背或者面对面组合起来的,最后旋上锁紧螺母即可。 2. 角接触轴承的安装步骤 采用锁紧螺母①或将轴承无游隙的夹紧在丝杠②,见图 4-56。通过螺栓将轴承单元固定在相邻结构上,用手指拧紧螺栓③。把丝杠螺母④向轴承单元移动(以直线导轨系统作为丝杠驱动的位置基准,这里,丝杠螺母用来实现丝杠与直线导轨的对齐)。轴将自行对齐到最佳径向位置(由于来自位置基准的约束力)。再用适当的锁紧力矩拧紧螺栓③,将轴承单元安装在相邻结构上 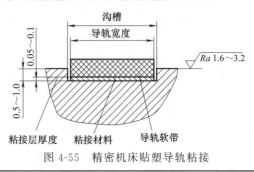 图 4-56　角接触轴承的安装

实例 38　加工中心，移动过程中产生机械干涉

故障设备	FANUC 0i 加工中心
故障现象	该加工中心采用直线滚动导轨,安装后用扳手转动滚珠丝杠进行手感检查,发现工作台 X 轴方向移动过程中产生明显的机械干涉故障,运动阻力很大
故障分析	故障明显发生在机械结构部分。拆下工作台,首先检查滚珠丝杠与导轨的平行度,检查合格。再检查两条直线导轨的平行度,发现导轨平行度严重超差。拆下两条直线导轨,检查中滑板上直线导轨安装基面的平行度,检查合格。再检查直线导轨,发现一条直线导轨的安装基面与其滚道的平行度严重超差(0.5mm)
故障排除	更换合格的直线导轨,重新装好后故障排除
经验总结	提高直线导轨安装精度的方法一直以来都困扰着所有从事这个行业的人,直线导轨的安装精度直接影响到了生产中的产品质量,提高直线导轨的安装精度不仅能提升产品质量,还能带来更好的经济效益。 直线导轨精度等级分为以下几种(行走平行度,以下以长 100mm 的导轨为例): ①普通级(无标注/C)5μm; ②高级(H)3μm; ③精密级(P)2μm; ④超精密级(SP)1.5μm; ⑤超超精密级(UP)1μm。 直线导轨的精度可分为行走平行度、高度的成对相互差及宽度的成对相互差。行走平行度是指将导轨用螺栓固定在基准面上,使滑块在导轨全长上运行时,滑块与导轨基准面之间的平行度误差。高度的成对相互差是指组合在同平面上的各个滑块的高度尺寸的最大值与最小值之差。宽度的成对相互差是指装在单支导轨上的每个滑块与导轨基准面之间的宽度尺寸的最大值与最小值之差。不同的设备可选用不同精度的导轨。 提高直线导轨安装精度可采用标记法,如图 4-57 所示,包括如下步骤: 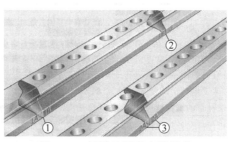 图 4-57　标记法调整直线导轨 ①按导轨长度设置对应螺钉锁紧位置的孔距,在平尺上标记与孔距对应的点,将平尺上标记的孔距对应点精度误差测量出; ②将主导轨放于对应的螺钉锁紧位置,再将平尺放置于主导轨一侧,调整主导轨直线度,利用水平仪测出主导轨上的间距最远、水平倾斜角度相同两段导轨,对该两段导轨固定并做标识; ③将副导轨装于对应的螺钉锁紧位置,将平尺放置于副导轨对应的螺钉锁紧位置一侧,以主导轨上做标识的两段导轨为基准,调整平尺与主导轨上做标识两段导轨平行度,再以平尺为基准,调整副导轨直线度,以主导轨为基准,复测并调整副导轨与主导轨间的平行度

实例 39　加工中心，运行 Y 轴时液压功能自动中断

故障设备	FANUC 0MD 加工中心
故障现象	该卧式加工中心,液压系统正常启动后,直至手动运行 Y 轴时,液压功能自动中断,显示器显示报警,Y 轴无法运动,其他各轴正常
故障分析	由于故障涉及电气、机械、液压等部分,任一环节有问题均可导致驱动失效,所以按照故障的轻重缓急逐步检修。首先检查驱动装置外部接线及内部元器件,发现状态良好,电动机与位置测量系统正常。拆下 Y 轴液压抱闸后情况同前,将电动机与丝杠的同步传动带脱离,手摇 Y 轴丝杠,发现丝杠上下窜动,原因可能出现在丝杠本身,故检查丝杠本身结构。拆开滚珠丝杠上轴承座,没有发现异常。接着拆开滚珠丝杠下轴承座发现轴向推力轴承的紧固螺母松动,导致滚珠丝杠上下窜动
故障排除	拧好紧固螺母,滚珠丝杠不再窜动,则故障排除

经验总结	由于滚珠丝杠上下窜动,造成伺服电动机转动带动丝杠空转约一圈。在数控系统中,当数控指令发出后,测量系统应有反馈信号,若间隙的距离超过了数控系统所规定的范围,即电动机空走若干个脉冲后光栅尺无任何反馈信号,则数控系统必报警,导致驱动失效,机床不能运行。 通常情况下,丝杠窜动,只要用到磁性表座、平头千分表,块规等常用量具即可,如图 4-58 所示。具体做法如下: ①检查出千分表的间隙; ②把表座固定在机床上,丝杠尾端中心孔内放一粒钢球,用平头千分表压着钢球; ③压下开合螺母手柄; ④正转主轴,记下千分表读数,倒转主轴,记下千分表读数; ⑤连续做 5 次,计算差值的平均值,减去千分表误差,即为丝杠轴向窜动值  图 4-58　用千分表测量丝杠窜动

实例 40　加工中心,X 轴移动时发生抖动

故障设备	SIEMENS 802D 加工中心
故障现象	该机床工作台的移动为 X 轴时,移动中发生抖动现象,其他工作轴正常
故障分析	通过显示器观察机床各轴指令值、跟随误差、瞬时速度等,均无异常。但当 X 轴移动时,抖动发生在 X 方向的任何位置。但只要在移动时加一反向推力,抖动将显著减少。分析认为电气控制系统存在故障的可能性较小,重点检查 X 轴的机械传动部件,发现滚珠丝杠螺母副存在较大的轴向间隙,同时由于预紧力太小,移动中必然发生抖动现象
故障排除	将滚珠丝杠螺母副的轴向间隙消除,并调整适当的预紧力,故障排除
经验总结	轴向间隙是指丝杠和丝母之间的间隙,具体表现为丝杠所带动的床身跟着一起移动,丝杠旋转多少,床身就移动多少,所反映的现象是同步的,而接着向反方向旋转时,机床床身并没有跟着向相反的方向移动,中间会出现一定时间的停滞现象,这个停滞、不同步就反映了丝杠和丝母的轴向间隙,许多轴类的零件的装配都有轴向间隙的问题,不过是大小而已。 预紧力是机械建筑等专业很常见的一个术语。比较通用的概括性描述为:在连接中(连接的方式和用途是多样的),在受到工作载荷之前,为了增强连接的可靠性和紧密性,以防止受到载荷后连接件间出现缝隙或者相对滑移而预先加的力。当预紧力不足,加之轴向间隙偏大时,导致的直接后果就是丝杠窜动、轴向移动发生颤抖。 轴承刚度随预紧力的变化而变化,图 4-59 显示了轴承预紧力对径向刚度的影响曲线 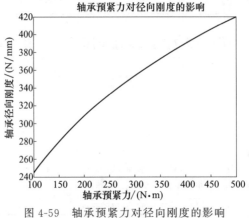 图 4-59　轴承预紧力对径向刚度的影响

经验总结	随着轴承预紧力的增加,轴承径向刚度变大,使得主轴系统的加工精度和工作效率有明显提高,改善了主轴的工作性能。因此,在实际工作中,在允许的范围内提高预紧力是有重大实际工程意义的。但是,随着预紧力的增高,轴承温度增高,轴承生热也会增加,进而使得主轴系统温度提高,严重影响轴承的工作寿命和主轴的工作性能。因此,在温升允许的条件下,尽量地提高预紧力是涉及主轴传动系统需要考虑的一个重要因素

实例41　加工中心,行程终端出现机械振动故障

故障设备	FANUC 0i 加工中心
故障现象	该加工中心运行时,X 轴在接近行程终端的过程中产生明显的机械振动,其他轴向运行正常,在机械振动时也无报警信号出现
故障分析	因故障发生时 CNC 无报警,且在 X 轴其他区域运动无振动,可以基本确定故障是由于机械传动系统不良引起的。为了进一步确认,维修时拆下伺服电动机与滚珠丝杠之间的弹性联轴器,单独进行电气系统的检查,检查结果表明,电动机运转时无振动现象,从而确认了故障出在机械传动部分。 脱开弹性联轴器,用扳手转动滚珠丝杠,检查发现 X 轴方向工作台在接近行程终端时,感觉到阻力明显增加,证明滚珠丝杠或者导轨的安装与调整存在问题。拆下工作台检查,发现滚珠丝杠与导轨间不平行,使得运动过程中的负载发生急剧变化,产生了机械振动现象
故障排除	检修滚珠丝杠或者导轨的安装,排除故障
经验总结	丝杠和导轨平行度对于机床平稳运行很重要,平行度超差会损伤开合螺母,因为丝杠螺母的间隙较大,丝杠为细长件,刚性较差,容易变形。装配时一般是校正丝杠两端与导轨的距离差将其控制在合理范围内,螺母能顺利无阻碍的通过就可以。如果用仪表测量,应在导轨上放杠杆百分表检测,调整左右两组螺钉,调整并且固定。导轨垂直面和水平面内的位置。 开合螺母又叫"对合螺母"俗称"开口哈夫"。在频繁的装夹压紧工件过程中,普通螺母的拧卸比较费,严重影响工作效率,并且备用的垫套也较多,占用固定资金。为此,发明了一种新型的螺母——开合螺母,如图 4-60 所示,大大提高了装夹工件的效率。  图 4-60　开合螺母 开合螺母的作用就是带动大拖板进行直线往复运动,而产生纵向切削力。另一方面,开合螺母也及时地是用来连接丝杠和溜板箱由丝杠带动溜板箱运动。因为溜板箱有两套传动输入,即光杆和丝杠。一般的走刀用光杆传动,加工螺纹时用丝杠传动。而这两者是不能同时咬合的,否则会因传动比不一破坏传动系统。开合螺母的作用相当于一个离合器,用来决定溜板箱是否使用丝杠传动。 开合螺母的优点是结构简单,安全可靠,切削力强,快速脱离,便于更换维修。缺点是体积较大,工件的加工工艺较为复杂,一般小型设备不可取。图 4-61 为与丝杠配合的开合螺母  图 4-61　与丝杠配合的开合螺母

实例 42 加工中心，运行时出现 X 轴电动机过热报警

故障设备	SIEMENS 802D 加工中心
故障现象	该加工中心在自动运行时经常出现 X 轴电动机过热报警
故障分析	由于故障只是 X 轴电动机过热报警，故现检查 X 轴伺服驱动，经测量检查，一切正常。再参照机床说明书，加工所设置的切削参数等也符合机床加工要求，因此这方面故障也得以排除。继续按步骤检查机械传动方面。经过检查确认镶条与导轨的配合间隙太小，调整过紧，故障即因此引起
故障排除	松开镶条的止退螺钉，通过调整镶条调节螺栓，保证镶条与导轨的配合间隙为 $0.01\sim0.03$mm，然后锁紧止退螺钉。重新开机试验，机床故障排除
经验总结	导轨镶条是根据每台机床导轨的尺寸给刮研配出来的，每台机床的都不一样，也就是说其具有唯一性，不可进行替换测试。导轨镶条材料也建议使用黄铜。如果导轨镶条有轻微磨损可以自己动手用机油配合刮刀、小钢锯条精刮。图 4-62 为正在进行的精刮导轨镶条操作 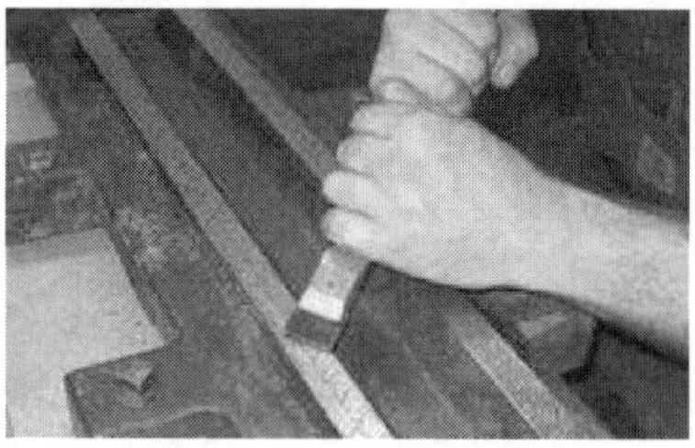 图 4-62 精刮导轨镶条

实例 43 加工中心，导轨移动过程中产生机械干涉

故障设备	SIEMENS 802S 加工中心
故障现象	该加工中心采用直线滚轮导轨，安装后用扳手转动滚珠丝杠进行手感检查，发现工作台 X 轴方向移动过程中产生明显的机械干涉故障，运动阻力很大
故障分析	根据故障现象分析原因明显在机械结构部分。拆下工作台，首先检查滚珠丝杠与导轨的平行度，检查合格。再检查两条直线导轨的平行度，发现导轨平行度严重超差。拆下两条直线导轨，检查中滑板上直线导轨的安装基面的平行度，检查合格。再检查直线导轨，发现一条直线导轨的安装基面与其滚道的平行度严重超差达到 0.5mm/m
故障排除	更换合格的直线导轨，重新装好后，故障排除
经验总结	直线导轨可分为滚轮直线导轨和滚珠直线导轨两种，前者速度快精度稍低，后者速度慢精度较高。如果应用场合要求很平顺的运动，而且负荷不是很大，就可以考虑用滚轮型，精度相对于直线导轨略差一点。图 4-63 为滚轮直线导轨及其滑块（4 轮滑块） 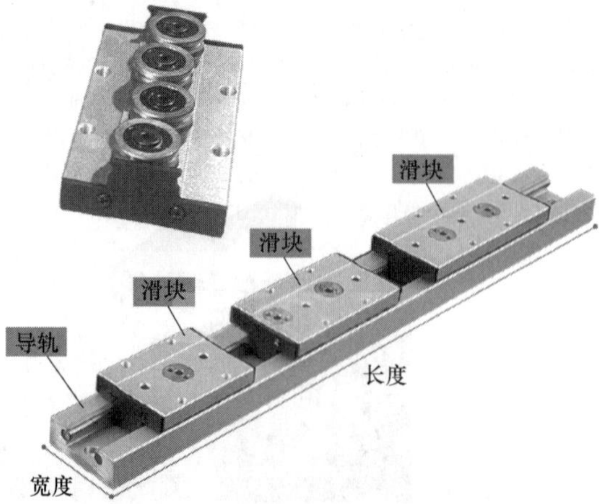 图 4-63 滚轮直线导轨及其滑块

实例 44　加工中心，X 轴方向移动过程运动阻力很大

故障设备	FANUC 0i 加工中心
故障现象	该加工中心采用直线滚动导轨,安装后用扳手转动滚珠丝杠进行手感检查,发现工作台 X 轴方向移动过程中产生明显的机械干涉故障,运动阻力很大
故障分析	故障明显在机械结构部分。 ①拆下工作台,检查滚珠丝杠与导轨的平行度,检查合格; ②检查两条直线导轨的平行度,发现导轨平行度严重超差; ③拆下两条直线导轨,检查中滑板上直线导轨的安装基面的平行度,检查合格; ④检查直线导轨,发现一条直线导轨的安装基面与其滚道的平行度严重超差(0.5mm/m)
故障排除	更换合格的直线导轨,重新装好后,故障排除
经验总结	直线导轨又称线轨、滑轨、线性导轨、线性滑轨,直线导轨的组成如图 4-64 所示。其用于直线往复运动场合,拥有比直线轴承更高的额定负载,同时可以承担一定的转矩,可在高负载的情况下实现高精度的直线运动 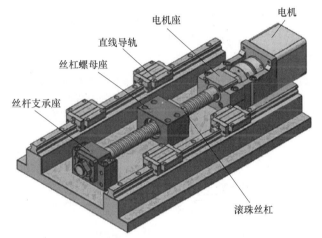 图 4-64　直线导轨的组成 　　直线导轨的作用是用来支承和引导运动部件,按给定的方向做往复直线运动。按摩擦性质分类,直线导轨可以分为滑动摩擦导轨、滚动摩擦导轨、弹性摩擦导轨、流体摩擦导轨等种类 　　在更换、安装直线滚动导轨副作业时须注意: ①严格按照安装步骤; ②正确区分基准导轨副和非基准导轨副; ③认清导轨副安装时的基准侧面; ④按合理的顺序拧紧滑块的紧固螺钉。 　　滚珠丝杠、直线导轨副作为一种高精度的功能部件,它们的安装精度有一定的要求,否则就会影响它们的工作性能,降低它们的使用寿命。下面介绍它们的安装方法。 　　1. 一般的安装方法(图 4-65) 　　机座的导轨安装面配有安装基准板,用一个装有千分表的夹具沿基准板移动,并使千分表的测头接触导轨的侧面,调整导轨拧紧螺钉。这种方法使用普遍,满足一般加工条件的要求,但在一些精度要求比较高的场合,如在测量机上使用时,这种安装方法精度不易保证。 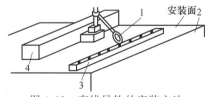 图 4-65　直线导轨的安装方法 1—千分表;2—机座;3—滚动直线导轨;4—安装基准板

2. 消除水平误差的高精度安装方法

此安装方法是利用制作的具有相同的直线度误差的夹具为基准,使安装后的两根直线导轨具有相对于中心线对称的误差,如图 4-66 所示,而滑块上所固定的工作台能把对称的误差抵消,从而实现工作台运动的高精度。

①其中应用的夹具的加工方法如图 4-67 所示,两个夹具一起加工就会有相同的直线度误差,即形成如图 4-67(b)所示的对称形状,以它们为基准安装滚动直线导轨时就把自身的直线度误差复制给滚动直线导轨。安装后,因为滚动直线导轨副系统的误差均化功能,使得工作台的运动精度显著提高。

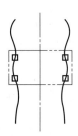

图 4-66　安装后的两根直线导轨
相对于中心线对称的误差

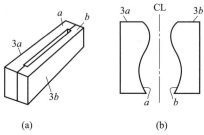

图 4-67　相关夹具的加工方法
3a,3b—夹具;a,b—加工面

②安装过程如图 4-68 所示,先用夹具安装两根滚动直线导轨中的任意一个,图 4-68(b)显示了安装过程中的某时刻,然后用同时加工的另外一个夹具以同样的步骤安装另一根滚动直线导轨。若只有一个夹具,则可将其反转 180°后再使用,只要使夹具的安装基准面对称即可。

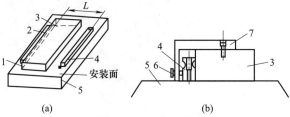

图 4-68　安装过程
1—定位销;2,4—滚动直线导轨;3—安装所用的夹具;5—机座;6—横压螺栓;7—夹持机械

③在由此方法所安装的滚动直线导轨装置中,用自动准直仪测定了两根滚动直线导轨上的滑块的轴向偏移(滑块相对于 X 轴、相对于 Y 轴方向左右的水平振动),及滑块支承的工作台的轴向偏移,并绘成图[图 4-69 的(a)、(b)、(c)]。行走行程是 20mm(横轴),纵轴是偏移的角度。图 4-69(a)的滚动直线导轨一侧的偏移轨迹与图 4-69(b)的滚动直线导轨的偏移轨迹大致线性对称。图 4-69(c)工作台的行走轨迹图显示偏移很小。可以忽略不计。

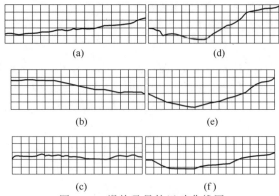

(a)　　　　　　(d)

(b)　　　　　　(e)

(c)　　　　　　(f)

图 4-69　滑块及导轨运动曲线图
(a)、(d)为一根导轨上的滑块的运动曲线图,(b)、(e)为另一根导轨上的滑块的运动曲线图,
(c)、(f)为工作台的运动曲线图

经验总结

经验总结	④在用前面介绍的一般的安装方法安装滚动直线导轨的情况下,偏移的测定结果如图 4-69 中(d)、(e)、(f)所示。滚动直线导轨分别设置各自一侧时,如果不压安装基准板的基准面对滚动直线导轨的形状进行矫正,各滑块的偏移与前述方法的结果相比会很大。若没有基于滚动直线导轨的轴向的形状误差(安装精度误差),各滑块的偏移的轨迹成同向偏移,而没有对称。因而,干涉效果与本文所提的方法相比变小,工作台较大的偏移不能忽略不计。 3. 消除垂直误差的高精度安装方法 与消除水平误差的高精度安装方法相似,同时加工两个夹具然后放在机座安装面与滚动直线导轨之间作为基准进行安装,即可消除垂直误差。图 4-70 为一个消除垂直误差的高精度安装方法的示意图。 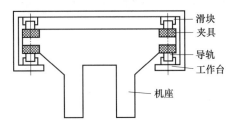 图 4-70　消除垂直误差的高精度安装方法的示意图 4. 使用注意问题 使用消除垂直误差的高精度安装方法后摩擦力改变,局部接触应力增加,影响导轨使用寿命。在预加载荷低于机床允许载荷的条件下推荐在精度要求高的场合如测量机中使用

实例 45　加工中心,X 轴伺服电动机异响并出现♯410 和♯414 报警

故障设备	FANUC 0iC 系统 VMC-850 型立式加工中心
故障现象	FANUC 0iC 系统 VMC-850 型立式加工中心,在加工过程中,X 轴伺服电动机发出"吱—吱"的声音,CRT 上相继出现♯410 和♯414 报警
故障分析	在 FANUC 0iC 数控系统中,♯410 报警的具体内容是"SERVO ALARM:1-TH AXIS EXCESS ER-ROR",提示 X 轴位置偏差量大于设定值;♯414 报警的具体内容是"SERVO ALARM:1 THAXIS DE-TECTION RELATED ERROR",提示数字伺服系统不正常。 ①故障重现:关机后重新开机,报警消失。正常加工 2min 后,又出现相同的报警。 ②替换检查:试更换 X 轴伺服驱动器和伺服电动机,未能排除故障,推断是机械方面的问题。 ③外部观察:拆开防护罩,仔细观察滚珠丝杠和导轨,未发现异常情况。 ④丝杠检查:拆下伺服电动机,用手转动丝杠,发现阻力太大,再检查轴承,未发现异常情况。 ⑤导轨检查:对导轨进行检查,其表面光滑,润滑充足。 ⑥据理推断:推断故障是 X 轴楔铁与导轨配合间隙过小,摩擦力增大,阻碍了导轨的运动
故障排除	在保证 X 轴和 Y 轴垂直精度的前提下,对 X 轴楔铁进行调整,控制楔铁与导轨的间隙,故障被排除
经验总结	楔铁又名斜铁,因为形状酷似楔子而名楔铁,如图 4-71 所示。 图 4-71　楔铁

经验总结	楔铁按种类可分:铸铁楔铁,钢制楔铁,防暴楔铁三种。其中铸铁楔铁材质为 HT250;钢制楔铁是 Q235 低碳钢锻造或机械加工而成;防爆楔铁材质为铍青铜。楔铁用于各种设备的水平和平行调整,使设备在运转过程中不发生振动、倾斜,保证机器的良好运转,减少机器磨损,保证设备安全。图 4-72 为常用的机床调整楔铁总成。  图 4-72　机床调整楔铁总成 其特点是:使用简单、方便、快捷、大多根据用户的需要制造,按实际设备底座要求设计楔铁图纸,然后按图纸加工制作。 数控加工中心的工作台运动精度与导轨精度密切相关,滑动导轨的楔铁与导轨面的间隙及其自身的形状精度与导轨的运动精度相关,因此在维修中应注意楔铁部位的调整和检查

实例 46　加工中心,*X* 轴方向位移过程中产生明显的机械抖动

故障设备	FANUC 0i 加工中心
故障现象	某加工中心运行时,工作台 *X* 轴方向位移过程中产生明显的机械抖动故障,故障发生时系统不报警
故障分析	因故障发生时系统不报警,但故障明显,故通过交换法检查,确定故障部位应在 *X* 轴伺服电动机与丝杠传动链一侧。 ①为区别电动机故障,可拆卸电动机与滚珠丝杠之间的弹性联轴器,单独通电检查电动机。检查结果表明,电动机运转时无振动现象,判断故障部位在机械传动部分。 ②脱开弹性联轴器,用扳手转动滚珠丝杠进行手感检查。通过手感检查,感觉到这种抖动故障的存在,且丝杠的全行程范围均有这种异常现象。拆下滚珠丝杠检查,发现滚珠丝杠螺母在丝杠上转动不畅,时有卡死现象,故而引起机械转动过程中的抖动现象
故障排除	拆下滚珠丝杠螺母,发现螺母内的反向器处有污物和小铁屑,因此钢球流动不畅,时有卡死现象。经过认真清洗和修理,重新安装,故障排除
经验总结	滚珠丝杠副的反向器有多种形式,其主要功能就是连接滚珠循环的两端,使每个循环回路都是闭路循环,其在螺母和螺杆之间做无限循环运动。不同的循环方式反向器也不一样,内循环的一般是连接相邻两条滚道形成一个循环回路。端盖循环和端部导流是在螺母两端各有一个反向器,形成循环回路;插管循环,是使用一根弯管将钢球从一头导出另一头导入形成回路。图 4-73 为滚珠丝杠副反向器的结构及位置示意图。 滚珠 丝杠 反向回珠器 螺母 图 4-73　滚珠丝杠副反向器的结构及位置示意图

经验总结	①返向器使用时间长后会产生质量问题,只要不是变形,对于污物、油渍堵塞,可用干抹布蘸汽油进行擦拭,再用滚珠试一下,去一下毛刺,再把入口处修一点倒角。 ②先将返向器装入螺母中,对准接口。 ③装好后用锂基脂粘上滚珠,填满螺母,然后像拧普通螺母一样小心地把螺母旋入丝杠中。这个操作需要一点技巧,刚旋第一扣时容易把滚珠拨出来,注意对准,过了第一排后面的就很容易旋入,螺母旋入以后用煤油把锂基脂清洗掉,保证反向器内的干净,避免以后润滑剂的混用

实例 47　加工中心,手动运行 Y 轴液压系统自动中断

故障设备	FANUC 0i 系统的 TH6380 卧式加工中心
故障现象	TH6380 卧式加工中心,启动液压系统后,手动运行 Y 轴时,液压系统自动中断,CRT 显示报警,驱动失效,其他各轴正常
故障分析	该故障涉及电气、机械、液压等部分。任一环节有问题均可导致驱动失效,故障检查的顺序大致如下:伺服驱动装置—电动机及测量器件—电动机与丝杠连接部分—液压平衡装置—开口螺母和滚珠丝杠—轴承—其他机械部分。 ①检查驱动装置外部接线及内部元器件,状态良好,电动机与测量系统正常。 ②拆下 Y 轴液压抱闸后情况同前,将电动机与丝杠的同步传动带脱离,手摇 Y 轴丝杠,发现丝杠上下窜动。 ③拆开滚珠丝杠上轴承座发现正常。 ④进一步拆开滚珠丝杠下轴承座检查发现轴向推力轴承的紧固螺母松动导致滚珠丝杠上下窜动。由于滚珠丝杠上下窜动,造成伺服电动机转动带动丝杠空转约一圈。在数控系统中,当 NC 指令发出后,测量系统应有反馈信号,若间隙的距离超过了数控系统所规定的范围,即电动机空走若干个脉冲后,光栅尺没有输出反馈信号,则数控系统必报警,导致驱动失效,机床不能运行
故障排除	调整好紧固螺母,滚珠丝杠不再窜动,故障被排除
经验总结	紧固螺母即锁紧螺母或紧固螺帽,如图 4-74 所示。紧固螺母是一种应用于机械等行业的螺母,紧固螺母就是螺帽,与螺栓或螺杆拧在一起用来起紧固作用的零件,所有生产制造机械必须用的一种原件。  图 4-74　紧固螺母 紧固螺母是通过内侧的螺纹,将机械设备紧密连接起来的零件,同等规格的紧固螺母和螺栓,才能连接在一起,下面详细介绍紧固螺母避免滑松的 5 种办法。 (1)机械防松　是用锁紧螺母止动件直接限制锁紧螺母副的相对转动。如采用启齿销、串连钢丝和止动垫圈等。由于锁紧螺母止动件没有预紧力,锁紧螺母松退到止动位置时防松止动件才起作用,因而,锁紧螺母这种方式实际上不防松而是避免掉落。 (2)铆冲防松　在拧紧后采用冲点、焊接等办法,使锁紧螺母副失去运动副特性而衔接成为不可拆衔接。这种方式的缺陷是栓杆只能运用一次,且拆卸非常艰难,必需破坏螺栓副方可拆卸。 (3)摩擦防松　这是应用最广的一种防松方式,这种方式在锁紧螺母副之间产生一不随外力变化的正压力,以产生一能够阻止锁紧螺母副相对转动的摩擦力。这种正压力可经过轴向或同时两向压紧锁紧螺母副来完成。如采用弹性垫圈、双螺母、自锁螺母和嵌件锁紧螺母等。 (4)构造防松　是应用锁紧螺母副本身构造,即唐氏锁紧螺母防松方式。 (5)粘合法防松　粘合防松通常采用厌氧胶黏结剂涂于螺纹旋合表面,拧紧紧固螺母后黏结剂能够自行固化,防松效果良好

实例 48　加工中心，速度越快，Z 轴抖动越严重

故障设备	SIEMENS 850M 系统的德国产 TCl000 卧式加工中心
故障现象	机床 Z 轴（立柱移动方向）因位置环发生故障，在移动 Z 轴时立柱突然以很快的速度向反方向冲去。位置检测回路修复后 Z 轴只能以很慢的速度移动（倍率开关在 20％以下），稍加快些 Z 轴就抖动，移动越快抖动越严重
故障分析	先是考虑伺服系统有故障，但更换伺服驱动装置和速度环等器件均无效。由于驱动电动机有很多保护环节，暂不考虑其有故障，进而怀疑机械传动有问题。 　　检查润滑、轴承、导轨、导向块等发现均良好，且用手转动滚珠丝杠，立柱移动也轻松自如。滚珠丝杠螺母与立柱连接良好，滚珠丝杠螺母副也无轴向间隙，预紧力适度。 　　进而怀疑在位置环发生故障，由于撞车时速度很快，滚珠丝杠承受的轴向力很大，可能引起滚珠丝杠弯曲。低速时由于转矩和轴向力都不大，所以影响不大，而高速时由于转矩和轴向力都较大，加剧了滚珠丝杠的弯曲，使阻力大增，Z 轴不稳定，引起抖动。经检测，滚珠丝杠的弯曲超过了 0.15mm/m
故障排除	换上滚珠丝杠后试车，故障消除
经验总结	滚珠丝杠弯曲，已经直接导致 Z 轴抖动，直接影响到加工了，不建议进行矫正处理，直接换新的就可以了，矫正过来精度不那么准确了。 　　一般来说，在滚珠丝杠使用中需注以下几点，即可有效地避免出现丝杠弯曲的情况。 　　①滚珠丝杠属于精密传动装置，必须进行润滑。在螺母内推荐使用钾皂基润滑脂及 1～3 号透平油润滑 　　②滚珠丝杠与滚动轴承一样，混入灰尘异物将会降低使用寿命。因此，必须采用丝杠保护套加以保护。国内外各种类型的滚珠丝杠副大部分均已安装迷宫式密封环，防止脏物进入滚珠丝杠体内。另外，在金属屑易侵入丝杠的场合使用时，还应考虑在丝杠全长上采用丝杠保护套防护。 　　③由于滚珠丝杠螺母的特殊结构，不宜承受径向负荷，以免造成丝杠弯曲，影响传动精度和运动的灵活性，降低使用寿命。故安装时，尤其要注意丝杠的轴心线与螺母座移动轨迹的平行，并使丝杠支承中心轴线与螺母座中心轴线一致。 　　④将丝杠安装于设备上，注意不能使丝杠与螺母分离，以免滚珠脱出。安装时不要敲打滚珠丝杠副，尤其注意保护滚珠导管，因其管壁较薄，碰撞变形将使滚珠流动受制约。 　　另外，滚珠丝杠是精密零部件，如果放置不当，就会出现很多的问题，所以保存起来有一定的要求。滚珠丝杠在运输或放置期间很容易出现弯曲的情况，出现此情况该如何处置呢？ 　　其实很多的滚珠丝杠出现弯曲问题，主要是在制造的后期所产生的，一般都是在运输或者是在放置保存的过程中方法不当才会发生这样的问题，当出现弯曲情况的时候都可以通过后期的安装加以矫正。在安装水平方向的滚珠丝杠的时候，一般情况下当你已经把螺丝安装锁紧之后，便不会出现这样的情况了。 　　一般情况下不建议使用细长比过大的滚珠丝杠，过长的丝杠无论是在包装、运输上还是在放置上都有特别阻碍地方，且又不方便移动。对于这类型的产品，只要是有空间安放之后，都很少会有人再去搬动了，后续出现什么问题，人们都很少会注意到滚珠丝杠。在特殊需要使用的情况下，可以使用以下方法解决弯曲和振颤问题：一使用两端固定，预拉伸的方法；二可以考虑使用支架的方法。图 4-75 为使用支架存放滚珠丝杠的方法。 图 4-75　使用支架存放滚珠丝杠 　　如果出现侧向的弯曲则需要使用楔块把直线导轨压正，如果弯曲的程度比较明显那么就需要多加几个楔块。如果出现弯曲的程度非常明显，而且已经影响了使用，那么只能联系厂家，交给厂家去校正了。避免自己校正的方法不正确而损坏直线导轨。 　　滚珠丝杠在运输甚至放置、保存上，对可能会出现的弯曲问题进行前提的预防或者是事后的维护，都进行了一系列的分析，以上这些问题都很形象地介绍了现阶段滚珠丝杠弯曲处置的方法，只要日常生产工作中注意这些，就不会出现后续的弯曲问题了

实例 49　加工中心，X 轴在移动中速度不稳

故障设备	SIEMENS 850M 加工中心
故障现象	该机床工作台的移动轴为 X 轴，移动中发生颤抖现象
故障分析	机床各轴指令值、跟随误差、瞬时速度等均可通过屏幕观察。经仔细观察，X 轴移动中的抖动发生在该轴的任何位置。但只要在移动时加一反向推力，抖动将显著减少。分析认为电气控制系统存在故障的可能性较小，重点检查 X 轴的机械传动部件，经检查发现滚珠丝杠螺母副存在较大的轴向间隙，同时由于预紧力太小，移动中必然发生颤抖现象

续表

故障排除	消除滚珠丝杠螺母副的轴向间隙,并调整适当的预紧力,故障排除
经验总结	滚珠丝杠调整轴向间隙的基本原理就是压缩滚珠和丝杠螺母之间的间隙,增加刚性,使滚珠丝杠副在运行过程中达到预期的精度。 　　滚珠丝杠副使用前必须调整轴向间隙,经过预拉伸(即加入预紧力),可消除轴向间隙,增加滚珠丝杠副的刚性,减少滚珠体、丝杠及螺母间的弹性变形,达到更高的精度。 　　一般,定位型滚珠丝杠副(P型,positioning ball screw)必须预紧,传动型滚珠丝杠副(T型,transport ball screw)可不预紧。 　　定位型滚珠丝杠副:用于精确定位且能够根据旋转角度和导程间接测量轴向行程的滚珠丝杠副。这种滚珠丝杠副是无间隙的(或称预紧滚珠丝杠副)。 　　传动型滚珠丝杠副:用于传递动力的滚珠丝杠副。其轴向行程的测量由与滚珠丝杠副的旋转角度和导程无关的测量装置来完成。 　　滚珠丝杠预紧的方式如下: 　　1. 双螺母预紧 　　①压缩预紧,通过两螺母间的预压片,片小一点,将两螺母紧紧拉在一起,达到预紧; 　　②拉伸预紧,同压缩相反,预压片厚,挤压两螺母,分开螺母,达到预紧; 　　③螺纹预紧,旋动两个螺母间的预调螺丝,是螺母相向或反向错动,达到预紧; 　　④齿差预紧,在一个螺母和垫片上钻几个孔,用销子配合不同的孔达到预紧; 　　⑤弹簧预紧,在螺母之间放置与螺母直径相近的弹簧,以达到旋动螺母时预先压缩、预紧的作用。 　　2. 单螺母预紧 　　①过盈配合,如图4-76所示,就是滚珠比标准的大,在螺母与螺杆间形成一个胀紧力,用来消除间隙 　　②偏移导程预紧,如图4-77所示。此例中螺母内有4卷滚珠,左2卷和右2卷之间的间距比标准导程要大一点,这样装配时相互就会形成一个张力,消除间隙 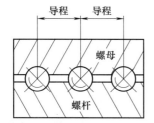 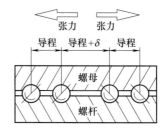 图4-76　以钢珠尺寸调整预压方式　　　图4-77　以偏位元调整预压方式

实例50　加工中心，Y轴运动到某点后中断

故障设备	SIEMENS 802SE数控系统的CINCINNATI立式加工中心
故障现象	该机床在自动加工时,Y轴运动到某点后中断
故障分析	经检查,Y轴断路器跳闸,复位后Y轴仍不能运动。初步确定为Y轴卡死或伺服驱动系统故障。首先检查Y向滑座导轨及镶条间隙,无问题。断电后用手不能转动Y轴滚珠丝杠螺母机构,确认是因日常维护保养不当,致使Y轴丝杠螺母卡死
故障排除	取出Y轴滚珠丝杠螺母副,找一合适的钳台夹紧,将锁紧螺母退松,用手转动滚珠丝杠。彻底清洗后重装并调整丝杠螺母副的预紧力,预紧力一般为最大载荷的1/3,它是靠测量预紧后增加的摩擦力矩换算得到的。将滚珠丝杠螺母副装回加工中心,检查并调整丝杠两端角接触球轴承的预紧力,用手转动滚珠丝杠的松紧程度以初定预紧力大小,重新调整滑座导轨及镶条间隙。试车后故障排除
经验总结	直线导轨滑动表面在很多的时候通常会保持一定的间隙,而间隙过小会增大摩擦力,间隙过大又会降低导向精度。下面详细描述在日常的直线导轨使用中,如何调整直线导轨的间隙。图4-78为直线导轨结构图。 　　目前,很多企业一般都是采用镶条和压板来调整直线导轨的间隙。从而保证直线导轨之间的精度以及损耗程度,大大地提高了生产的效率。 　　镶条是用来调整矩形直线导轨和燕尾形直线导轨的侧隙,以保证直线导轨面的正常接触,如图4-79所示。镶条应放在直线导轨受力较小的一侧。常用的有平镶条和楔形镶条两种模式。它是靠调整螺钉移动镶条的位置从而起到改变间隙的作用。在间隙调整好后,再用螺钉将镶条紧固在动直线导轨上。平镶条调整相对比较方便,制造容易,但镶条较薄,而且只在与螺钉接触的几个点上受力,容易变形,刚度较低。常用的楔形镶条,镶条的两个面分别与动直线导轨和静直线导轨均匀接触,以其纵向位移来调整间隙,所以比平镶条刚度高,相反加工就比较困难。楔形镶条的斜度为1:100~1:40,镶条越长斜度应越小,以免

<table>
<tr><td rowspan="2">经验总结</td><td>

两端厚度相差太大。调整方法是用调节螺钉带动镶条做纵向移动来调节间隙。镶条上的沟槽口在刮配好后进行加工处理。这种方法构造极其简单，但螺钉头凸肩和镶条上的沟槽之间的间隙会引起镶条在运动中窜动。调整方法是从两端用螺钉调节，避免了镶条的窜动，性能较好。还有一种方法是通过螺钉和螺母来调节镶条，镶条上的圆孔在刮配好后加工。这种方法调节方便又能防止镶条的窜动，唯一不足就是纵向尺寸稍长。

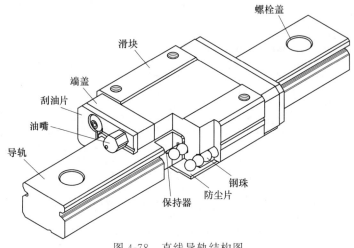

图 4-78　直线导轨结构图

压板用于调整辅助直线导轨面的间隙并且承受着倾覆力矩，如图 4-80 所示，是利用磨压板面或刮压板面来调整间隙的，压板的面用空刀槽分开。这种方式结构简单，应用较多，但调整起来比较麻烦，适用于不常调整、直线导轨耐磨性好或间隙对精度影响不大的场合。还可以用改变压板与接合面间垫片的厚度办法来调整间隙。垫片是由许多薄铜片叠在一起，一侧用锡焊，调整时根据需要进行增减。这种方法比刮或磨压板方便多了，由于需要调整量受垫片厚度的限制，所以降低了结合面的接触刚度。

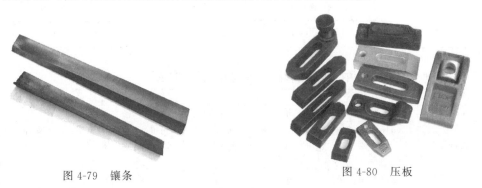

图 4-79　镶条　　　　　　　　　　　　　　　图 4-80　压板

综上所述，直线导轨在使用过程当中稍有不当或者处理不好，都会对导轨的润滑度有所损耗，所以我们需要谨慎地进行选择

</td></tr>
</table>

实例 51　加工中心，X、Y 两轴联动加工圆台时误差大

故障设备	SIEMENS 802SE 数控系统的 CINCINNATI 立式加工中心
故障现象	该 CINCINNATI 立式加工中心 X、Y 两轴联动加工圆台时误差大，工件圆台在过象限处有一较明显的起伏
故障分析	初步判断是 X、Y 轴的定位精度差或是 X、Y 轴有关位置补偿参数变化引起的。调出 CNC 系统 X、Y 轴位置补偿参数进行检查，均在要求范围之内。在 JOG 模式下低速转动 Y 轴，用千分表检查，发现 Y 轴轴向窜动达 0.2mm。检查 Y 轴进给传动链前、后支承座，丝杠电动机支架及电动机轴承无异常，丝杠轴承座内轴承游隙及预紧正常，但轴承座压盖轻微松动

故障排除	①调整丝杠轴承座压盖,使其压紧轴承外圈端面,拧紧锁紧螺母; ②重新检测 Y 轴轴向窜动,小于 0.005mm; ③重装后试加工,故障排除
经验总结	轴承压盖是防止轴承外圈窜动的,如图 4-81 所示。轴承装在孔内,需要把轴承固定,一般来说,内侧直接就是箱体的台阶,外侧要向里安装轴承,因此,不能有台阶,于是做个轴承盖,固定轴承,外面有一圈螺栓,固定在箱体上。  图 4-81　轴承压盖 轴承压盖的作用是: ①轴承压盖一般用于轴承的轴向定位,并且保证足够的定心精度,保证轴承的正常工作条件; ②在半径 60mm 处的孔可以用于安装油封,起密封作用,以防止耦合器里面的液体泄漏,使轴承润滑良好,增加轴承的使用寿命; ③有时候轴承压盖也可承受一定的转矩。 注意:在轴承座中,轴承与压盖需要留膨胀间隙。 ①轴承和压盖应该留有热膨胀间隙,具体的间隙应根据使用条件确认。离心泵在安装轴承和压盖时应按检修规范留 0.02~0.05mm 的热膨胀间隙。 ②轴承有三种游隙即原始、配合、工作游隙。所装配的轴承受力形式与向心轴承、推力轴承、向心推力轴承等轴承型号有关,也与单只还是成对的安装形式有关。在轴承装配时成对轴承应该一端固定,一端留有不大于 0.1mm 的间隙,留有膨胀量,否则轴承在运行时就会发热,影响轴承的运行周期。 ③圆锥滚子轴承不但不能压紧,而且要留一定的间隙。具体间隙的数值可以查阅手册。调整方法是在轴承盖与箱体之间加调整垫片或者配车端盖

实例 52　加工中心，Y 轴导轨润滑不足

故障设备	FANUC 0i 系统的 TH6363 卧式加工中心
故障现象	该卧式加工中心 Y 轴导轨润滑不足
故障分析	TH6363 卧式加工中心采用单线阻尼式润滑系统,故障产生以后,开始认为是润滑时间间隔太长,导致 Y 轴润滑不足。将润滑电动机启动时间间隔由 15min 改为 10min,Y 轴导轨润滑有所改善但是油量仍不理想,故又集中注意力查找润滑管路问题,润滑管路完好,拧下 Y 轴导轨润滑计量件,检查发现计量件中的小孔堵塞
故障排除	清洗润滑计量件后,故障排除
经验总结	计量件在润滑中主要是起到计量的作用,分为比例式(阻尼式)计量件和加压定量式计量件两种,前者按比例分配润滑油,后者是定量分配润滑油,用于不同的润滑系统中。 　1. 加压定量式计量件 　加压定量式计量件属直压动作型,如图 4-82 所示。由润滑泵输送的压力油剂推动计量件内置的活塞动作,强制排出定量的油剂;油泵停止工作时计量件在弹簧力的作用下活塞复位,即进行计量存储定量油剂。油量精准,在一次供油周期内计量件仅排油一次,且润滑系统中相互距离的远、近、高、低、卧装均对计量件的排油量无影响,强制排油,动作灵敏并采用两道密封以防排出的油逆流。

经验总结	**2. 比例式计量件** 　　比例式计量件为管式结构,内设有过滤网、限流杆和单向阀等,如图 4-83 所示。通过节流原理控制流量,按流通能力(流量定数)对流量进行比例分配。在实际使用中同型号计量件在润滑系统中相互间距离的远、近、高、低、卧装或立装对其出油量基本无影响。使用寿命长,计量件单向阀橡胶密封件外部衬压铜套(除密封面外),防止橡胶密封件膨胀和老化。动作灵敏,排油畅通,计量件单向阀采用锥形弹簧,确保计量件动作灵敏和排油畅通,并防止排出的油剂逆流   　　图 4-82　加压定量式计量件　　　　　图 4-83　比例式计量件

实例 53　加工中心,Z 轴在进给时产生无规则的振动

故障设备	日本制造的 HR-5B 型加工中心
故障现象	在经过较长时间的正常运行后,Z 轴在进给时产生无规则的振动,从而影响到加工精度
故障分析	排除 Z 轴机电方面的大量疑点后,再检查测速发电机的直流电阻,也基本正常。拆开测速发电机,发现换向器表面不太光滑,有放电生成的斑痕。打磨换向器和电刷后,情况有所转好,但仍有振动。再逐一检查各个电刷,发现有一个电刷因弹簧变形引起压力不足,电刷和换向器之间有时接触不良
故障排除	经过仔细地修复和调整,四个电刷的压力基本相等,振动完全消除
经验总结	实际使用中,一个滑环通常最少配两个电刷,避免因单个电刷接触不良而变成断路。有关电刷的介绍参见第二章实例 48

实例 54　加工中心,行程终端出现明显机械振动

故障设备	FANUC 0i 加工中心
故障现象	该加工中心运行时,工作台 X 方向在位移接近行程终端过程中产生明显的机械振动故障,故障发生时系统不报警
故障分析	因故障发生时系统不报警,但故障明显,故通过交换法检查,确定故障部件应在 X 轴伺服电动机与丝杠传动链一侧。拆卸电动机与滚珠丝杠之间的弹性联轴器,单独通电检查电动机。检查结果表明,电动机运行时无振动现象,显然故障部位在机械传动部分。脱开弹性联轴器,用扳手转动滚珠丝杠进行手感检查,发现工作台 X 轴方向在位移接近行程终端时,阻力明显增加。拆下工作台检查,发现滚珠丝杠与导轨不平行,故而引起机械转动过程中的振动现象
故障排除	经过认真修理、调整后重新装好,故障排除
经验总结	一般来说滚珠丝杠与导轨不平行,首先需要考虑调整丝杠支座位置,使丝杠与导轨平行。若是螺母轴线与导轨不平行,则调整螺母座的位置。 　　滚珠丝杠支承座是支承连接丝杠和电机的轴承支座,如图 4-84 所示。 　　支承座一般分固定侧单元和支承单元。滚珠丝杠支承座固定侧装有角接触球轴承,能获得高刚性、高精度的稳定的回转性能,支承侧的支承单元使用深沟球轴承。固定侧的内部轴承中装入了适量的锂皂基润滑脂,用特殊密封垫圈进行密封,能直接安装,长期使用。图 4-85 为滚珠丝杠支承座的安装位置。 　　下面详细介绍滚珠丝杠支承座的安装方法。 　　步骤一:安装滚珠丝杠固定端,如图 4-86 所示。 　　①不可拆开滚珠丝杠支承座; 　　②置入滚珠丝杠至支承座时要小心避免刮伤油封外唇;

图 4-84　滚珠丝杠支承座

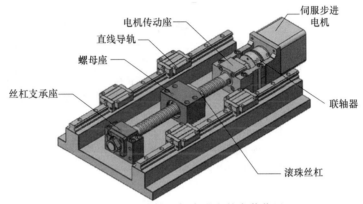

图 4-85　滚珠丝杠支承座的安装位置

经验总结

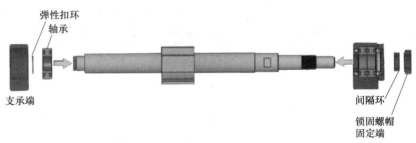

图 4-86　安装滚珠丝杠固定端

③置入滚珠丝杠支承座固定端后,使用内六角螺丝及铜垫片将螺帽锁上;
④组装支承端轴承至丝杠本体,并以弹性扣环锁上,将组装好的部分放至支承端外壳。
步骤二:安装至滑台及基座,如图 4-87 所示。

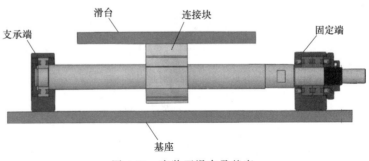

图 4-87　安装至滑台及基座

经验总结	①将工作台与滚珠螺杆的连接块用螺丝暂时固定,将支承座的固定端暂时固定在基座,往固定端移动滑台使螺杆置中,调整螺丝的中心点使滑台的移动滑顺; ②当使用到支承座的固定端为参考点时,调整螺杆与滑台之间或是螺杆与连接块内部的间隙,当使用到支承座的固定端为参考时,必须调整高速支承座的轴高(支承座是方形式的); ③移动滑台使螺杆置中,调整螺丝的中心点,往左往右移动数次以检查滑台的移动是否滑顺,暂时将系统固定在基座上。 步骤三:确定精度及最后紧配,如图4-88所示。 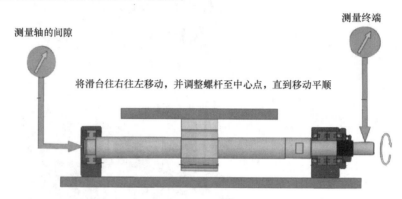 图 4-88 确定精度及最后紧配 确定螺杆末端及轴的间隙符合公差之后,最后将滑台、连接块、固定端与支承端锁紧固定。 步骤四:与电机的连接,如图4-89所示。 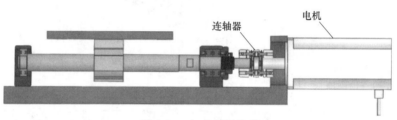 图 4-89 与电机的连接 ①在基座装上电机固定端; ②以联轴器连接电机及螺杆(注意:确定安装精度); ③安装后电机运转测试

实例 55 数控镗床,Y 轴加工尺寸小于指令值

故障设备	FANUC 0i 系统数控镗床
故障现象	FANUC 0i 系统数控镗床,Y 轴加工尺寸每次都小于指令值,但是 CRT 和伺服系统没有出现任何报警信息
故障分析	由于没有出现报警信息,因此常见的故障因素在机械部分。 ①用记号笔在 Y 轴伺服电动机输出端做好位置标记,采用手动增量进给方式,沿 Y 轴向下移动一个螺距的尺寸,再沿 Y 轴向上移动一个螺距的尺寸,移动时用标记检查伺服电动机输出端的圆周位置。用百分表测量工作台位移量。 ②检查伺服电动机输出轴向上或向下运动时,输出端均能返回到标记位置。 ③检查工作台移动距离,向下运动时准确移动了一个螺距的尺寸,而向上运动时不足一个螺距的尺寸。 ④推断连接部位有故障,检查 Y 轴机械装置,发现联轴器松动。 ⑤据理分析,在 Y 轴向下运动时,由于自身的质量,需要的驱动转矩比较小,所以联轴器松动造成的影响并不大,位移基本符合要求;而向上运动时,需要克服重力的影响,所需的转矩比较大,引起联轴器打滑,导致实际位移小于指令值。在循环加工过程中,Y 轴误差不断地积累,导致 Y 轴尺寸偏移逐渐加大,以致工件报废

故障排除	根据检查和诊断结果,重新紧固联轴器,试车后,Y 轴加工尺寸不符合指令值的故障被排除
经验总结	联轴器的调整和维护应掌握以下要点: (1)掌握联轴器结构　本例弹性联轴器如图 4-90 所示,柔性片 7 分别用螺钉和球面垫圈与两边的联轴套连接,通过柔性片传递转矩。通常柔性片厚度为 0.25mm,材料为不锈钢,两端的位置偏差由柔性片抵消。由于利用锥环的胀紧原理进行连接,因此可以较好地实现无缝、无间隙连接。联轴器锥环如图 4-91 所示。 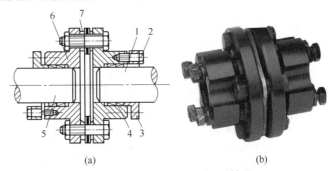 (a)　　　　　　　　　　　　　　　(b) 图 4-90　弹性(无锥环式)联轴器 1—丝杠;2—螺钉;3—端盖;4—锥环;5—电动机轴;6—联轴器;7—柔性片  图 4-91　联轴器锥环 (2)掌握调整的方法　弹性联轴器装配时很难把握锥形套是否锁紧,如果锥形套胀开后摩擦力不足,就使丝杠轴头与电动机轴头之间产生相对滑移扭转,造成数控机床工作运行中,被加工零件的尺寸呈现有规律的变化(由小变大或由大变小),每次的变化值基本上是恒定的。如果调整机床快速进给速度,这个变化量也会起变化,此时 CNC 系统并不报警,因为电动机转动是正常的,编码器的反馈也是正常的,一旦机床出现这种情况,单纯靠拧紧两端螺钉的方法不一定奏效。解决方法是设法锁紧联轴器的弹性锥形套,若锥形套过松,可将锥形套轴向切开一条缝,拧紧两端的螺钉后,就能彻底消除故障。值得注意的是,电动机和滚珠丝杠连接用的联轴器松动或联轴器本身的缺陷,如裂纹等,会造成滚珠丝杠转动与伺服电动机的转动不同步,从而使进给运动忽快忽慢,产生爬行现象

实例 56　数控镗铣床,滚珠丝杠螺母松动引起的故障

故障设备	SIEMENS 802D 数控镗铣床
故障现象	机床 Z 轴运行(方滑枕为 Z 轴)抖动,瞬间即出现♯123 报警,机床停止运行
故障分析	出现♯123 报警的原因是跟踪误差超出了机床数据 TEN345/N346 中所规定的值。导致此种现象有三个可能原因: ①位置测量系统的检测器件与机械位移部分连接不良; ②传动部分出现间隙; ③位置闭环放大系数 K 不匹配。 通过详细检查和分析,初步断定是后两个原因,使方滑枕(Z 轴)运行过程中产生负载扰动而造成位置闭环振荡

故障分析	基于这个判断,首先修改设定 Z 轴 K 系数的机床数据 TEN152,将原值 S1333 改成 S800,即降低了放大系数,有助于位置闭环的稳定,经试运行发现虽然振动现象明显减弱,但未彻底消除。这说明机械传动出现间隙的可能性增大,可能是滑枕镶条松动、滚珠丝杠或螺母窜动。对机床各部位采用先易后难、先外后内逐一否定的方法,最后查出故障源为滚珠丝杠螺母防松螺帽松动,使传动出现间隙,当 Z 轴运动时,由于间隙造成的负载扰动导致位置闭环振荡而出现抖动现象
故障排除	拧紧松动的防松螺帽,调整好间隙,并将机床数据 TEN152 恢复到原值后,故障排除
经验总结	另一种防止防松螺帽松动的方法是在同一个螺栓上,佩戴两个螺母,可以通过紧后面的螺母,达到自锁的效果,一般是用在机械紧固件的防松上。图 4-92 为螺母防松帽。  图 4-92　螺母防松帽 防松的原理很简单,就是靠量螺母之间的压力,两个螺母之间的力量相当于顶丝的作用,通过利用两个螺母之间的摩擦力、螺母和螺纹之间的摩擦力,起到后面一个阻止前面一个螺母轻易松动的作用,螺母就不会出现转动了。图为 4-93 双螺母防松原理 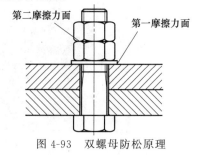 图 4-93　双螺母防松原理

第五章 液压系统的故障与维修

实例 1 数控车床,工件表面出现振纹

故障设备	FANUC 11M 数控车床
故障现象	对工件进行车削加工时,工件表面出现了明显的振纹,如图 5-1 所示 图 5-1 工件表面明显的振纹
故障分析	在这台机床中,影响刀具上下振动的直接因素有两个,即溜板箱不稳定和 Z 轴滑枕间歇性上下移动。 ①正常与不正常的工件截面如图 5-2 所示。观察被加工的工件,其截面呈现周期性的锯齿形,如图 5-2(a)所示,而正常的工件截面如图 5-2(b)所示,说明刀具呈现间歇性的振动。 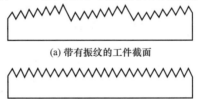 (a) 带有振纹的工件截面 (b) 正常的工件截面 图 5-2 正常与不正常的工件截面 ②溜板箱在 X 轴方向的移动精度是由滚珠丝杠的精度决定的。如果丝杠因为冲击或磨损而造成损伤,将会导致加工表面的不平整,且会产生周期性表面振纹,而周期的大小与丝杠的受损位置有关。经试验,发现振纹的周期是随着 X 轴移动速度的变化而变化的,速度越快则振纹的间距也越大。由此推断振纹与丝杠无关,也可排除溜板箱不稳定的问题。 ③滑枕的上下移动是由 Z 轴伺服电动机控制的。系统给定 Z 轴位置后,将信号传递给 Z 轴的伺服机构,这个信号与 Z 轴编码器输出的信号共同作用来控制 Z 轴的具体位置。仔细观察电动机的工作情况,发现电动机有间歇性工作现象,且间歇周期与振动的周期一致。由此可以断定,表面振纹是由 Z 轴伺服电动机的间歇性工作造成的。 ④在这台机床中,滑枕配置了平衡重量,以便伺服电动机可以轻松地控制 Z 轴的位置。滑枕配重由平衡液压缸实现,如果平衡液压缸内的压力不足,滑枕就会在重力的作用下向下滑动。当滑动距离达到 0.02mm 时,伺服电动机启动,将滑枕提拉到设定位置后停机。停机后如果滑枕仍然下滑,伺服电动机就会再次启动。伺服电动机的反复启动和停止,使滑枕间歇性地上下移动,加工工件的表面便会产生周期性振纹。结合故障现象可以推断伺服电动机的间歇性工作是由于平衡液压缸工作失效所造成的。

故障分析	⑤检查平衡液压缸的供油系统,发现液压泵无法工作。液压泵的启动和停止由压力继电器控制,液系统的工作压力是 4MPa～6MPa。当压力小于 4MPa 时,液压缸内的活塞杆推动微动开关,使压力继电器的电源接通,液压泵开始工作。当压力大于 6MPa 时,压力继电器关闭,液压泵停止工作。检测压力继电器,发现其始终没有工作。 ⑥将微动开关短接,压力继电器可以闭合,液压泵启动。检查液压泵的进油口,发现进油口被杂物堵塞,导致液压油无法推动活塞,不能使微动开关动作
故障排除	仔细清洗进油口后,故障彻底排除
经验总结	车削时,由于工艺系统的振动,而使工件表面出现周期性的横向或纵向振纹,如图 5-3 所示。  图 5-3 振纹 刀具在切削工件时发生振动需要有下面三个条件同时存在: ①包括刀具在内的工艺系统刚性不足,导致其固有频率低; ②切削产生了一个足够大的外激力; ③这个外激力的频率与工艺系统的固有频率相同,随即产生共振。 为此应从以下几个方面加以预防: (1)机床方面 调整主轴间隙,提高轴承精度;调整中、小滑板镶条,使间隙小于 0.04mm,并保证移动平稳、轻便;选用功率适宜的车床,增强车床安装的稳定性。 (2)刀具方面 合理选择刀具的几何参数,经常保持切削刃光洁、锋利。增加刀柄的截面积,减小刀柄伸出长度,以提高其刚性。 (3)工件方面 增加工件的安装刚性,例如将装夹工件悬伸长度尽量缩短,只要满足加工需要即可。细长轴应采用中心架或跟刀架支承。 (4)切削用量方面 选用较小的切削深度和进给量,改变或降低切削速度

实例 2 数控车床,液压系统无动作

故障设备	FANUC 0i 数控车床
故障现象	该数控车床,用液压夹紧,现出现夹头夹紧后不松开的故障。查看液压泵发现电机还在运转,但压力表无压力,直接在零处不动;检查油箱,还有很多油。此后无论操作系统松卡爪还是手动操作油路的换向阀都无动作,重新开机也一样
故障分析	由于液压泵最初可以工作,说明电机开始时正常,用万用表测量电机,电源的输入输出均很正常。 接着考虑可能是机械故障,试着将夹头旋松,发现仍然无法动作。 下面接着从液压系统的电气方面检查。首先检查电子阀,测量其可以正常控制液压泵的运动。此时考虑到夹头油顶(液压顶)的位置传感器是否有问题,经检查该传感器始终没有信号输出,判断得出传感器故障,其一直无法检测液压泵是否到达工作限位
故障排除	更换夹头的位置传感器,故障得到了排除
经验总结	该位置传感器的作用是检测液压泵的工作信号,检测到信号后,按操作要求将电信号输出,对液压泵进行控制。 另外一种液压系统不动作的原因可能是系统中的溢流阀卡死在开启位置,但是溢流阀卡死会造成油温迅速上升,需要区别对待。 溢流阀是一种液压压力控制阀,在液压设备中主要起定压溢流、稳压、系统卸荷和安全保护作用。溢流阀在装配或使用中,由于 O 形密封圈、组合密封圈的损坏,或者安装螺钉、管接头的松动,都可能造成不应有的外泄漏。图 5-4 为常用的溢流阀实物图,图 5-5 为平衡活塞式溢流阀结构图,图 5-6 为先导型溢流阀结构图。

经验总结

图 5-4　溢流阀实物图

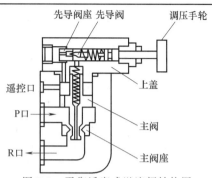

图 5-5　平衡活塞式溢流阀结构图

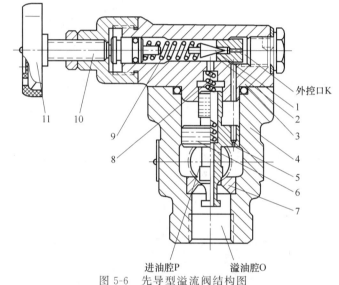

图 5-6　先导型溢流阀结构图

1—锥阀；2—锥阀座；3—阀盖；4—阀体；5—阻尼孔；6—主阀芯；7—主阀座；
8—主阀弹簧；9—调压弹簧；10—调压螺钉；11—调压手轮

如果锥阀或主阀芯磨损过大，或者密封面接触不良，还将造成内泄漏过大，甚至影响正常工作。

溢流阀故障的常见原因及处理方法详见以下描述。

1. 使用中的阀或新阀的调整压力不稳定，反复不规则地变化

几乎都是由于液压油的污染引起的。不仅溢流阀，很多液压元件的滑动部分都出现这种现象。为了使主阀芯运动灵活并减少阀的内部泄漏，这些运动部分的间隙、光洁度、形状等均经过十分精密的机械加工。这间隙内如果进入了污垢，势必形成主阀芯运动的障碍，引起不规则的压力变动。同时对控制主阀芯的先导阀的工作也有影响。在进行压力控制时，先导阀的升程仅数十微米，是个极小的数值，因此，在这里进入污垢也同样会妨碍正常的压力控制，引起不规则的压力变化。

排除方法是将系统及油箱中的油放出，冲洗油箱及管路，阀也要拆洗干净，然后换上干净的液压油。在油路上设置滤油器也很有效。

2. 运动中阀的调定压力下降，即使旋入调压手轮，压力上升的也很慢，到一定压力后不再上升，特别在油温高时更明显

①平衡活塞式溢流阀的主阀芯上设有节流孔，通过该节流孔的流量就是先导流量。当此先导流量变得很小时，调定压力就会不稳定，压力响应也变慢，压力也调不高。假如液压油中的大粒污垢附着在节流孔上，使节流面积减小，则先导流量将变得很小，响应也变慢。要是节流孔完全堵住，压力就完全上不去了。

②溢流阀长期在含有大量微细污垢的液压油中工作后，主阀与上盖的滑动面磨损，间隙增大，流过主阀节流孔的油从该间隙漏向 R 腔，先导流量减到极小，响应也变得缓慢。再进一步磨损则压力升不上去。

③先导阀及先导阀座由于液压油中的污垢，液压油中的水分引起的腐蚀。由于磷酸酯基液压油的化学腐蚀等造成的磨损而使溢流阀失去控制高压的能力。解决方法是首先拆开溢流阀，检查主阀及上盖滑动部分，观察先导阀芯及阀座上有无有害磨损痕迹。如果只是先导阀芯及阀座上有磨损，可以更换零件，而主阀与上盖间的滑动部分如果有有害磨损，就是阀的寿命到了，此时只能更换阀。另外还应检查液压油的污染度、含水量等，有不妥之处即应换油。

经验总结	④如果液压泵的容积效率极度下降，则随着压力的升高，液压泵的输出流量从内部漏回吸油侧。最后液压泵的输出流量为零，压力再也上不去了。像这样溢流阀正常，由于其他原因使压力上不去的场合，溢流阀不向R腔溢流。因此，也可以根据溢流阀特有的洗速声及R油口管壁的温度等来判断溢流阀正常与否。排除方法是修理或更换液压泵。 3. 使用中的阀或新阀的压力完全调不上去 ①如2.中①所述，主阀芯的节流孔被大粒污垢堵住，先导流量几乎减到零，压力完全上不去。 ②先导阀芯与阀座间进入一大粒污垢，致使先导阀芯开度大于需要值而无法关闭，从而导致压力完全上不去。解决方法是拆开溢流阀，清洗主阀节流孔、先导阀芯及阀座。 ③溢流阀接有遥控油路，遥控阀用电磁阀不换向，保持连通油箱的状态。解决方法是首先听一听电磁阀有无特有的换向声，确定电磁阀是否动作。还可手动使电磁阀换向。若手动也换不了向，则是污垢等把阀芯卡住了，需要拆开，清洗干净。若手动可以换向使压力升高，则应检查电气部分（包括电磁铁）是否烧坏。 4. 溢流阀压力下不来，无法调整 ①先导阀座上的小孔被大粒污垢堵住了，因此丧失了溢流阀的机能，有时压力上升到元件和管路破坏为止。解决方法是拆洗溢流阀，特别是先导阀座上的小孔要洗净。 ②管式和法兰式溢流阀在安装管路时找正不好，使阀体变形，主阀芯卡死在关闭位置上不能工作。解决方法是重新配管，良好地找正

实例 3　数控车床，刀塔旋转不停并出现报警

故障设备	FANUC-0TC系统数控车床
故障现象	FANUC-0TC系统数控车床，刀塔旋转启动后，旋转不停，并出现报警♯2007"TURRET INDEXING TIME UP"，指示刀塔分度超时
故障分析	出现♯2007故障报警后，机床复位，刀塔旋转停止，但出现报警♯2003"TURRET NOT CLAMP"指示刀塔没有卡紧。数控车床液压驱动转塔刀架的典型结构如图5-7所示。 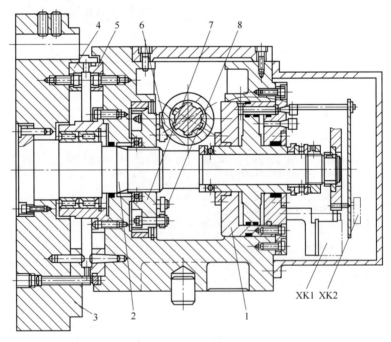 图 5-7　数控车床液压驱动转塔刀架典型结构示意图 1—液压缸；2—刀架中心轴；3—刀盘；4,5—端齿盘；6—转位凸轮；7—回转盘；8—分度柱销； XK1—计数行程开关；XK2—啮合状态行程开关 转塔刀架用液压缸夹紧，液压马达驱动分度，端齿盘副定位。根据刀塔的工作原理和电气原理图，PMC输出Y48.2通过一个直流继电器控制刀塔推出电磁阀，如图5-8所示。

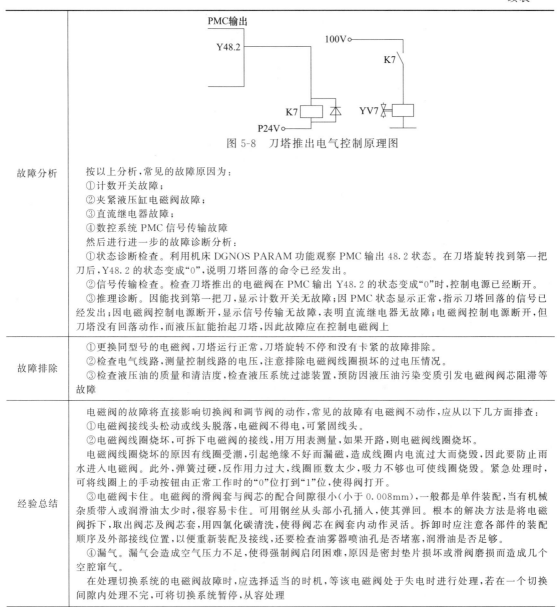

图 5-8　刀塔推出电气控制原理图

故障分析	按以上分析,常见的故障原因为: ①计数开关故障; ②夹紧液压缸电磁阀故障; ③直流继电器故障; ④数控系统 PMC 信号传输故障 然后进行进一步的故障诊断分析: ①状态诊断检查。利用机床 DGNOS PARAM 功能观察 PMC 输出 48.2 状态。在刀塔旋转找到第一把刀后,Y48.2 的状态变成"0",说明刀塔回落的命令已经发出。 ②信号传输检查。检查刀塔推出的电磁阀在 PMC 输出 Y48.2 的状态变成"0"时,控制电源已经断开。 ③推理诊断。因能找到第一把刀,显示计数开关无故障;因 PMC 状态显示正常,指示刀塔回落的信号已经发出;因电磁阀控制电源断开,显示信号传输无故障,表明直流继电器无故障,电磁阀控制电源断开,但刀塔没有回落动作,而液压缸能抬起刀塔,因此故障应在控制电磁阀上
故障排除	①更换同型号的电磁阀,刀塔运行正常,刀塔旋转不停和没有卡紧的故障排除。 ②检查电气线路,测量控制线路的电压,注意排除电磁阀线圈损坏的过电压情况。 ③检查液压油的质量和清洁度,检查液压系统过滤装置,预防因液压油污染变质引发电磁阀阀芯阻滞等故障
经验总结	电磁阀的故障将直接影响切换阀和调节阀的动作,常见的故障有电磁阀不动作,应从以下几方面排查: ①电磁阀接头松动或线头脱落,电磁阀不得电,可紧固线头。 ②电磁阀线圈烧坏,可拆下电磁阀的接线,用万用表测量,如果开路,则电磁阀线圈烧坏。 电磁阀线圈烧坏的原因有线圈受潮,引起绝缘不好而漏磁,造成线圈内电流过大而烧毁,因此要防止雨水进入电磁阀。此外,弹簧过硬,反作用力过大,线圈匝数太少,吸力不够也可使线圈烧毁。紧急处理时,可将线圈上的手动按钮由正常工作时的"0"位打到"1"位,使得阀打开。 ③电磁阀卡住。电磁阀的滑阀套与阀芯的配合间隙很小(小于 0.008mm),一般都是单件装配,当有机械杂质带入或润滑油太少时,很容易卡住。可用钢丝从头部小孔捅入,使其弹回。根本的解决方法是将电磁阀拆下,取出阀芯及阀芯套,用四氯化碳清洗,使得阀芯在阀套内动作灵活。拆卸时应注意各部件的装配顺序及外部接线位置,以便重新装配及接线,还要检查油雾器喷油孔是否堵塞,润滑油是否足够。 ④漏气。漏气会造成空气压力不足,使得强制阀启动困难,原因是密封垫片损坏或滑阀磨损而造成几个空腔窜气。 在处理切换系统的电磁阀故障时,应选择适当的时机,等该电磁阀处于失电时进行处理,若在一个切换间隙内处理不完,可将切换系统暂停,从容处理

实例 4　数控车床，加工时出现液压不够的报警

故障设备	SIEMENS 802S 数控车床
故障现象	开机时正常,加工几个零件后,就会报警,提示液压不够,然后电机自动关闭。如果不加工零件,只运行预热机床的程序,就不会报警
故障分析	既然报警提示液压油不够,就添加液压油。没有加工时,液压部分没有全部工作,当正常加工,液压部分全部投入运行,所需油量就会增多,原油量就不够而产生报警。如果加满了油该报警信息依然存在,那可能是油位检测器不良,或线路不良
故障排除	更换该油位检测器,故障得以排除
经验总结	系统出现液压不够的情况有多种原因,除了传感器的原因,溢流阀调整不当泄压,液压泵磨损漏失,过滤器脏堵,油路通经不够,液压油不够,油路有空气都会导致液压不够。 注意,如果是液压油不足的问题,对机器的损伤很大,要引起重视。我们可以通过观察液压油箱的液压油刻度标识来掌握液压油的使用状况,如图 5-9 所示。

经验总结	 图 5-9　液压油箱液压油刻度指示表 液压油不足会引发许多问题,常见的有以下几种: ①液压油温度过高,各元器件寿命缩短,易产生自泄; ②齿轮泵声音异常,系统中产生大量气体,腐蚀元器件,使各项动作不灵敏或失效; ③液压油过脏,磨损各元器件

实例 5　数控铣床,更换液压油后无法升压

故障设备	FANUC 0i 数控铣床
故障现象	该数控铣床在进行一次大修后,更换了液压缸、液压管路和液压油,但是在试运行时发现液压系统无法升压
故障分析	液压系统没有升压,首先查看压力表,压力值一直不动,由于是新换的液压缸,质量和密封应该没有问题;接着查看是否有空气进入液压泵,也没有多余的气体进入。但是对液压管路检查时发现吸油口处压力过大,导致液压泵吸油困难,有时甚至吸不上油
故障排除	适当降低吸油口处的压力,液压泵正常吸上油,故障排除
经验总结	一般液压泵安装在油箱下部,保证吸油,也可以安在油箱上部,只要满足吸上真空度就可以。在下部安装液压泵要有减震喉连接,顶部安装可以刚性固定。油箱内吸油口部位要和回油部位用隔板分开。 　　如有必要我们也需要检查液压泵压力传感器的好坏,如图 5-10 所示。  图 5-10　液压泵压力传感器 液压泵完成吸油和压油一般需具备以下的条件: ①必须有一个或几个密封的工作容积,而且工作容积是可变的; ②工作容积的变化是周期性的,在每个周期内,由小变大时是吸油过程,由大变小时是压油过程; ③吸、压油腔必须分开,互不干扰。 　　当液压泵安装在油箱上部时,注意吸上真空度即可。液压泵的允许吸上真空度就是指泵入口处的真空允许数值。因为液压泵入口的真空度过高时(也就是绝对压力过低时),液压泵入口的液体就会气化,产生汽蚀。汽蚀对液压泵危害很大,应力求避免。液压泵入口的真空度是由下面三个原因造成的: ①液压泵产生了一个吸上高度; ②克服吸入管水力损失; ③在液压泵入口造成适当流速。 　　允许吸入真空高度,液压泵正常工作时吸入口处所允许达到的最大真空度,通常用液柱高度表示。它是泵的重要性能指标之一。当液压泵的吸入口处真空度大于这一数值时,进入泵内的液体就会产生气泡,使泵振动,输送流量下降,严重时发生断流

实例 6　数控铣床,液压扭矩放大器失灵

故障设备	XK5040 数控铣床
故障现象	Z 轴液压扭矩放大器上的随动阀经拆卸清洗再装上后控制失灵,或是直接给油快速运动,或是打不开油路,没有进给

故障分析	XK5040 数控铣床(图 5-11)是 20 世纪 70 年代的产品,后来某公司用 MNCZ-80 改造了原数字控制柜,保留了功放部分及步进液压扭矩放大器。  图 5-11　XK5040 数控铣床 　　此步进液压扭矩放大器经过长期的使用,特别是 Z 轴的负载大,出现了随动超差及带不动的现象,交由机修车间进行机械大修。当维修人员拆下随动阀进行清洗、检查装机试车时,出现了上述现象。当把随动阀杆装在前端接通油路时,启动液压电动机后,液压电动机就直接带动丝杠快速前进。拆下重装,将随动阀杆装在关闭油路的位置后再启动,液压电动机无法开启,步进电动机的旋转无法使随动阀口打开。 　　XK5040 数控铣床的 Y 轴、X 轴采用的是与 Z 轴具有同样结构的步进液压扭矩放大器,可以通过观察处在正常状态的液压随动阀杆来找到上述故障原因。记住原始位置,做好必要的记号,拆下 X 轴随动阀后首先发现随动阀杆既不在前端,也不在后端,而是在中间位置;再用烟吹油路进口,发现它此时与哪一个孔都不通,但只要微微旋转阀杆即可,向前接通正向油路,向后接通反向油路,灵敏度极高。在确定了程序中不会有关闭脉冲后,仔细观察随动阀杆与液压电动机的连接,发现二者之间是靠十字头连接的。步进电动机一旦停止运动,液压电动机内油液的反压力就能通过十字头给随动阀杆一个反扭矩。由于步进电动机不动,使随动阀杆反向运动,加上随动阀的灵敏度高,便马上关闭阀口。正常运动时,步进电动机产生的转矩一直在克服油液的这个反压力,使阀口保持开启。当步进电动机速度高时,就能使阀口开启得大些,丝杠运动就快些。步进电动机的运动时间就是油路通断时间,只是存在一定的随动误差
故障排除	在仔细观察 X 轴随动阀,并掌握了调整方法以后,对 Z 轴随动阀也进行了仔细的调整。使它在关闭向上、向下两个阀口的中间位置状态下装入十字头,使良好连接,注意不要影响刚调好的阀杆状态。更换损坏了的油封后,装上 Z 轴步进电动机。恢复 X 轴的步进液压扭矩放大器,试车,故障排除
经验总结	数控机床液压系统可能出现的故障类型多,不同的数控机床由于所用的液压装置的组合元件不同,故障也不同。即使同类数控机床因装配调整等诸多外界因素的影响,所出现的故障也不尽相同,如有的是由某一液压元件失灵而引起的,有的是由系统中各液压元件综合因素所造成的。而机械、电气以及外界因素也会引起液压系统出现故障。 　　液压系统的故障往往因为在液压装置内部难以观察,所以给故障诊断及维修带来困难。但是,液压系统中的一些共性问题能为故障诊断及维修提供参考

实例 7　数控铣床,控制系统显示液压系统压力不足

故障设备	FANUC 0i 系统大型数控镗铣床
故障现象	机床工作几个小时后,控制系统显示液压系统压力不足
故障分析	液压系统压力不足常见原因是系统泄漏、液压元件故障等。可按照以下顺序进行故障诊断: ①测量系统压力,约为 9MPa。 ②检查系统外部管路及连接部位,无泄漏故障。 ③测量油箱的油温,高达 85℃,而此时环境温度仅为 31℃。初步判断液压系统内部有泄漏点,造成了油温升高,压力下降。 ④检查液压系统的液压泵、主轴变速液压缸、截止阀、溢流阀,都在正常状态。 ⑤拆开回油管道,测得回油量较大,据理推断,9 个电磁换向阀有内泄漏故障。原因是换向阀长期频繁地打开和关闭,磨损严重,造成了阀芯与阀座之间的配合间隙增大,产生内部泄漏

故障排除	根据检查和诊断结果,更换换向阀,机床油温升高和压力下降的故障被排除
经验总结	本例机床的液压阀原件都是进口元器件,价格昂贵,维修中可使用功能相同的国产电磁阀进行替代。不能直接替换的,如本例机床的原阀门中含有定位式二位四通电磁阀,单只国产球型电磁阀不能代替原电磁阀的功能,要用两只球型电磁阀和一只单向阀组合后进行替换。二位四通电磁阀的中位机能见表 5-1 表 5-1　二位四通电磁阀的中位机能

表 5-1　二位四通电磁阀的中位机能

中位代号	结构原理图	中位符号	换向平稳性	换向精度	启动平稳性	系统卸荷	缸浮动
O	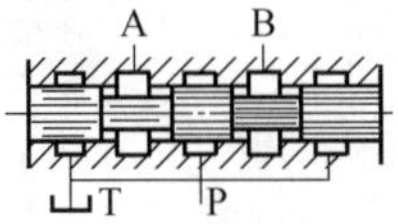	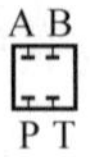	差	高	较好	否	否
H	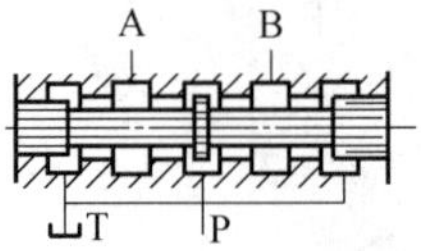	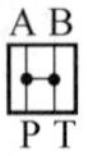	较好	低	差	是	是
P	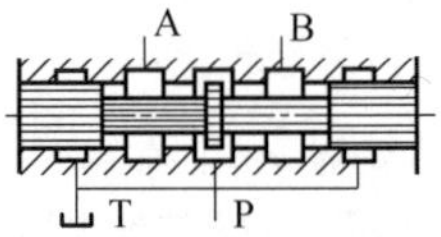		好	较高	好	否	双杆缸浮动单杆缸差动
Y	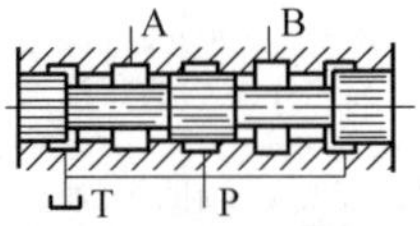		较好	低	差	否	是
M	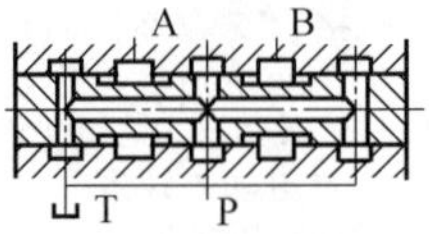	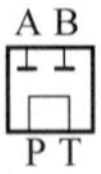	差	高	较好	是	否

实例 8　数控铣床,铣头不能交换位置并发生报警

故障设备	FAUNC 0i 系统数控铣床
故障现象	在加工过程中,立式铣头和卧式铣头不能交换位置,CRT 上发出报警
故障分析	常见原因为机床铣头交换机构和液压系统有故障。因此可按照以下方法进行故障诊断: ①本例铣床的立式铣头和卧式铣头可以一进一出互换位置。初期的现象是交换位置的动作缓慢,因此实质上不能交换位置的故障是一个渐变的过程,由交换动作缓慢逐渐发展为动作越来越慢,最后出现完全不能变换位置故障。 ②控制变换动作的元件是电磁阀 Y22。用万用表测量,其线圈已加上电压但是阀芯不能动作。 ③检查液压缸,电磁阀控制的活塞液压缸安装在铣头箱外面,虽然侧面的门已经关闭,没有一点缝隙,但是顶部没有防护盖板。据理推断,车间上方的灰尘和污物通过活塞杆可带进液压缸,经过管路进入电磁阀内部,可能造成阀芯磨损并逐渐卡死。 ④拆开电磁阀检查,与上述推断情况基本相同。由于电磁阀阀芯卡死不换位,液压缸不动作,导致铣头位置交换无法进行
故障排除	根据检查诊断结果,采取以下维护维修方法: ①清理活塞液压缸,更换密封圈; ②按原型号更换电磁阀; ③按牌号更换新的液压油; ④在液压缸顶部加装防护盖板,以防止灰尘和污物进入液压缸
经验总结	液压缸是将液压能转变为机械能的、做直线往复运动(或摆动运动)的液压执行元件。它结构简单、工作可靠。用它来实现往复运动时,可免去减速装置,并且没有传动间隙,运动平稳,因此在各种机械的液压系统中得到广泛应用。图 5-12 为液压缸剖面图及其结构。

经验总结	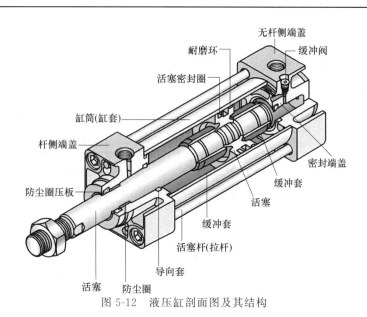图 5-12　液压缸剖面图及其结构 液压缸主要构成原件的作用如下： ①活塞与缸套形成密封可变空间，把液压油的压力能转化为机械动能并起到导向作用； ②活塞杆是起到传递机械动能的作用，并把活塞的往复运动变换成曲轴的圆周运动； ③杆侧端盖和无杆侧端盖如果是用来安装曲轴的话则起到转轴支架、支承作用，一般安装有轴承及相应的润滑管孔、管路； ④密封端盖则是形成密封液压腔的一部分，保证高压液压油不会泄漏； ⑤其他液压缸部件还包括轴承、密封圈、耐磨环、缓冲阀等。 　如果在维护得当的情况下，液压缸是可以长期使用的，不过这里要注意的是，长期使用不是液压缸不维护保养，液压缸要保养、更换密封，密封是会老化的，一般密封寿命就是液压缸使用的维护周期。在规定范围的使用，只要不出现拉缸，油品脏等情况造成液压缸本体硬伤的，那么就可以长期使用

实例 9　加工中心，不能执行换刀动作，也没有任何报警

故障设备	SIEMENS 802SE 系统加工中心
故障现象	在自动加工过程中，不能执行换刀动作，也没有任何报警
故障分析	本例机床利用液压装置进行换刀，需要检查液压装置和有关的电路。可按照以下步骤进行排除处理： ①检查控制系统，PLC 已经输出了换刀信号。 ②检查从 PLC 到电磁阀之间电气电路，没有异常情况，控制信号到达电磁阀。 ③推断液压系统有故障。在手动方式下进行主轴换挡，动作不能完成。再检查液压系统的其他各项动作，没有一个动作可以完成。 ④检查液压系统的压力，稳定地保持在 1.5MPa。 ⑤用螺钉旋具推动总回路的电磁阀阀芯，阀芯伸缩自如，没有额外的阻力。 ⑥拔下电磁阀电源插头，测电磁阀线圈的电阻，在正常状态。 ⑦测量电磁阀直流供电电压，为 15V，而且在不停地波动。查阅技术资料，正常状态电压应该稳定在 24V 上。 ⑧再次检查电磁阀电源的整流电桥，发现有一个二极管有故障，拆下二极管检测，二极管内部断路
故障排除	根据检查和故障诊断结果，更换损坏的整流二极管，安装后检测直流桥的输出电压和波形，处于正常状态。开机试车，不能换刀的故障被排除
经验总结	参见第二章实例 97

实例 10　加工中心，换刀时机械手异常

故障设备	FANUC 0MC 系统加工中心
故障现象	在自动加工过程中，进入换刀程序，处于等待位置的机械手已经伸出，在由等待位置转向刀库时，机械手却停止不动，随后出现＃1105 报警

故障分析	♯1105 报警所提示的信息是"机床不在位"。常见原因是与机械手相关的液压控制元件及其发信元件有故障。 ①将机械手上所夹持的刀具取下,以防发生误动作,造成人身或设备事故。 ②查阅机床梯形图可知,♯1105 报警与机床的位置(8751.7)、刀库的位置(8751.6)有关。应该重点检查机械手部分的接近开关、电磁阀等是否正常。 ③在"调整"(这台机床称为危险修调)方式下,按下"等待位-刀库"按钮,将机械手由"等待位"转向"刀库位",但是机械手没有动作。由于工作在"调整"方式,接近开关的信号没有参与控制,完全靠液压系统驱动机械部分进行运动,所以故障与接近开关没有关联,初步确认"等待位转向刀库"电磁阀 063-Y10 有故障 ④进一步检查,发现电磁阀线圈已经通电,但是阀芯不能动作。断电后,将电磁阀 063-Y10 和有关油路的油管、阀门都拆开,进行认真的检查,发现确有不少的油污和铁锈。图 5-13 即为故障液压缸  图 5-13　故障液压缸
故障排除	根据检查和诊断结果,采用以下修理方法: ①清除油管、电磁阀内部油污和铁锈,并进行必要的清洁,阀芯动作恢复灵活状态; ②检查和分析该部位油管和电磁阀出现油污和铁锈的原因,采取相应的措施进行防范; ③将油管、电磁阀复原,装回原位,在"调整"方式下试验,机械手顺利地转向刀库; ④将机械手恢复到正常位置后,使刀库返回到参考点; ⑤按动作要求,将刀具装入刀库; ⑥通电试机,执行换刀程序,故障被排除,机床换刀运行正常。 图 5-14 为正在对液压缸进行除锈、清洁工作  图 5-14　液压缸的除锈、清洁工作
经验总结	本例中的维修方式属于"危险修调",必须加以注意,一些故障在诊断和排除中可能危及机床和人身的安全,应采用此种方式。维修时,要首先解除容易出现危险的因素,如本例中首先拆卸在动作过程中的机械手上的刀具。在维修试车前,应在"调整"方式下试验有关修复部件,如本例在"调整"方式下试验机械手转向刀库的动作。在正式试车前,应注意运动部件的复位和回参考点操作,如本例中的刀库返回参考点。正式试车应针对故障部位进行,以便准确验证故障排除的结果。 油管和阀门的油污和铁锈直接影响生产加工,危害液压系统以及数控机床 1. 元件的污染磨损 油液中各种污染物引起元件各种形式的磨损,固体颗粒进入运动副间隙中,对零件表面产生切削磨损或是疲劳磨损。高速液流中的固体颗粒对元件的表面冲击引起冲蚀磨损。油液中的水和油液氧化变质的生成物对元件产生腐蚀作用。此外,系统油液中的空气也会引起气蚀,导致元件表面剥蚀和破坏 2. 元件堵塞与卡紧故障 固体颗粒堵塞阀的间隙和孔口,引起阀芯阻塞和卡紧,影响工作性能,甚至导致严重的事故。 3. 加速油液性能的劣化 油液中的水和空气以及热能是油液氧化的主要条件,而油液中的金属微粒对油液的氧化起重要催化作用,此外,油液中的水和悬浮气泡显著降低了运动副间油膜的厚度,使润滑性能降低。 对于整个液压系统的维护,应该按下列步骤进行: ①用一种易干的清洁溶剂清洗油箱,再用经过过滤的空气清除残留溶剂。 ②清洗系统全部管路,某些情况下需要把管路和接头进行浸渍。 ③在管路中装油滤,以保护阀的供油管路和压力管路。 ④在集流器上装一块冲洗板以代替精密阀,如电液伺服阀等。 ⑤检查所有管路尺寸是否合适,连接是否正确。

经验总结	⑥如果系统中使用到电液伺服阀,伺服阀的冲洗板要使油液能从供油管路流向集流器,并直接返回油箱,这样可以让油液反复流通,以冲洗系统,让油滤滤掉固体颗粒,冲洗过程中,每隔1～2h要检查一下油滤,以防油滤被污染物堵塞,此时旁路不要打开,若是发现油滤开始堵塞就马上换油滤。 ⑦冲洗的周期由系统的构造和系统污染程度来决定,若过滤介质的试样没有或是很少有外来污染物,则装上新的油滤,卸下冲洗板,装上阀工作

实例 11　加工中心，液压泵压力输出不足

故障设备	FANUC 0i 加工中心
故障现象	该加工中心的工作台运动时明显感觉动力不足,于是更换了电机,但故障仍然没有排除
故障分析	由于电机是新更换的,所以从液压系统方面考虑,查看压力表,发现压力表数值在机床工作时发生向下10%的抖动现象,而有时压力表会突然失压,判断可能是保压电磁阀的故障。拆下电磁阀后发现阀芯上面有挤压痕迹,故障可能产生于此。另继续考虑压力不足的问题,检查液压缸,结果发现液压缸密封圈也有磨损,故需要一并排除这两个故障
故障排除	首先对保压用电磁阀的挤压痕迹进行修复,无法修复的更换新的电磁阀,同时更换液压缸的密封圈
经验总结	在液压系统中,电磁阀常常用来调整液压油的方向、流量和速度,起到控制的作用。而压力不足很大一部分原因是密封性能不好,两者共同作用形成了本例输出压力不足的故障。 液压电磁阀是用来控制流体的自动化基础元件,属于执行器,如图 5-15 所示,但其并不仅限于液压,气动。电磁阀用于控制液压流动方向,工厂的机械装置一般都由液压缸控制,所以就会用到电磁阀  图 5-15　液压电磁阀 液压电磁阀特点: ①外漏堵绝,内漏易控,使用安全; ②系统简单,便于维护,价格低廉; ③动作快速,功率微小,外形轻巧。 液压电磁阀中控制压力的称为压力控制阀,控制流量的称为流量控制阀,控制通、断和流向的称为方向控制阀。 1. 压力控制阀 压力控制阀按用途分为溢流阀、减压阀和顺序阀。 (1)溢流阀　能控制液压系统在达到调定压力时保持恒定状态。用于过载保护的溢流阀称为安全阀。当系统发生故障,压力升高到可能造成破坏的限定值时,阀口会打开而溢流,以保证系统的安全。 (2)减压阀　能控制分支回路得到比主回路油压低的稳定压力。减压阀按它所控制的压力功能不同又可分为定值减压阀(输出压力为恒定值)、定差减压阀(输入与输出压力差为定值)和定比减压阀(输入与输出压力间保持一定的比例)。 (3)顺序阀　能使一个执行元件(如液压缸、液压马达等)动作以后,再按顺序使其他执行元件动作,图 5-16 为顺序阀的工作原理图。油泵产生的压力先推动液压缸 1 运动,同时通过顺序阀的进油口作用在面积 A 上,当液压缸 1 运动完全成后,压力升高,作用在面积 A 的向上推力大于弹簧的调定值后,阀芯上升使进油口与出油口相通,使液压缸 2 运动。 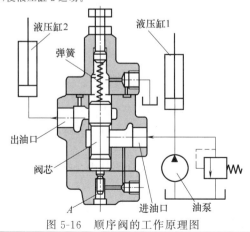 图 5-16　顺序阀的工作原理图

经验总结	2. 流量控制阀 流量控制阀利用调节阀芯和阀体间的节流口面积和它所产生的局部阻力对流量进行调节,从而控制执行元件的运动速度。流量控制阀按用途分为5种: (1)节流阀　在调定节流口面积后,能使载荷压力变化不大和运动均匀性要求不高的执行元件的运动速度基本上保持稳定。 (2)调速阀　在载荷压力变化时能保持节流阀的进出口压差为定值。这样,在节流口面积调定以后,不论载荷压力如何变化,调速阀都能保持通过节流阀的流量不变,从而使执行元件的运动速度稳定。 (3)分流阀　不论载荷大小,能使同一油源的两个执行元件得到相等流量的为等量分流阀或同步阀;得到按比例分配流量的为比例分流阀。 (4)集流阀　作用与分流阀相反,使流入集流阀的流量按比例分配。 (5)分流集流阀　兼具分流阀和集流阀两种功能。 3. 方向控制阀 方向控制阀按用途分为单向阀和换向阀。 (1)单向阀　只允许流体在管道中单向接通,反向即切断。 (2)换向阀　改变不同管路间的通、断关系,根据阀芯在阀体中的工作位置数分两位、三位等;根据所控制的通道数分两通、三通、四通、五通等;根据阀芯驱动方式分手动、机动、电动、液动等

实例 12　加工中心,液压泵噪声大

故障设备	SIEMENS 840D 加工中心
故障现象	该加工中心,在机床大修后发现机床启动后液压泵噪声特别大。在机床大修前,液压泵启动声音较小,而在维修后液压泵反而噪声变大了
故障分析	根据故障现象分析,产生该故障的原因可能是液压某处管路堵塞、液压泵损坏等。因此,拆开液压油管和液压泵,发现泵和油管均正常,在拆的过程中,发现液压油黏度特别高,核对机床使用说明书,发现液压油牌号不正确,故障时正值冬天,从而使液压泵噪声变大
故障排除	更换液压油后,机床故障排除
经验总结	液压油的牌号就是指40℃时的运动黏度,通用型机床工业用液压油是由精制深度较高的中性基础油,加抗氧和防锈添加剂制成的。图5-17 为 32♯ 和 46♯ 和 68♯ 抗磨液压油。 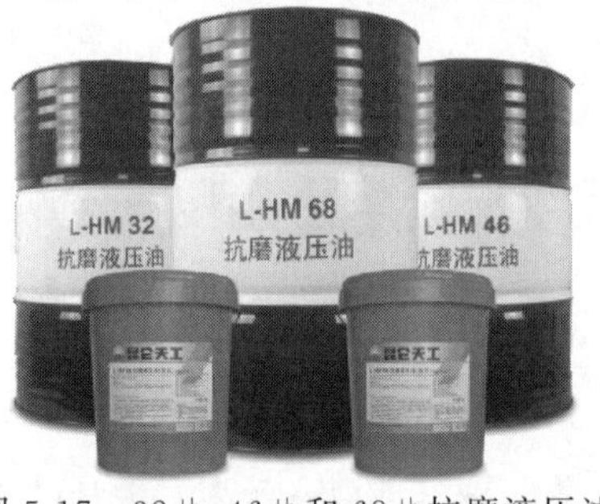 图 5-17　32♯、46♯ 和 68♯ 抗磨液压油 液压油按 40℃ 运动黏度可分为 15、22、32、46、68、100 六个牌号,不同牌号的液压油黏度不同,不同黏度级别的润滑油对比参见图4-3。当液压油牌号选择错误的时候会导致液压泵工作异常、机械运动不畅等故障

实例 13　加工中心,液压油温度很高

故障设备	SIEMENS 802D 加工中心
故障现象	该加工中心液压油出现高温故障,刚开机泵的流量不够但勉强可以使用,30min 左右液压油就烫手压力也随之减小
故障分析	该故障由两个原因造成,一是方向泵有问题,二是方向油缸(即转向油缸、方向液压缸、转向液压缸)有问题。 首先在刚启动电机时与高温时分别检查方向泵出油口的压力,看看压力是否相同或是稍微小了,如果压力正常只是稍微减小,那说明方向泵应该问题不是很大,folder将检测的重点转向液压缸。先给液压缸换一套新的密封装置,试试是否有好转。因为在高温时,液压油的黏度会变小,由于液压件在使用之后会有所磨损,所以导致窜油或是泄压。如果在换了新的密封装置之后,有所好转但还是达不到很好的效果并且发现液压油很稀,查看该液压油牌号,对比机床说明书发现不在推荐之列,加之天气很热,故应选择黏度比较高的液压油
故障排除	更换新的密封装置,并重新选择符合要求的牌号的液压油,故障得以排除
经验总结	如果是高功率的机械,油温达到70℃也属正常范围。如果是一般的小型机床油温升高迅速且温度异常的高,可以按照以下几种方法去判断分析: ①观察液压油的刻度表,看其是否过高或过低,如图 5-18 所示; ②可以检查回油油路,有时可能回油压力不够,不能完全打开回油阀或者回油阀卡死;

经验总结	③检查散热器有没有堵塞； ④回油过滤器是否长时间没有换,很脏； ⑤另外还有一种情况平时不会注意,就是有时是设计的不合理所导致的,如散热系统设计缺陷、液压管道设计流动不畅等。 注意:液压油不可多加,也不可少加,要加得适量。 1. 加多的坏处 ①液压泵液压油加多了会增大液压系统的阻力,工作空间变小,如果液压油加注太多,可能会将液压油箱上的透气滤芯(放气阀)顶坏。 ②液压油过多会造成液压油压力过大,会导致液压油管O形密封圈及液压部件密封件破损。  图5-18　液压油刻度表 ③液压油加多会造成液压泵温度升高,导致液压系统高温。一些工作人员总是找不到液压系统高温的原因,可能就是液压油加多了。 2. 加少的坏处 ①液压油缺少后,造成液压泵吸油吸空,会导致系统温度过高,液压泵噪声异响,液压泵组件磨损加剧,严重的情况下会出现液压泵损毁。 ②液压油缺少后,液压泵的所有动作执行机构在工作中会出现无力动作不稳定等问题,严重影响工作。 ③液压油缺少后,会导致液压系统管路内存在气泡,导致液压泵的压力不够,容易导致分配阀阀杆及油缸的磨损等严重后果

实例14　加工中心,液压机有时不保压

故障设备	FANUC 0i 加工中心
故障现象	该机床所用的液压机比较简单,就有一个溢流阀,一组上下的电磁阀和一个液控单向阀,使用过程中有时不能保压,如果不保压时,连续按一两次加压,就又能保住了
故障分析	因为结构简单,可以得知该系统保压是通过液控单向阀来实现的,检查单向阀发现单向阀磨损比较严重,有时候会出现单向阀卡死现象,拆开单向阀发现单向阀内部油污比较严重,有的部位甚至形成了油泥
故障排除	对磨损的单向阀进行更换,并重点检查油污渗入的部位,做好密封措施,通电试机,该故障得到了解决
经验总结	当油污、油渍累积过多便会形成油泥,油泥的产生影响散热,会使机械部件膨胀、摩擦力增加,润滑不良,加速机械磨损低使用寿命,改变机械部件的配合间隙,产生缺油过热、拉伤等故障,并且油泥及积炭一旦形成,往往会越积越多,很难通过清洗将其去除。因此日常保养必须做到对油污的随见随清。 必要时,可以采用专门的机械油污清洗剂,如图5-19所示。机械油污清洗剂是一种绿色环保,无腐蚀,快速安全的清洗剂,具有优良的渗透性、乳化性,能清除油焦、油垢油泥、锈迹、混合污垢,具有优良的清洗能力,在水中有极好的溶解性,使用简单方便,使用后可以直接排放,安全环保、不伤手、不伤油漆。 <center>图5-19　机械油污清洗剂</center>

经验总结	机械油污清洗剂在直接用于碳钢、不锈钢、紫铜、铁、纤维、皮革、橡胶等材质的清洗时,不会对材质有任何点蚀、氧化或其他有害的反应。部分油污清洗剂为浓缩产品,可以针对不同的清洗要求采用不同的配比来清洗物体,达到最优使用效果。清洗结束后在设备金属表面形成一层保护膜,具有一定的防锈作用。 1. 机械油污清洗剂产品特点 ①清除油污、重油垢能力极强,清洗效率是煤油汽油的4～5倍。 ②应用范围无限制,产品无毒,不可燃,使用时无需考虑现场的工况条件。 ③使用成本低,成本仅是煤油清洗成本的十分之一。 ④使用安全,产品无味、无毒、不可燃、不腐蚀被清洗物、不损伤皮肤,对各种表面均安全无伤害。 ⑤清洗后对金属表面有短期防锈作用。 ⑥使用简单,加水稀释后,既可在常温下直接使用,也可加热使用(60℃效果最佳)。 ⑦满足各类清洗要求如循环清洗、浸泡清洗、擦洗、喷淋清洗、超声波清洗等要求。 ⑧表面活性剂可生化降解,对环境无污染。 2. 机械油污清洗剂应用范围 ①用于电镀行业的各类金属加工件的脱脂清洗(替代煤油)。 ②用于清洗机械设备、机床表面的顽固重油污。 ③用于替代各类碳氢清洗剂(易燃易爆)。 ④用于汽车行业脱脂清洗。 ⑤用于超声波清洗。 ⑥用于清洗各类常见油脂,如润滑油、拉伸油、冲压油、液压油、机油、黄油、导轨油、拉丝油、切削油、防锈油、植物油、灰尘和泥巴混合污垢

实例 15 加工中心,出现"液压系统未准备好"报警

故障设备	SIEMENS 802D 加工中心
故障现象	该数控加工中心开机后系统报警"液压系统未准备好",而手动解除报警后也无法进行换刀、移动工作台等操作
故障分析	根据故障现象判断,该机床的液压系统并未启动,查看压力表,压力表指针不动作,接着调节溢流阀,压力表仍无动作,说明液压系统无压力。启动电磁阀,使其置于右位或左位,液压缸均不动作。电磁换向阀置于中位时,系统没有液压油回油箱。检测溢流阀和液压缸,其工作性能参数均正常。而液压系统没有压力油输出,显然液压泵没有吸进液压油,其原因可能有:液压泵的转向不对;吸油滤油器严重堵塞或容量过小;油液的黏度过高或温度过低;吸油管路严重漏气;滤油器没有全部浸入油液面以下或油箱液面过低;叶片在转子槽中卡死;液压泵至油箱液面高度大于 500mm,等等。经检查,泵的转向正确,滤油器工作正常,油液的黏度、温度合适,泵运转时无异常噪声,说明没有过量空气进入系统,泵的安装位置也符合要求。 　　将液压泵解体,检查泵内各运动副,叶片在转子槽中滑动灵活,但发现可移动的定子环卡死于零位附近。变量叶片泵的输出流量与定子相对转子的偏心距成正比。定子卡死于零位,即偏心距为零,因此泵的输出流量为零。具体说,叶片泵与其他液压泵一样都是容积泵,吸油过程是依靠吸油腔的容积逐渐增大,形成部分真空,液压油箱中液压油在大气压力的作用下,沿着管路进入泵的吸入腔,若吸入腔不能形成足够的真空(管路漏气,泵内密封破坏),或大气压力和吸入腔压力差值低于吸油管路压力损失(过滤器堵塞,管路内径小,油液黏度高),或泵内部吸油腔与排油腔互通(叶片卡死于转子槽内,转子体与配油盘脱开)等,液压泵都不能完成正常的吸油过程。液压泵压油过程是依靠密封工作腔的容积逐渐减小,油液被挤压在密封的容积中,压力升高,由排油口输送到液压系统中。由此可见,变量叶片泵密封的工作腔逐渐增大(吸油过程),密封的工作腔逐渐减小(压油过程),完全是由于定子和转子存在偏心距而形成的。当其偏心距为零时,密封的工作腔容积不变化,所以不能完成吸油、压油过程,因此上述回路中无液压油输入,系统也就不能工作
故障排除	将叶片泵解体,清洗并正确装配,重新调整泵的上支承盖和下支承盖螺钉,使定子、转子和泵体的水平中心线互相重合,使定子在泵体内调整灵活,并无较大的上下窜动,从而排除定子卡死而不能调整的故障
经验总结	叶片泵是液压泵的一种,如图 5-20 所示。叶片泵是转子槽内的叶片与泵壳(定子环)相接触,将吸入的液体由进油侧压向排油侧的泵。图 5-21 为双作用叶片泵的工作原理图。  图 5-20　叶片泵

经验总结	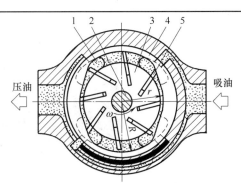图 5-21　双作用叶片泵的工作原理图 1—配流盘上的窗口；2—轴；3—转子；4—定子；5—叶片 叶片泵在使用中有几点是必须注意的： ①叶片泵需防止干转和过载，防吸入空气和吸入真空度过大。 ②不允许叶片泵翻转。因为转子叶槽有倾斜，叶片有倒角，叶片底部与排油腔通，配油盘上的节流槽和吸、排口是按既定转向设计。可逆转的叶片泵必须专门设计。 ③叶片泵中油液的温度不宜超过 55℃，黏度要求在 $17\sim37\mathrm{mm}^2/\mathrm{s}$ 之间。黏度太大则吸油困难，黏度太小则漏泄严重

实例 16　加工中心，加工模具时突然停止运转并报警

故障设备	FANUC 16 系统的 VP2012 型加工中心
故障现象	在加工模具时加工中心突然停止运转。同时，CRT 上出现 ♯506、♯507、♯1001、♯1010、♯1032 五项报警
故障分析	查阅有关资料，报警 ♯506、♯507、♯1001、♯1010、♯1032 分别提示"X、Y、Z 轴正向硬超程""X、Y、Z 轴负向硬超程""液压压力不足""紧急停止""刀套不在水平状态"。在数控机床中，同时出现多种报警，一般是公共部分有故障，通常是电源模块或 I/O 模块。 ①检查电源部分电压。检查交流 220V、380V 电源，电压正常；检查直流电源，24V 直流电源分为四路；检查 CRT/MDI 直流电源，电压为 24V，处于正常状态；检查外部信号电路的 24V 直流电源，电压为 0V；检查看保护电器熔管 FU4，已经熔断；换上一个新熔管，可以正常工作，但是十几分钟后，故障又重复出现，熔管 FU4 再次熔断。 ②检查信号电路电流。将电流表串入 FU4 所在的电路中，测得正常工作时的电流是 0.6A，远小于 FU4 的额定电流 5A。可是十几分钟后，电流突然跳跃上升，使 FU4 又一次熔断，表明该电路中有短路故障。 ③检查短路部位。采用分隔检查法，将直流负载的四条支路，全部断开，逐条连接进行测试。接上第一、二、三条支路，通电试验 20min，显示正常状态。当接上第四条支路时，故障再次出现。 ④检查故障元件。在故障支路上，有脚踏开关、液压压力开关等元件。检查脚踏开关发现正常；检查液压压力开关，未发现故障。 ⑤推断故障原因。本例故障是在开机后十几分钟出现，机床运转阶段润滑油泵是间歇工作制，停止 15min，运转 20s，润滑泵的动作间隔时间与出现故障的时间相吻合。 ⑥故障重现试验。再次通电试验，重点观察润滑油泵的启动与故障出现的关联。观察发现，当润滑油泵不工作时，机床是正常的；润滑油泵启动，FU4 即发生保护性熔断。 因此可以判断出故障的大致原因：液压泵电动机的电源是交流 220V，与 FU4 所在的电路没有关联，为什么 FU4 会熔断呢？进一步检查发现，润滑油的压力开关 PR5 安装在润滑油泵内部，与润滑油泵连为一体。当润滑油泵不工作时，PR5 没有接地现象。当润滑油泵启动运转时，由于泵的振动，造成 PR5 的触点碰触外壳接地，形成动态接地故障
故障排除	根据检查和诊断结果，更换 PR5，故障排除
经验总结	本例的故障发生时间间隔与润滑油泵间歇工作时间一致，给机床故障的排除提供了推断途径，值得借鉴。 注意：安装不同规格的元件替代故障元件进行维修时，可按液压系统的原理，变换安装的方法。选择维修元件时，必须要注意替代更换元件的性能参数与故障元件相同，安装部位的结构应不影响机床的原有布局和动作位置。 振动容易破坏液压元件，如图 5-22 所示，损害机械的工作性能，影响到设备的使用寿命，而噪声则可能影响操作者的健康和情绪，增加操作者的疲劳度。

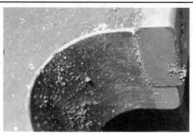

图 5-22　由振动引起的元件损坏

经验总结	造成液压系统中的振动和噪声来源很多,大致有机械系统、液压泵、液压阀及管路等几方面。 1. 机械系统的振动和噪声 　　机械系统的振动和噪声,主要是由驱动液压泵的机械传动系统引起的,主要有以下几方面。 　　(1)回转体的不平衡　在实际应用中,电机大都通过联轴器驱动液压泵工作,要使这些回转体做到完全的动平衡是非常困难的,如果不平衡力太大,就会在回转时产生较大的转轴的弯曲振动而产生噪声。 　　(2)安装不当　液压系统常因安装上存在问题,而引起振动和噪声。如系统管道支承不良及基础的缺陷或液压泵与电机轴不同心,以及联轴器松动,这些都会引起较大的振动和噪声。 2. 液压泵产生的振动和噪声 　　液压泵(液压马达)通常是整个液压系统中产生振动和噪声的最主要的液压元件。液压泵产生振动和噪声,一方面是由于机械的振动,另一方面是由于液体压力流量积聚变化。 　　(1)液压泵压力和流量的周期变化　液压泵的齿轮、叶片及柱塞在吸油、压油的过程中,使相应的工作产生周期性的流量和压力,使相应的工作腔产生周期的流量和压力的变化,进而引起泵的流量和压力脉动,造成液压泵的构件产生振动,而构件的振动又引起与其相接触的空气产生疏密变化的振动,进而产生噪声。 　　(2)液压泵的空穴现象　液压泵在工作时,如果液压油吸入管道的阻力过大,此时,液压油来不及充满泵的吸油腔,造成吸油腔内局部真空,形成负压。 　　如果这个压力恰好达到了油的空气分离压力时,原来溶解在油液内的空气便会大量析出,形成游离状态的气泡。随着泵的转动,这种带有气泡的油液转入高压区,此时气泡由于受到高压而缩小,破裂和消失,形成很高的局部高频压力冲击。 　　(3)液压泵内的机械振动 　　液压泵是由很多的零件构成的,由于零件的制造误差,装配不当都有可能引起液压系统的振动和噪声。 3. 液压阀的振动和噪声 　　液压阀产生的噪声,因阀的种类、使用条件等具体情况不同而有所不同。按其发生的原因大致可分为机械声和流体声两大类。 　　(1)机械声　大部分的液压阀都由阀芯、阀体、调控零件、紧固件、密封件等几部分组成,它是通过外力使阀芯产生运动,阀芯运动至相应位置使液流发生改变,满足工作要求。在这一过程中,阀内可动零件的机械接触产生噪声。 　　(2)流体声　由于液压阀在进行节流、换向、溢流时,使阀体内液流的流量、方向以及背压发生种种变化,导致阀件及管道的壁面产生振动,从而产生噪声。按其产生压力振动的原因又可分为气穴声、流动声、液压冲击声和振荡声。 4. 管路的振动和噪声 　　主要是由于泵、阀等液压元件的振动在管路上相互作用引起的。研究表明,当管路的长度恰好等于振动压力波长一半的整数倍时,管路会产生强烈的高频噪声。此外,外部振源也可能引起管路共振;而当管路的截面积突然变化(急剧扩大和缩小或急转弯)时,都会使其中的液流发生变化,易产生紊流而发出噪声。 　　防止或消除噪声、振动的方法如下: 　　(1)防止油中混入空气　液压系统往往在运转开始的一段时间内噪声较小,一定时间后,噪声增大,若此时观察油箱中的液压油,可发现液压油变为了黄色,这主要是由于油中混入微小气泡,故此变色。 对于这种情况主要从两个方面采取措施,一是从根本上解决,防止空气混入;二是尽快排除混入油体的空气。具体方法为:①泵的吸油管接头密封要严,防止吸入空气;②合理设计油箱。 　　(2)防止液压阀产生空穴现象　防止液压空穴现象的产生,要做到使泵的吸油阻力尽量减小。常用的措施包括:采用直径较大的吸油管,大容量的吸油滤器,同时要避免滤油器堵塞;泵的吸油高度应尽量变小。 　　(3)防止管道内紊流和旋流的产生　在对液压系统管路进行设计时,管道截面应尽量避免突然扩大或收缩,如采用弯管,其曲率半径应为管道直径五倍以上,这些措施都可有效地防止管路内紊流和旋流的产生。 　　(4)采用蓄能器或消声器吸收管道内的压力脉动　管道内的压力脉动是系统产生振动和噪声主要原因。在液压回路中设置蓄能器,可以有效地吸收振动,而在发生振动部位附近设置消声器也可有效地减少系统振动。

经验总结	（5）避免系统发生共振　在液压系统中常会发生振源（如液压泵、液压马达、电机等）引起底板、管道等部位产生共振；或是泵、阀等元件的共振而造成较大的噪声。对于这种现象，可通过改变管道的长度来改变管道的固有振动频率，以及对一些阀的安装位置进行改变来消除。 （6）隔离振动　对于液压系统中的主要振源（泵、电机）常采用加装橡皮垫或弹簧等措施，使之与底板（或油箱）隔离，也可采用将振源装在底板上与整个系统隔离的办法，这些都可收到良好的减振降噪的效果

实例 17　加工中心，液压油温升很快

故障设备	SIEMENS 802D 加工中心
故障现象	该加工中心在加工过程中发现，液压油温度升高很快，操作人员先试着将散热器和滤芯都更换，故障仍然存在
故障分析	经检查溢流阀的压力在正常压力范围之间，接着检查液压回油管路，回油管里面通常都有单向阀，有时单向阀卡住也很可能造成高温，但是经检查并未出现此故障。最后发现液压系统的散热器采用的是铝制散热片，发热量也很大，咨询问操作人员得知，此台机床从安装使用时起油温都较其他机床略高，特别夏季时温升更为明显，故此判断应该是液压系统的散热不良所致
故障排除	把液压散热器加大，并在适当位置添加一个风扇，以便将散热器导流出的热量及时排除，该方法可彻底解决此故障
经验总结	出现这种情况多数是由于机床的设计缺陷，致使空气无法形成对流，热量在密闭的空气内越聚越多，进而使液压油的温度跟着升高。 液压系统在工作过程中常伴随着油液的温度升高。油液温度升高可以造成许多危害： ①导致油液黏度下降，系统泄漏量增大，从而使系统的容积效率降低，这在中高压液压系统中表现得尤其明显； ②橡胶密封件容易变形，加速老化失效进程，造成系统的泄漏； ③使液压元件中热膨胀系数不同的运动副之间的间隙变小或发生卡阻现象，引起动作失灵； ④加速油液氧化变质。 总之，系统的发热不仅造成能量的巨大损失，而且促使油温升高，造成危害，所以对液压系统的散热研究具有很重要的现实意义。 液压系统散热器是为了延长液压器件使用寿命而诞生的辅助装置，如图 5-23 所示。液压系统散热器是由重量轻、抗振强度佳、热交换效率高的铝合金材料制成。  图 5-23　液压系统散热器 在结构上，散热器另有内置翅片，以增大散热面积，加快热传导度，在风扇的作用下，以空气为冷却源，将热量带走，从而获得低成本、高效率的冷却效果。 液压系统散热器优点： ①不需水源的供应； ②避免水冷式散热器的复杂配管，更避免了因水管和器内钢管的破裂而导致水油混合，对系统造成的致命性的毁坏； ③避免水循环系统的建设和维护，及对水冷式散热器的定期清洗和更换等的昂贵费用支出； ④不用水源也不使用冷媒，不用清除水垢，省电环保

实例 18 加工中心，方向控制回路中滑阀没有完全回位

故障设备	SIEMENS 802D 加工中心
故障现象	该机床的方向控制回路中滑阀经常性的回不到位
故障分析	在方向控制回路中，换向阀的滑阀因回位阻力增大而没有完全回位是最常见的故障，将造成液压缸回程速度变慢。排除故障首先应更换合格的弹簧；如果是滑阀精度差，而使径向卡紧，应对滑阀进行修磨或重新配制。 一般阀芯的圆度和锥度允许公差为 0.003～0.005mm，最好使阀芯有微量的锥度，并使它的大端在低压腔一边，这样可以自动减小偏心量，从而减小摩擦力，减小或避免径向卡紧力。 引起卡紧的原因还可能有： ①脏物进入滑阀缝隙中而使阀芯移动困难； ②间隙配合过小，以致当油温升高时阀芯膨胀而卡死； ③电磁铁推杆的密封圈处阻力过大，以及安装紧固电动阀时使阀孔变形等
故障排除	①清理滑阀缝隙中脏物； ②调整间隙配合； ③适当调整密封圈或更换； ④重新安装紧固电动阀
经验总结	滑阀是依靠圆柱形阀芯在阀体或阀套内做轴向移动而打开或关闭阀口的液压控制阀，如图 5-24 所示。滑阀常用于蒸汽机、液压和气压等装置中，使运动机构获得预定方向和行程的动作或者实现自动连续运转。  图 5-24 滑阀 滑阀机能直接影响执行元件的工作状态，不同的滑阀机能可满足系统的不同要求，图 5-25 为滑阀的结构及工作原理示意图。 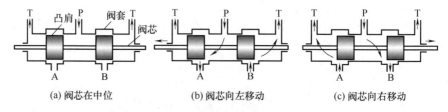 (a) 阀芯在中位　　(b) 阀芯向左移动　　(c) 阀芯向右移动 图 5-25 滑阀的结构及工作原理示意图 滑阀的驱动方式有手动和自动(机械、电磁)两种。自动滑阀由被它控制的机械设备带动，两者协调动作，使机器设备自动连续运转。 按照滑阀的预开口形式，滑阀可分为零开口、正开口和负开口，如图 5-26 所示。 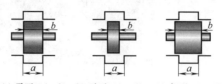 (a) 零开口($a=b$) (b) 正开口($a>b$) (c) 负开口($a<b$) 图 5-26 滑阀的预开口形式 零开口阀具有较好的线性流量特性，因此在液压控制系统中得到了广泛应用；正开口阀在零位有明显的功率损耗，零位附近的流量增益较高，因此可用于一些特殊的控制场合；负开口阀在零位有死区，将产生稳态误差以及稳定性问题，因此很少采用。 按照油口数量，滑阀可分为三通阀和四通阀等，如图 5-27 所示。四通阀有两个控制口，可控制双作用缸或马达的往复运动，应用最为广泛；三通阀只有一个控制口，只能控制非对称液压缸的运动。

经验总结	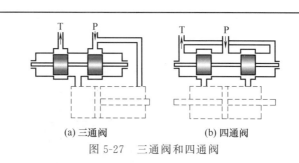（a）三通阀　　　　　（b）四通阀 图 5-27　三通阀和四通阀 按照阀芯凸肩数量，滑阀可分为二凸肩、三凸肩和四凸肩等，如图 5-28 所示。凸肩数量越多，阀芯轴向尺寸越大，加工难度越大，但是定心性提高，并具有较好的密封性，可减少外部泄漏量 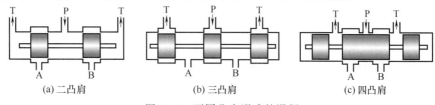（a）二凸肩　　　　（b）三凸肩　　　　（c）四凸肩 图 5-28　不同凸肩形式的滑阀

实例 19　加工中心，出现"液压保险系统故障"报警

故障设备	SIEMENS 802D 加工中心
故障现象	此台机床系统经过改造升级后，在开机调试时机出现"液压保险系统故障"的报警信息
故障分析	显示器上显示液压保险系统异常，其唯一可能性就是安全门下方的液压开关问题，如图 5-29 所示，检查其开关，发现开关没有正常解开，可能被油污塞死了  图 5-29　安全门下方的液压开关
故障排除	拆开安全门下方的液压开关，用松香水进行擦拭清理，再安装调试，故障得到解除
经验总结	液压开关用来接通液压系统电气元件，从而实现液压—电气—液压的转变，也就是液压给电气信号，电气来控制液压的接通、启停等。 　　安全门开关是用于检测门开闭的开关，一种应用于安全生产场合的门开关，如图 5-30 所示。 　　安全门开关是根据国际安全门标准设计，较好地运用了全功用数控机床的关门开机原理，在机器启动时需要将机床防护打开，机床防护打开后安全门开关就会自动的切断连接点，将各种控制电路都断开，有效避免安全事故发生。 　　由于安全门开关的重要性，所以在一些容易引发安全事故的场所里比较常用到，比如在生产药品、食品、鞋子、衣服等工厂比较常见。但是化工厂、水泥厂等灰尘比较多的场所里，就比较少运用，这主要是因为安全门开关在灰尘比较大的场所里将无法使用长久；还有安全门开关的周围温度要控制在适宜温差里，低于 5℃ 和高于 35℃ 都不可以，如果超过这个安全范围，安全门开关的工作将不够安全和稳定。 　　安全门开关特点： 　　①安全性高。一旦安全门开关利用自别离式操动件操作关闭了，用螺丝刀、刀、扁嘴钳、铁丝、硬币等金属工具是无法打开，安全性高。 　　②两方面控制，相辅相成。安全门开关主要是由开关本体、开关的操动件一起合作控制才能完成开关的闭合和断开从而开展工作的

经验总结	 图 5-30　安全门开关

实例 20　加工中心，刀链不执行校准回零

故障设备	T40 卧式加工中心
故障现象	开机,待自检通过后启动液压系统,执行轴校准,其后在执行机械校准时出现以下两个报警,机床不能正常工作。 ASL40　ALERT　CODE　16154 　　　　CHAIN　NOT　ALIGNED ASL40　ALERT　CODE　17176 　　　　CHlAIN POSITION ERROR
故障分析	T40 卧式加工中心的数控部分采用 A950 系统。T40 的刀链校准是在 NC 接到校准指令后,使电磁阀 3SOL 得电控制液压马达驱动刀链顺时针转动,同时 NC 等待接收刀链回归校准点(HOME POSITION)的接近开关 3PROX(常开)信号。收到该信号后,电磁阀 3SOL 失电,并使电磁阀 1SOL 得电,刀链制动销插入,同时 NC 再接到制动销插入限位开关 1LS(常开)信号,刀链校准才能完成。 　据此分析故障原因有以下三点: ①刀链因故障未能转到校准位置(HOME POSITION)就停止; ②刀链已转到了校准位置,但由于接近开关 3PROX 故障,NC 没有接收到到位信号,刀链一直转动,直到该信号预设的时间到时产生以上报警,刀链才停止校准; ③刀链在转到校准位置时,NC 虽接到了到位信号,但由于 1SOL 故障,导致制动销不能插入,限位开关 1LS 无信号,而且 3SOL 因惯性使刀链错开归点,接近开关无信号
故障排除	经检查,接近开关 3PROX 正常。再通过该机床在线诊断功能发现,在进行机械校准操作时,1LS 信号 10033(LS APIN-ADV)和 3PROX 信号 10034(PR-CHNA-HOME)状态一直为 OFF。 　观察发现刀链在校准过程中未到位就停止转动,而且每次校准时转过的刀套数目也没有规律,推测是电磁阀 3SOL 或者液压马达有问题。进一步查得液压马达有漏油现象,拆下并更换密封圈,漏油现象排除,但仍不能校准。最后更换电磁阀 3SOL,故障排除
经验总结	由于用万用表测得的电磁阀电压及阻值基本正常,如图 5-31 所示,而且每次校准时刀链也确实转动,因此在排除了其他原因后,才确定应更换性能不良的电磁阀。 　判断电磁阀好坏的方法很多,下面介绍几种实际工作常用的方法。 ①用万用表测量电磁阀的好坏,可以先测一下线圈通不通,看有无接地短路现象,看线圈的电压等级选择不同的挡,220V 选择 1K。 ②判断一个电磁阀的好坏,首先在不通电的情况下观察电磁阀手动是否工作良好,如果不好就清洗或更换;如果良好,在通电时观察线圈是否有吸力(用铁器放在线圈的铁芯上或拧开铁芯上的螺钉拉动线圈),没吸力就更换线圈。 ③也可以用万用表检测电磁阀的线圈电阻,一般正常的阻值在几百欧至千欧之间。如果测得的电阻很大,线圈烧坏不能工作;电阻很小(几欧或更小),线圈接近短路,这时电源会跳闸。 ④电磁阀一般有个手动按钮,如果按手动按钮时电磁阀可以动作,但通电后电磁阀不动作或者电源跳闸,这说明电磁阀线圈坏了,当然这里需要确定它的工作电压是否正确

经验总结	 图 5-31　万用表测量电磁阀的阻值

实例 21　加工中心，加工过程中偶然出现♯401 报警

故障设备	FANUC 6M 系统卧式加工中心
故障现象	FANUC 6M 系统卧式加工中心，在加工过程中，CRT 上偶然出现♯401 报警
故障分析	♯401 报警的含义是在进给轴伺服驱动系统中，速度控制单元的准备信号 VRDY 为 OFF 状态，即伺服驱动系统没有准备好。 ①手动操作判断伺服系统运行状态。在手动状态下，进行返回参考点的操作，这时伺服驱动系统正常工作，没有出现报警。由于故障出现的概率较小，初步判断 CNC 和伺服驱动系统处于正常状态。 ②执行程序判断伺服系统运行状态。编制一个空运行程序，对 Y 轴进行试验。多次试验后发现在快进启动和停止时，故障容易出现。此时，速度控制单元上的 HVAL 红色报警指示灯亮起，推断驱动系统存在过电压。 ③检查驱动系统状态。测量速度控制单元的输入电压，数值是正确的；检查直流母线及其相关电气元件，都在正常状态。推断故障的引发原因可能是机械过载。 ④查阅有关技术资料，本例机床的 Y 轴采用了液压平衡装置，过载的原因可能是平衡液压缸的压力不正常。 ⑤检查液压系统后，发现平衡回路压力低于正常值。
故障排除	根据检查和诊断结果可知，由于平衡系统压力不正常，导致机械过载，引发系统报警。维修时调整好液压平衡系统压力，机床报警解除，故障被排除
经验总结	加工中心的液压平衡系统可有效防止机械部分过载，合理调整平衡回路的压力，保证液压平衡系统正常工作的基本要求，因此在维修加工中心液压系统故障时，应注意检测平衡系统压力和各执行、控制元件的性能。 液压平衡系统的压力通常是通过液压平衡阀进行调整的，如图 5-32 所示。  图 5-32　液压平衡阀 液压平衡阀就是为了平衡负载压力，对于插装平衡阀，油缸无杆腔进油时，液压油从单向阀进，此时平衡阀不起作用；当油缸有杆腔进油时，单向阀关闭，先导压力打开平衡阀。当没有先导压力时平衡阀锁死，单油缸受到外力冲击，压力超过平衡阀设定压力时，油液从平衡阀卸出，起到保护油缸作用。 液压平衡阀是用来控制液压系统中油液的流动方向或调节其压力和流量的，因此它可分为方向平衡阀、压力平衡阀和流量平衡阀三大类。一个形状相同的阀，可以因为作用机制的不同，而具有不同的功能。压力平衡阀和流量平衡阀利用通流截面的节流作用控制系统的压力和流量，而方向平衡阀则利用通流通道更换控制油液的流动方向。这就是说，尽管液压平衡阀存在着各种各样不同的类型，它们之间还是保持着一些基本共同点的

实例 22　加工中心，执行换刀程序时产生 A9—1151 报警

故障设备	FANUC 21i M 系统 JE 30S 型卧式加工中心
故障现象	FANUC 21i M 系统 JE 30S 型卧式加工中心，进行自动加工，执行换刀程序时产生报警，报警代码为 A9—1151
故障分析	查阅机床的技术资料，报警信息 A9—1151 的含义是"SPINDLE TOOL NOT INSTALLED"，即主轴没有安装刀具。这与实际情况不相符合，因为刀具已经安装。根据与安装和换刀相关的部位结构，常见的原因可能是液压系统或信号传递故障。 　　①本例机床采用液压换刀装置，推断故障可能与液压缸的单向阀或接近开关有关。检查单向阀，单向阀处于正常状态；拆开机床罩壳检查接近开关，接近开关反应灵敏，无故障现象。 　　②推断液压系统压力不足，导致液压缸不能到位。检查液压泵，泵体温度较高，运转基本正常；检查电源和电动机，处于正常状态；检查液压回路，没有堵塞和泄漏现象。 　　③查维修档案，本例机床的液压油已经使用了两年，推断液压油的油质变坏，导致液压缸动作不到位，使信号中断
故障排除	更换液压油后，机床报警解除
经验总结	在数控加工中心的换刀装置和液压系统故障维修中，液压油的质量是比较容易忽略的故障引发因素。在检查油箱油液面的同时，必须同时检查液压油的更换日期，当前质量。液压油必须定期更换，油质变坏会引发各种故障。图 5-33 为对液压油的颜色过深、浑浊、有杂质的对比、判别。  图 5-33　液压油的颜色过深、浑浊、有杂质的判别 　　判定液压油质量好坏最重要的三个要素如下所述。 　　1. 黏度 　　黏度是在针对特定应用选择液压油时应该考虑的最重要的特性。黏度是润滑油黏着力强度的衡量指标，它决定运动部件在油品上产生的摩擦力和阻力，正是该阻力推动金属表面之间的液压油流动。在设备工作温度下的润滑油黏度可以决定轴承的摩擦力、液压油流经轴承的速度以及轴承的承载能力。 　　正确黏度的液压油可以迅速地分布到运动部件表面，这是延长泵寿命的关键因素之一。实际使用黏度低于推荐黏度时可能导致泵的内泄漏以及随之产生的油温升高。相反，实际黏度高于推荐黏度时，液压油流动滞缓，流体的内摩擦增大，不能很好地分布于整个液压系统。因此需要严格遵守原始设备制造商的建议。 　　2. 液压油使用的基础油 　　传统的液压油都是采用溶剂中性矿物油(也就是 I 类基础油)调和而成的。但目前的趋势更倾向于采用加氢处理的基础油(也就是 II 类基础油)。所用基础油类别的提升意味着液压油的成本也相应升高。但是使用更高级别基础油调和的液压油可以为设备提供更长时间的保护。因为它的挥发性更低，抗氧化能力和破乳能力也更强。此外，更高级别的基础油还意味着油中含有更少的硫和更多的饱和烃，这两点都有利于设备保护。 　　3. 液压油的添加剂 　　影响添加剂选择的因素包括：添加剂的性能、兼容性、经济性等。随着液压系统越来越小型化的趋势，液压油在油箱中的停留时间也越来越短。这意味着需要在更短的时间内将空气释放出来(空气污染会影响控制精度)、更短的时间内控制泡沫和冷却(因此设备趋向于在更高的温度下运行)。在不断缩小的液压系统中，使液压油中的添加剂必须发挥更大的作用。因为它们必须在更短的时间内应对污染物(如灰尘和金属颗粒)。在油箱中更短的停留时间同样意味着更短的破乳时间，而冷凝或渗漏的存在，使液压油不可避免地存在水分。而液压油中的水分会堵塞过滤器，导致泵的腐蚀和磨损，从而影响液压油的性能。 　　综上所述，使用正确的液压油添加剂至关重要。例如，破乳剂可以促进油水分离，从而使水分更容易地排出系统。腐蚀抑制剂和抗磨剂则可以保护工作部件表面免受有害污染物的侵蚀。 　　此外，在使用条件特别严苛、保养超时、设备出现机械问题等情况下，复合添加剂还需具有足够的化学能量为设备保护提供所需的性能和耐久性

实例 23　加工中心，加工时出现 ALM403 和 ALM441 报警

故障设备	FANUC 6M 系统立式加工中心
故障现象	在加工过程中，CRT 显屏幕示 ALM403 和 ALM441 报警
故障分析	在 FANUC 6M 数控系统中，ALM403 报警的含义是"第四轴速度控制单元未准备好"；ALM441 报警的含义是"第四轴位置跟随误差大于设定值"。初步确定报警的主要原因是第四轴驱动器没有准备好。 ①检查 A 轴速度控制单元的状态，发现伺服驱动器的报警指示灯"OVC"亮，说明速度控制单元过载。 ②检查数控卧轴式回转工作台，可以正常松开，且在取下工件后，程序空运行的动作准确，说明回转工作台处于正常状态。 ③本例机床的 A 轴除在回转工作台台面上夹紧之外，尾座上还安装另外一套液压夹紧装置。A 轴在回转时，两套夹紧装置必须同时松开。检查发现后者松开不能到位。 ④进一步检查，发现是尾座液压夹紧的位置调整不当引发故障
故障排除	重新调整尾座液压夹紧装置，保证其能够可靠地松开、夹紧。机床的报警解除，故障被排除
经验总结	数控加工中心常使用回转工作台之类的第四轴分度装置，在出现第四轴故障报警时，需要综合分析第四轴的驱动负载。本例的第四轴负载，除了分度装置，还有尾座的夹紧动作和位置控制装置，当附带的装置出现失调或故障时，也会引发第四轴的故障报警。 在生产中，经常会遇到一些工件要求加工一组按一定角或一定距离均匀分布，而其形状和尺寸又彼此相同的表面，例如：钻一组等分的孔，铣一组等分的槽，或加工多面体，等等。为了能在工件一次装夹中完成这类等分表面加工，便要求每当加工好一个表面以后，应使夹具连同工件一起转过一定角度或移过一定距离。能够实现上述分度要求的装置，便称为分度装置，如图 5-34 所示。  图 5-34　一种典型的分度装置 分度装置的作用能使工件在一个位置上加工后连同定位元件相对刀具及成形运动转动一定角度或移动一定距离，在另一个位置上再进行加工。 常见的分度装置有下述两大类： (1)回转分度装置　它是一种对圆周角分度的装置，又称圆分度装置，用于工件表面圆周分度孔或槽的加工。 (2)直线分度装置　它是指对直线方向上的尺寸进行分度的装置，其分度原理与回转分度装置相同

实例 24　加工中心，加工时出现♯451 报警后自动停机

故障设备	FANUC 0M 系统 MCH 4 型卧式加工中心
故障现象	在加工过程中，突然出现♯451 报警，然后就自动停机
故障分析	在 FANUC 0M 数控系统中，♯451 报警的内容是"第五轴运动中位置偏差量过大"。 ①故障重演。断电后重新开机，♯451 报警消失。再按一下工作台返回原点键，使工作台浮起，报警重复出现。 ②电源检测。检测伺服放大器的三相输入电压，在正常状态。 ③替换检测。用替换法更换伺服放大器，不能排除故障。 ④动力检测。将电动机与工作台传动蜗杆脱开后，电动机旋转正常，推断是机械阻力过大造成的。 ⑤机械检查。拆卸工作台机械部分，发现工作台浮起液压缸的活塞上有一个密封圈破裂，致使上部油腔与下部油腔之间窜油，工作台浮起时不能到位，电动机旋转时无法承受此负载阻力，造成运动偏差超过其设定值，因而出现♯451 报警
故障排除	根据检查和诊断结果，更换密封圈后，♯451 报警消失，机床第五轴运动中位置偏差量过大的故障被排除
经验总结	本例属于液压系统执行元件液压缸的常见故障——内泄漏。在数控加工中心液压系统维修中，液压缸的故障是常见的故障，密封件是液压缸的易损零件。

经验总结	液压缸泄漏带来的危害很多,既是液压缸产生各种故障的原因之一,又是影响安全、污染环境的重要因素,所以应引起足够的重视。图 5-35 为液压缸泄漏。  图 5-35　液压缸泄漏 　　液压缸的泄漏包括外泄漏和内泄漏两种情况。外泄漏是指液压缸缸筒和缸盖、缸底、油口、排气阀、缓冲调节阀、缸盖与活塞杆处等处的漏油,容易从外部直接观察出。内泄漏是指液压缸内部高压腔的压力油向低压腔渗漏,它发生在活塞与缸内壁、活塞内孔与活塞杆连接处。内泄漏不能直接观察到。 　　不论是内泄漏还是外泄漏,其泄漏的原因主要是密封不良、连接处结合不良等。 　　1. 密封不良 　　密封不良会引起外泄漏和内泄漏。产生密封不良的原因有: 　　①装配不当,密封件发生破损; 　　②装配精度差,间隙太大,密封件被挤出而损坏; 　　③密封件急剧磨损,失去密封作用; 　　④密封圈方向装反(密封圈唇边面向压力油一方),密封功能失效; 　　⑤密封结构不合理,压力超过额定值,失去密封功能。 　　2. 连接处结合不良 　　连接处结合不良主要引起外泄漏,产生结合不良的原因有: 　　①缸筒与端盖用螺栓连接时,螺栓紧固不良,结合部分的毛刺、装配毛边引起结合不良,端面 O 形密封圈有配合间隙; 　　②缸筒与端盖用螺纹连接时,紧固端盖时未达到额定转矩或密封圈密封性能不好; 　　③液压缸进油管口因管件振动而引起管口松动。 　　3. 液压缸泄漏的其他原因 　　①缸筒受压膨胀,引起内泄漏; 　　②采用焊接结构的液压缸,由于焊接不良产生外泄漏; 　　③横向载荷过大,应该设法减小载荷。 　　密封件的更换作业应掌握以下要点: 　　①检查密封件的性能和规格、材质,值得注意的是不同材质的密封件耐温是不同的; 　　②密封圈的型式多样,更换时应注意鉴别,尤其是型式类似的,应准确辨别,更换安装时应注意安装的方向; 　　③密封件安装前应检查密封槽、配合轴颈的表面质量和尺寸精度,因密封槽、配合轴颈的尺寸精度和表面粗糙度直接影响密封件的压缩量和使用寿命,若尺寸精度和表面粗糙度差,将使密封件不能起到预定的密封作用; 　　④密封件安装时应在表面涂抹润滑脂,以免推入密封配合部位时被剪切损坏或挤裂变形

实例 25　加工中心,加工时主轴停止在刀库内不能移动

故障设备	FANUC 18i 系统 EV450 型加工中心
故障现象	在加工时,主轴停止在刀库内不能移动,如图 5-36 所示,并出现 TL2002 报警 图 5-36　主轴停止在刀库内不能移动

故障分析	分析 TL2002 报警表示主轴刀具被夹紧。不能松开刀具的原因可能是刀库门有故障,夹紧松开动作信号传递故障,主轴夹紧松开液压系统有故障,等等。 　①手动复位检查。以手动方式使主轴从刀库内移出,报警仍然存在,各项动作都不能执行。 　②经验借鉴检查。该机床以往出现这种故障报警,一般是刀库门没有到位,或接近开关不能发送信号,致使主轴卡死在刀库内不能移动,为此对有关部位进行检查。检查刀库门开关动作,当刀库门打开和关闭时,接近开关都能正常动作;检查 PLC 上相关输入点的信号,信号传递正常,能交替变化。 　③查阅资料检查。查看液压原理图,主轴液压缸在夹紧和放松时由一个二位四通电磁换向阀控制。在正常情况下,接近开关 LS7 灯亮,主轴就处于夹紧状态;电磁阀通电后接近开关 LS9 灯亮,主轴就处于放松状态。检查发现当 LS9 灯亮,换向阀已经通电,主轴应该处于放松状态时仍然不能移动,因此判断换向阀有故障

故障排除

根据液压系统检查结果,拆卸换向阀进行元件故障检查。液压系统电磁换向阀常见故障及其诊断维修方法见表 5-2。本例换向阀电磁铁有故障。更换二位四通电磁阀,机床报警解除,主轴卡死在刀库内不能移动的故障被排除。

表 5-2　液压系统电磁换向阀常见故障及其诊断维修方法

序号	故障内容	故障原因		排除方法
1	阀芯不动或不到位	①滑阀卡住	a. 滑阀与阀体配合间隙过小,阀芯在阀孔中卡住不能动作或动作不灵活	检查滑阀,检查间隙情况,研修或更换阀芯
			b. 阀芯被碰伤,油液被污染	检查滑阀,检查、修磨或重配阀芯,换油
			c. 阀芯几何形状误差大,阀芯与阀孔装配不同轴,产生轴向液压卡紧现象	检查滑阀,检查、修正形状误差及同轴度,检查液压卡紧情况
			d. 阀体因安装螺钉的拧紧力过大或不均而变形,使阀芯卡住不动	检查滑阀,检查,使拧紧力适当、均匀
		②液动换向阀控制油路有故障	a. 油液控制压力不够,弹簧过硬,使滑阀不动,不能换向或换向不到位	检查控制回路,提高控制压力,检查弹簧是否过硬,更换弹簧
			b. 节流阀关闭或堵塞	检查控制回路,检查、清洗节流口
			c. 液动滑阀的两端(电磁阀的专用)泄油口没有接回油箱或泄油管堵塞	检查控制回路,将泄油管接回油箱,清洗回油管使之畅通
		③电磁铁故障	a. 因滑阀卡住交流电磁铁的铁芯,使得其吸不到底面而烧毁	检查电磁铁,清除滑阀卡住故障,更换电磁铁
			b. 漏磁,吸力不足	检查电磁铁,检查漏磁原因,更换电磁铁
			c. 电磁铁接线焊接不良,接触不好	检查电磁铁,重新焊接
			d. 电源电压太低造成吸力不足,推不动阀芯	检查电磁铁,提高电源电压
		④弹簧折断、漏装、太软,不能使滑阀恢复中位		检查、更换或补装弹簧
		⑤电磁换向阀的推杆磨损后长度不够,使阀芯移动过小,引起换向不灵或不到位		检查并修复,必要时更换推杆
2	电磁铁过热或烧毁	①电磁铁线圈绝缘不良		更换电磁铁
		②电磁铁铁芯与滑阀轴线同轴度太差		拆卸重新装配
		③电磁铁铁芯吸不紧		修理电磁铁
		④电压不对		改正电压
		⑤电线焊接不好		重新焊线
		⑥换向频繁		减少换向次数,或采用高频性能换向阀

	序号	故障内容	故障原因	排除方法
故障排除	3	电磁铁动作响声大	①滑阀卡住或摩擦力过大	修研或更换滑阀
			②电磁铁不能压到底	校正电磁铁高度
			③电磁铁接触面不平或接触不良	清除污物,修整电磁铁
			④电磁铁的磁力过大	选用电磁力适当的电磁铁

经验总结	控制阀的故障是加工中心液压系统维修的常见内容,如何判断控制阀的性能和质量,可在维修中按表 5-2 的内容进行检测判断,一时无法更换的控制阀,需要进行元件维修,具体方法也可参见表 5-2

实例 26　加工中心,液压系统出现报警

故障设备	FANUC 0MC 加工中心
故障现象	在进行自动循环加工时,CRT 上出现♯1001 和♯1002 报警,加工自行停止。这两个报警都与液压系统有关。♯1001 报警的含义是液压系统的压力过低;♯1002 报警的含义是平衡液压缸的压力过低
故障分析	①检查液压系统,发现液压油箱内的一级过滤器、液压泵出油口处的二级过滤器(滤芯均为纸质)都破损并且严重变形,失去了过滤作用,并使压力下降。 ②更换新的过滤纸后,主油路、蓄能器压力都上升到 5MPa,油压恢复到正常范围。但是试机时,Y 轴又出现停顿现象。 ③在手动方式下,快速上下移动 Y 轴,Y 轴也有停顿现象,怀疑 Y 轴伺服电动机制动器有时打开,有时又关闭。在 Y 轴带动主轴箱快速向上运动时,蓄能器压力在 4.0MPa～4.5MPa 之间变化;向下运动时,压力在 12MPa 左右。这个数值在正常范围。 ④检测平衡液压缸压力的压力继电器是 103-S1。查阅梯形图可知,当 Y 轴向上运动时,如果继电器 103-S1 误动作,其常闭触点断开(此时 PMC 中对应的输入点 XJ008.2 不亮),则 Y 轴伺服电动机内的制动器断电夹紧,Y 轴处于停顿状态。拆开继电器 103-S1 进行检查,发现确实如此,内部微动开关与动作簧片之间的距离太近,稍有振动就会引起继电器误动作
故障排除	仔细调整微动开关与动作簧片之间的距离,使 Y 轴带动主轴箱快速向上动时,微动开关不动作。此外,将压力继电器 103-S1 的动作值调整到 3.8MPa
经验总结	1. 微动开关的结构 微动开关的结构如图 5-37 所示,微动开关具有微小接点间隔和速动机构,用规定的行程和力进行开关动作的接点机构,被外壳覆盖,其外部有传动器,且外形较小。因为其开关的触点间距比较小,故名微动开关,又叫灵敏开关,其实物如图 5-38 所示。 操作体 表示操作开关驱动杆的机械、装置的部分。凸轮和挡块等机械装置的一部分 驱动杆 为开关的一部分,将来自外部的力量传导到内部的弹簧结构,推动可动接点进行开关动作的结构。按钮和操作摆杆的总称 接点间隔 是固定接点和可动接点的间隔,开关的有效距离 端子 作为进行电气性输入输出的电路的导电部位的配线作业部分 开关外壳 保护开关机构部位的盒体,也叫罩壳 安装孔 可动片 指切换开关接点的机构部分,有时也叫可动弹簧 图 5-37　微动开关的结构

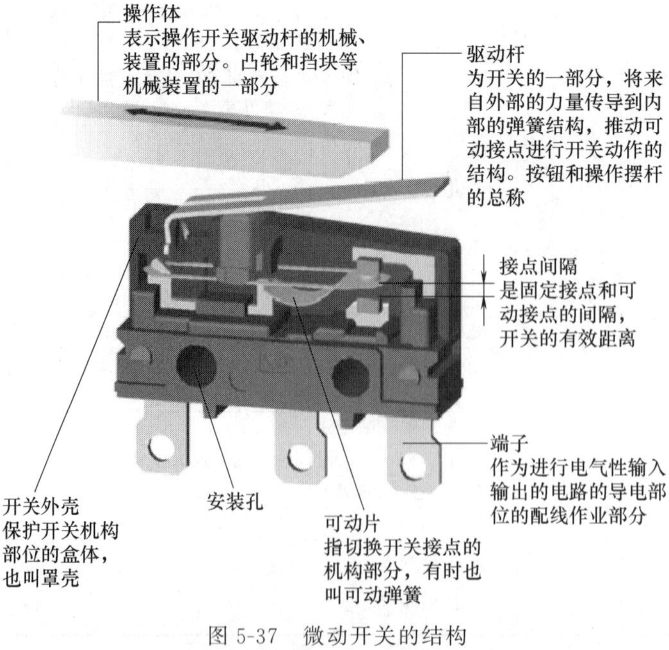

经验总结

图 5-38 微动开关

2. 微动开关的工作原理

微动开关的工作原理如图 5-39 所示,外机械力通过传动元件(按销、按钮、杠杆、滚轮等)将力作用于动作簧片上,当动作簧片移动到临界点时产生瞬时动作,使动作簧片末端的动触点与定触点快速接通或断开。

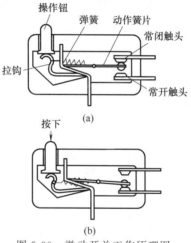

图 5-39 微动开关工作原理图

当传动元件上的作用力移去后,动作簧片产生反向动作力,当传动元件反向行程达到簧片的动作临界点后,瞬时完成反向动作。

微动开关的触点间距小、动作行程短、按动力小、通断迅速。其动触点的动作速度与传动元件动作速度无关

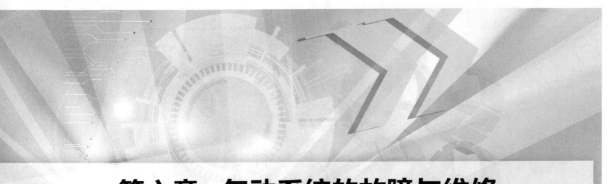

第六章 气动系统的故障与维修

实例1 数控车床，加工时气动夹头突然不动作

故障设备	FANUC 0T 数控车床
故障现象	某 FANUC SERIES 0T 系统数控车床,在加工过程中,发生气动夹头突然不能动作,工件不能夹紧故障
故障分析	气动动力部件不动作,常见的故障原因: ①管路连接部位松动脱落; ②空气压缩泵故障; ③控制阀故障; ④控制信号传输故障。 按以下的步骤进行故障诊断: ①气动系统检查。采用气缸控制夹头的夹紧和放松,检查气缸正常;检查系统气压,正常;检查气源,空压机输出正常。检查输气管路,未发现接头松脱等故障。 ②PMC 状态检查。检查 PMCDGN X0012.0 的状态正常,说明 COLLET/CHUCK 键的信号已经输入到 PMC 控制器。 对比另一台同一型号的机床,发现 PMC 控制器上部分输入和输出信号不正常。正确的状态是:执行夹头放松指令时,输入中的 B4、输出中的 A2 点亮,完成夹头放松动作;执行夹头夹紧指令时,输入中的 B3、输出中的 A7 点亮,完成夹头夹紧动作。而故障机床在以上两种指令下,都是 B4、A2 点亮,即始终处于夹头放松状态。 ③PMC 输出元件检查。检查控制气缸使夹头夹紧和放松的电磁阀,发现电磁阀在控制信号输入的状态没有工作,造成空气压力检测开关不能动作,PMC 无法执行有关的控制指令
故障排除	更换同一规格型号的电磁阀进行替换试验,故障排除。 对故障的电磁阀进行清洗,加油润滑阀芯,并进行性能试验。将修复后的电磁阀在气动系统中安装复位。开机试车,机床恢复正常工作,故障排除
经验总结	电磁阀是用电磁控制的工业设备,是用来控制流体的自动化基础元件,属于执行器。气动电磁阀是其中的一种,如图 6-1 所示,是通过控制阀体的移动来挡住或漏出不同的排油的孔,而进油孔是常开的,液压油就会进入不同的排油管,然后通过气动电磁阀油的压力来推动油缸的活塞,这样通过控制气动电磁阀电磁铁的电流就控制了整个电磁阀的机械运动。 气动电磁阀通电不工作,首先去按电磁阀上的手动按钮试动一下,看是否工作。如还不工作,说明阀芯机械运动故障,需要修理排除。如能正常工作,说明电磁阀的机械运动结构正常,没有问题。 加电自动控制后,无气源输出或不动作,原因如下: ①有的电磁阀上的手动控制按钮使用后需要复位,才可用于自动控制,请检查复原位; ②检查下输气口是否接反,气动阀上的 A、B 两个输出气管对调一下; ③电磁阀上的电磁头(或两个电磁头),其中有一个出现故障(线路连接不好,或损坏等); ④检查自动控制上的气缸伸、缩到位的传感器是否可靠。 以上 4 点基本可解决问题

| 经验总结 |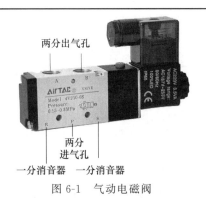

图 6-1　气动电磁阀 |

实例 2　数控车床，真空卡盘不能吸住工件

故障设备	FANUC 0i 系统数控车床
故障现象	数控车床真空卡盘不能吸住工件
故障分析	数控车床的真空卡盘的结构简图如图 6-2 所示，用来装夹薄形工件。根据夹紧的原理和该机床的气动回路工作原理(图 6-3)，采用经验检查法分析故障原因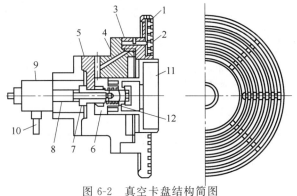

图 6-2　真空卡盘结构简图
1—卡盘本体；2—沟槽；3—小孔；4—孔道；5—转接件；6—腔室；7—孔；
8—连接管；9—转阀；10—软管；11—活塞；12—弹簧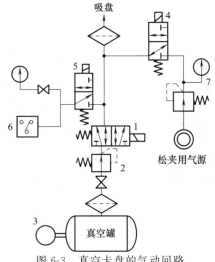

图 6-3　真空卡盘的气动回路
1,4,5—电磁阀；2—调节阀；3—真空罐；6—继电器；7—压力表 |

故障分析	①检查被装夹的工件,装夹表面的精度、工件装夹面的面积和工件重量等都应符合要求; ②检查吸盘表面是否有损坏、拉毛、凸起等影响真空夹紧的因素; ③检查吸盘至卡盘真空输入管口各连接环节是否泄漏,造成系统真空度损失; ④检查松夹气源电磁阀是否有故障,无法复位,致使吸盘常通大气; ⑤检查夹紧控制换向阀是否有故障,不能换向,致使吸盘未造成真空,卡盘无夹紧力; ⑥检查真空罐真空度,若真空度下降,则吸盘夹紧力不足; ⑦若采用接点式真空表控制真空罐压力,应检查接点式真空表的接线、触点和表的精度; ⑧检查过滤器滤芯是否堵塞; ⑨检查真空调节阀是否有故障,引起系统真空度下降; ⑩检查真空泵的真空度和抽气速率
故障排除	系统检修时从故障部位开始,逐步检查排除,故障未排除,进行下一步检查,直至系统故障排除为止。 本例顺序检查、排除和检修方法如下: ①被夹紧工件不符合重量、吸附面积和表面精度要求,应进行调整,各项要求都符合后,能夹紧,故障排除; ②检查吸附表面,进行夹紧面的修正; ③卸下卡盘的真空输入管,若输入管口处真空压力正常,判定卡盘内部有泄漏,检查内部泄漏部位,并进行泄漏排除检修; ④检查负载的过滤器是否堵塞,若堵塞,更换滤芯; ⑤断开松夹气路,若吸盘能夹紧工件,判断松夹换向阀有故障,针对换向阀故障予以排除; ⑥检查夹紧控制换向阀能否换向,工作是否正常,也可用橡胶板吸附在阀口检测真空度,正常情况下,橡胶板应吸附在阀口,中间凹陷,若换向阀有故障,针对故障进行排除; ⑦检查真空调节阀是否正常,真空压力是否调节过高,造成夹紧力不足,若有故障,按阀的故障排除方法检修; ⑧检查单向电磁阀或球阀是否不能开启或开度不足,若有故障可更换或进行检修; ⑨检查气源处空滤器性能,检修、更换滤芯; ⑩检查调节阀性能,出口的真空度变化,若有故障,检修或更换调节阀; ⑪检查接点式真空表触点位置,排除真空罐真空度低对夹紧的影响; ⑫检查真空泵的性能,包括真空度、噪声、真空泵油的质量等,若有故障,按真空泵的常见故障及其排除方法进行检修或更换新真空泵
经验总结	真空泵是指利用机械、物理、化学或物理化学的方法对被抽容器进行抽气而获得真空的器件或设备。通俗来讲,真空泵是用各种方法在某一封闭空间中改善、产生和维持真空的装置。图6-4为常用的一种真空泵,图6-5为真空泵结构图。 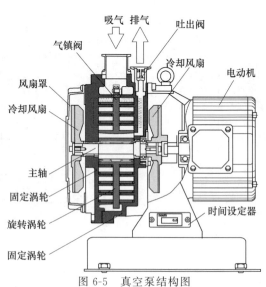  图 6-4　真空泵　　　　　图 6-5　真空泵结构图 真空泵有如下特点: ①在较宽的压力范围内有较大的抽速;

经验总结	②转子具有良好的几何对称性,故振动小,运转平稳,转子间及转子和壳体间均有间隙,不用润滑,摩擦损失小,可大大降低驱动功率,从而可实现较高转速; ③泵腔内无需用油密封和润滑,可减少油蒸气对真空系统的污染; ④泵腔内无压缩,无排气阀,结构简单、紧凑,对被抽气体中的灰尘和水蒸气不敏感; ⑤压缩比比较低,对氢气抽气效果差; ⑥转子表面为形状较为复杂的曲线柱面,加工和检查比较困难。 以下列出实际生产中真空泵最常见的故障及排除方法。 1. 真空泵度不够 可能原因:电机供电不足导致转速不够;供水量不足;叶轮与分配板之间的间隙过大;机械密封破损导致漏水漏气;叶轮磨损过多;循环水排不出。 排除方法:检查供电电压是否在电机额定的电压范围内;加大供水量(必须控制在正确的范围内,否则会导致电机超载发热);调小叶轮与分配板的间隙(一般在 0.15～0.20mm);更换机械密封;更换叶轮;检查出水口的管路。 2. 启动不了或者启动了噪声大 可能原因:电机供电电压不足;电机缺相运行;泵长时间没用导致锈蚀;泵内吸入杂物;叶轮拖分配板。 排除方法:检查供电电压是否过低;检查电机接线是否都牢固;如果泵长时间没用导致锈蚀的可以加点除锈剂或者打开泵盖人为去除锈迹;打开泵盖去除杂物;调节叶轮与分配板的距离。 3. 电机过热 可能原因:供水量过大导致电机超载;电机缺相;排气孔堵塞;叶轮拖动其他部件。 排除方法:减少供水量至正常范围(参照泵使用说明书中的供液量);检查接线是否牢固;检查排气口;打开泵盖调节叶轮与其他部件的间隙

实例 3　数控车床,气动尾座不动作

故障设备	FANUC 0i 数控车床
故障现象	数控车床气动尾座不动作
故障分析	尾座顶尖采用气动系统控制顶入工件动作,顶尖不动作的常见原因如下: ①气源故障:如空压泵或气源无压缩空气输出等。 ②气源三联件故障:空滤器堵塞、化油器故障等。 ③控制阀故障:阀芯阻滞不动作等。 ④气缸故障:活塞阻滞、密封件失效等。 ⑤顶尖套筒机械故障:如滑动部位无润滑油、配合间隙过小或拉毛等
故障排除	①检查气源压力,本例气源压力正常;检查压力表状态,压力表检测数据正常。 ②检查气源三联件的状态,检查分水过滤器滤芯,发现有网眼堵塞情况,采用更换滤芯方法处理;检查油雾器,发现油滴不正常,油量调节螺钉失效,对调节螺钉进行检修处理。 ③检查方向控制阀,发现阀的滑动阻力较大,润滑不良,进行润滑处理。 ④检查气缸,发现气缸体内润滑不良,有局部锈蚀,进行针对性的维修,并合理调节油雾器。 经过以上的维护维修,故障排除
经验总结	在气动流体传动系统中,动力是通过闭合回路中的压缩空气来传递和控制的。在空气介质需要润滑的场合,油雾器是把需要的润滑剂加入空气流中的元器件,图 6-6 为两种不同造型的油雾器。  图 6-6　两种不同造型的油雾器

经验总结	油雾器是一种特殊的注油装置,图 6-7 所示为油雾器的工作原理,它将润滑油进行雾化并注入空气流中,随压缩空气流入需要润滑的部位,达到润滑的目的。但现在由于很多产品都可以做到无油润滑,所以现在三联件油雾器的使用频率越来越低了,没有油雾器的时候三联件变为两联件 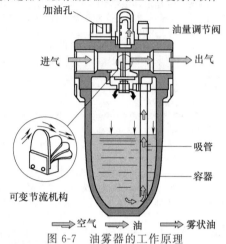 图 6-7　油雾器的工作原理

实例 4　数控铣床,气动开关阀不停开关

故障设备	SIEMENS 802D 数控铣床
故障现象	该数控中心的气动开关阀不停地开关,导致其他操作受到影响。在机床重新启动后,此故障消失,但是只要是执行至斗笠式刀库换刀,此故障就立即出现
故障分析	首先查看对应的输出点的指示灯,指示灯也随开关阀出现闪灭的情况,并且一一对应。接着检查气动开关阀的位置检测传感器,发现其传感器连线的接头出现松动的情况,并且随着开关的动作有规律的运动,故障即有可能产生于此
故障排除	将位置检测传感器的连线重新接好,用烙铁点上焊锡,防止再次松动,故障得到解决
经验总结	一般来说这出现这种情况很少是数控系统 PLC 的原因,应从信号方面的传送入手,在了解了某些故障的起因后,对症下药,才能起到事半功倍的作用

实例 5　数控铣床,机床开机时出现空气静压压力不足故障报警

故障设备	SIEMENS 数控系统 RAPID-6K 五轴联动数控叶片铣床
故障现象	机床开机时因出现空气静压压力不足故障报警而停机。查看空气静压单元,压力表无压力显示
故障分析	RAPID-6K 数控叶片铣床采用 SIEMENS 数控系统。叶片铣床采用空气静压导轨,其空气是由空气静压单元提供的,工作原理如图 6-8 所示。经分析研究,认为产生故障的可能原因是: ①进口空气过滤器阻塞; ②出口管路有泄漏; ③安全阀失灵; ④排气阀失灵; ⑤进气阀没有打开; ⑥压缩机失效。 按照故障原因逐一查找故障点。首先查找压缩机出口外部元件,经检查管道及各插头无任何泄漏,安全阀也正常。 其次查找控制进气—排气的回路。从原理图中可以看出,如果压缩机在工作状态,排气阀动作失灵没有断开排气回路,就会造成空气直接排回进气口。所以检查该回路时,让压缩机处于工作状态,将球阀关闭,这时压力表显示压力为 6.5MPa,证明空气压力在此回路有损失,达不到工作压力 10MPa 的要求。进而判断压缩机也存在进气阀工作不到位现象而造成吸气不足。由于排气阀和进气阀动作是由阀 5 控制的,工作时阀 5 没有动作,那么进气阀和排气阀无法正常工作,故而导致该故障出现。拆卸阀 5 时发现其电磁铁线圈坏了,故障点已找到

故障分析	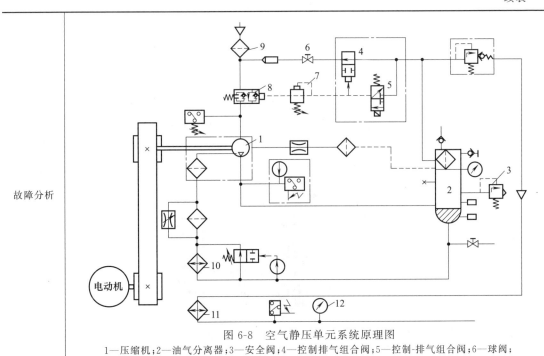 图 6-8　空气静压单元系统原理图 1—压缩机；2—油气分离器；3—安全阀；4—控制排气组合阀；5—控制-排气组合阀；6—球阀； 7—局部调节阀；8—进气阀；9—过滤网；10—油冷却器；11—空气冷却器；12—压力表
故障排除	由于控制阀是组合阀，而且连同球阀等一起安装在油气分离器的壁体上，进、出气口并不都是管路连接，没有原样阀体，根本无法替换。在修理过程中只能将原回路作微小改动。 　　第一步，将控制阀的阀芯取出使其处于常通状态，并将排气小孔堵死。 　　第二步，借助局部调节阀引出管路在控制阀和局部调节阀之间接一排气阀（图 6-9），利用它来解决压缩机停机时的排气问题，同时把该阀电磁铁线圈接到原控制阀控制线路上。经过改动后，空气静压单元工作正常 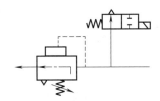 图 6-9　管路在其上接一排气阀原理图
经验总结	组合式调节阀是一种机械传动机构效率高的调节阀，如图 6-10 所示。  图 6-10　组合式调节阀 　　组合式调节阀系列采用模块化设计，通过组合件可组合成多种组合型自力式调节阀。自力式压力-差压组合阀、自力式流量-温度组合阀、自力式流量-压力组合阀等系列。可用于非腐蚀性的液体、气体和蒸汽介质，各种参数按优先动作原理来控制

实例 6　数控铣床，开机时 *Y* 轴不能移动并出现 25000 报警

故障设备	SIEMENS 840D 系统数控铣床
故障现象	该数控铣床开机时出现报警"25000 Axis Y hardware fault of active encoder"（*Y* 轴主动编码器硬件故障），*Y* 轴不能移动
故障分析	这台机床采用全闭环位置控制系统，采用光栅尺作为位置反馈元件。因为报警指示主动编码器出现故障，故对 *Y* 轴位置检测元件（光栅尺）进行检查，该光栅尺采用封闭的形式，通有压缩空气使其内部形成正压，防止灰尘进入。检查发现光栅尺连接的风管没有压力，对管路进行检查发现管路过滤器堵塞
故障排除	对过滤器进行清洗，重新安装并通一段时间压缩空气后开机，机床报警消除，恢复正常
经验总结	管路过滤器安装在液压系统或气动系统的压力管路上，用以滤除液压油或压缩空气中混入的机械杂质和油、气本身化学变化所产生的胶质、沥青质、炭渣质等，从而防止阀芯卡死、节流小孔缝隙和阻尼孔的堵塞以及液压元件启动过快磨损等故障的发生。该过滤器过滤效果好，精度高，但堵塞后清洗比较难，须更换滤芯。图 6-11 为常用的管路过滤器  图 6-11　管路过滤器

实例 7　数控铣床，加工时出现"1010 空气压力异常"报警

故障设备	FANUC 0i 系统
故障现象	一台配置 FANUC 0i 系统的数控铣床在自动运行状态下进行加工时，显示器屏幕上出现"1010 空气压力异常"报警
故障分析	查阅该机床维修手册，得知"1010 空气压力异常"报警发生的原因是进入机床的压缩空气压力未能达到机床的要求，手册给出的故障排除建议是保证供给的机床压缩空气压力不得低于 0.4MPa。 　　根据手册的建议，检查压缩空气的压力，发现压力监测表上的压力为 0.5MPa，在机床要求的范围内。 　　继续查阅电气图样得知，压缩空气压力是由一只压力开关（地址是 X2.3）进行检测的，当压力在机床允许的范围内时（0.4MPa～0.6MPa），压力开关触点闭合的状态为"1"；当压力低于 0.4MPa 时，压力开关的触点断开，状态为"0"。该状态输入 PMC 中进行逻辑判定处理后，认为压力不能满足机床正常运行，便在屏幕上显示错误代码和报警信息。 　　压缩空气的压力正常，而屏幕出现压力异常报警，初步判断可能是压力检测开关出现问题。 　　检查压缩空气的压力检测开关，发现其触点被卡死，如图 6-12 所示，导致触点一直处于断开状态 图 6-12　出故障的触点位置

续表

故障排除	更换检测开关,重新给机床通电,故障排除
经验总结	压力检测开关是机床必备空气压力检测装置,常用机械式的。常见故障有开关失效,拆解内部可见原因。图 6-13 为机床设备中,压力检测开关的位置;图 6-14 为压力检测开关的原理图;图 6-15 为压力检测开关无压力状态;图 6-16 为压力检测开关有压力状态  图 6-13 压力检测开关的位置 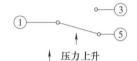 压力上升 图 6-14 压力检测开关的原理图  弹簧下压,杠杆原理压片推动压杆,1、5接通 弹簧 图 6-15 压力检测开关无压力状态  杠杆原理,压杆向后运动,1、3接通 图 6-16 压力检测开关有压力状态

实例 8　数控铣床,机床提示空气表压力不足,压力表无压力显示

故障设备	RAPID-6K 型五轴联动数控叶片铣床
故障现象	RAPID-6K 型五轴联动数控叶片铣床,启动机床后,出现故障报警,提示空气表压力不足。查看空气静压单元压力表,没有压力显示
故障分析	本例数控铣床采用空气静压式导轨,其空气由空气静压单元提供。常见的原因是气压系统有故障。 ①检查压缩机,在完好状态。进口空气滤清器没有阻塞,出口管路也没有泄漏。 ②检查排气管路。将球阀关闭后,让缩机处于工作状态,并观察压力表,此时压力提高到 6.5MPa,这说明原先排气阀动作失灵,没有断开排气电路,从而使空气直接排回进气口。但是此时工作压力仍然没有达到 10MPa 的要求。 ③检查压缩机的进气阀,发现其工作不到位,造成吸气不足。由于进气阀和排气阀的工作都不正常,且同时由电磁阀控制,故对该阀进行检查。用万用表测量,发现其线圈断路,导致动作失灵,显然这就是故障点
故障排除	该电磁阀是组合阀,如果买不到线圈的配件,只能将整套电磁阀一起更换。维修后机床气动系统压力不足的故障被排除。

经验总结	电磁阀有电磁线圈与磁芯这两部分,是包含一个或多个孔的阀体。当电磁阀中的线圈通电或断电时,磁芯运转会使流体通过阀体或被切断,而改变流体方向。因为电流是要通过线圈的,因此电磁阀线圈就有可能会被烧坏,如图 3-17 所示,当然烧坏的原因可能不同。  图 3-17　烧毁的电磁阀线圈 **1. 外部原因** 　　电磁阀的稳定运行与流体介质的干净程度是密不可分的,很多介质里面会有一些细微颗粒或者介质钙化,这些细微的物质会慢慢附着在阀芯上,逐渐变硬,很多人发现头一天晚上机床还运行正常,到了第二天早上电磁阀就打不开了,拆下来一看原来是阀芯上有一层厚厚的钙化物沉积。这种情况最为常见,也是导致电磁阀烧毁的主要因素,因为当阀芯被卡住的时候,$FS=0$,此时 $I=6i$(FS 为移动最大量程,I 为实际电流,i 为理论电流),电流会激增六倍,普通的线圈是很容易烧毁的。 　　**2. 内部原因** 　　电磁阀的滑阀套与阀芯的配合间隙很小(小于 0.008mm),一般都是单件装配,当有机械杂质带入或润滑油太少时,很容易卡住。处理方法可用钢丝从头部小孔插入,使其弹回。根本的解决方法是将电磁阀拆下,取出阀芯及阀芯套,用 CCl_4(四氯化碳)清洗,使得阀芯在阀套内动作灵活。拆卸时应注意各部件的装配顺序及外部接线位置,以便重新装配及正确接线,还要检查油雾器喷油孔是否堵塞,润滑油是否足够。电磁阀线圈烧坏,可拆下电磁阀的接线,用万用表测量,如果开路,则电磁阀线圈烧毁。原因有线圈受潮,引起绝缘不好而漏磁,造成线圈内电流过大而烧毁,因此要防止雨水进入电磁阀。此外,弹簧过硬,反作用力过大,线圈匝数太少,吸力不够也可使得线圈烧毁。紧急处理时,可将线圈上的手动按钮由正常工作时的"0"位打到"1"位,使阀打开。 　　**3. 电磁阀线圈检测** 　　用万用表量电磁阀的电阻,线圈电阻应该在 100Ω 左右,如果线圈的电阻无穷大说明坏了。还可以给电磁阀线圈通上电用铁制品放在电磁阀上,因为电磁阀线圈通电后电磁阀带磁性能吸住铁制品。如果能吸住铁制品说明线圈是好的,反之说明线圈坏了。电磁阀线圈短路或断路的检测方法是先用万用表测量其通断,阻值趋近于零或无穷大,那说明线圈短路或断路。如果测量其阻值正常,还不能说明线圈一定是好的,还应该找一个小螺丝刀放在穿过电磁阀线圈中的金属杆的附近,然后给电磁阀通电,如果感觉到有磁性,那么电磁阀线圈是好的,否则是坏的。 　　以上就是关于电磁阀线圈烧坏原因的介绍,不管是外部原因还是内部原因导致的电磁阀线圈烧坏,都应该引起我们的重视。在平常的使用中要避免让水进到电磁阀的内部,还应时常对电磁阀进行检查,以确保电磁阀能使用更长的时间

实例 9　数控铣床,换挡变速时变速气缸不动作

故障设备	FANUC 0i 系统数控铣床
故障现象	FANUC 0i 系统数控铣床,换挡变速时,变速气缸不动作,无法变速
故障分析	常见的原因是气动系统有故障,包括系统压力不正常;气动换向阀控制电路、换向阀、变速气缸等有故障。 　①检查气源压力,正常。 　②检查系统压力。压力表显示 0.6MPa,压力正常。 　③检查换向阀控制电路,电磁阀控制电路正常。 　④检查变速气缸,能进行手动动作。 　⑤检查换向阀,发现有污物卡住阀芯。判断阀芯运动受阻,阻断了变速气缸的动作气源,导致不能变速的故障
故障排除	根据检查诊断结果,清洗换向阀,重新装配后,不能变速的故障被排除

经验总结	本例在维护维修中,应注意检查气源的清洁度,重点检查气源净化装置的过滤部分。空气过滤器的滤芯应经常检查,污物进入阀芯,说明过滤部分失效。由此应更换空气过滤器的滤芯,防止故障的重复发生。空气过滤器的典型结构如图 6-18 所示,维修中应预先熟悉空气过滤器的工作原理,以便进行正确的维护维修 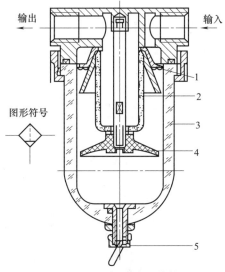 图形符号 图 6-18　空气过滤器结构 1—旋风叶子;2—滤芯;3—存水杯;4—挡水板;5—手动排水阀

实例 10　加工中心,气动开关阀随机开关

故障设备	SIEMENS 802D 加工中心
故障现象	该数控加工中心的气动开关阀不停地开关,并且出现此故障的时间不固定,有时时间长,有时时间短
故障分析	首先检查测量气动开关阀的 PLC 输出口电压,此时先断掉开关阀负载,即 PLC 输出口不接负载,测量电压,输出电压为＋24V,并且对应的指示灯没有频闪,故此判断是气动电磁阀的故障。卸下电磁阀,发现其内部已经发黑,而且不能正常吸合,故障原因基本断定
故障排除	更换新的电磁阀,重新连接线路,开机调试,气动开关阀可以正常工作
经验总结	当数控系统的 PLC 端有正常电压输出时,可以将故障的重点移至气动系统中来;而电压不正常时,则需从 PLC 端着手检查,这是进行维修之前必要的思考思路。 　　气动电磁阀里有密闭的腔,在的不同位置开有通孔,气动电磁阀的每个孔都通向不同的油管,腔中间是阀,两面是两块电磁铁,哪面的磁铁线圈通电阀体就会被吸引到哪边,图 6-19 为一种典型的气动电磁阀  图 6-19　一种典型的气动电磁阀

实例 11 加工中心，变速气缸不动作无法变速

故障设备	SIEMENS 802D 加工中心
故障现象	该立式加工中心换挡变速时，变速气缸不动作，无法变速
故障分析	分析故障现象查看气动控制原理图，变速气缸不动作的原因有： ①气动系统压力太低或流量不足； ②气动换向阀未得电或换向阀有故障； ③变速气缸有故障。 根据分析，首先检查气动系统的压力，压力表显示气压为 0.6MPa，压力正常。检查换向阀，电磁铁已带电，手动操作换向阀，变速气缸动作，故判定气控换向阀有故障。拆下气控换向阀，检查发现有污物卡住阀芯，从而引起此故障。
故障排除	对阀芯进行清洗后，重新装好，故障排除
经验总结	气控换向阀是利用气体压力来使主阀芯运动而使气体改变流向的，如图 6-20 所示。按控制方式不同分为加压控制、卸压控制和差压控制三种。加压控制是指所加的控制信号压力是逐渐上升的，当气压增加到阀芯的动作压力时，主阀便换向；卸压控制是指所加的控制信号压力是减小的，当减小到某一压力值时，主阀换向；差压控制是使主阀芯在两端压力差的作用下换向。  图 6-20 气控换向阀 气控换向阀按主阀结构不同，又可分为截止式和滑阀式两种主要形式。滑阀式气控换向阀的结构和工作原理与液动换向阀基本相同。无论是哪种换向阀，其控制换挡变向的重要部件就是阀芯。 注意气控换向阀和电磁阀的区别，气控换向阀是压缩空气驱动，电磁阀是电源驱动。 ①气控换向阀是具有两种以上流动形式和两个以上油口的方向控制阀。是实现液压油流的沟通、切断和换向，以及压力卸载和顺序动作控制的阀门。 ②电磁阀是用电磁控制的工业设备，是用来控制流体的自动化基础元件，属于执行器，并不限于液压、气动。用在工业控制系统中调整介质的方向、流量、速度和其他的参数。电磁阀可以配合不同的电路来实现预期的控制，而控制的精度和灵活性都能够保证。电磁阀有很多种，不同的电磁阀在控制系统的不同位置发挥作用，最常用的是单向阀、安全阀、方向控制阀、速度调节阀等

实例 12 加工中心，松刀动作缓慢

故障设备	TH5840 立式加工中心
故障现象	TH5840 立式加工中心换刀时，主轴松刀动作缓慢
故障分析	根据图 6-21 所示的气动控制原理图进行分析，主轴松刀动作缓慢的原因有： ①气动系统压力太低或流量不足； ②机床主轴拉刀系统有故障，如碟形弹簧破损等； ③主轴松刀气缸有故障。 根据分析，首先检查气动系统的压力，压力表显示气压为 0.6MPa，压力正常；将机床操作转为手动，手动控制主轴松刀，发现系统压力下降明显，气缸的活塞杆缓慢伸出，故判定气缸内部漏气。拆下气缸，打开端盖，压出活塞和活塞环，发现密封环破损，气缸内壁拉毛，如图 6-22 所示

续表

故障分析	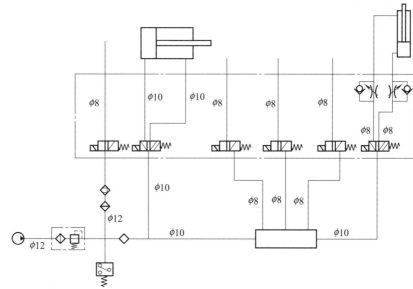 图 6-21　气动控制原理图 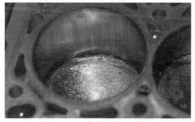 图 6-22　气缸内壁拉毛
故障排除	更换新的气缸后,故障排除
经验总结	气缸就是气压传动中将压缩气体的压力能转换为机械能的气动执行元件。在实际应用中,气缸拉毛主要原因有以下几点: ①气缸中落入异物。如活门弹簧、活门片、螺栓及活塞环碎物等落入气缸将活塞卡住或使气缸拉毛。 ②气缸润滑油质量差或润滑油中断。劣质油注入气缸后,受摩擦产生高温易被分解炭化生成固体炭粒附着在气缸壁上,当活塞在气缸中运动时,因有积炭而增加了摩擦阻力,促使气缸温度升高,引起活塞膨胀而卡住。 ③润滑油中断后,活塞在无润滑油状态下运行,摩擦致使活塞发热卡住。 ④气缸冷却条件急剧变化。气缸夹套冷却水过小,气缸温度升高,活塞膨胀,使活塞被卡,气缸拉毛。 ⑤活塞与气缸套之间间隙太小。 ⑥检修中未将活塞环座压紧。该情况下,开机后经过往复冲击,使活塞环座的最前一个铸铁制的胀圈振碎,碎片落入缸内造成活塞被卡,气缸拉毛。 ⑦倘若设备长期不用,气缸内因进空气而锈蚀,破坏了气缸镜面。因此,设备在长期停车过程中,每隔半个月左右,就需用手转动飞轮,以便维持气缸油膜,减少锈蚀。 ⑧活塞环搭口间隙小,气缸受热后,活塞环膨胀无余地,产生局部拉毛。这在运行中,用手触摸就会感到气缸沿轴线方向局部受热。打开气缸盖检查,就会发现气缸油固定的拉毛痕迹。活塞销固定卡簧断裂,也能出现上述类似现象。 ⑨气缸内壁出现沟槽,而相邻表面又无毛刺,这是因为缸内未清除干净破碎后的吸气阀片。 当气缸拉毛事故发生时,应紧急停车,以免事故扩大,并应采取下列措施: ①在正常生产中对压缩机各部分容易松弛和易损坏零件,如活门件、螺栓、活塞环等定期检修或更换,检修中认真操作严防异物落入气缸内。 ②确保润滑油质良好及供油系统运行正常。 ③保证气缸冷却系统运行正常。 ④确保安装及检修质量良好。 总之,气缸拉毛大部分原因是缺油和气体杂质或密封损坏,故在运行中经常观察油压、密封、检查气缸发热的情况,便可以避免事故

实例 13　加工中心，换刀时铁锈易附着在主轴锥孔和刀柄上

故障设备	TH5840 立式加工中心
故障现象	TH5840 立式加工中心换刀时，主轴锥孔吹气，把含有铁锈的水分子吹出，并附着在主轴锥孔和刀柄上，刀柄和主轴接触不良
故障分析	TH5840 立式加工中心气动控制原理图参见图 6-21。故障产生的原因是压缩空气中含有水分
故障排除	采用空气干燥机，使用干燥后的压缩空气，问题即可得到解决。若受条件限制，没有空气干燥机，也可在主轴锥孔吹气的管路上进行两次分水过滤，设置自动放水装置，并对气路中的相关零件进行缓蚀处理，故障即可排除
经验总结	压缩空气干燥器是一种用于去除压缩空气中水蒸气的设备，它常见于各种工业和商业设施。压缩空气干燥器的使用，能让应用的设备更为干燥一些，减少损害，从而起到延长使用时间的效果。压缩空气干燥器主要有两种，即吸附式干燥器和冷冻式干燥器。 1. 吸附式干燥器 吸附式干燥器主要用在工业生产当中的，是一种固体的除湿方法，主要的吸附剂有硅胶、铝胶和分子筛。图 6-23 为吸附式干燥器，图 6-24 为吸附式干燥器工作原理。  图 6-23　吸附式干燥器　　　　　图 6-24　吸附式干燥器工作原理 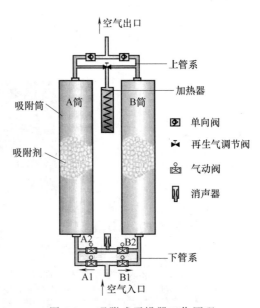 从这些吸附剂的特点来看，有比较大的空隙，吸附的水分子压力小于空气中的水蒸气表面分压力，所以吸附的效果还是比较明显的。等吸收充足了水分，达到饱和状态之后，还需要进行脱附再生，这样才能再进行吸附，干燥器才能保持连续工作的状态。吸附式干燥器一般具有两个塔，一个塔处在工作压力状态下，对空气进行吸附干燥，另一个塔在常压下进行脱附再生。通过两个塔的交替工作，提升工作效率。 2. 冷冻式干燥器 冷冻式干燥器利用的是空气冷冻干燥原理，在制冷剂的作用之下，能在压缩、冷凝、膨胀、蒸发不同状态之中进行循环工作，可以将含有不少水蒸气的压缩空气在低温状况下，过饱和冷凝下来，从而将水分析出，再通过自动排水阀排放出来，使压缩空气获得所需的露点。因为采用的是制冷技术，所以管路比较容易发生冰堵的情况，所以需要注意露点的温度情况，通常压力露点在 2℃ 以下的空气质量要求，就没有办法正常工作了。图 6-25 为冷冻式干燥器，图 6-26 为冷冻式干燥器结构。 压缩空气干燥器在日常使用过程中，需要注意压缩空气的质量，并要注意产生压缩空气容易包含一定量的润滑油，而有些设备是禁油和禁水的，此时就需要选对压缩机的机型，并要根据需求适当增加一定的设备。压缩空气干燥器根据使用需求的不同可选择不同类型，按照正确的方法去使用，可以提升工作效率，延长设备的使用时间

经验总结	 图 6-25　冷冻式干燥器 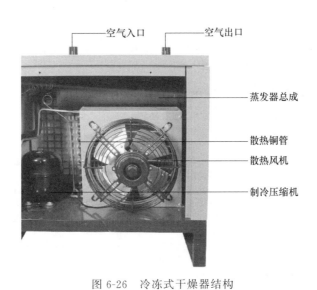 图 6-26　冷冻式干燥器结构

实例 14　加工中心，气动阀门关不紧

故障设备	FANUC 0i 加工中心
故障现象	该加工中心气动阀门关不紧，管道上的自动阀门关上之后液体还在流动
故障分析	根据故障现象分析，阀门未能自动关上一般有两大方面原因，即气动装置故障和阀门故障，因此按照这两点逐步进行排查。 首先检查气动装置的压力，发现压力正常，并无压力泄漏的情况。继续检查气动装置密封是否有损坏，经检查一切完好，也没有出现漏气低压导致行程不够的情况。故此将气动装置方面的原因排除。 下面从阀门方面入手，经检查发现自动阀门外部吸附了不少异物，分析其内部可能也进入不少异物而致其堵塞。将阀门拆开，发现其阀芯被异物堵塞，阀芯已经损坏造成关闭不严。而同时也由于阀门处于受力状态，阀门与气动执行元件连接也发生了松动，综合这些原因，导致了气动阀门关不紧的现象出现
故障排除	首先清理或者更换阀芯，并在阀门进口添装过滤器，避免异物再次进入阀芯。接着调整并重新固定阀门与气动执行元件连接部分。开机试机后，故障得到了解决
经验总结	气动阀门就是借助压缩空气驱动的阀门，如图 6-27 所示。 用压缩空气推动执行器内多组合气动活塞运动，传力给横梁和内曲线轨道的特性，带动空心主轴作旋转运动，压缩空气通过气盘输至各缸，改变进出气位置以改变主轴旋转方向。根据负载（阀门）所需旋转转矩的要求，可调整气缸组合数目，带动负载（阀门）工作。

经验总结	 图 6-27　气动阀门 阀芯是阀门重要组成部分,是实现方向控制、压力控制或流量控制基本功能的重要元件,当阀芯锁死后,阀门便无法正常关闭。如果该阀门应用在液压系统中,则无法实现对液压油流量的控制

实例 15　加工中心,机床气源压力开关损坏

故障设备	FANUC 0iB 系统 T380 型钻削加工中心
故障现象	FANUC 0iB 系统 T380 型钻削加工中心,在加工过程中,出现♯2021 报警
故障分析	查阅机床使用说明书,♯2021 报警是 PMC 系统的报警。在 FANUC 系统的梯形图编程语言中规定:要显示一个报警信息,必须将对应的信息显示请求位(A 线圈)置"1";而要消除这个报警,必须使这个信息显示请求位(A 线圈)置"0"。因此这种故障可以利用 PMC 中的诊断功能,通过梯形图进行查找。 ①操作 SYSTEM→PMC→PMCDGN→STATUS,查得为"1"的信息显示请求位是 A2.4。 ②进入梯形图显示界面"PMCLAD",查将 A2.4 置为"1"的梯形图相关电路,发现引起 A2.4 置"1"的原因是 PMC 的输入点 X5.4 关闭。 ③查看机床电气说明书,X5.4 是机床气源压力开关。 ④检查气源进气的压力,处在正常范围。 分析故障原因是压力开关损坏
故障排除	更换压力开关后,故障不再出现
经验总结	气源压力开关实际就是一个气控阀,如图 6-28 所示,当信号口有气信号时,该阀处于打开状态,当信号口无气信号时,该阀处于截止状态。  图 6-28　气源压力开关 气源压力开关大部分是检测输出装置,检测压力信号,压力值到一定范围或超出一定范围就输出信号,是检测元件,一般都不带控制功能

实例 16　加工中心，出现"主轴刀具破损"的误报警

故障设备	FANUC 16i-MA 系统 SH403 型卧式加工中心
故障现象	该卧式加工中心，在执行刀具破损检测程序时，出现"EX3180 TOOL BROKEN"报警
故障分析	查阅有关技术资料"EX3180 TOOL BROKEN"报警的内容是提示"主轴刀具破损"。 ①检查主轴刀具，处于完好状态，并未出现破损。 ②据理推断，刀具破损检测感应器（TABLE SENSOR）有故障。 ③因为没有备件更换，于是跳过刀具检测程序，继续进行加工。但是很快又出现报警"EX0065 TABLE SENSOR OVERTRAVEL"。 ④在刀具检测程序没有执行时，机床的 TABLE SENSOR 不动作，出现 EX0065 报警增加了诊断困难。 ⑤与 EX0065 报警有关的梯形图如图 6-29 所示，分析认为，故障原因可能是机床在加工时产生振动，使 X17.0 信号线瞬间断开。 　　X17.0　　　　　R109.1　　　K15.4 　　SENOTX　　　　　　　　　　　　　　　　　　　　(A24.5) 　　　　　　　　　　　　　　　　　　　　TABLE SENSOR 　　A24.5　　　　　　　　　　　　　　　　OVERTRAVEL 图 6-29　与 EX0065 报警有关的梯形图 ⑥将端子板上的 X17.0 短接，此时机床可以继续加工。 ⑦更换传感器后，去掉跨接线，恢复刀具检测程序。但是在刀具检测时再次出现报警"EX3180 TOOL BROKEN"。 ⑧进一步检查，发现 TABLE SENSOR 的升降臂与移动导轨间有很大的间隙，刀具检测时产生晃动，从而引发错误的报警信息
故障排除	根据检查结果，更换 TABLE SENSOR 刀具破损检测感应器臂的升降气缸和导轨，改变升降臂与导轨之间的间隙，机床报警解除，故障被排除
经验总结	报警内容与故障的部位不一定能对应相关，但调试过程中逐个出现的报警可以给诊断过程提供信息。同时利用报警有关的梯形图可以分析故障的原因和部位，本例借助梯形图进行推断和诊断推理的方法值得借鉴和积累

实例 17　加工中心，刀具与工件发生碰撞

故障设备	STAMA540/S 型加工中心
故障现象	加工时，刀具与工件发生碰撞
故障分析	通过对故障原因进行分析怀疑电气控制单元、驱动单元的电源模块、检测信号传递等有故障。 ①检查各电气控制单元是否准备就绪，此时发现驱动单元电源模块的输入电源正常，而"准备就绪"信号丢失，判断此单元已经损坏。更换后，机床可以正常启动。 ②检修不能到此为止，为了防止再次发生类似故障，还必须找出驱动单元损坏的具体原因。在空运行测试中发现，换刀之后有时主轴没有旋转，而进给轴已经运行，这导致切削刀具直接与工件碰撞，引起驱动单元的电源模块电流过大，将模块烧坏。 ③这台机床在换刀时，有一个小型气缸向前运动，将一个压缩空气空心定位销插入主轴定位孔内，插到位后向主轴内吹气，将主轴内的异物吹出。新刀具到位夹紧后，气缸向后运动，返回原位。气缸的前后位置由两个接近开关检测。当气缸向后返回原位时，接近开关得到感应，并确认位置无误后，主轴才能启动。对这个部位进行检查，两个接近开关与感应块的位置没有偏移，但是它们之间有许多油污和灰尘，如图 6-30 所示。当气缸返回原位时，接近开关往往感应失效 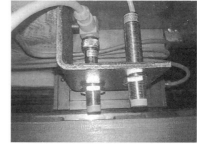 图 6-30　接近开关位置

故障排除	清除油污和灰尘后,故障彻底排除
经验总结	接近开关工作要有两个基本条件:一是合适的工作电压;二是合适的动作范围。如果接近开关不能正常工作,首先检查工作电压是否正常。然后在有效范围内用被测物体试验一下,如果动作正常就是接近开关安装距离远了;如果没有动作,就是接近开关损坏。 我们在平时使用接近开关时,偶尔会碰到接近开关故障的问题,可以按照下面的步骤进行排除: ①接近开关响应频率在额定范围内,超出范围可能导致检测不到信号; ②物体检测过程中有抖动,导致超出接近开关测量范围; ③有多个接近开关紧密安装互相干扰; ④接近开关周围的检测区域内有其他被测物体,造成检测干扰; ⑤接近开关的周围是否有大功率设备,有电气干扰; ⑥定稳定电源给接近开关单独供电

实例 18 加工中心,刀库既不能前进,也不能后退

故障设备	FANUC 系统 VMC-X00 型加工中心
故障现象	FANUC 系统 VMC-X00 型加工中心,系统向刀库发出进退指令后,刀库既不能前进,也不能后退
故障分析	发生该故障常见的原因是刀库运动信号传递、气动系统相关部分有故障。 ①查阅有关资料。这部分的工作原理是系统向刀库发出进退指令后,"刀库推出确认"信号送至 PLC 的输入端子 124 或"刀库收回确认"信号送至 PLC 的输入端子 125。PLC 进行逻辑分析和程序处理后,其输出端 014 送出刀库正转信号,使刀库执行前进动作,或输出端 015 送出反转信号,使刀库执行后退动作。 ②检查诊断方法。对于这种既不能前进,也不能后退的故障,可按照以下步骤进行检查。检查 PLC 的工作状态。当 124 端子上有输入信号时,输出端子 014 的状态为"1",送出了刀库前进指令;当 125 端子上有输入信号时,输出端子 015 的状态为"1",送出了刀库后退指令,这说明 PLC 的工作完全正常。刀库的进退需要气缸推动,需检查气压系统,压力要高于正常值 0.6MPa,不能有漏气现象。经检查气压系统没有问题。继而检查气压电磁阀。经测量发现其线圈损坏,通电后也不能动作
故障排除	更换损坏的电磁阀,故障被排除
经验总结	造成电磁阀线圈烧毁的原因有很多,阀芯被卡、电压过大、环境温度过高或者过低、管道或者设备持续不稳定的振动都会造成电磁阀线圈发热或者烧毁,其中电磁阀阀芯被卡住是造成电磁阀线圈发热甚至电磁阀线圈烧毁不可忽视的因素之一。图 6-31 为烧毁的电磁阀。  图 6-31 烧毁的电磁阀 具体来说,造成电磁阀线圈烧毁烧损原因一般有: ①线圈质量问题。 ②关断时过电压击穿。 ③电源电压过高。额定电压与电源电压不相符,当电源电压高于线圈额定电压时,主磁通增加,导致线圈中的电流增加,铁芯损失也将增加使铁芯发热,从而容易烧毁线圈。 ④电源电压过低。当电源电压低于线圈额定电压时,磁路中的磁通将减小,从而使电磁力也减小,可能导致线圈通电后动铁芯不能吸合,则在磁路中长期存在一段空气间隙,磁路中的磁阻 R_m 较正常状态时大许多倍,引起励磁电流的剧增,时间稍长,也有可能烧毁线圈。 ⑤反复冲击,频繁通断产生涌流或过热。操作频率过高,或铁芯截面不平又长期运行等因素也是线圈烧毁的原因。 ⑥安装不稳,机械振动过大导致线圈磨断线短路。 ⑦使用环境不良,如线圈受潮、环境过热等。 ⑧机械故障使接触器动铁芯不能吸合,接触器触头变形、脱出,触头之间或动静铁芯之间甚至弹簧之间有异物,在线圈通电后,动铁芯不能吸合或吸合不好,将导致线圈被烧毁。 ⑨反电动势造成过压击穿线圈,电动势等于线圈的电感量乘以电流变化率(对于时间)。通常反接二极管可以很容易解决此类问题(二极管耐压高于线圈电压 1.5～2 倍,电流大于线圈电流 1.5～2 倍即可)

实例 19　加工中心，换刀时间过长故障

故障设备	FANUC 0i 系统 FV-800 型加工中心
故障现象	FANUC 0i 系统 FV-800 型加工中心，在加工时，执行自动换刀指令，换刀臂旋转 60°后主轴不能立即松刀，停止 5s 后方可松刀，出现换刀时间过长故障
故障分析	常见原因是换刀机构、信号传递、气动系统等有故障。 ①经检查，凸轮机构内换刀臂旋转 60°之后，凸轮机构已经到位，表明接近开关动作的输入信号 X2.7、X3.6 完全正常。 ②检查压刀气缸及压刀量，气缸的动作位置符合要求，夹刀和松刀处于正常状态。 ③检查有关的电磁换向阀，处于正常状态。 ④执行指令检查，在 MDI 方式下，输入 M72、M73、M74 等单步指令，让换刀动作分步执行，此时换刀过程正常，由此可排除凸轮机构方面的问题。但是一回到自动状态就不正常了。 ⑤反复观察发现，在执行自动运行指令时，从气缸排出的气体不能快速释放，导致气缸下行时存在反向压力，故下行动作缓慢，从而造成松刀动作时间过长。至此可以断定问题出在气缸排气方面，有可能是气缸消声器有故障。吸收型消声器的结构如图 6-32 所示，当气流通过由聚苯乙烯颗粒或铜珠烧结而成的消声罩时，气流与消声材料的细孔相摩擦，声能量被部分吸收转化为热能，从而降低了噪声的强度。当细孔堵塞时，将会影响排气功能 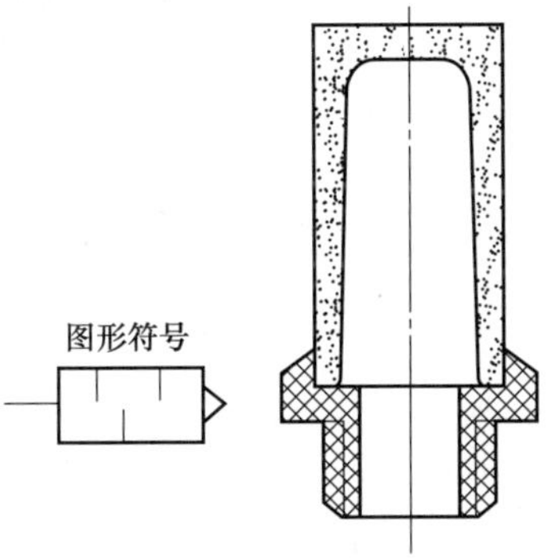 图形符号 图 6-32　吸收型消声器的结构
故障排除	根据检查结果，更换气缸消声器后，机床恢复正常
经验总结	气动系统的排气口相当于液压系统的回油路，若排气不顺利，会引起背压，影响气缸的运动速度和定位精度。因此本例的消声器故障影响排气过程，产生背压，导致气缸运动时间过长故障

实例 20　加工中心，刀具无法夹紧经常掉落

故障设备	SIEMENS 802S 卧式加工中心
故障现象	该加工中心进行自动加工时，刀具无法夹紧，经常掉落下来
故障分析	机床其他动作都正常，只是换刀动作不正常，常见原因是刀库或换刀臂机构有故障。 ①检查刀具的松开、夹紧机构，信号都正常无误。 ②在 MDI 方式下，让刀库正、反向转动，同时观察机械部分，没有卡阻现象。任意选一把刀具，检查刀库机构的运转，没有发现异常情况。 ③在压刀的方式下，检查主轴内部拉刀机构的四半爪，发现有些松动，用扳手也无法将它拧紧，怀疑主轴内部压刀用的碟形弹簧损坏。 ④拆下主轴外边的防护罩，再进行压刀试验，发现压刀气缸的动作迟缓，力度也很小。 ⑤检查气源处的压力表，气源压力是正常的。 ⑥判断气液增压器内漏气，导致压力不足。拆开气液增压器进行检查，发现在油杯与增压器的接口处，卡着一大块杂物。 ⑦故障诊断为杂物卡入接口，导致液压油无法进入增压器，造成换刀压力减小，拉刀机构无法拉紧刀具而产生掉刀
故障排除	清理油杯接口处的杂物后，增压器压力上升，压力气缸动作正常，换刀动作恢复正常，故障被排除

经验总结	分析检查杂物进入的原因,采取必要的防范措施,避免故障重复发生 　　气液增压器(图 6-33)工作原理类似于压力增压器。对大径空气驱动活塞施加一个很低的压力,当此压力作用于一个小面积活塞上时,产生一个高压。通过一个二位五通气控换向阀,增压泵能够实现连续运行。由单向阀控制的高压柱塞不断的将液体排出,增压泵的出口压力大小与空气驱动压力有关。当驱动部分和输出液体部分之间的压力达到平衡时,增压器会停止运行,不再消耗空气。当输出压力下降或空气驱动压力增加时,增压泵会自动启动运行,直到再次达到压力平衡后自动停止。采用单气控非平衡气体分配阀来实现泵的自动往复运动,泵体气驱部分采用铝合金制造。优质的气液增压泵,接液部分根据介质不同选用碳钢或不锈钢制造,泵的全套密封件均为进口优质产品,从而保证其性能。  图 6-33　气液增压器 　　气液增压器主要以压缩空气作为动力源,不需要另加油,操作异常简单;以较低空气压作动力,即可产生高压油压输出力;调整油缸作动压力也极为方便,只要在油缸前端加装一个油压调节阀,即可控制油压的高压出力;在控制方面也很简单,只要一个气动便可使普通电磁阀工作;动作速度也较油压系统快,不会产生喷油现象;且售后维修方面较为简单。缺陷表现在安装方式较为单一,只可横向安装或直立式安装,用油量较多的情况不适宜安装

第七章　自动换刀装置及工作台的故障与维修

实例 1　数控车床，机床通电后刀架不动并有异响

故障设备	FANUC 0M 数控车床
故障现象	此台数控车床已使用 3 年,在最近加工中常发生刀架旋转速度打顿、滞涩的情况直到刀架不能转动
故障分析	由故障现象判断应该是机械原因,但为了彻底查出原因,还是先从电源、电机检查起。检查发现电源、电机均很正常。用 6mm 六角扳手插入蜗杆端部,顺时针转不动时,当属机械卡死,拆开刀架检查,发现刀架主轴螺母已经破裂,而且润滑油已经漏光导致主轴已经研死,如图 7-1 所示  图 7-1　故障刀架
故障排除	因为没有润滑油导致主轴研死,主轴表面出现了磨痕,因此先对主轴进行研磨,保证其表面粗糙度符合工作要求。安装主轴、更换新的主轴螺母,加足润滑油并检查润滑管路。一切准备完毕,通电试机,刀架工作正常
经验总结	研磨是涂敷或压嵌在研具上的磨料颗粒通过研具与工件在一定压力下的相对运动对加工表面进行的精整加工(如切削加工),研磨之后的表面粗糙度可达 $0.01\sim0.63\mu m$。主轴的研磨一般在在车床上进行,工件和研具之间涂上研磨剂,工件由车床主轴带动旋转,研具用手扶持作轴向往复移动

实例 2　数控车床，电动刀架锁不紧

故障设备	FANUC 0TD 数控车床
故障现象	该数控车床在最近使用时常出现电动刀架锁不紧的情况,重启后可以正常使用一段时间,又会出现此故障
故障分析	根据故障现象判断,应该是发信盘的故障,发信盘的位置可能没有对正,只需调整其对应位置即可
故障排除	拆开刀架的顶盖,旋动并调整发信盘位置,使刀架的霍尔元件对准磁钢,使刀位停在准确位置。

经验总结	霍尔元件是应用霍尔效应的半导体,如图 7-2 所示。利用霍尔效应可以设计制成刀位位置信息的传感器,安装在发信盘上,用于控制刀位信息的发射和反馈验证。霍尔元件常出现的故障现象是刀架无法锁紧、刀位找不到、显示器无刀位信息等。  图 7-2　霍尔元件 1 霍尔元件具有许多优点,它们的结构牢固,体积小,重量轻,寿命长,安装方便,功耗小,频率高(可达 1MHz),耐振动,不怕灰尘、油污、水汽及盐雾等的污染或腐蚀。 霍尔线性器件的精度高、线性度好;霍尔开关器件无触点、无磨损、输出波形清晰、无抖动、无回跳、位置重复精度高(可达微米级),采用了各种补偿和保护措施,霍尔器件的工作温度范围宽,可达−55℃～150℃

实例 3　数控车床,电动刀架锁紧时间延长

故障设备	FANUC 0i-TC 数控车床
故障现象	该数控车床的四方刀架在最近的加工中出现电动刀架锁紧时间延长、缓慢的情况,有时甚至无法锁紧刀架
故障分析	出现此故障只需从一个方面进行处理即可,应该是系统设置的反锁时间不够,只需调整即可
故障排除	按照配套的机床说明书调整系统反锁时间,将此台机床刀架反锁时间调整为 $t=1.2\mathrm{s}$,故障得到解决。图 7-3 为 FANUC 0i-TC 系统刀架锁时间参数界面  图 7-3　刀架锁时间参数界面
经验总结	在机床换刀的时候都会有刀架的锁紧缓冲时间,也称作锁紧时间或反锁时间,其参数在数控系统的参数设置调整。 当设置时间过短,刀架会因为瞬间的刚性惯性导致机械性损伤;而时间设置过长,则会导致数控系统长时间等待而无响应。只需参照机床说明书调整至合适的时间即可

实例 4　数控车床,电动刀架某一位刀号转不停

故障设备	FANUC 0i 数控车床
故障现象	经济型数控车床开机后执行手动换刀时,电动刀架某一位刀号转不停,其余刀位可以转动
故障分析	先确认出故障的刀位,在系统上输入转动该刀位,用万用表量该刀位触点对 +24V 触点是否有变化,发现其电压值一直保持 +24V 无变化,因此可判定该刀位霍尔元件损坏
故障排除	更换霍尔元件,故障得到解决

经验总结	无论是四方刀架还是回转式刀架,在换刀时其电压都应改变,在刀具旋转到目标刀位后,+24V断电(根据设计不同,部分机床可能降至不同的电压值),刀架落下,再进行下一步操作。在长时间使用后发信盘上的部件受到冲击很容易出现损耗的问题,需在日检、月检中注意观察,必要时及时进行更换

实例5　数控车床，刀架换刀后锁紧，显示器显示不可换刀

故障设备	FANUC 0i 数控车床
故障现象	刀架换刀后锁紧,显示器显示不能换刀
故障分析	先确认出故障的刀位,在系统上输入转动该刀位,用万用表量该刀位触点对+24V触点是否有变化,发现其电压值一直保持+24V无变化,因此可判定该位刀霍尔元件损坏
故障排除	更换霍尔元件,故障得到解决
经验总结	一般刀架上有一个发信盘,来检测每一个刀位的到位信号和夹紧信号,如图7-4所示。发信盘是一种电动刀架发信盘保护电路,由二极管和RC滤波电路串联而成。 当出现锁紧信号丢失时可能由以下几种情况引起: ①检查一下是不是信号线松动,在不同的转动周期有时会接触不良; ②检测的接近开关有无松动; ③触发检测的信号体有无松动; ④刀架锁紧机械部位卡住,确实没有锁紧到位; ⑤刀架反转接触器没有吸合,电机没有反转锁紧。 当出现故障时对比一下与正常时有何不同,有利于排除故障  图7-4　发信盘

实例6　数控车床，电动刀架转不停，系统无刀位信息

故障设备	FANUC 0i 数控车床
故障现象	电动刀架某一位刀号转不停,其余刀位可以转动
故障分析	因为显示器没有到位信息的反馈,故从信号输出端检查,检查该刀位信号与系统的连线是否存在断路,造成系统无法检测到位信号
故障排除	正确恢复刀位信号与系统连线,故障排除
经验总结	刀架在数控车床中不仅进行换刀的旋转操作,也进行 X 轴向和 Z 轴向进给运动,因此连线断路也是经常出现的故障。在机床安装、检修时,一般要求在刀架与系统连线的接头处增加一个固定点,防止进给运动时线头接口处频繁受力而断裂。图7-5为刀位信号与系统连线位置 图7-5　刀位信号与系统连线位置

实例 7　数控车床，刀架连续运转、刀位不停

故障设备	FANUC 0TD 数控车床
故障现象	该数控车床开机后手动换刀，刀架连续运转、刀位不停
故障分析	由于刀架能够连续运转，所以，机械方面出现故障的可能性较小。把检查重点放在电气方面，检查刀架到位信号是否发出，经检测，信号正常到位，说明发信盘基本功能正常。接着检查发信盘弹性触头是否磨坏，发现弹性触头有氧化现象且不灵活，为了彻底解决故障，先记录此故障，再检测其他部位。查看发信盘地线是否断路、接触不良或漏接，没有发现问题。因此判断故障是由于发信盘弹性触头磨损导致的。图 7-6 为正在用万用表检测发信盘 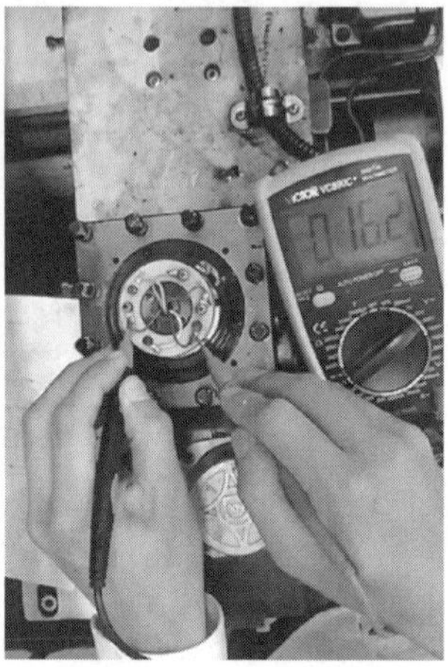 图 7-6　检测发信盘
故障排除	更换弹性片触头或重修，故障排除
经验总结	发信盘弹性触头在长期使用后容易出现滞涩、锈蚀的现象，多是油渍、冷却液的侵入导致，平时对刀架多加清理即可

实例 8　数控车床，刀架无法反锁

故障设备	FANUC 0i 数控车床
故障现象	数控刀架不能反锁，可是把带有磁铁的刀位控制盘拿下来再放上去就又好了，在手动方式下可以正常工作，但自动方式换刀，刀架有时锁不了，有时不动，有时与刀架底盘成 45°角
故障分析	手动方式下可以工作，自动加工出问题，且问题不固定，初步判定为刀架发信盘的编码器问题。此机床使用多年，上面附有不少油渍，在之前的检修中也发现控制柜内的线路老化、屏蔽效果差，由此联想到电动刀架可能也存在相似情况
故障排除	将刀架拆除，按规范进行保养，并更换线路，如图 7-7 所示，对其作屏蔽处理后，通电调试，故障得到了解决 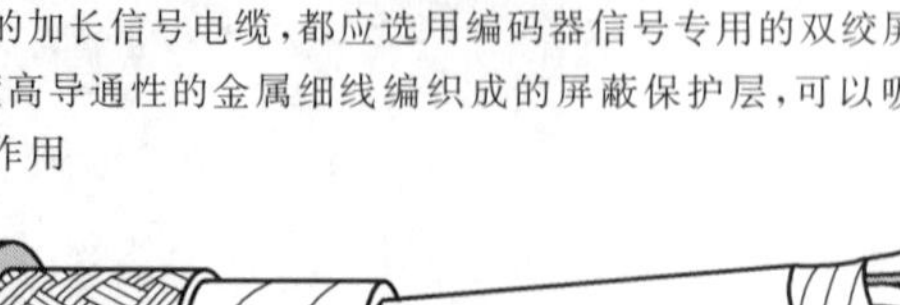 图 7-7　更换屏蔽不良的编码器信号线
经验总结	选择专业的编码器专用双绞屏蔽电缆，不仅仅是对编码器内部电路的保护，编码器自带的用于输出信号的信号传输电缆，以及外接的加长信号电缆，都应选用编码器信号专用的双绞屏蔽电缆，如图 7-8 所示。并且电缆需要有超细的高密度高导通性的金属细线编织成的屏蔽保护层，可以吸收外部辐射的高频电磁场变化，从而起到屏蔽保护的作用 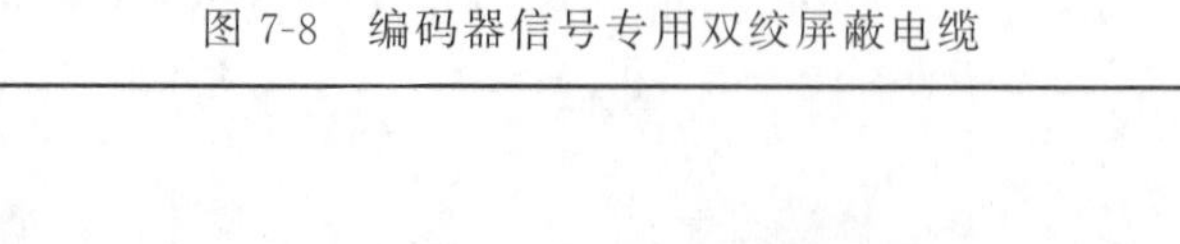 图 7-8　编码器信号专用双绞屏蔽电缆

实例9　数控车床，初次换刀后不能再次换刀

故障设备	CK6136 数控车床
故障现象	CK6136 数控车床刀架初次换刀后不能再次换刀,刀到位可电机还在反转,需过一会才停。刀架停止后无法直接使用,要再换刀要按面板复位键才能用。并且发信盘上微动开关有动作,手动换刀时发现明显滞涩
故障分析	初步判断刀架不能启动机械方面的原因是刀架预紧力过大。用六角扳手插入蜗杆端部旋转时不易转动,而用力时,可以转动,但下次夹紧后刀架仍不能启动
故障排除	对刀架相关部分的预紧力进行逐步修调,故障得到排除
经验总结	在机械运动中,受到工作载荷之前,为了增强连接的可靠性和紧密性,以防止受到载荷后连接件间出现缝隙或者相对滑移而预先加的力称为预紧力。常采用助力扳手、扭矩扳手等对其进行调整 在机械加工中预紧力的应用场合: ①螺纹连接时为了达到可靠而紧固的目的,必须保证螺纹副具有一定的摩擦力矩,此摩擦力矩是由连接时施加拧紧力矩后,螺纹副产生了预紧力而获得的。预紧力的大小与零件材料及螺纹直径等有关。对连接后有预紧力要求的装置,其预紧力(或拧紧力矩)数据可从装配工艺文件中找到。可利用专用的装配工具控制螺纹预紧力:如测力矩扳手,扭矩扳手,电动、风动扳手等。 ②带传动中,安装时带预先张紧在轮上,受到的拉力称为预紧力。 ③对于轴承,也是在使用前,就已经通过静螺栓、压盖等给它提前施加一个力,这也叫预紧力 ④弹簧预紧力就是预先考虑的最大弹性恢复力和弹性时间维持力

实例10　数控车床，加工过程中刀具损坏

故障设备	南京江南机床数控工程公司 JN 系列数控系统经济型数控车床
故障现象	经济型数控车床采用南京江南机床数控工程公司 JN 系列数控系统,刀架为常州市武进机床数控设备厂为 JN 系列数控系统配套生产的 LD4-1 型电动刀架。加工过程中刀具损坏
故障分析	检查机床 NC 系统,X、Z 轴均工作正常。检查电动刀架,发现当选择 3 号刀时,电动刀架便不停旋转,而1、2、4 号刀均正常选择。采用交换法,用1、2 和 4 号刀的控制系统分别去控制 3 号刀,3 号刀位均不能定位,而 3 号刀的控制信号却能控制1、2 和 4 号刀,故判断是 3 号刀失控。由于 3 号刀失控,导致加工过程中刀具损坏。根据电动刀架驱动电气原理检查电压,+24V 正常;检查1、2、4 号刀所对应的霍尔元件,正常,而 3 号所对应的霍尔元件不正常
故障排除	更换不正常的霍尔元件,故障排除
经验总结	当程序要某号刀时,电动刀架正在旋转选择刀具,当旋转到该号刀具时,没有应答信号,从而使刀架旋转不止,不能定位。这时应检查电动刀架上的霍尔元件。霍尔元件损坏时,会使所要刀具到位时,检测不到信号输出,从而造成上述现象。更换该号刀的霍尔元件即可。此种故障一般为霍尔元件的问题,必须先从霍尔元件这里考虑。 霍尔元件(图 7-2)是一种基于霍尔效应的磁传感器。用它们可以检测磁场及其变化,可在各种与磁场有关的场合中使用。图 7-9 为四工位电动刀架发信盘上霍尔元件。  图 7-9　四工位电动刀架发信盘上霍尔元件 按照霍尔元件的功能可将它们分为霍尔线性器件和霍尔开关器件 。前者输出模拟量,后者输出数字量。 按被检测的对象的性质可将它们的应用分为直接应用和间接应用。前者是直接检测出受检测对象本身的磁或磁特性;后者是检测受检对象上人为设置的磁场,用这个磁场来作被检测的信息的载体,通过它,将许多非电、非磁的物理量例如力、力矩、压力、应力、位置、位移、速度、加速度、角度、角速度、转数、转速以及工作状态发生变化的时间等,转变成电量来进行检测和控制

实例 11　数控车床，刀架锁不紧并且有惯性运动

故障设备	FANUC 0i 数控车削中心
故障现象	该数控车床采用 4 位回转刀架，在开机后刀架锁不紧，电磁铁、编码器更换后故障依旧
故障分析	根据故障现象判断，首先检查刀架的反转继电器和接触器，手动按下接触器的开关，看其是否有动作，能不能锁紧刀架，检查后排除此故障。继续在手动状态下持续换刀，检查刀架机械部分有无异常，发现刀架是液压系统的，液压动力时有时无。查看液压装置，发现液压管道附着很厚的油污，清除油污后发现液压管道有局部的裂纹，如图 7-10 所示，导致压力不足  图 7-10　故障部位
故障排除	更换新的液压管道并进行调试，恢复刀架的正常液压状态，此故障得到了排除
经验总结	液压刀架系统的工作原理是：启动电机，由电机传动给液压泵，再由液压泵产生液压力传输到各个工作装置上，就产生了工作力。液压系统的血液就是液压油，当液压管道出现破损时，液压的压力就会不足，导致装置失效，出现刀具无法锁紧、惯性运动的情况 液压管别名液压油管，如图 7-11 所示，分为液压软管、高压胶管、液压管、钢丝高压管、钢丝编织胶管、钢丝缠绕胶管。液压软管主要由耐液体的内胶层，中胶层，2 层、4 层或 6 层钢丝缠绕增强层、外胶层组成，内胶层具有使输送介质承受压力，保护钢丝不受侵蚀的作用，外胶层保护钢丝不受损伤，钢丝层是骨架材料起增强作用。 1. 液压管所适应介质 进行液压动力传送或输送水、气、油等高压介质，以保证液体的循环和传递液体能量。 2. 液压管所适应介质温度 油$-40℃\sim100℃$，空气$-30℃\sim50℃$，水$-0℃\sim80℃$。 3. 液压管的特点 ①胶管选用特种合成橡胶配合制成，具有优良的耐油、耐热、耐老化性能； ②管体结合紧密，使用柔软，在压力下变形小； ③胶管具有优良的耐曲绕性和耐疲劳性； ④胶管承压力高，脉冲性能优越。 4. 液压管接头安装的注意事项 图 7-12 为液压管接头的位置。 　　 图 7-11　液压管　　　　　图 7-12　液压管接头的位置 ①胶管在移动或静止中，均不能过度弯曲，也不能在根部弯曲，至少要在其直径的 1.5 倍处开始弯曲； ②胶管移动到极端位置时不得拉得太紧，应比较松弛；

经验总结	③尽量避免胶管的扭转变形； ④胶管尽可能远离热辐射构件,必要时装隔热板； ⑤应避免胶管外部损伤,如使用中同构件表面的长期摩擦等； ⑥若胶管自重引起过分变形时,应有支托件。 5. 管路清洗 为确保润滑系统的干净,并供给机械设备轴承以洁净的润滑脂,必须将预安装后的管路拆下清洗。清洗有煤油清洗和酸洗两种。 (1)煤油清洗对象及方法 对象：铜管、不锈钢管。 方法： ①预安装前已经过酸洗处理,且现在内壁无锈蚀、氧化铁皮的钢管； ②在预装时弄脏的管接头； ③将需要清洗的管子及接头拆下,管子用布(要不掉毛纱)蘸煤油把管内擦净,两端及接头浸泡在煤油中清洗,然后管内涂机油或填充满润滑脂,两端密闭好待装； ④清洗后不得有肉眼可见的污染物(如铁屑、纤维状杂质、焊渣等),要特别注意焊接处的内壁焊渣必须彻底清洗干净。 (2)酸洗对象及方法 对象：预安装前未经酸洗的钢管；虽已经过酸洗,但现在锈蚀严重的钢管。 方法： ①采用脱脂剂,除去配管上黏附的油脂； ②用清水清除管材上的污物； ③在酸洗液中除去管壁上的锈斑、轧制铁屑等； ④用清水冲洗上述作业中产生的附着物,管内部用高压水冲洗； ⑤用碱液中和管材上残存的酸液； ⑥为了有效地进行干燥应将管材浸在热水里或进行蒸汽干燥,应使管材干透； ⑦对酸洗后的管材进行检查,是否清洗干净； ⑧酸洗后立即用塑料或塑料带封住管的开口部,以免异物、水分等侵入

实例 12　数控车床,刀架锁紧后,显示器显示不能换刀

故障设备	FANUC 0i 数控车床
故障现象	该数控车床可以正常操作,如换刀、锁紧、旋转等动作,但是显示器一直提示无法换刀
故障分析	刀架可以正常使用,机械故障可以排除,显示器提示无法换刀,应该是刀架上有一个发信盘的信号出现了故障,没有传输到显示器中去。检测每一个刀位的到位信号和夹紧信号,发现其中 2 号刀位锁紧信号丢失。先检查信号线,正常；再检测接近开关有无松动,也无故障。手动对每个刀位进行点动换刀,发现换刀至 2 号刀位时刀架虽然可以正常下降,但是未能降至最低处,也就是锁紧机械部位被卡住,没有锁紧到位,而不到位的距离很小,被我们之前忽视,误认为 2 号刀位锁紧
故障排除	因为是机械部位卡住,故拆开刀架查看,发现刀架内 2 号刀位处有铁屑,将其清除干净,并添加润滑油,故障解决
经验总结	当铁屑进入刀架内部,会导致刀架下落不到位的情况,由于铁屑细小,目测一般很难发现位置不到位情况,容易被忽略。在换刀的时候经常观察刀架旋转部位有没有铁屑附着在刀架内台、润滑油上即可

实例 13　数控车床,偶尔出现刀架锁不紧现象

故障设备	SIEMENS 802D 数控车床
故障现象	数控车床刀架某个刀位偶尔出现锁不紧的现象,要手动再换一下刀才好
故障分析	由于只是偶尔出现刀位锁不紧的情况,可以排除发信盘的霍尔元件故障。偶尔的故障初步判断是刀架上的接触器长期使用,接触器吸合不灵,导致控制信号无法传达
故障排除	维修接触器的触点,故障解决。如果该接触器被设计成一个整体,那么便需要更换一个整体接触器
经验总结	手动换几次刀又会好了,估计应当是接触不良。当出现故障时对比一下与正常时有何不同,有利于排除故障。图 7-13 为刀架接触器电路图,可做故障诊断的参考

经验总结	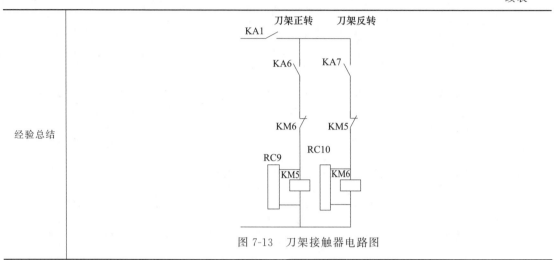 图 7-13　刀架接触器电路图

实例 14　数控车床，刀架不锁紧时很松，锁紧后无法换刀

故障设备	FANUC 0i 数控车床
故障现象	通电之后，首次操作该数控车床刀架，感觉明显松动，但是当刀架锁紧了就不动了，并且不能换刀
故障分析	首先关机重启试着反转刀架，结果也出现同样的问题，并且无任何报警出现，说明与控制系统无关。由于感觉松动，很有可能是机械部分出了问题，于是拆下刀架进行检查。发现刀架内部液压油满溢，查找后发现液压管路有多处老化破裂，因此导致了刀架的松动，但是这不是刀架锁紧不动的原因。 　接着检查故障原因，发现刀架的电源线和信号线均有破皮现象，如图 7-14 所示，故障很可能发生在此。当刀架被锁紧后信号线受压磨损破皮处与金属部件相接触，导致新的信号无法送出而不能继续换刀 图 7-14　受压磨损破皮的信号线
故障排除	清理刀架中的液压油，更换新的液压管路，并且更换破损的电源线和信号线，重新固定，开机调试，刀架可以正常换刀，故障得到解决
经验总结	由本例的故障可以看出，机床的故障不是一个独立的现象，有时会伴随多种原因和特点，在故障的检修中需要从多方面进行考虑，做到心思缜密、条理清晰

实例 15　数控车床，刀架编码器错误

故障设备	FANUC 0TC 数控车床
故障现象	这台数控车床旋转刀架出现报警"2048 TURRET ENCODER ERROR"（刀架编码器错误）
故障分析	用 DGNOS PARAM 功能检查编码器的状态，确实有问题。拆开编码器进行检查，发现内部有很多油，将码盘部分遮盖了，所以编码器工作不正常
故障排除	将编码器清洗，然后安装上，调整好位置，重新开机，机床故障消除
经验总结	编码器就是一种将旋转位移转换成一串数字脉冲信号的旋转式传感器，如图 7-15 所示，编码器的作用是进行速度、位置、检测的反馈。 　编码器把角位移或直线位移转换成电信号，前者称为码盘，后者称码尺。按照读出方式编码器可以分为接触式和非接触式两种。接触式采用电刷输出，电刷接触导电区或绝缘区来表示代码的状态是"1"还是"0"；非接触式的接受敏感元件是光敏元件或磁敏元件，采用光敏元件时以透光区和不透光区来表示代码的状态是"1"还是"0"，通过"1"和"0"的二进制编码来将采集来的物理信号转换为机器码可读取的电信号用以通信、传输和储存。图 7-16 为编码器结构原理图。 　编码器一般出现的故障有以下几种：

图 7-15　编码器

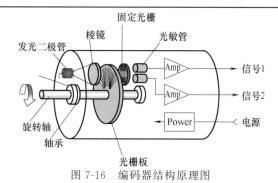

图 7-16　编码器结构原理图

经验总结

①编码器本身故障：是指编码器本身元器件出现故障，导致其不能产生和输出正确的波形。这种情况下需要更换编码器或维修其内部器件。

②编码器连接电缆故障：这种故障出现的概率最高，维修中经常遇到，应是优先考虑的因素。通常为编码器电缆断路、短路或接触不良，这时需更换电缆或接头。还应特别注意是否由于电缆固定不紧，造成松动引起开焊或断路，这时需卡紧电缆。

③编码器+5V 电源下降：是指+5V 电源过低，通常不能低于 4.75V，造成过低的原因是供电电源故障或电源传送电缆阻值偏大而引起损耗，这时需检修电源或更换电缆。

④绝对式编码器电池电压下降：这种故障通常有含义明确的报警，这时需更换电池，如果参考点位置记忆丢失，还须执行返回参考点操作。

⑤编码器电缆屏蔽线未接或脱落：这会引入干扰信号，使波形不稳定，影响通信的准确性，必须保证屏蔽线可靠的焊接及接地。

⑥编码器安装松动：这种故障会影响位置控制精度，造成停止和移动中位置偏差量超差，甚至刚一开机即产生伺服系统过载报警，请特别注意。

⑦光栅污染：这会使信号输出幅度下降，必须用脱脂棉蘸无水酒精轻轻擦除油污。本例中所列举的故障即是此原因

实例 16　数控车床，刀架转不停并出现分度超时报警

故障设备	FANUC 0TC 数控车床
故障现象	这台数控车床启动刀架旋转，刀架旋转不停，并出现报警"2007 TURRET INDEXING TIME UP"（刀架分度超时）
故障分析	观察故障现象，发现刀架根本没有回落的动作，PMC 是通过输出 Y48.2 控制刀架推出电磁阀，利用 DG-NOS PARAM 功能观察 PMC 输出 Y48.2。在刀架旋转找到第一把刀后，Y48.2 的状态变成"0"，说明刀架回落的命令已发出，并且刀架推出的电磁阀的电源也已断开，但刀架并没有回落，说明电磁阀有问题
故障排除	更换电磁阀后，机床恢复正常
经验总结	电磁阀是用电磁控制的工业设备，用在工业控制系统中调整介质的方向、流量、速度和其他的参数，图 7-17 为安装在管道上进行液压控制的电磁阀。 电磁阀是用电磁的效应进行控制，主要的控制方式由继电器控制。此例的故障是典型的电磁阀不工作，其故障原因和简单解决方法如下： ①电源接线不良：重新接线； ②检查电源电压超出工作范围：调整至正常位置范围； ③线圈脱焊：重新焊接； ④线圈短路：更换线圈； ⑤工作压差不合适：调整压差或更换相称的电磁阀； ⑥流体温度过高：更换相称的电磁阀； ⑦有杂质使电磁阀的主阀芯和动铁芯卡死：进行清洗，如有密封损坏应更换密封并安装过滤器； ⑧液体黏度太大，频率太高和寿命已到：更换产品

图 7-17　进行液压控制的电磁阀

实例 17 数控车床，刀架锁紧不能再次旋转

故障设备	FANUC 0i 数控车床
故障现象	数控车刀架不能重复换刀，用手转动刀架内的蜗杆第一次可以转动刀架但是锁紧后再次转动刀架就转不动了，在第一次换刀过程中出现振动并伴随金属摩擦声
故障分析	由于刀架出现振动和金属摩擦声，判断可能是轴承的机械磨损。把刀架拆开发现，其轴承有多处磨损，并且有拉毛的现象，刀架内已经没有润滑油
故障排除	如技术允许，对刀架进行技术修复，对轴承进行研磨，逐步调试。如果轴承磨损严重，则重新更换刀架，并添加足量的润滑油
经验总结	机械加工中机械磨损不可避免，两相互接触产生相对运动的摩擦表面之间的摩擦将产生阻止机件运动的摩擦阻力，因其机械能量的消耗并转化而放出热量，使机械产生磨损，分为黏着磨损、磨料磨损、表面疲劳磨损、腐蚀磨损等。但是此台机床刀架中没有润滑油，明显是平常巡检、保养不到位造成的。 另外，轴承研磨抛光一般是使用油石、砂纸、抛光膏、羊毛轮，对轴承的型腔表面进行打磨，使轴的工作表面能够光亮如镜、达到加工要求的过程，称之为轴承打磨。 1. 轴承机械抛光 机械抛光是靠切削、材料表面塑性变形去掉被抛光后的凸部而得到平滑面的抛光方法，一般使用油石条、羊毛轮、砂纸等，以手工操作为主，特殊零件如回转体表面，可使用转台等辅助工具，表面质量要求高的可采用超精研抛的方法。超精研抛是采用特制的磨具，在含有磨料的研抛液中，紧压在工件被加工表面上，作高速旋转运动。利用该技术可以达到 $Ra0.008\mu m$ 的表面粗糙度，是各种抛光方法中精度最高的。光学镜片轴承常采用这种方法。 2. 轴承化学抛光 化学抛光是让材料在化学介质中表面微观凸出的部分较凹部分优先溶解，从而得到平滑面。这种方法的主要优点是不需复杂设备，可以抛光形状复杂的工件，可以同时抛光很多工件，效率高。化学抛光的核心问题是抛光液的配制。化学抛光得到的表面粗糙度一般为数十微米。 3. 轴承电解抛光 电解抛光基本原理与化学抛光相同，即靠选择性的溶解材料表面微小凸出部分，使表面光滑。与化学抛光相比，其可以消除阴极反应的影响，效果较好。电化学抛光过程分为两步： ①宏观整平溶解产物向电解液中扩散，材料表面几何粗糙度下降，$Ra>1\mu m$。 ②微观平整阳极极化，表面光亮度提高，$Ra<1\mu m$。 4. 轴承超声波抛光 将工件放入磨料悬浮液中并一置于超声波场中，依靠超声波的振荡作用，使磨料在工件表面磨削抛光。超声波加工宏观力小，不会引起工件变形，但工装制作和安装较困难。超声波加工可以与化学或电化学方法结合。在溶液腐蚀、电解的基础上，再施加超声波振动搅拌溶液，使工件表面溶解产物脱离，表面附近的腐蚀或电解质均匀；超声波在液体中的空化作用还能够抑制腐蚀过程，利于表面光亮化。 5. 轴承流体抛光 流体抛光是依靠高速流动的液体及其携带的磨粒冲刷工件表面达到抛光的目的。常用方法有：磨料喷射加工、液体喷射加工、流体动力研磨等。流体动力研磨是由液压驱动，使携带磨粒的液体介质高速往复流过工件表面。介质主要采用在较低压力下流过性好的特殊化合物（聚合物状物质）并掺上磨料制成，磨料可采用碳化硅粉末。 6. 轴承磁研磨抛光 磁研磨抛光是利用磁性磨料在磁场作用下形成磨料刷，对工件磨削加工。这种方法加工效率高，质量好，加工条件容易控制，工作条件好。采用合适的磨料，表面粗糙度可以达到 $0.1\mu m$。 塑料轴承加工中所说的抛光与其他行业中所要求的表面抛光有很大的不同，严格来说，轴承的抛光应该称为镜面加工。它不仅对抛光本身有很高的要求而且对表面平整度、光滑度以及几何精度也有很高的标准。表面抛光一般只要求获得光亮的表面即可。镜面加工的标准分为四级：A1＝$Ra0.008\mu m$，A2＝$Ra0.016\mu m$，A3＝$Ra0.032\mu m$，A4＝$Ra0.063\mu m$。由于电解抛光、流体抛光等方法很难精确控制零件的几何精度，而化学抛光、超声波抛光、磁研磨抛光等方法的表面质量又达不到要求，所以精密轴承的镜面加工还是以机械抛光为主

实例 18 数控车床，切削时刀架受力产生物理偏移

故障设备	FANUC 0TD 数控车床
故障现象	对于使用液压卡盘的车床，在进行车削端面、外圆或螺纹时，刀具突然损坏，工件受损，刀架出现物理偏移，但数控系统的位置与程序指令相同，且无报警。图 7-18 为故障设备

故障现象	 图 7-18　故障设备
故障分析	由于切削时产生的力大于卡盘的指标,使得卡盘不能卡紧工件,卡盘与工件之间出现位移。对于采用液压卡盘的数控机床,应配备压力传感器监测液压系统的压力,在压力不足的情况下,产生用户报警,并且使数控系统进入进给保持状态
故障排除	对卡盘和刀架进行维修,条件允许的话配备专门的压力传感器
经验总结	此例出现故障原因是卡盘不能卡紧,从而影响到刀架。同时也有操作人员对机床的工作性能不熟悉的原因,出现了加工的切削力大于卡盘的压紧力。压力传感器是工业实践中最为常用的一种传感器,我们通常使用的压力传感器主要是利用压电效应制造而成的,这样的压力传感器也称为压电传感器。压电传感器主要应用在加速度、压力和力等的测量中,能感受压力并转换成可用输出信号,反馈给机床系统做出下一步的判断

实例 19　数控车床,刀架旋转后出现未卡紧的报警

故障设备	FANUC 0TD 数控车床
故障现象	这台数控车床刀架旋转后出现报警"2031 TURRET NOT CLAMP"(刀架没有卡紧)
故障分析	检查刀架发现已经卡紧,利用系统 DGNOS PARAM(诊断)功能检查 PMC 输入 X2.6 的状态,发现为"0",说明 PMC 没有接收到卡紧信号,继续检查发现卡紧检测开关有问题,如图 7-19 所示 图 7-19　刀架卡紧检测开关
故障排除	更换刀架卡紧检测开关,机床恢复了正常工作
经验总结	刀架未卡紧(即未锁紧)的报警有两种情况,一种是刀架确实没有到位,刀架未实际卡紧,这需要从机械上查看是否有异物进入卡盘内、是否有机械故障;另一种情况是刀架已经卡紧了,但是没有卡紧信号输出,可能是信号线路断路、卡紧检测键开关损坏等。本例中出现的故障就是后面一种。 　　以后如果遇到刀架无法卡紧,可从以下几点进行故障处理: 　　①首先检查夹紧开关位置是否固定不当,并调整至正常位置;其次,用万用表检查其相应线路继电器是否能正常工作,触点接触是否可靠。若仍不能排除,则应考虑刀架内部机械配合是否松动。有时会由于内齿盘上有碎屑造成夹紧不牢而使定位不准,此时,应调整其机械装配并清洁内齿盘。 　　②如果在刀架机械没有锁紧以前,锁紧开关已经被闭合,锁紧信号发出,电机提前断电使刀架无法卡紧,可以手摇刀架,将刀架锁紧,调整锁紧开关压板,使锁紧开关压合,使 X3.6 为"1"。

经验总结	③发信盘位置没对正。拆开刀架顶盖，旋动并调整发信盘位置，使刀架的霍尔元件对准磁块，使刀位停在准确位置。 ④系统反锁时间不够长，调整系统反锁时间参数（新刀架反锁时间 $t=1.2s$ 即可）。 ⑤机械锁紧机构故障，拆开刀架，调整机械，检查定位销是否折断

实例 20　数控车床，刀架旋转时出现分度超时报警

故障设备	FANUC 0TD 数控车床
故障现象	这台数控车床刀架旋转时出现报警"2007 TURRET INDEXING TIME UP"（刀架分度超时）
故障分析	检查刀架根本没有旋转，也没有浮起，而 PMC 的浮起信号 Y48.2 已经为"1"，其控制的继电器触点没有闭合；进一步检查发现继电器供电的电源只有 16V，电源端子虚接
故障排除	将电源端子紧固好后，机床故障消除
经验总结	刀架没有旋转也没有浮起，应是启动信号没有送达，或者其根本没有加电，只需逐步检查即可。再次分析此例，刀架分度超时说明刀架有电并且有刀架运动指令送达，因为长时间未检测到刀架动作而出现此报警。 出现这种故障也有可能是信号盘的故障。在刀架顶端有个信号盘，信号盘分电极接触和感应三极管两种，如果单独某一刀号出现此情况则可观察是否接线断开。图 7-20 为四方刀架发信盘。 查看刀架电机是不是断线，控制刀架电机的正转接触器的电源有没有，控制正转接触器的直流继电器和 DC 24V 电源有无故障，可以给出换刀指令后，去看梯图（转塔正转的地址），看梯图里的转塔正转的地址线圈是不是亮了（吸合了），如果亮了，就是从输出口到刀架电机的线路问题。如果不亮，就是刀架正转有条件没满足，从梯图里可看到是哪个条件没满足

图 7-20　四方刀架发信盘

实例 21　数控车床，刀架与卡盘电源断路器跳闸

故障设备	FANUC 0i-T 数控车床
故障现象	这台数控车床电源加上，数控系统准备好后，按机床准备按钮时，电源断路器自动跳闸
故障分析	由于两种设备一起跳闸，故先看看机床说明书，发现刀架与卡盘采用同一电源线路供电。对 110V 电源负载进行逐个检查，发现卡盘卡紧电磁阀 3SOL1 线圈短路。当机床准备好时，PMC 输出 3.1 输出高电平，继电器 K31 得电，K31 触点闭合，110V 电源为电磁阀 3SOL1 供电，因为线圈短路电流过大，所以 110V 电源的断路器跳闸
故障排除	更换电磁阀后机床恢复正常工作
经验总结	电磁阀动作快，功率微小，外形轻巧，外形尺寸小，响应时间可以短至几毫秒，即使是先导式电磁阀也可以控制在几十毫秒内。还可做到只需触发动作，自动保持阀位，平时一点也不耗电。电磁阀的开度可以控制，状态有开、关、半开半关，如果内部发生短路则电磁阀瞬间电流过大，导致跳闸情况发生。图 7-21 为电磁阀及电磁阀线圈。

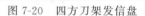

图 7-21　电磁阀及电磁阀线圈

判断电磁阀是否短路的方法可参考第六章实例 8

实例 22　数控车床，机床通电后刀架不动

故障设备	FANUC 18i-T 数控车床
故障现象	在此台数控车床月检之后，经济型数控车床刀架不动
故障分析	刀架不动，查看显示器，并无报警信息。检查电源供电情况、电源控制箱开关位置也正常，电动机也可以正常旋转，并且相序正常，由此判断可能是夹紧力过大所致
故障排除	按照说明书的压力要求调整电动机夹紧电流大小，注意自己测量压力值，可用六角扳手插入蜗杆端部，顺时针旋转，如用力可转动但下次夹紧后仍不能启动，则可将电动机夹紧电流稍调小避免损坏刀架
经验总结	询问工作人员得知，在月检后并未立即试机，故障原因可能是在检修中对相关件进行了调试，并且在月检记录表中也查看到了电机的调试记录。虽然检修记录齐全，但是在实际生产中，对于检修过的设备必须马上进行开机调试，在第一时间发现故障。 电动刀架采用蜗杆传动，如图 7-22 所示，上下齿盘啮合，螺杆夹紧的工作原理。具有转位快，定位精度高，切向转矩大的优点。同时采用无触点霍尔开关发信，使用寿命长。  图 7-22　电动刀架的蜗杆 刀架装的时候先装蜗杆，装好后需要调整窜动间隙，后期刀架夹紧力调整也只需要对蜗杆进行调整即可

实例 23　数控车床，刀架不稳固，并且温度过高

故障设备	FANUC 0TD 数控车床
故障现象	刀架不稳固，并且温度过高
故障分析	机械设备过热一般是摩擦系数增大所致。对于数控车床来说，首先检查其刀架的刚性是否达到标准要求，是否出现颤动现象，经检查此台机床并无颤动现象，而且刀架运行也比较平稳，排除了刀架的刚性问题。再对产生摩擦的部位进行检查，发现该机床的刀架由于长期进行重力的粗加工，其各个零部件的配合间隙已经超出设计要求，虽然润滑状况良好，但明显感觉升温很快，刀架换刀时摩擦声变大
故障排除	将刀架拆除，对产生间隙部位重新安装并细致地加以调整，故障得以解决。如果刀架的间隙部分磨损严重已无法达到间隙要求，则需更换部件
经验总结	机器运转时的摩擦不可避免，造成能量的无益损耗和机器寿命的缩短，并降低了机械效率。在生产活动中重要的一点就是要将机械的摩擦降至最低，这也是润滑系统的目的，从这个意义上讲，减少机械摩擦，也是一种增效节能。 刀架必须定期加机油润滑，蜗轮蜗杆、齿盘和定位销等这些部件都需要润滑。当转动时声音听起来比以前明显大时就需要加油了。当问题严重时刀架转刀所用的时间会超过参数里设置的延迟时间，导致刀架锁不住。一般打开顶盖在霍尔元件周边加润滑油进去就可以了，或者拆开顶盖注入高质量的润滑脂(建议此种方法)，如图 7-23 所示　　图 7-23　拆除刀架顶盖进行润滑

实例 24　数控车床，加工中刀位不能定位并导致刀具损坏

故障设备	FANUC 0TD 数控车床
故障现象	加工过程中，四方刀架中的 3 号刀位不能定位，并导致刀具损坏

故障分析	手动操作机床回参考点、对刀，X、Z 轴均工作正常，刀架运行也正常。当对第 3 把刀，手动换刀时，电动刀架便旋转不停。 在 MDI 方式下运行换刀指令：T0101、T0202、T0303 和 T0404，只有 T0303 换第 3 把刀指令无法正常运行，其故障也是旋转不停。 于是考虑到可能是 3 号刀位的控制系统问题，而导致控制信号失控。由于 3 号刀失控，导致加工过程中刀具损坏。 根据电动刀架驱动电气原理检查 4 个刀位所对应的 +24V 电压发现正常，1，2 和 4 号刀所对应的霍尔元件正常，但 3 号刀所对应的霍尔元件不正常
故障排除	更换不正常的霍尔元件，故障排除
经验总结	在电动刀架中，霍尔元件是一个关键的定位检测元件，它的好坏对于电动刀架准确地选择刀号完成零件加工有十分重要的作用。因此，对于电动刀架的定位故障，首先应考虑检查霍尔元件。 霍尔开关是一种利用霍尔效应的磁感应式电子开关，属于有源磁电转换器件。 当一块通有电流的金属或半导体薄片垂直地放在磁场中时，薄片的两端就会产生电位差，这种现象就称为霍尔效应。 霍尔开关是在霍尔效应原理的基础上，利用集成封装和组装工艺制作而成，内部集成的电路把磁输入信号转换成开关量电信号输出，它同时符合实际应用要求的易操作性和高可靠性。图 7-24 为霍尔开关管脚定义及脚位连接。 管脚定义  <table><tr><td>管脚序号</td><td>管脚名称</td><td>功能描述</td></tr><tr><td>1</td><td>V_CC</td><td>电源电压</td></tr><tr><td>2</td><td>GND</td><td>地</td></tr><tr><td>3</td><td>OUT</td><td>输出</td></tr></table> SIP3L(TO92S)（顶视图） 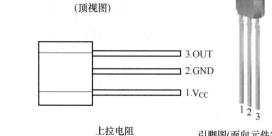 图 7-24 霍尔开关管脚定义及脚位连接 霍尔开关的输入端是以磁感应强度 B 来表征的，当 B 值达到一定的程度（如 $B1$）时，开关内部集成的触发器翻转，其输出电平状态也随之翻转。输出端一般采用晶体管输出，有 NPN、PNP、常开型、常闭型、锁存型（双极性）、双信号输出之分。 霍尔开关具有无接触、无触点、低功耗、长寿命、高耐候、响应频率高等特点，可应用于磁控开关、接近开关、行程开关、压力开关、无刷电机、里程表等各种场合

实例 25 数控车床，刀架旋转失控故障

故障设备	FANUC 0TD 数控车床
故障现象	加工中心突然出现转塔刀架旋转失控现象，发生故障时，转塔刀架可能旋转多圈而不能停止到位，且故障时有时无，没有规律。在手动状态下进行时，每点动一下，转塔刀架往往连续运转多步而不停，不论正反向均如此。随着时间的增加，故障的概率增加很快，只能偶尔正常工作

故障分析	刀架换刀时是系统给了一个换刀的信号,使刀架旋转,刀架在转到所要的刀位后会给出一个刀架锁紧信号的,系统接收到信号就会锁紧刀架。出现刀架旋转不停故障的原因可能是系统没有接收到刀架锁紧信号。用万用表测量发信盘电压输出端,发现其电压很不稳定,有时甚至无法测量出电压,而系统接收到的信号也时有时无
故障排除	将发信盘拆下,保养后,重新布线,加满润滑油,如图 7-25 所示,然后安装调试,此故障得到了解决  图 7-25　对故障部位进行处理
经验总结	发信盘是用来检测每一个刀位的到位信号和夹紧信号的。当出现锁紧信号故障时应从发信盘和刀架编码器考虑,因为刀具编码器的故障率相对较低,因此先对发信盘做一个保养。由于长时间使用,信号、电压、电流都在不停改变冲击着发信盘,加之机械运动的影响,发信盘很容易出现运动型的故障,在无法准确判断具体故障元器件的情况下,对所判断出的故障大概部位进行彻底地保养,也是一种不错的选择

实例 26　数控车床,刀架奇数位刀能定位,偶数位刀不能定位

故障设备	FANUC 0TD 系统数控卧式车床
故障现象	数控卧式车床刀架奇数位刀能定位,偶数位刀不能定位
故障分析	①转位控制分析:从机床侧输入的 PLC 信号中,刀架位置编码器有 5 根线,这是一个 8421 编码,它们对应的输入信号为:X06.0、X06.1、X06.2、X06.3、X06.4。在刀架的转换过程中,这 5 个信号根据刀架的变化而进行组合,从而输出刀架的各个位置的编码。 ②故障原因推理:若刀架的位置编码最低位始终为"1",则刀架信号将恒为奇数而无偶数信号,从而产生奇偶报警。 ③故障诊断方法:根据上述分析,将 PLC 的输入参数从 CRT 上调出来观察,刀架转动时,X06.0 恒为"1",而其余 4 个信号在"0""1"之间变化,从而证实刀架位置编码器发生故障
故障排除	更换编码器,故障排除
经验总结	刀架编码器是数控车床的关键配套件,如图 7-26 所示。它可将车床刀架的工作位置反馈给数控系统,以实现车床刀具的自动切换。 　　注意:刀架编码器是用在刀塔上面的,发信盘(发询盘)是四工位或六工位上面的,作用都一致,都是检测到位信号的。 　　数控车床的刀架如果转个不停,一般是刀台编码器坏了或者是和编码器连接的数据线断开,信号传递不到系统。再就是刀台和后面的控制箱连接的数据线断开,建议把刀台的线重新连接或者更换刀台编码器。更换刀台编码器后故障依然存在就是刀台和后面的控制箱连接的数据线断开。 　　如果是四方刀架定位不准确,可以用万用表进行检测。 　　四方刀架没有编码器,只有一个发信盘,如图 7-27 所示。有些发信盘是磁感应的,就是四个霍尔元件,有些直接是机械式的发信盘。 　　 图 7-26　刀架编码器　　　　　　图 7-27　四工位电动刀架发信盘 　　四工位电动刀架发信盘上一共有六根线,其中包括 0V,24V,T01~T04 四条信号线。首先测量 0V 和 24V 之间的电压是否正常,然后分别测量 0V 和 T01~T04 之间的电压值。正常情况下,有磁感应信号和无磁感应信号时,0V 与 T01~T04 之间的电压值是不同的,应该相差 10V 以上,如果测量时发现有无磁感应信号时测量的电压值基本无变化,可以判断此信号有故障

实例 27　数控车床，车削加工过程中，尺寸不能控制

故障设备	FANCU 0i 系统的 CK6140 经济型数控车
故障现象	在车削加工过程中，尺寸不能控制。加工出来的工件尺寸总是在变化，也看不出变化的规律，部分工件因此而报废
故障分析	由于故障发生时机床的工作是车削内孔，尺寸不能控制，一般是伺服进给系统存在着故障，或刀架定位不准确。 　　①替换检查：交换 X 轴与 Z 轴的伺服驱动信号，故障现象没有变化，说明 X 轴驱动信号没有问题。再检查 X 轴电动机和传动机构，均处于正常状态。 　　②推理分析：X 轴的尺寸控制除 X 轴伺服系统之外，还有一个重要部件——电动刀架。如果电动刀架定位有偏差，加工出来的尺寸也不准确。对刀架各个刀位的定位情况进行检查，发现定位的确有误差。由于加工尺寸的变化无规律可循，不像是刀架自身的机械故障。 　　③检查刀架：对刀架的转位动作进行仔细观察。当刀架抬起时，发现有一块金属切削屑卡在定位齿盘上，造成齿盘定位不准
故障排除	拆开电动刀架，用压缩空气将切削屑吹扫干净。修整局部微量变形的齿盘，重新安装电动刀架，加工尺寸不能控制的故障被排除
经验总结	回转刀架的工作原理为机械螺母升降转位式。工作过程可分为刀架抬起、刀架转位、刀架定位并压紧等步骤。图 7-28 为螺旋升降式四方刀架，其工作过程如下。 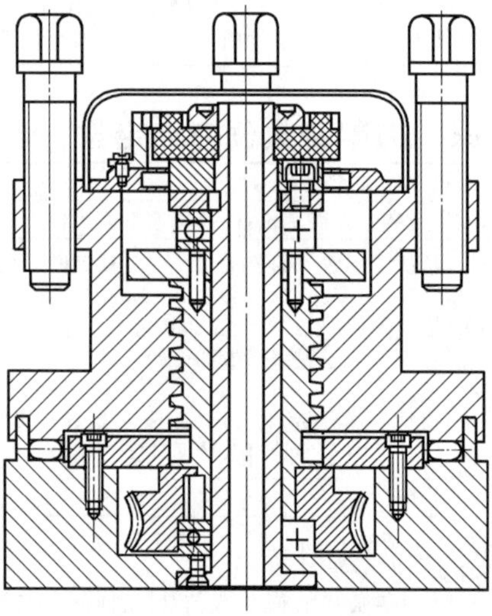 图 7-28　螺旋升降式四方刀架 　1. 刀架抬起 　　当数控系统发出换刀指令后，通过接口电路使电机正转，经传动装置驱动蜗杆蜗轮机构。蜗轮带动丝杠螺母机构逆时针旋转，此时由于齿盘处于啮合状态，在丝杠螺母机构转动时，使上刀架体产生向上的轴向力将齿盘松开并抬起，直至两定位齿盘脱离啮合状态，从而带动上刀架和齿盘产生"上抬"动作。 　2. 刀架转位 　　当圆套逆时针转过 150°时，齿盘完全脱开，此时销钉准确进入圆套中的凹槽中，带动刀架体转位。 　3. 刀架定位 　　当上刀架转到需要刀位后（旋转 90°、180°或 270°），数控装置发出的换刀指令使霍尔开关中的某一个选通，当磁性板与被选通的霍尔开关对齐后，霍尔开关反馈信号使电动机反转，插销在弹簧力作用下进入反靠盘地槽中进行粗定位，上刀架体停止转动，电动机继续反转，使其在该位置落下，通过螺母丝杠机构使上刀架移到齿盘重新啮合，实现精确定位。 　4. 刀架压紧 　　刀架精确定位后，电动机及时反转，夹紧刀架，当两齿盘增加到一定夹紧力时，电动机由数控装置停止反转，防止电动机不停反转而过载毁坏，从而完成一次换刀过程

实例 28　数控车床，刀具经常损坏，加工尺寸不稳定

故障设备	FANCU 0i 系统的 CK6140 经济型数控车
故障现象	在加工过程中，刀具经常损坏，固定部位的加工尺寸不稳定

故障分析	分析刀具经常损坏的常见原因： ①机床主轴运转精度差； ②进给伺服系统有故障； ③刀架定位不准确。 因此按照以下步骤进行检查： ①检查机床的数控系统，各方向轴均处于正常状态。检查主轴系统和机械部分，均处于正常状态。 ②这台机床使用国产 LD4-1 型电动刀架，共有 1～4 号四个刀位。检查电动刀架的机械部分，没有任何问题。 ③对各个刀位进行比较，发现除了 3 号刀位之外，其他刀位定位都很正常。选择 3 号刀位时，有时电动刀架连续旋转，不能停止下来。 ④采用交换法，用其他刀位的控制系统去控制 3 号刀位，3 号刀位都不能定位。 ⑤用 3 号刀位的控制信号可控制其他刀位，因此判断是 3 号刀位失控。 ⑥在电动刀架中，用霍尔元件进行定位和检测，霍尔元件对准确选择刀号，完成工件加工有着重要的作用。 ⑦检查霍尔元件，1 号、2 号、4 号刀位所对应的霍尔元件正常，而 3 号刀位所对应的霍尔元件有时不能传送信号
故障排除	更换不正常的霍尔元件，故障得以排除
经验总结	霍尔元件是根据霍尔效应进行磁电转换的磁敏元件，如图 7-29 所示。霍尔元件是一个 N 型半导体薄片，若在其相对两侧通控制电流 I，而在薄片垂直方向加磁场，则在半导体另外两侧便会产生一个大小与电流和磁场 B 的乘积成正比的电压，这个现象就是霍尔效应。 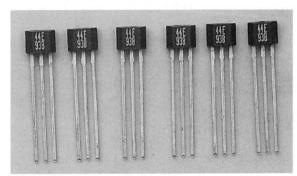 图 7-29　霍尔元件 2 　　四工位电动刀架是以脉冲电波的形式接受指令的，刀架内部有一端带蜗轮的蜗杆，刀架和底座接触面上各有一个端面齿轮和两个限位块，正常情况下两个端面齿轮是咬合的，底座上面装有电机并有连轴蜗杆。当接收到换刀指令时，电机正传，蜗杆带动蜗轮同时刀架蜗杆转动使刀架上升，端面齿轮分离。当刀架升高到一定程度时，刀架连同刀架蜗杆一起旋转，旋转 90° 后遇到限位块阻挡，由于电机受阻力量达到一定时开始反转，刀架下降于底座端面齿轮咬合，限位块锁死，完成换刀。 　　数控刀架码盘里的霍尔元件有故障的时候，往往是线路没有问题，而刀架停不下来。如果刀架旋转不到位，往往是霍尔元件的位置不对。图 7-30 为四方刀架发信盘及霍尔元件（圆周均匀排列的霍尔元件）  图 7-30　四方刀架发信盘及霍尔元件（圆周均匀排列的霍尔元件）

实例 29　数控车床，自动刀架不动

故障设备	SIEMENS802S 数控卧式车床
故障现象	数控卧式车床自动刀架不动
故障分析	1. 刀架不动的原因 ①电源无电或控制开关位置不对； ②电动机相序接反； ③夹紧力过大； ④机械卡死，当用 6mm 六角扳手插入蜗杆端部，顺时针转不动时，即为机械卡死。 2. 故障诊断 ①检查电动机是否旋转； ②检查电动机转向是否正确； ③用 6mm 六角扳手插入蜗杆端部，顺时针旋转，如用力可以转动，但下次夹紧后仍不能启动，可将电动机夹紧电流按说明书调小些
故障排除	检查夹紧位置的反靠定位销、重新调整锁死的主轴螺母、检查润滑情况等。通过上述各项措施，故障被排除
经验总结	反靠销即初定位销，参与限制物体自由度的零件，在一些机械运动的设备中都有一定的应用，主要用于二维空间的位置确定。 当机体由多个零件连接而成，而各个部分又需在加工装配时保持精确位置时，应采用定位销定位。定位销有五种：固定式定位销、可换式定位销、锥面定位销、削边定位销和标准菱形定位销。图 7-31 为定位销在刀架中的位置，图 7-32 为刀架定位销组件，图 7-33 和图 7-34 分别为刀架定位销组装过程和刀架定位销组装完成后的造型  图 7-31　定位销在刀架中的位置　　图 7-32　刀架定位销组件 图 7-33　刀架定位销组装过程　　图 7-34　刀架定位销组装完成

实例 30　数控车床，刀塔不转，没有报警显示

故障设备	MITSUBISHI 数控卧式车床
故障现象	某数控卧式车床使用 MITSUBISHI MELDASL3 系统，换刀装置采用旋转刀塔。这台车床在加工中出现故障，启动刀塔旋转时，刀塔不转，没有报警显示

故障分析	在加工中出现故障,启动刀塔旋转时,刀塔不转通常是 PLC 相关元件故障。 ①据理推断:根据刀塔的工作原理可知,刀塔旋转时,首先靠液压缸将刀塔浮起,然后才能旋转。观察故障现象,当手动按下刀塔旋转的按钮时,刀塔没有反应,也就是说,刀塔没有浮起。根据电气原理图可知,PLC 的输出 Y4.4 控制继电器 K44 来控制电磁阀,电磁阀控制液压缸使刀塔浮起。 ②排除方法:首先通过系统 DIAGN 菜单下的 PLC-I/F 功能,观察 Y4.4 的状态,当按下刀塔旋转手动按钮时,其状态变为"1",没有问题。继续检查发现,是 Y4.4 控制的直流继电器 K44 的触头损坏了
故障排除	更换新的继电器,刀塔恢复正常工作,故障被排除
经验总结	直流继电器是指采用直流电流供电的一种小型电子控制器件,如图 7-35 所示。具有控制系统(又称输入回路)和被控制系统(又称输出回路),通常应用于自动控制电路中。它相当于"自动开关",在电路中起着自动调节、安全保护、转换电路等作用。 1. 直流继电器的结构特点 直流继电器由于通直流电时不会产生电抗,所以直流继电器的线圈线径比较细,主要是为了增大内阻,防止近似短路现象,因为工作时发热量较大,所以直流继电器做得较高、较长,主要是为了散热效果好。 2. 直流继电器的工作原理 直流继电器由线圈、铁芯和几组常开、常闭触点组成,如图 7-36 所示。当继电器线圈接通额定电压的直流电时,线圈产生磁场,吸引铁芯动作,与铁芯相连的常开触点闭合,同时,常闭触点断开。当继电器线圈断电时,线圈失去磁场,被吸引的铁芯在弹簧的作用下恢复复位,与铁芯相连的常开触点断开,同时,常闭触点闭合。继电器就是通过控制线圈的通/断电,实现触点的接通与断开,从而达到对设备的逻辑控制。 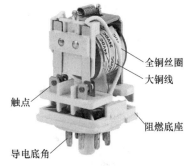 图 7-35　直流继电器　　图 7-36　直流继电器的结构 3. 直流继电器与交流继电器的区别 直流继电器和交流继电器的工作原理一样都是电磁原理,但直流继电器的电源必须是直流电,交流继电器的电源必须是交流电。 直流继电器线圈的直流电阻很大,线圈电流大小等于电压除以线圈的直流电阻,所以线圈导线细而且匝数很多。 交流继电器线圈匝数相对较少,因为交流电路里限制电流大小的除了线圈电阻以外主要是线圈感抗,感抗 XL 的大小与交流电的频率成正比,如果将交流继电器接在直流电路里,由于直流电的频率等于零所以感抗 $XL=0$,而线圈的内阻又很小所以线圈会发热而烧毁。相反直流继电器接交流电源时会因线圈的内阻很大而出现很大感抗造成线圈吸合不上,所以不能互换

(图 7-36 标注：全铜丝圈、大铜线、触点、阻燃底座、导电底角)

实例 31　数控车床,自动换刀过程中,刀塔连续旋转不能停止

故障设备	FANUC 0TC 系统数控车床
故障现象	在自动换刀过程中,刀塔连续旋转不能停止,CRT 上显示♯2007 报警"TURRET INDEXINGLINE UP"(刀塔分度时间超过)
故障分析	根据使用说明书上♯2007 报警的含义"刀塔分度时间超过",表明刀塔的转位机构、信号传递等有故障。 ①强行将车床复位,刀塔旋转停止。但是又出现了♯2031 报警"TURRET NOT CLAMP",提示"刀塔没有卡紧"。 ②观察刀塔位置发现,刀塔实际上没有回落。 ③检查信号,利用数控系统的诊断功能检查 PMC。在刀塔转位找到第一把刀具后,PMC 的输出点 Y48.2 的状态立即变为"0",这说明系统已经发出了"刀塔回落"的指令。 ④Y48.2 的控制对象是"刀塔推出"电磁阀,即电磁阀是执行刀架回落指令的元件。 ⑤对该电磁阀进行性能检查,检测发现电磁阀电源在按照指令被切断后,阀芯没有脱开,使液压缸没有动作,导致刀塔没有回落

故障排除	检查结果表明液压系统执行刀架回落的控制元件电磁阀有故障。更换新的电磁阀,故障得以排除
经验总结	电磁阀是一种通过改变液流方向来实现运动换向与通断油路的控制电器,如图7-37所示。在数控机床中,电磁阀广泛地应用于刀架移动、主轴换刀以及工作台交换等的液压控制系统中 图 7-37　电磁阀

实例 32　数控车床,刀架不转

故障设备	德州 SAG210/2NC 数控车床
故障现象	上刀架体抬起但不转动
故障分析	SAG210/2NC 数控车床,与之配套的刀架为 LD4-1 四工位电动刀架。根据电动刀架的机械原理,上刀架体不能转动,可能是粗定位销在锥孔中卡死或断裂。拆开电动刀架更换新的定位销后,上刀架体仍然不能旋转。重新拆卸时发现在装配上刀架体时,应与下刀架体的四边对齐,齿盘须啮合
故障排除	按上述要求装配后,故障排除
经验总结	LD4 型系列立式电动刀架采用蜗轮蜗杆传动,上下齿盘啮合,螺杆夹紧的工作原理。具有转位快,定位精度高,切向转矩大的优点。图7-38 为 LD4 型系列立式电动刀架。发信盘转位采用霍尔元件,具有工作可靠度高、刚性好、使用寿命长的特点。适用于多种普通车床和数控车床。 图7-39 为电动刀架继电器控制系统图,该电动刀架采用继电器控制系统。电动刀架为四工位,分别标识为 1 号位、2 号位、3 号位、4 号位。每个刀位对应一个刀位到位信号,当刀架运动经过工位时,发出相应的控制信号,使得电机反转,对销反靠,双端齿精定位,螺纹升降夹紧,电机运动停止。 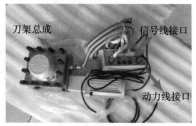 图 7-38　LD4 型系列立式电动刀架 图 7-39　电动刀架继电器控制系统图

经验总结	图 7-40 为工位信号采集电路图。工位信号采集原理:数控刀架转到工位时,由安装在刀架内部的霍尔传感器检测刀架到位信号,刀架信号输出端由高电平转到低电平,由信号采集电路对这一瞬时信号进行采集和保持,输出相对应的工位信号(高电平信号),相应的中间继电器线圈得电工作,使得刀架反转夹紧

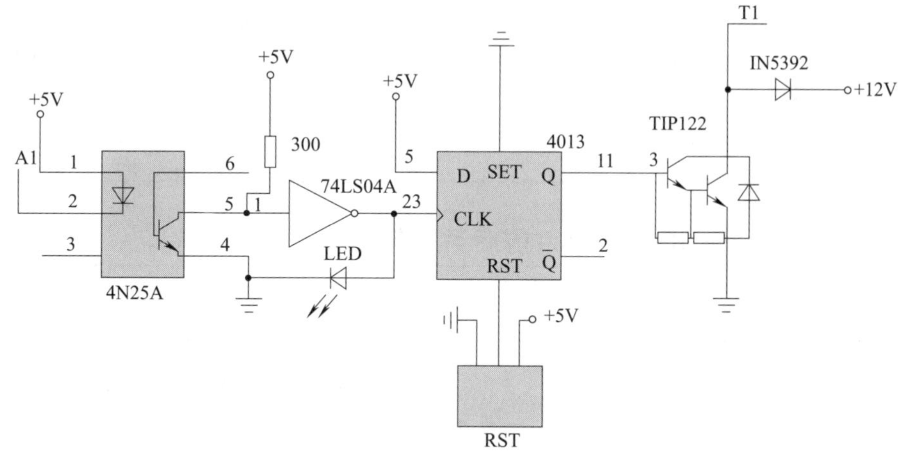

图 7-40　工位信号采集电路图

实例 33　数控车床,自动加工过程中,当运行到换刀程序段时刀架不换刀

故障设备	FANCU 0i 系统的 CK6140 经济型数控车床
故障现象	机床在自动加工过程中,当运行到换刀程序段时,刀架不换刀。经过一段时间后,刀架能继续执行换刀程序以后安排的运动指令,直至最后,并能再次启动
故障分析	根据故障现象采取如下措施逐一进行检查: ①选择手动方式时,可用刀位选择开关选择刀位。 ②自动方式下,需把刀位选择开关旋到绝对位置;延时方式未启用。所以当单板机发出 2 号刀位的指令后,必须在接到 2 号刀位到位的信号后,才能进行下一程序段的运行。 　继续分析,当机床发出换刀指令后,不管刀架是否已按指令旋转,只要刀位延时回答接口在预定的时间后,便能检测到刀位信号,此时不管是哪号刀的刀位到位信号,都以收到回答信号来处理。由于刀架没有旋转,刀位到位点是闭合的,所以程序继续向下执行。刀架顶部的到位发信盘在延时控制方式中起的是另一个作用:当刀架抬起作水平旋转时按钮可以松开,刀架继续向前滑动直至碰到第一个 90°位置,即到位开关闭合后就能反转,并下落锁紧。 　如果要旋转 180°,则需按住按钮不放,等它转过 90°,越过到位开关后才能松开按钮,或分两次旋转。通过对刀架运动及机床处理换刀程序方式的分析,此故障现象是刀架控制箱没有收到机床发出的换刀信号
故障排除	检查换刀信号,在控制柜的插头处找到了脱焊的点,如图 7-41 所示,重新焊接后,故障排除  图 7-41　故障位置

经验总结	①因原刀架控制箱装在刀架大滑板下方的进给齿轮箱留下的空档内,随机床一起运动,所以控制柜给刀架控制箱的换刀信号及回答信号必须随其他控制信号一起,先到机床配线插接处,再由机床配线处到按钮站,由按钮站经过信号分类和转换后再到控制箱。这两根信号线的连接环节特别多,加上控制箱在大滑板上随刀架的移动及切削力的振动和中滑板润滑油的下滴的影响,因此一直是故障的多发部位。现重换的 C 型刀架,把刀架控制箱从床身上分离出来,既可直接放在机床床头前独立的支架上,也可放在总线机的微机箱上面,避免了振动、移动和油污对它的影响,但是对这两根信号线没有作更好的处理。可以把这两根信号线直接从刀架控制箱连到微机柜。 ②此机床的刀架到位回答信号由发信盘到刀架控制箱后,还需进行电平的转换。刀架背箱后有一扳把开关,分别接通高电平与低电平。如果这个开关位置错了,则刀架会因收不到回答信号而等待

实例 34 数控车床,换刀前后运行停止

故障设备	D015 经济型数控车床
故障现象	机床在自动加工中,有时在换刀前,有时在换刀后,机床不再进给,停止在换刀位
故障分析	按照如下步骤进行检查分析: ①检查机床接地线,重新接上后故障未排除。检查接地线的其他环节,从母线槽地线引线点开始,由于欠保养,各处都或多或少地存在一些问题,同时也发现了通过机床接地给数控柜引接地线而在主轴启动时产生干扰的真正原因。在故障检查、分析的同时对数控柜进行了清扫、保养、检修,但仍不能解决问题。 ②通过仔细观察,发现故障总是发生在换刀运动中,特别是刀架落下时,会出现"咔"的响声。对刀架部分进行彻底的检查,并围绕换刀信号的屏蔽进行跟踪。刀架信号电缆线与刀架三相交流电动机线同穿一根蛇形管,刀架信号电缆线有屏蔽网。此屏蔽网在连接刀架控制箱的一端未接地,接地端应该在刀架侧,屏蔽线的接地电阻经测试良好。只有拆开刀架,找到接地点,才能用探触法做彻底检查。 ③拆下刀架。刀架信号电缆在此没有接线端或插头座那样的连接处,刀架信号电缆的屏蔽网在此处有很短的露出部分,与蛇形管及刀架有接触,但没有采取固定措施,它的接地是虚的。加上这段蛇形管与刀架连接的一端已被拉开,刀架一运动,屏蔽接地线就有可能脱开,三相感性负载的干扰就会窜入设备,造成了故障的出现
故障排除	把刀架一端的屏蔽接地彻底去除,将刀架信号电缆屏蔽网的另一端接在刀架控制箱上,此箱的接地有专线与数控柜接地线相连。经此处理后,故障排除
经验总结	通常情况下,一般把带电感参数的负载,即符合电压超前电流特性的负载,称为感性负载。应用电磁感应原理制作的大功率电器产品有电动机、压缩机、继电器、日光灯等。图 7-42 为感性负载电路图。 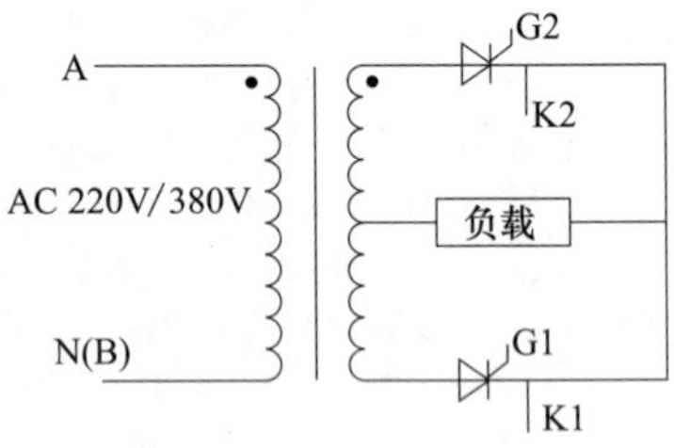 需要特别注意的是:设备启动时的电流比正常工作时的电流要大一些,下面从感性负载、容性负载、阻性负载分别进行型阐述。 (1)感性负载 如电动机,启动时的电流可达正常电流的 7 倍以上,是因为启动时的转矩最大,所以电流最大。 (2)容性负载 刚接通电源时电流最大,因为刚接通电源时电容两端的电压等于零,所以充电电流也最大。 (3)阻性负载 有些阻性负载刚接通电源时的电流也大,如白炽灯刚接通电源时的电阻最小(温度低)随着温度的升高电阻变大,所以白炽灯启动时的电流最大,随温度的升高电阻变大了,一般白炽灯启动时容易坏的原因就是这个道理。 感性负载在接通或断开时产生的反电势前沿很陡,属于迅速变化的强脉冲。触点通断时产生的电火花属于一种高频振荡信号,其频带宽,幅值又大。它们或以辐射的形式直接干扰敏感电路,或通过布线间的分布电容耦合到被干扰电路上,或通过传输导线间的电磁耦合干扰敏感电路。因此,除了应对干扰源采取抑制措施外,还应用屏蔽网对被干扰线路进行保护。此刀架信号电缆屏蔽层接地虚设,所以使干扰信号窜入了设备,造成了程序的终止

图 7-42 感性负载电路图

实例 35 数控车床,刀盘误换刀后碰撞工件

故障设备	FANUC 0T 的数控车床
故障现象	机床先加工 40 多件销轴后,再车削两段直径不同的外圆。当小外圆车削完毕,转换到车大外圆时,出现刀盘误换刀,刀盘旋转碰撞工件的故障

故障分析	根据图7-43换刀流程图分析,故障原因有:换刀指令错误、指令刀号与实际刀号不符、刀盘编码器不正常等。 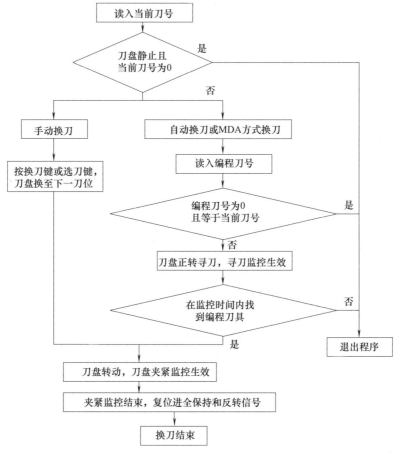 图 7-43 换刀流程图 ①机床是在加工40多个工件后出现故障,所以换刀指令不会出现错误。 ②拆除工件,待机床返回参考点后,将刀盘移动到一个不会发生撞刀的位置,编写一段换刀程序(程序中包含故障刀号),在自动状态下运行,故障没有出现,由此认为编码器是正常的。 ③分析认为,如果编码器的信号电缆或插接件接触不良,就会造成PMC所检测到的指令刀号与实际刀号不符,从而造成误换刀,而且故障时有时无。于是切断机床电源,松开插头XC131进行检查,发现电缆铜线与插针C、D的焊接处有虚焊。用手轻轻一拔,导线就脱落了。图7-44即为有故障编码器的插头  图 7-44 有故障编码器的插头
故障排除	重新焊接所有插针,并套上绝缘塑料套管。重新开机后,故障不再出现
经验总结	编码器连接松动,会出现信号不好、丢脉冲导致位置或速度错误。其出现松动原因无外乎以下几种: ①编码器安装不稳定,编码器机体主体松动,带动插头处松动,是长时间加工振动导致; ②编码器安装稳定,但主轴与电机轴连接处松动,反过来带动编码器跟随运动导致。 我们有时也可以根据实际工作环境,自己设计编码器支架,用以辅助固定。由于加工不够规范,我们的编码器在使用过程中由于编码器轴与电机轴不同心容易造成抖动,导致连接处松动。简便并且一劳永逸的操作是在编码器处增加支架,并牢固固定,使用焊接、铆接、螺栓连接、扎带固定的方法皆可

Flow chart (图 7-43) content:

读入当前刀号
→ 刀盘静止且当前刀号为0 —— 是 →
否 →
手动换刀 → 按换刀键或选刀键,刀盘换至下一刀位
自动换刀或MDA方式换刀 → 读入编程刀号 → 编程刀号为0且等于当前刀号 —— 是 → 退出程序
否 → 刀盘正转寻刀,寻刀监控生效 → 在监控时间内找到编程刀具 —— 否 → 退出程序
是 → 刀盘转动,刀盘夹紧监控生效 → 夹紧监控结束,复位进全保持和反转信号 → 换刀结束

实例 36 数控车床，刀具到位后不能锁紧

故障设备	FANUC 0i 六刀位数控车床
故障现象	车床刀架正向运转正常，可以正确地选刀，但是刀具到位后不能锁紧，显示器上出现报警信息，提示"换刀超时"
故障分析	刀架正向，运转正常并且可以选刀，但是不能反向锁紧，可能是电气电路有故障，也可能是蜗轮蜗杆传动部位不正常。 ①刀具反向锁紧到位信号是由位置开关发出的，为了确认故障原因，打开刀架的顶盖和侧盖，用万用表检查刀具控制电路，没有断路和接触不良现象。 ②用手按下刀架反向锁紧位置开关，同时观察梯形图上有关的信号，有正确的通、断反应。 ③如果挡块运动不到位，也可能导致行程开关不动作，检查发现果然如此，其原因是固定挡块的螺栓松动。拧紧螺栓后，换刀正常。但是不久后又再次出现刀架不能锁紧的故障。 ④继续检查，发现蜗杆端的轴套打滑，并且有爬升现象
故障排除	对轴套进行紧固和定位后，机床恢复正常工作
经验总结	普通圆柱蜗杆的齿面（除 ZK 型蜗杆外）一般是在车床上用直线刀刃的车刀车制的。根据车刀安装位置的不同，所加工出的蜗杆齿面在不同截面中的齿廓曲线也不同。图 7-45 为电动刀架蜗杆。 图 7-46 为蜗杆传动，蜗杆传动由蜗杆和蜗轮组成，一般蜗杆为主动件。蜗杆和螺纹一样有右旋和左旋之分，分别称为右旋蜗杆和左旋蜗杆。 蜗杆传动的结构决定了它有如下特点： ①可以得到很大的传动比，比交错轴斜齿轮机构紧凑。 ②两轮啮合齿面间为线接触，其承载能力大大高于交错轴斜齿轮机构。 ③蜗杆传动相当于螺旋传动，为多齿啮合传动，故传动平稳、噪声很小。 ④具有自锁性。当蜗杆的导程角小于啮合轮齿间的当量摩擦角时，机构具有自锁性，可实现反向自锁，即只能蜗杆带动蜗轮，而不能由蜗轮带动蜗杆。如在起重机械中使用的自锁蜗杆机构，其反向自锁性可起安全保护作用。 ⑤传动效率较低，磨损较严重。蜗轮蜗杆啮合传动时，啮合轮齿间的相对滑动速度大，故摩擦损耗大、效率低。另一方面，相对滑动速度大使齿面磨损严重、发热严重，为了散热和减小磨损，常采用价格较为昂贵的减摩性与抗磨性较好的材料及良好的润滑装置，因而成本较高。 ⑥蜗杆轴向力较大 一般蜗杆与轴制成一体，称为蜗杆轴，如图 7-47 所示。蜗杆轴是组成机械的重要零件，也是机械加工中常见的典型零件之一。支承着其他转动件回转并传递转矩，同时又通过轴承与机器的机架连接。蜗杆轴类零件是旋转零件，其长度大于直径，由外圆柱面、圆锥面、内孔、螺纹及相应端面所组成。加工表面通常除了内外圆表面、圆锥面、螺纹、端面外，还有花键、键槽、横向孔、沟槽等。   图 7-46 蜗杆传动  图 7-45 电动刀架蜗杆　　　　图 7-47 蜗杆轴 蜗轮蜗杆的结构型式可分为： ①整体式：用于铸铁和直径很小的青铜蜗轮； ②齿圈压配式：轮毂为铸铁或铸钢，轮缘为青铜； ③螺栓连接式：轮缘和轮毂采用铰制孔，用螺栓连接，这种结构装拆方便

实例 37　数控车床，自动加工时不能执行换刀指令

故障设备	SIEMENS 802D 的数控车床
故障现象	在自动加工时,不能执行换刀指令
故障分析	①这台车床主轴为交流伺服,配置德国 SAUTER 转塔刀架,自动换刀部分采用 S7-300 型 PLC 控制。经检查,刀架完全不能转动。 ②改用手动方式操作,刀架还是不能转动。 ③检查 PLC 输入接口刀架到位锁紧开关的信号,在正常状态。 ④检查刀架电动机,已经加上动力电源,但是不能转动。 ⑤参照说明书拆卸升刀架的端盖,试转动刀盘,完全不能转动,说明刀盘被卡死。 ⑥进一步检查,发现刀盘的底部夹着一块铁屑
故障排除	清除刀盘底部的铁屑,不能执行换刀指令的故障被排除
经验总结	切削所产生的铁屑,有时会造成某些故障。用于切削加工的数控机床,要经常清扫铁屑,不要让这种故障隐患遗留在机床上。 如果铁屑经常往刀架处掉落,可以采取如下措施: ①改变刀具的刃倾角,就能改变切屑流出的方向,切屑就不会再缠到刀架上去了。刃倾角分为 0°、正、负三种角度,把刀具的切削刃的刀尖磨的比切削刃其余部分都低,切屑就流向远离刀架的方向了。 ②另一种做法是用一块 2mm 厚的铁板,压在刀具的刀牌上面,靠近刀头附近的地方把它向上扭转 90°,或直接装在刀架侧面,如图 7-48 所示,铁屑出来的时候被铁板挡住,就不会钻到刀架里面去了

图 7-48　加装的防铁屑的挡板

实例 38　数控车床，电动刀架定位不准

故障设备	南京 JN 系列数控系统
故障现象	该机床是采用南京江南机床数控工程公司生产的 JN 系列机床数控系统改造而成的经济型数控车床,其刀架是常州市武进机床数控设备厂为 JN 系列数控系统配套生产的 LD4-1 型电动刀架。该机床在工作时出现电动刀架定位不准的故障
故障分析	该故障发生后,检查电动刀架的情况如下:电动刀架旋转后不能正常定位,且选择刀号出错。根据上述检查,怀疑是电动刀架的定位检测元件——霍尔开关损坏。拆开电动刀架的端盖,检查发信盘及霍尔元件开关,如图 7-49 所示,发现该元件的电路板是松动的。  图 7-49　发信盘及霍尔元件开关 由电动刀架的结构原理可知,该电路板应由刀架轴上的锁紧螺母锁紧,这样在刀架旋转的过程中才能准确定位
故障排除	重新将松动的电路板按刀号调整好,即将 4 个霍尔元件开关与感应元件逐一对应,然后锁紧螺母,故障排除

经验总结	在电动刀架中，霍尔元件是一个关键的定位检测元件，它的好坏对于电动刀架准确地选择刀号、完成零件的加工有十分重要的作用。因此，对于电动刀架的定位故障，首先应考虑检查霍尔元件。图 7-50 为发信盘上霍尔元件的位置

	图 7-50　发信盘上霍尔元件的位置

实例 39　数控车床，对刀时不能微调

故障设备	FANUC 0TD 数控车床
故障现象	机床在对刀时不能进行微调
故障分析	①这台机床在对刀微调时需要使用手摇脉冲发生器。对脉冲发生器进行检测，发现已经损坏了且不能发出脉冲。 ②对手摇脉冲发生器进行检查，发现故障在电路板上，但一时找不出具体的故障元件。需要修理或更换
故障排除	因没有备用的手摇脉冲发生器替换，为了不影响生产，暂时将脉冲发生器退出。具体方法是修改机床参数，将参数号 900-3 设为"0"，使手摇脉冲发生器无效，改用点动按钮对刀具进行微调。待脉冲发生器修好后，再将参数号 900-3 设为"1"，使脉冲发生器恢复正常使用
经验总结	手摇脉冲发生器（manual pulse generator）即电子手轮，也称为手轮、手脉、手动脉波发生器等，如图 7-51 所示，用于 CNC 机械工作原点设定、步进微调与中断插入等动作。  图 7-51　手摇脉冲发生器 　　一般情况，直接用电子手轮（电子脉冲发生器）是不能对伺服电机、步进电机等设施进行控制的，为了实现电子手轮对这些设施进行精准控制必须通过中间的信号转换媒介来完成，常用的有 PLC 控制系统、脉冲伺服驱动器等。对于用 PLC 系统的，一般情况要看电子手轮与什么样的 PLC 系统连接，因为有些 PLC 的定位模块有专门的脉冲发生器输入口，也就是我们所说的即插即用设备，但有的 PLC 是没有这个输入口的，这时可进行 PLC 编程来完成，可以直接用输入控制输出。一定要注意观察的是电子手轮脉冲的最高频率和 PLC 的扫描时间。 　　电子手轮本身就是一个编码器，可以直接给脉冲伺服驱动器控制伺服电机定位，这里所讨论的就是，由电子手轮将脉冲信号传递给 PLC 控制系统，再由 PLC 进行处理后，发出需求的指令。 　　也可以用高速计数器进行电子手轮的控制，也就是用高速计数器计量手轮的脉冲数。高速计数器是指能计算比普通扫描频率更快的脉冲信号，它的工作原理与普通计数器类似，只是计数通道的响应时间更短，一般以千赫兹的频率来计数，比如精度是 20kHz 等。高速计数器的当前值是一个双字长（32 位）的整数，且为只读。比如，在 S7-200 PLC 控制系统中，就常以 HCO 等来表示和计算

实例 40 数控车床，刀架不能靠近卡盘

故障设备	FANUC 0i 数控车床
故障现象	该数控车床，无论是手动方式还是自动加工方式，刀架都不能靠近卡盘，离卡盘还有些距离，就显示报警
故障分析	此故障的出现一般是刀架移动到限位报警的安全位置了，机床锁死了刀架，防止碰撞卡盘的危险发生
故障排除	先找到可能存在的 Z 轴负行程硬开关，在不发生刀架与卡盘碰撞的情况下，调整到需要的位置，按照机床说明书重新设置行程开关的安全限位参数
经验总结	在实际情况中，如果是因为对刀问题引起的限位报警而锁死刀架，只需重新对刀即可，前提是机床具有判断限位的功能。而有的机床虽然有限位报警，但是其报警根据对刀的数值进行校对，如果对刀错误，安全限位也会随之改变，此种情况需要特别注意

实例 41 数控车床，找不到指定的刀位

故障设备	FANUC 0i SSCK40/750 型数控车床
故障现象	机床执行换刀指令时，刀架连续旋转数圈，然后停留在某一刀位，但是这个刀位并不是程序中所指定的刀位
故障分析	①在不安装工件的情况下，调出某一工件加工序，执行循环启动指令，并按下显示器上的图形键，观察刀具运动轨迹。此时各项指令准确执行，刀具运动轨迹完全正常。但是当程序运行到换刀指令时，刀架连续回转，不能准确定位，显示器上出现报警。 ②按下显示器上的"MESSAGE"键，查看报警信息，报警代码为 1010 和 1011，其原因是刀架锁紧、刀架旋转延时不正确。 ③在"点动"和"手动数据输入"两种状态下，再次执行换刀指令，故障和报警代号都没有变化。查看梯形图可见，此时 1010 处于不正常的状态。 ④鉴于天气寒冷，连续多日室内温度低于 0℃，怀疑刀架液压系统动作不灵敏，导致定位销不能锁紧。于是对数控车床加大供热，使环境温度上升到 10℃ 左右，但是故障现象没有变化。 ⑤在这台机床中，主轴编码器的主要作用是在换刀时控制主轴停止在某一固定位置。分析认为，在找不到其他故障原因的情况下，有可能是主轴编码器不正常
故障排除	打开电动刀架后盖，拆除安装在主轴电动机上的编码器，换上同型号的编码器。重新启动机床后，换刀完全正常，故障不再出现
经验总结	刀架编码器是数控车床的关键配套件。它可将车床刀架的工作位置反馈给数控系统，以实现车床刀具的自动切换。图 7-52 为刀架编码器，图 7-53 为刀架编码器安装位置。  图 7-52 刀架编码器　　　图 7-53 刀架编码器安装位置 图 7-54 为光电编码器原理图，下面介绍透射式旋转光电编码器的原理。在与被测轴同心的码盘上刻制了按一定编码规则形成的遮光和透光部分的组合。在码盘的一边是发光二极管或白炽灯光源，另一边则是接收光线的光电器件。码盘随着被测轴的转动使得透过码盘的光束产生间断，通过光电器件的接收和电子线路的处理，产生特定电信号的输出，再经过数字处理可计算出位置和速度信息

经验总结	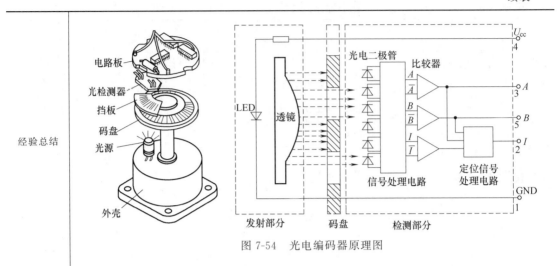 图 7-54 光电编码器原理图

实例 42 车削加工中心，刀架不能锁紧

故障设备	FANUC 0T 系统 TNC-200 型车削加工中心
故障现象	FANUC 0T 系统 TNC 200 型车削加工中心，在 MDI/MEM/HANDLE 三种方式下换刀时，刀架都可以转动，但是不能锁紧
故障分析	故障常见原因是定位机构、编码器等有故障。如刀架转动没有到位，刀架偏离定位销，也可能是编码器不正常等。 ①查阅有关资料，本例机床所设计的换刀步骤如下： a. NC 系统根据刀号发出换刀指令； b. 确定旋转方向，刀架开始旋转； c. 编码器输出刀码； d. 待换的刀具进入指定位置后，PMC 发出指令，刀架定位销插入； e. 刀架夹紧。 ②检查发现 NC 已经发出换刀指令，刀架已经旋转。因此怀疑故障原因是刀架定位有故障。 ③将刀架驱动电动机与编码器之间的连接齿轮脱开，拔出刀架定位销进行检查，发现定位销没有插入
故障排除	用手盘动刀架，使定位销插入，再次进行自动加工时，换刀动作正常，故障被排除。图 7-55 为正在进行故障处理。  图 7-55 故障处理

经验总结	刀架定位销出故障也会导致数控车床刀架换不到位。其故障现象是数控车床生产产品时,有时会出现换刀不到位,基本表现为上一个产品是好的下一个就出现问题,不用处理继续加工又是好的,频率慢慢高了,需要修理。 更换发信盘,换刀不到位的频率高了,和发信盘无关。经查看维护保养记录,发现刀架曾经拆开用柴油清洗过,判断为定位销的问题。拆开电动刀架发现里面的定位销磨损或变形了,查看定位销是否还能修理,若不能修换一个就好了,顺便把里面的盘齿等传动配件用柴油洗一下。电动刀架里面很容易被污染,平时要注意维护。图 7-56 为刀架定位销的位置。 定位销的作用就是限制物品的自由度,如图 7-57 所示。刀架定位销作为定位销的一种,是用来限制刀架旋转角度的。  图 7-56　刀架定位销的位置　　　　 图 7-57　定位销 定位销主要种类有:固定式定位销、可换式定位销、锥面定位销、削边定位销、标准菱形定位销、弹簧定位销。 下面详细描述淬火件定位销孔的配作方法。 对于在加工、装配、使用和维修过程中,多次装拆而能准确保持相对位置的零件,通常采用定位销来确定零件的相互位置。一般情况下,采用销定位的两被连接件均不需淬火处理,此时只需将两零件预装在一起直接配作销孔即可。 ①当两被连接件中,一件不需淬火处理,而另一件是淬火件时要采用销定位。 淬火后零件不能被钻、铰,但销孔又必须配作,如果在淬火处理前加工好销孔,经过淬火处理后会产生变形,致使两零件上的销孔距不相等,从而无法安装。此时可先在淬火件上作一个大于销钉直径的孔,淬火后,打磨该孔,在孔中装入由软钢制造的环形件(其内孔小于销钉直径),环形件必须与淬火件是过盈配合,然后将两零件预装在一起配作销孔。 这种方法属理论方法,因在淬火件上加装环形件后受力不好。在实际生产中还可将淬火件上的销孔位置处局部退火,有时局部退火表面硬度还是高,此时可在淬火之前先在淬火件上钻一小于销钉直径的孔,淬火后将此孔内表面局部退火再与非淬火件预装,然后淬火件放在上方进行扩孔,非淬火件进行钻孔,达到配作的目的。 ②也有两被连接件均为淬火件的情况,一般来讲,这时可采用其他的定位方法,而不采用销定位。必须用销定位时,较先进的加工方法是用线切割加工,即将两零件先分别进行淬火处理,然后预装在一起,再用线切割加工配作销孔。但是拥有线切割设备的厂家毕竟不多,销连接时两被连接件均为淬火件的情况也不常见,因此,在没有特殊设计要求情况下,应找到可行的替代方法。 方法一:当两淬火件淬火硬度均不很大时,淬火后再退火可得到较小的硬度,故而可在淬火后对销周围进行局部退火处理,然后预装配。 方法二:对硬度稍小的零件局部退火,对硬度稍大的零件照前述方法在淬火前加工一略小于销钉直径的孔,再对其内表面局部退火,然后淬火件放在上方进行扩孔,非淬火件进行钻孔。 方法三:两零件淬火后硬度都较大时,对硬度稍小者在淬火前加工一略小于销钉直径的孔,再对其内表面局部退火,而对硬度大者可加一软钢块,但此时配作须将两零件位置颠倒,先扩后钻。 这样,即可在无专用加工设备的情况下用较简单的方法对淬火件的销孔进行配作

实例 43　车削加工中心,刀架有时出现锁死现象,有时自由转动无法找到刀位

故障设备	FANUC 0T 车削加工中心
故障现象	输入换刀指令时,1 号刀架原地不动,出现锁死现象,如图 7-58 所示。有时又处在自由转动状态,无法找到刀位

故障现象	 图 7-58　故障刀架
故障分析	本例车削中心有两个刀架,从故障现象看,故障是 1 号刀架的编码器有问题,常见原因是导线接触不良或编码器损坏等。 ①检查编码器的连接导线和插接件,处于正常状态。 ②判断编码器损坏,发出了错误的编码,使数控系统无法识别,一直在等待换刀指令
故障排除	①切断机床电源,将刀架到位信号线断开,然后重新送电。 ②任意选择一个刀号后,输入换刀指令,让刀架松开,处于自由转动状态。 ③再次断电,拆下原来的编码器,将刀架与编码器轴安装好,并连接好新编码器的导线
经验总结	注意:如果更换新的编码器后,刀号仍然不对,无法找到刀位,那么就需要手动进行校对,手动进行校对的步骤如下。 ①送电后,一边用手转动刀架,一边观察显示器上的编码信息,即 PLC 的输入刀号信息。 ②1 号刀架有 12 个刀位,组成四位二进制的编码信号,输送到 PLC 的 8 个输入口。 ③转动刀架后,首先使 1 号刀位对准工作位置,然后用手旋转编码器,使显示器上显示的刀号编码为 0001。 ④再继续转动刀架,使 2 号刀位对准工作位置,显示器上显示的刀号编码为 0010(二进制)。 ⑤将 12 个刀位的编码一一校准后,再固定好编码器,故障得以排除

实例 44　数控铣床,液压系统压力偏低,工作台移动的速度很慢

故障设备	FANUC 0i 系统组合数控铣床
故障现象	液压系统压力偏低,工作台移动的速度很慢
故障分析	该故障常见原因是机械传动机构和液压回路元件有故障。 ①检查发现工作时液压系统升压很慢,设定的压力为 3.5MPa,但实际压力在 2MPa 以下。检查工作台的机械部分,无异常情况,导轨润滑处于完好状态。 ②仔细观察故障现象,三位四通电磁阀停止工作后,液压缸仍有轻微的抖动。检查电磁阀,拆卸后发现一端弹簧已老化失去弹性,电磁阀两端受力不匀且动作不到位。更换电磁阀后,液压缸抖动现象消失,但还是不能正常工作。 ③检查系统动力部分,发现系统升压缓慢,液压泵有轻微的嘶叫声,分析推断是液压泵有吸气现象。 ④据理推断是液压系统中进气或执行元件中的密封圈老化,导致缸体内部的液压油泄漏。 遵循先易后难的原则,对相关部位进行检查:检查管路各连接部位,未发现泄漏现象;检查各控制、执行元件与管路的连接部位,未发现泄漏现象;检查油箱液面高度,处于正常状态;检查吸油口的过滤网,发现过滤网已经全部被杂物堵塞
故障排除	根据检查诊断结果,拆下过滤网,将杂物清洗干净后重装,机床恢复正常工作。为了防止故障重复,应检查油箱的清洁度和液压油的清洁度,必要时还需要检查液压系统的清洁度
经验总结	液压油箱是指用来储存保证液压系统工作所需的油液的容器,如图 7-59 所示。 液压油箱的主要作用是储存油液,此外还起着对油液的散热、杂质沉淀和使油液中的空气逸出等作用。按油箱液面是否与大气相通,油箱可分为开式与闭式两种。开式油箱用于一般的液压系统中,闭式油箱用于水下和对工作稳定性、噪声有严格要求的液压系统中。 油箱的容积必须保证在设备停止运转时,系统中的油液在自重作用下能全部返回液压油箱。油箱的有效容积(液面高度只占油箱高度80%时的油箱容积)一般要大于泵每分钟流量的 3 倍(行走装置为 1.5～2 倍)。通常低压系统中,油箱有效容积为每分钟流量的 2～4 倍,中高压系统为每分钟流量的 5～7 倍;若是高压闭式循环系统,其油箱的有效容积应由所需外循环油量或补充油油量的多少而定;对工作负载大,并长期连续工作的液压系统,油箱的容量需按液压系统的发热量,通过计算来确定。

经验总结	图 7-59　液压油箱 液压油箱一般由快速加油接头、空气过滤器、温度计、油位计、吸油自封装置、箱体、排污阀等主要部件组成。液压油箱的主要组成部件的用途如下： ①空气过滤器：防止外界杂物混入，滤清空气，平衡油箱内与大气的压力。 ②油位计：用于观察油箱中的油液量。拖泵工作时，油位必须在油位中间位置以上。 ③温度计：显示液压油油温。 ④快速加油接头：用于液压油的加注。 ⑤排污阀：供油箱清洗时排除污油用，平时是关闭的

实例 45　数控铣床，加工完毕后夹具不能松开

故障设备	SIEMENS 802D 系统的 XK3627 型数控铣床
故障现象	工件加工完毕后，无法将夹具松开，工件不能从机床上卸下
故障分析	工件已经加工完成，只是无法将夹具松开，工件不能从机床上卸下，说明和程序、数控系统无关。应检查机械相关部件，具体应从相关的接近开关、连接导线、液压装置、相关的机械部位进行着手。 ①按下"ALT＋N"软键，进入 PLC 逻辑状态表，再用螺丝刀碰触"夹紧/松开"接近开关的感应部位，此时状态表中出现"0"或"1"的状态变化，表明这只开关正常。 ②再碰触"松开到位"限位开关，状态表也会变化，这说明限位开关正常。 ③观察压力表，压力很正常，而且在碰触"夹紧/松开"接近开关时，油管中有压力冲动现象，怀疑机械部位存在故障。 ④检查机械部位，发现夹具中的顶杆与压块断裂脱落，导致工件无法松开
故障排除	将断裂部位重新焊接好，该故障得以排除
经验总结	机床夹具是机床上用以装夹工件和引导刀具的一种装置。它与工件的定位基准相接触，用于确定工件在夹具中的正确位置，从而保证加工时工件相对于刀具和机床加工运动间的位置相对正确。机床夹具有专门化分类，一般分为五类。 1. 通用夹具 通用夹具，如图 7-60 所示，是指已经标准化的，在一定范围内可用于加工不同工件的夹具。例如，车床上三爪卡盘和四爪单动卡盘，铣床上的平口钳、分度头和回转工作台等。这类夹具一般由专业工厂生产，常作为机床附件提供给用户。其特点是适应性广，生产效率低，主要适用于单件、小批量的生产中。 图 7-60　通用夹具之一——平口钳及其配套夹块 2. 专用夹具 专用夹具，如图 7-61 所示，是指专为某一工件的某道工序而专门设计的夹具。其特点是结构紧凑，操作迅速、方便、省力，可以保证较高的加工精度和生产效率，但设计制造周期较长、制造费用也较高。当产品变更时，夹具将由于无法再使用而报废。只适用于产品固定且批量较大的生产中。

图 7-61　专用夹具

3. 通用可调夹具和成组夹具

通用可调夹具和成组夹具统称为可调夹具,都是具有可调元件的柔性化夹具,如图 7-62 所示,其特点是夹具的部分元件可以更换,部分装置可以调整,以适应不同零件的加工。用于相似零件的成组加工所用的夹具,称为成组夹具。通用可调夹具与成组夹具相比,加工对象不很明确,适用范围更广一些。

4. 组合夹具

组合夹具,如图 7-63 所示,是指按零件的加工要求,由一套事先制造好的标准元件和部件组装而成的夹具。由专业厂家制造,其特点是灵活多变,适应性强,制造周期短、元件能反复使用,特别适用于新产品的试制和单件小批生产。

图 7-62　通用可调夹具和成组夹具

图 7-63　模块化组合夹具

5. 随行夹具

随行夹具是一种在自动线上使用的夹具。该夹具既要起到装夹工件的作用,又要与工件成为一体沿着自动线从一个工位移到下一个工位,进行不同工序的加工。

我们对机床夹具一般有如下要求:

1. 能稳定地保证工件的加工精度

用夹具装夹工件时,工件相对于刀具及机床的位置精度由夹具保证,不受工人技术水平的影响,使一批工件的加工精度趋于一致。

2. 能减少辅助工时,提高劳动生产率

使用夹具装夹工件方便、快速,工件不需要划线找正,可显著地减少辅助工时;工件在夹具中装夹后提高了工件的刚性,可加大切削用量;可使用多件、多工位装夹工件的夹具,并可采用高效夹紧机构,进一步提高劳动生产率。另外,采用夹具后,产品质量稳定,废品率下降,可以安排技术等级较低的工人,明显地降低了生产成本。

3. 扩大机床的工艺范围,实现一机多能

使用专用夹具可以改变原机床的用途和扩大机床的使用范围,实现一机多能。例如,在车床或摇臂钻床上安装镗模夹具后,就可以对箱体孔系进行镗削加工;通过专用夹具还可将车床改为拉床使用,以充分发挥通用机床的作用。

4. 减轻工人的劳动强度

用夹具装夹工件方便、快速,当采用气动、液压等夹紧装置时,可减轻工人的劳动强度

实例 46　数控铣床,旋转工作台严重抖动

故障设备	SIEMENS 810M 数控铣床
故障现象	在加工过程中,旋转工作台(C 轴)出现严重的抖动。在由低速到高速换进给倍率的时候抖动更为明显
故障分析	首先确定了伺服轴发生抖动,再从以下几个方面寻找原因: ①位置反馈元件:(全闭环控制的数控设备)异常,例如光栅尺,编码器等出现故障,造成位置检测信号出现误差。

故障分析	②电气驱动元件故障,或驱动参数不合理。 ③机械传动部件(丝杠丝母、蜗轮蜗杆等)磨损或松动,出现间隙,导致进给速度不均匀。 ④导轨面严重磨损,导致进给时负载过大,出现爬行(类似抖动)现象。 继续进行故障排查: ①参照同型号机床 C 轴位置环、速度环的参数,进行修改测试,故障现象没有变化。 ②更换 C 轴的伺服驱动模块、控制板,没有明显效果。 ③检查位于工作台中心下部的 C 轴位置编码器,其外观有轻微锈蚀。使用 PMW9 光栅尺检测仪对编码器进行检测,各种参数均处于正常状态。 ④这台机床的 C 轴采用蜗轮蜗杆传动方式,全闭环控制。伺服电机通过齿形带传动带动蜗杆。检查齿形带预紧力,在正常状态。电机和蜗杆两端的带轮预紧也正常。检查蜗杆端头轴承及锁紧螺母预紧力,未发现松动情况。 ⑤拆下电动机,发现蜗轮蜗杆之间的传动间隙偏大,用手转动时有较大的空转量。这个间隙可以通过调整垫调节。多次调节后,间隙得以消除,抖动现象有所好转,但是当工作台装上工件后,又出现抖动现象。 ⑥将百分表针放在旋转工作台中心基准孔处。在工作台旋转过程中观察表针,发现工作台旋转中心有明显偏移。 ⑦工作台中心精度与轴承密切相关,正常情况下的误差很小。由此怀疑工作台的轴承有磨损。 ⑧拆下工作台,对轴承进行检查,发现其已经完全锈蚀,磨损非常严重,如图 7-64 所示。 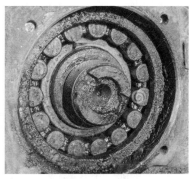 图 7-64　已完全锈蚀的轴承
故障排除	更换旋转工作台的组合轴承。通过精细装配,将新轴承安装完毕,并多次配磨轴承调整垫,保证轴承的预紧力在正常状态。调整完成后将工件放在工作台上,进行运转测试。在各种进给倍率下,工作台运转平稳,达到了理想的维修效果
经验总结	工作台的中心精度与轴承密切相关,在正常情况下,这种机床的中心偏移量不得大于 0.02mm。 1. 造成轴承生锈的原因 ①部分企业在生产轴承的过程中没有严格按清洗防锈规程和油封防锈包装的要求对加工过程中的轴承零件和装配后的轴承成品进行防锈处理。如套圈在周转过程中周转时间太长,外圈外圆接触有腐蚀性的液体或气体等。 ②部分企业在生产中使用的防锈润滑油、清洗煤油等产品的质量达不到工艺技术规定的要求。 ③由于轴承钢价格的下降,从而造成轴承钢质量逐渐下滑。如钢材中非金属杂质含量偏高(钢材中硫含量的升高使材料自身抗锈蚀性能下降),金相组织偏差等。现生产企业所用的轴承钢来源较杂,钢材质量更是参差不齐。 ④部分企业的环境条件较差,空气中有害物含量高,周转场地太小,难以进行有效的防锈处理。再加上天气炎热,生产工人违反防锈规程等现象也不乏存在。 ⑤一些企业的防锈纸、尼龙纸(袋)和塑料筒等轴承包装材料不符合滚动轴承油封防锈包装的要求也是造成锈蚀的因素之一。 ⑥部分企业轴承套圈的车削余量和磨削余量偏小,外圆上的氧化皮、脱碳层未能完全去除也是原因之一。 2. 轴承生锈的处理方法 ①表面清洁:清洗必须根据被防锈物表面的性质和当时的条件,选定适当的方法。一般常用的有溶剂清洗法、化学处理清洁法和机械清洁法。 ②表面干燥:清洗干净后可用过滤的干燥压缩空气吹干,或者用 120～170℃ 的干燥器进行干燥,也可用干净纱布擦干。 ③涂敷防锈油的两种方法如下: a. 浸泡法:一些小型物品采用浸泡在防锈油脂中,让其表面黏附上一层防锈油脂的方法。油膜厚度可通过控制防锈油脂的温度或黏度来达到。 b. 喷雾法:一些大型防锈物不能采用浸泡法涂油,一般用大约 0.7MPa 压力的过滤压缩空气在空气清洁地方进行喷涂。喷雾法适用溶剂稀释型防锈油或薄层防锈油,但必须采用完善的防火和劳动保护措施

实例 47　数控铣床,分度头出现第四轴报警

故障设备	FANUC 0MC 数控铣床
故障现象	该机床使用 FK14160B 型数控分度头,机床启动后出现第四轴报警

故障分析	FK14160B 型数控分度头的结构见图 7-65。 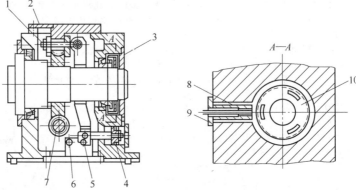 图 7-65 FK14160B 型数控分度头的结构图 1—调整螺母；2—压板；3—法兰盘；4—活塞；5—锁紧信号传感器；6—松开信号传感器； 7—双导程蜗杆；8—零位信号传感器；9—传感器支座；10—信号盘 引起分度头第四轴报警大致有以下三点原因： ①电动机缺相； ②反馈信号和驱动信号不匹配； ③机械负载过大。 故障诊断： ①用万用表检查第四轴驱动单元控制板上的熔断器、断路器和电阻，检查结果处于正常状态。 ②本例机床 X、Y、Z 轴和第四轴的驱动控制单元属于同一规格型号的电路板，故采用替代法，将第四轴的驱动控制单元与其他任一轴的驱动控制单元对换连接，断开第四轴，测试与第四轴对换的那根轴运行情况，本例检测结果为运行正常，表明第四轴的驱动控制单元无故障。  图 7-66 故障电缆 ③检查第四轴的驱动电动机是否缺相，本例检查结果电动机电源输入正常。 ④检查第四轴与驱动单元的连接电缆，发现电缆外表有裂痕。进一步检查检测发现电缆内部短路。 ⑤检查诊断确认，由于连接电缆长期浸泡在油中产生老化，随着机床往复运动，电缆反复弯折，如图 7-66 所示，出现内部绝缘层损坏，引起短路，导致机床开机后报警，显示第四轴过载
故障排除	观察机床加工的位置和行程长度，使用适宜长度的电缆进行更换维修。同时采取适当的措施，避免电缆长期浸泡在油中，以延长电缆的使用寿命
经验总结	在使用数控分度头时，第四轴的连接电缆处于比较特殊的工作环境，因此需要注意检查和维护电缆的完好，防止短路和断路等隐性故障。 机床电缆对于加工至关重要，须懂得一些电缆的维护与保养知识，下面就和大家细分一下机床电缆的维护、保养知识。 1. 防止终端的绝缘套管的表面污垢 定期清理绝缘套管表面的尘土、油污，污垢严重的地方应相应增加清理次数。 2. 检查高位差安装的电缆的外表 高位差电缆的内护套等在重力和振动较大情况下，易产生疲劳和龟裂损坏，对电缆的使用影响很大。 ①外皮脱落 40% 以上或铠装层已裸锈，应涂防锈漆加以保护。 ②电缆的金属护套若有裂纹、龟裂和腐蚀等现象时，应先做暂时处理，并记好记录，以便计划检修安排更换。 ③电缆或保护管等若有撞伤现象，电缆的安装辅助装置若有缺少等，应即时修复。 3. 电缆终端的维护 ①终端有发热现象，应停电处理。 ②相色标示是否清楚，不清楚时应重标相色。 ③接地是否良好，若接地不良应重新处理，使接地件符合标准。 ④电缆铭牌是否完好和正确，如有损坏应重新更换。 ⑤终端壳体若有裂纹、沙眼等，应及时安排更换。 ⑥检查防水设施是否良好，接头部分是否下沉和开裂，如存在问题应做好缺陷记录，并及时处理。 ⑦疏通备用排管、清除油泥杂物

实例 48　数控铣床，分度头工件加工后不符合等分要求

故障设备	FANUC 系统数控铣床
故障现象	该机床使用 FKNQ160 型数控分度头，使用过程出现工件加工后不符合等分要求的故障
故障分析	FKNQ 系列数控气动等分分度头是数控铣床和数控镗床、加工中心等数控机床的常用配套附件，以端齿盘作为分度元件，采用气动驱动分度，可完成以 5°为基数的整倍数的水平回转坐标的高精度等分分度工作。FKNQ160 型数控气动等分分度头的结构如图 7-67 所示。 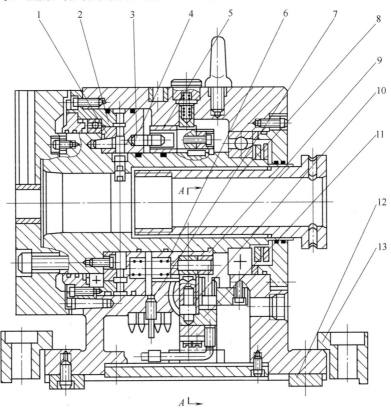 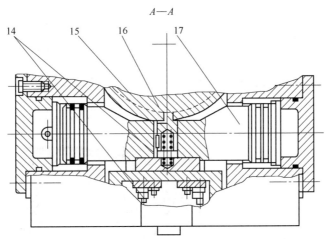 图 7-67　FKNQ160 型数控气动等分分度头的结构图 1—转动端齿盘；2—定位端齿盘；3—滑动销轴；4—滑动端齿盘；5—镶装套； 6—弹簧；7—无触点传感器；8—主轴；9—定位轮；10—驱动销；11—凸块； 12—定位键；13—压板；14—传感器；15—棘爪；16—棘轮；17—分度活塞

故障分析	动作过程原理如下：分度指令至气动系统控制阀—控制阀动作—滑动端齿盘 4 前腔通入压缩空气—滑动端齿盘 4 沿轴向右移—齿盘松开—传感器发信至控制装置—分度活塞 17 开始运动—棘爪 15 带动棘轮 16 进行分度（每次分度角度为 5°）—检测分度活塞 17 位置的传感器 14 检测发信—分度信号与控制装置预置信号重合—分度台锁紧—滑动端齿盘 4 后腔进入压缩空气—滑动端齿盘 4 啮合定位—分度过程结束。 　　根据其动作过程分析，本例常见的故障原因如下： 　　①分度台锁紧动作机构有故障； 　　②三齿盘齿面之间有污物； 　　③三齿盘齿有损坏损伤； 　　④传感器有故障； 　　⑤防止棘爪返回时主轴反转的机构有故障。 　　故障诊断： 　　①据理分析，若分度头锁紧动作有故障，可能影响分度精度，由此检查分度头锁紧动作相关的机械部分，检查结果为锁紧机械部分处于正常状态； 　　②若分齿盘齿面之间有污物或齿面损坏损伤，可能造成分度定位误差，影响工件等分分度精度，由此检查分度头分度齿盘齿面，无污物和损伤现象； 　　③若传感器的位置松动或传感器有故障，会影响锁紧动作指令的执行，检查传感器，发现传感器 14 有位移和性能不良的现象； 　　④本例等分分度头在分度活塞 17 上安装凸块 11，使驱动销 10 在返回过程中插入定位轮 9 的槽中，以防止转过位。检查防止棘爪返回时主轴反转的机构，处于正常状态
故障排除	根据检查和诊断结果，确认传感器性能不良是引起分度不稳定的主要原因。由此，拆下传感器进行检测检查，更换有故障的传感器
经验总结	如果是分度头分度不均匀，一般可以按照以下步骤进行处理： 　　①分度头蜗杆和蜗轮的啮合间隙要调整适当，过紧易使蜗轮磨损，过松会使分度精度下降。间隙一般应保持在 0.02～0.04mm 范围内。 　　②在分度头上夹持工件时，最好先锁紧分度头主轴。紧固时不要用力过猛过大，切忌用力敲打工件。 　　③分度时，一般是沿顺时针方向摇，在摇动过程中，尽可能要匀速。一旦过位则应将分度手柄返回半圈以上以消除间隙，然后再按原来方向到规定位置慢慢插入定位销。 　　④调整分度头主轴仰角时，切不可将基座上部靠近主轴前端的两个内六角螺钉松开，否则会使主轴位置的零位走动，并严禁使用锤子等敲打。 　　⑤分度时，事先要松开主轴锁紧手柄，分度结束后再重新锁紧，但在加工螺旋面工件时，因工件过程中分度头主轴要旋转，所以不能锁紧主轴。 　　⑥要保持分度头的清洁，使用前需将安装底面和主轴锥孔及铣床工作台擦拭干净。存放时，应在外露的金属表面涂油防锈。 　　⑦经常注意分度头各部分的润滑，并按说明书上的规定，做到定期加油

实例 49　数控铣床，转台分度时出现"旋转工作台放松检测异常"报警

故障设备	FANUC 0i 系统数控铣床
故障现象	该 FANUC 0i 系统数控铣床，在工作过程中，采用转台分度时出现"旋转工作台放松检测异常"报警，液压泵有噪声，图 7-68 为分度工作台和有噪声的液压泵 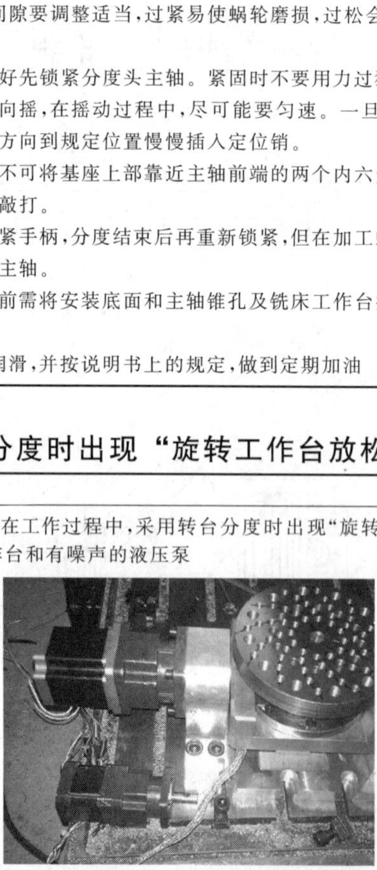 图 7-68　分度工作台和有噪声的液压泵

故障分析	"旋转工作台放松检测异常"报警,常见的故障原因如下: ①转台放松到位传感器 SQ13 有故障; ②CNC 未收到转台夹紧信号,可能由插头接触不良引起; ③机械机构有故障导致机械卡阻; ④上升液压缸漏油; ⑤液压系统压力异常。 故障诊断: ①打开转台侧盖,将一小锯条薄片靠近传感器 SQ13 端部,SQ13 灯点亮,确认 SQ13 正常; ②检查连接插头,观察 PLC 及梯形图数据显示,确认系统能收到信号; ③检查转台各机械传动部位,确认无机械卡阻现象; ④检查转台上升液压缸,确认液压缸无漏油现象; ⑤检查液压系统泄漏,启动机床,运行半小时后,该机床又报警,当即检查油位,油位下降很快,说明液压系统漏油; ⑥检查系统压力,机床停止运动时压力正常为 5.5MPa,而当转台或机械手动作时,发现系统压力表指针明显抖动,液压泵有明显噪声,推断液压泵可能吸入空气; ⑦检查油箱油位,发现油箱缺油,油量不足; ⑧检查液压系统管路,查得转台上升油管破裂、系统漏油。 由此故障原因诊断为:该液压系统采用变量泵供油,在液压无动作时,系统保压,液压泵吸油少,油箱油位基本满足;动作时,液压泵要供油,因油箱油量不够而吸空,引起系统压力不够,导致转台上升不到位
故障排除	采用以下维修维护方法: ①检查、测试液压泵; ②更换油管,排除管路泄漏; ③油箱加油,调整系统压力; ④试车、检测系统压力波动; ⑤使用转台,观察测试,故障被排除
经验总结	液压油泵噪声一般有两种原因: ①液压泵磨损严重; ②进油端油路漏气。 一般来说,如果漏气,可能是因为油管有细微小孔,症状是液压油会出现大量气泡,甚至会溢出油箱。另外,如果是一套新的液压系统,各部位都是新装都会留有空气,可通过系统一段时间的供油,慢慢的把系统内的空气排空。只要不是油泵吸油口漏气,吸入空气,就没问题

实例 50　加工中心,回转工作台分度位置不准确、不稳定

故障设备	FANUC 0i 数控铣床
故障现象	使用端齿盘定位数控回转工作台,出现加工零件分度位置不准确、不稳定故障
故障分析	本例机床的故障属于工作台转位不到位、工作台不夹紧或定位精度差。因此其可能的常见原因如下: ①伺服控制系统故障,导致输入脉冲、工作台夹紧信号等有问题; ②液压系统故障,包括液压缸研损或缓冲装置失效、液压阀卡阻、系统压力不够等; ③机械部分故障,包括与工作台相连接的机械部分研损、机械转动部分间隙过大等; ④定位盘故障,包括定位齿盘松动、两齿盘间有污物等; ⑤闭环控制检测装置故障,包括圆光栅有污物或裂纹等。 故障诊断和排除: ①检查控制系统的输入脉冲数,正常;检查控制系统的夹紧信号输出,输出信号正常。 ②检查液压系统,转位液压缸无研损现象;缓冲装置及死挡铁螺母无失效和松动现象;检查液压系统的压力,处于正常状态。 ③检查机械部分,与工作台连接部分无研损现象;传动系统间隙正常;齿轮和锁紧胀紧套等处于正常状态。 ④检查上下齿盘,发现有松动现象,两齿盘之间有污物。 ⑤检查圆光栅,发现有污物。 ⑥根据检查,故障原因诊断为定位装置有污物,光栅有污物,导致定位不稳定

故障排除	按维修基本方法,对齿盘进行修理、清洗和调整固定;对圆光栅进行清洗,安装调整。THK6370端齿盘定位分度工作台结构见图7-69 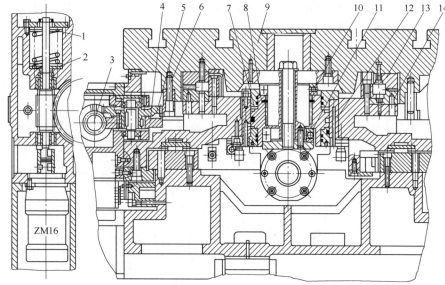 图 7-69　THK6370 端齿盘定位分度工作台结构 1—弹簧;2,10,11—轴承;3—蜗杆;4—蜗轮;5,6—齿轮;7—管道; 8—活塞;9—工作台;12—液压缸;13,14—端齿盘
经验总结	光栅的清洗过程大同小异,都可以点脱脂棉擦拭,如果擦不掉蘸酒精进行清洗。 清洗光栅的主要步骤和注意事项: ①拆下连接光栅的导线电连接器,小心取下光栅; ②需预先配制好酒精乙醚溶液(配比根据环境温度和湿度确定); ③最好用长纤维的专用脱脂棉,卷在柳木棒上(柳木比较软,万一直接接触光栅不致损伤,长纤维脱脂棉在使用时,纤维很少脱落,不会产生多余物); ④用卷着脱脂棉的木棒蘸少许酒精乙醚溶液后,擦洗光栅尺上的污垢; ⑤如果光栅尺上出现霉点,则利用清水擦洗; ⑥用吹灰球(俗称皮老虎)吹干净光栅表面多余物,切记不能用嘴吹,以防唾液飞沫粘在光栅上。 特别注意: ①在清理时,不能用力,光学的清理是利用溶剂分解污垢,不是靠力量摩擦污垢; ②脱脂棉棒的干净面只能接触一次光栅尺,不能反复使用,以避免二次污染; ③如果清洗后留下新的污垢,需反复清洗,直至溶剂接触后不留痕迹

实例 51　加工中心,换刀时刀库不能正常旋转

故障设备	SIEMENS 802D 加工中心
故障现象	该立式加工中心,在换刀过程中发现刀库不能正常旋转
故障分析	通过机床电气原理图分析,该机床的刀库回转控制采用直流伺服电机驱动,刀库转速是由机床生产厂家制造的"刀库给定值转换/定位控制"板进行控制的。由于刀库回转时,PLC 的转动信号已输入,刀库机械插销已经拔出,但并没有信号输出。由于该信号的输出来自"刀库给定值转换/定位控制"板,根据机床生产厂家提供的"刀库给定值转换/定位控制"板原理图逐级测量,最终发现该板上的模拟开关已损坏
故障排除	更换同规格备用件后,机床恢复正常工作
经验总结	模拟开关的作用主要是用于信号的切换。目前集成模拟电子开关在小信号领域已成为主导产品,与以往的机械触点式电子开关相比,集成电子开关有许多优点,例如切换速率快、无抖动、耗电少、体积小、工作可靠且容易控制等。但也有若干缺点,如导通电阻较大,输入电流容量有限,动态范围小等。因而集成模拟电子开关主要使用在高速切换、要求系统体积小的场合。 模拟开关采用的是集成 MOS 管作为开关的器件实现开关功能,由于 MOS 管自身物理特性,在使用的时候需要注意以下几个性能指标。

经验总结	（1）开关速度　模拟开关的开关速度一般能达到兆赫兹的速度，可以快速实现链路切换。 （2）开关耐压　模拟开关由于其应用的信号链路为电子板低压工作环境，开关耐压值一般在15V以内，常见的有3.3V、5V、12V、15V等，选择时必须注意信号链路的最大电压与器件最大耐压值。 （3）开关最大电流　模拟开关的导通能够承受的最大电流值，现在常见的模拟开关的开关最大电流一般在几百毫安以内，安培级别的模拟开关很少。 （4）导通电阻　常见的模拟开关的导通阻抗一般从几欧姆到100Ω之间，在模拟信号和弱信号设计的时候使用模拟开关必须注意这个参数。 （5）断开阻抗　关断阻抗代表着开关的关断能力，关断好坏，一般产品的关断阻抗足以达到抑制相邻两个信号链路相互干扰的能力

实例52　加工中心，手动按刀库回转按钮刀库高速旋转

故障设备	SIEMENS 802S加工中心
故障现象	该立式加工中心在开机调试时，出现手动按下刀库回转按钮后，刀库即高速旋转，导致机床报警
故障分析	经询问现场工作人员得知，机床前几日经过大修，很多元器件和线路都进行了调修，刀架也拆下进行了保养。根据故障现象，可以初步确定故障是由测速反馈线脱落引起的速度环正反馈或开环、刀库直流驱动器测速反馈极性不正确引起的。测量确认该伺服电动机测速反馈线已连接，但极性不正确
故障排除	交换测速反馈极性后，刀库动作恢复正常
经验总结	在直流调速系统中，测速电机反馈线的极性接反有可能飞车，还要看驱动器是否支持对信号的反馈。比如原来正确的时候返回的是+5V信号，接反后变成-5V信号了，可能驱动器就收不到信号了，相对应的设备就加速，导致飞车。因此在进行机械设备拆装时，应做好相关的记录，必要时拍照存档，避免某些线路设备的误接入

实例53　加工中心，自动换刀过程中停电

故障设备	SIEMENS 810D加工中心
故障现象	SIEMENS 810D的进口卧式加工中心，在自动换刀过程中停电，开机后，系统显示"ALM3000"报警
故障分析	由于该机床故障是由于自动换刀过程中的突然停电引起的，观察机床状态，换刀机械手和主轴上的刀具已经啮合，正常的换刀动作被突然停止，机械手处于非正常的开机状态，引起系统的急停
故障排除	根据机床的液压系统原理图，启动液压电动机后，通过手动液压阀，依次完成了刀具松刀、卸刀、机械手退回等规定的动作，使机械手回到原位，机床恢复正常的初始状态，并关机。再次启动机床，报警消失，机床恢复正常
经验总结	突然停电对生产加工、安全作业影响非常大，一般在加工车间应配备支持30min以上的蓄电池设备，以保证自动加工时面对突然停电的情况有足够的时间完成操作。 蓄电池组是一种独立可靠的电源，如图7-70所示。它不受交流电源影响，在发电厂或变电站内发生任何事故时，甚至在全厂、全站交流电源都停电的情况下，仍能保证直流系统中的用电设备可靠而连续地工作，且电压平稳，同时还可以作为全厂、全站的事故照明电源，是保证供电电源不中断的最后屏障。 蓄电池最好与控制器、逆变器及交流配电柜等分室而放。安装位置要保证通风良好，排水方便，防止高温，环境温度应尽量保持在10~25℃之间。 蓄电池与地面之间应采取绝缘措施，垫木板或其他绝缘物，以免蓄电池与地面短路而放电。如果蓄电池数量较多时，可以安装在蓄电池专用支架上，且支架要可靠接地 图7-70　蓄电池组及其存放置

实例54　加工中心，换刀过程中断并提示机械手故障

故障设备	SIEMENS 802S加工中心
故障现象	该加工中心采用凸轮机械手换刀。换刀过程中，动作中断，发出＃2035报警，显示机械手伸出故障
故障分析	根据报警内容，机床是因为无法执行下一步"从主轴和刀库中拔出刀具"而使换刀过程中断并报警。机械手未能伸出完成从主轴和刀库中拔刀动作，产生故障的原因可能有以下几个方面： ①"松刀"感应开关失灵。在换刀过程中，各动作的完成信号均由感应开关发出，只有上一动作完成后才能进行下一动作。执行"主轴松刀"步骤时，如果感应开关未发信号，则机械手"拔刀"就不会动作。检查两

故障分析	感应开关,信号正常。 ②"松刀"电磁阀失灵。主轴的"松刀"是由电磁阀接通液压缸来完成的。如电磁阀失灵,则液压缸未进油,刀具就"松"不了。检查主轴的"松刀"电磁阀,动作均正常。 ③"松刀"液压缸因液压系统压力不够或漏油而不动作,或行程不到位。检查刀库"松刀"液压缸,动作正常,行程到位;打开主轴箱后罩,检查主轴"松刀"液压缸,发现已到达松刀位置,油压也正常,液压缸无漏油现象。 ④机械手系统有问题,建立不起"拔刀"条件。其原因可能是电动机控制电路有问题。检查电动机控制电路系统发现正常。 ⑤刀具是靠碟形弹簧通过拉杆和弹簧卡头将刀具柄尾端的拉钉拉紧的。松刀时,液压缸的活塞杆顶顶杆,顶杆通过空心螺钉推动拉杆,一方面使弹簧卡头松开刀具的拉钉,另一方面又顶动拉钉,使刀具右移而在主轴锥孔中变"松"
故障排除	拆下"松刀"液压缸,检查发现这一故障系制造装配时,空心螺钉的伸出量调整得太小,故"松刀"液压缸行程到位,而刀具在主轴锥孔中"压出"不够,刀具无法取出。调整空心螺钉的伸出量,保证在主轴"松刀"液压缸行程到位后,刀柄在主轴锥孔中的压出量为 0.4~0.5mm。经以上调整后,故障排除
经验总结	此例中液压缸本身并没有出现故障,而是压出量不足,产生此问题的原因多是长时间生产活动中的累积误差,更突显月检的必要性了。图 7-71 为数控机床及其液压系统的位置 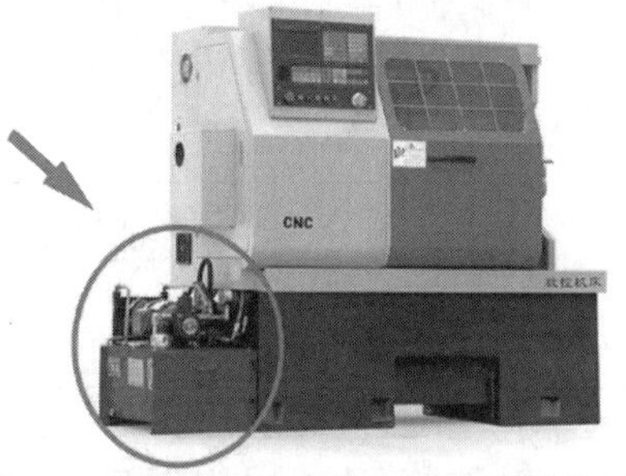 图 7-71 数控机床及其液压系统的位置

实例 55 加工中心,机械手换刀过程中主轴不松刀

故障设备	SIEMENS 802S 加工中心
故障现象	该加工中心采用凸轮机械手换刀。换刀过程中,主轴不松刀,导致无法换刀
故障分析	根据报警内容,机床是因为无法执行下一步"从主轴和刀库中拔出刀具",而主轴系统不松刀的原因有以下几点: ①刀具尾部拉钉的长度不够,致使液压缸虽已运动到位,但仍未将刀具顶"松"; ②拉杆尾部空心螺钉位置发生了变化,使液压缸行程满足不了"松刀"的要求; ③顶杆出了问题,已变形或磨损; ④弹簧卡头出故障,不能张开; ⑤主轴装配调整时,刀具移动量调得太小,致使在使用过程中一些综合因素导致不能满足"松刀"条件。 按照以上原因一步步分析,最终发现顶杆由于长时间使用发生了弯曲,与之相关联的操作,只是弹簧卡头时常不能张开
故障排除	更换新的顶杆和弹簧卡头,经过几次调试之后,机械手恢复了正常
经验总结	以凸轮作为驱动机构的凸轮式机械手,如图 7-72 所示。它具有结构简单、动作平稳、相位准确、工作节奏快、故障率低、成本低、使用寿命长等独特优点,简化了机器的控制系统,减少了机器的设计与制造成本。 凸轮驱动式机械手通过两个独立的凸轮联合动作及后续连杆机构的运动转换,来实现机械手臂的直动与直动或转动与直动的运动组合。由这两个凸轮的廓线形成机械手的复合运动并对其进行控制,而凸轮曲线是根据机械手的动作要求由设计给定的。尤其值得指出的是由于凸轮式机械手为纯机械传动装置,只要将其输入轴与主机的主传动轴通过同步副(如链轮副,齿轮副)连接,即可保证其与主机的动作在时间相位、工作节拍上始终保持同步,因此大大提高了机器的安全性。 但是在机械手的应用实践中,也发现了现有的直动与直动式凸轮机械手存在明显的缺陷,即其动力输入轴的轴线与机械手臂运动平面之间的夹角是不可以由用户根据具体布局需要而柔性选择的,这也是凸轮机械手会出现顶杆弯曲的原因。该缺陷严重地制约了对其的推广应用

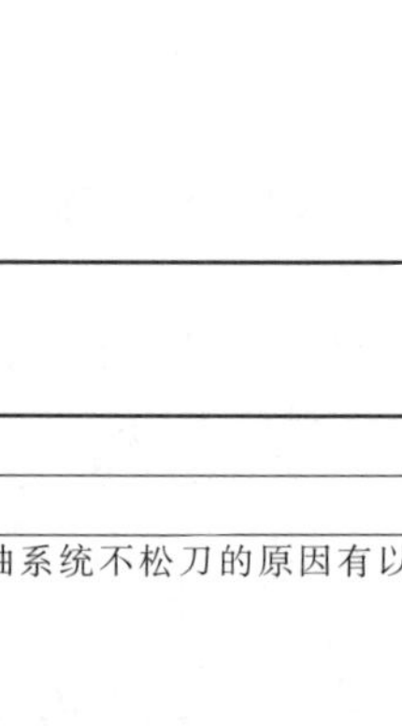

图 7-72 凸轮式机械手

实例 56　加工中心，SIEMENS 802D 加工中心机械手失灵

故障设备	SIEMENS 802D 加工中心
故障现象	该立式加工中心机械手失灵，手臂旋转速度快慢不均，气液转换器失油太快，机械手旋转不到位，手臂升降不动作，或手臂复位不灵。手动调整节流阀，只能维持短时间正常运行，且排气声音逐渐浑浊，不像正常动作时清晰，直至不能换刀
故障分析	因为机械手旋转和升降都异常，从其动力装置开始检查观察。手动操作机械手臂旋转和下降，仔细观察液压缸伸缩对应气液转换各油标升降、高低情况，发现油标升降与实际操作无法对应，且排气口有较大量油液排出。因为气液转换器、尼龙管道均属密闭安装，所以，此故障原因应在执行器件液压缸上。拆卸机械手液压缸，解体检查，发现活塞的圆形密封圈老化，已不能密封。液压缸内壁粗糙，环状刀纹明显，精度太差，如图 7-73 所示。这些因素共同导致了机械手的失灵 图 7-73　液压缸内壁粗糙
故障排除	更换上新的液压缸，进行逐步调试后，故障消失
经验总结	液压缸基本上由缸筒和缸盖、活塞和活塞杆、密封装置、缓冲装置与排气装置组成。缓冲装置与排气装置视具体应用场合而定，其他装置则必不可少。此例出现的故障除了液压缸本身的质量问题外，其密封装置也出现问题。 　　液压缸的使用频率是非常高的，在对其进行长期使用的过程当中，必须要做好保养工作，只有保养好，才能够使其在工作当中发挥更大的作用，也才能够不断地提升其使用寿命，对液压缸进行保养要注意以下几个方面。 　　①要想做好对液压缸的保养工作，那么就一定要对其做好清洁工作。这是非常重要的一个方面，液压缸在长期的使用过程当中会产生很多的灰尘和污渍，如果不及时的进行清理，会对液压缸的正常使用造成影响，因此在每天使用完毕液压缸之后，一定要做好清洁工作，这也是对液压缸的一个很好的保养方法。 　　②液压缸在使用过程中应定期更换液压油，清洗系统滤网，保证清洁度，延长使用寿命。 　　③控制好系统温度，油温过高会减少密封件的使用寿命，长期油温高会使密封件发生永久变形，甚至完全失效。 　　④防护好活塞杆外表面，防止磕碰和划伤对密封件的损伤，经常清理液压缸动密封防尘圈部位和裸露的活塞杆上的泥沙，防止粘在活塞杆表面上的不易清理的污物进入液压缸内部损伤活塞、缸筒或密封件。 　　⑤定期检修。经常检查各螺栓等连接部位，发现松动立即紧固好。定期对产品进行检修工作，可以及时发现产品的问题所在，及早发现问题，及早解决问题也是对液压缸很好的保养方式，因此定期检修一定不要忽视。 　　⑥添加润滑油。添加润滑油也是对液压缸的一个很好的保养方式，添加了润滑油之后，可以让液压缸的运转更加的顺畅，对于提高液压缸的使用寿命来说也是具有很大的好处的。 　　⑦经常润滑连接部位，防止无油状态下锈蚀或非正常磨损。 　　在实践当中要想对液压缸做好保养工作，必须要学会以上几个方法，并把其应用到自己的实践当中，这样有利于液压缸的保养

实例 57　加工中心，机械手不能缩爪

故障设备	FANUC 0i 加工中心
故障现象	机床在 JOG 状态下加工工件时，机械手将刀具从主刀库中取出送入送刀盒中，不能缩爪，但不报警，将方式选择到 ATC 状态，手动操作都正常
故障分析	查看机床换刀流程图，发现限位开关没有压合。调整限位开关位置后，机床恢复正常。但过一段时间后，再次出现此故障，检查限位开关有没松动，但没有压合，由此怀疑机械手的液压缸拉杆没伸到位。经查发现液压缸拉杆顶端锁紧螺母的紧定螺钉松动，使液压缸伸缩的行程发生了变化
故障排除	调整锁紧螺母并拧紧紧定螺钉后，此故障排除
经验总结	行程控制就是按照机床被控制对象的位置变化进行控制。行程控制需要行程开关来实现，当机床运动部件到达某一位置或在某一段距离内时，行程开关动作并使其动合触点闭合，动断触点断开。下面以工作台的行程控制进行说明，其控制线路如图 7-74(a)所示

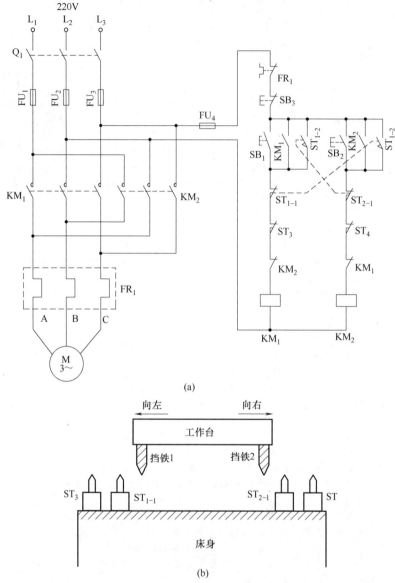

(a)

(b)

图 7-74　行程控制线路

经验总结

在图 7-74(a)所示的控制线路中,行程开关 ST_{1-1} 的动断触点串联在 KM_1 控制电路中,而它的动合触点与 KM_2 的启动控制按钮 SB_2 并联。这样当工作台由 KM_1 控制前进到一定位置碰触到 ST_{1-1} 时,由于 ST_{1-1} 动断触点受压断开,KM_1 失电,工作台停止前进;而 ST_{1-1} 动合触点受压闭合,启动 KM_2,KM_2 得电自锁,控制工作台自动退回;当退至原位碰 ST_{2-1} 时,ST_{2-1} 动断触点断开,又使 KM_2 关断,使工作台停止后退;继而 ST_{2-1} 动合触点闭合又重新启动 KM_1,使工作台再次前进。实现了工作台的自动往复工作。上述工作过程可用图 7-74(b)的动作图进行描述。

注意:本例行程开关安放位置不尽合理。图 7-74 所示控制线路存在的一个问题是若工作台恰好位于两端位置,即 ST_{1-1} 或 ST_{2-1} 处于受压的状态时,按动一次停车按钮 SB_3 不能使工作台立即停下来。因为只要松开 SB_3,其断断触点复位。由于 ST_{1-1} 或 ST_{2-1} 的动合触点处于受压闭合状态,KM_1 或 KM_2 必有一方重新得电,使工作台或进或退。这时只有当工作台离开终端位置(即 ST_{1-1} 和 ST_{2-1} 都处于复位状态)时,再按 SB_3 才能使工作台停下。

行程控制不仅仅用于安全限位,在数控机床中,很多地方都有应用。机械加工中对各个加工轴的路径都进行记录、控制,行程多少在刻度盘上有体现,有的机床能自行调节行程范围,并且还能看到行程的详细数据(速度、长度、坐标等)

实例 58　加工中心，自动换刀时刀库旋转不到位

故障设备	SIEMENS 802D 加工中心
故障现象	当进行到自动换刀程序时，刀库开始运转，但是刀库旋转很慢，所需要换的刀具没有转动到位，刀库就停止运转了，3min 后机床自动报警
故障分析	由上述故障查报警知道是换刀时间超时。此时在 MDI 方式下，无论输入刀库顺时针旋转还是逆时针旋转动作指令，刀库均不动作。检查电气控制系统，没有发现什么异常。PLC 输出指示器上的发光二极管点亮，表明 PLC 有输出；刀库顺时针和逆时针转动电磁阀上的逆时针一侧的发光二极管点亮，表明电磁阀有电。此时刀库不动作，那么问题应该发生在液压系统或者其他方面。但是液压系统的压力正常，各油路均畅通并无堵塞现象，检查各个液压阀的液压器件也没有发现什么问题，估计故障可能出在液压马达上。为此，拆除防护罩，卸下液压马达，将能拆卸检查的部位都做了检查，也没有发现什么问题。经仔细分析研究后认为是机械方面的故障。但刀库的各部位、各个零部件均无明显的损伤痕迹，因此，机械损坏故障可排除在外。最后问题归结为一点，即刀库负载太重，或者有阻滞的部位，液压马达带不动所致。 在加工 10t 叉车箱体时，由于工件较复杂，加工面较多，所用刀具多达 40 多把，而且大的刀具、长的刀具（最长的刀具达 550mm）、重的刀具（最重的刀具达 25kg）用量都很大，而且忽略了刀具在刀库上的分布情况，重而长的刀具在刀库上没有均匀分布，而是集中于一段，以致造成刀库的链带局部拉得太紧，变形较大，并且可能有阻滞现象，所以机床的液压马达带不动
故障排除	最后把刀库链带的可调部分稍松了一些，一切都恢复正常，说明问题的确是出在机械方面上
经验总结	注意：刀库的链带不可调得太松，否则会有"飞刀"的危险。机械手在刀库侧抓刀，当把刀具拔出，然后上升，再进行 180° 旋转时，刀具有一定概率突然被甩出，容易造成事故。 机床机械手的两个卡爪是靠向下的推力而被刀柄的外径向外挤开，然后靠弹簧的张力来夹紧刀具的。当机械手向下抓刀时，由于链带太松，链带也随着机械手向下的推力而向下拱曲，结果机械手的卡爪只抓住刀柄的一多半，并没有完全抓紧、抓牢，当机械手旋转时，由于刀具很重，在离心力的作用下，刀具就沿切线方向甩出去。将链带稍微紧了一下，就能避免发生类似情况

实例 59　加工中心，刀库电机热保护启动

故障设备	SIEMENS 802D 加工中心
故障现象	该加工中心在自动加工过程中，刀库电机热保护器动作，刀库断电
故障分析	机床断电后首先用手触摸刀库外壁、内壁、刀具，发现温度并不是很高，因此把故障重点放在电机的热保护器上。把热保护器拆开后检查，发现其内部已经有老化、发黑的情况，并且有焦煳味，故障即出于此
故障排除	更换新的热保护器，故障得到了排除。如果确认机床刀库不存在过热、过载的情况，通风散热也良好的话，也可以将热保护器去掉
经验总结	热保护器又称作温控开关、温控器、热保护开关或温度开关，如图 7-75 所示。由两片不同的合金组合在一起，通电流后会发热，由于两种不同的合金热膨胀系数不同，合金必然会向一个方向弯曲，触点离开，就断了电。弯曲速度与通过的电流大小成正比。这样就保护了用电设备。 用电设备正常工作时，双金属片处于自由状态，触点处于闭合/断开状态，当温度升高到动作温度值时，双金属元件受热产生内应力而迅速动作，断开/闭合触点，切断/接通电路，从而起到热保护作用。当温度降到动作温度时触点自动闭合/断开，恢复正常工作状态。热保护器广泛用于家用电器电机及电气设备，如洗衣机电机、空调风扇电机、变压器、镇流器、电热器具等 图 7-75　热保护器

实例 60　加工中心，加工尺寸不能控制

故障设备	SIEMENS 802D 加工中心
故障现象	在产品加工过程中，发现有加工尺寸不能控制的现象，操作者每次在系统中修改参数后，数码显示器显示的尺寸与实际加工出来的尺寸相差悬殊，且尺寸的变化无规律可循。即使不修改系统参数，加工出来的产品尺寸也在不停地变化
故障分析	该机床主要进行内孔加工，因此，尺寸的变化主要反映在 X 轴上。为了确定故障部位，采用交换法，将 X 轴的驱动信号与 Y 轴的驱动信号进行交换，故障依然存在，说明 X 轴的驱动信号无故障，也说明故障源应在 X 轴步进电动机及其传动机构、滚珠丝杠等硬件上。检查上述传动机构、滚珠丝杠等硬件均无故障。进一步检查 X 轴导向重复定位精度，也在其技术指标之内。是何原因产生 X 轴加工尺寸不能控制呢？思考检查分析故障的思路，发现忽略了一个重要部件——电动刀架

故障分析	检查电动刀架的重复定位精度,故障源出现了,即电动刀架定位不准。分析电动刀架定位不准的原因,若是电动刀架自身的机械定位补助不准,故障应该是固定不变的,不应该出现加工尺寸不能控制的现象。检查电动刀架的转动情况,发现电动刀架抬起时,有一铁屑卡在那里,铁屑使刀架定位不准,这就是故障源
故障排除	拆开电动刀架,用吹风机或其他装置将电动刀架定位齿盘上的铁屑吹干净,重新装配好电动刀架,故障排除
经验总结	在经济型数控机床中,电动刀架定位齿盘内常会进入一些细小的铁屑,这些铁屑在定位盘内是随着电动刀架的转动而移动的。因此,故障现象为加工尺寸变化不定。对此故障的预防,就是要定期对电动刀架进行清洁处理,包括拆开电动刀架,对定位齿盘进行清扫,才能保证机床正常工作。图 7-76 为该机床的电动刀架定位齿盘  图 7-76 该机床的电动刀架定位齿盘

实例 61 加工中心,数控系统发出换刀指令刀库不动作

故障设备	FANUC 0TC 加工中心
故障现象	该加工中心数控系统发出换刀指令,刀库不动作
故障分析	由于此加工中心采用斗笠式刀库,因此先检查机床的操作模式,没有发生异常操作,机床也没有被锁住;再查看程序中的指令,也正确无误。故检查数控机床的压缩空气,对照气压表和机床说明书检查空气的气压值是否在规定范围内,得知此机床的压缩空气理论压力应在 0.5MPa～0.6MPa,而实际的压缩空气压力只有 0.2MPa～0.3MPa,故障原因即是刀库在换刀过程中由于压力不够,导致刀库不动作
故障排除	检查是否存在空气泄漏的地方,对照压力表将压力调到 0.5MPa～0.6MPa 之间故障得到排除,如图 7-77 所示  图 7-77 对应压力表进行气压调节
经验总结	压缩空气是一种重要的动力源。大气中的空气常压为 0.1MPa,经过机床的空气压缩机加压后达到理想的工作压力。与其他能源比,它具有清晰透明,输送方便,没有特殊的有害性能,没有起火危险,不怕超负荷,能在许多不利环境下工作,空气在地面上到处都有,取之不尽。 如果真的是气压不足,只有去调气泵(切忌:压力开关最好不要去调,是对机床的保护)。将机床后面的气压阀调一下(如本例),如无法根本解决,可考虑购买自动增压阀。如果外接进气的压力达到要求则去察看机床内部是否有堵塞的地方。如果气压足够,但是报警,可以考虑屏蔽报警信号,也就是短路气压的检测开关

实例 62 加工中心，刀库移动到主轴中心位置后停止

故障设备	SIEMENS 802D 加工中心
故障现象	在换刀过程中刀库移动到主轴中心位置,但不进行接下来的动作
故障分析	由于刀库可以移动,故机械部分应该没有多大问题,那么从信号方面开始入手。检查刀库到主轴侧的确认信号传感器是否良好,发现发送到数控系统 PLC 中的信号状态不稳定。经查看显示器的显示,发现并没有任何换刀的信息出现,故此判断造成此故障的原因是主轴侧的传感器不良
故障排除	将主轴传感器拆下维修或者直接更换新的,如图 7-78 所示,故障得到了排除 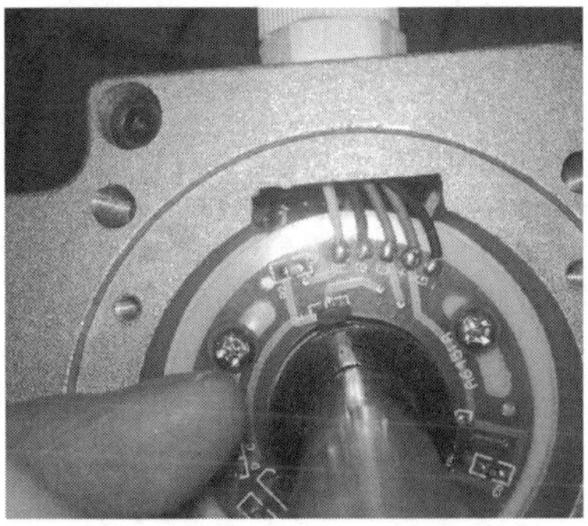 图 7-78 更换新的主轴传感器
经验总结	传感器是一种检测装置,能感受到被测量的信息,并能将感受到的信息,按一定规律变换成为电信号或其他所需形式的信息输出,以满足信息的传输、处理、存储、显示、记录和控制等要求。它是实现自动检测和自动控制的首要环节。此例虽然故障表现为刀库故障,但实际是由于主轴侧的故障引发的,这也要求今后对故障思考不要仅仅局限于出现问题的部件

实例 63 加工中心，刀库移动到换刀位置后停止并有异响

故障设备	SIEMENS 802D 加工中心
故障现象	刀库移动到主轴中心位置,但不进行接下来的动作
故障分析	刀库可以正常移动,故刀库的机械部分应该正常,接着检查刀库到主轴侧的确认信号传感器是否正常,传感器状态及信号也都很正常,在主轴下降到位后能听到咔咔的声响,因此检查主轴刀具是否夹紧,发现刀具很松,用手就能晃动,通过压力表查看,此时主轴的压力也未达到要求。仔细观察主轴,发现主轴上附着了很多的铁屑,如图 7-79 所示,卸下刀具后发现主轴的内壁也吸附铁屑,故障应该由此产生 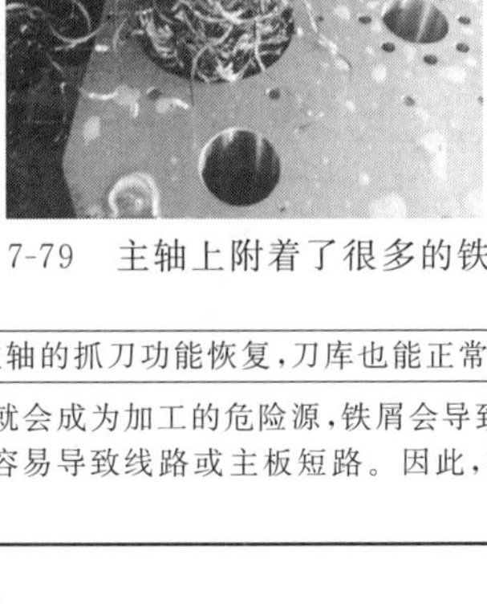 图 7-79 主轴上附着了很多的铁屑
故障排除	彻底清理刀库和主轴上的铁屑,主轴的抓刀功能恢复,刀库也能正常运动了
经验总结	机械加工产生的铁屑不进行处理就会成为加工的危险源,铁屑会导致主轴无法抓刀、刀架和刀路无法正常旋转,如果铁屑进入机床内部,也容易导致线路或主板短路。因此,在一个工作班组结束任务之后必须将机床清扫干净

实例 64　加工中心，刀库无法将取回的刀具送回目标刀位

故障设备	FANUC 0i 加工中心
故障现象	该加工中心在一次换刀时，刀库从主轴取完刀，旋转不到目标刀位
故障分析	刀库无法将刀具送回，我们先从刀库的电源方面入手。由机床说明书得知，该刀库的旋转电动机为三相异步电动机，参照机床的电气图纸，利用万用表等检测工具检查电动机的启动电路是否正常，检查发现其并无异常。接着检查刀库部分的电源，此刀库主电路部分的动力电源三相交流 380V 电压也正常。交流接触器线圈控制部分的电源理论上应为交流 110V，但检测出实际的电压仅仅为 100V，仔细检查发现接触器外观上发黑，用万用表测量发现部分短路
故障排除	更换此接触器，故障得以排除
经验总结	交流接触器用作电源的通断和控制电路，如图 7-80 所示。 图 7-81 为交流接触器的结构图。它利用主接点来开闭电路，用辅助接点来执行控制指令。主接点一般只有常开接点，而辅助接点常有两对具有常开和常闭功能的接点，小型的接触器也经常作为中间继电器配合主电路使用。当线圈通电时，静铁芯产生电磁吸力，将动铁芯吸合，由于触头系统是与动铁芯联动的，因此动铁芯带动三条动触片同时运行，触点闭合，从而接通电源。当线圈断电时，吸力消失，动铁芯联动部分依靠弹簧的反作用力而分离，使主触头断开，切断电源 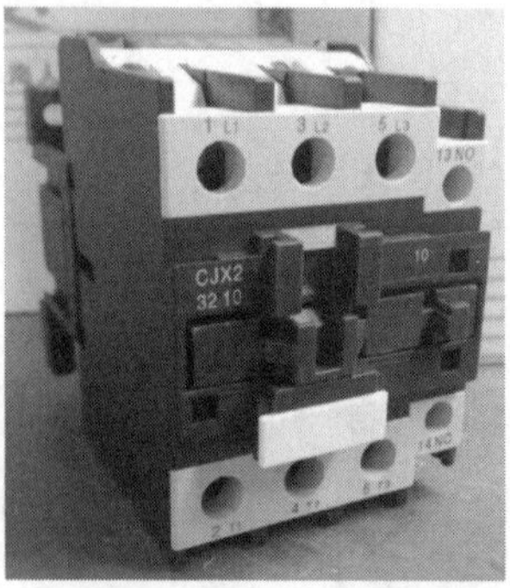 　 图 7-80　交流接触器 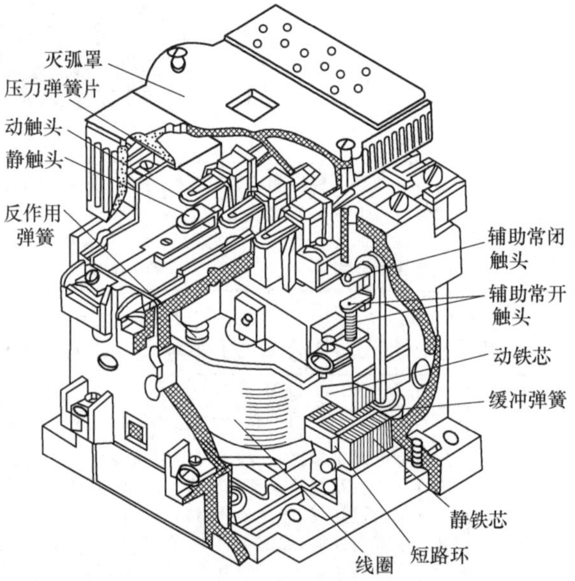　　　　图 7-81　交流接触器的结构图

实例 65　加工中心，刀库将取回的刀具送回目标刀位时旋转不到目标刀位

故障设备	SIEMENS 802D 加工中心
故障现象	该加工中心在一次换刀时，刀库从主轴取完刀，旋转不到目标刀位
故障分析	参照机床的电气图纸，利用万用表等检测工具检查电动机的启动电路是否正常，经检查电源、电动机均没有发现问题，基本的故障原因都排除了，但故障仍然存在。再仔细检查刀库结构，也不存在机械干涉，最后发现刀库旋转驱动电动机和刀库由于长时间使用，其连线与刀库外壳相接触的部位有部分磨损，在刀库运动中时常碰到裸露线路，故障极可能产生于此
故障排除	更换刀库旋转驱动电动机和刀库的连线，并做好屏蔽和布线，将其固定好，避免摩擦，开机试运行，此故障没有再出现
经验总结	线缆磨损的原因多是机床安装时固定不到位。在日常检修中如果发现线缆有磨损的情况或者趋势时，应及时用卡子或包皮的铜线固定，切忌用塑料扎带或尼龙扎带，因为机床使用的环境会使扎带迅速老化、变脆，最后形成断裂。图 7-82 为在拖链中固定好的机床线缆。 机床线缆在运行的过程中互相摩擦导致电缆出现严重磨损的问题，线缆与油管之间容易交错混乱，影响机床正常的工作，耽误生产。 防止电缆磨损的三种方法如下：

| 经验总结 | 1. 安装保护管
　　安装保护管是保护电缆免受磨损常用的一种方式。所谓的保护管就是用塑料外壳制成的单股导线作为电缆的保护装置，降低电缆硬度，从而降低电缆摩擦力，这种保护管除了塑料管之外还有钢管。材质不同的保护管在使用中所起到的作用是不一样的，塑料管比较轻，在使用过程中移动起来比较方便，而钢制保护管因为是金属材质，无疑增加了电缆整体重量。
　　2. 安装多股导线
　　防止电缆磨损，除了安装单股导线之外，安装多股导线也是保护电缆免受磨损的重要方法之一。所谓的多股导线就是软导线，其中主要以塑料导线为主，电缆在移动过程中，经常和其他物体之间发生摩擦，如果没有保护软管的话，电缆外表层的绝缘层会很容易被破坏，对于那些大型弱电工程建设来说，选用多股软导线的保护管还是比较合适的。
　　3. 选用高质量的电缆品牌 | 
图 7-82　机床线缆 |

如今的电缆在生产加工过程中就已经考虑到了降低摩擦的生产因素，但是不同品牌的电缆在抗摩擦性能上还是不一样的，普通电缆耐摩擦性能有限，而高质量的电缆在生产过程中，采用了具有高效耐摩擦性能的塑料聚合物，以确保电缆的耐摩擦性能

实例 66　加工中心，主轴抓刀后，刀库不回到初始位置

故障设备	FANUC 0i 加工中心
故障现象	主轴抓刀后，刀库不回到初始位置
故障分析	首先检查气源压力，查看压力表，其压力属于正常范围。再检查刀库驱动电动机控制回路，手动刀库控制电动机正、反转进行刀库的左、右平移，发现刀库反转控制的时候经常出现打顿、失灵的状况。将驱动电机打开，对照机床结构说明书仔细检查，发现反转控制电路部分有多个电容已经冒浆，如图 7-83 所示，故障初步判断即出现与此 图 7-83　多个电容已经冒浆
故障排除	更换损坏的电容，故障得到解决。如条件允许，可将相应的电容都更换成固态电容
经验总结	电机长时间的使用，很容易使电解电容出现饱和、冒浆，此时若更换质量稳定的固态电容，如图 7-84 所示，则在长时间内便不会出现此故障。 图 7-84　固态电容

经验总结	更换电容的步骤： ①先用无水酒精擦洗冒出的电解液,之后晾干或者用电吹风吹干(此步切忌不能省略)； ②到电子市场去买同规格的电容,要买好品牌的固态电容； ③准备电烙铁、吸锡器,把损坏的电容拿掉,然后把新的焊上

实例 67　加工中心，自动换刀时刀库定位不正确

故障设备	SIEMENS 802D 加工中心
故障现象	一台 SIEMENS 802D 的卧式加工中心,在自动换刀时,出现刀库定位不正确的故障,机床换刀不能实现
故障分析	仔细检查机床控制系统,确认该机床的刀库旋转是通过系统的第五轴进行刀库回转控制的,刀库的刀具选择通过第五轴的不同位置定位来实现。仔细观察刀库的转动情况,发现该机床刀库上的全部刀具定位都产生了同样的偏差,由此可以确定引起故障的原因是机床第五轴参考点位置调整不当
故障排除	重新调整机床第五轴参考点位置,机床恢复正常
经验总结	自动换刀系统简称 ATC,如图 7-85 所示,是数控机床的重要组成部分,主要是将加工所需刀具从刀库中传送到主轴夹持机构上。 刀具夹持元件的结构特性及其与工具机主轴的连接方式将直接影响工具机的加工性能。刀库结构形式及刀具交换装置的工作方式则会影响工具机的换刀效率。自动换刀系统本身及相关结构的复杂程度,又会对整机的成本产生直接影响。 在 SIEMENS 机床的面板上有一个刀库正转按钮,一般的刀库位置发生偏移只需按一次,刀盘转动一把刀的距离,调到自己想要的位置即可,也可以修改参数。但是每个厂家的参数都不一样,需要查看厂家的说明书  图 7-85　自动换刀系统

实例 68　加工中心，主轴抓刀后，刀库回到目标位置停止不动

故障设备	FANUC 0i 加工中心
故障现象	该数控加工中心主轴抓刀后,刀库回到目标位置停止不动,无法进行下一步操作
故障分析	由于刀库可以正常回到目标位置,其刀库驱动电机应该没有问题。刀库已经转到位,但是不动了,初步判断为刀库的位置检测信号出现故障,数控系统没有接收到位置信号,所以机床无法进行下一步操作。 根据机床原理图和说明书,检查信号反馈装置,发现其与主机数控柜的信号线存在闪断情况,用替换法测试线路,发现原有的信号线内部确实存在导线断开情况
故障排除	更换新的信号线,并做好屏蔽措施,此故障排除
经验总结	虽然最后判断出的原因很简单,其解决方法也很容易,但故障的诊断与维修必须按照机床的工作原理逐步分析,切不可操之过急。 在常用软导线电路中,经常会出现软导线中间有断开点的现象,一时不容易查出断开点的位置,若换新线既麻烦,又增加经济成本。在此情况下,为迅速查找断开点就显得尤为重要。简单为大家介绍一些检查技巧。 1. 外表观察法 首先检查导线中间的结合点是否有断开的情况,导线表面有无明显的压痕或利器的割痕、扎痕、划痕等,另外还要考虑导线是否经扭曲或长时间折弯超过一定角度而使导线断开。 2. 手指压线法 首先将导线拉直,并用手将软导线压一遍,软线中一般为多根铜丝组成,若有断开点,手指可感触到。 3. 外皮拉线法 一般直径较小的软导线在使用过程中会出现导线内芯断路故障,这时很容易用外皮拉线法找到断开点的位置。用手在导线 20cm 的位置左右拉,仔细观察软线中间有无外皮变细或变皱的情况。若有上述现象,一般断开点的位置就在于此,即导线断开点的位置一般在线两端附近,或者在拐弯或其他物体容易碰到的地方。 4. 仪表查找法 把需检查的软导线两端线芯接在检查绝缘用的兆欧表的输出端,一个人不停地摇动兆欧表,另一个人用手抓住软线,两手间距 10mm 左右,顺着导线的轴向用力向中间推挤,并让导线上下蠕动,若有断开点,此时有可能会瞬时接触,而兆欧表的数据会急剧变小;若指针摇摆幅度瞬间很大,由无穷大向中间迅速摆动,则表明该导线有断路点。此法仅适用于一个断开点的检查。

经验总结	自动换刀装置是加工中心的重要部件，由它实现零件工序之间连续加工的换刀要求，即在每一工序完成后自动将下一工序所用的新刀具更换到主轴上，从而保证了加工中心工艺集中的特点，刀具的交换一般通过机械手、刀库及机床主轴的协调动作共同完成

实例 69　加工中心，主轴抓刀后，刀库转动速度慢且不移回初始位置

故障设备	FANUC 0i 加工中心
故障现象	主轴抓刀后，刀库转动速度慢且不移回初始位置
故障分析	参照机床的电气图纸，利用万用表等检测工具检查电动机的启动电路是否正常，经检查电源、电动机，均没有发现问题，此方面原因都排除。刀库转动慢，接着查看气源压力是否在要求范围，检查后发现偏小，检查管路，并无异常。仔细查看发现气缸输出压力变低，而气缸上出现了裂纹，故障原因即出现于此，同时也是重大的安全隐患
故障排除	更换新的气缸，调试运行后，刀库转动正常，故障排除
经验总结	加工中心采用斗笠式刀库换刀，一般刀库的平移过程通过气缸动作来实现，其气缸的位置如图 7-86 所示。 在刀库动作过程中，保证气压的充足与稳定非常重要，操作者开机前首先要检查机床的压缩空气压力，保证压力稳定在要求范围内。 导致气缸体产生裂纹的原因： ①用气压超过气缸额定压力； ②外力挤压； ③金属疲劳； ④气缸端盖定位铜套磨损间隙大，活塞在缸体内无法定位，活塞挤破缸体。 因此，只需要在生产和定期保养中，注意观察和保养，即可有效避免此类故障。  对于刀库出现的其他电气问题，维修人员参照机床的电气图册，通过分析斗笠式刀库的动作过程，一定能找出原因、解决问题，保证设备的正常运转 图 7-86　斗笠式刀库的气缸

实例 70　加工中心，回转工作台不落入定位盘内

故障设备	SIEMENS 802D 加工中心
故障现象	在机床使用过程中，回转工作台经常在分度后不能落入鼠牙定位盘内，机床停止执行下面命令。图 7-87 为故障的工作台  图 7-87　故障的工作台
故障分析	回转工作台在分度后出现不能落入鼠牙定位盘内，发生顶齿现象，是因为工作台分度不准确所致。工作台分度不准确的原因可能有电气问题和机械问题。首先检查机床电动机和电气控制部分（此项检查较为容易），机床电气部分正常，则问题出在机械部分，可能是伺服电动机至回转台传动链间隙过大或转动累计间隙过大所致。拆下传动箱，发现齿轮、蜗轮与轴键连接间隙过大，齿轮啮合间隙超差过多
故障排除	经更换齿轮、重新组装，然后精调回转工作台定位块和伺服增益可调电位器后，故障排除
经验总结	鼠牙盘式分度工作台主要由工作台、夹紧油缸及鼠牙盘等零件组成，其端面齿能确保加工中心、CNC 数控车床转塔刀架等多工序自动数控机床和其他分度设备的运行精度。 采用鼠牙盘定位的分度工作台能达到较高的分度定位精度，一般为 ±3 分，最高可达 ±0.4 分。能承受很大的负载，定位刚度高，精度保持性好

实例 71　加工中心，回转工作台回参考点时抖动

故障设备	SIEMENS 802D 加工中心
故障现象	SIEMENS 802D 卧式加工中心数控回转工作台在返回参考点(正向)时,经常出现抖动现象。有时抖动大,有时抖动小,有时不抖动
故障分析	在机床调试时就出现过数控回转工作台抖动现象,根据机床的工作台原理图首先检查电气方面,发现电路、控制板、工作台驱动电机均正常。接着检查机械方面原因,对工作台的每个相关件逐个进行仔细的检查。终于发现固定蜗杆轴向的轴承右边的锁紧螺母左端没有紧靠其垫圈,有 3mm 的空隙,用手可以往紧的方向转两圈,这个螺母根本就没起锁紧作用,致使蜗杆产生窜动
故障排除	为此,我们将原锁紧螺母所开的宽 2.5mm、深 10mm 的槽开通,与螺纹相切,并超过螺母半径,调整好安装位置后,用 2 个紧定螺钉紧固,即可起到防松作用。经以上维修后,数控回转工作台再没有出现抖动现象
经验总结	通过上述检查分析,转台抖动是锁紧螺母松动造成的。锁紧螺母之所以没有起作用,是因为其直径方向开槽深度及所留变形量不够合理,不能使螺母起到防松作用。在转台经过若干次正、负方向回转后,不能保持其初始状态,逐渐松动,而且越松越多,导致轴承内环与蜗杆出现 3mm 轴向窜动,这样回转工作台就不能与电动机同步动作。这不仅造成工作台的抖动,而且随着反向间隙增大,蜗轮与蜗杆相互碰撞,使蜗杆副的接触表面出现伤痕,如图 7-88 所示,影响了机床的精度和使用寿命  图 7-88　蜗杆副的接触表面出现伤痕

实例 72　加工中心，工作台不能移动

故障设备	SIEMENS 840D 卧式加工中心
故障现象	该加工中心的工作台不能移动
故障分析	工作台不能移动,一般有以下几种原因: ①信号线松动,导致工作台的动作信号没有从数控系统送达工作台驱动系统; ②检测的行程开关没有动作或动作迟缓; ③触发检测的信号体没有动作; ④工作台机械部位卡住,无法移动。 对照以上几种原因逐步排查,发现是控制工作台移动的行程开关损坏,无论是否有工作信号,其均保持断开状态
故障排除	更换该行程开关,故障排除
经验总结	行程开关主要用于将机械位移变成电信号,使电动机的运行状态得以改变,从而控制机械动作或用作程序控制,如图 7-89 所示。 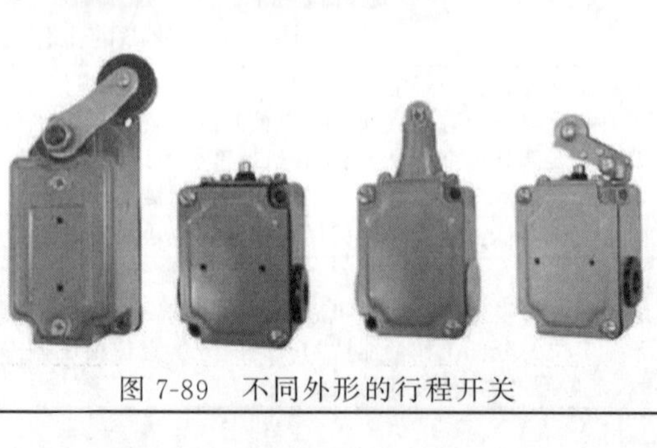 图 7-89　不同外形的行程开关

经验总结	在实际生产中,行程开关广泛用于各类机床和起重机械,用以控制其行程、进行终端限位保护。将行程开关安装在预先安排的位置,当装于生产机械运动部件上的模块撞击行程开关时,行程开关的触点动作,实现电路的切换。因此,行程开关是一种根据运动部件的行程位置而切换电路的电器,它的作用原理与按钮类似。 　　机床除了工作台之外,其他部位也有很多这样的行程开关,用它控制工件运动或自动进刀的行程,避免发生碰撞事故,有时利用行程开关使被控物体在规定的两个位置之间自动换向,从而得到不断的往复运动

实例 73　加工中心,双工作台交换过程动作混乱

故障设备	SIEMENS 840D 卧式加工中心
故障现象	该加工中心采用双工作台模式,在一次工作台交换过程中动作混乱或动作未完成就停止,并且工作台不再启动,必须断电后重新启动,重启后继续出现此故障
故障分析	首先检查控制工作台交换的接近开关或碰撞开关,发现其动作很不稳定,但拆下用万用表测量一切正常,替换到其他机床上也可正常使用,故排除了此方面的故障。检测元件连接电缆发现有短路现象,进一步检查线路发现电缆中间有一插头插座被切削液浸湿。但该插头插座安装在电气柜内,与切削加工的密封舱是隔开的。仔细观察后发现该插头插座上有一固定插座用废孔没有堵住,而该孔恰与切削加工的密封舱连通,时间长了,切削液慢慢渗入,从而引起线路短路
故障排除	取下被浸湿的插头插座,用酒精清洗后,用电吹风吹干,重新装上后,故障排除
经验总结	机床工作台耐潮、耐腐蚀、不用涂油、不生锈、不褪色、温度系数低,基本不受温度影响,几乎不用保养,能迅速容易地清洁、擦拭,精度稳定性好。由于加工的需要,在铣削加工时会有大量的切削液留在工作台及其固定槽内,在工作台下方也会存有部分液体,对于破损的线缆、密封不好的部件和插座,很容引起短路。如果必须在工作台下方安装插座的话,应选用工作台专用的防水插座。图 7-90 为专用防水插座,图 7-91 为工业防水插座箱 　 图 7-90　专用防水插座　　　　　图 7-91　工业防水插座箱

实例 74　加工中心,机械手在自动时不能换刀,手动时能换刀

故障设备	FANUC BESK 7CM 系统的 JCS-018 立式加工中心
故障现象	该机床采用 FANUC BESK 7CM 系统,机械手自动换刀时不换刀。故障发生后检查机械手的情况,机械手在自动换刀时不能换刀,而在手动时能换刀,且刀库也能转位。同时,机床除机械手在自动换刀时不换刀这一故障外,全部动作均正常,无任何报警
故障分析	检查机床控制电路,无故障;机床参数无故障;硬件上也无任何警示。考虑到刀库电动机旋转及机械手动作均由富士变频器所控制,故将检查点放在变频器上。 　　观察机械手在手动时的状态,刀库旋转及换刀动作均无误。观察机械手在自动时的状态,刀库旋转时,变频器工作正常;而机械手换刀时,变频器不正常,其工作频率由 35Hz 变为 2Hz。检查 NC 信号已经发出,且变频器上的交流接触器也吸合,测量输入接线端上 X1、X2 的电压,在手动和自动时均相同,并且机械手在手动时,其控制信号与变频无关。故判断变频器设定错误

故障排除	查看变频器使用说明书上可知:该变频器的输出频率有三种设定方式,即 01、02、03。对 X1、X2 输入端而言,01 方式为 X1 ON X2 OFF;02 方式为 X1 OFF X2 ON;03 方式 X1 ON X2 ON。 ①检查 01 方式下,其设定值为 0102,故在机械手动作时输出频率只有 2Hz,液晶显示屏上也显示为 02。 ②操作者误将变频器设定值修改,致使输出频率太低,不能驱动机械手工作。 ③将其按说明书重新设定为 0135 后,机械手动作恢复正常
经验总结	机械手控制的要素包括工作顺序、到达位置、动作时间、运动速度、加减速度等,图 7-92 为加工中心正在换刀的机械手。  图 7-92　加工中心正在换刀的机械手 变频机械手,顾名思义,就是通过变频器来控制机械手的动作;伺服机械手,是通过伺服电机和伺服驱动器来控制机械手的动作。伺服机械手的控制精度要比变频机械手高,价格也比较贵

实例 75　加工中心,主轴定向后,ATC 无定向指示,机械手无换刀动作

故障设备	FANUC BESK 7CM 系统的 JCS-018 立式加工中心
故障现象	数控系统为 FANUC BESK 7CM,主轴定向后,ATC 无定向指示,机械手无换刀动作。该故障发生后,机床无任何报警产生,除机械手不能正常工作外,机床各部分都工作正常。用人工换刀后机床也能进行正常工作
故障分析	①检查机床连接图。在 CN1 插座 22 号、23 号上测到主轴定向完成信号,该信号是在主轴定向完成后送至刀库电动机的一个信号,信号电压为 +24V。这说明主轴定向信号已经送出。 ②查阅 PLC 梯形图。ATC 指示灯亮的条件为: a. AINI(机械手原位)ON; b. ATCP(换刀条件满足)ON。 ③检查 ATCP 换刀条件是否满足。查 PLC 梯形图,换刀满足的条件为: a. OREND(主轴定向完成)ON; b. INPI(刀库伺服定位正常)ON; c. ZPZ(Z 轴零点)ON。 以上三个条件均已满足,说明 ATCP 已经 ON。 ④检查 AINI 条件是否满足。从 PLC 梯形图上看,AINI 满足的条件为: a. A75RLS(机械手 75°,回行程开关)ON; b. INPI(刀库伺服定位正常)ON; c. 180RLS(机械手 180°回行程开关)ON; d. AUPLS(机械手向上行程开关)ON。 检查以上三个行程开关,发现 A75RLS 未压到位
故障排除	根据检查和诊断结果,调整 A75RLS 行程开关挡块,使之恰好将该行程开关压合。此时,ATC 指示灯亮,机械手恢复正常工作,故障被排除
经验总结	限位开关又称行程开关,如图 7-93 所示可以安装在相对静止的物体(如固定架、门框等,简称静物)上或者运动的物体(如行车、门等,简称动物)上。当动物接近静物时,开关的连杆驱动开关的接点引起闭合的接点分断或者断开的接点闭合。由开关接点开、合状态的改变去控制电路和电机。 行程开关在工业生产中,可以与其他设备配合使用,形成自动化控制系统,例如在机床的控制方面就少不了行程开关的应用,它可以控制工件运动和自动进刀的行程,避免发生碰撞事故。在起重机械的控制方面,行程开关则起到了保护终端限位的作用。值得注意的是,要区别机床的机械零点,软限位,硬限位和挡块。 (1)机械零点　也叫机床零点,是机械坐标系的原点,是机床厂家的技术人员在调试机床的时候就已经通过参数设定完成的,通常情况下无需更改。

经验总结	(2)软限位　系统软件上用于限制机床超程的行程参数,设定完成后机床运行时一旦机械坐标系中的坐标值超出软限位行程参数设定的范围,就会触发软限位超程报警,从而使机床立即停止。 (3)硬限位　实际机床上用于限制机床超程的行程开关,该行程开关直接与急停开关串联,一旦机床工作台或是主轴运行超过行程范围并触发了该行程开关使其信号发生变化,机床立即停止运行并伴有硬限位超程报警发生。软硬限位的设定主要用于保护机床安全运转。 (4)挡块　图 7-94 为机床工作台挡块,挡块可作为回零方式下的减速开关使用。机床有挡块回零过程中轴运行的速度较快,但在接近零点时速度会迅速减慢,继而停止。轴减速就是因为机床工作台在接近零点时压下了挡块(即减速开关闭合),随后电机编码器自动检测一转信号,检测到之后机床就会停止,回零动作完成  图 7-93　限位开关　　　　　　图 7-94　挡块

实例 76　加工中心,自动换刀时显示器上出现♯23 报警

故障设备	FANUC BESK 7CM 系统的 JCS-018 立式加工中心
故障现象	JCS-018 型立式加工中心,机床进行自动换刀时,显示器上出现♯23 报警
故障分析	查阅机床维修说明书,♯23 报警提示机械手 75°回转行程开关存在故障。 故障诊断: ①对机械手 75°回转的两只行程开关进行检查,两只开关都完好无损; ②用刀库中的极限开关 SQ4 和 SQ5、操作面板上的旋钮开关 SA 14 代替 75°回转行程开关进行控制,故障现象不变,这进一步说明故障不是由行程开关引起的; ③查看电气原理图,两只行程开关通过 37♯、38♯、41♯、42♯导线和插接件连接到 PLC 的输入模块,检查连接导线和插接件,都在完好状态; ④推断 PLC 输入模块不正常
故障排除	根据检查和诊断结果,更换 PLC 输入模块后,♯23 报警消失,故障被排除。图 7-95 为该加工中心 PLC 的输入/输出模块位置  图 7-95　PLC 的输入/输出模块位置
经验总结	输入/输出是 PLC 与外部设备进行信息交流的信道,其是否正常工作除了和输入/输出单元有关外,还与配线、接线端子、熔断器等组件状态有关。PLC 输入/输出故障检查流程图如图 7-96(a)、图 7-96(b)所示。 输入/输出模块直接与外部设备相连,是容易出故障的部位。虽然输入/输出模块故障容易判断,更换快,但是必须查明原因,而且其故障往往都是由于外部原因造成的,如果不及时查明故障原因,消除故障,对 PLC 系统危害很大。 PLC 的输入/输出是否正常工作,和输入器件被激励(即现场元件已动作)有关,而指示器不亮,则下一步就应检查输入端子的端电压是否达到正确的电压值。若电压值正确,则可替换输入模块。若一个 LED 逻

经验总结

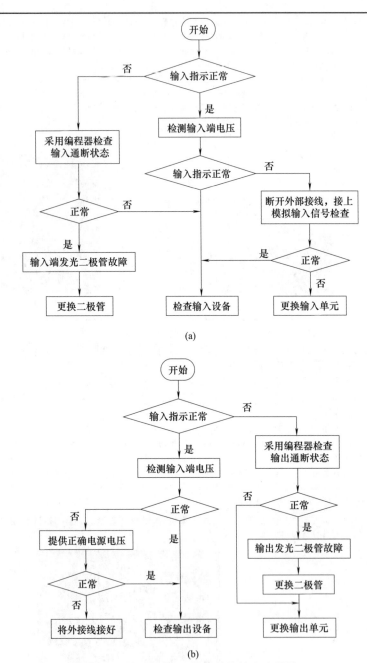

图 7-96 PLC 输入/输出故障检查流程图

辑指示器变暗,而且根据编程器件监视器、处理器未识别输入,则输入模块可能存在故障。如果替换的模块并未解决问题,且连接正确,则可能是 I/O 机架或通信电缆出了问题。

出现输出故障时,首先应察看输出设备是否响应 LED 状态指示器。若输出触点通电,模块指示器变亮,输出设备不响应,那么,首先应检查保险丝或替换模块。若保险丝完好,替换的模块未能解决问题,则应检查现场接线。若编程设备监视器显示一个输出器被命令接通,但指示器关闭,则应替换模块。

在诊断输入/输出故障时,最佳方法是区分究竟是模块自身的问题,还是现场连接上的问题。如果有 LED 电源指示器和逻辑指示器,模块故障易于发现。通常,先更换模块,或测量输入或输出端子板两端电压,若测量值正确,模块不响应,则应更换模块。若更换后仍无效,则可能是现场连接出问题了。输出设备截止,输出端之间电压达到某一预定值,表明现场连线有误。若输出器受激励,且 LED 状态指示器不亮,则应更换模块。

经验总结	如果不能从 I/O 模块中查出问题,则应检查模块插接件是否接触不良或未对准。最后,检查插接件端子有无断线、模块端子上有无虚焊点。 LED 状态指示器能提供许多关于现场设备、连接和 I/O 模块的信息。大部分输入/输出模块至少有一个 LED 状态指示器,输入模块常设 LED 电源指示器,输出模块则常设一个 LED 逻辑指示器。 对于输入模块,LED 电源指示器显示表明输入设备处于受激励状态,模块中有信号存在,该指示器单独使用不能表明模块的故障。LED 逻辑指示器显示表明输入信号已被输入电路的逻辑部分识别。如果逻辑和电源指示器不能同时显示,则表明模块不能正确地将输入信号传递给处理器。 输出模块的 LED 逻辑指示器显示时,表明模块的逻辑电路已识别出从处理器来的命令并接通。除了 LED 逻辑指示器外,一些输出模块还有一个保险丝熔断指示器或 LED 电源指示器,或二者兼有。保险丝熔断指示器只表明输出电路中的保护性保险丝的状态;LED 电源指示器显示时,表明电源已加在负载上。和输入模块的 LED 电源指示器和 LED 逻辑指示器一样,输出 LED 电源和逻辑指示器如果不能同时显示,表明输出模块有故障了

实例 77　加工中心,自动换刀时,出现"掉刀"现象

故障设备	SIEMENS 802S 加工中心
故障现象	SIEMENS 802S 加工中心,在加工过程中进行自动换刀时,出现"掉刀"现象。故障发生时没有出现任何报警
故障分析	出现"掉刀"现象并且没有出现任何报警,常见原因是与换刀有关的机械部分和电气元件故障。 ①现场询问和查阅机床维修的档案,本例故障初期偶尔发生,两三个月发生一次,后来呈渐进式发展,当前故障发生频率是一个班次出现几次。 ②观察发现,加工过程中换刀顺序完全正常,动作均已执行,没有任何报警,所以对"掉刀"没有察觉。当操作者进行检查或听到"掉刀"所发出的异常声音后,才知道发生"掉刀"故障。 ③从 PLC 梯形图上看,这台机床的换刀程序有 900 多步,纵横交错,很难分析其工作原理。 ④根据自动换刀的基本原理,决定执行下述故障诊断步骤: a. 检查机械手。把机械手停止在垂直极限位置,检查机械手手臂上的两个量爪,以及支持量爪的弹簧等附件,没有变形、松动等情况。 b. 检查主轴内孔刀具卡持情况。拆开主轴进行检查,发现其内部有部分碟形弹簧已经破碎。主轴内孔中碟形弹簧的作用是对刀具卡持紧固,如果碟形弹簧损坏会引起刀具不到位甚至装不上刀的故障。更换全部碟形弹簧,试运行时没有发生问题,工作一段时间后故障又出现了。 ⑤推断分析,这种故障仅出现在换刀动作过程中,与其他动作无关,编辑一个自动换刀重复执行程序,对换刀动作过程进行仔细观察。 O0200; M03 S800; T02 M06; M30; % 在运行此程序时,发现主轴刀具夹紧动作还没有到位,甚至还没有进行夹紧动作时,机械手就转动起来了,从而引起"掉刀"故障。 ⑥据理推断,故障原因很可能是主轴刀具夹紧到位的行程开关误动作,引起机械手回转,导致没夹紧的刀具出现"掉刀"故障
故障排除	①主轴刀具夹紧刀位的行程开关连接到 PLC 上的输入点 X2.5。查阅梯形图,反复按下行程开关并监视 X2.5 的工作情况,发现在 20 多次的压合中,有 3 次出现误动作,判断行程开关性能不良。 ②拆卸行程开关进行检测,确认该行程开关有故障。根据检查结果更换同规格型号的行程开关,机床"掉刀"的故障被排除
经验总结	行程开关,如图 7-97 所示,是位置开关(又称限位开关)的一种,是一种常用的小电流主令电器。利用生产机械运动部件的碰撞使其触头动作来接通或分断控制电路,达到一定的控制目的。通常,这类开关被用来限制机械运动的位置或行程,使运动机械按一定位置或行程自动停止、反向运动、变速运动或自动往返运动等。 行程开关主要由操作机构、触点系统和外壳 3 部分构成。行程开关种类很多,一般按其机构可分为直动式、转动式和微动式。常见的行程开关的外形、结构与符号如表 7-1 所示  图 7-97　行程开关

			直动式	单轮旋转式	双轮旋转式
经验总结	1	外形			

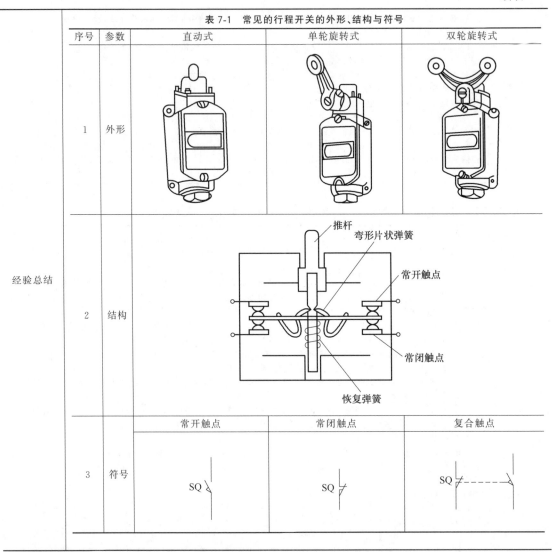

表 7-1　常见的行程开关的外形、结构与符号

序号	参数
2	结构

（结构图标注：推杆、弯形片状弹簧、常开触点、常闭触点、恢复弹簧）

			常开触点	常闭触点	复合触点
	3	符号	SQ	SQ	SQ

实例 78　加工中心　开机后返回参考点时 Y 轴不能动作

故障设备	FANUC 0i 卧式加工中心
故障现象	某 FANUC 系统卧式加工中心，开机后返回参考点时，Y 轴不能动作，也没有出现任何报警
故障分析	出现该问题原因很多，最常见的原因是 Y 轴的伺服环、位置环和相关的机械部分有故障。 ①试用点动和手动方式使 Y 轴返回参考点，都没有效果。而其他几个轴返回参考点的动作都正常。从故障现象来看，怀疑是 Y 轴被锁定。 ②检查位置环和伺服环，也没有找到故障点。 ③将疑点转到外围。从 Y 轴和 Z 轴联锁梯形图中，发现在"＋Y 轴联锁"处，有一个条件没有得到满足："换刀臂归位限位开关"X1.6 没有闭合。 ④这台机床的 Y 轴是垂直轴，自动换刀时必须使 Y 轴返回到参考点位置，才能使换刀臂的抓手在主轴孔内准确无误地抓取刀具。X1.6 就是换刀臂在原始位置的限位开关。当换刀完成后，换刀臂归位压下 X1.6，使 G68.4 得电（在此之前 R0.4 已经闭合），信号进入 NC，数控系统根据这一点来确认换刀动作已经完成，才能发出下一步的加工指令。在换刀装置执行动作的过程中，若有任何一个动作没有到位，就会停止执行下一个步骤。 ⑤直接观察换刀臂，似乎已成水平状态，但是并没有完全到位，限位开关 X1.6 未能闭合，应答信号不能发出，数控系统认为换刀动作没有完成，未能发出下一步的加工指令，因而锁定了 Y 轴

故障排除	调整换刀臂,使其归位时成完全水平状态,X1.6能可靠地闭合,故障被排除
经验总结	加工中心刀臂换刀故障占了加工中心硬故障的三分之一以上。该机床正常使用时,在程序运行到换刀的状态刀柄被抓取一半距离时卡死,分析是刀臂的定位装置(刀臂中心几个旋钮)松动,导致刀臂位置偏移抓不紧刀,调节刀臂位置使刀臂与机床水平方向垂直,应该能避免这个问题。图7-98为加工中心换刀臂。 如果是加工中心换刀时刀臂卡死,那么需要爬到机床上面,用扳手去扳刀臂电机上面的一个轴(图7-99),向反方向扳,刀臂会慢慢转动,把刀臂扳到初始位置(这时最好找人在机床后面的电柜里看着,到达初始位置会有一盏指示灯被点亮),之后把机床上的刀全部拆下,再去修改系统里的K参数,最后在MDI下运行刀臂复位指令。最后两步一定要仔细,查看说明书中的修改方法,每种系统,每个厂家都不相同   图7-98　换刀臂　　　　　　　　图7-99　刀臂电机上方需要调整的轴

实例79　加工中心,自动加工方式下刀库不能寻找下一把刀具

故障设备	FANUC 0i加工中心
故障现象	该FANUC 0i加工中心,采用旋转换刀臂的方式进行换刀。在自动加工方式下,当一把刀具正在切削时,刀库不能执行旋转寻找下一把刀具的动作。随后机床工作停止,并出现"ATC"报警。故障随时发生,没有什么规律
故障分析	该故障常见原因是刀库旋转传动机械故障、信号传递和位置、计数检测装置故障等。 ①检查刀套的上下感应开关、刀库的计数器感应开关,都在正常状态,能正确无误地发出信号,换刀后刀具没有出现零点漂移。 ②由刀库旋转部分的梯形图可知,在正常情况下,R149、G121均为闭合状态,当刀套向上的感应信号R539闭合时,继电器R531得电,刀库旋转。如果R536得电,则R531失电并出现报警。 ③Y4、Y5分别为刀库正、反转的信号。D325是时间继电器。若刀库在规定的时间内没有完成找刀的动作,则D325、R530、R536得电,R531失电并导致机床报警。 ④从梯形图上观察,在刀库应旋转的过程中,正转和反转信号总有一个闭合,从刀库的输出继电器到电动机之间也完全正常。这说明故障在刀库内部。 ⑤拆开刀库机构,发现凸轮的推出连接杆上有一个轴承损坏、磨损,造成刀库不能旋转,在规定的时间内无法完成抓刀的动作
故障排除	根据检查结果,更换轴承后,报警消除,机床恢复正常工作
经验总结	自动换刀系统是CNC工具机的重要组成部分,主要是将加工所需刀具从刀库中传送到主轴夹持机构上。刀具夹持机构的结构特性及其与工具机主轴的连接方式,将直接影响工具机的加工性能。刀库结构形式及刀具交换装置的工作方式,则会影响工具机的换刀效率。自动换刀系统本身及相关结构的复杂程度,又会对整机的成本产生直接影响。 数控工具机的自动换刀系统大概分为油压机构、气压机构、电气式凸轮机构等3种。 在不断追求速度及可靠性提升的数控工具机市场,凸轮式换刀机构就被广泛地采用,如图7-100所示。此设计只用一个驱动电机就可完成复杂的换刀动作,快速准确,除了换油外没有其他消耗零件及保养需求,故障率少,寿命超过百万次。 凸轮式换刀机构的优点概括如下: ①刀盘采用铝合金材质,可降低重量,避免造成机身的负担,让精度更加准确; ②刀盘用两个滚珠轴承固定,可让负荷更重,品质更稳定; ③刀盘特殊设计,并经CNC加工机一体加工完成,精度准确,强度增加,不慎撞机也不会断裂; ④刀盘分度部分采用滚珠轴承,可承受更大的重量,让品质更稳定,旋转时更顺畅;

经验总结	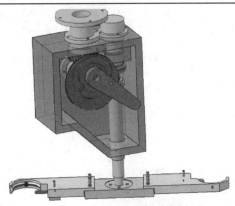 图 7-100　凸轮式换刀机构 ⑤刀盘分度部分搭配圆筒凸轮,凸轮材质采用镍铬钼合金钢,经第四轴及 CNC 加工机一体加工成型,精度高,稳定性佳,旋转时摩擦噪音低; ⑥固定圆筒凸轮的心轴,经精心设计,可有效并简单的调整其正确位置,让品质更加稳定容易控制; ⑦圆筒凸轮的心轴采用二个圆锥滚子轴承固定,可有效固定,并加强其可承受的力量,让品质更稳定; ⑧计数刀具感应块采用键槽固定方式,可使其角度绝对正确,没有松脱的疑虑; ⑨计数刀具采用近接开关设计,可有效并稳定的控制; ⑩刀盘转动采用两个齿轮 1∶1 设计传动,可有效传动; ⑪传动齿轮采用两个正齿轮设计,在装配或拆卸时更简单; ⑫传动电机采用立式电机设计,配合电机板设计,可使拆、装更容易; ⑬刀库设计有原点控制,采用近接开关感应方式,可让电控更加得心应手; ⑭刀套上下采用气压缸推动,顺畅柔和,可靠稳定; ⑮刀套上下气压缸配合齿条传动正齿轮,可加强其刀具的重负荷; ⑯齿条传动正齿轮再配合偏心轮设计,可有效并正确地达到刀套直角上下的要求; ⑰拉刀爪采用 S45C 中碳钢一体加工成型,强度高、可靠,没有断裂疑虑

实例 80　加工中心,刀库旋转时而正常时而不正常

故障设备	FANUC 0i 的系统 VMC-600 型加工中心
故障现象	刀库旋转时,有时很正常,有时又不能旋转。CRT 上出现故障报警:"刀库旋转失败"
故障分析	该故障常见原因是刀库相关的 PLC 输入、输出元件有故障。 ①查阅有关技术资料,本例刀库旋转部位的工作原理是:按下刀库正转按键时,PLC 输入点 196 的状态为"1",刀库正转预备信号 PLC 的输出点 A41 接通,同时产生 A7 上升沿脉冲,使 R51 中的数值加 1。经0.1s 延时后,PLC 输出点 014 的状态为"1",刀库便能正转。 ②同理,按下刀库反转键时,PLC 输入点 197 的状态为"1",刀库反转预备信号 A42 接通,同时产生状态为 A8 上升沿脉冲,使 R51 中的数值减 1,经 0.1s 延时后,PLC 的输出点 015 的状态为"1",刀库便能反转。 ③分析认为,故障原因可能是"数刀"126 接近开关(它与 PLC 的输入点相连接)位置发生偏移,有时能闭合,有时不能闭合。此时,下降沿 A28 有时无,刀库时而旋转,时而不转。检查这只接近开关,结果不在正常位置
故障排除	将"数刀"接近开关调整到正常位置,故障不再出现
经验总结	接近开关是一种无需与运动部件进行机械直接接触便可以操作的位置开关,如图 7-101 所示。 当物体接近开关的感应面到动作距离时,不需要机械接触及施加任何压力即可使开关动作,从而驱动直流电器或给计算机(PLC)装置提供控制指令。接近开关是种开关型传感器(即无触点开关),它既有行程开关、微动开关的特性,同时又具有传感性能,且动作可靠、性能稳定、频率响应快、使用寿命长、抗干扰能力强等,并具有防水、防振、耐腐蚀等特点。产品有电感式、电容式、霍尔式、交、直流型。 图 7-102 为接近开关工作原理图,当金属检测体接近开关的感应区域,开关就能无接触、无压力、无火花、迅速发出电气指令,准确反映出运动机构的位置和行程,即使用于一般的行程控制,其定位精度、操作

经验总结	频率、使用寿命、安装调整的方便性和对恶劣环境的适用能力，也是一般机械式行程开关所不能相比的。它广泛地应用于机床、冶金、化工、轻纺和印刷等行业。在自动控制系统中可作为限位、计数、定位控制和自动保护环节等。 "数刀"接近开关，是接近开关的一种，又叫做"数刀"感应器或"数刀"感应开关，如图 7-103 所示，它的位置不尽相同，一般由机床厂人员设计，需要查看电气操作手册。刀库乱了，就要检查"数刀"的接近开关是否正常，其感应距离是否符合标准，不同的刀库机械结构就不同，如果不懂调试，只能重新排刀 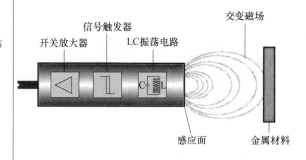  图 7-102　接近开关工作原理图　　　　　图 7-103　"数刀"接近开关

实例 81　加工中心，换至第 6 把刀位时，刀库左右摇摆

故障设备	FANUC 0i 系统 MD4800C 型加工中心
故障现象	FANUC 0i 系统 MD4800C 型加工中心，Z 轴在加工过程中，刀库执行换刀指令。当换至第 6 把刀位时，刀库左右摇摆，找不到刀位，加工自行停止，并出现报警，如图 7-104 所示。  图 7-104　故障设备
故障分析	查阅机床使用说明书，报警内容提示 PLC 控制侧电路有故障。 ①询问操作人员得知，几天前也曾出现过类似的故障，但刀库摆动幅度很小。解除报警并返回原点后，还能正常加工。 ②检查强电电路，没有问题。 ③检查系统参数和相关的 PLC 程序，都在正常状态。 ④检查 Z 轴中有关的导线和插接件，都在完好状态。 ⑤拆开换刀装置的传动部件，发现换刀电动机转子轴上的齿轮有轻微的松动。 ⑥进一步检查，方形连接件已经磨去了棱角，变成了椭圆形，导致机械传动不能到位
故障排除	更换同型号的连接件，并仔细调整相关的齿轮后，换刀恢复正常
经验总结	这次的检修也说明，部分报警信息不一定准确，在检修中要具体问题具体分析，不能生搬硬套

实例 82　加工中心，使用过程中刀库不能锁紧

故障设备	FANUC 0i 系统立式加工中心
故障现象	该 FANUC 0i 系统立式加工中心，在使用过程中出现刀库不能锁紧的故障

故障分析	该故障常见原因是刀库传动链、液压系统、检测装置有故障。 ①查阅有关技术资料,本例刀库安装了30把刀具,刀库由液压马达和传动链驱动,到位检测由旋转编码器完成。 ②对旋转编码器进行检测,信号没有问题。 ③对链传动机构进行检查,链轮中心距及机械结构也很正常。 ④对相关的液压单元进行检查,发现液压阀杆没有插入到液压马达中
故障排除	重新安装液压阀杆后,机床恢复正常工作
经验总结	液压阀杆是阀门重要部件,如图7-105所示,用于传动,上接执行机构或者手柄,下面直接带动阀芯移动或转动,以实现阀门开关或者调节作用。 阀杆在阀门启闭过程中不但是运动件、受力件,而且是密封件。同时,它受到介质的冲击和腐蚀,还与填料产生摩擦。因此在选择阀杆材料时,必须保证它在规定的温度下有足够的强度、良好的冲击韧性、抗擦伤性、耐腐蚀性。阀杆是易损件,在选用时还应注意材料的机械加工性能和热处理性能 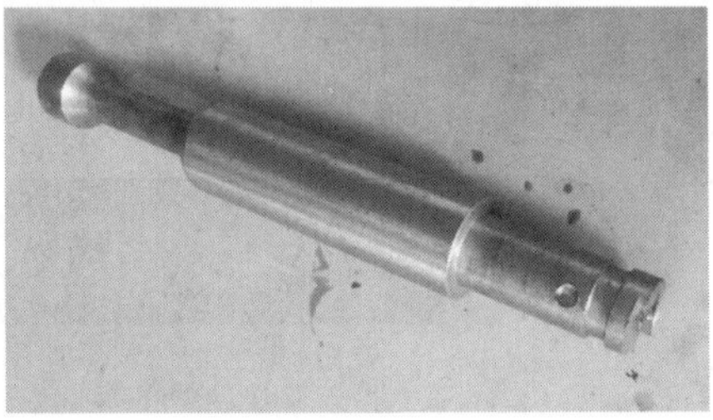 图7-105　液压阀杆

实例83　加工中心,进行自动加工,执行刀检程序时产生报警

故障设备	FANUC 21i-M系统JE-30S型卧式加工中心
故障现象	FANUC 21i-M系统JE-30S型卧式加工中心,机床进行自动加工,执行刀检程序时产生报警,报警代码为OP-1489
故障分析	OP-1489报警的内容为"FAILURE IN M—CODED TBD SENSOR",报警内容与刀具检测有关。 ①怀疑是程序中给定的刀检作用距离不够,刀具不能接触到传感器。 ②调整加工程序中与作用距离有关的参数,但是不能解决问题。 ③怀疑刀检传感器有故障。这只传感器与PMC中的输入点X6.1相连接,在正常情况下,当刀具接触传感器时,X6.1应该由接通转为断开,即状态由"1"变为"0"。从程序中调出X6.1进行观察,发现在刀检时其状态没有变化。由此确认传感器有问题。 ④从机床上找到这只传感器,检查其连接电缆发现没有问题。从外观上看,它的表面有很多灰尘
故障排除	用无水酒精将传感器擦洗干净,再进行自动加工,报警消除,机床恢复正常工作
经验总结	无水酒精有如下优点: ①无水酒精可以轻松洗掉一些用水洗不掉的脂溶性物质; ②一些电子元件不能用水洗,可以用无水酒精; ③无水酒精挥发快,清洗完后表面残留会马上挥发

实例84　加工中心,换刀时出现报警"MAGZN POSITION ERROR"

故障设备	FANUC系统TC-S2A型钻攻加工中心
故障现象	在自动加工过程中,进入到换刀程序时,CRT上出现报警"MAGZN POSITION ERROR"。图7-106为故障机床  图7-106　故障机床

故障分析	在 CNC A00 OM 数控系统中"MAGZN POSITION ERROR",报警的含义是"刀库位置错误"。 按照机床维修说明书的提示,按如下步骤进行检修: ①校对栅格偏移量(即存放在数据库中的参数 2),没有发现异常。检查位置偏差,在 3mm 范围之内,这是正常的。 ②调出输入输出界面(mainI),检查其中的第 E 位,确认 ATC 原点位置正常。 ③核对 Z 轴原点,如图 7-107 所示,没有出现偏差。 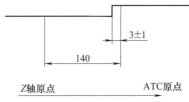 图 7-107　核对 Z 轴原点 ④排除了前面的三种原因后,基本上可以确认故障原因,那就是 Z 轴没有上升到 ATC 原点位置
故障排除	将工作方式开关拨到"手动"位置,同时按下"RST"键和"RELSE"键,取消报警。接着按下"ATC"键转动刀库,再将 Z 轴反向移出。重新进行自动换刀,报警得以消除
经验总结	高速加工中心是高速机床的典型产品,高速功能部件如电主轴、高速丝杠和直线电动机的发展应用极大地提高了切削效率。为了配合机床的高效率,作为加工中心的重要部件之一的自动换刀装置(ATC)的高速化也相应成为高速加工中心的重要技术内容。图 7-108 为处于设计调试阶段的自动换刀装置(ATC)。 随着切削速度的提高,切削时间的不断缩短,对换刀时间的要求也在逐步提高,换刀的速度已成为高水平加工中心的一项重要指标。 ATC 换刀的指标和原则如下: 1. 换刀速度指标 衡量换刀速度的方法主要有三种:刀到刀换刀时间,切削到切削换刀时间,切屑到切屑换刀时间。由于切屑到切屑换刀时间基本上就是加工中心两次切削之间的时间,反映了加工中心换刀所占用的辅助时间,因此切屑到切屑换刀时间应是衡量加工中心效率高低的最直接指标。而刀到刀换刀时间则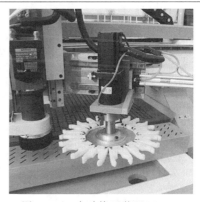 图 7-108　自动换刀装置(ATC) 主要反映自动换刀装置本身性能的好坏,更适合作为机床自动换刀装置的性能指标。这两种方法通常用来评价换刀速度。至于换刀时间多少才是高速机床的快速自动换刀装置并没有确定的指标,在技术条件可能的情况下,应尽可能提高换刀速度。 2. 提高换刀速度的基本原则 加工中心自动刀具交换的基本出发点是在多种刀具参与的加工过程中,通过自动换刀,减少辅助加工时间。在高速加工中心上,由于切削速度的大幅度提高,自动换刀装置和刀库的配置要考虑尽可能缩短换刀时间,从而和高速切削的机床相配合。 加工中心的换刀装置通常由刀库和刀具交换机构组成,常用的有机械手式和无机械手式等方式。刀库的形式和摆放位置也不一样。为了适合高速运动的需要,高速加工中心在结构上已和传统的加工中心不同,以刀具运动进给为主,减小运动件的质量已成为高速加工中心设计的主流。因此,设计换刀装置时,要充分考虑高速机床的新结构特征。 在设置高速加工中心上的换刀装置时,时间并不是唯一的考虑因素。首先,应在换刀动作准确、可靠的基础上提高换刀速度。ATC 是加工中心功能部件中故障率相对比较高的部分,这一点尤其重要;其次,要根据应用对象和性能价格比选配 ATC。在换刀时间对生产过程影响大的应用场合,要尽可能提高换刀速度。例如,在汽车等生产线上,换刀时间和换刀次数要计入零件生产节拍。而在另外一些地方,如模具型腔加工,换刀速度的选择就可以放宽一些

实例 85　加工中心,机械手被卡住,没有出现任何报警

故障设备	FANUC 0i MA 加工中心
故障现象	FANUC 0i MA 加工中心,在加工过程中,机械手被卡住,换刀动作中断,但是没有出现任何报警

故障分析	该故障常见的原因是与机械手和换刀动作有关的机械部分有故障。 ①对故障发生的过程进行仔细观察,在主轴前端面上,有一个定位凸键。由于主轴定向不准,造成机械手(即换刀臂)的扣爪与凸键的相对位置不正确,如图 7-109 所示,导致换刀失败。 ②本例机床的主轴定向是通过位置编码器来实现的。数控系统发出定向指令信号后再检测主轴驱动器反馈回来的定向完成信号,以及定向参考位置,主轴转过一定的角度,到达定向参考位置后,就停止并锁定在这个位置上。然后控制主轴电动机转过一定的角度,可以通过♯4077 参数(主轴定向停止时的偏移量)进行设置  图 7-109　故障位置
故障排除	根据检查和诊断结果,采用以下方法进行故障维修: ①用扳手把主轴转动一个角度,使主轴端面上的定位键插入到机械手的扣爪定位槽内,然后按照单步换刀步骤,使换刀动作完成一个循环。 ②让主轴多次运转定向,仔细观察定向停止时的偏差,并通过♯4077 参数进行调整。当调整到-95°后,主轴定向准确,换刀动作恢复正常
经验总结	加工中心在使用中经常会出现主轴定向角度调整,现对 FANUC 系统的调整进行详细说明。 主轴定位参数调整,先要把刀臂摇至主轴下方,对齐主轴上的卡口。这时候查 4077 参数,找到主轴位置参数 445,定向数值在 4077 参数中,其数值通过诊断 445 中的数值来确定,把 445 参数里面的值写入参数 4077 里就可以了,如图 7-110 所示。 调到合适位置后将此画面中的数值填入到 4077 参数里即可。但有时 445 里面的值一直为 0 或复位后变 0,则查找以下两参数,如图 7-111 和图 7-112 所示。 3117♯1 是否为 1 4016♯7 是否为 0 　　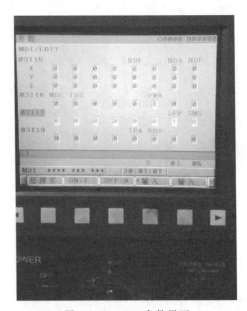 　图 7-110　445 参数界面　　　　　　图 7-111　3117 参数界面

经验总结	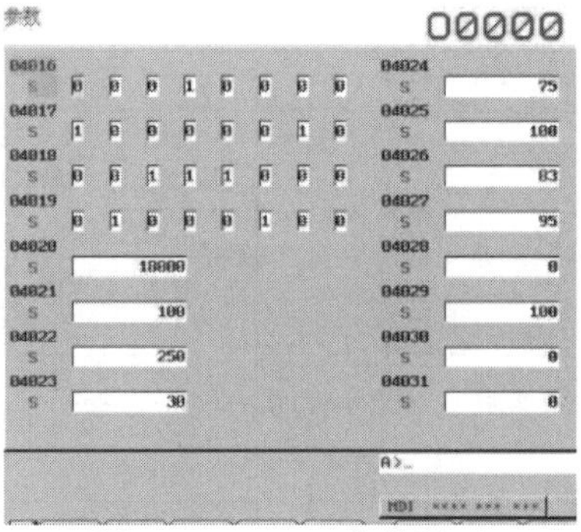 　图 7-112　4016 参数界面　按照上述的方法就可以准确而快速调整好主轴定向角度

实例 86　加工中心，系统发出刀库旋转指令后，刀库不能旋转

故障设备	FANUC 0i 的系统 VMC-600 型加工中心
故障现象	FANUC 0i 系统 VMC-600 型加工中心,系统发出刀库旋转指令后,刀库不能旋转
故障分析	系统发出刀库旋转指令后,刀库不能旋转的常见原因是与刀库相关的机械部分和电源部分有故障。 ①查阅有关技术资料,本例加工中心具有车、镗、铣、磨、钻等多项功能。刀库正、反转部分的工作原理是:刀库发出正转指令 196 后,刀库正转预备信号 A41 准备就绪,PLC 输出点 014 的状态为"1",发出刀库正转指令,接触器 K1 吸合,刀库执行正向旋转动作。同理,刀库发出反转指令 197 后,刀库反转预备信号 A42 准备就绪,PLC 输出点 015 的状态为"1",发出刀库反转指令,接触器 K2 吸合,刀库执行反向旋转动作。 ②检查刀库的机械部分,没有特殊的阻力,状态完全正常。 ③检查 PLC 的工作状态。当 196 端子有正转输入信号时,输出点 014 的状态为"1",送出了刀库正转指令;当 197 端子有反转输入信号时,输出点 015 的状态为"1",送出了刀库反转指令。这说明 PLC 的工作完全正常。 ④检查接触器 K1 和 K2,都没有损坏。当 PLC 送出正、反转指令时,它们都能正常地吸合。 ⑤进一步检查,发现供电的断路器损坏,导致电源缺少一相
故障排除	根据检查和诊断结果,更换损坏的断路器,故障得以排除
经验总结	低压断路器是电源部分的重要电气元件,其结构如图 7-113 所示,常见故障及其原因见表 7-2 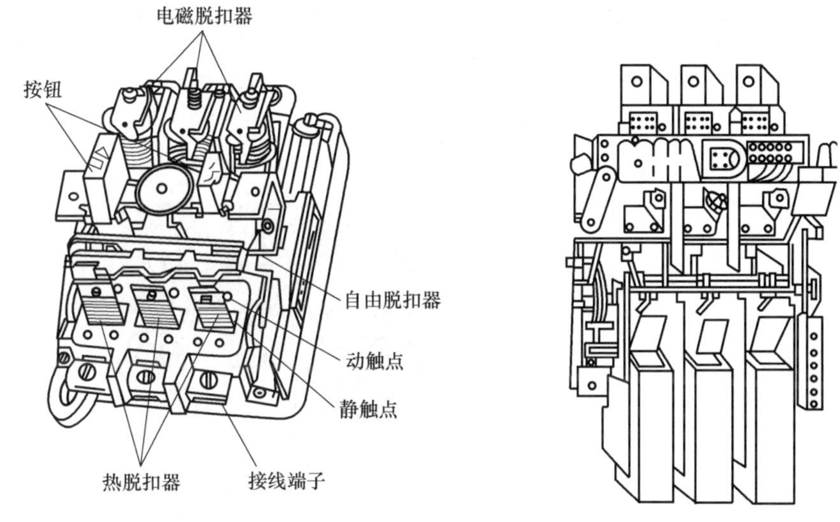 (a) DZ5 型断路器内部结构　　(b) DW16 系列断路器外形 图 7-113　低压断路器的结构

表 7-2 低压断路器常见故障及其原因

	序号		故障现象	故障原因	
经验总结	1	动作故障	手动操作时不能闭合（不能接通或不能启动）	①热脱扣器的金属片(热控制元件)尚未冷却复原	
				②触点接触不良	
				③储能弹簧失效变形，导致闭合力减小	
				④锁键和搭钩因长期使用而磨损	
				⑤欠压脱扣器线圈损坏	
			欠压脱扣器不能分断	①拉力弹簧失效断裂或卡住	
				②欠压脱扣器线圈损坏	
			电动机启动时立即分断	①过流脱扣器瞬时整定值太小	
				②弹簧失效	
			闭合后自动分断	①过流脱扣器延时整定值不符合要求	
				②热元件失灵	
	2	其他故障	温升大	触点阻抗大	①触点过分磨损或接触不良
					②两个导电零件连接螺钉松动
			噪声大	①脱扣器弹簧失效	
				②铁芯工作面有油污或短路环断裂	
			机壳带电	漏点保护断路器失效	

实例 87 加工中心，JCS-018A 立式加工中心机械手失灵

故障设备	JCS-018A 立式加工中心
故障现象	手臂旋转速度快慢不均，气液转换器失油频率增加，机械手旋转不到位，手臂升降不动作，或手臂复位不灵。调整 SC-15 节流阀配合手动调整，只能维持短时间正常运行，且排气声音逐渐浑浊，不如正常动作时清晰，直至不能换刀
故障分析	①手臂旋转 75°、180°，其动力由压缩空气源推动气液转换器转换成的液压提供，由程序指令控制，其旋转速度由 SC-15 节流阀调整，换向由 5ED-ION18F 电磁阀控制。一般情况下，这些元器件的寿命很长，故可以排除这类元器件的问题。 ②因刀套上下和手臂上下是独立的气源推动，排气也是独立的消声排气口，所以不受手臂旋转力传递的影响，但旋转不到位时，手臂是不可能升降的。根据这一原理，应着重检查手臂旋转系统执行元器件。 ③观察手臂旋转 75°、180°或不旋转时，液压缸伸缩对应气液转换各油标的升降、高低情况，发现左右配对的气液转换器中，左边呈上限，右边就呈下限，反之亦然，且公用的排气口有大量油液排出。分析气液转换器、尼龙管道均属密闭安装，所以此故障原因应在执行器件液压缸上。 ④拆卸机械手液压缸，发现活塞支承环 O 形圈均有直线性磨损，已不能密封。液压缸内壁粗糙，环状刀纹明显，精度太差，如图 7-114 所示  图 7-114 内壁粗糙并且带有环状刀纹的液压缸

故障排除	按照液压缸的修复工艺对液压缸进行修复,如果达不到要求,则必须更换。本例由于加工时间紧迫,直接更换为80缸筒,重新校对调整后故障消失
经验总结	液压缸内壁划伤危害甚大。在使用液压缸的过程中,出现缸体内表面划伤的情况是不可避免的,其实液压缸内壁一般不容易划伤,一旦出现划伤就不能轻易继续使用了。所以,发现液压缸内壁表面划伤的时候要及时修复。下面介绍液压缸内壁划伤的危害。 液压缸内壁划伤后,被挤出的材料会进入到密封件中,从而损坏密封件,并有可能造成新的划伤;会使液压缸内壁变得粗糙,从而增大了摩擦力,使得液压缸出现爬行现象;会加重液压缸的内泄漏,进而降低液压缸的工作效率。液压缸内壁的划伤一般发生在装配的过程中,这就要求工作人员在装配的过程中能够严格按照正确的步骤操作,防止内壁的划伤。 所以说,不要轻易地认为液压缸内壁划伤没有事情,避免划伤后损坏密封件,也要及时修复液压缸的内壁。 液压缸的修复一般是在发生磨损或损伤之后,由于密封件磨损、缸筒磨损、内壁划伤、内壁腐蚀、活塞或活塞杆划伤等原因,容易使液压缸发生故障,从而影响其性能,尤其是大型的液压缸,一旦密封性受损后,对零部件进行修复和更换比较困难。 为了防止发生上述现象,可以对其表层进行喷涂,产生涂层,涂层本身具有良好的耐油耐腐蚀性,并且操作简单,能满足生产使用要求。 液压缸的修复工艺流程为:褪镀→镀前抛光→电镀→镀后抛光 以下详细描述液压缸的修复工艺。 (1)表面处理 用脱脂棉蘸丙酮或无水乙醇对划伤部位进行清洗,清洗干净后进行打磨。若不清洗直接打磨,会使油污进入到缸体,从而造成涂层粘接不牢,甚至会脱落,在打磨时要注意打磨顺序。打磨完成后,用丙酮擦拭干净,之后用热风机或碘钨灯将水分烤干,同时预热待修复的表面。 (2)调和材料 调和时要严格按照比例,并要搅拌均匀,不能出现色差。 (3)涂抹材料 将调和好的材料涂抹到划伤表面,在涂抹时厚度要薄而均匀,全部覆盖,确保材料与表面之间有效的粘接,再将材料涂至整个修复部位。完成后反复按压,确保达到所需厚度,一般比缸筒内壁表面略高。 (4)固化 温度为24℃时,完全固化要24h,如果想要缩短时间,可以使用卤钨灯来提高环境温度。一般温度每提升11℃,固化时间会缩短一半,最佳的温度为70℃。 固化完成之后,再用细磨石或刮刀将高出表面的材料修复平整,这样整个过程就全部完成了

实例88 加工中心,JOG状态下机械手不能缩爪

故障设备	FANUC 11系统的BX-110P加工中心
故障现象	某配套FANUC 11系统的BX-110P加工中心,机床在JOG状态下加工工件时,机械手将刀具从主刀库中取出送入送刀盒中,不能缩爪,但不报警。将方式选择到ATC状态,手动操作正常
故障分析	经查看梯形图,发现限位开关IS916没有压合。调整限位开关位置后,机床恢复正常。但过一段时间后,再次出现此故障,检查IS916并未松动,但没有压合,由此怀疑机械手的液压缸拉杆未伸到位。 经查发现液压缸拉杆顶端锁紧螺母的紧定螺钉松动,使液压缸伸缩的行程发生了变化
故障排除	调整锁紧螺母并拧紧紧定螺钉后,故障排除
经验总结	液压缸是将液压能转变为机械能的、做直线往复运动(或摆动运动)的液压执行元件,如图7-115所示。  图7-115 液压缸 液压缸结构简单、工作可靠。用它来实现往复运动时,可免去减速装置,并且没有传动间隙,运动平稳,因此在各种机械的液压系统中得到广泛应用。液压缸输出力和活塞有效面积及其两边的压差成正比。液压缸基本上由缸筒和缸盖、活塞和活塞杆、密封装置、缓冲装置与排气装置组成。缓冲装置与排气装置视具体应用场合而定,其他装置则必不可少。 液压缸行程是液压缸顶出时最大总长度和收起时最小总长度之差,即活塞杆的动作长度,带有缓冲装置的液压缸,包括缓冲长度,如图7-116所示

| 经验总结 | 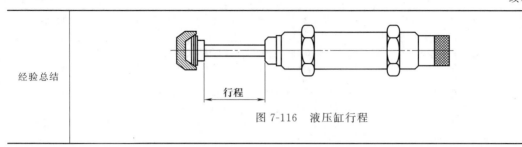
图 7-116　液压缸行程 |

实例 89　加工中心，加工尺寸不能控制

故障设备	JN 系列数控系统经济型数控车床
故障现象	经济型数控车床采用南京江南机床数控工程公司 JN 系列数控系统，刀架为常州市武进机床数控设备厂为 JN 系列数控系统配套生产的 LD4-1 型电动刀架。在产品加工过程中，发现有加工尺寸不能控制的现象，操作者每次在系统中修改参数后，数码显示器显示的尺寸与实际加工出来的尺寸相差悬殊，且尺寸的变化无规律可循。即使不修改系统参数，加工出来的产品尺寸也在不停地变化
故障分析	该机床主要进行内孔加工，因此，尺寸的变化主要反映在 X 轴上。为了确定故障部位，采用交换法，将 X 轴的驱动信号与 Y 轴的驱动信号进行交换，故障依然存在，说明 X 轴的驱动信号无故障，也说明故障源应在 X 轴步进电动机及其传动机构、滚珠丝杠等硬件上。检查上述传动机构、滚珠丝杠等硬件均无故障。进一步检查 X 轴轴向重复定位精度也在其技术指标之内。 　　检查电动刀架的重复定位精度，发现故障为电动刀架定位不准。分析电动刀架定位不准的原因，若是电动刀架自身的机械定位补偿不准，故障应该是固定不变的，不应该出现加工尺寸不能控制的现象。检查电动刀架的转动情况，发现电动刀架抬起时被铁屑卡住，铁屑使刀架定位不准
故障排除	拆开电动刀架，用压缩空气将电动刀架定位齿盘上的铁屑吹干净，重新装配好电动刀架，故障排除
经验总结	齿盘定位刀架，是由小刀架上面和方刀台刀架下面分别设有相啮合的上、下齿盘，上、下齿盘通过螺杆和螺杆上的手柄转动使上、下齿盘快速离合和啮合定位，具有定位、定心精度高，刚性好，结构简单，定位精度可达 0.002～0.008mm 等优点，可广泛用于数控车床，实现四工位、六工位及多工位定位。图 7-117 为齿盘定位刀架各个部分的结构零件。 图 7-117　齿盘定位刀架的结构零件 　　但是，电动刀架定位齿盘有允许间隙，经常会进入一些细小的铁屑，这些铁屑在定位盘内是随着电动刀架的转动而移动的。因此，故障现象表现为加工尺寸变化不定。对此故障的预防，就是要定期对电动刀架进行清洁处理，包括拆开电动刀架，对定位齿盘进行清扫，这样才能保证机床正常工作

实例 90　加工中心，加工结束后不能返回到参考点上

故障设备	SIEMENS 820M 系统的 MKC-500 卧式加工中心
故障现象	加工结束后，刀具还是停留在加工的位置上，不能返回到参考点。显示器上出现 6033＃、7012＃、7021＃报警

故障分析	在 SIEMENS 820M 系统中,6033♯报警提示"刀库在自动时,区域选取错误";7012♯报警提示"T 指令重复错误";7021♯报警则提示"刀库位置错误"。 ①查看刀库伺服驱动器,也显示出 2♯报警,提示"旋转编码器有故障"。 ②检查刀库的旋转编码器,在完好状态。 ③分析认为,可能是因为其他几种报警导致刀库伺服电动机没有工作,引发 2♯报警。因此应将检修的方向放在显示器的几种报警上。6033♯和 7012♯报警没有具体的说明,所以要将检查的重点放在 7021♯报警上。 ④在 PLC 的输入点中,E11.1 和 E11.2 是与 7021♯报警有关联的信号,它们分别连接到刀库的位置传感器 SQ51 和 SQ52。从显示器上看到,E11.1 和 E11.2 的状态为"0",这说明传感器处于断开位置,反映刀库位置不正确。 ⑤对刀库进行检查,发现其偏离了正常位置
故障排除	拆开刀库电动机后盖,扳动转子使其转动,将刀库恢复到原位,故障得以排除。图 7-118 为刀库的电动机位置  图 7-118　刀库的电动机位置
经验总结	三相异步电动机主要由定子和转子构成,定子是静止不动的部分,转子是旋转部分,在定子与转子之间有一定的气隙。 定子由铁芯、绕组与机座三部分组成。转子由铁芯与绕组组成,转子绕组有鼠笼式和线绕式。鼠笼式转子是在转子铁芯槽内插入铜条,再将全部铜条两端焊在两个铜端环上而组成;线绕式转子绕组与定子绕组一样,由线圈组成,绕组放入转子铁芯槽内。鼠笼式与线绕式两种电动机虽然结构不一样,但工作原理是一样的。图 7-119 为三相绕线转子异步电动机的转子结构。 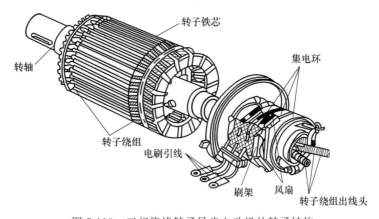 图 7-119　三相绕线转子异步电动机的转子结构 如果换刀时出现刀臂卡死,也可以采用这种方法进行操作。爬到机床上面,用扳手去扳刀臂电动机上面的一个轴,向反方向扳,刀臂会慢慢转动,把刀臂摇到初始位置。 注意:无论是如何操作,都要注意安全,人的身体要远离刀库和机械手的位置,防止机械部分突然动作,危害人身安全

实例 91　加工中心，快速移动时工作台严重抖动

故障设备	SIEMENS 8ME 的加工中心
故障现象	在手动方式下，X 轴慢速或中速移动时，机床工作正常，改用快速时，工作台严重抖动。自动进给时出现 NC-103 报警，有时还出现 NC-101 报警
故障分析	这是 X 轴在驱动过程中超出了 N346 所设定的公差带。其原因是 X 轴位置环或速度环发生问题，故障范围涉及机械传动、位置监测、伺服驱动等部位。 ①对机床的参数进行检查，没有发生变化。 ②检查伺服电机、滚珠丝杠及联轴器等，均作正常状态。 ③分析认为，这台加工中心已经使用了多年，机械部件有较大的磨损，整个驱动环节的机电性能均有变化。应该对 X 轴位置环和速度环的参数进行检查，并重新进行优化调整。 ④对位置环的参数进行优化调整，但是没有明显的效果
故障排除	将 X 轴速度环的比例系数 K_p 适当减小。积分时间常数 τ 适当加大，并综合调整 NC 系统的增益系数，保证既有足够的快速性，又有必需的跟踪误差和轮廓公差带。这样处理后，故障不再出现
经验总结	伺服系统由 3 个反馈系统构成：位置环、速度环、电流环，越是内侧的环，越需要提高其响应性，不遵守该原则，则会产生偏差和振动。由于电流环是最内侧的环，以确保了其充分的响应性，所以我们只需要调整位置环和速度环即可。图 7-120 为位置环＋速度环＋电流环模式一（速度闭环控制模式，适应机械硬特性负载）；图 7-121 为位置环＋电流环＋速度环模式二（电流闭环控制模式，适应机械软特性负载）。 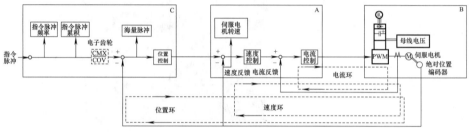 图 7-120　位置环＋速度环＋电流环模式一 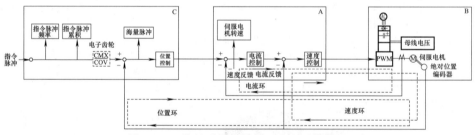 图 7-121　位置环＋电流环＋速度环模式二 在此，我们可以调整的主要参数是：位置环增益、速度环增益、速度环积分时间常数。 　位置环增益是决定对指令位置跟随性的参数。与工件表面的优劣有密切关系，仅在驱动器工作在位置方式时有效，当伺服电机停止运行时，增加位置环比例增益，能提高伺服电机的刚性，即锁机力度。伺服系统的响应性取决于位置环增益，提高位置环增益，位置环响应和切削精度都会改善，同时减少调整时间和循环时间，但位置环增益又受限于速度环特性和机械特性。为了提高响应性，如果仅提高位置环增益，作为伺服系统的整体的响应，容易产生振动，所以在注意响应性的同时提高速度环增益。 　1. 速度环增益 　确定速度环响应性的参数。由于速度环的响应性较低时会成为外侧位置环的延迟要素，因此会发生超调或者使速度指令发生振动。为此，在机械系统不发生振动的范围内，设定值越大，伺服系统越稳定，响应性越好。 　速度环参数调整的原则：在保证速度环系统稳定，不振荡的前提下，使速度环响应最快，并且系统稳定工作，简单的方法是，提高速度环的比例增益，直至系统发生振荡，然后再降低一点速度环的比例增益，即为刚度较好速度环比例增益。速度环积分时间常数对于伺服系统来说为延迟因素，因此设定过大会延长定位时间，使响应性变差，当惯量较大有振动时若不加大，机械又会出现振动，要根据实际情况来调，设定的比较小，在定位时虽然偏差脉冲可能会更接近于 0，但是达到稳定状态所需的时间可能会变长。 　速度环积分时间常数调整的原则：为了保证系统稳定的工作，应该调整速度环积分时间常数。调整的原则是，负载惯量折算到电机轴上的值与电机转子惯量的倍数越大，速度环积分时间常数的值应增加越大。

经验总结	速度环积分时间常数的提高,需相应的提高速度环比例增益,以提高速度环的响应时间。这两个参数的调整是一个反复的过程,需要对负载有准确的认识与经验。 　2. 位置环增益 　伺服单元位置环的响应性由位置环增益决定。位置环增益的设定越高,则响应性越高,定位时间越短。一般来说,不能将位置环增益提高到超出机械系统固有振动数的范围。因此,要将位置环增益设定为较大值,需提高机器刚性并增大机器的固有振动数。 　位置环增益调整原则:在保证位置环系统稳定工作,位置不超差(过冲)的前提下,增大位置环的增益,以减小位置滞后量。简单的方法是提高位置环增益直至过冲,然后再降低位置环增益,即为刚度较好的位置环增益。 　3. 速度环积分时间常数 　当增益过大,电机发生振动时,可以调节此参数,减少振动。 　速度环比例增益、速度环积分时间常数仅对电机在运行时(有速度)起作用。速度环比例增益的大小,影响电机速度的响应快慢,为了缩短调整时间,需要提高速度环增益,控制超程或行程不足。速度环积分时间常数的大小,影响伺服电机稳态速度误差的大小及速度环系统的稳定性。当伺服电机带上实际负荷时,由于实际负载转矩和负载惯量与缺省参数值设置并不相符,速度环的带宽会变窄,如果此时的速度环带宽满足需求,没有发生电机速度爬行或振荡等现象,可以不调整速度环的比例增益及积分时间常数。如果实际负荷使电机工作不稳定,发生爬行或振荡现象,或者现有的速度环带宽不理想,则需要对速度环的比例增益、积分时间常数进行调整。 　需要注意的是,实际生产中,现在的伺服驱动器出厂一般都是调试好的,如果在使用中感觉不理想,最好咨询相关生产厂家的技术人员,再根据具体情况调整相应参数

实例92　加工中心,旋转工作台奇数位定位准确,偶数位定位错误

故障设备	SIEMENS 820M 系统 MKC-500 卧式加工中心
故障现象	该加工中心在使用几年之后,旋转工作台在升降和旋转过程中奇数位定位准确,而偶数位定位错误
故障分析	①怀疑工作台电动机上的旋转编码器位置挪动,进行调节后故障仍然存在。 ②修改与编码器有关的参数,也不起作用。 ③采用交换法,将刀库与工作台的伺服驱动系统互换使用。此时工作台定位正确,而故障转移到刀库上,刀库找不到正确的刀号。这说明工作台原来的伺服驱动系统不正常。 ④伺服驱动器的型号是 SIMODRIVER611-A,如图 7-122 所示,反复对其进行检查,没有找到问题。 ⑤分析认为驱动器在硬件方面并没有损坏,可能是机床在长期使用后,机械部件磨损或电气部件性能发生变化,导致伺服驱动器与机械传动部分没有实现最佳的匹配 图 7-122　SIMODRIVER611-A 伺服驱动器
故障排除	参照刀库伺服驱动器中的参数,调节工作台驱动器中速度控制器的比例系数 K_p、积分时间 T_N,使驱动器与机械传动部分实现最佳匹配。这样处理后,故障不再出现
经验总结	速度控制就是控制电机的速度,根据设定的加速度斜率,在最短时间内达到你设定的速度。位置控制就是控制电机转过多大距离(用脉冲量控制),达到位置自动停止,根据设定参数,电机自动改变速度。两种控制方式均为闭环控制,即电机尾部有编码器和伺服驱动器连接。 　P(比例)控制是一种最简单的控制方式。P(比例)控制器的输入信号成比例地反映输出信号。它的作用是调整系统的开环增益,提高系统的稳态精度,降低系统的惰性,加快响应速度。 　比例控制技术是实现元件或系统的被控制量(油液的压力、流量等)与控制量(电气信号)之间线性关系的技术手段,它弥补了电液伺服控制应用和维护条件苛刻、成本高、能耗大以及传统的电液开关控制性能差等缺陷,很好地满足了工程实际的需要并得到迅速的发展。 　下面详细讲述控制器的积分时间、积分增益和积分速度的区别。 　对于控制器的积分作用还可以换一种方式来理解,因为从过渡过程的平面上来看,积分就是起了一个移动比例度的作用。通过图 7-123 来观察积分对比例度的影响。控制器有积分作用时,在阶跃信号的作用下,控制器的输出先跳变后再缓慢上升,直至到极限输出值为止。输出先跳变是由于比例的作用,缓慢地上升则是积分的影响。如果把比例的影响除去,图 7-123 的虚线表示的就是纯积分的影响,比例积分作用同时对控制器输出的影响就如图中的实线所示,即积分作用相当于将比例作用慢慢地向上推移,也就是说相当

于比例度向克服偏差的方向连续移动,移动的速度与积分时间成反比,只有当测量值又回到给定值,偏差为零时,积分才停止推动比例度。如果要使比例度向相反的方向移动,只有测量值越过了给定值而产生反方向的偏差后,积分才开始使比例度向相反的方向移动。

正偏差和负偏差对控制器输出的影响如图7-124所示,图中比例度的中线对应于控制器在控制点时的输出,在只有比例作用时输出是一个常数,即比例度的中线不会改变。当加入积分作用后,这条中线就随时间而改变了,改变的速度与积分时间成反比。这时控制器的输出就是比例输出与积分输出之和,积分输出就是这条改变的中心线,所以总输出表现为以控制点为中心的一条带子。

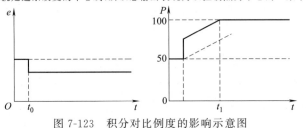 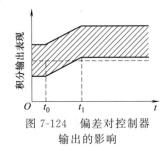

图 7-123　积分对比例度的影响示意图　　　　图 7-124　偏差对控制器
输出的影响

但要指出的是,所谓推动或移动比例度,只是一种直观形象的比喻,是为了表明积分和比例控制规律之间的相互关系,其目的是为了便于学习和理解积分作用。这种表示方法可能比抽象的定义和数学公式更容易理解积分作用的实质。最后对积分作用做一概括:控制器的积分作用是为了消除控制系统的余差而设置的,积分作用的输出变化与输入偏差的积分成比例,比例作用通过偏差将输出与测量值紧紧联系起来,而积分作用能使输出为任何值,只有当偏差为零时才停止积分作用,这个特性能使余差消除,只要偏差存在积分作用就会使输出向消除余差的方向变化。

测定积分时间就是给比例积分控制器输入一阶跃信号,记下输出垂直上升的数值并用秒表开始计时,待输出达到垂直上升部分的两倍时,停止计时。这时秒表所记下的时间就是积分时间 T_N,其过程用图7-125表示,即取积分作用的输出等于比例作用的输出的一段时间就是积分时间 T_N。

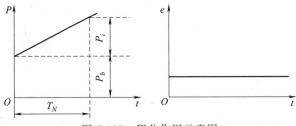

图 7-125　积分作用示意图

由于不同产品对控制器积分时间的标注不相同,因此在现场应用中,要注意分清楚各种积分时间的刻度,如有的标为积分速度,表示成0—10等分刻度,由0到10是表示积分速度增加或减少的方向。如有的是按"分/重复"刻度,称为积分时间,积分时间是积分速度 I 的倒数($T_N = 1/I$),积分时间长积分速度就小,即偏差随时间累积的速度就小。有的则用"重复次数/分"刻度,称为积分增益。要记住的是增加积分时间或增加积分增益,会使积分作用强度降低;减少积分时间或增加积分增益,会使积分作用强度增强

经验总结

实例 93　加工中心,换刀机构连续两次换刀

故障设备	FANUC 0i 系统的 FV-800A 型加工中心
故障现象	机床在加工时,执行自动换刀指令,此时换刀机构连续两次换刀
故障分析	①改用手动方式换刀,动作完全正常,但回到自动方式时又出现问题。按照检修经验,首先更换压刀气缸的消声器,清洗电磁换向阀,仍然不能排除故障。 ②检查刀库内凸轮机构和各个接近开关,都完好无损。换刀臂的平行度也没有问题。 ③检查电气控制系统,没有发现异常情况。把整个控制单元拆下,与另一台同型号机器的控制单元进行对换,故障还是不能排除。 ④由于找不到故障原因,所以又回头检查压力气缸。经手动反复试验,仔细观察,发现气缸压下去之后,活塞杆会缓缓上升。拆下气缸进行解体检查,发现端盖内有一矩形密封圈(规格为 16mm×24mm×7mm)破裂

故障排除	更换密封圈后,故障终于排除,自动换刀恢复正常
经验总结	与 O 形密封圈一样,矩形密封圈是可以用于双向密封的固定密封件,如图 7-126 所示。 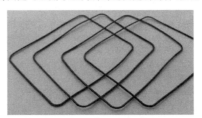 图 7-126　矩形密封圈 　由于安装时所施加的预接触压力,使矩形密封圈的贴合面径向和轴向产生初始的密封性能。这种接触压力,因液压系统压力增大而相应加强。这样就产生了随液压系统(或气动系统)压力增大而增大的总密封压力,其接触压力分布如图 7-127 所示。 　由于采用了良好的弹性密封材料,矩形密封圈在压力作用下的性能和具有高表面张力的液体相似,因而压力能均匀地向各个方面传递。另外,由于矩形密封圈的截面面积以及其截面特征,进一步减少了密封圈的往复移动。这就表明了它具有工作可靠性高、密封性好及寿命长的特点。 　正是基于矩形密封圈的形状、材料和结构特性,它有着如下的特点。 　1. 老化较慢 　橡胶与某些密封材料不同,在受压力的状态之下,即有应力的状态下,会慢慢自然老化,降低弹性。所以密封圈是有一定的使用寿命,并与密封材料的品质有密切关系。矩形密封圈由于安装后的预压缩量较小,所以它的老化速度相对较慢。 　2. 稳定性好 　由于矩形密封圈的形状特性,故其在安装后不会发生扭曲,压缩后变形量小,在压力变化时,形状化也较小。统称为密封圈的截面稳定性好。 　3. 密封性能好 　用 O 形密封圈作为端面密封时,在有较大的压力脉冲时,会产生"回吸效应"。这一效应,是由沟槽中 O 形密封圈低压侧和沟槽侧面间的压力所产生的。发生压力冲击时,流体会随 O 形密封圈移动而排出。当压力下降时,会发生"出汗"状态般的轻微泄露。在使用矩形密封圈时,由于它具有自身的几何形状特征,所以不会产生类似"出汗"问题。在承受压力性能方面,O 形密封圈的额定压力为 32MPa,而矩形密封圈的额定压力为 50MPa。 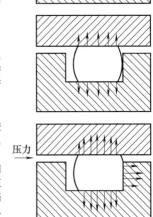 图 7-127　矩形密封圈的 接触压力分布图 　4. 抗挤出性能强 　使用 O 形密封圈时,在频繁或长期压力冲击下,会有少量密封材料从低压侧间隙中被剪切而挤出。这一现象被称之为"挤出损坏"。在同样工况下,如采用矩形密封圈,则不会出现"挤出损坏"。 　5. 密封压力高 　O 形密封圈工作压力为 32MPa,矩形密封圈工作压力为 50MPa。当 O 形密封圈用于径向密封而压力又超 10MPa 时,就需要在低压侧增设挡圈,用来防止"挤出损坏"。而在使用矩形密封圈时,则无需再设置挡圈。 　6. 具有互换性 　在 O 形密封圈的原有沟槽内,可以安装对应规格的矩形密封圈。所以,它与 O 形密封圈具有良好的互换性。 　在安装和使用矩形密封圈时要注意如下几点: 　1. 不能装错方向和破坏唇边 　唇边若有 50μm 以上的伤痕,就可能导致明显的漏油(或漏气)。 　2. 防止强制安装 　不能用锤子敲入,而要用专用工具先将密封圈压入座孔内,再用简单圆筒保护唇边通过花键部位。安装前,要在唇部涂抹些润滑油,以便于安装并防止初期运转时烧伤,要注意清洁。 　3. 防止超期使用 　动密封的橡胶密封件使用期一般为 3000~5000h,应该及时更换新的密封圈。 　4. 更换密封圈的尺寸要一致 　要严格按照说明书要求,选用相同尺寸的密封圈,否则不能保证压紧度等要求。

经验总结	5. 避免使用旧密封圈 使用新密封圈时,也要仔细检查其表面质量,确定无小孔、凸起物、裂痕和凹槽等缺陷并有足够弹性后再使用。 6. 使用专用工具 安装时,应先严格清洗打开的液压系统(或气动系统)各部位,最好使用专用工具,以防金属锐边将手指划伤。 7. 清除污物 更换密封圈时,要严格检查密封圈沟槽,清除污物,打磨沟槽底部。 8. 严禁在超负荷和恶劣环境中运行 为防止损坏导致漏油,必须按规程操作,同时,不能长时间超负荷或将机器置于比较恶劣的环境中运转

实例94 加工中心,机械手旋转180°时卡刀

故障设备	FANUC MC 系统的 XH716 型加工中心
故障现象	机床执行换刀指令,当机械手旋转180°时,出现卡刀现象,从而造成换刀动作无法完成
故障分析	①根据故障现象可知,问题存在于刀装置中。这台加工中心采用台湾吉辅公司生产的圆盘式刀库,换刀装置为凸轮机构。在机构的上端安装有三只接近开关,分别对机械手的位置进行检测。分析故障原因是相应的位置检测开关没有将信号送至PMC的接口,导致机床换刀动作中断。 ②检查倒刀气缸上的磁簧开关,诊断显示磁簧开关可以正常动作。 ③检查刀臂接近开关,在180°位置时,应该是中间部位的接近开关接通,经过1s后,下方的接近开关也接通,然后换刀电动机旋转进行装刀。但是这两只接近开关均未能按时接通。 ④检查电动机,没有任何问题。但是换刀电动机带有制动线圈,如果制动不良,也会造成机械手旋转位置出错,导致接近开关检测不到信号。 ⑤打开换刀电动机的防护盖,检查制动线圈,其阻值正常,90V直流电压也加在上面。拆下电动机后通电试验,发现在断电时制动太慢,拆下制动线圈,发现制动片已经严重磨损,所以抱不紧电动机,造成机械动作不能到位
故障排除	换上新的制动片后,进行开机试验,再无机械手卡刀现象
经验总结	三相异步电动机关断电源后依靠惯性还要转动一段时间(或距离)才能停下来,而生产中起重机的吊钩或卷扬机的吊篮要求准确定位;万能铣床的主轴要求能迅速停下来;升降机在突然停电后需要安全保护和准确定位控制……这些都需要对拖动的电动机进行制动,所谓制动,就是给电动机一个与转动方向相反的转矩使它迅速停转(或限制其转速)。制动的方法一般有三类:机械制动(刹车片)、电气制动(能耗制动、反接制动)和变频器制动。 1. 机械制动 利用机械装置使电动机断开电源后迅速停转的方法叫机械制动。常用的方法:电磁抱闸制动和刹车片制动。这里着重讲述前者。 (1)电磁抱闸的结构　电磁抱闸主要由制动电磁铁和闸瓦制动器两部分组成。制动电磁铁由铁芯、衔铁和线圈三部分组成。闸瓦制动器包括闸轮、闸瓦和弹簧等,闸轮与电动机装在同一根转轴上。 (2)工作原理　电动机接通电源,同时电磁抱闸线圈得电,衔铁吸合,克服弹簧的拉力使制动器的闸瓦与闸轮分开,电动机正常运转。断开开关或接触器,电动机失电,同时电磁抱闸线圈也失电,衔铁在弹簧拉力作用下与铁芯分开,并使制动器的闸瓦紧紧抱住闸轮,电动机被制动而停转。 (3)电磁抱闸制动的特点　机械制动主要采用电磁抱闸、电磁离合器制动,两者都是利用电磁线圈通电后产生磁场,使静铁芯产生足够大的吸力吸合衔铁或动铁芯(电磁离合器的动铁芯被吸合,动、静摩擦片分开),克服弹簧的拉力而满足工作现场的要求。电磁抱闸是靠闸瓦的摩擦片制动闸轮,电磁离合器是利用动、静摩擦片之间足够大的摩擦力使电动机断电后立即制动。 优点:电磁抱闸制动制动力强,广泛应用在起重设备上。它安全可靠,不会因突然断电而发生事故。 缺点:电磁抱闸体积较大,制动器磨损严重,快速制动时会产生振动。 (4)电动机抱闸间隙的调整方法 ①停机。机械和电气关闭确认,泄压并动力上锁,并悬挂"正在检修""严禁启动"警示牌。 ②卸下扇叶罩。 ③取下风扇卡簧,卸下扇叶片。 ④检查制动器衬的剩余厚度(制动衬的最小厚度)。 ⑤检查防护盘。如果防护盘边缘已经碰到定位销标记,必须更换制动器盘。 ⑥调整制动器的空气间隙。将三个(四个)螺栓拧紧到空气间隙为零,再将螺栓反向拧松120°,用塞尺检查制动器的间隙(至少检查三个点),应该均匀且符合规定值,不对请重新调整(注:抱闸的型号不同,其反向拧松的角度、制动器的间隙也不一样)。 ⑦手动运行,制动器动作声音清脆、停止位置准确、有效。

经验总结	⑧现场6S标准清扫。 2. 电气制动 （1）能耗制动 ①能耗制动的原理：电动机切断交流电源后，转子因惯性仍继续旋转，立即在两相定子绕组中通入直流电，在定子中即产生一个静止磁场。转子中的导条就切割这个静止磁场而产生感应电流，从而在静止磁场中产生了电磁力。电磁力产生的力矩与转子惯性旋转方向相反，称为制动转矩，它迫使转子转速下降。当转子转速降至0，转子不再切割磁场，电动机停转，制动结束。此法是利用转子转动的能量切割磁通而产生制动转矩的，实质是将转子的动能消耗在转子回路的电阻上，故称为能耗制动。 ②能耗制动的特点：能耗制动的优点是制动力强、制动平稳、无大的冲击，应用能耗制动能使生产机械准确停车，被广泛用于矿井提升和起重机运输等生产机械上。缺点是需要直流电源、低速时制动力矩小。电动机功率较大时，制动的直流设备投资大。 （2）反接制动 ①电源反接制动。电源反接，旋转磁场反向，转子绕组切割磁场的方向与电动机状态相反，起制动作用，当转速降至接近零时，立即切断电源，避免电动机反转。 反接制动的特点：优点是制动力强、停转迅速、无需直流电源；缺点是制动过程冲击大，电能消耗多。 ②电阻倒拉反接制动。 绕线异步电动机提升重物时不改变电源的接线，若不断增加转子电路的电阻，电动机的转子电流下降，电磁转矩减小，转速不断下降，当电阻达到一定值，使转速为0，若再增加电阻，电动机反转。特点：能量损耗大。 3. 变频器制动 有些电机采用变频器来控制，将变频输出到电机的线和抱闸的电源线分开来控制（抱闸线圈单独供电），原因是： ①变频器输出的是一个高频信号，抱闸线圈容易发热损坏； ②变频器输出电压是可变的，当输出电压小于抱闸线圈工作电压时，抱闸就不能正常工作，容易造成事故（除非工作在工频，且升降速时间很短）

实例95　加工中心，换刀时发生碰撞

故障设备	FANUC 0M 加工中心
故障现象	在换刀过程中，当主轴与换刀臂接触的瞬间，发生碰撞和不正常的响声
故障分析	①检查主轴和换刀臂，两处均有明显的撞伤痕迹； ②检查换刀臂，没有磨损和变形，定位动作准确到位； ③检查主轴，没有严重的磨损，但是定位尺寸有偏差，造成主轴头与换刀臂吻合不好
故障排除	①如果主轴定位尺寸偏差较大，必须进行机械调整； ②如果主轴定位尺寸偏差很小，调整有关的参数就可以解决，即修改N7655参数。对N7655参数进行微调后，故障得以排除
经验总结	本例的根本问题就是换刀时的主轴定向问题。 主轴定向控制又叫主轴准停控制，其作用是：在加工中心中，当主轴进行刀具交换时，使主轴停在一个固定不变的位置上，从而保证刀柄上的键槽对正主轴端面上的定位键。 图7-128为主轴定向控制的原理，其定向过程是：准停指令发出后，主轴减速，无触点开关发出信号，使主轴电动机停转并断开主传动链，主轴及与之相连的传动件由于惯性继续空转。同时，无触点开关信号使定位活塞伸出，活塞上的滚轮开始接触定位盘。当定位盘上的V形槽与滚轮对正时，滚轮插入V形槽使主轴准停，同时，定位行程开关发出定位应答信号。 无触点开关的感应块能在圆周上进行调整，以此来保证定位活塞伸出、滚轮接触定位盘后，在主轴停转之前，恰好落入定位盘上的V形槽内。 另一种主轴定向控制的方法是电气定向控制，其实际上是在主轴转速控制的基础上增加一个位置控制环，有磁性传感器定向和编码器定向两种方式。 电气方式主轴定向控制具有以下优点： ①不需要机械部件，只需要简单的连接编码器或磁性传感器，即可实现主轴定向控制； ②主轴在高速时直接定向，不必采用齿轮减速，定向时间大为缩短； ③由于定向控制采用电子部件，没有机械易损件，不受外部冲击的影响，因此，主轴定向控制的可靠性高； ④定向控制的精度和刚性高，完全能满足自动换刀的要求。 在这里，注意区分主轴定向控制和主轴定位。 ①主轴定向控制是指实现主轴准确定位于周向特定位置的功能。NC机床在加工中，为了实现自动换刀，

经验总结	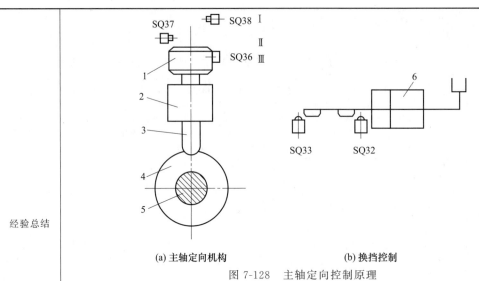 (a) 主轴定向机构　　　　　　　　(b) 换挡控制 图 7-128　主轴定向控制原理 1—撞块；2—定向液压缸；3—定向活塞；4—定位盘；5—主轴；6—换挡液压缸 使机械手准确地将刀具装入主轴孔中，刀具的键槽必须与主轴的键位在周向对准。在镗削加工中，退刀时，要求刀具向刀尖反方向径向移动一段距离后才能退出，以免划伤工件，所有这些均需主轴具有周向准确定位功能。 　②主轴定位就是对刀具的位置和方向加以确定，包括以下两个方面： 　a. 刀具中心点在 X、Y、Z 三个方向上的坐标。 　b. 主轴中心与 X、Y、Z 三个坐标轴的夹角，或者说刀具切削刃所在的面与上述三个坐标轴的夹角。正是有了这些位置参数的初始定位和重新定位，才能得到所需要的零件位置参数，完成刀具的初始位置的确定，这是一般意义上的主轴定位。 　如果延伸开来讲，上述这些位置参数在加工过程中是变动的，也可将这种变动理解为不断地重新定位

实例 96　加工中心，刀库电动机发热且抖动

故障设备	FANUC BESK 6 系统的 TH6350A 型卧式加工中心
故障现象	工作过程中刀库电动机发热，且伴有抖动声，同时出现♯2017 报警。从机床的电气使用说明书可知，♯2017 报警为刀库定位销夹紧限位开关未压上
故障分析	①打开刀库防护罩进行检查，发现定位销不到位，限位开关没有压上。 ②检查定位销不到位的原因。刀库回转时，观察电磁阀 11YV 的动作情况，其通电时刀库定位销拔出并转动，断电时刀库定位。说明液压系统和数控系统无故障。 ③进一步观察，发现定位销在定位尺寸时，并未按要求插入刀库旋转链轮的凹部，而是插在链轮的齿上。 ④定位销不到位，就使刀库回零不准确。查阅说明书得知，这个刀库是由 BESEFB10M 型直流伺服电动机驱动的，它经无间隙弹性联轴器带动蜗杆旋转，蜗杆再带动 $Z=75$ 蜗轮。与蜗轮同轴安装的链轮带动链条运动，实现选刀动作。当刀库回零时，刀套沿逆时针方向转动。压到回零开关时，刀套便开始减速，超过回零开关后，实现准确停机。此时刀套停在换刀位置上，便完成回零动作。 ⑤使用说明书指出，刀库回转时，无论是用 T 代码，还是用 M6 指令，或者用拨盘开关输入，位置控制器均要判断参数 R0232 是否等于 R0611。如果刀库到达指定的零位，则两者相等；现在刀库没有到达指定的零位，导致两者不等，控制器发出指令使刀库定位销松开，刀库开始回转，继续寻找指定的零位。所以刀库在零位附近反复旋转，引起抖动和发热。分析认为，定位销不到位，很可能就是回零开关位置不准确，需要进行调整
故障排除	在刀库侧（靠近主轴处）找到回零开关，它安装在扁钢支架的一个长方孔上。松开其紧固螺钉，在长方孔的范围内反复调整试验，找到最佳的位置，然后将回零开关紧紧地固定，此后故障不再出现
经验总结	开机回零的目的就是为了建立机床坐标系，即通过参考点当前的位置和系统参数中设定的参考点与机床原点的距离值来反推出机床原点位置。 另外，如果机床有问题，或者程序出错，有的时候，机床的机械零点会出现误差，比如撞车了，会导致实际位置和理论位置出现不规律的偏差，造成尺寸不稳定。回零就会校准这种偏差。图 7-129 为机床常用的一种回零开关。

| 经验总结 | 机床参考点是机床上的一个固定不变的极限点,其位置由机械挡块或行程开关来确定。通过回机械零点来确认机床坐标系。数控机床每次开机后都必须首先让各坐标轴回到机床一个固定点上,重新建立机床坐标系,这一固定点就是机床坐标系的原点或零点,也称为机床参考点,使机床回到这一固定点的操作称为回参考点或回零操作。数控系统通过检测机床本体上的原点信号(如开关信号,磁开关信号等),根据不同的回零方式确定机床原点。数控机床回零有栅点法和磁开关法,又分绝对脉冲编码器方式回零和以增量脉冲编码器方式回零。
现代数控机床一般都采用了增量式的旋转编码器或增量式的光栅尺作为位置检测反馈元件,它们在机床断电后就失去了对各坐标位置的记忆,因此在每次开机后都必须首先让各坐标轴回到机床一个固定点上,重新建立机床坐标系。
按机床检测元件检测原点信号方式的不同,返回机床参考点的方法有两种。一种为栅点法,另一种为磁开关法。
①在栅点法中,检测器随着电机一转信号同时产生一个栅点或一个零位脉冲,在机械本体上安装一个减速撞块与一个减速开关后,数控系统检测到的第一个栅点或零位信号即为原点。
②在磁开关法中,在机械本体上安装磁铁及磁感应原点开关,当磁感应原点开关检测到原点信号后,伺服电机立即停止,该停止点被认作原点。
栅点法的特点是如果接近原点速度小于某一固定值,则伺服电机总是停止于同一点,也就是说,在进行回原点操作后,机床原点的保持性好。磁开关法的特点是软件及硬件简单,但原点位置随着伺服电机速度的变化而成比例地漂移,即原点不确定 | 
图 7-129　回零开关 |

实例 97　加工中心,换刀库后退时出现♯1009 报警

故障设备	FANUC 18i 系统的 JET-40H 型立式加工中心
故障现象	在换刀过程中,当刀库后退时,CRT 上出现♯1009 报警,故障不定期地出现
故障分析	查阅资料后得知,♯1009 报警的含义是"刀库位置不正确"。 ①将工作方式开关置于"自动"位置,在"单段"方式下执行换刀程序,单步动作正常,说明机械部分没有问题,信号线接触良好。 ②这台机床用两只接近开关检测刀库的上、下极限位置,它们分别连接到 PMC 的输入点 X1010.2、X1010.3。用螺钉旋具靠近或离开接近开关,从 PMC 梯形图上看,有相应的"1"和"0"信号,说明接近开关在完好状态。 ③观察换刀过程,发现有较大的振动,这很容易造成接近开关挡块的紧固螺钉松动。检查发现果然如此。挡块的安装孔为腰眼形,如图 7-130 所示,以便于调节挡块的位置,现在固定螺钉松动,造成挡块挪位,还没有脱离上部接近开关,就已经靠近了下部的接近开关,造成刀库的位置信号处于紊乱状态,系统无法进行识别
故障排除	重新调整好挡块的距离,并紧固螺钉,故障得以排除
经验总结	下面举两个例子来说明刀库位置的常见故障故障 1. 三菱加工中心"刀库停止位置错误"故障 ①故障现象:程序运行中,在非换刀程序段中止,出现"刀库停止位置错误"报警,如图 7-131 所示。 ②故障分析:因为是在程序运行中出现这个报警,有可能是气压不足,刀臂降下来了。 ③故障排除:手动 JOG 模式下,刀库正转,恢复原始位置,检查气动装置,一般即可解决 2. 三菱加工中心,"36. 刀库位置错误"故障 ①故障现象:运行至程序段 T6M6 时,刀库出现在 5 号刀位,如图 7-132 所示,随即出现"36. 刀库位置错误"报警,程序停止,如图 7-133 所示。 ②故障分析:刀库的位置不对和程序是没有关系的,刀库用一段时间后,刀号是会乱的,会抓错刀,或空刀。本例最大的可能是刀库和刀号对应关系出错,这个是要看设备厂家的说明书,一般情况下恢复刀具相关参数,然后按下某个按钮就可以自动复位了,注意不同厂家的设置是不一样的。 ③故障排除:手动 JOG 模式下→按 M77(将刀臂向上抬),确定→按 M79(自动排列刀号),确定→循环启动。

经验总结	三菱系统和刀库、刀具相关的 M 代码如下： M52 刀库右移 M53 刀库左移 M70 自动刀具建立 M71 刀套向下 M72 换刀臂 60° M73 主轴松刀 M74 换刀臂 180° M75 主轴夹刀 M76 换刀臂 0° M77 刀臂向上 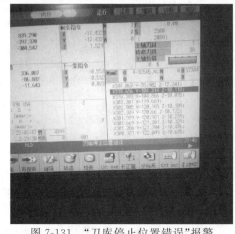 图 7-131　"刀库停止位置错误"报警  图 7-132　运行 T6M6，刀库出现 在 5 号刀位  图 7-133　"36.刀库位置错误"报警

实例 98　加工中心，执行单段程序时报警

故障设备	FANUC 0i 系统的 BX-100P 型卧式加工工中心
故障现象	机床在执行单段加工程序时，蜂鸣器鸣叫报警，程序不再继续执行
故障分析	①打开显示器的报警界面，没有任何报警信息，电气控制柜上的各种报警指示灯也不亮，说明可能是机床外围的电气线路出了问题，属于"PC 报警"。 ②按下"PC 复位清除"按钮解除报警。在单段方式下进行加工，当执行到换刀程序时，报警再次出现。显然，故障与刀具及换刀过程有关。 ③调出来梯形图进行监控和查看，发现 X5.6 的状态不正常。X5.6 连接着磁件接近开关 LS929，用于检测刀具传送盒在刀库侧是否有刀具。查看刀具传送盒，里面已经有刀具了，此时 X5.6 的状态应为"1"，而实际状态却为"0"。 ④检查这个接近开关，发现紧固开关的螺钉松动，导致接近开关偏离了正常位置，不能感应传送盒中的刀具信息，使数控系统误认为传送盒中没有刀具，停止运行并发出报警
故障排除	将螺钉紧固后，再执行加工程序，故障不再出现
经验总结	在各类开关中，有一种对接近它的物件有"感知"能力的元件—位移传感器。利用位移传感器对接近物体的敏感特性达到控制开关通或断的目的，这就是接近开关，如图 7-134 所示。

经验总结	 图 7-134　接近开关 2 　　接近开关原理图见图 7-102,当有物体移向接近开关,并接近到一定距离时,位移传感器才有"感知",开关才会动作。通常把这个距离称为检出距离。但不同的接近开关检出距离也不同。 　　有时被检测验物体是按一定的时间间隔,一个接一个地移向接近开关,又一个接一个地离开,这样不断地重复。不同的接近开关,对检测对象的响应能力是不同的。这种响应特性被称为"响应频率"

实例 99　加工中心,执行刀检程序时报警

故障设备	FANUC 21i-M 系统的 JE-30S 型卧式加工中心
故障现象	机床进行自动加工,执行刀检程序时产生报警,报警代码为 OP-1489
故障分析	查询机床故障代码说明书,OP-1489 报警的内容为"FAILURE IN M CODED TBD SENSOR",它与"刀具检测"有关。 　　按照以下步骤进行检查和分析: 　　①怀疑是程序中给定的刀检作用距离不够,刀具不能接触到传感器。于是调整加上程序中与作用距离有关的参数,但是不能解决问题。 　　②怀疑刀检传感器有故障。这只传感器与 PMC 中的输入点 X6.1 相连接,在正常情况下,当刀具接触传感器时,X6.1 应该由接通转为断开,即状态由"1"变为"0"。从程序中调出 X6.1 进行观察,发现在刀检时其状态没有变化。由此确认传感器有问题。 　　③从机床上找到这只传感器,检查其连接电缆,没有问题。从外观上看,它的表面有很多灰尘
故障排除	用无水酒精将传感器擦洗干净,再进行自动加工,报警消除,机床恢复正常工作
经验总结	传感器进灰最好不要擦,防止将传感器刮坏,如果只是少量进灰的话,不用过分担心,毕竟传感器进灰也是正常现象。本例中灰尘已经引起故障了,就必须采取措施了。 　　①气吹是清洁传感器最直接的方法,不仅可以把浮在传感器表面上的灰尘吹走,还能用来清洁传感器附近区域。一般采用吹气球(俗称皮老虎)进行处理,如图 7-135 所示。注意,这只是用来初步清理的。 　　②可以用相机镜头的传感器清洁棒进行清理,可以深度清除传感器上的污垢。气吹和清洁棒组合使用足够应对绝大部分传感器污染情况。图 7-136 为传感器清洁棒。 　　图 7-135　吹气球(俗称皮老虎) 　　③若无相机镜头的传感器清洁棒,可采用无水酒精进行擦拭,用棉棒(或棉签)蘸无水酒精缓慢地水平擦拭,如图 7-137 所示。然后再用棉棒(或棉签)另一面从右至左擦拭。这两步操作可以重复进行多次。注意,棉棒(或棉签)的大小跟传感器的大小尽量适配。 　　特别注意: 　　①气吹不是吹气,因为唾液中含有的酶具有腐蚀性,对传感器的危害比灰尘大; 　　②气吹在实际操作时,我们最好让传感器或镜头那一面朝下,以免落灰; 　　③常用的粘除身上的灰尘方法,比如"胶布粘灰",不可用于传感器,容易产生残留,黏性的危害比灰尘大,且不好清理

经验总结	 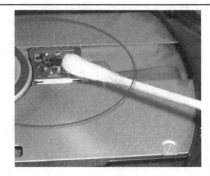
	图 7-136　传感器清洁棒　　　　　　　图 7-137　用无水酒精进行擦拭

实例 100　加工中心，换刀中出现超时报警

故障设备	FANUC 18i 系统的 HU63A 型卧式加工中心
故障现象	在自动换刀过程中，换刀手臂(ARM)从刀库刀杯中拔出少许后，便停止动作，出现 ATC(自动刀具交换)超时报警
故障分析	①查看梯形图，分析换刀手臂从刀杯拔出刀具时状态的变化。刀具检测开关 S0-A156 在有刀时为"1"，指示灯为绿色；无刀时为"0"，指示灯为红色。若有刀，执行 M100(刀具拔出)后，X75.4 必须改变状态，由"1"变为"0"，才能执行下一步动作(ATC 到达待机位)。 ②为确保安全，先用手动方式取下刀具，然后用螺钉旋具检查接近开关 SQ-A156。靠近该开关时，其状态指示灯由红色变为绿色，但是 PMC 检测状态不变，即 X75.4 不能由"1"变为"0"。 ③拆下该开关，发现其感应面上积有较厚的油泥。
故障排除	将油泥擦拭干净后再试验，检测信号 X75.4 与状态指示灯同步变化，执行 ATC 各项指令都很正常
经验总结	接近开关是一种无需与运动部件进行机械直接接触而可以操作的位置开关。图 7-138 为接近开关及其工作原理。 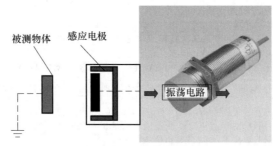 图 7-138　接近开关及其工作原理 　　一般在检测距离内，接近开关感应面遮挡不到 50% 就能感应到，如果条件允许建议还是要把感应区全部遮挡住，否则的话很容易因外界因素影响造成不发讯，或频繁发讯。 　　因此，接近开关必须对以下两个技术指标进行检测： 　　(1)动作距离测定　当动作片由正面靠近接近开关的感应面时，使接近开关动作的距离为接近开关的最大动作距离，测得的数据应在产品的参数范围内。 　　(2)释放距离的测定　当动作片由正面离开接近开关的感应面，开关由动作转为释放时，测定动作片离开感应面的最大距离

实例 101　加工中心，不能执行换台动作

故障设备	FANUC 0MC 加工中心
故障现象	输入 M61 指令，将 1♯台板从装卸台拉到 B 台时，不能执行换台动作

故障分析	查询机床说明书得知,换台的工艺动作是:当输入 M61 指令后,交换顺时针旋转,牵引着装卸台上的 1♯ 台板向前运动到旋转台站上相应的 1♯ 台位上。然后旋转台逆时针旋转,待 1♯ 台位转到交换位时停止,将换台门打开,B 台托板升起,推杆伸出。推台板移至 B 台上。此时 B 台托板应会进入台板的卡槽中。B 台板落下的同时也将台板夹紧,随后推杆缩回,换台门关闭,换台动作完成。 按照以下步骤进行检查和分析: ①在输入 M61 指令后,发现交换钩不能对装卸台 B 的 1♯ 台板进行牵引。1♯ 台板是否在装卸台上,由接近开关 081-S16 进行检测,它与 PMC 的输入点 X1005.3 连接。对接近开关 081-S16 进行检查,发现其常开触点在应该闭合时却没有闭合,这导致输入点 X1005.3 没有获得相关的信息,误认为装卸台上没有台板,也就不能执行牵引 1♯ 台板的动作。 ②检查接近开关 081-S16。它安装在台板下面,手动将台板拉到旋转台站上相应的 1♯ 台位上,拆下接近开关 081-S16 后,用螺钉旋具进行感应试验,发现接近开关上的指示灯不亮,说明已经损坏。 ③更换接近开关后,再次输入 M61 指令,装卸台上的 1♯ 台板被顺利地拉到旋转台站上,可是旋转台站不能转动。 ④在旋转台站圆形转盘下面侧壁的钢架上,安装有三只接近开关,它们对旋转台站进行计数和参考点检测。检查发现,"旋转台站计数"接近开关 081-S88 与感应块之间的距离发生了变化,不能正确地检测到信号。
故障排除	将 081-S88 与感应块之间的距离调整到合适的状态,故障得以排除
经验总结	接近开关不仅可以完成行程控制和限位保护的装置,而且还具有非接触检测装置的功能,如图 7-139 所示。  图 7-139 接近开关 3 接近开关主要用于检测零件的尺寸和速度,当然也可用于频率计数器、频率转换脉冲发生器、液位控制和自动处理程序等地方。接近开关有很多优点,比如:工作可靠、使用寿命长、功耗低、精度高、工作频率高、能适应恶劣环境等。 接近开关的动作距离与被测物体的材质有关,接近开关根据型号不同,感应距离也有所不同,如一般轴径 8mm 的接近开关,感应距离在 0.15～1.5mm,轴径 12mm 的感应距离在 0.3～3mm,轴径 18mm 的感应距离在 0.6～6mm,轴径 30mm 的感应距离在 1～10mm。根据需要选择型号即可。 接近开关有接触式的和感应式的。接触式的只有接触力达到一定程度(即接近开关的动触点闭合)才有作用。感应式是在一定的范围内可以检测,范围在一定程度上是可以调节的,可参照说明书调节。接近开关的检测距离与具体型号有关,一般的检测距离在 10mm 左右,如:NI25 型的检测距离最大为 15mm,而 NI35 型的检测距离最大为 25mm。 一般有几种可能会使接近开关感应距离变短: ①传感器使用时间长了感应线圈老化,造成感应距离不够; ②传感器电源电压偏低; ③传感器周围有物体或电磁干扰。 以上内容就是对接近开关感应距离的长度以及该如何选择接近开关的相关介绍。每个行业所涉及的领域都是不同的,也就是说,接近开关也并不是同一个,当我们在面对不同的材料和不同的检测范围的时候,应该选择不同类型的接近开关,这样才能使其具有较高的性能比

实例 102 加工中心,托盘在交换中途停止

故障设备	FANUC 16i-MA 系统的 SH403 型卧式加工中心
故障现象	在自动循环过程中,托盘交换中途停止。CRT 显示报警"EX0757 TABLE SENSOR DOWN SIGNAL OFF"
故障分析	查询机床故障代码说明书,这条报警的具体内容是"刀具破损检测装置下降到位信号关闭"。 按照以下步骤进行检查和分析: ①与 EX0757 报警有关的梯形图如图 7-140 所示。分析认为,导致报警的原因是"刀具破损检测装置下降到位信号"X17.1 关闭,使输出线圈 R109.3 失电,其常闭接点导通,报警线圈 A0.3 得电。但是,出现报警时 X17.1 的状态为"1",信号并未关闭。

故障分析	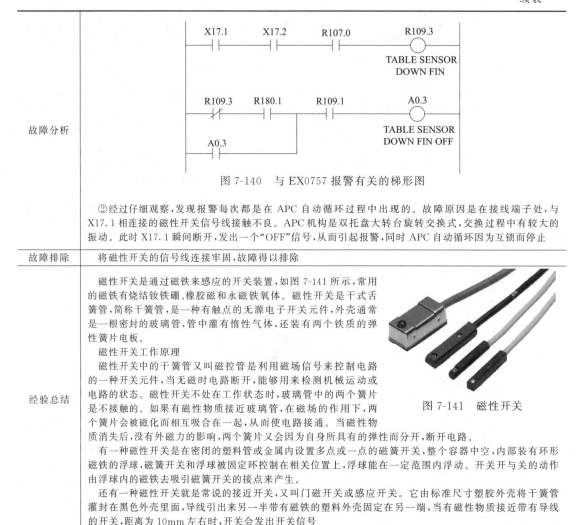 图 7-140 与 EX0757 报警有关的梯形图 ②经过仔细观察,发现报警每次都是在 APC 自动循环过程中出现的。故障原因是在接线端子处,与 X17.1 相连接的磁性开关信号线接触不良。APC 机构是双托盘大转台旋转交换式,交换过程中有较大的振动。此时 X17.1 瞬间断开,发出一个"OFF"信号,从而引起报警,同时 APC 自动循环因为互锁而停止
故障排除	将磁性开关的信号线连接牢固,故障得以排除
经验总结	磁性开关是通过磁铁来感应的开关装置,如图 7-141 所示,常用的磁铁有烧结钕铁硼、橡胶磁和永磁铁氧体。磁性开关是干式舌簧管,简称干簧管,是一种有触点的无源电子开关元件,外壳通常是一根密封的玻璃管,管中灌有惰性气体,还装有两个铁质的弹性簧片电板。 磁性开关工作原理 磁性开关中的干簧管又叫磁控管是利用磁场信号来控制电路的一种开关元件,当无磁时电路断开,能够用来检测机械运动或电路的状态。磁性开关不处在工作状态时,玻璃管中的两个簧片是不接触的。如果有磁性物质接近玻璃管,在磁场的作用下,两个簧片会被磁化而相互吸合在一起,从而使电路接通。当磁性物质消失后,没有外磁力的影响,两个簧片又会因为自身所具有的弹性而分开,断开电路。 有一种磁性开关是在密闭的塑料管或金属内设置多点或一点的磁簧开关,整个容器中空,内部装有环形磁铁的浮球,磁簧开关和浮球被固定环控制在相关位置上,浮球能在一定范围内浮动。开关开与关的动作由浮球内的磁铁去吸引磁簧开关的接点来产生。 还有一种磁性开关就是常说的接近开关,又叫门磁开关或感应开关。它由标准尺寸塑胶外壳将干簧管灌封在黑色外壳里面,导线引出来另一半带有磁铁的塑料外壳固定在另一端,当有磁性物质接近带有导线的开关,距离为 10mm 左右时,开关会发出开关信号 图 7-141 磁性开关

实例 103 加工中心,主轴延迟 5s 后松刀

故障设备	FANUC 0i 系统的 FV-800A 型加工中心
故障现象	机床在加工时,执行自动换刀指令,换刀臂旋转 60°后主轴不能立即松刀,停止 5s 后方可松刀,显然换刀时间过长
故障分析	①经检查,凸轮机构内换刀臂旋转 60°之后,凸轮机构已经到位,反映接近开关动作的输入信号 X2.7、X3.6 完全正常。 ②怀疑压力气缸存在问题,遂检查压刀量,其位置符合要求,夹刀和松刀也很顺利。再检查有关的电磁换向阀,也在正常状态。 ③在 MDI 方式下,输入 M72、M73、M74 等单步指令,使换刀动作分步骤执行,此时换刀过程正常,由此可以排除凸轮机构方面的问题,但是一回到自动状态就不正常了。 ④反复观察发现,在执行自动运行指令时,从气缸排出的气体不能快速释放,导致气缸下行时,存在着反向压力,故下行动作减慢,造成松刀时间过长。至此,可以断定问题出在气缸排气方面,有可能是气缸消声器有故障
故障排除	试更换气缸消声器后,机床恢复正常工作
经验总结	噪声有机械性噪声、电磁性噪声和气动力噪声。由固体振动产生的噪声为机械性噪声。在电磁线圈中,由于交流电所引起的动铁芯振动产生的噪声为电磁性噪声。当气体流动时出现涡流或压力发生突变,引起气体的振动产生的噪声为气动力噪声。

经验总结	气缸排气侧的压缩空气通常是经换向阀的排气口排入大气。由于余压较高，最大排气速度在声速附近，空气急剧膨胀，引起气体的振动，便产生了强烈的排气噪声。噪声的大小与排气速度、排气量和排气通道的形状等有关。 噪声的大小用分贝(dB)度量。一般机加工车间的噪声为 70～85dB，气铆枪等风动工具发出的噪声约 100dB。国际标准规定，每天用八小时工作，允许的连续噪声为 90dB；时间减半，允许提高噪声 3dB，但 115dB 为最高限度。高于 85dB 都应设法降低噪声。 人对噪声的感觉还和噪声的频率有关。一般能听到的声频范围为 20～20000Hz，正常说话的声频为 500～2000Hz。同样分贝的噪声，听起来高频噪声要比低频噪声响得多。 在容积为 24L，罐内压力为 0.5MPa 的气罐上，装有有效截面积为 $48.5mm^2$ 的电磁阀，打开电磁阀向外界放气时，在距离电磁阀出口 1m 处，一般排气噪声在 80～120dB。 长期在噪声环境下工作，会使人感觉疲劳，工作效率降低，降低人的听力，影响人体健康。所以，必须采取相应降低噪声的措施。 因此，各种气动气缸、气马达等用气执行器元件，把用过的气体需回流到气动控制阀上的排气口排出，为减小排气时噪声，就加装个消声器。图为 7-142 常用的气缸消声器造型。  图 7-142 气缸消声器 1. 消声原理 好的消声性能是指在产生的噪声频率范围内，有足够大的消声量。下面介绍两种消声原理 (1)吸收型 让压缩空气通过多孔的吸声材料，靠气流流动的摩擦生热，使气体的压力能部分转化为热能，从而减少排气噪声。吸收型消声器具有良好的消除中、高频噪声的性能。一般可降低噪声 25dB 以上。吸声材料大多使用聚氯乙烯纤维、玻璃纤维、烧结铜珠等。 (2)膨胀干涉型 这种消声器的直径比排气孔径大，气流在里面扩散、碰撞反射，互相干涉，减弱了噪声强度，最后从孔径较大的多孔外壳排入大气。主要用于消除中、低频噪声。 把一些气阀排出的气体引至内径足够大的总排气管，总排气管的出口可安装排气洁净器，也可将排气器的出口设在室外或地沟内，以降低工作环境里的噪声，称为集中排气法，这种方法就是利用了膨胀干涉型原理来降低噪声的。 2. 选用及使用注意事项 ①对消声器的要求是，在噪声频率范围内消声效果好，排气阻力小(即有效截面积要大)，以免影响换向阀的换向性能。并要求结构耐用，即孔眼不易堵塞，并便于清洗。通常根据换向阀的连接口径来选择消声器的规格。孔眼堵塞要清洗或更换，否则，流量减少，执行元件速度逐渐变慢，响应性能逐渐变差。 ②连接体采用树脂材料时，虽有足够的强度，但安装力不宜过大，也不要承受横向冲击载荷。 ③吸声材料为 PP、PE 或 PVF 时，不宜用于存在有机溶剂的场合。 ④要注意排气时绝热膨胀温度下降，导致压缩空气中含有的水分会在消声器上冻结，造成排气阻力增大，故排气前的管路中要尽量分离掉水分

实例 104 加工中心，工件夹盘的夹爪自动打开

故障设备	FANUC 0i 加工中心
故障现象	在加工过程中工件夹盘已经装夹好的夹爪突然自动打开，随后机床停止，也未出现任何报警
故障分析	这种辅助部位的故障可以利用梯形图和 PMC 的动态跟踪功能(TRACE)进行检查。 按照以下步骤进行检查和分析： ①启用梯形图的动态显示功能进行检查，发现夹爪打开的原因是 Y15.2 被置为"1"。 ②进一步检查发现，Y15.2 被置"1"的原因是输入信号 X1006.5 的状态发生变化，X1006.5 连接加工区托盘夹紧的液压开关。 ③按下功能键 SYSTEM，按 PMC→PMC DGN→TRACE 顺序进入信号跟踪画面，监视 X1006.5 的变化情况。当执行 M06(换刀)程序时，X1006.5 在一个采样周期内，从原来的状态"1"转换到"0"，接着又转换到状态"1"。 ④进一步检查发现，主轴在松开和夹紧刀具时，液压系统的压力发生波动。虽然这种波动在合理的范围之内，但是压力开关受到了干扰而误发了信号，导致加工自动停止
故障排除	更换压力开关后，故障不再出现

经验总结	压力开关采用高精度、高稳定性能的压力传感器和变送电路，再经专用 CPU 模块化信号处理技术，实现对介质压力信号的检测、显示、报警和控制信号输出。图 7-143 为压力开关实物构造图。 压力开关用来接通电气元件，从而实现液压—电气—液压的转变，也就是液压给电气信号，电气来控制液压的接通、启停等。 压力开关会有一个压力设定值（开关量），一旦低于（或高于）该设定值就会发出一个电信号给控制器，从而实现电控功能。压力传感器是一个模拟量，也是将压力信号转换成电信号，实时将检测到的压力信号反馈给接收电信号的控制器，控制器根据采集的信号实现预定功能	 压力 图 7-143　压力开关

实例 105　加工中心，B 台分度出现错误

故障设备	FANUC 0i 加工中心
故障现象	在自动加工过程中，B 台分度出现错误，导致所加工的工件报废
故障分析	根据故障现象，按照以下步骤进行检查和分析： ①先做一些必要的准备工作，步骤如下： a. 将 Y 轴移动到最上部，Z 轴移动到最后面； b. 转动旋转台站上的空台位，使它到达换台位； c. 打开换台门，拧开 B 台右侧防护罩板上的固定螺钉； d. 摇动手轮使 X 轴向左移动，右侧的防护罩板脱开； e. 将防护罩板移动到边缘上。 ②检查分度计数接近开关 043-S6（输入点为 X1001.3）、043-S7（输入点为 X1001.4），性能都不好，有时不动作，有时又误动作。 ③拆下两只接近开关进行检测，确已损坏
故障排除	原来的接近开关质量不好，经常发生故障，用西门子公司的接近开关 3RG4012- 0CD10 替换，如图 7-144 所示  图 7-144　西门子 3RG4012-0CD1 接近开关
经验总结	注意，这两个接近开关的感应片是一个扇形金属片，安装和调整比较麻烦。但是从图 7-145 所示的梯形图中，可以找到一个规律：当 B 台回到参考点时，043-S6 和 043-S7 都应与扇形金属片相感应，均有信号输入到 PMC 中，此时 B 台参考点指示灯点亮。由此可以确定这两只接近开关和扇形金属片是否处在最佳位置 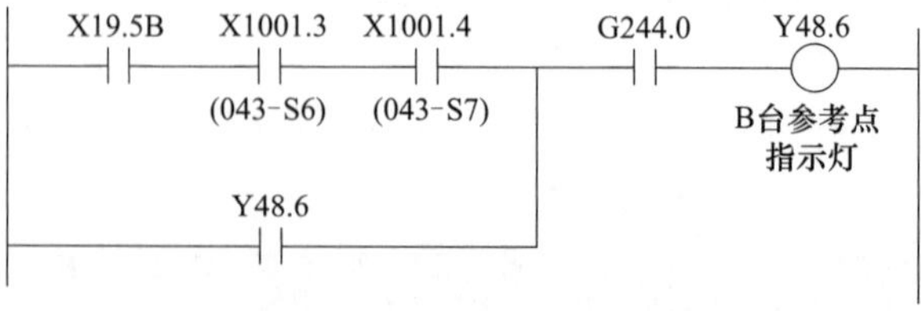 图 7-145　B 台参考点指示灯梯形图

实例 106　加工中心，托盘交换后停止工作

故障设备	FANUC 18i-M8 系统的韩国威亚 HX630 卧式加工中心
故障现象	托盘交换后，机床停止工作，并出现"2012 PALLET CONTACT ERROR"的报警信息
故障分析	报警的含义为托盘落下后与工作台接触异常，该机床托盘交换采用双托盘旋转式交换，为保证托盘与工作台之间接触面良好，采用了气密检测的方法来保证托盘与工作台之间良好接触，从而保证加工精度。出现这种报警，通常故障原因是气密检测信号没有发出。 ①查找电气手册，得知气密检测信号的输入点为 X11.7。 ②打开 PMC 诊断界面，查看 X11.7 的状态，发现为"0"，确认气密检测信号没有动作。 ③检查用于气密检测的压力开关和气路，都在正常状态。 ④观察发现，机床底部积聚了大量的金属切屑，分析认为是切屑造成机床故障。此时机床报警，不能执行任何动作
故障排除	开启 I/O 强制功能，强制 PMC 输出，具体操作是： ①打开 PMC 参数设定界面； ②将"PROGRAMMER EBANLE"设置为"YES"； ③将"ALLOW PMC STOP"设置为"YES"； ④将"RAM WRITE EBANLE"设置为"YES"； ⑤此时，将在 PMC I/O 状态临控诊断界面右下角出现"FORCE"软键，如图 7-146 所示； 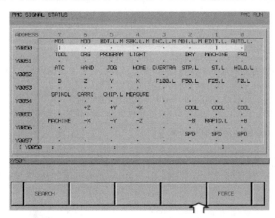 图 7-146　PMC I/O 状态临控诊断界面 ⑥强制 PMC 输出，使托盘交换机构动作，如图 7-147 所示； 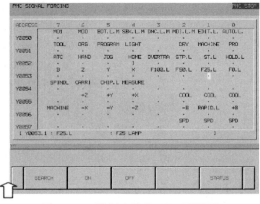 图 7-147　强制交换"FORCE"界面 ⑦托盘升起后，打扫干净托盘下面的切屑，再将托盘放下； ⑧将 PMC 恢复运行，使机床恢复正常工作

经验总结	特别注意： ①在强制输出信号之前，应确认周围的状况安全，不会导致人员或者设备损伤。 ②在使用此功能前需要将 PMC 停止运行。否则 PMC 在运行过程中循环扫描，刷新输出，刚刚强制的信号就会被刷新为原来状态，导致强制无效。 ③断开电源时，倍率的设定将会丢失。因此，再次通电时，X，Y 的所有位(bit)都成为倍率解除状态。 ④除了可在自定义 PMC 功能中使用的信号(F 地址除外)外，不可进行强制输入输出操作。特别是 X8.4(急停)及 Y6.1(Z 轴制动控制)，切勿进行强制输入输出操作。 ⑤在强制功能使用后，必须将 PMC 恢复正常运行，才能进行其他操作

实例 107　加工中心，加工区托盘底座异常

故障设备	FANUC 0i 加工中心
故障现象	在加工过程中，突然出现报警，其内容是"加工区托盘底座异常"
故障分析	这台机床的 APC 结构是双托盘大转台旋转交换式，对托盘底部进行观察。发现堆积了大量的铝屑，从而导致托盘检测不能通过，并出现报警信息
故障排除	根据 PMC 梯形图程序的规定，如果要在 CRT 显示某一信息，应将对应的输出线圈置"1"。如果要取消这一信息，则应将对应的输出线圈置"0"。具体操作如下： ①按下 PMC DGN→STATUS，进入信号状态显示页面，找到状态为"1"的信息是 A9.5。 ②进入 PMC LAD 显示页面，查看将 A9.5 为"1"的梯图，发现在其置位条件中。使用了保持继电器 K9.0，其状态为"0"，表示"托盘底座检测有效"。要使托盘检测无效，则应将 K9.0 置为"1"。 ③在 MDI 方式下，将"参数写入"设置为"1"，即允许参数修改。 ④进入 PMC PRM 页面，按下 KEERRL 软键，进入保持型继电器页面，将 K9.0 置为"1"。 ⑤按下复位键，解除报警信息。 ⑥用手动力方式对机床进行操作，将大转台抬起后令其旋转。 ⑦待转台停止后，打开防护板，清除托盘底部的铝屑。 ⑧将 K9.0 重新置为"0"，即恢复托盘底座检测功能。 ⑨在 MDI 方式下，将"参数写入"重新设置为"0"，即禁止参数修改
经验总结	数控机床的托盘交换装置主要有两大类：一类是旋转交换，另一类是推拉交换。旋转交换由于被交换的两个工件由交换装置同时进行抬起旋转，所以只适用于小质量工件，具有一定的局限性；推拉交换方式可对较大质量工件进行交换，一般采用普通液压缸或链轮传动，此两种传动一般需要占用较大空间，特别当设计空间较小时受到很大的限制。图 7-148 为使用托盘交换装置的数控机床。 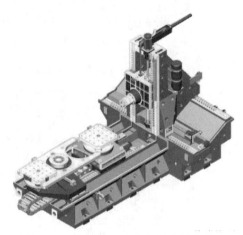 图 7-148　使用托盘交换装置的数控机床 图 7-149 为托盘交换装置结构图的俯视图，图 7-150 为托盘交换装置结构图的侧视图。托盘交换装置设有交换台体，交换台体上面分别固定有检测开关、推拉缸、滑板轨道、托盘支承体和触碰侧检测开关，滑板轨道与机床 X 轴平行，滑板轨道上面有沿着轨道可运动的小滑板，小滑板上面固定有双向二级液压缸和前检测开关、后检测开关，二级液压缸上固定有定位块，推拉缸与小滑板固定连接，并可推动小滑板沿滑板轨道运动，托盘支承体上面固定有定位缸和平行滚动轨道，左工作托盘在平行滚动轨道的上面，并由定位缸进行定位，右工作托盘放置在机床 X 轴上，并可沿机床 X 轴移动

经验总结

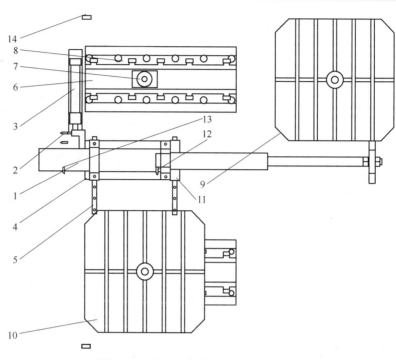

图 7-149　托盘交换装置结构图的俯视图

1—双向二级液压缸;2—检测开关;3—推拉缸;4—小滑板;5—滑板轨道;
6—定位槽;7—定位缸;8—工作台轨道;9—左工作托盘;10—右工作托盘;
11—定位块;12—前检测开关;13—后检测开关;14—触碰侧检测开关

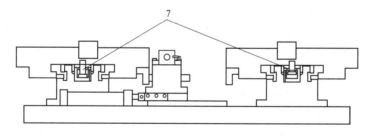

图 7-150　托盘交换装置结构图的侧视图

　　当需要进行交换时,在机床内的左工作托盘先运行至预定位置,然后双向二级液压缸 1 完全伸出,前检测开关 12 检测二级液压缸 1 到位后,推拉缸 3 开始拖动小滑板 4 及其上的双向二级液压缸 1 沿滑板轨道 5 运动,直至定位块插入左工作托盘 9 的凹槽内,由检测开关 2 检测到位后发出信号,二级液压缸 1 开始将左工作托盘 9 拉回,此时二级液压缸 1 的上端活塞处于后检测开关 13 的位置,左工作托盘 9 触碰侧检测开关 14,定位缸 7 的活塞杆伸出将左工作托盘 9 定位,然后推拉缸 3 将小滑板 4 及其上面的双向二级液压缸 1 推动,直至定位块 11 插入右工作托盘 10 的凹槽内,此时检测开关 2 发讯,右侧定位缸 7 的活塞杆下降,双向二级液压缸 1 开始将右工作托盘 10 沿滑板轨道 5 推出,直至前检测开关 12 检测伸出到位,工作托盘锁紧,推拉缸 3 将小滑板 4 和其上的双向二级液压缸 1 拖拉至中间位置,检测开关 2 发讯,双向二级液压缸 1 的活塞缩回,完成一次交换。

　　通过双向二级液压缸可有效地缩短液压缸的长度(为普通液压缸长度的一半),使操作者更加靠近工作台,方便实现工件的装夹。另外通过液压缸上两套二级套筒机构完成导向功能,可有效防止交换装置在运行中因行走偏离而造成事故

实例 108　加工中心，主轴在定向位置来回摆动

故障设备	FANUC 0i 加工中心
故障现象	执行主轴定向指令 M19 时，主轴头在定向位置来回轻微摆动，不能完成定向

故障分析	根据故障现象，按照以下步骤进行检查和分析： ①检查主轴定向的功能。执行定向指令时，主轴头在定向位置来回窜动，说明 M19 指令已经发出。 ②主轴定向完成信号（SPINDLE ORIENTATION FINISH）的输入地址是 X1.2，查看其状态为"1"。其输出信号（ORIENTATION LOWSPEED）的地址是 Y1.4，状态也是"1"，说明主轴定向的功能已经完成，有关主轴定向所需的各种条件也都满足了。 ③将机床断电后重新启动，再执行 M19 指令，则主轴有时候能够完成定向，机械手也能够换刀，就是换刀的时间比以前要快得多。 ④查看机床液压油箱的压力数值，发现液压表的读数只有 4.9MPa，而正常的压力值却是 5.5MPa。怀疑液压部分有漏油的情况。  ⑤经过仔细查找，发现有一根通往主轴箱的油管不正常，在金属接头处有一条很深的裂纹，如图 7-151 所示，液压油从此处向外慢慢地泄漏

图 7-151　油管裂纹部位

故障排除	更换油管后，在 MDI 方式下执行主轴定向及机械手换刀指令，动作完全正常，故障得以排除
经验总结	主轴箱内的油管破裂，液压油渗漏，直接影响液压系统的正常使用，常见的故障现象是主轴轴承或齿轮磨损严重引起的声音，以及本例出现的无法定位的情况。 假如使用中出现故障或有故障但暂时无零配件供应又需急用的情况下，我们不得不采取一些应急的修理方法。一些简便易行的应急修理方法介绍如下。 (1)油管破裂　油管破裂时可将破裂处擦干净，涂上肥皂，用布条或胶布缠绕在油管破裂处，并用铁丝捆紧，然后再涂上一层肥皂。 (2)油管折断　油管折断时可找一根与油管直径适应的胶皮或塑料管套接。如套接不够紧密，两端再用铁丝捆紧，防止漏油。 (3)油管接头漏油　如果发现油管接头漏油，一般是油管喇叭口与油管螺母不密封所致。这样的情况会导致加速油耗。可用棉纱绕在喇叭口下缘，再将油管螺母与油管接头拧紧；还可将泡泡糖或麦芽糖嚼成糊状，涂在油管螺母座口，待其干凝后起密封作用。也可将人造革或皮裤带剪成型或放入孔中硬成型，安上即可，还可用一截塑料管剪开成型安上。 (4)螺孔滑扣　螺孔滑扣导致漏油或接头处无法拧紧，使其无法工作。这时可将原螺杆用锤子锤扁，使其两边膨胀增大(注意起始处位置的几个滑扣不要锤，以使其可以顺利入孔)再紧固好，但不可多次拆卸，待下次保养时修理

实例 109　加工中心，刀具插入时出现错位

故障设备	FANUC 0MC 加工中心
故障现象	机床在使用一段时间后，出现换刀故障。刀具插入主轴刀孔时，出现错位现象，CRT 上无任何报警信息
故障分析	①对机床故障进行仔细观察，发现主轴定向后又偏离了原先的位置，导致刀具插入时错位 ②使用手动方式检查主轴定向，发现有一个奇怪的现象。主轴在定向完成后位置是正确的，此时如果用手去碰一下主轴，主轴就会慢慢地向施力的相反方向转动一小段距离。如果是逆时针旋转，再加力向顺时针方向转动后，又能返回到原先的位置。 ③在主轴完成定向后，检查有关的电气信号，都在正常状态。由于定向控制是通过编码器进行检测的，所以对主轴编码器产生了怀疑。 ④对编码器的机械连接进行检查。将编码器从主轴上拆开后，发现编码器上的联轴器止退螺钉松动，因而造成编码器与检测齿轮不能同步，使主轴的定向位置不准确，导致换刀错位故障
故障排除	紧固松动的止退螺钉，故障得以排除
经验总结	编码器联轴器就是专门用来连接电机与编码器的联轴器，如图 7-152 所示。 编码器联轴器通常需要具备以下几个特点： ①零间隙：联轴器整体在传动过程中不允许有间隙； ②低惯量：在确保传动强度的基础之上，应尽可能降低编码器联轴器的重量； ③弹性好：精密的编码器联轴器需要很大程度上吸收在安装过程中产生的轴与轴之间的偏差； ④结构紧凑：编码器联轴器通常体积小巧，顺时针与逆时针回转特性完全相同；

续表

| 经验总结 | ⑤免维护：这种联轴器安装后，基本上无需维护，安装也极其方便。
数控机床常用的编码器联轴器有以下几种：
1. 铝合金编码器联轴器
①采用铝合金材质制造，具有低惯性，体积小巧；
②高柔性的弹性联轴器，可在较大程度上吸收安装偏差；
③固定方式分夹紧式以及顶丝式两种；
④开槽方式有平行线和螺纹线两种。
2. 不锈钢编码器联轴器
①采用不锈钢材质，能够承受更大的传动转矩；
②刚性更高，无传动滞后性；
③固定方式分夹紧式以及顶丝式两种；
④开槽方式有平行线和螺纹线两种。
3. 聚氨酯编码器联轴器
①采用聚氨酯材质，转动惯量极低；
②柔性高；
③具有良好电气绝缘性能 | 
图 7-152　编码器联轴器 |

实例 110　加工中心，换刀时主轴不能定向

故障设备	FANUC 6ME 立式加工中心
故障现象	机床在执行自动换刀动作时，主轴无法定向，有时正向运转，有时反向运转随后主轴停止转动，显示器上出现报警信息"ORIENTATION ERROR"
故障分析	查询机床说明书，这条报警信息的内容是"主轴定向出错"。根据故障现象，按照以下步骤进行检查和分析。 ①采用手动方式进行换刀，也出现相同的故障现象。 ②这台加工中心的主轴采用磁传感器定位，检查传感头表面，没有脏污现象。传感头磁性元件中心位置的距离小于 2mm，这是正确的。 ③再检查传感头的导线，发现在接线端子处松动，如图 7-153 所示，从而造成接触不良，定位信号时有时无 图 7-153　接线端子松动部位
故障排除	紧固传感头的导线后，故障不再出现
经验总结	紧固端子接线至关重要，日常工作中常常会碰到各种各样的奇怪设备故障，其实有 30% 左右是因为端子接线松动造成的。特别是接触不良的情况，很难诊断，往往我们只需要将所有端子全部紧固一遍，故障就被排除了。 端子的紧固在成套环节，主要是要使用合适的工具。在安装环节，由于加工过程的振动，很多端子会松动，因此需要在通电之前，彻底检查，把所有的端子再紧固一遍，但是面对不同规格的端子，同样需要更换不同工具。在维护环节，由于设备通电后，电流的反复冲击，端子接触电阻大导致局部发热，亦会导致端子的松动，因此新设备在运行一个月后，半年后均应停机检修，安排一次端子紧固的作业

实例 111　加工中心，主轴旋转工作台出现抖动

故障设备	FANUC 0MD 加工中心
故障现象	在加工过程中，主轴旋转工作台出现抖动现象
故障分析	①检查机械部分，未发现异常情况。 ②测量三相交流电源，在正常状态。检查拖动工作台的交流电动机，也是完好的。

故障分析	③这台加工中心用传感器对主轴工作台进行定位。当用一铁棒接近传感器时，PMC有关输入点的LED指示灯不亮。进一步检查，连接导线正常，而传感器无信号输出，判断是传感器损坏。图7-154为本例定位传感器位置结构图 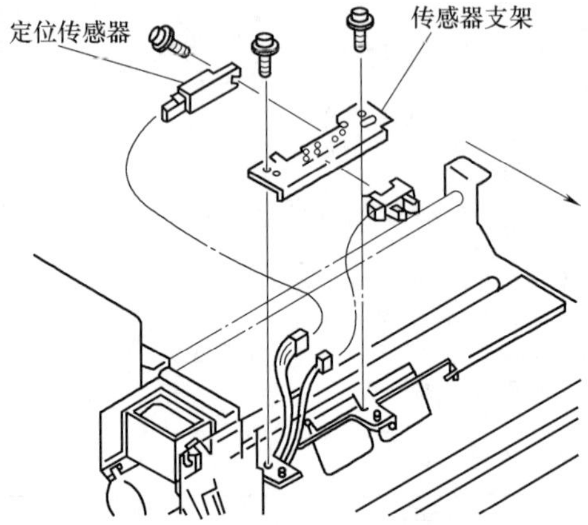 图7-154　本例定位传感器位置结构图
故障排除	更换同型号的传感器后，机床恢复正常工作
经验总结	数控机床是一种自动化程度高、结构较复杂的先进加工设备，具有机电一体化、高技术、高精度、高效率的特点，在机械制造业中获得了广泛应用。在数控机床使用过程中，进给轴速度不稳定、振动、抖动的现象时有发生。机床进给轴的振动对机械加工的精度、工件的表面质量、机床的有效使用寿命等有着不容忽视的影响。本书针对常见的几种数控机床进给轴振动情况，结合实例进行分析，并提出对策。 　　1. 机械传动方面的原因 　　(1)导轨副运动阻力大　移动部件所受的摩擦阻力主要是来自导轨副，如果导轨副的动、静摩擦系数大，且其差值也大，将容易造成爬行和振动。尽管数控机床的导轨副广泛采用了滚动导轨、静压导轨或塑料导轨，但是若调整不好，仍会造成爬行和振动。对于静压导轨应着重检查静压是否建立、塑料导轨应检查是否有杂质或异物阻碍导轨副运动，滚动导轨则应检查预紧是否良好。 　　导轨副的润滑不良也是引起爬行和振动主要原因之一，有时出现爬行就是导轨副润滑不良造成的。采用具有防爬作用的导轨润滑油是一种非常有效的措施，这种导轨润滑油中有极性添加剂，能在导轨表面形成一层不易破裂的油膜，从而改善导轨的摩擦特性。 　　例如某机床在加工圆弧时，圆弧插补后出现走刀过度痕迹，加工质量不合格。经检查发现X轴有爬行现象。经对速度环、位置环调整均无效。检查机械机构时发现工作台未从静压导轨上浮起。进一步检查液压系统，发现工作台支路有泄漏环节，调整修复泄漏环节后，工作台正常浮起，X轴爬行现象消失，加工质量合格，故障排除。 　　(2)进给传动链故障　在进给系统中，伺服驱动装置到移动部件之间必须要经过由齿轮、丝杠螺母副或其他传动副所组成的传动链。提高整个传动链的传动刚度是消除振动和爬行的有效手段。 　　①丝杠预紧力不足、弯曲。丝杠预紧力不足，容易造成运行过程中丝杠弯曲。丝杠如果弯曲，摇动机床手轮的同时，用手紧握丝杠，会感受到丝杠受力较大，并且有轻微颤动。 　　②丝杠轴向有窜动间隙。丝杠在其轴向出现窜动间隙，加减速时容易产生振动与速度不稳现象。 　　③丝杠轴承磨损。丝杠轴承磨损后，机床运动时除了会振动外，还会发出很大的噪声。例如1台台湾产VMC1300HD加工中心，在机床左端有轻微振动，并伴有异常响声，检查丝杠的预紧力、丝杠的弯曲程度、丝杠与导轨的平行度，都在合格范围内，拆开左端丝杠轴承(非电机端，已排除电气故障)，发现3个轴承其中的一个钢球保持架因使用时间长已磨损，更换新轴承后故障消除。 　　④丝杠与导轨不平行。丝杠与导轨不平行时，在两端或一端的间距相差是最大的，如果仅在端头出现振动，则有可能就是此原因造成的。 　　⑤电机与传动轴连接松动。在某些半闭环系统中，位置反馈元件安装在伺服电动机内部，这时伺服电动机和驱动电动机仍带动位置反馈元件一起运动，于是会出现进给轴定位不准确现象，从而引起爬行和振动。 　　(3)轴电机故障 　　①电机转子轴承磨损。主轴电机转子轴承或轴承挡磨损，会造成电机转子偏心转动，从而引起机床进给主轴的振动。例如某加工中心，主轴电机在主轴转速600r/min时，振动特别大，整个主轴头都在振动；在1500r/min时振动幅度反而变小，但振动频率变大；在主轴高速旋转时切断电源，电机在滑行过程中继续振动，可以判断并非电气故障。把电机与主轴之间的传动带开，启动电机，振动仍然存在。综合上述现象，初步判断为转子偏心松动。拆开电机，发现电机转子轴承挡磨损了0.02mm以上，因没有现成转子更换，采用喷涂法修复轴承挡，同时更换轴承。重新开机后，工作正常，故障排除

经验总结	②电机电枢线圈不良引起系统振动。这种情况可以通过测量电机的空载电流进行确认,若空载电流与转速成正比增加,则说明电机内部有短路现象。出现本故障一般应首先清理换向器、检查电刷等环节,再进行测量确认。如果故障现象依然存在,则可能是线圈匝间有短路现象,应对电机进行维修处理。 ③三相输入不平衡。若因某些原因引起输入主轴电机的三相电源不平衡,则会导致电机周期性的运动不平衡,从而造成机床主轴周期性振动。 2. 电气伺服系统方面的原因 (1)速度环不良引起振动　机床振动问题与进给速度密切相关,所以应分析检查伺服进给系统的速度环。对速度环的故障,主要检测给定信号、反馈信号和速度调节器是否存在问题。给定信号可以通过位置偏差计数器输出,经 D/A 转换给速度调节器送出的模拟信号 VCMD,这个信号是否有振动分量可以通过伺服板上的插脚用示波器来观察。如果就有一个周期的振动信号,那毫无疑问机床振动是正确的,速度调节器这一部分没有问题,而是前级有问题,然后向 D/A 转换器或偏差计数器去查找问题。如果测量结果没有任何振动的周期性的波形,那么问题肯定出在反馈信号和速度调节器上。 (2)位置环不良引起振动　数控机床坐标轴的移动定位是由位置伺服系统来完成的。位置伺服系统一般采用闭环或半闭环控制。闭环、半闭环控制的特点就是任一环节发生故障都可能导致系统定位不准确、不稳定或失效,特别是会造成输出电压不稳,从而引起机床振动。 (3)编码器故障　编码器作为闭环系统的检测元件,它的反馈信号直接影响到各轴电动机(包括主轴电动机)的速度调整,当编码器由于污染、损坏或者连接线出现问题使反馈信号不稳时,变频器或伺服驱动部分会根据信号不停地调整频率与电压,这样电机不停地加速和减速,使机床产生振动

实例 112　加工中心,旋转工作台放松检测异常报警

故障设备	SIEMENS 802D 加工中心
故障现象	此台加工中心,转台分度时出现"旋转工作台放松检测异常"报警
故障分析	该报警原因可能是转台放松到位传感器不良或数控系统未收到转台夹紧信号,因为以前出现类似故障确由插头接触不良引起。为确认故障原因,打开转台侧盖,将一小锯条薄片靠近传感器端部,传感器灯点亮,证明传感器正常,同时观察 PLC 部分,信号也顺利到达,说明系统能收到信号。故怀疑液压部分有问题,可能是液压压力不够、转台上升液压缸漏油、转台上升时有机械卡滞,致使转台上升不到位。检查液压压力,机床停止运动时压力正常为 5.5MPa,而当转台或机械手动作时,发现系统压力表指针明显抖动,同时液压泵有明显噪声,故怀疑液压泵吸入空气;再检查油箱油位,发现油箱没油,将油箱加油后,再转转台,正常。该液压系统采用变量泵供油,在液压无动作时,系统保压,液压泵吸油少,油箱油位基本满足;而动作时,液压泵要供油,因油箱油量不够用而吸空,引起系统压力不够,导致转台上升不到位。半小时后,该机床又报警,再看油位,油又没了,说明液压系统漏油。最后查得转台上升油管破裂、漏油
故障排除	更换转台上升油管后,故障完全排除
经验总结	液压油管根据使用场所分为高压和低压两类。图 7-155 为液压油管总成的实拍图。高压油管一般采用橡胶管型(钢丝编织、钢丝缠绕)、金属软管,而低压油管则使用 PU 管等。油管的接头也分为焊接式、卡套式、扩口式等,机床长期振动也容易出现松动脱落的情况,需要在日常巡检中注意观察。 由于胶管品种复杂,结构多样,加之使用条件不一,因此胶管使用寿命长短,不仅取决于质量的好坏,同时也取决于是否正确使用保养。所以即使产品有极高的质量,如不能正确地使用和保养,也会严重影响其使用质量和寿命,甚至发生不应有的严重事故,对财物造成损失。现提供几点使用注意事项: 图 7-155　液压油管总成的实拍图 ①胶管及胶管总成只能用于输送所设计的物料,否则会减少使用寿命或失效; ②正确使用胶管的长度,胶管在高的压力下长度会发生变化(−4%～+2%)以及机械运动引起的长度变化; ③胶管及胶管总成不应在超过设计工作压力的环境(包括冲击压力)下使用; ④胶管及胶管总成所输送的介质温度正常情况下应在 −40℃～+120℃ 之间,否则会减少使用寿命; ⑤胶管及胶管总成不应在小于胶管最小弯曲半径下使用,避免在靠近管接头处发生弯曲或折扭,否则会阻碍液压传递及输送物料或损坏胶管组合件; ⑥胶管及胶管总成不应在扭转状态下使用; ⑦胶管及胶管总成应小心搬运,不应在锋利和粗糙的表面上拖拽,不应折曲和压扁; ⑧胶管及胶管总成应保持清洁,内部应冲洗干净(特别是输酸管、喷雾管、灰浆管),防止外来物体进入管腔,阻碍输送流体,损坏设备; ⑨超过服役期限或储存期的胶管及胶管总成要进行试验鉴定后方可继续使用

第八章 润滑系统的故障与维修

实例 1 数控车床，加工表面粗糙度不理想

故障设备	SIEMENS 802D 数控车床
故障现象	该数控车床在加工外圆时发现工件表面粗糙度达不到预定的精度要求
故障分析	首先检查刀架的驱动部分，并未发现异常。仔细观察加工状况，发现刀架在 Z 向进给时移动并不顺畅，导轨上的润滑油已经出现部分干涸情况，再观察机床下方，已经形成一大摊的润滑油积液了，应该是润滑管路发生破裂。将刀架卸下检查，发现刀架下方为滚珠丝杠提供润滑油的油管脆变破裂，如图 8-1 所示  图 8-1 破裂的油管
故障排除	更换润滑油油管，在系统启动前先在丝杠上面涂刷润滑油，再启动试机，运行加工程序测试，工件达到了加工要求
经验总结	注意：虽然更换了油管，但是在系统启动时润滑油不可能马上送达各个部位，这时需要手动为需要预先润滑的部位加油。 机床在平常使用中需要注意以下情况： ①机床中的主要零部件多为典型机械零部件，标准化、通用化、系列化程度高。例如滑动轴承、滚动轴承、齿轮、蜗轮副、滚动及滑动导轨、螺旋传动副(丝杠螺母副)、离合器、液压系统、凸轮等，润滑情况各不相同。 ②机床的使用环境条件。机床通常安装在室内环境中使用，夏季环境温度最高为 40℃，冬季气温低于 0℃ 时多采取供暖方式，使环境温度高于 5℃。高精度机床要求恒温空调环境，一般在 20℃ 上下。但由于不少机床的精度要求和自动化程度较高，所以对润滑油的黏度、抗氧化性(使用寿命)和油的清洁度的要求较严格。 ③机床的工况条件。不同类型的不同规格尺寸的机床，甚至在同一种机床上由于加工件的情况不同，工况条件有很大不同，对润滑的要求也有所不同。例如高速内圆磨床的砂轮主轴轴承与重型机床的重载、低速主轴轴承对润滑方法和润滑剂的要求有很大不同。前者需要使用油雾或油/气润滑系统润滑，使用较低黏度的润滑油，而后者则需用油浴或压力循环润滑系统润滑，使用较高黏度的油品。 ④润滑油品与润滑冷却液、橡胶密封件、油漆材料等的适应性。大多数机床上使用了润滑冷却液，在润滑油中，常常由于混入冷却液而使油品乳化及变质、机件生锈等，使橡胶密封件膨胀变形，使零件表面油漆涂层起泡、剥落。因此考虑油品与润滑冷却液、橡胶密封件、油漆材料的适应性、防止漏油等。特别是随着机床自动化程度的提高，在一些自动化和数控机床上使用了润滑/冷却通用油，既可作润滑油、也可作为润滑冷却液使用

实例2　数控车床，液压泵噪声大

故障设备	FANUC 0TD 数控车床
故障现象	该数控车床开机后短时间内只有少量润滑油加入机床,之后便不再往机床内加油
故障分析	根据故障现象首先查看压力表,压力表上油压正常,说明润滑泵有润滑油输出,且油量充足,顺着油管检查,并未发现油管有断裂破损情况。继续检查集滤器,发现集滤器堵塞导致润滑油无法正常输出
故障排除	清理集滤器的堵塞物,机床润滑系统正常供应润滑油
经验总结	集滤器又称机油滤芯,如图 8-2 所示。  图 8-2　集滤器(机油滤芯) 为减小数控机床相对运动机件之间的摩擦阻力,减轻零件的磨损,机油被不断输送到各运动机件的摩擦表面,形成润滑油膜,进行润滑。机油中本身含有一定量的胶质、杂质、水分和添加剂。同时在机床工作过程中,金属磨屑的带入、空气中杂物的进入、机油氧化物的产生,使得机油中的杂物逐渐增多。若机油不经过滤清,直接进入润滑油路,就会将机油中含有的杂物带入到运动副的摩擦表面,加速零件的磨损,降低发动机的使用寿命。机油滤清器的作用是滤除机油中的杂物、胶质和水分,向各润滑部位输送清洁的机油,图 8-3 为集滤器结构图。 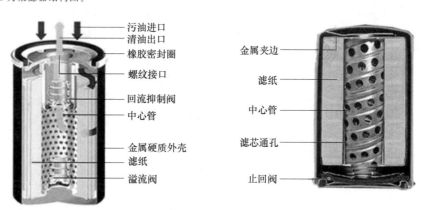 图 8-3　集滤器结构图 由于机油本身黏度大,机油中杂物含量较高,为提高滤清效率,机油滤清器一般有三级,分别为机油集滤器、机油粗滤器和机油细滤器。集滤器装在机油泵前油底壳中,一般采用金属滤网式。机油粗滤器装在机油泵后面,和主油道串联,主要有金属刮片式、锯末滤芯式、微孔滤纸式几种,现在主要采用微孔滤纸式。机油细滤器装在机油泵后和主油道并联,主要有微孔滤纸式和转子式两种。转子式机油细滤器采用离心式滤清,没有滤芯,有效地解决了机油的通过性和滤清效率之间的矛盾。图 8-4 为纸质滤芯式机油粗滤器

经验总结	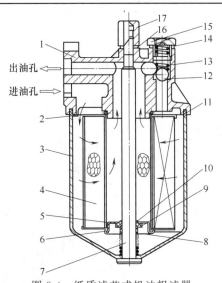 图 8-4　纸质滤芯式机油粗滤器 1—上盖；2—滤芯密封圈；3—外壳；4—纸质滤芯；5—托板；6—滤芯密封圈； 7—拉杆；8—滤芯压紧弹簧；9—压紧弹簧垫圈；10—拉杆密封圈；11—外壳密封圈； 12—球阀；13—旁通阀弹簧；14—密封垫圈；15—阀座；16—密封垫圈；17—螺母

实例 3　数控车床，润滑油过早发黑

故障设备	FANUC 0i 系统的 CK6136H 数控车床
故障现象	南京第二机床厂 CK6136H 数控车床(图 8-5)，在运行中产生的问题如下： ①润滑油过早变黑(清洗换油后不到一个月运行时就变黑)； ②主轴箱油温太高(在室温 25℃时油温达 42℃以上)  图 8-5　南京第二机床厂 CK6136H 数控车床
故障分析	在排除了机械方面问题后，发现原机床使用 46♯机械油黏度太高，特别是冬天的南京多数车间无空调，油品内摩擦大、能耗高是导致油品变黑的直接原因，按机床润滑图表的规定 50 天换油一次，但有时一个月左右油色就会变黑
故障排除	改用抗磨性相同的 15♯机械油，运行中内摩擦下降，片状离合器散热较佳，则油湍低，油品变质期延长到 6 个月以上，且油品不易变黑
经验总结	润滑油抗磨性是指润滑油油品防止金属对金属直接接触而产生磨损的性能。 　　防止磨损是通过保持在运动部件表面间的油膜或在金属表面发生化学反应后的生成膜来实现的。油品的抗磨性用标准的试验方法进行评定。不同的油品试验方法不一样，表示的结果也不一样。图 8-6 为油膜形成后改善边界润滑状态曲线图。 　　大多数润滑油中的油溶性液体抗磨剂，固体抗磨剂如石墨、二硫化钼、聚四氟乙烯等，只有其颗粒小并稳定地分散于润滑油基础油中才能够应用，但在润滑脂中已广泛应用。 　　目前在润滑油中使用最多的抗磨剂是二烷基硫代磷酸盐，在内燃机油、抗磨液压油中普遍使用二烷基硫代硫酸锌盐，在齿轮油中应用极压抗磨剂多是含氯、硫、磷的化合物。为了减少摩擦磨损，润滑油也常加入摩擦改进剂，如磷酸钼、硫磷酸钼、二硫氨基甲酸钼盐和硼氮化合物等

| 经验总结 | 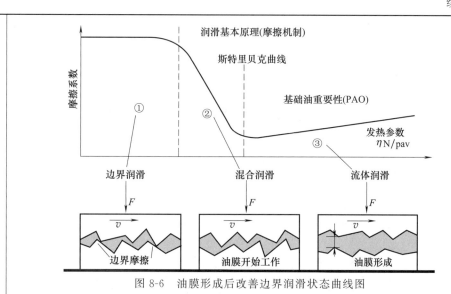
图 8-6　油膜形成后改善边界润滑状态曲线图 |

实例 4　数控车床，主轴变速箱润滑油起泡沫、主轴温升高

故障设备	FAUNC 0i 系统的 CK6140 数控车床
故障现象	CK6140 数控车床车头主轴箱内润滑油起泡沫、示油窗来油太少、油温过高且有渗油现象
故障分析	该机床按说明书规定加 12kg 68♯机械油于车头箱内,当主轴转速为 1200r/min 时,运转不久,因车头箱内片式离合器及大批齿轮高速转动使润滑油起泡、温升高、渗透等,导致车头箱换油周期短(仅 50 天)、添油频繁,主轴温升过高时造成车头中心线抬高,加工出的长轴零件变锥形,不能满足工艺要求,等等
故障排除	①降低油品黏度,原用 68♯可改为 32♯或更低; ②打开箱盖检查润滑油泵吸油管是否有松动、漏气及油位过低导致粗滤网外露而出现吸空现象; ③查看摩擦片的松紧是否合适、上部的润滑油"沐浴"是否充沛及冷却效果是否合适; ④在箱盖顶部加装透气孔,以降低主轴油箱温度
经验总结	轴承润滑是为了防止滚动体、套圈及保持架之间的直接接触,防止它们磨损及生锈。在滚动体和滚道之间形成适当的润滑剂油膜仅需要少量的润滑剂,少量的润滑剂流体动力摩擦很小,并能降低运转温度。主轴轴承配置采用脂润滑方式,因为润滑脂的填充量容易控制,被普遍应用。对于转速要求非常高的情况,应采用油润滑,因为同等条件下油润滑寿命要长。图 8-7 为对轴承进行润滑。  图 8-7　对轴承进行润滑 　1. 脂润滑对主轴轴承温升的影响 　润滑脂易保存于轴承内,还能起防尘、防潮作用,采用适量、优质润滑脂润滑轴承时能适应相对较高的转速,温升也不致过高。脂润滑轴承适用的转速范围很广,润滑周期能够满足机床使用的需求,使用简便、经济,轴承无需特别的维护,更无需后续的补充,大多数情况下均为终身润滑,所以应用较广泛。 　①润滑脂的填充量对主轴轴承温升的影响。轴承高速旋转时最好能够保持低温升和较长润滑周期,此时就要减少润滑脂填充量,一般的情况下填充量不应超过轴承空间的 30%,合理的填充量用下式计算:

$$Q = q_B d_m B 10^{-3}$$

式中　Q——润滑脂填充量，cm^3；

q_B——轴承尺寸系数，见表 8-1；

d_m——轴承平均直径，$d_m = (d+D)/2$，mm；

B——轴承宽度，mm。

表 8-1　轴承尺寸系数

轴承内径 d/mm	系数 q_B
≤40	0.5
40～100	1
100～130	1.5
130～160	2
160～200	3
200	4

如果是圆锥滚子轴承用装配高 T 代替 B，如果是推力轴承，用高 H 代替 B。

②脂润滑轴承的润滑脂分布跑合运转对主轴轴承温升的影响。脂润滑轴承在运行前必须进行润滑脂分布跑合运转，其目的在于使润滑脂均匀分布在滚动区域，排出过剩的能增大摩擦的润滑脂，避免轴承在运转中过热。润滑脂分布跑合运转方式有：低速运转跑合、短时转速提高步进式跑合。

低速运转跑合的工作温度变化先增后降，最后达到稳定温度（机床经过一定时间的运转后，其温度上升幅度不超过每小时 5℃时，一般可以认为已达到稳定温度）。若低速运转跑合时进行无冷却阶段的高转速运转，会导致温度剧增，使轴承疲劳，甚至轴承失效，如图 8-8 所示。

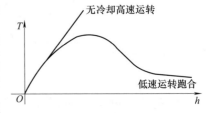

图 8-8　低速运转跑合示意图

短时转速提高步进式跑合，为避免开始时过高发热首先选择较长的、步进式缩短的冷却阶段，在最大转速时以逐渐较长的间隔时间反复进行跑合，每级转速运转时间不得小于 2min，最高转速应运转足够的时间，不得小于 1h，日温度达到 60℃时及时冷却，使轴承达到稳定温度，其温升也可有效控制，如图 8-9 所示。

图 8-9　短时转速提高步进式跑合示意图

③润滑脂品质对主轴轴承温升的影响。使用以合成油为基础油的润滑脂较以矿物油为基础油的锂基润滑脂使用寿命更长，摩擦损耗更低，轴承运行温升更低。

2. 油润滑对主轴轴承温升的影响

润滑油的油量和品质为降低主轴轴承摩擦损耗，降低温升起主要作用。主轴轴承润滑一般采用带冷却油的循环供油或滴注供油。

①润滑油油量（Q）对主轴轴承温升的影响如图 8-10 所示，如果润滑油不足（A 区），滚动体与滚道就无法完全隔绝，它们之间就会存在金属接触，将导致摩擦加剧和温度升高，最终导致轴承损坏。如果提供更大油量（B 区），形成黏着的承载油膜。摩擦及最终温度为最小值时满足滴注供油条件（供油上存在时间间隔，油量精确测定）。供油量进一步增加（C 区）会导致摩擦和温度小段升高，直到供油量使热量生成和摩擦损耗达到平衡，之后（D 区）温度随油量增加无明显变化，与冷却油的循环供油条件吻合。如果油量再增加，冷却起主要作用，温度开始下降（E 区）。

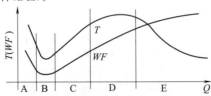

图 8-10　油量、摩擦损耗 WF 和轴承温度 T 间的关系

经验总结	②润滑油品质对主轴轴承温升的影响。采用无添加剂高质量的润滑油对轴承的运转有不可估量的控制过热作用,其摩擦损耗更低,轴承运行温升更低。 因此,在进行加工时,一定要综合考虑润滑方式及润滑品质,兼顾各因素,以便实现最佳润滑,取得比较理想的温升效果

实例5　数控车床,主轴润滑"抱轴"事故

故障设备	FANUC 0i 系统的 CK6140 数控车床
故障现象	该数控车床,主轴配备滑动轴承,间隙小(小于 0.04 mm),故对润滑油要求较高。有年冬天,机修工在大修后的主轴润滑部位加一些 32♯机械油,结果一开车,马上出现"抱轴"转不动了
故障分析	由于这台机床是刚经过大修,主轴铜套均是新加工过的,它实际上还处在"跑合期",加上又是严冬季节,32♯油的黏度对这台机床而言已属高黏度,油液不易及时进入滑动轴承内所致
故障排除	为此,将原油箱内 4 kg 32♯机油放掉并清洗油箱,改用 15♯机油(主轴油)进行低速挡磨合试车,过一段时间磨合好后再放干净此机油,添上新的 15♯主轴油即可,15♯主轴油如图 8-11 所示  图 8-11　15♯主轴油
经验总结	润滑剂可分为润滑油、润滑脂、固体润滑剂三类。滑动轴承润滑油的选择应综合考虑轴承的承载量、轴颈转速、润滑方式、滑动轴承的表面粗糙度等因素。图 8-12 为常用的润滑脂。  滑动轴承润滑油选择原则: ①在高速轻载的工作条件下,为了减小摩擦功耗可选择黏度小的润滑油; ②在重载或冲击载荷工作条件下,应采用油性大、黏度大的润滑油,以形成稳定的润滑膜; 图 8-12　润滑脂 1 ③静压或动静压滑动轴承可选用黏度小的润滑油; ④表面粗糙或未经跑合的表面应选择黏度高的润滑油。 滑动轴承用润滑脂的润滑周期一般可按照以下的时间进行: ①偶然工作,不重要零件:轴转速<200r/min,润滑周期 5 天一次;转速>200r/min,润滑周期 3 天一次。 ②间断工作:轴转速<200r/min,润滑周期 2 天一次;轴转速>200r/min,润滑周期 1 天一次。 ③连续工作,工作温度小于 40℃:轴转速<200r/min,润滑周期 1 天一次;轴转速>200r/min,润滑周期每班一次。 ④连续工作,工作温度 40~100℃:轴转速<200r/min,润滑周期每班一次;轴转速>200r/min,润滑周期每班两次

实例6　数控车床,多轴自动车床润滑事故

故障设备	FANUC 0TD 数控车床
故障现象	南京第二机床厂生产的 FANUC 0TD 数控车床,在一工厂生产时出现两大润滑问题:一是冬季低温时电磁离合器动作失灵而停产;二是切削油与润滑系统用油相混合
故障分析	电磁离合器因摩擦片脱不开而失灵,是因为采用 32♯机械油,黏温性太差,该油在冬季低温时黏度高,导致摩擦片粘在一起无法脱开。第二个问题是机床设计问题,它的 40kg 润滑油在开车不到几小时就被油泵吸空,这些润滑油应回到润滑油箱,结果全部跑到切削油箱(容量 400kg),因此造成润滑油箱不断添加润滑油,结果还是处于经常缺油的状态,而切削油箱的油却越来越多。机床使用者有时在隔板上打几个孔,促使两个油箱互通,但这样润滑油被切削油严重污染,导致这类机床的轴承等摩擦副磨损严重,修理成本非常高

故障排除	这类机床冬天电磁离合器脱不开,应选用高质量的黏度指数高的润滑油,如在冬天用低黏度15♯主轴油;在机床设计时考虑到两箱直接打通对润滑油系统的污染,可加装滤油器,多道过滤后才进入摩擦副;取消切削油箱,采用准干切削(MQL)装置;采用适合切削-润滑的两用油
经验总结	准干切削即MQL技术,是将压缩气体与极微量润滑液混合气化后,喷射到加工区,对刀具和工件之间的加工部位进行有效的润滑。图8-13为准干切削的数控车床加工。  图8-13　准干切削的数控车床加工 　　MQL技术可以大大减少刀具-工件和刀具-切屑之间的摩擦,起到抑制温升、降低刀具磨损、防止粘连和提高工件加工质量的作用,使用的润滑液很少,而效果却十分显著,既提高了工效,又不会对环境造成污染。 　　MQL技术所使用的润滑液用量非常少,而且MQL技术只要使用得当,加工后的刀具、工件和切屑都是干燥的,避免了后期的处理,清洁和干净的切屑经过压缩还可以回收使用,完全不污染环境,故又称之为准干式切削。 　　准干切削对刀具必有严格性能要求。 　　(1)具有优良热硬性耐磨性　干切削切削温度通常比湿切削时高得多,热硬性高刀具材料才能有效地承受切削过程高温,保持良好耐磨性。刀具材质硬度为工件材料4倍以上。 　　(2)较低摩擦系数　降低刀具与切屑、刀具与工件表面之间摩擦系数,一定程度上可替代切削液润滑作用,抑制切削温度上升。 　　(3)较高高温韧性　干切削时切削力比湿切削要大,并且干切削切削条件差,因此刀具具有较高高温韧性。 　　(4)较高热化学稳定性　干切削高温下,刀具仍然保持较高化学稳定性,减小高温对化学反应催化作用,从而延长刀具寿命。 　　(5)具有合理刀具结构几何角度　合理刀具结构几何角度,不但可以降低切削力,抑制积屑瘤产生,降低切削温度,而且还有断屑控制切屑流向功能。刀具形状保证了排屑顺畅,易于散热

实例7　数控车床,多刀车尾架套筒严重拉毛研伤事故

故障设备	FANUC 0TD数控车床
故障现象	该数控车床主要用来加工各种台阶轴类零件,装上专用的卡盘适用于盘形零件及轴承环等零件的加工。其尾架套筒突然发生严重拉毛事故,还在结合面产生不少拉毛下来的铁末
故障分析	经现场查看,发现该机床尾架套筒原设计的加油孔不见了,尾架顶针驱动由原来的手动改为压缩空气驱动,且控制气缸的开关安装在这个加油孔上,致使操作者无法加油润滑,套筒在快速的往复运动中变成干摩擦而出现严重拉毛事故
故障排除	移走手动开关座,多刀车尾架套筒上部的进油孔要求每班注油。按要求维修后,故障排除
经验总结	表面出现研伤或拉毛的情况,一般都会发生在大中型的普通机床上。因此类机床无论导轨面还是套筒,有很大一部分并没有使用防尘罩,使得灰尘、沙粒或铁屑等一些硬质的杂物轻松地进入到导轨面、套筒内壁或混入到润滑油中。甚至一些润滑油本就有机械杂质。这类杂质如进入到机床部件面里,就会出现研伤或拉毛的情况。图8-14为机床导轨的研伤部分。 　　当润滑油的浓度过低,所产生的油膜就过薄,这是不能够承受很大负荷的,当部件运动的时候,油膜一般都会破裂,最终会产生摩擦,产生瞬间的高温胶合、冷焊以及分子引力黏附等情况发生,使得被咬伤的情况发生。要是导轨缺油,润滑就会不良,也会研伤或拉毛导轨。要是没及时修复,那只会越咬越深,最终都会影响机床的使用性能。 　　在机床所有的支承点上,尾座是车床用顶尖加工时候的第二个支承点,必须得有刚性,而且尾座套筒与主轴箱也同轴度的要求,对床身导轨有很高的平行度与垂直度要求,对尾座还有其他要求,那便是在运作过程中,是不可以旋转或移动的。所以尾座的每个零件磨损程度都不会很明显。如想保证尾座的性能与使用精度,在修理机床时,也要对尾座进行检修,像粘接技术的修理,图8-15为尾座。

经验总结	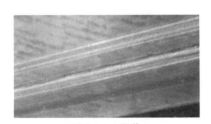 图 8-14　研伤	 图 8-15　尾座

对于机床套筒的修复,当套筒工作地时候,会承受很大径向力,而且还有 1/3 的套筒会长期露在座体的外面。钻孔的时候,一些钻头锥度不标准或是钻套不标准的话,那便会与套筒锥孔无法配合,导致钻孔的时候,钻头出现转动。这样修理的时候,常会发现锥孔已出现椭圆或划出了伤痕等磨损情况。而修复方法很简单,就是把套筒的莫氏锥孔给放大,再加工个半成品套,与扩大好的套筒锥孔用无机胶黏剂来粘接即可,当胶层固化后,用车削加工就行了

实例 8　数控机床,滚珠丝杠严重磨损

故障设备	GSK980TD 型数控车床
故障现象	GSK980TD 型数控车床,在实际使用中,突然发现加工精度有波动,不能符合加工工艺要求
故障分析	在排查了伺服电机等均无故障后,只能停机拆卸解体,结果发现滚珠丝杠内滚珠早已严重磨损,如图 8-16 所示,导致了加工精度的波动 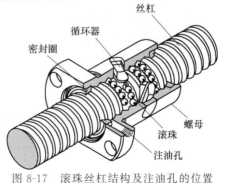 图 8-16　严重磨损的滚珠
故障排除	严格做好滚珠丝杠的润滑工作,这类故障再也没有发生
经验总结	滚珠丝杠之所以能够保持低摩擦的优势,其主要是利用润滑剂降低了滚珠与滚道面之间的滚动阻力,并能够实现临近滚珠间的滑动摩擦的实时润滑。 在进行润滑与补充润滑之前,需要对滚珠丝杠副进行彻底的清洁处理,以消除所有的污染物。污染物是导致滚珠丝杠过早失效的主要因素。正确的操作润滑能够避免大多数污染物进入丝杠螺母中,从而大大降低了外部污染物造成的损害。滚珠丝杠组件在运输与储存的过程当中一般都会使用防锈油,在选择最终适用的润滑剂之前,应当完全擦掉防锈油。 可以采用多种方法向滚珠丝杠副加注润滑剂促使润滑剂保持在螺母内。比如,在使用脂润滑时,通过螺母本体或者螺母法兰盘上的注脂孔将润滑脂加入螺母内,螺母两端有刮刷片或密封圈防止润滑脂溢出,防止外部污染物进入螺母。因此在使用油润滑时,需要带有一套泵、过滤系统的润滑装置,还要考虑注油方法,为滚珠丝杠副选择合适的润滑油或者润滑脂从而减少维修停机时间,以确保产品达到设计使用的寿命。图 8-17 为滚珠丝杠结构及注油孔的位置 丝杠 循环器 密封圈 螺母 滚珠 注油孔 图 8-17　滚珠丝杠结构及注油孔的位置

实例9　数控车床，静压导轨故障问题

故障设备	SIEMENS 802D数控超大型立车
故障现象	某厂有一台加工直径达20m的数控超大型立车，由于静压导轨大油箱污染控制工作欠佳，导致滤油器易堵死，停车报警装置频发报警信息等严重问题
故障分析	数控机床的静压导轨用油对污染度特别敏感，出现上述报警停机事件是常见事，控制好静压大油箱（容量达7t，牌号是46#）的油液清洁是关键
故障排除	在这个7t大油箱上加装一只离心浮动式油液去污机，使静压导轨油箱多一道过滤装置，因它可将小于1μm的颗粒清除，便可起到理想效果。实践证明此方案行之有效
经验总结	导轨油看似并不起眼，但机加工企业如果在选用上出现失误，切削液频被污染，处理成本居高不下；切削液变质发臭，车间工作环境恶劣；切削液和导轨油的消耗量双双增加，采购成本增加；甚至导致加工产品出现瑕疵，合格率下降。 因此无论是更换优质的导轨润滑油，还是清除润滑油的油污，都要求导轨油符合三大特点。 1. 出色的黏附性能 出色黏附性能，有效抑制导轨油流失。除却导轨系统本身的设计问题，若有大量导轨油流失进入切削油系统，主要就是由于导轨油黏性不够，从而从导轨表面不断流失，进入切削液油箱。进行现场调查时发现，加工设备出现导轨油流失现象（图8-18）。 导轨油流失不仅使得油品消耗量增大，更是会对切削液的消耗量及性能产生较大影响，从而导致切削液变质、造成机械加工的精度下降、废油处理成本增加，并且对车间工作环境造成污染。 2. 卓越的摩擦性能 卓越摩擦性能，全方位遏制黏滑现象，对于机床上的导轨来说，黏滑（也称爬行）现象是造成机械加工精度下降的罪魁祸首。为此，如果要让机械加工变得更为稳定顺畅，导轨油的摩擦控制性能卓越与否就尤为关键。 优质的导轨油由优质基础油精心制成，并使用先进的添加剂系统来平衡其性能，特有的添加剂配方可为各种各样的导轨材料，包括钢对钢和钢对聚合物，提供优异的摩擦性能、减少黏滑现象，还允许设备以设计的操作速度实现平滑、一致的运动，帮助提高机床生产率和精确度。 3. 良好的切削液分离性 延长导轨油与切削液的使用寿命，良好的切削液分离性是保障。 导轨油最重要的属性之一，就是必须很好地和水溶性切削液分离而不是混溶。如果导轨油没有良好的切削液分离性，不但会与切削液互相污染、影响彼此的效果、缩短使用寿命，还会引发刀具严重磨损、异味、腐蚀等问题，并且被润滑油污染的切削液处理成本很高，从而会导致更高的能耗、生产成本的增加等一系列问题。 优质的导轨油需要具有从水溶性切削液分离的卓越特性，降低交叉污染产生的潜在负面影响，有助于延长使用寿命，并增强润滑及冷却的性能。切削液可分离性对比如图8-19所示。在使用了导轨油之后，会减少切削液因导轨油污染而发臭的机会，减少废液的处理与排放，不但降低了切削液的消耗，减少了对环境的影响，还为员工提供了更加安全、卫生的工作环境  图8-18　导轨油流失　　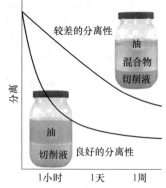 图8-19　切削液可分离性对比

实例10　数控铣床，升降工作台噪声问题

故障设备	FANUC 0i数控铣床
故障现象	该数控铣床工作台升降时，丝杠有时会产生噪声，一时难于消除，特别表现在新机床调试及大修理后新丝杠与螺母间。只要一开动，上、下升降台就会有噪声

故障分析	这是典型的跑合期的润滑问题,一般的机油很难胜任对摩擦副的润滑。有人曾经从机械上做改进,如改装成滚珠丝杠、静压丝杠,这不仅增加机床的成本,也增加机床的附属装置,如果从润滑角度改进却是极简单的事
故障排除	在原升降的丝杠与螺母间涂一些极压油膏(如二硫化钼),便可得到显著的改进效果
经验总结	机床在工作中如产生噪音和振动,在检测机械传动部分没有问题后,首先要考虑到润滑不良的问题,很多机床经过多年的运转,丝杠螺母自动润滑系统往往堵塞,不能自动润滑。在轴承、螺母中加入耐高温、耐高速的润滑脂就可以解决问题。润滑脂能保证轴承、螺母正常运行数年。图 8-20 为丝杠专用润滑脂。 对于经验比较丰富的操作人员来说,通过机床在工作过程中发出的声音就可以辨别润滑的状况,如果润滑状况很差的话机床还会发生很大的颤动。这种状况一般会发生在使用时间比较久的老机床身上,新买的机床一般不会出现这种问题。因为老机床在长期使用过程中会积累一定的灰尘堵塞自动润滑系统。 很多时候,在进行滚珠丝杠副设计与选型时,都要考虑很多参数问题。像运行负荷、速度、精度,环境和功率要求在设计标准中也占据十分重要的因素。不管设计工程师是要选择轧制滚珠丝杠还是精密磨削滚珠丝杠,都需要充分的考虑润滑剂因素条件。选择合适的润滑剂能够有效减少摩擦、降低摩擦转矩,提高丝杠的工作效率,还可以延长其使用寿命  图 8-20　丝杠专用润滑脂

实例 11　数控铣床,工作台在上下升降时,右侧面立导轨易拉毛

故障设备	FANUC 0i 数控铣床
故障现象	该数控铣床,其工作台在立导轨上下升降时,右侧面立导轨易拉毛
故障分析	由于右侧面有塞铁,原设计无加油孔,故润滑条件差,由于载荷比正面直导轨大得多,且铁屑等异物易进入导轨,故导轨易出现拉毛事故
故障排除	①在塞铁顶部加装弹子油杯,并在塞铁上开小油槽; ②加装防护挡板或皮罩,防止铁屑等异物进入导轨面引起导轨拉伤
经验总结	机床导轨防护罩是用来保护机床设备的,如图 8-21 所示。它可以保护机床的导轨、丝杠等不受外界的腐蚀和破坏。它有很多种类,风琴防护罩,钢板防护罩,这两种是导轨上所用的。丝杠上所用的丝杠防护罩形状包括圆形、方形、多边形,这几种的做法又有所不同,有钢丝支承式防护罩、缝合式防护罩、卷帘式防护罩和盔甲防护罩。  图 8-21　机床导轨防护罩 风琴式防护罩,如图 8-22 所示。外用尼龙布,内加 PVC 板支承,边缘则用不锈钢板夹护。护罩具有压缩小和行程长等优点。可耐油,耐腐蚀,硬物冲撞不变形,寿命长,密封好,运行平稳,坚固耐用,给机床的使用带来较好的效果。风箱速度可达 200m/min。其次造型规则,外形美观,为整机的整体造型增添了光彩,在为整机提供实用性保护的同时,也为机床整机增加了更多视觉上的美感,使机床的整机价值得到了提升。 钢制伸缩式导轨防护罩是机床的传统防护形式,如图 8-23 所示。在加工领域里钢制伸缩式导轨防护罩被广泛地应用,对防止切屑及其他尖锐东西的进入起着有效的防护作用,通过一定的结构措施及合适的刮屑板也可有效地降低冷却液的渗入。钢制伸缩式导轨防护罩能够满足现代机床对高科技、正确的安装位置、高运行速度等方面不断提高的要求

经验总结	 图 8-22 风琴式防护罩	 图 8-23 钢制伸缩式导轨防护罩

实例 12　数控铣床，工作中出现时断时续的噪声

故障设备	FANUC 0i 数控铣床
故障现象	该数控铣床工作台升降丝杠，采用油浸式升降丝杠，工作中出现时断时续的噪声
故障分析	在工作中出现时断时续的噪声，初步认为丝杠需要浸在油中，对此进行大修处理，但是还是出现噪声，说明螺母与丝杆间的润滑条件苛刻，一般矿物油无法胜任。 升降丝杠摩擦副是高负荷、低速度、滑动摩擦副，因此润滑条件苛刻。特别是新机床及刚大修过的新更换件，因属跑合期，故更易产生噪声
故障排除	从润滑角度处理不难，只要在原小油池的润滑油中加些油酸等抗磨添加剂，或者直接在升降丝杠（升在最高时）上涂些二硫化钼油膏即可
经验总结	二硫化钼是重要的固体润滑剂，特别适用于高温高压环境，如图 8-24 所示。它还有抗磁性，可用作线性光电导体和显示 P 型或 N 型导电性能的半导体，具有整流和换能的作用。二硫化钼还可用作复杂烃类脱氢的催化剂。 二硫化钼被誉为"高级固体润滑油王"。二硫化钼是无机稠化剂稠化酯类合成油，由天然钼精矿粉经化学提纯后改变分子结构而制成的固体粉末。产品色黑稍带银灰色，有金属光泽，触之有滑腻感，不溶于水。产品具有分散性好，不黏结的优点，可添加在各种油脂里，形成绝不黏结的胶体，能增加油脂的润滑性和极压性。也适用于高温、高压、高转速、高负荷的机械工作状态，提供长效的防磨耗和锈蚀保护，延长设备寿命。适用温度范围：$-30 \sim +350℃$。 二硫化钼的性能特点如下： ①杰出的极压抗磨性能，摩擦系数低，承载能力强； ②优良的金属表面吸附性和防锈性，工作温度范围宽泛； ③优异的耐水冲刷性能和耐腐蚀性能，抗氧化性能好； ④优良的机械安定性和胶体安定性，极长的使用寿命。 当二硫化钼用于摩擦材料时其主要功能是低温时减摩，高温时增摩，烧失量小，在摩擦材料中易挥发 图 8-24　二硫化钼

实例 13　数控铣床，重型龙门铣床的润滑问题

故障设备	FANUC 0i 数控系统的龙门铣床
故障现象	该龙门铣床，属超重型机床，虽按说明书要求可用 46♯ 机械油，但产生下列三个问题： ①夏天黏度变低导致压力打不高，以至于台面浮不起； ②冬天黏度高，回油慢且外溢漏油； ③若冬、夏换两次油，浪费太大（每次 550kg，一般 1～2 年才换油一次）
故障分析	造成这台机床出现这些润滑问题的主要原因是选用油品的黏度指数太低
故障排除	将原用 46♯ 机械油改用 8♯ 液力传动油，由于它的黏度指数高达 200，是原来油的数倍，故可一年四季通用而不用冬夏换两次油
经验总结	液力传动油又称自动变速器油（ATF）或自动传动油，如图 8-25 所示，实际上是一种高质量的液压油，它具有更高的黏度指数、热氧化稳定性和抗磨性以及更高的清洁度。图 8-26 为机床系统润滑中液力传动油的工作流向。

经验总结	  图 8-25　液力传动油　　　　　　图 8-26　液力传动油的工作流向 适宜的黏度和良好的黏温性能,能保证液力传动装置在-40~170℃温度范围内正常工作。 ①良好的抗磨性,保证各种不同材质的液力传动部件在操作条件下不易被磨损。较好的热稳定性和抗氧化安定性,以适应在 70~140℃(甚至更高)的工作条件下长期循环使用。 ②良好的低温流动性,凝点低,以适应机械时开时停及冬季运转的工作条件。 ③良好的抗泡性,使油品在受机械不断搅拌的工作条件下产生的泡沫易于消失,以免降低变扭器效率,使换挡失灵。 ④不易氧化。减少和避免温度升高时生成氧化物,加速油品变质和堵塞油路。 ⑤在高温条件下工作时,闪点高;低温条件下工作时,低温流动性好。 ⑥具有良好的相容性,对密封件/软管、涂料等无溶解及其他有害影响

实例 14　数控铣床,立铣头发出不正常噪声

故障设备	FANUC 0i 数控铣床
故障现象	立铣头在使用中有时会突然发出不正常噪声,当打开检查时,发现主轴承因断油而损坏。经分析,这类通用铣头正上方的针阀式调节油量的螺钉被拧得太紧,导致不进油或进油太少,才造成这种润滑事故
故障分析	加强对机床操作者宣传,重视立铣头的润滑,使润滑油调节到每分钟 3~5 滴
故障排除	若将立铣头改为二硫化钼锂(或脲基)脂润滑,则铣头轴承就可不再出现这种故障了。在这里,用脂润滑比用油润滑更科学、更合理、更节能环保
经验总结	润滑脂与润滑油相比,各有其优缺点,也各有其适用性。图 8-27 为轴承常用的润滑脂。下面详细介绍润滑脂的优势和不足。 1. 黏附性 当摩擦部位处于静止状态时,润滑脂能够保持其原来形状,不致受重力作用而自动流失,也不会在垂直的表面上滑落和从缝隙处滴漏出去。此特点对于时开时停或者不常开动的摩擦部位,补充润滑脂材料非常困难的部位(例如天车空中作业润滑部位),以及敞开式的或密封不良的部位是非常适用的。 当摩擦部位处于运动状态时,润滑脂不会像润滑油那样受离心力的作用而甩漏,也不会从密封不良的部位飞溅出来。  图 8-27　润滑脂 2 一些滴油或溅油现象几乎可以完全避免,这样就可保证环境不受或少受污染,也可防止污染产品。此点对于造纸、纺织、食品等工业尤其重要。 2. 使用温度范围 润滑脂的工作温度范围要比润滑油宽。例如,通用锂基润滑脂可在-20~120℃温度范围使用,一般钙基或钠基润滑脂也可在-20~60℃或-20~120℃下使用。 3. 耐压性 润滑脂在金属表面上的吸附能力要比润滑油大得多,并能形成比较坚固的油膜,承受比较高的工作负荷,这是由于润滑脂内含有大量极性物质的结果。此外,将它作为基础脂,当加入极性添加剂后,感受性也较润滑油好。 4. 使用寿命 润滑脂长期使用而不更换时,仍能保证润滑的作用,因为真正起到润滑作用的只是靠近摩擦表面的一少部分润滑脂,而且是依靠皂纤维的牵动循环润滑,可见使用寿命相当长。而润滑油则需要经常添加,或者循环供油,否则不能保证机械正常润滑。从数量上看,润滑油的消耗量比润滑脂要多 15~20 倍,因此用润滑

经验总结	脂润滑的部位要比润滑油多许多。如汽车润滑部位,采用润滑脂约占 2/3。另一方面,由于不经常加油,维修保养期长,消耗降低,保养费用亦低。 5. 润滑设备构造 采用润滑脂润滑的设备构造比较简单,这样可以简化设计,减少投资。此外,润滑系统的占地面积相当小,润滑点的设置非常灵活,当投入运转后,还可以节约维护保养和管理费用。某些精密仪器、仪表和电子设备等的内空间极小不允许专设润滑系统,常靠润滑脂终身润滑。而润滑油则需要在密闭的系统润滑,所润滑的设备构造也比较复杂,投资和占地面积也很大,不适宜用在半封闭或不封闭的润滑部位。 6. 防护性能 润滑脂涂抹在金属表面或零件上,是一种良好的防护材料,而且防护期长。这是因为润滑脂不会受本身重量的影响而从防护件表面自动地流失,具有保持能力,而且一般脂层比油层厚,因而防止水或水蒸气渗透到金属表面的能力也较强,并能隔离酸、碱、湿气、氧气和水直接侵蚀工作表面。有些润滑脂还不会被化学品、基本有机原料、燃料和润滑油溶解掉。而润滑油的防护能力比较差,仅能在短暂的时间内起一定的防护作用。 7. 密封性能 润滑脂可防止灰尘进入工作表面,避免杂质混入,磨损机械零件。对于如轴承这些空间结构比较复杂、润滑面的精度要求比较高的工作部件,润滑脂可以把尘土杂质阻挡在轴承外表面,并能把主要的空隙填满,起到封闭作用。对于某些粗糙机械如农用拖拉机、收割机、推土机等,整个机械都与泥土、砂粒接触,它的转动部位采用润滑脂润滑,不仅能起到润滑作用,而且在一定程度上还起到封闭作用。但润滑油就没有这种能力。 8. 缓冲减振性 据能源润滑油网了解,由于润滑脂的黏滞性大,油性比较好,所以对于某些常常要求改变运动方向和承受很大冲击力的机械,例如拐轴、万向接头、破碎机等润滑部位,润滑脂能起到一定的缓冲减振作用。在某些部件上,如齿轮传动装置等,润滑脂还能降低噪音,但总体看来,润滑油在缓冲及减少噪音方面较差

实例 15 数控铣床,铣头轴承发烫

故障设备	FANUC 0i 大型数控铣床
故障现象	模具车间有台大型数控铣床,在新机床调试时发生润滑脂流失,从而导致铣头轴承发烫,上下升降有噪声
故障分析	这台机床主转速在每分钟数千转下运转不到一小时,轴承里的润滑脂便熔化往下流淌,原因是所用普通 3♯钙基脂的抗剪切性差。横梁在升降丝杠上运动产生噪声,由于是新机器,丝杠与螺母间的摩擦处于跑合期,产生的早期磨损
故障排除	将铣头里滚动轴承的 3♯钙基脂清洗干净,更换上合成脂(如 7011)。升降丝杠涂一些二硫化钼油膏。机器运转正常,故障得以排除
经验总结	润滑脂、润滑油作为润滑剂每时每刻保护着机械设备、加工工件,因此必不可缺。图 8-28 为常用的润滑脂,图 8-29 为加工过程中浇注的润滑油。  图 8-28 润滑脂 3 　　　　图 8-29 加工过程中浇注的润滑油 由于润滑脂、润滑油种类繁多、性能不同,各种润滑脂、润滑油的各有优缺点,下面进一步的分析阐述。 1. 各种润滑脂的优缺点 根据润滑脂稠化剂的不同,可将其分为:钙基脂、复合钙基脂、钡基脂、钠基脂、通用锂基脂、极压复合锂基脂、铝基脂、脲基脂、膨润土润滑脂及磺基聚合脂等。各种润滑脂的优缺点如下。 (1)钙基脂　钙基脂俗称"黄油",抗水性好,原料来源广泛,价格便宜;适用于潮湿环境与水接触的各种机械部件的润滑。其缺点是滴点低,使用温度不超过 60℃,使用寿命短,耐热性差,在蒸汽中易硬化,高

经验总结	速条件下,抗剪切性差,不能用于高速。 　(2)钡基脂　高滴点,抗水,机械安定性好,不溶汽油和醇;常用于油泵,水泵,船推进器,化工泵。 　(3)钠基脂　耐热性好,使用温度可达120℃,有较好的极压减磨性能;抗水性差,遇水会乳化变稀流失;可用于振动较大、温度较高的轴承上,尤其适用于低速高负荷机械部件的润滑,不能用在潮湿环境或水接触部位。 　(4)复合钙基脂　高滴点,抗水,较好的机械安定性、极压性、胶体安定性及耐热性;适用于较高温度及潮湿条件下大负荷工作的机械部件润滑,使用温度可达150℃左右。 　(5)极压复合锂基脂　高滴点,抗水性能良好,有极高极压抗磨性,适用于−20～120℃温度下高负荷机械设备的齿轮、蜗轮、蜗杆和轴承的润滑。 　(6)通用锂基脂　锂基脂滴点较高,使用温度范围−20～120℃,具有良好的抗水性、机械安定性、防锈性和氧化安定性;但锂基脂长期存在抗磨性能差的缺点,且不宜与其他润滑脂混合使用,贮存易析油,与非金属皂类润滑脂相比,使用温度范围小,抗水性也差,已不能满足现代工业越来越苛刻的要求。 　(7)脲基脂　高滴点,憎水,耐高温,氧化安定性好;但价格昂贵,且抗剪切性能差,在高速和低速联合工作时,剪切条件变化大导致稠度也变化大,易变稀流失。而且其所用原料——异氰酸酯是一种剧毒品,所以生产使用过程中防护要求严格,贮存运输困难,使用受到一定限制。 　(8)铝基脂　黏附性好,抗水,滴点低,一般在70℃左右。温度升高,铝基脂对金属的黏附能力下降,一般仅做光学仪器防护性润滑脂,不用于润滑设备,复合铝基脂的生产工艺复杂,能耗量大,同磺基脂、复合锂基脂相比,轴承运转寿命短。 　(9)磺基聚合脂　磺基聚合脂滴点高,耐高温性能优异,抗水性、机械安定性极为优异,可满足工业中的苛刻要求,但价格偏高。 　(10)膨润土润滑脂　无滴点,使用温度高。但在高温下易结焦,严重影响润滑性能,且膨润土是一种矿物,其中很细的砂砾难以除去。因此,轴承的噪音大,使用受到一定限制。 　2. 各种润滑油的优缺点: 　(1)合成润滑油　与矿物油相比,合成润滑油具有以下优点: 　①黏度指数高,黏温性能好。合成润滑油的黏温性能要比矿物油好,在温度变化条件下,黏度变化小,能适用于工作温度变化较大的场合。 　②良好的耐高温性能:合成润滑油比矿物油的热氧化安定性好,热分解温度高,在高温下不易裂解,从而生成助燃小分子。 　③较低的挥发性:合成润滑油一般是一种纯化合物,其沸点范围窄,挥发性低,因此挥发损失小,可延长油品的使用寿命。而矿物油是某一沸点范围内的产物,容易挥发。 　④耐低温性能好:与矿物油相比,合成润滑油具有更低的倾点,在极低的温度条件下,仍能保持良好的流动性而不结晶或凝结。 　⑤闪点和自燃点高:合成润滑油的闪点和自燃点高,相同的高温条件下,不容易发生燃烧,使用安全性好。 　(2)矿物油　矿物油分为普通矿物油、深度精制的矿物油和矿物油。 　①普通矿物油:目前使用得最多的润滑油是以石油馏分为主要原料,制取这类润滑油的原料充足,价格便宜,生产矿物油的原油一旦选定,就可利用各种组分存在沸点差的特性,通过蒸馏装置分离出各种石油组分。因此,矿物润滑油都是某一沸点范围内的产物。 　②深度精制的矿物油:润滑油的深度精制是在精制的基础上通过催化剂的作用,使润滑油与氢气发生各种加氢反应,以除去其中的硫、氧、氮等杂质,以及将部分非理想组分转化为理想组分。硫、氧、氮的存在使润滑剂易于氧化生成酸、胶质、沥青从而腐蚀设备或沉积黏结于设备的工作表面。通过深度精制,可进一步提高润滑油的抗氧化性能、黏温性能、高低温性能。目前,世界上深度精制的矿物油只占润滑油总量的5%～20%。 　③精制矿物油:经过蒸馏后的矿物油其中含有很多非理想组分,其黏温性能、抗氧化性能差,必须通过萃取方法从中除去非理想组分。通过脱脂处理,除去在常温下(15℃)就会变成固体的烃类,以免影响润滑油的低温流动性,再除去沥青和少量的溶剂,润滑油的质量就基本达到使用要求。 　(3)植物油　植物油正越来越受欢迎,它具有矿物油及大多数合成油所无法比拟的特点,就是迅速地降低环境污染。由于当今世界上所有的工业企业都在寻求减少对环境产生污染的措施,而这种"天然"润滑油正拥有这个特点,虽然植物油成本高,但所增加的费用足以抵消使用其他矿物油、合成润滑油所带来的环境治理费用。 　植物油优点是毒性低,润滑性能和极压性能比石油基润滑油好。但植物油因产量少而比矿物油价格高,另一个缺点是在低温下易结蜡,氧化安定性也不如矿物油好

实例 16　加工中心,乳化液泵定位套润滑事故

故障设备	SIEMENS 802D 加工中心
故障现象	该加工中心,乳化液泵定位套润滑事故,轴套多次被烧伤

故障分析	该机床为德国进口加工中心,它的乳化液专用柱塞泵的活塞杆与套筒间的润滑配有两只德国产的PER-MA自动加油器,如图8-30所示。由于缺少PERMA自动加油器应用知识,开车运行后没有把顶部启动螺钉拧断打开,因它不工作,故而造成断脂,多次烧伤轴套,这是不该出的润滑事故  图8-30　PERMA自动加油器
故障排除	开动乳化液泵前,首先要用启子(或粗的4mm铁丝)插入PERMA顶部红色洋眼圈内,按顺时针方向用力拧紧这只塑料螺钉,直至洋眼圈被拧断,表示PERMA装置开始工作了。工作一年左右,当PERMA自动加油器下部锥形透明塑料显示四个点时,说明PERMA自动加油器里面的润滑脂已用完,需要更换新的PERMA自动加油器
经验总结	自动加油器结构如图8-31所示,具有可靠性和经济性的自动加油装置延长了润滑和维护的周期,避免了润滑脂注入过多或过少的现象,从而减少了停机时间,降低了维护费用。 自动加油器可以广泛应用于冶金、矿山、化工、汽车制造、造纸、油田、水泥等重工和轻工生产设备中,适合安装在不便于集中润滑,不便于手工操作或人工操作的场合。自动加油器有如下特点: ①使用置换式的电池盒设计,安装容易操作简单经济。 ②可简易地调整注油时间与润滑量。 ③再润滑的时间已经由独立程式自动地支配控制,透过与轴承间的平衡压力每日补充新的油脂,持续维持最佳的润滑效果。 ④具备独立的程式控制及红外线侦测装置,提供强有力的润滑保障,满足准确性与一致性的润滑要求。 ⑤采用精密齿轮组、驱动螺杆和压板装置,提供强有力的润滑保障,满足准确性与一致性的润滑要求。 ⑥特别设计可再补充或置换的油脂杯,可以持续性的重复使用,提供经济可靠的长期性利益。 ⑦提供独立性的自动警告装置。每一单点都须具备有一个警告指示灯,无论是因为油脂皂化干涸、油路阻塞、或产品本身发生故障时,都能立即提出警告记号,让维护人员可以适时检查。它可以自动地执行再润滑与监控工作,独立的排除机械设备常规性的再润滑问题,甚至连艰难、恶劣的场合或需要按时润滑的部位,都能得到适当、正常的再润滑  机盖　LCD　电池　PCB　螺旋盖　气舱　活塞　润滑油箱　气缸　接口螺纹 图8-31　自动加油器结构

实例 17　加工中心,润滑油损耗大

故障设备	FANUC 0i 加工中心
故障现象	该加工中心在加工过程发现集中润滑站的润滑油损耗大,隔1天就要向润滑站加油,切削液中明显混入大量润滑油
故障分析	由机床说明书中得知,该加工中心采用容积式润滑系统。这一故障产生以后,开始认为是润滑时间间隔太短,润滑电动机启动频繁,润滑过多,导致集中润滑站的润滑油损耗大。将润滑电动机启动时间间隔由12min改为30min后,集中润滑站的润滑油损耗有所改善但是油损耗仍很大。故又集中注意力查找润滑管路问题,润滑管路完好并无漏油,但发现Y轴丝杠螺母润滑油特别多,拧下该轴丝杠螺母润滑计量件,检查发现计量件中的Y形密封圈破损
故障排除	换上新的润滑计量件后,故障排除
经验总结	在数控系统中,机床润滑泵计量件与连接体组合一起使用,如图8-32所示。 计量件起到的作用类似于接头,将总的润滑油通过每一个计量件分送出去,计量件与连接体的简单组合图如图8-33所示,下方为主油路,通过上面的五个计量件分送出去

经验总结	 图 8-32　机床润滑泵与计量件	 图 8-33　五分计量件

实例 18　加工中心，润滑油油压过高

故障设备	FANUC 0MD 加工中心
故障现象	该数控车床新更换了的润滑油，开机数分钟后发现润滑油的油压过高
故障分析	根据故障现象分析，首先查看润滑泵的压力，并无异常，而且润滑油的输出平稳均匀，气调压阀的设置也在正常工作范围之内。再观察机床上的润滑油，发现润滑油的机油黏度过大，有时在导轨上成片地吸附
故障排除	重新更换黏度低的润滑油，此故障再也没有出现
经验总结	黏度指数是润滑油黏度随温度变化的程度。油品都具有一定的黏度，黏度是随着温度变化而变化的，温度越高黏度越低，温度越低黏度越高，油品黏度受温度变化影响程度的大小与油品的黏度指数有关，黏度指数越高受影响的程度越小。图 8-34 为正在加注的润滑油。 　　例如黏度指数是 140 的 46 号液压油，40℃时黏度是 46，100℃时的黏度大概在 8 左右，倾点可以达到 -40℃；黏度指数是 100 的 46 号液压油，40℃时黏度是 46，100℃时大概在 6.5～7 左右，倾点在 -30℃ 左右。可见黏度指数越高，油品黏度随温度变化的程度越小，适用的环境温度越宽，润滑性能越好。但也有缺点，有些高黏度指数的油品是通过添加黏度指数改进剂来提高的，这样的油品在高剪切力作用下会将黏度指数改进剂剪切断，使油品黏度降低。 　　润滑油黏度越高，各运动机件摩擦表面间的油膜越厚，虽有利于防止摩擦表面的磨损，但导致油的摩擦系数增大，润滑油温度迅速升高，进而降低油压影响润滑效果。而当机床停工休息时高黏度的润滑油也极易与床身上的污渍结合，凝结成块，从而影响机床的进给运动。 　　导致润滑油变黏稠的原因： 　　①油温高，会造成机油氧化变质，机油变稠； 　　②如果是驱动电机使用的润滑油，油品放出后像沥青一样黑、黏稠，多数是由高温混合气窜入与润滑油接触造成的 图 8-34　正在加注的润滑油

实例 19　加工中心，导轨润滑不足

故障设备	FANUC 0i 加工中心
故障现象	FANUC 0i 加工中心 Y 轴导轨润滑不足
故障分析	该加工中心采用单线阻尼式润滑系统。故障产生以后，开始认为是润滑时间间隔太长，导致 Y 轴润滑不足。将润滑电动机启动时间间隔由 15min 改为 10min，Y 轴导轨润滑有所改善但是油量仍不理想。故又集中注意力查找润滑管路问题，润滑管路完好；拧下 Y 轴导轨润滑计量件，检查发现计量件中的小孔堵塞
故障排除	清洗计量件后，故障排除
经验总结	由于计量件一般接近于润滑泵端，因此出现堵塞的情况并不多见，顶多也是轻微地堵塞。如果在机床运行中发现计量件出现频繁堵塞的情况，则需要注意观察液压泵是不是有异物进入。 　　润滑泵是一种润滑设备，向润滑部位供给润滑剂。机械设备都需要定期的润滑，以前润滑的主要方式是根据设备的工作状况，到达一定的保养周期后进行人工润滑，比如通俗说的打黄油。润滑泵可以让这种维护工作更便捷。润滑泵分为手动润滑泵和电动润滑泵。图 8-35 为电动润滑泵总成。 　　自动润滑装置能有效地减少设备故障，降低能耗，提高生产效率，延长机器使用寿命。 　　多种规格的分配器实现对各类摩擦副精密供油，组合式润滑阀块可便利地修正系统设计，并能应生产要

| 经验总结 |

图 8-35 电动润滑泵总成

求而进行变更,从而使润滑剂的消耗最经济。

连续递进润滑分配器能承受 20MPa 的压力,可大距离输送润滑剂,其先进结构有效阻止了润滑油因自重而倒流。

自动润滑装置广泛适用于数控机械、加工中心、生产线、机床、锻压、纺织、塑料、建筑、工程、矿山、冶金、印刷、橡胶、电梯、制药、锻造、压铸、食品等各行业机械设备及引进机械设备的润滑系统 |
| --- | --- |

实例 20 加工中心,主轴突然停转

故障设备	大型加工中心 SOLON-3 型
故障现象	有台德国进口大型加工中心 SOLON-3 型,使用两年左右,某天在未停电的情况下主轴突然停转,且再也无法启动
故障分析	既然数控机床主轴在高速运转时突然因油温过高报警,连锁装置起作用才造成停机,那么原因出在为润滑带走热量的空调机上,虽然空调机主电机无故障,但很可能空调机进风罩被大量尘埃堵死而产生进风不畅
故障排除	只要将该机床空调机进风罩上的大量尘埃清除,空调机马上就正常工作了,主轴润滑油也降温了,连锁装置也被打开,机床主轴恢复正常运转
经验总结	对于机床主轴的保养,降低轴承的工作温度,经常采用的办法是保证主轴油的正常润滑。图 8-36 为带监控的主轴油气润滑装置。

主轴油的作用有两个:第一润滑,第二降温。

注意:如果想替换主轴油,那么可以用其他功能相同的主轴专用油替代,注意替代之前一定要彻底的清理掉以前的主轴油痕迹,避免两种不同油中的化学物质产生化学反应。特别注意的一点就是主轴油不要用其他非主轴专用的润滑油去替代,不得当的话会出现很严重的后果。

例如加工中心的主轴有一套拉刀机构,拉刀拉爪上的润滑油和轴润滑油就是有严格区分,绝对不能混用,因为拉爪上的润滑油主要作用是抗磨和减少滑动,轴上的润滑油是抗磨和加大滑动,如果混用了会造成刀具脱落伤人或者主轴抱死烧毁 |

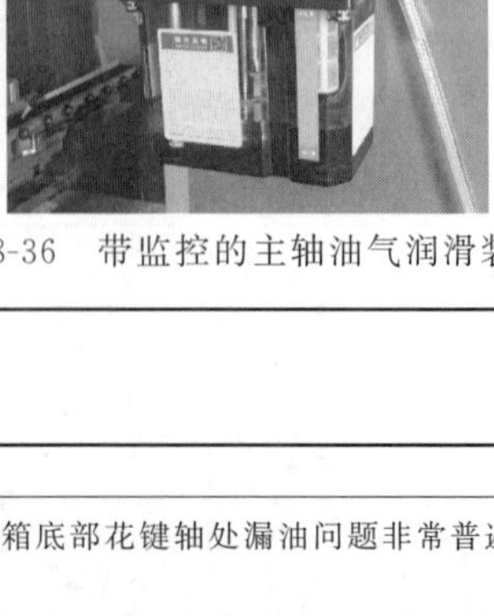

图 8-36 带监控的主轴油气润滑装置

实例 21 加工中心,主轴箱发现漏油问题

故障设备	东芝 bmc800 卧式加工中心
故障现象	该机床为东芝 bmc800 卧式加工中心,如图 8-37 所示。主轴变速箱底部花键轴处漏油问题非常普遍,且在主轴旋转时往往会将漏下的油滴甩到工作环境中

故障现象	 图 8-37 东芝 bmc800 卧式加工中心
故障分析	前人为解决这个漏点问题想过不少办法,但均不理想,说明用一般的防漏措施解决不了这个难题,应该属于机床设计的问题,只能从润滑剂的选择上考虑
故障排除	不用液体润滑油而改用固体润滑。具体操作方法是把齿轮箱打开,对每只齿轮及拨叉等摩擦件进行如下操作: ①清洗; ②喷砂处理; ③涂二硫化钼干膜; ④加热保温; ⑤最后装配时,对所有滚动轴承及其他所有有摩擦的接触部位涂一些二硫化钼锂基脂,把原有的油泵、油管、分油器、滤油网等润滑装置全部拆除; ⑥做好固体润滑脂的润滑记录,定期对相关部位涂抹润滑脂
经验总结	立式加工中心和卧式加工中心是最常见的加工中心。在加工行程相同的情况下立式加工中心不论从价格优惠程度还是使用范围方面都优于卧式加工中心。而卧式加工是一种可实现多轴联动加工的高端数控机床,广泛用于汽车、航天航空、军工领域的各类复杂零件的机械加工。 卧式加工中心是指工作台与主轴设置为平行状态的加工中心,卧式加工中心通常拥有三个直线运动坐标轴加一个工作台回转轴,如图 8-38 所示。卧式加工中心可以一次对工件夹装后,根据程序自主选择不同的刀具,自动改变主轴的转速,按编程顺序依次完成多个面上多个工序的加工,此类加工中心最适合加工箱体类零件。 使用卧式加工中心应注意四大要点。 1. 安装卧式加工中心的环境 卧式加工中心应该安装在远离振源、不要被阳光直射、没有热辐射和没有潮湿的地方。如果安装卧式加工中心的地方附近有振源,应该在卧式加工中心的周围设置防振沟。如果不设置防振沟会直接影响到卧式加工中心的加工精度以及稳定性,时间一久就会使电子元件接触不良,发生故障,影响卧式加工中心的可靠性。 2. 电压电流严格控制 卧式加工中心一般都是安装在加工车间,而加工车间的机械设备众多,难免导致电网波动大。所以卧式加工中心安装的位置必须严格控制电源的电压和电流,必须把电源的电压和电流控制在卧式加工中心允许范围之内,一定要保持电源的电压和电流稳定,否则会直接影响卧式加工中心的正常工作。 3. 温度和湿度会直接影响卧式加工中心 卧式加工中心一般要处于低于 30℃ 的环境下才能正常工作,一般情况下卧式加工中心的配电箱内都有设置排风扇和冷风机,以保证电子件和中央处理处于恒温状态下工作。如果温度和湿度过高会导致控制系统的元件寿命降低,导致卧式加工中心故障无故增多。湿度增高的话,灰尘就会在集成电路板上增多直接导致接触不良和短路的故障发生。 4. 机床出厂参数设置 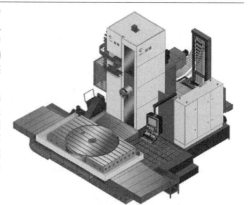 图 8-38 卧式加工中心

经验总结	操作者在使用卧式加工中心时,不能随意更改机床出厂参数设置,因为这些出厂参数设置直接关系卧式加工中心各个部件的动态特征,只有间隙补偿参数值可以根据实际情况来设置。如果要更改出厂设置参数应联系厂家,并在厂家技术人员指导下操作

实例 22　加工中心,工作台低速运动产生爬行现象

故障设备	SIEMENS 802D 加工中心
故障现象	SIEMENS 802D 加工中心在安装调试时发现工作台低速运动时有明显爬行现象
故障分析	刚开始大家认为是台面负荷不均匀所致,为此将磨床台面上车头箱及尾架全卸下,但工作台仍爬行,最后连工作台也拆除仅活塞杆在作运动时也爬行。这可能是活塞杆皮碗与液压缸内壁摩擦产生的爬行
故障排除	只要将活塞杆皮碗从油缸中抽出,在皮碗上加些二硫化钼,再装配就无爬行现象了
经验总结	皮碗,主要用于液压制动系统、加力系统中起传递压力和密封作用,如图 8-39 所示。 1. 皮碗材料 皮碗可用橡胶、皮革或其他弹性材料(如塑料)制成,但常用的是橡胶和皮革。对于尺寸精确、要求较严的密封,一般用橡胶;密封要求不严格的地方,则常用皮革。若用聚四氟乙烯塑料制作皮碗,其工作寿命约等于普通橡胶皮碗的 10 倍,但是成本较高。  图 8-39　皮碗 2. 皮碗密封温度 皮碗密封效果的好坏,完全取决于皮碗密封唇口与轴(或轴套)的摩擦状况。如果是橡胶皮碗,密封唇口的接触摩擦面宽度只有零点几毫米。这时,工作温度的高低是密封成败的关键。用于密封液体介质的皮碗处于正常工作时,皮碗摩擦面的温度约高于液体介质温度 10~20℃。使用一般合成橡胶制成皮碗时,可耐高温达 150℃,圆周速度不超过 20m/s,实际上常用于 12m/s 以下。若用硅橡胶制成皮碗时,可耐高温达 180℃,圆周速度不超过 25m/s。如果用特殊耐高温材料(如以氟碳化物为基)制成皮碗,则可在 -55~+300℃ 的温度范围内长期工作,短时间的工作温度可达 400℃。 3. 皮碗密封压力 皮碗的密封压力不高,多数用于压差在 0.1MPa~0.2MPa 之间的结构中,特殊的可用于压差为 0.5MPa 的结构中。在个别情况下,也有用于 1MPa~2MPa 或更高的结构中。当密封压力较大时,要适当降低圆周速度,增大皮碗密封唇口与轴的接触面积。皮碗用于低压密封时,它的紧密性优于橡胶密封环。皮碗和密封环不同的是,当摩擦副密封环相对于轴(或轴套)移动时,皮碗在轴向能产生较大的变形,从而使轴向位移容易进行。皮碗不适用于高压条件下的密封,其原因是在皮碗和轴(或轴套)之间产生较大的摩擦力 F,以及在压力作用下皮碗有严重变形

实例 23　加工中心,移动导轨产生严重拉毛事故

故障设备	FANUC 0i 系统的 SDV-4219H 龙门加工中心
故障现象	龙门加工中心,有次镗头立柱滑座移动导轨产生严重拉毛事故,停产很长时间才修复,如图 8-40 所示  图 8-40　SDV-4219H 龙门加工中心

故障分析	经现场查看知,这台机床仅镗头立柱就数十吨,在导轨上做低速水平移动时不但易产生爬行,且因用32#机械油的油膜强度低、承载能力小,易导致油膜破裂造成导轨两金属面直接接触产生干摩擦,是造成这次严重拉毛事故的原因
故障排除	将32#机械油改为100#导轨油后,在以后的长时间使用中再未发生过类似事故
经验总结	机械油所起的作用主要为润滑减磨、辅助冷却降温、密封防漏、防锈防蚀、减振缓冲等,其原因之一就是它可以在金属表面形成薄薄的保护层,而这个保护层就是油膜。图8-41～图8-44为在不同显微镜下的油膜的微观结构,需要注意的是油膜中或多或少都会含有杂质。  图8-41　奥林巴斯生物显微镜下的油膜 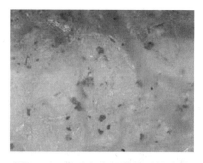 图8-42　蔡司生物显微镜下的油膜 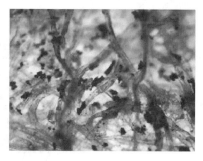 图8-43　金相显微镜下的油膜1 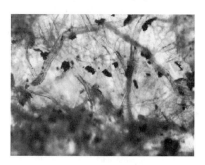 图8-44　金相显微镜下的油膜2

油膜有很多种属性,每种属性的作用都不同。

1. 强度

油膜强度就是油膜的一种很重要的属性,具有抵抗压力不破裂,并能保持足够油膜厚度,从而防止摩擦面直接接触的能力。油膜强度有一个参数,叫HTHS。这个参数是油液在150℃时候通过毛细管黏度测试得到的表观黏度,也就是动力黏度。因HTHS正是反映了在活塞和气缸之间、轴与轴瓦之间的润滑油的附着能力,与润滑油中所添加的油性剂或极性剂有关,所以把它理解为油膜强度。

2. 厚度

既然有膜,就会有薄厚,油膜的薄厚可以简单理解成:黏度高的机油就是油膜厚,稀的机油就是油膜薄。黏度是流体的内部阻力,因此润滑油黏度即通常所说的油膜的厚薄。

因此,当机械加工时,只有油膜不破才能保护各个工作部件。如果运转中油膜薄,油膜破裂,工作部件磨损会很大。这里涉及一个关键的指标,就是运动黏度。运动黏度反映了发动机运转时润滑油的流动性好坏和流动阻力。此外,机油根据相应的100℃运动黏度和40℃运动黏度可以计算出所对应的黏度指数。

在油膜厚度上,有人说机油越稠越好,这样油膜够厚,就能更好的保护机床各个工作部件。这是一种认识上的误区,其实,发动机机油的黏度过高或过低都不好,合适的黏度才是最好的。因为机油的黏度过大或过低,都会有以下几方面的缺点:

①黏度过高,机油较稠,机油未能短时间内及时被运送至零部件之间,因此会加大启动时所受磨损,低温启动将变得困难,清洗作用和冷却散热作用变差,功率损失导致燃油消耗增大。

②黏度过低,机油较稀,未能非常有效地被吸附在零部件之间,因此润滑抗磨和密封作用得不到很好的发挥,机油消耗量也增大。一旦机油失去黏稠度,那么油膜也将失去保护的能力

实例 24　数控镗铣床，静压导轨爬行

故障设备	FANUC 0i 系统的数控落地式镗铣床
故障现象	某厂有台数控落地式镗铣床(镗杆 φ160)，它的主轴作水平方向移动，导轨是静压导轨，但在使用不久后便产生了严重爬行现象，直接导致加工精度下降，如图 8-45 所示 图 8-45　镗孔操作加工精度达不到要求
故障分析	理论上，静压导轨是不会爬行的，但实际使用中，这类机床导轨常出现爬行现象，主要原因是在润滑油的清洁方面。打开机床发现导轨静压系统的润滑油箱进入大量的冷却液(水剂)，润滑功能大大下降，因此造成了静压导轨的爬行。
故障排除	①更换静压导轨润滑油箱并彻底清洗干净。 ②防止冷却液再次进入润滑油箱，根治机床漏水问题。 ③确实无法阻止冷却液进入润滑油箱时只能采用抗水液压油来替代原来液压油，这样当冷却液再进入导轨油箱时，会自动沉入油箱底部而不再混入乳化润滑油，只要定期把油箱底部水放净即可。 ④去除切削液，采用准干切削装置就不存在被水污染的问题了
经验总结	油中进水后将使润滑油产生乳化，如图 8-46 所示。乳化后的润滑油的黏度将会降低，轴承中轴与轴瓦之间的油膜厚度减小，造成轴与轴瓦之间直接摩擦，甚至轴瓦烧损。油质乳化后就必须进行换油，使机组的透平油耗增加，影响机组的运行经济性。 1. 润滑油中进水常见的现象 ①油箱中的油上部产生一层油花，轴承油位观察窗上部有一层油花，油色呈乳白色； ②油中有水后油压有所下降； ③油箱油位异常升高； ④油净化器疏水量增大； ⑤轴瓦温度有所上升，严重时甚至超温。 2. 润滑油中进水的原因 ①大、小轴的轴封处漏气大，同时轴承油挡的间隙大； ②大、小润滑冷油器泄漏； ③补油中含水量大； ④外部原因造成油箱中进水； ⑤油箱顶部盖板未盖好，潮湿的空气进入油箱，空气中的水分被油吸收； ⑥主机润滑油箱进水可能由空气湿度不合格造成； ⑦油箱排烟风机运行不正常。 3. 润滑油中进水采取的防范措施 ①对油箱补油必须经过净化和过滤处理，保证补入的油为油质合格的润滑油； ②润滑油冷油器的调节应采用进水门调节，因某些工厂的闭式水压力为 0.65MPa，而润滑油压力为 0.12MPa，采用进水门调节可以减小冷油器的油水压差，防止管道泄漏和管道泄漏后进入油中的水的量； ③正常运行中应投入油净化器连续在线运行，定期对油净化器进行疏水，并分析疏水的变化情况，当疏水量增大时应及时分析查找原因，及时调整系统的运行方式； ④定期检查油箱油位、油色的变化，定期对油质进行取样化验，发现问题及时处理，防止事故扩大； ⑤定期检查氢气冷却器凝结水情况，凝结水量异常增多时，通知化学人员测氢气湿度 图 8-46　进水后工作中的润滑油

实例 25　数控镗床，润滑油太容易泄露

故障设备	FANUC 0i 系统的数控立式镗床
故障现象	数控立式镗床，夏季高温时，在中午经常发生因油品黏度而产生液压进刀过快而使加工的发动机汽缸内孔粗糙度达不到工艺要求的事故，为了维持生产，只好对液压油箱用电扇吹，或用压缩空气吹冷降温

故障分析	从现场分析看这是典型的 40♯ 液压油,因其黏度指数太低所致
故障排除	根治这一润滑问题的策略是提高油品的黏度指数,如选用高黏度指数的合成液压油
经验总结	润滑油分为单级油和多级油。只满足一种高温(或低温)性能的润滑油叫单级油,同时满足高、低温性能要求的润滑油叫多级油。 　　根据黏度指数不同,可将润滑油分为三级:35～80 为中黏度指数润滑油;80～110 为高黏度指数润滑油;110 以上为特高级黏度指数润滑油。黏度指数处于 100～170 的机油,为高档次多级润滑油,它具有黏温曲线变化平缓性和良好的黏温性。不同黏度级别的润滑油对比参见图 4-3。 　　黏度是流体黏滞性的一种量度,是流体流动力对其内部摩擦现象的一种表示。黏度大表示内摩擦力大,分子量越大,碳氢结合越多,流体黏滞性也越大。 　　在温度较低时,这些黏度指数改进剂中的高分子有机化合物分子在油中的溶解度小,分子蜷曲成紧密的小团,因而油的黏度增加很小;而在高温时,它在油中的溶解度增大,蜷曲状的线形分子膨胀伸长,从而使黏度增长较大,弥补了基础油黏度由于温度升高而下降的缺点。所以说黏度指数越高,黏度随温度变化越小。图 8-47 为黏度指数和温度的关系。 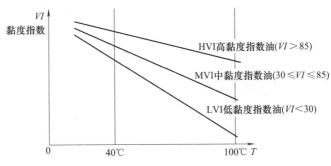 图 8-47　黏度指数和温度的关系 　　所以说,选择相适应黏度的机油也是一门学问,是需要考虑多种因素的。 　　①机油的黏度要根据加工设备和电动机的自身情况和环境温度来选择,加工设备和电动机内部零件的间隙小,就需要黏度低(稀)一些的机油,反之,间隙大就需要黏度高(稠)的机油。一般来说,新的机床初加工时,内部零件磨损小,间隙自然就小,所以需要黏度低一些的机油,而使用很久的机床就需要黏度高一点的机油。 　　②环境温度也是个因素,夏天气温高,加工设备和电动机的温度也会高一些,这时就需要黏度高一些的机油来保证机油不会太稀。相反,冬天时就要黏度低一些的来保证机油的流动性。 　　③机油黏度不对,机床会有如下现象: 　　a. 如果机油黏度太低,机床润滑油流失太快,摩擦加剧,会出现运动噪音大的现象; 　　b. 如果黏度太高,机床润滑油会产生滞涩的情况,表现出运动部件容易打顿、运行受阻、抖动、噪音大、加速不及时等现象。 　　因此,机油黏度并不是越大越好或者越小越好,必须根据机械结构以及工况来确定使用何种黏度的机油。一般来说,重负荷或低速机械使用黏度高的机油(如船用大功率柴油机),而高速或轻载的机械使用低黏度机油(如高速电动机),而且黏度越高挥发越快,这也是必须考虑的因素。 　　①黏度低,润滑油流动性好,运转阻力小。黏度大,油膜厚,润滑好,运转阻力大。高速的、轻型的机械,必须使用黏度低的润滑油(一般是高流动性的液体),比如玩具模型直升机,相对生活中的其他发动机,它们的发动机特点是高转速,低转矩,如果加入高黏度润滑油,发动机直接就转不动了。此时就只能使用低黏度,高流动性润滑油。 　　②低速、重型机械,必须使用高黏度的润滑油(一般是很难流动或者根本不会流动的固体),比如工程上用的减速机,几秒转一周,但是提供的力量可以轻易直接吊起数吨的重物,此时必须使用大黏度润滑油,才能保证正常的油膜厚度,保证正常润滑。如果使用低黏度的润滑油,油膜太薄,和不用润滑油的效果差别不大

实例 26　数控镗床,水平进给时易发生爬行

故障设备	FANUC 0i 系统的数控镗床
故障现象	该数控镗床在台面作水平进给时发生爬行,直接影响到产品加工精度
故障分析	这台数控镗床在作水平方向进刀时速度低,极易产生导轨爬行,虽当时用的是 46♯ 导轨油,但不能满足抗爬性要求

故障排除	在原导轨油中加些抗爬添加剂即可。补加少量二硫化钼后爬行现象消失,故障得以排除
经验总结	数控镗床是主要用镗刀在工件上加工已有预制孔的机床,如图 8-48 所示。 　　镗刀旋转为主运动,镗刀或工件的移动为进给运动。数控镗床主要用于加工高精度孔或一次定位完成多个孔的精加工,此外还可以从事与孔精加工有关的其他加工面的加工。使用不同的刀具和附件还可进行钻削、铣削,它的加工精度和表面质量要高于钻床。镗床是大型箱体零件加工的主要设备。图 8-49 为用千分表对数控镗床主轴进行检测。  图 8-48　数控镗床　　　　　　　图 8-49　对数控镗床主轴进行检测 数控镗床的主要特点如下: ①低频力矩大、输出平稳; ②高性能矢量控制; ③转矩动态响应快、稳速精度高; ④减速停车速度快; ⑤抗干扰能力强

实例 27　数控镗床,镗排轴套温升太快且噪声太大

故障设备	FANUC 0i 系统的数控专用镗床
故障现象	某厂有台加工大马力柴油机机体的专用镗床的 φ206 镗排,在新机调试时,发生镗排轴套温升太快且噪声太大问题
故障分析	该专用镗床是新制造,镗排与定位套间的摩擦属于早期磨损阶段,极易产生高温与噪声,采用普通 3# 钙基脂不能满足润滑要求,如图 8-50 所示 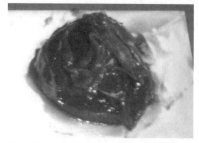 图 8-50　本机床所使用的 3# 钙基脂
故障排除	改用 3# 二硫化钼锂基脂后,上述问题基本解决
经验总结	钙基脂是由动植物油(合成钙基脂用合成脂肪酸)与石灰制成的钙皂稠化中等黏度的矿物润滑油,并以水作为胶溶剂而制成。按其工作锥入度分为 1、2、3、4 四个牌号,号数越大,脂越硬,滴点也越高。图 8-51 为复合钙基脂。

经验总结	复合钙基脂主要用于汽车、拖拉机、水泵、中小型电动机等各种工农业机械的滚动轴承和易与水或潮气接触部位的润滑。因钙基脂主要是置于压缩杯内使用，因而也称其为"杯脂"，转速在 3000r/min 以下的滚动轴承一般都可使用。 　1. 钙基脂的用途 　①1♯钙基脂适用于集中给脂系统和汽车底盘摩擦槽，最高使用温度为 55℃。 　②2♯钙基脂适用于一般中转速、轻负荷、中小型机械（如电动机、水泵、鼓风机）的滚动轴承，汽车、拖拉机的轮毂轴承及离合器轴承等润滑部位和各种农业机械的相应润滑部位，最高使用温度为 60℃。 图 8-51　复合钙基脂 　③3♯钙基脂适用于中负荷、中转速的各种中型机械的轴承上，最高使用温度为 65℃。 　④4♯钙基脂适用于重负荷、低转速的重型机械设备，最高使用温度为 70℃。 　2. 钙基脂使用的注意事项 　①钙基脂的耐热性差，因为它是以水为稳定剂的。钙皂的水化物在 100℃ 左右便水解，使脂超过 100℃ 时便丧失稠度。所以应注意不要超过规定的使用温度，以免失水，破坏结构，引起油皂分离，失去润滑作用。使用要求比较高的精密轴承不应选用钙基脂，而应选用锂基脂。 　②电动机轴承腔装脂时，一般只装 1/3～1/2 即可。装脂过多，会增加摩擦阻力，使轴承发热，增大耗电量。 　③更换润滑脂时，要将轴承洗净擦干。 　④钙基脂不要露天存放，防止日晒雨淋，灰砂侵入，最好放在阴凉干燥的地方，并应优先入库存放。 　⑤包装容器应清洁，不允许砂粒、灰尘、水杂等混入脂内，并力求装满，留 5% 左右的空隙。桶盖要盖好，受污染的润滑脂，应刮出另行收集存放。 　⑥不要用木制或纸制的包装直接盛润滑脂，因木、纸易吸油，会使脂变硬，且因封盖不严，灰砂、水杂易入脂内

实例 28　数控磨床，滚动轴承处发烫，有时还烧坏轴承

故障设备	FANUC 0i 系统的数控磨床
故障现象	该数控磨床，其内网磨具转速高达 14000r/min 以上，使用普通 2♯低温锂基脂，开车不久，滚动轴承处发烫，拆开机械部件后，发现轴承已被烧坏，如图 8-52 所示  图 8-52　烧坏的轴承
故障分析	这是选用润滑脂不当所致
故障排除	在排除了机械方面原因后，对原低温脂中加几滴抗磨添加剂温度就会降低，如改用合适的合成润滑脂代替原润滑脂效果会更好
经验总结	润滑油抗磨添加剂是现代润滑油的重要组成部分。图 8-53 为合成二硫化钼抗磨润滑剂。 　通常在润滑油中使用的抗磨添加剂有硫类抗磨剂、磷类抗磨剂、硫磷类抗磨剂、卤素类抗磨剂、有机金属类抗磨剂和硼类抗磨剂。 　在传统的润滑理论中，把润滑分为液体润滑和边界润滑。作相对运动的两个金属表面完全被润滑油膜隔开，没有金属的直接接触，这种润滑状态叫做液体润滑。随着载荷的增加，金属表面之间的油膜厚度逐渐减小，当载荷增至一定程度，连续的油膜被金属表面的峰顶破坏，局部产生金属表面之间的直接接触，这种润滑状态叫做边界润滑

经验总结	由于液体润滑和边界润滑在适用性能和作用机理上的区分不是很严格，所以有时很难将二者区分开。故在西方国家，把极压剂、抗磨剂和油性剂统称为载荷添加剂(load-carrying additive)。 极压抗磨润滑剂是一种重要的润滑脂添加剂，如图 8-54 所示。大部分是一些含硫、磷、氯、铅、钼的化合物。在一般情况下，氯类、硫类可提高润滑脂的耐负荷能力，防止金属表面在高负荷条件下发生烧结、卡咬、刮伤，而磷类、有机金属盐类具有较高的抗磨能力，可防止或减少金属表面在中等负荷条件下的磨损。实际应用中，通常将不同种类的极压抗磨剂按一定比例混合使用性能更好。利用一般磷化物具有抗磨性、氯化物与硫化物具有的极压性，使添加剂同时含氯、含磷或含硫化合物，从而既具有极压性，又具有抗磨性   图 8-53　合成二硫化钼抗磨润滑剂　　图 8-54　极压抗磨润滑剂

实例 29　数控磨床，加工齿轮齿面粗糙度值达不到工艺要求

故障设备	FANUC 0i 系统的数控磨床
故障现象	该数控磨床在加工齿轮时，齿面粗糙度值始终达不到工艺要求，通过电气、机械方面多次检修，仍得不到改进，后经分析认为是润滑方面的原因
故障分析	该机床磨头上下运动的立导轨，由于选用了 46♯ 普通机械油，其抗爬性差，造成砂轮作上下往复运动时发生爬行现象，导致加工出的齿轮表面粗糙度值达不到工艺要求
故障排除	选用 68♯ 导轨油替代原 46♯ 机械油后，上述现象不再出现
经验总结	机械油是石油润滑油馏分经脱蜡、溶剂精制及白土处理而得的一般质量的润滑油，如图 8-55 所示，通常只加抗氧化添加剂。机械油分为高速机械油和普通机械油，分别用于纺织机械锭子、普通机床等一般机械的润滑，按 50℃ 运动黏度分牌号。在现有的润滑剂的分类中已取消机械油的分类，取而代之的是全损耗系统用油。 全损耗系统用油则是合并了原机械油、缝纫机油和高速机械油标准而形成。 全损耗系统用油是一种通用润滑油，仅用来润滑安装在室内，工作温度在 60℃ 以下的各种轻负载机械。用于一次性润滑和某些要求较低的、换油期较短的普通机械手工给油装置、油浴、油环、油轮等的润滑。 一般精制的矿物基础油不加或加少量添加剂制成，其规格中只有一般理化指标要求，对抗磨性及安定性等均未提出要求。 全损耗系统油适用于各种纺织机械、各种机床、水压机、小型风动机械、小型电机、普通仪表、木材加工机械、起重设备、造纸机械、矿山机械等。并适用于工作温度在 60℃ 以下的各种轻负荷机械的变速箱，纺织机械、机床、中小型电机、风机、水泵等各种机械的变速箱、手动加油转动部位、轴承等一般润滑点或一般润滑系统。 注意：全损耗系统用油原国标 GB443—64 曾规定润滑油是按或 50℃ 或 100℃ 时运动黏度中心值划分牌号。新国标 GB443—84 规定采用润滑油在 40℃ 时的运动黏度中心值作为润滑油的新牌号。润滑油实际运动黏度应在中心黏度值的 ±10％ 偏差以内

图 8-55　机械油

实例 30　数控端面磨床，动静压轴承抱轴事故

故障设备	FANUC 0i 系统的数控端面磨床
故障现象	数控端面磨床改装成动静压轴承后的试车中几次发生抱轴事故，根据现场分析是 3♯ 主轴油质量不好所致

故障分析	运转的机器由于某种原因,造成轴与轴套或轴承卡在一起而不能转动,俗称抱轴。引起抱轴的主要原因有: ①间隙或游隙不合适; ②缺油或油中有杂质; ③冷却水断流等造成轴瓦温度过高、过热膨胀将轴抱死; ④外部原因有长时间气蚀或气缚、转子弯曲或不平衡
故障排除	由于当时买不到高质量的主轴油,就在原3#主轴油中添加5%抗磨添加剂,轴承抱轴事故不再发生
经验总结	注意,这只是临时措施。润滑油需要在两个摩擦面之间建立油膜,才能起到润滑效果,油膜需要一定的厚度才能避免磨损。但如果油膜不够厚,两个摩擦面之间的磨损在所难免,就要想一些办法来减缓。比如微量的腐蚀一下摩擦表面,形成几个微米的软化层。软化层或其他的减摩层的性能就是极压抗磨性能。 润滑就是借助一层润滑油膜将两个摩擦面完全隔开,避免它们直接接触发生干摩擦和磨损。理想的润滑,就是在接触面之间形成完整的润滑油膜,把接触面完全隔开。 虽然全膜润滑(流体动力润滑)很理想,但是有些情况却不一定能形成完整的流体动力润滑膜,例如机器频繁启停、有冲击性负荷、速度、负荷因素不足以形成全膜润滑等情况,这些情况会造成边界润滑。边界润滑,就是设备从依靠油液润滑过渡到干摩擦(摩擦面之间直接接触)之前的临界状态。边界润滑时,润滑油膜的强度不能承受设备所受的压力,要借助润滑油里的一些特殊添加剂——极压抗磨剂,如图8-56所示,防止边界润滑情况下设备受到磨损。 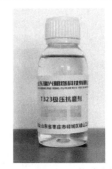 图8-56　极压抗磨剂 1. 润滑油的抗磨性 当相互接触的部件发生相对运动时,就会产生摩擦,如果没有润滑,就会产生磨损。润滑油的抗磨性(AW)就是指润滑油减少摩擦、防止磨损的能力。润滑油的抗磨性和润滑油的极压性(EP)常被混淆,它们之间是有区别的。 2. 润滑油的极压性 润滑油的极压性表现的是润滑油在重负荷、边界润滑条件下,润滑油的承重、承载能力。在检测极压性时,测试的是在润滑油油膜破裂、导致金属发生直接接触时,润滑油膜能够承受的压力极限。所以极压性和抗磨性是不同的,极压性表现润滑油/润滑脂的承载能力,也可以理解为润滑油的抗压承重能力,抗磨性则表现润滑油的抗磨减磨能力。抗磨性好的润滑油,不一定极压性能就好,反之亦然。 注意:润滑油是一个配方十分均衡的产品,里面除了抗磨剂还有抗氧剂、清洁剂、分散剂、挤压添加剂等很多种类添加剂。如果一味加大抗磨性能,必须要牺牲其他某些性能,比如清洁性、抗高温性、长寿命等,这也是不可取的

实例31　数控磨床,液压油容易变质

故障设备	FANUC 0i系统的大型数控平面磨床
故障现象	该大型数控平面磨床在生产过程中肥皂水非常容易进入液压箱,导致液压油变质、乳化、起泡等。大大缩短了换油周期,由原6~12月更换一次油,现缩短为仅1~2月更换一次。它的液压油箱较大(达数百公斤),这样大大增加了生产成本
故障分析	由于普通液压油含6411添加剂,这种物质极不耐水,一旦遇水,油质则急剧变劣、乳化,而对于拥有大量水基切削液的平面磨床做到毫不漏水却是件难事,为此提高油品的抗水性能是关键
故障排除	①严防油箱进水; ②改用普通优质机械油(不含6411添加剂)替代原液压油; ③改用抗水性良好的汽轮机油(N32)
经验总结	添加剂和含添加剂油品在储运、保管和使用过程中因封存不好,外界气候条件的变化都有可能吸入空气中的水分或者因槽车或容器盖子不严密漏入雨。这样油品就有受到水污染的问题。如果添加剂或油中所含添加剂的吸水性强、耐水性差时,则在水的作用下,会使添加剂和油品发生乳化,某些添加剂发生分解变质、或含添加剂的某些油品发生分层,析出添加剂,出现沉积物,使油品在使用中有可能发生沉积物堵塞油路的事故。 例如,当水不可避免进入齿轮箱时,易造成齿轮油的乳化,除引起齿轮锈蚀外,水和铁锈会加速润滑油的变质,导致润滑不良。液压油在工作过程中,有可能从不同途径混入水分,在液压元件的剧烈搅动下,水与油形成乳化液,如图8-57所示。该种乳化液除引起金属锈蚀外,还能促进油品挥发,甚至相互作用生成沉淀,降低了液压动作的准确性。

经验总结	油品的吸水性和耐水性取决于所含添加剂的吸水性和耐水性,而添加剂的吸水性和耐水性又取决于它的化学结构、化学组成、胶团结构和合成工艺等因素。添加剂的有机功能团由疏水基和亲水基两部分组成。 添加剂的合成工艺极为复杂,用同一种原料制备一种金属盐适宜的工艺条件则对另一种金属盐不适用,用不同的原材料按同一种工艺条件合成的添加剂因原料或工艺的不同都会造成添加剂间耐水性的差异。添加剂的耐水性取决于产品的胶体稳定性,而添加剂的胶体稳定性又依赖于所选化工原材料以及添加剂金属化和碳酸盐化的工艺条件。如制备高碱值硫化烷基酚钙盐时,如何选择烷基酚原料是一个关键因素,烷基酚的组成结构和馏分均对合成添加剂的胶体稳定性有影响。原材料选定后合成工艺就又成了关键因素,如选用在甲醇促进剂存在下,向氧化钙(或氢氧化钙)物料中通入二氧化碳的工艺,使 $40\%\sim80\%$ 的钙剂转化成酸碳钙,用该工艺就能制得具有储存稳定性、耐水性和抗乳化性能好的产品。 润滑油不仅在储存和运输中有可能遭受到水的污染,而且在发动机使用中也会从大气中吸入凝结水。油中混入水后会增大金属腐蚀和沉淀物量。水能使某些添加剂的油品清净分散性降低,也会使某些添加剂从油中析出或分解变质,结果使其油品的热氧化安定性和极压抗磨性能降低,从而影响到发动机的工作效率。 润滑油添加剂是一种"精细的化学品",它们的吸水性均较强,吸附的水难以分离。添加剂成品一旦出现水分含量不合格时,采取搅拌抽真空、真空蒸馏和汽提等措施都难以脱出。所以在添加剂生产、储运过程中应要求密闭储罐、槽车和容器,严防雨雪和湿气进入容器。另外在调制复合剂和油品时也应避免在雨雪天及湿度大的情况下调和,防止水气吸入造成添加剂和油品吸水,影响其使用性能。 尽管某些添加剂的耐水性强,但添加剂和油中有水时总会有污染,水使大多数添加剂形成乳化、产生雾状物和絮凝物,这对添加剂的使用显然不利。所以从添加剂和油品的使用要求来说,任何时候都应避免与水相接触。 内燃机油和工业用油都要求使用添加剂复合配方。为防止油品高温氧化、发动机和设备腐蚀,目前配方中总离不开加氧抗腐蚀剂。但从添加剂的耐水性评定看,ZDDP 添加剂的稳定性差,易水解,选用时需要特别注意	 图 8-57 含有水的液压油

实例 32 数控磨床,液压动作冬季失灵

故障设备	FANUC 0i 系统的数控磨床
故障现象	数控高精度滚刀磨床,如图 8-58 所示。冬天早晨七点七班时液压动作失灵——它的液压分度机构失效,导致机床无法工作。直到上午 10 时后当气温上升才逐渐恢复正常工作  图 8-58 数控高精度滚刀磨床
故障分析	这是由于该机床安装在无空调车间内,冬季温度较低,早晨会降到 0℃以下,发生这种现象说明该机床选用的普通液压油的黏度指数偏低
故障排除	改用 8# 液力传动油后,这种现象就消失了。这是因为 8# 液力传动油的黏度指数比该机床选用的普通液压油高 1 倍多
经验总结	液压油黏度对温度的变化是十分敏感的,当温度升高时,其分子之间的内聚力减小,黏度就随之降低。液压油的黏度随温度变化的关系称为液压油的黏温特性。黏度随温度的变化越小越好,即黏温特性要好。黏温特性可用黏度指数 VI 表示。黏度指数 VI 是用被测油液黏度随温度变化的程度同标准油液黏度变化程度比较的相对值。VI 值越高,表示液压油黏度随温度变化越小,即黏温特性越好。对于普通的液压传

经验总结	动系统,一般要求 $VI \geqslant 90$。图 8-59 为国产常用液压油的黏温特性曲线表。 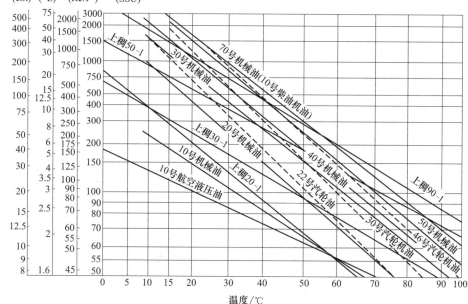 图 8-59　国产常用液压油的黏温特性曲线表 液压油是不含水的所以不会结冰,但到了液压油的凝点时,液压油就会凝固不流动。 　　倾点是指油品在规定的试验条件下,被冷却的试样能够流动的最低温度。凝点指油品在规定的试验条件下,被冷却的试样油面不再移动时的最高温度,都以℃表示。倾点和凝点是用来衡量润滑油低温流动性的常规指标,同一油品的倾点比凝点略高几度,过去常用凝点,现在国际通用倾点。 　　液压油一般在使用中要求使用温度要高于凝点2℃左右。如 HV 液压油凝点在-60℃左右。如果低于这个温度,就有可能结冻。 　　如果温度过低,则需要选用低凝或低温液压油,黏度级别由设备要求来定,和普通的液压油选择一样,也分 32♯、46♯、68♯。特殊性上是考虑到低温和极低温的使用环境,一般只有寒冷地区用得到,其他地区没有那么冷的要求,同时低凝和低温需要考虑低温运动黏度

实例 33　数控磨床,导轨运行滞涩

故障设备	FANUC 0i 系统的大型数控曲轴磨床
故障现象	该大型数控曲轴磨床,每当用 JOG 方式手动驱动工作台使其左右移动时,感觉导轨运行滞涩、运动沉重
故障分析	工作台导轨用油泵供油,但由于工作台自重较大(达 5t 以上),故驱动手轮时较重,需改善油性
故障排除	在原台面润滑油箱(约 65kg)里添加抗磨添加剂后,在同样工况下,手轮摇动轻松多了,且从导轨用油的压力表上也可看到油压上升了 50% 左右
经验总结	目前在润滑油中使用的抗磨剂最多的是二烷基硫代磷酸盐,在内燃机油、抗磨液压油中普遍使用的二烷基硫代硫酸锌盐,在齿轮油中应用极压抗磨剂多是含氯、硫、磷的化合物。为了减少摩擦磨损,润滑油也常加入摩擦改进剂,如磷酸钼、硫磷酸钼、二硫氨基甲酸钼盐和硼氮化合物等。 1. 有机氯化物 有机氯化物在极压条件下摩擦系数小,所赋予润滑脂的极压性能比抗磨性好,但在高温和有水条件下极压性能会下降,并引起金属腐蚀和锈蚀。常用添加量为 1%～10%。氯化石蜡是一种较古老的极压添加剂产品,浅黄色至黄色黏稠液体,因含氯量不同又分为三种,氯化石蜡 42,氯化石蜡 50 和氯化石蜡 52。氯化石蜡加热到 120℃以上会缓慢分解,放出氯化氢气体,所以经常与金属磺酸盐类防锈剂共同使用。 2. 有机硫化物 有机硫化物比氯化物更能有效地抵抗负荷,其中硫化动物油形成的膜在 700℃ 的高温下仍不失效,水解安定性好,但摩擦系数大。添加量一般为 1%～5%。代表性产品有:硫化猪油、硫化棉籽油、硫化烯烃棉籽油、硫化异丁烯、二苄基二硫。

经验总结

（1）硫化猪油　如图 8-60 所示，具有良好的油溶性，能使油品在高负荷下保持油膜润滑。可用于切削液、导轨油、齿轮油、液压导轨油、发动机磨合油、润滑脂等。

（2）硫化棉籽油　如图 8-61 所示，红棕色透明液体，具有良好的油溶性能、极压性、抗氧化性、可降低摩擦系数，添加量一般为 1%～3%。

（3）硫化烯烃棉籽油　如图 8-62 所示，深红色透明黏稠液体，易溶于石油润滑油。具有良好的极压抗磨抗氧和低摩擦系数等性能，是硫化鲸鱼油的理想替代品。常与其他添加剂复合使用，添加量一般为 0.5%～4%。

（4）硫化异丁烯　如图 8-63 所示，以异丁烯为原料，先用氯化硫进行硫化，再用硫化钠脱氯硫化，并用碱精制而成，具有良好的油溶性和极压性，腐蚀性小。多用于极压抗磨型润滑油脂。

（5）二苄基二硫　如图 8-64 所示，白色或微黄色树枝状晶体，具有良好的极压性能，油溶性稍差，用量超过 2.8% 即会析出，添加量一般为 1%～2%。

图 8-60　硫化猪油

图 8-61　硫化棉籽油

图 8-62　硫化烯烃棉籽油

图 8-63　硫化异丁烯

图 8-64　二苄基二硫

3. 有机磷化物

含磷化合物可以提高润滑脂的抗磨性，虽然酸性磷酸酯的承载能力强于中性磷酸酯，但酸性磷酸酯化学活性强，易造成金属腐蚀，故很少使用，常用的是：磷酸三甲酚酯、磷酸三苯酯、磷酸三乙酯、磷酸三丁酯和亚磷酸二正丁酯等。

（1）磷酸三甲酚酯　如图 8-65 所示，为浅黄色油状液体，有毒，凝点 -35℃，不溶于水，溶于醇、醚、苯等有机溶剂，具有阻燃性和良好的抗磨性能，常与其他极压添加剂配合使用，增强极压抗磨性能。添加量一般为 0.5%～5%。

（2）亚磷酸二正丁酯　如图 8-66 所示，为无色透明液体，不溶于水，具有酸性，使用中可添加适量碱性防锈剂，克服对金属的腐蚀，经常与含硫的极压添加剂复配使用，增强极压抗磨效果。

（3）磷酸三苯酯　如图 8-67 所示，白色或微黄色针状结晶，有芳香气味，有毒，不溶于水，微溶于醇，能溶于苯、氯仿和丙酮，也能溶于植物油。主要用作纤维素的阻燃增塑剂，作润滑脂抗磨添加剂时，添加量一般为 0.5%～1%。

图 8-65　磷酸三甲酚酯

图 8-66　亚磷酸二正丁酯

图 8-67　磷酸三苯酯

经验总结

4. 有机金属盐

有机钼盐、锑盐、铅盐不但可以有效地改进润滑脂的极压抗磨性,同时还可以改善润滑脂的氧化安定性和防锈性。但是油溶性稍差,常常借助润滑脂分散工艺将这类添加剂均匀分散在润滑脂中。常用的有二烷基二硫代氨基甲酸盐、二烷基二硫代磷酸盐和环烷酸铅等。添加量一般为 $1\%\sim5\%$。

环烷酸铅为黄色半固体黏稠物,熔点接近 $100℃$,不溶于水,溶于乙醚、苯、钾等,易乳化水解,在酸性油中产生沉淀。热稳定性差,温度在 $80℃$ 以上就会分解,由于含有重金属铅,对环境有污染,现被许多行业禁止使用。

5. 硼酸盐和酯

硼酸盐抗极压能力远大于硫磷型和氯铅型添加剂,是一种新型的润滑脂极压添加剂,如图 8-68 所示。把无定形微球型硼酸盐分散在润滑油中形成油状分散体。无味、无毒,具有良好的极压抗磨性和热稳定性,对铜无腐蚀。微溶于水,可用于不与水接触的齿轮油和润滑脂。

使用优点:抗磨极压效果好,特别是在低黏度油中具有良好的抗磨极压效果。节能齿轮油就是低黏度油中含有硼添加剂制成,满足了抗磨极压性的要求。硼酸盐极压剂使用寿命长,其作用机理是由渗硼形成的 FexBy 形式的极压膜,这一层表面膜有较高硬度,良好的抗磨性,较

图 8-68　硼酸盐添加剂

好的抗氧化性、耐腐蚀性。而含硫磷氯活泼元素的极压添加剂,作用机理主要是活泼元素同金属起化学反应生成一层膜,这层膜的抗剪切强度比基础金属低,因此在使用过程中,这层膜很容易被磨掉,这样添加剂消耗的比硼酸盐要快。

硼酸盐添加剂一般不会造成金属的腐蚀,而含硫磷氯的极压添加剂,若配制的不好,往往造成金属的腐蚀。硼酸盐也基本没有什么毒性。

硼酸盐极压添加剂同其他添加剂有很好的配伍性。缺点是抗水性能稍差,有水存在的情况下不稳定

实例 34　数控磨床,中心孔易咬毛烧伤死顶尖

故障设备	FANUC 0i 系统的数控磨床
故障现象	在磨削细长工件时,外圆磨床的死顶尖是保证磨削工作顺利进行的关键。死顶尖与工件间是滑动摩擦,且肥皂水易侵入,故其润滑条件苛刻。磨床死顶尖易出现的润滑故障是:中心孔易咬毛,从而烧伤死顶尖,有时导致死顶尖断裂,致工件飞出伤人事故
故障分析	由于这对摩擦副看似很简单,磨床操作者往往随便加些黄油(3♯工业脂)便开始工作,该脂抗磨性能差,且进入肥皂水后更不利于润滑
故障排除	选用二硫化钼锂基(或铝基)脂效果较好。此方案同样适用于车床上车削细长轴用的死顶尖
经验总结	磨床一般选用死顶尖,如图 8-69 所示,这主要是从定位精度上考虑的(保证工件加工后的几何精度和表面粗糙度)。如果用回转顶尖,那样其顶尖自身的跳动就会直接复印到工件上,所以磨床上都用固定顶尖。如果工件精度要求很低,那么用回转顶尖也是可以的。

经验总结	活顶尖是机械加工中的机床部件,如图8-70所示。尾部带有锥柄,安装在机床主轴锥孔或尾座顶尖轴锥孔中,用其头部锥体顶住工件。可对端面复杂的零件和不允许打中心孔的零件进行支承。顶尖主要由顶针、夹紧装置、壳体、固定销、轴承和芯轴组成。顶针的一端可顶中心孔或管料的内孔,另一端可顶端面是球形或锥形的零件,顶针由夹紧装置固定。当零件不允许或无法打中心孔时,可用夹紧装置直接夹住车削。壳体与芯轴钻有销孔,用固定销的销入或去除,来实现顶尖的死活两用。顶尖还可用于工件的钻孔、套牙和铰孔。  图 8-69 死顶尖  图 8-70 活顶尖 机床死顶尖与活顶尖的区别:用死顶尖,加工后的零件圆度高,但顶力大了,极易烧焦中心孔,可用于加工车削细长轴;使用活顶尖时,工件的圆度取决于活顶尖的精度,但不会烧焦中心孔

实例 35 数控磨床,主轴箱内油漆脱落造成的润滑事故

故障设备	FANUC 0i 系统的数控磨床
故障现象	工人在对数控磨床主轴箱清洗换油时,违规用汽油作清洗剂。结果第二天数控磨床主轴开车后,很快产生了抱轴事故,并将主轴拉毛,如图8-71所示  图 8-71 主轴拉毛
故障分析	虽然选用的主轴油不变,但由于把汽油当作清洗剂,汽油对油箱体内壁的油漆有溶解作用,导致箱体内壁的油漆松动后落入主轴油中,而后油漆随主轴油进入轴瓦内,造成了磨床主轴的抱轴事故
故障排除	对主轴进行研磨,达标后安装使用。之后清洗相关设备严格按照机床说明书进行
经验总结	在机械金属零部件清洗时,大多企业会采用汽油、煤油等作为清洗剂来清洗金属零部件,虽然汽油、煤油价格便宜但是存在着很多潜在的不安全因素。首先汽油、煤油气味重,含有苯环、硫元素,对人体和环境都有伤害和污染。其次汽油、煤油作为易燃危险品,储存和运输都需要专业的危险品运输车和仓库,操作时要谨慎防护,以防发生火灾事故。 用汽油清洗油渍的原理:油漆主要是有机成分,植物油和动物油都是脂类化合物,它们不易溶于水,汽油是有机物,而汽油与油漆的成分具有类似的化学基团,根据相似相溶原理,油渍很容易溶于汽油,从而易于从衣物或其他附着物上脱去,并且汽油易挥发,即使残留在衣物上也可以挥发掉。图8-72为正在用汽油清洗油渍。  图 8-72 用汽油清洗油渍 现实中通常有三种方法可去除油漆: ①用少量汽油浇湿毛巾擦拭即可; ②用香蕉水稀释油漆亦可去除; ③用稀释剂蘸着擦就可去除了,但要注意安全,不要过多

第九章　其他装置的故障与维修

实例 1　数控车床，尾座套筒出现抖动且行程不到位

故障设备	FANUC 0i 系统的 CK6140 数控车床
故障现象	尾座移动时,尾座套筒出现抖动且行程不到位
故障分析	该机床为南京第二机床厂生产的 FANUC 0i 系统的 CK6140 数控车床,配套的电动刀架为 LD4-1 型。检查发现液压系统压力不稳,套筒与尾座壳体内配合间隙过小,行程开关调整不当
故障排除	调整系统压力及行程开关位置,检查套筒与尾座壳体孔的间隙并修复至要求
经验总结	在电气控制系统中,位置开关的作用是实现顺序控制、定位控制和位置状态的检测,用于控制机械设备的行程及限位保护。位置开关由操作头、触点系统和外壳组成。 在实际生产中,将行程开关安装在预先安排的位置,当装于生产机械运动部件上的模块撞击行程开关时,行程开关的触点动作,实现电路的切换。因此,行程开关是一种根据运动部件的行程位置而切换电路的电器,它的作用原理与按钮类似

实例 2　数控车床，液压尾座不动作

故障设备	FANUC 0TD 数控车床
故障现象	某该数控车床,液压尾座不动作,其他液压系统部分工作均很正常
故障分析	触动控制尾座的脚踏开关,继电器 KA1、KA2 交替动作,说明系统控制信号正常,继电器工作正常。测量电磁阀线圈上的电压时,发现线圈上无电压,检查整流输出端电压发现正常。断电检查发现桥式整流输出端的熔断器熔体已断,再进一步检查直流回路,线路正常,检查电磁阀线圈的电阻值,发现其电阻值明显小,仔细检查后发现该线圈存在匝间短路
故障排除	更换电磁阀线圈和熔体后,液压尾座动作正常
经验总结	匝间短路是短路的一种,通常是线圈的这一匝与另一匝之间短路。电磁阀线圈如图 9-1 所示。 判断线圈是否匝间短路,可用下列方法: ①测量电阻:先用万用表测量其通断,阻值趋近于零或无穷大,那说明线圈短路或断路。如果测量其阻值正常(几十欧左右),还不能说明线圈无故障,实际中,偶然测得电磁阀线圈阻值为 50Ω 左右,但电磁阀无法动作,更换线圈后正常,请进行如下最终测试:找个小螺丝刀放在穿于电磁阀线圈中的金属杆的附近,然后给电磁阀通电,如果感觉到有磁性,那么电磁阀线圈是好的,否则是坏的。 ②测量电感:用电感表或万用表电感挡测量电感,如电感值较正常的线圈小很多,则有匝间短路。 图 9-1　电磁阀线圈 ③测量电流:在被测线圈串一只交流电流表或万用表交流电流挡,接入额定交流电压,如电流电压较正常的线圈大很多,则有匝间短路

实例3 数控车床，尾座行程不到位且尾座顶尖顶不紧

故障设备	FANUC 0TD 系统数控车床
故障现象	某 FANUC 0T 系统数控车床发现尾座行程不到位,尾座顶尖顶不紧现象
故障分析	1. 常见故障原因 ①系统压力不足; ②液压缸活塞拉毛或研伤; ③密封圈损坏; ④液压阀断线或卡死; ⑤套筒和尾座壳体内孔的配合间隙过小; ⑥行程控制开关调整不当。 2. 故障诊断 ①用压力表检查系统压力,发现系统压力不稳定; ②拆卸检查液压缸,缸筒内壁和活塞无损坏; ③检查密封圈,密封圈变形损坏; ④检查液压电磁阀控制线和阀芯动作,无故障现象; ⑤检查套筒和壳体内孔的配合间隙,偏小; ⑥检查行程开关的位置,调整不当
故障排除	①更换液压缸和活塞的密封圈。 ②研修套筒和尾座壳体内孔,或经过锥套调整,使两者配合间隙达到技术要求,如图 9-2 所示的尾座结构。 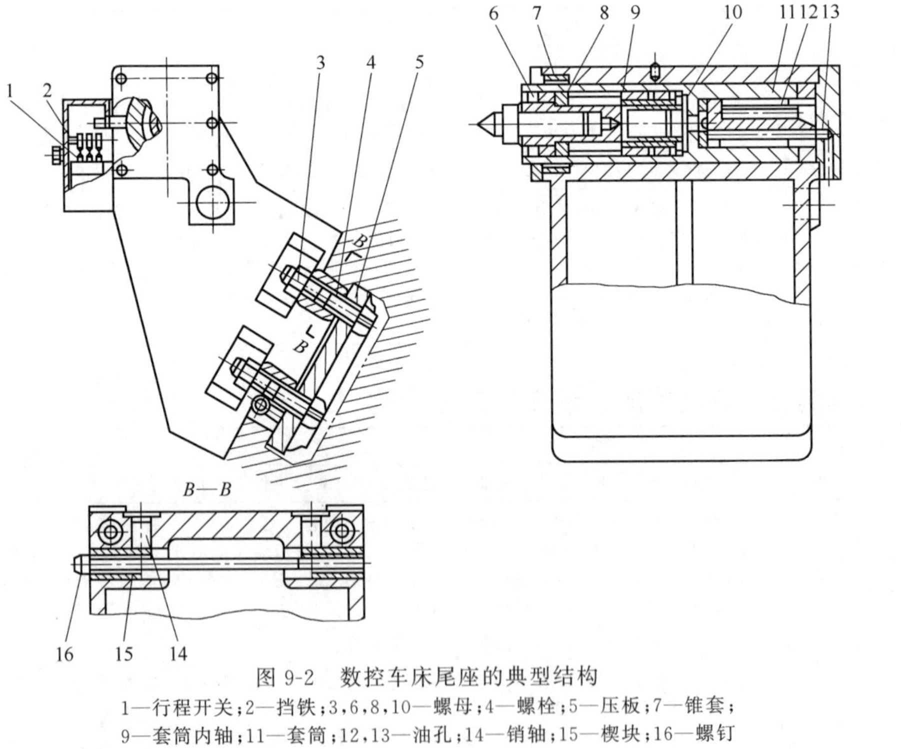 图 9-2 数控车床尾座的典型结构 1—行程开关;2—挡铁;3,6,8,10—螺母;4—螺栓;5—压板;7—锥套; 9—套筒内轴;11—套筒;12,13—油孔;14—销轴;15—楔块;16—螺钉 　　轴承的径向间隙用螺母 8 和 6 进行调整;尾座套筒与尾座孔的间隙用内、外锥套 7 进行微量调整,当向内压外锥套时,内锥套孔缩小,可使配合间隙减小,反之变大;压紧力用端盖来调整。 ③检查溢流阀和减压阀,按技术要求调整系统和回路压力。 ④合理调整行程开关的位置。 ⑤检查和维护尾座部位的导轨润滑。 　　经过以上维修保养,尾座行程不到位和顶尖顶不紧的故障排除
经验总结	本例最根本的故障原因是套筒和壳体内孔的配合间隙偏小。 　　轴承间隙又称为轴承游隙,所谓轴承游隙,即指轴承在未安装于轴或轴承箱时,将其内圈或外圈的一方固定,然后被未固定的一方做径向或轴向移动时的移动量。根据移动方向,可分为径向游隙和轴向游隙,

经验总结	如图 9-3 所示。 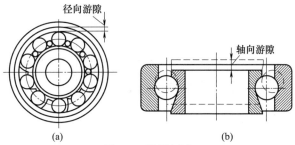 图 9-3　轴承间隙 　　运转时的游隙(称做工作游隙)的大小对轴承的滚动疲劳寿命、温升、噪声、振动等性能有影响。 　　理论间隙减去轴承安装在轴上或外壳内时因过盈配合产生的套圈的膨胀量或收缩后的间隙称为安装游隙。 　　在安装间隙上加减因轴承内部温差产生的尺寸变动量后的间隙称为有效间隙。轴承安装有机械上承受一定的负荷放置时的间隙,即有效间隙加上轴承负荷产生的弹性变形量后的间隙称为工作间隙。 　　当工作间隙为微负值时,轴承的疲劳寿命最长但随着负间隙的增大疲劳寿命显著下降。因此,选择轴承的间隙时,一般使工作间隙为零或略为正为宜。 　　另外,需提高轴承的刚性或需降低噪声时,工作间隙要进一步取负值;而在轴承温升剧烈时,工作间隙则要进一步取正值,等等。另外工作间隙的取值还必须根据使用条件做具体分析。 　　轴承间隙的调整: 　　①采取加减小轴承盖与机座间的垫片厚度进行调整; 　　②利用安装在轴承盖上的螺钉推动压在轴承外圈上的压盖进行调整

实例 4　数控车床，尾座套筒报警

故障设备	FANUC 0TD 系统数控车床
故障现象	尾座套筒报警
故障分析	该机床尾座套筒的伸缩由 FANUC 0TD 系统中 PMC 控制。检查尾座套筒的工作状态,当脚踏开关顶紧时,系统产生报警。在系统诊断状态下,调出 PMC 参数检查,系统 PMC 输入/输出正常;进一步分析检查套筒液压系统,发现液压系统中压力继电器触点开关损坏,导致压力继电器触点信号不正常,造成 PMC 输入信号不正常,从而系统认为尾座套筒未顶紧而产生报警
故障排除	更换压力继电器,故障排除
经验总结	压力继电器是利用液体的压力来启闭电气触点的液压电气转换元件,如图 9-4 所示。当系统压力达到压力继电器的调定值时,发出电信号,使电气元件(如电磁铁、电机、时间继电器、电磁离合器等)动作,使油路卸压、换向,执行元件实现顺序动作,或关闭电动机使系统停止工作,起安全保护作用等。  图 9-4　压力继电器 　　压力继电器有柱塞式、膜片式、弹簧管式和波纹管式四种结构形式,图 9-5 为柱塞式压力继电器的结构图。 　　下面对柱塞式压力继电器的工作原理作一介绍。 　　当从继电器下端进油口进入的液体压力达到调定压力值时,推动柱塞上移,此位移通过杠杆放大后推动微动开关动作。改变弹簧的压缩量,可以调节继电器的动作压力。

经验总结	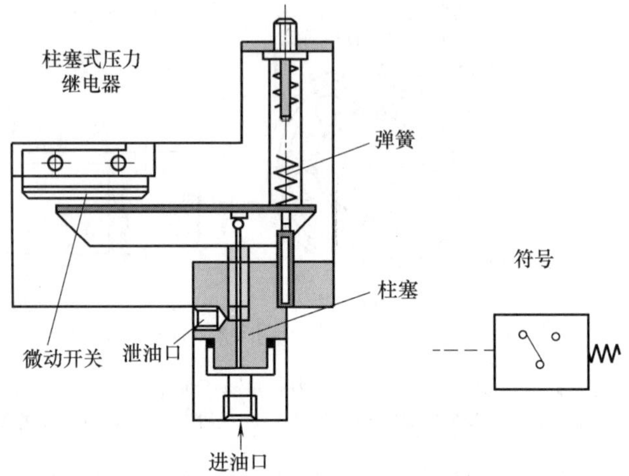 图 9-5 柱塞式压力继电器的结构图 应用场合：用于安全保护、控制执行元件的顺序动作，用于泵或液压元件的启闭，用于泵或液压元件的卸荷。 注意：压力继电器必须放在压力有明显变化的地方才能输出电信号。若将压力继电器放在回油路上，由于回油路直接接回油箱，压力也没有变化，所以压力继电器也不会工作

实例 5　数控车床，液压站发出异响，液压卡盘无法正常装夹工件

故障设备	FANUC 0TD 的数控车床
故障现象	某配套 FANUC 0TD 的数控车床，在开机后发现液压站发出异响，液压卡盘无法正常装夹
故障分析	经现场观察，发现机床开机启动液压泵后，立即产生异响，而液压站输出部分无液压油输出，因此可断定产生异响的原因出在液压站上。产生该故障的原因大多为以下几点： ①液压站油箱内液压油太少，导致液压泵因缺油而产生空转； ②液压站油箱内液压油长久未换，污物进入油中，导致液压油黏度太高而产生异响； ③由于液压站输出油管某处堵塞，产生液压冲击，发出声响； ④液压泵与液压电动机连接处产生松动而发出声响； ⑤液压泵损坏； ⑥液压电动机轴承损坏。 检查后，发现在液压泵启动后，液压泵出口处压力为 0。油箱内油位处于正常位置，液压油较干净，因此可以排除①、②、③点原因。拆下液压泵检查，该液压泵正常，液压电动机转动正常，因此，可排除以上第⑤、⑥两点原因。而该泵与液压电动机连接的联轴器为尼龙齿式联轴器，由于该机床使用时间较长，液压站的输出压力调得太高，导致联轴器的啮合齿损坏，如图 9-6 所示，当液压电动机旋转时，联轴器不能很好地传递转矩，从而产生异响  图 9-6　联轴器的啮合齿损坏
故障排除	更换该联轴器后，机床恢复正常
经验总结	联轴器又称联轴节，如图 9-7 所示。用来将不同机构中的主动轴和从动轴牢固地连接起来一同旋转，并传递运动和转矩的机械部件。有时也用以连接轴与其他零件（如齿轮、带轮等）。 联轴器常由两半合成，分别用键或紧配合等连接，紧固在两轴端，再通过某种方式将两半连接起来。联轴器可兼有补偿两轴之间由于制造安装不精确、工作时的变形或热膨胀等原因所发生的偏移（包括轴向偏移、径向偏移、角偏移或综合偏移），以及缓和冲击、吸振等作用。 常用的联轴器大多已标准化或规格化，一般情况下只需要正确选择联轴器的类型、确定联轴器的型号及尺寸。必要时可对其易损的薄弱环节进行负荷能力的校核计算，转速高时还应验算其外缘的离心力和弹性元件的变形，进行平衡校验等。 尼龙齿式联轴器是联轴器的一种，如图 9-8 所示。是对普通尼龙外套进行了一系列的改进，采用高强玻纤尼龙 66 注塑成型，注塑温度 330℃，压力 9MPa，成型后进行 1h 的热处理，24h 的加湿处理，使其强度超出普通尼龙的 3 倍。

经验总结	图 9-7　联轴器　　　　　　　　　　图 9-8　尼龙齿式联轴器 尼龙齿式联轴器适用于轴间传动及挠性传动,允许较大的轴向径向位移和角位移,且具有结构简单、维修方便、拆装容易、噪声低、传动功效损失小、使用寿命长等优点。 一般尼龙齿式联轴器的问题有以下四点原因: ①尼龙齿式联轴器齿面磨损严重; ②尼龙齿式联轴器齿圈产生轴向位移量较大,甚至不能啮合; ③尼龙齿式联轴器发生断齿现象; ④尼龙齿式联轴器对口螺栓折断。 本例的故障看似是联轴器故障,实际上是液压站压力调整问题,在更换新的联轴器之后如果不及时调节液压站压力,时间一长还是会出现此故障。由此可见,数控机床的维修不仅仅是对故障部件的修理,而是一个综合考虑的系统过程

实例 6　数控车床,卡盘始终处于松开状态

故障设备	FANUC 0i 系统的 CK786 型数控车床
故障现象	进行自动加工时,数控车床的卡盘始终处于松开状态,不能夹紧工件
故障分析	①当按下卡盘按钮 X0010.6 时,观察 PMC 上相关的输入指示灯已经点亮,但卡盘输出继电器 Y0002.7 的状态不变,始终为"0",致使卡盘无法夹紧。 ②查看有关的梯形图,发现 X0010.6 上另外还有一对并联触点 X0003.6,是卡盘脚踏接通,这只开关始终处于接通状态,导致 Y0002.7 的状态不能改变。经检查,这只脚踏开关被卡住
故障排除	将卡盘脚踏开关踩几下,开关便恢复了正常
经验总结	脚踏开关,如图 9-9 所示,通过脚踩或踏来控制电路通断,也可以用作控制输出电流大小的开关。 下面来介绍用脚踏开关来控制电机顺逆转的一种方法,其原理如图 9-10 所示。 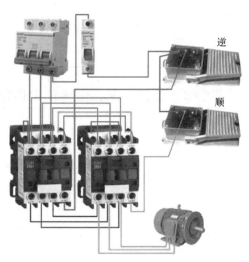 图 9-9　脚踏开关　　　　　　图 9-10　脚踏开关控制电机顺逆转的原理图 脚踏开关内部有一个微动开关,微动开关有常开和常闭两组触点,当脚踏板压下触压微动开关,其常开触点闭合、常闭触点断开,一般应用是在常开触点接线,以脚踏控制开关的开启与闭合

实例7　数控车床，进行车削加工时卡盘不能卡紧

故障设备	FANUC 18T 系统的大宇数控车床
故障现象	进行车削加工时卡盘不能卡紧
故障分析	经检查，发现有关的电磁阀烧毁，但是更换电磁阀后，很快又烧坏了。再进一步检查，发现 PMC 输出模块中有关的继电器触点粘连，始终处于接通状态，使电磁阀长期通电
故障排除	从备用的输出点中取下一只继电器，替换后故障排除
经验总结	继电器是具有隔离功能的自动开关元件，广泛应用于遥控、遥测、通信、自动控制、机电一体化及电力电子设备中，是最重要的控制元件之一。 继电器一般都有能反映一定输入变量（如电流、电压、功率、阻抗、频率、温度、压力、速度、光等）的感应机构（输入部分）；有能对被控电路实现"通""断"控制的执行机构（输出部分）；在继电器的输入部分和输出部分之间，还有对输入量进行耦合隔离，功能处理和对输出部分进行驱动的中间机构（驱动部分）。 作为控制元件，概括起来，继电器有如下几种作用： （1）扩大控制范围　多触点继电器控制信号达到某一定值时，可以按触点组的不同形式，同时换接、开断、接通多路电路。 （2）放大　灵敏型继电器、中间继电器等，用一个很微小的控制量，可以控制很大功率的电路。 （3）综合信号　当多个控制信号按规定的形式输入多绕组继电器时，经过比较综合，达到预定的控制效果。 （4）自动、遥控、监测　自动装置上的继电器与其他电器一起，可以组成程序控制线路，从而实现自动化运行。 电磁继电器是继电器的一种，其结构由电磁铁、衔铁、簧片、触点（静触点、动触点）组成，其工作电路由低压控制电路和高压工作电路两部分构成。低压控制电路是由电磁铁、低压电源和开关组成；工作电路由机器（电动机等）、高压电源、电磁继电器的触点部分组成，电磁继电器的工作原理如图 9-11 所示。 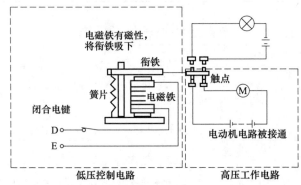 图 9-11　电磁继电器的工作原理 当较小的电流经过接线柱 D、E 流入线圈时，电磁铁把衔铁吸下，使动触点把高压工作电路的两个接线柱所连的电路接通，较大的电流就可以带动机器工作了。断电时，电磁铁磁性消失，弹簧把衔铁弹起，切断工作电路

实例8　数控车床，套筒顶尖顶紧工件时出现报警

故障设备	FANUC 0TD 数控车床
故障现象	用脚踩踏尾座开关，使套筒顶尖顶紧工件时，系统出现报警
故障分析	①启动系统诊断功能，调出 PMC 中有关的输入信号和外接元件，如图 9-12 所示。发现脚踏向前开关输入点 X04.2、尾座套筒转换开关输入点 X17.3、反映润滑油状态的液位开关输入点 X17.6 均为"1"，这一部分完全正常。

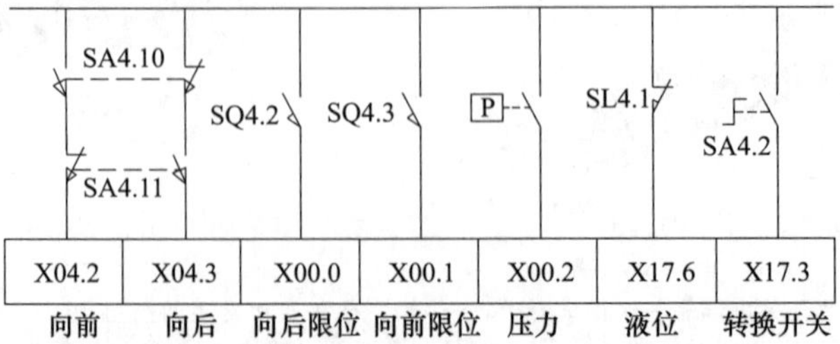

图 9-12　尾座套筒的 PMC 输入开关

故障分析	②调出 PMC 输出信号,用脚踩踏向前开关时,输出点 Y49.0 为"1",其所控制的电磁阀也能得电。说明 PMC 的输出状态都正常,分析是尾座套筒液压系统可能存在着故障。 ③检查液压系统,发现压力继电器 P 的触点接触不良,存在压力足够时仍然不能接通,导致 PMC 的输入信号 X00.2 为"0",系统误认为尾座套筒没有顶紧,故而出现报警
故障排除	换上新的压力继电器后,机床恢复正常工作
经验总结	压力继电器有柱塞式、膜片式、弹簧管式和波纹管式四种结构形式。压力继电器用于安全保护、控制执行元件的顺序动作、泵的启闭、泵的卸荷。 1. 柱塞式压力继电器 　柱塞式压力继电器的结构如图 9-13 所示。当从控制油口 P 进入柱塞 1 下端的油液压力达到弹簧 5 预调设定的开启压力时,作用在柱塞 1 上的液压力克服弹簧力推动顶杆 2 上移,使微动开关 4 切换,发出电信号。当 P 口的液压力下降到闭合压力时,柱塞 1 和顶杆 2 在弹簧力作用下复位,同时微动开关 4 也在触点弹簧力作用下复位,压力继电器恢复至初始状态。调节螺钉 3 可调节弹簧的预紧力即压力继电器的启、闭压力。由 P 口通过柱塞泄漏的油液经外泄油口 L 接回油箱。柱塞式压力继电器结构简单,但灵敏度和动作可靠性较低。 　2. 薄膜式压力继电器 　薄膜式(膜片式)压力继电器的结构如图 9-14 所示。当控制油口 P 的油液压力达到调压弹簧 10 的调定压力时,液力通过薄膜 2 使柱塞 3 上移。柱塞 3 压缩调压弹簧 10 直至弹簧座 9 达到限位位置。同时柱塞 3 的锥面推动钢球 4 和 6 水平移动,钢球 4 使杠杆 1 绕销轴 12 转动,杠杆的另一端压下微动开关 14 的触点,发出电信号。通过调节螺钉 11,可调节调压弹簧 10 的预紧力,即调节发出信号的液压力。当油口 P 的压力降到一定值时,调压弹簧 10 通过钢球 8 将柱塞 3 压下,钢球 6 靠钢球弹簧 5 的力使柱塞定位,微动开关触点的弹簧力使杠杆 1 和钢球 4 复位,电路切换。由于柱塞 3 在上移和下移时存在摩擦力且方向相反,使压力继电器的开启和闭合压力并不重合。调节螺钉 7 可调节柱塞 3 移动时的摩擦力,从而使压力继电器的启闭压力差可在一定范围内改变。薄膜式压力继电器的位移小,反应快,重复精度高;但工作压力低,且易受控制压力波动的影响。 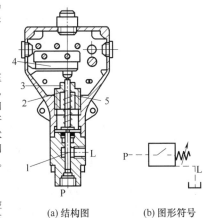 (a) 结构图　(b) 图形符号 图 9-13　柱塞式压力继电器的结构 1—柱塞;2—顶杆;3—螺钉; 4—微动开关;5—弹簧 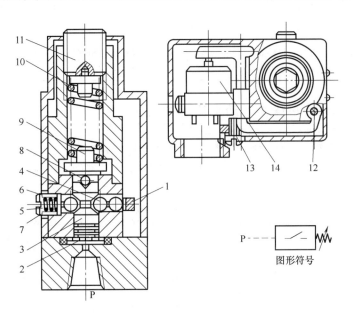 图 9-14　薄膜式压力继电器的结构 1—杠杆;2—薄膜;3—柱塞;4、6、8—钢球;5—钢球弹簧; 7、11—螺钉;9—弹簧座;10—调压弹簧;12—销轴;13—连接螺钉;14—微动开关

经验总结	3. 弹簧管式压力继电器 　　图 9-15 为弹簧管式压力继电器的结构。弹簧管 1 既是感压元件，又是弹性元件。当从 P 口进入弹簧管的油液压力升高或降低时，弹簧管伸展或复原，与其相连的压板 4 产生位移，从而启闭微动开关 2 的触点 3 发出信号。弹簧管式压力继电器的特点是调压范围大，启闭压差小，重复精度高。 　　4. 波纹管式压力继电器 　　波纹管式压力继电器的结构如图 9-16 所示。油液压力作用在波纹管底部，当液压力达到调压弹簧 7 的设定压力时，波纹管被压缩，通过心杆推动杠杆 9 绕铰轴 2 转动，通过固定在杠杆上的微调螺钉 3 控制微动开关 8 的触点，发出电信号。 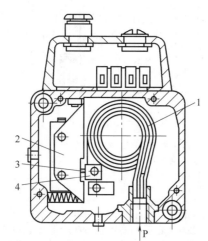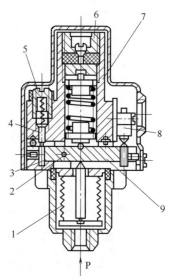 图 9-15　弹簧管式压力继电器的结构 1—弹簧管；2—微动开关；3—触点；4—压板 图 9-16　波纹管式压力继电器的结构 1—波纹管组件；2—铰轴；3—微调螺钉； 4—滑柱；5—副弹簧；6—调压螺钉； 7—调压弹簧；8—微动开关；9—杠杆 　　由于杠杆有位移放大作用，心杆的位移较小，因而重复精度高。但因波纹管的侧向耐压性能差，因此波纹管式压力继电器不宜高于系统压力

实例 9　数控车床，气动夹头不能动作

故障设备	FANUC 0T 系统的 CONQUES 数控车床
故障现象	在加工过程中，气动夹头突然不动作，导致工件不能夹紧
故障分析	①这台机床采用气缸控制夹头的夹紧与放松。首先检查气路，每个接头都没有问题，气压也很正常。 ②检查 PMCDNG X0012.0 的状态，在正常状态。说明 COLLET/CHUCK 键的信号已经输入到 PMC 控制器。 ③对比另一台同型号的机床，发现 PMC 控制器上部分输入、输出信号不正常。正确的状态是：执行夹头放松指令时，输入中的 B4、输出中的 A2 点亮，完成夹头放松动作；执行夹头夹紧指令时，输入中的 B3、输出中的 A7 点亮，完成夹头夹紧动作。而此时在两种指令下，都是 B4、A2 点亮，即始终处于放松状态。 ④检查执行夹紧、放松动作的电磁阀，发现它没有工作，这造成空气压力检测开关不能动作，PMC 无法执行有关的控制指令
故障排除	取下电磁阀进行清洗，加油润滑阀芯，装上后试机，机床恢复正常工作
经验总结	电磁阀的结构如图 9-17 所示，电磁阀里有密闭的腔，在不同位置开有通孔，每个孔连接不同的油管，腔中间是活塞，两面是两块电磁铁，哪面的电磁铁线圈通电阀体就会被吸引到哪边，通过控制阀体的移动来开启或关闭不同的排油孔，而进油孔是常开的，液压油就会进入不同的排油管，然后通过油的压力来推动油缸的活塞，活塞又带动活塞杆，活塞杆带动机械装置。这样通过控制电磁铁的电流通断就控制了机械运动

经验总结	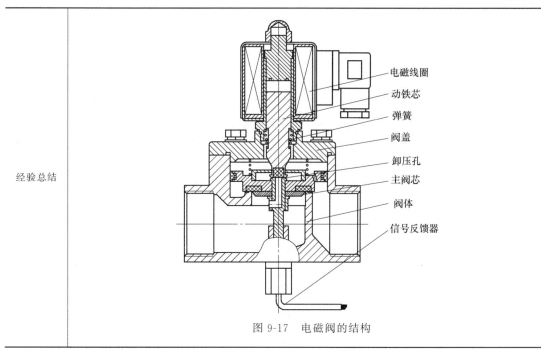 图 9-17　电磁阀的结构

图中标注：电磁线圈、动铁芯、弹簧、阀盖、卸压孔、主阀芯、阀体、信号反馈器

实例 10　数控车床，液压卡盘不动作

故障设备	FANUC 0i 数控车床
故障现象	此台数控车床,液压缸是新换的,进油管与出油管都是通的,但是卡盘始终不动作,其工作指示灯也是亮的
故障分析	按照器故障原因进行分析,先检查压力表,压力表显示有微小的抖动,但是处于加工过程中,应属正常的工作范围。 再查看液压缸,由于是新换的设备,液压缸质量方面问题可以排除。仔细检查发现其密封圈并未压实,在强行安装时导致密封圈被压坏,不时有窜油的情况发生
故障排除	更换新的密封圈,并按照要求安装到位,故障得以排除
经验总结	在液压气动系统及各种机械设备和元器件经常使用 O 形橡胶密封圈,如图 9-18 所示,在规定的压力、温度以及不同的液体和气体介质中,于静止或运动状态下起密封作用,具体来说密封圈应起到防油、防水、防腐、密封气体和防止泄露的作用。 图 9-18　O 形橡胶密封圈 如果故障现象是液压缸的油箱漏油,可按照以下方法处理: ①要对油箱进行试压,可以更换油封。油封材质种类很多要注意; ②油箱漏油可以用专用粘油胶,一层布一层胶地粘,注意,这种方法只是临时应急所用。

经验总结	油箱在液压系统中的主要功能： ①贮存供系统循环所需的油液； ②散发系统工作时所产生的热量； ③释放混在油液中的气体； ④为系统中元件的安装提供位置。 油箱应该及时除去油液中沉淀的污物，在油箱中的油液必须是符合液压系统清洁度要求的油液

实例 11 数控车床，尼龙联轴器损坏，液压卡盘无法正常装夹工件

故障设备	FANUC 0TD 系统数控车床
故障现象	开机后发现液压站发出异常响声，液压卡盘无法正常装夹工件
故障分析	经现场观察，发现机床开机启动液压泵后即产生异常响声，同时，液压站无液压油输出。 液压站由液压泵、电动机、液压油箱和管路等组成，按照本章实例 5 所示的 6 点原因进行初步检查，而后进一步进行系统检查： ①检查液压泵启动后的出口压力，为 0； ②检查液压油箱的油位，处于正常位置； ③检查液压油的油质和清洁度，属于正常范围； ④检查管路，无堵塞现象。 对相关的元器件进行检查：拆卸、检查液压泵，叶片液压泵无故障现象；检查液压电动机，电动机运转正常，电动机轴承无故障现象；检查液压泵与液压电动机的连接用尼龙齿式联轴器，发现联轴器啮合齿损坏，至此故障原因找到
故障排除	①根据故障元件的损坏情况，需要进行尼龙联轴器的更换。安装联轴器时应按要求调整液压泵与液压电动机的轴向和轴线位置。更换联轴器后，液压泵输出正常压力的液压油，异常响声和卡盘无法装夹工件的故障排除。 ②按系统设计和联轴器的承载能力，检查调整液压站的输出压力，避免输出液压油压力过高导致联轴器的啮合齿超载损坏。 ③建立联轴器维修更换记录，控制联轴器的使用寿命，避免重复的故障检查诊断
经验总结	尼龙联轴器，如图 9-19 所示，内齿圈材质为尼龙，具有少润滑、少维修、重量轻、转动惯量小、噪声小、安装方便等优点。可在有粉尘条件下工作，适用于中上功率的传动系统，例如风机、水泵、润滑泵、纺织机械等。 尼龙联轴器有以下几种优点： ①具有较高的缓冲减振性能，并有较大幅度的轴向、角向、径向位移偏差的补偿能力； ②由于是工程塑料与金属件的配合，具有良好的自润滑性能，近似于万向弹性联轴器； ③外壳模具成型简化了加工工艺，成本低，使用环境温度为 $-20℃\sim80℃$； ④装配维修特别简单，广泛用于各种液压泵、润滑泵、气动泵、压缩机，纺织机等机械上 	 图 9-19 尼龙联轴器

实例 12 加工中心，排屑困难，电动机过载报警

故障设备	SIEMENS 840D 加工中心
故障现象	排屑困难，电动机过载报警
故障分析	SIEMENS 840D 加工中心采用螺旋式排屑器，加工中的切屑沿着床身的斜面落到螺旋式排屑器所在的沟槽中，螺旋杆转动时，沟槽中的切屑即由螺旋杆推动连续向前运动，最终排入切屑收集箱。 机床设计时为了在提升过程中将废屑中的切削液分离出来，在排屑器排出口处安装一直径 160mm、长 350mm 的圆筒形排屑口，排屑口向上倾斜 30°。机床试运行时，大量切屑阻塞在排屑口，电动机过载报警。原因是切屑在提升过程中，受到圆筒形屑口内壁的摩擦，相互挤压，集结在圆筒形排屑口内
故障排除	将圆筒形排屑口改为喇叭形排屑口后，锥角大于摩擦角，如图 9-20 所示，故障排除 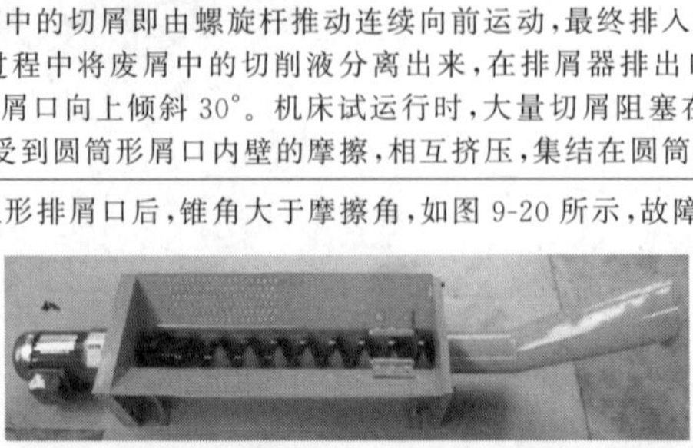 图 9-20 右侧为改造后的喇叭形排屑口

| 经验总结 | 螺旋排屑器是通过减速机驱动带有螺旋叶片的螺旋轴,推动切屑向前移动到出料口,落入指定工位,如图 9-21 所示。
螺旋排屑器主要特点
①可制作成水平或带提升高度(如本例),可单机或多台组合使用。结构简单,安装灵活。
②一般水平排屑可采用无轴螺旋体,带提升排屑宜采用带轴螺旋片,并增大排屑口口径以增加推屑强度,利于切屑排出。
③不适于排除长条状及纤维状切屑。螺旋排屑器体积小、适合狭窄空间的除屑使用。有多种尺寸与长度选择,可弹性配合各式机床。除屑螺杆强度高,传动结构坚固,有最佳的使用可靠度。安装拆卸方便,维护容易 | 
图 9-21　螺旋排屑器 |

实例 13　加工中心,刮板式排屑器不运转

故障设备	SIEMENS 840D 加工中心
故障现象	刮板式排屑器不运转,无法排除切屑
故障分析	该加工中心采用刮板式排屑器。加工中的切屑沿着床身的斜面落到刮板式排屑器中,刮板由链带牵引在封闭箱中运转,切屑经过提升将废屑中的切削液分离出来,切屑排出机床,落入集屑车。刮板式排屑器不运转的原因可能有以下几个方面: ①摩擦片的压紧力不足。先检查碟形弹簧的压缩量是否在规定的数值之内,碟形弹簧自由高度为8.5mm,压缩量应为 2.6～3mm,若在这个数值之内,则说明压紧力已足够了;如果压缩量不够,可均衡地调紧 3 只 M8 压紧螺钉。 ②若压紧后还是继续打滑,则应全面检查卡住的原因。 ③检查发现排屑器内有数只螺钉,其中有一只螺钉卡在刮板与排屑器之间
故障排除	将卡住的螺钉取出后故障排除
经验总结	图 9-22 为卡死的排屑器,造成螺旋排屑器卡死的原因: ①排屑器上升角处的空间突然放大,转折点是一个尖角,很容易导致排屑器卡死。 ②铁屑非常长,排屑器拆卸后收集桶已满,因为输送机到排屑器出口距离太小,铁屑在输送机上倾倒到一定高度,将积聚在排屑器出口处,排屑器链无法旋转,导致排屑器卡死。 解决方案:减少输送机到排屑器出口距离,与排屑器芯片出口的距离约为 500mm。增加出口处的挡板(可用木板、铝塑板、塑料板),以防止排出的铁屑回滚。 ③排屑器链板链跳线: a. 链板太松,转动链板调节螺钉,调整链板到适当的张力; b. 排屑器掉入异物,如工具、扳手。 ④减速器烧坏,寿命短,电机过热造成长期过载运行。 ⑤减速机声音不正常,请与厂家协商更换。 ⑥螺旋状的铁屑太长,有时候一根铁屑的长度会在 3～5m,一根连着一根,越积越多,堵在机床链板排屑器的排屑口不能及时排出。 解决方案:凡是拐角经过的地方,都做成圆弧状,这样就比较有利于铁屑的排出,还有一个方式,就是在排屑口的下部安装一个挡屑板,防止铁屑卷入链板下方造成卡滞	图 9-22　排屑器卡死

实例 14　加工中心,排屑电动机过载报警

故障设备	FANUC 0MD 系统的 MH800 型卧式加工中心
故障现象	机床在加工过程中突然停机,操作面板上报警指示灯"OL"亮
故障分析	根据机床说明书提示,"OL"报警灯亮,说明电气主电路中存在着过载现象。 按照以下步骤检查分析: ①从 CRT 显示屏上查看 PMC 的各个输入点,发现 X2.2 不正常。它连接的是排屑电动机热继电器OL.5 和 OL.6 的辅助常闭点。在正常情况下,OL.5 和 OL.6 的辅助常闭触点都应在闭合状态,X2.2 的状态为"1"。现在其状态为"0",说明热继电器动作,辅助常闭点断开。用万用表测量后得以证实。 ②检查排屑电动机,三相绕组完全对称,绝缘性能也没有问题。检查排屑的机械装置,在完好状态,没有卡阻现象。 ③检查排屑电动机的连接电缆。从交流接触器到电动机的这一段电缆中,U、V、W 三相只有两相正常,另外一相导线断路

故障排除	更换这一段电缆,故障得以解决
经验总结	注意:一相导线断路后,电动机断相运行,虽然可以动作,但电流显著增大,引起热继电器动作,并产生过载报警,机床停止工作。 接触器分为交流接触器(电压 AC)和直流接触器(电压 DC),它应用于电力、配电与用电场合。接触器广义上是指工业电中利用线圈流过电流产生磁场,使触头闭合,以达到控制负载的电器。图 9-23 为交流接触器。  图 9-23　交流接触器 接触器的工作原理是:当接触器线圈通电后,线圈电流会产生磁场,产生的磁场使静铁芯产生电磁吸力吸引动铁芯,并带动交流接触器点动作,常闭触点断开,常开触点闭合,两者是联动的。当线圈断电时,电磁吸力消失,衔铁在释放弹簧的作用下释放,使触点复原,常开触点断开,常闭触点闭合。直流接触器的工作原理跟温度开关的原理有点相似。 图 9-24 为接触器的结构图,交流接触器利用主接点来控制电路,用辅助接点来导通控制回路。主接点一般是常开接点,而辅助接点常有两对常开接点和常闭接点,小型的接触器也经常作为中间继电器配合主电路使用。交流接触器的接点,由银钨合金制成,具有良好的导电性和耐高温烧蚀性。 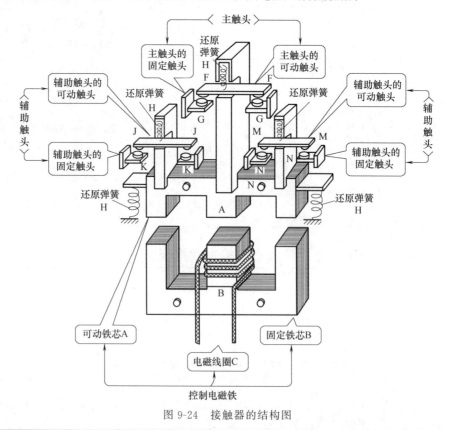 图 9-24　接触器的结构图

经验总结	交流接触器动作的动力源于交流电通过带铁芯线圈产生的磁场,电磁铁芯由两个"山"字形的硅钢片叠成,其中一个是固定铁芯,套有线圈,工作电压可多种选择。为了使磁力稳定,铁芯的吸合面加上短路环。交流接触器在失电后,依靠弹簧复位。另一个是活动铁芯,构造和固定铁芯一样,用以带动主接点和辅助接点的闭合断开。 　　20A以上的接触器加有灭弧罩,利用电路断开时产生的电磁力,快速拉断电弧,保护接点。 　　接触器可高频率操作,用作电源开启与切断控制时,最高操作频率可达1200次每小时。 　　接触器的使用寿命很高,机械寿命通常为数百万次至一千万次,电寿命一般则为数十万次至数百万次

参 考 文 献

[1] 郭士义，徐衡，关颖. 数控机床故障诊断与维修 [M]. 北京：中央广播电视大学出版社，2006.

[2] 娄斌超. 数控维修电工职业技能训练教程 [M]. 北京：高等教育出版社，2008.

[3] 胡学明. 数控机床电气维修 1100 例 [M]. 北京：机械工业出版社，2011.

[4] 王希波. 数控维修识图与公差测量 [M]. 北京：中国劳动出版社，2010.

[5] 崔兆华. 数控机床电气控制与维修 [M]. 济南：山东科学技术出版社，2009.

[6] 李志兴. 数控设备与维修技术 [M]. 北京：中国电力出版社，2008.

[7] 卢斌. 数控机床及其使用维修 [M]. 北京：机械工业出版，2010.

[8] 张志军，柳文灿. 数控机床故障诊断与维修 [M]. 北京：北京理工大学出版社，2010.

[9] 周晓宏. 数控维修电工实用技能 [M]. 北京：中国电力出版社，2008.

[10] 邓三鹏. 数控机床结构及维修 [M]. 北京：国防工业出版社，2008.

[11] 张萍. 数控系统运行与维修 [M]. 北京：水利水电出版社，2010.

[12] 张思弟，贺暑新. 数控编程加工技术 [M]. 北京：化学工业出版社，2005.

[13] 胡家富. FANUC 系列数控机床维修案例 [M]. 上海：上海科学技术出版社，2013.

[14] 刘胜勇. 数控机床 FANUC 系统模块化维修 [M]. 北京：机械工业出版社，2013.

[15] 吴毅. 数控机床故障维修情境式教程 [M]. 北京：高等教育出版社，2013.

[16] 王永水. 数控机床故障诊断及典型案例解析 FANUC 系统 [M]. 北京：化学工业出版社，2014.

[17] 刘瑞已. 数控机床故障诊断与维护 [M]. 2 版. 北京：化学工业出版社，2014.

[18] 李敬岩. 数控机床故障诊断与维修 [M]. 上海：复旦大学出版社，2013.

[19] 王爱玲. 数控机床故障诊断与维修 [M]. 2 版. 北京：机械工业出版社，2013.

[20] 董晓岚. 数控机床故障诊断与维修 FANUC [M]. 北京：机械工业出版社，2013.

[21] 李金伴，汪光远，陆一心. 数控机床故障诊断与维修实用手册 [M]. 北京：机械工业出版社，2013.

[22] 韩鸿鸾，董先. 数控机床机械系统装调与维修一体化教程 [M]. 北京：机械工业出版社，2014.

[23] 王兵. 数控机床结构与使用维护 [M]. 北京：化学工业出版社，2012.

[24] 牛志斌. 数控机床维修工工作手册 [M]. 北京：化学工业出版社，2013.

[25] 苏宏志. 数控加工刀具及其选用技术 [M]. 北京：机械工业出版社，2014.

[26] 任建平. 现代数控机床故障诊断及维修 [M]. 北京：国防工业出版社，2002.